中 国 国 家 标 准 汇 编

623

GB 30966～30971

(2014 年制定)

中国标准出版社 编

中国标准出版社

北 京

图书在版编目(CIP)数据

中国国家标准汇编:2014年制定.623:GB 30966～30971/中国标准出版社编.—北京:中国标准出版社,2015.12
ISBN 978-7-5066-7992-3

Ⅰ.①中… Ⅱ.①中… Ⅲ.①国家标准-汇编-中国-2014 Ⅳ.①T-652.1

中国版本图书馆CIP数据核字(2015)第184055号

中 国 标 准 出 版 社 出 版 发 行
北京市朝阳区和平里西街甲2号(100029)
北京市西城区三里河北街16号(100045)

网址 www.spc.net.cn
总编室:(010)68533533 发行中心:(010)51780238
读者服务部:(010)68523946

中国标准出版社秦皇岛印刷厂印刷
各地新华书店经销

*

开本 880×1230 1/16 印张 34.25 字数 1 060 千字
2015年12月第一版 2015年12月第一次印刷

*

定价 220.00 元

出 版 说 明

1.《中国国家标准汇编》是一部大型综合性国家标准全集。自 1983 年起，按国家标准顺序号以精装本、平装本两种装帧形式陆续分册汇编出版。它在一定程度上反映了我国建国以来标准化事业发展的基本情况和主要成就，是各级标准化管理机构，工矿企事业单位，农林牧副渔系统，科研、设计、教学等部门必不可少的工具书。

2.《中国国家标准汇编》收入我国每年正式发布的全部国家标准，分为"制定"卷和"修订"卷两种编辑版本。

"制定"卷收入上一年度我国发布的、新制定的国家标准，顺延前年度标准编号分成若干分册，封面和书脊上注明"20××年制定"字样及分册号，分册号一直连续。各分册中的标准是按照标准编号顺序连续排列的，如有标准顺序号缺号的，除特殊情况注明外，暂为空号。

"修订"卷收入上一年度我国发布的、被修订的国家标准，视篇幅分设若干分册，但与"制定"卷分册号无关联，仅在封面和书脊上注明"20××年修订-1,-2,-3,……"字样。"修订"卷各分册中的标准，仍按标准编号顺序排列(但不连续)；如有遗漏的，均在当年最后一分册中补齐。需提请读者注意的是，个别非顺延前年度标准编号的新制定的国家标准没有收入在"制定"卷中，而是收入在"修订"卷中。

读者配套购买《中国国家标准汇编》"制定"卷和"修订"卷则可收齐由我社出版的上一年度我国制定和修订的全部国家标准。

3. 由于读者需求的变化，自 1996 年起，《中国国家标准汇编》仅出版精装本。

4. 2014 年我国制修订国家标准共 1 611 项。本分册为"2014 年制定"卷第 623 分册，收入国家标准 GB 30966～30971 的最新版本。

中国标准出版社
2015 年 8 月

目　　录

ICS 27.180
F 11

中华人民共和国国家标准

GB/T 30966.1—2014/IEC 61400-25-1:2006

风力发电机组 风力发电场监控系统通信 第1部分:原则与模型

Wind turbines—Communications for monitoring and control of wind power plants—Part 1: Overall description of principles and models

(IEC 61400-25-1:2006, Wind turbines—Part 25-1: Communications for monitoring and control of wind power plants—Overall description of principles and models, IDT)

2014-07-24 发布　　2015-01-01 实施

中华人民共和国国家质量监督检验检疫总局
中国国家标准化管理委员会 发布

前　言

GB/T 30966《风力发电机组　风力发电场监控系统通信》分为6个部分：

——第1部分：原则与模型；

——第2部分：信息模型；

——第3部分：信息交换模型；

——第4部分：映射到通信规约；

——第5部分：一致性测试；

——第6部分：状态监测的逻辑类和数据类。

本部分为GB/T 30966的第1部分。

本部分按照GB/T 1.1—2009给出的规则起草。

本部分使用翻译法等同采用IEC 61400-25-1:2006《风力发电机组　第25-1部分：风力发电场监控系统通信　原则与模型》。

与本部分中规范性引用的国际文件有一致性对应关系的我国文件如下：

——GB/T 18451.2—2012　风力发电机组　功率特性试验(IEC 61400-12-1:2005，IDT)；

——GB/T 30966(所有部分)　风力发电机组　风力发电场监控系统通信[IEC 61400-25(所有部分)]。

本部分做了下列编辑性修改：

——将标准名称改为"风力发电机组　风力发电场监控系统通信　第1部分：原则与模型"；

——将"IEC 61400-25-1"改为"本部分"；

——将"IEC 61400-25-2"改为"GB/T 30966.2"；

——将"IEC 61400-25-3"改为"GB/T 30966.3"；

——将"IEC 61400-25-4"改为"GB/T 30966.4"。

本部分由中国机械工业联合会提出。

本部分由全国风力机械标准化技术委员会(SAC/TC 50)归口。

本部分起草单位：北京科诺伟业科技有限公司、中国科学院电工研究所、保定科诺伟业控制设备有限公司、新疆金风科技股份有限公司。

本部分主要起草人：鄂春良、武鑫、赵斌、赵栋利、姚红菊、许洪华、马蕊、李宏宇、王相明。

IEC 引言

IEC 61400-25 的使用者主要是风电场的投资商(设备制造商、供应商)、运营商、业主(所有者)、规划人员及设计人员,还有风电市场上的系统集成商和电力公司。IEC 61400-25 旨在作为风电场通信领域的国际标准被全球接受和使用。

IEC 61400-25 的开发目的是为风电场监控提供统一的通信基础。IEC 61400-25 定义了风电场的特定信息、信息交换机制以及通信协议的映射。在这方面,IEC 61400-25 规定了在独立于制造商环境下的与风电场部件交换可用信息的详细要求。这些要求在 IEC 61400-25 中给出了定义或引用其他标准。

风电场特定信息描述关键的公共过程及配置信息。信息是分级构成的,包括风轮、发电机、变流器、电网连接等公用信息。信息可以是简单的数据(包括时间戳和品质)和配置值,也可以是更全面的属性及描述性信息,例如工程单位、范围、描述、引用、统计或历史信息。在 IEC 61400-25 中定义的风电场所有信息都有名称标签,并给出了每个数据的简要含义。标准化的风电场信息可以通过命名空间扩展规则来扩展。所有数据、属性以及描述性信息可以通过相应服务进行交换。

执行 IEC 61400-25 允许 SCADA 系统(数据采集与监控系统)与来自多个供应商的风力发电机组进行通信。标准化的自描述(包含在一个 XML 文件或者从设备上在线获取)可以用来配置 SCADA 应用程序。标准化的 SCADA 应用程序不包含在 IEC 61400-25 中,但是标准化的公用风力发电机组信息提供了重新利用应用程序的方法和来自不同供应商的风力发电机组操作界面。从实用来看,公用数据的统一定义使得评估和比较所有的风电场的数据值的转换和重新计算工作减到最少。

IEC 61400-25 可以用于任何形式的风电场,例如单台风力发电机组、多台风力发电机组以及多个集群的风力发电机组。IEC 61400-25 的应用领域包括风电场运行需要的各个方面,例如不仅是风力发电机组,还有气象系统、电力系统以及风电场管理系统。IEC 61400-25 中的风电场特定信息不包含与馈线和变电站相关联的信息。变电站通信包含在 IEC 61850 中。

IEC 61400-25 的目的是在任何位置都能使来自不同供应商的部件同其他部件通信。面向对象的数据结构使得风电场大量信息的操作和处理更省时和有效。IEC 61400-25 支持可扩展、连接和互操作。

IEC 61400-25 是风力发电机组和 SCADA 系统为缔约双方的简约合同的基础,使风电场的关键信息、信息交换方法和通信堆栈标准化。这些构成了编写采购规范和合同可以参照的基础。

IEC 61400-25 由几个部分组成。IEC 61400-25-1 包括引言、关键要求及建模指南。

注 1:IEC 61400-25 的性能实现要看具体应用。IEC 61400-25 不要求具体的性能级别,这在 IEC 61400-25 的范围之外。然而,在通信技术中没有潜在的限制来阻止高速应用(毫秒级的响应)。

注 2:IEC 61400-25-1(本部分)出版时,IEC 61400-25-4 还没有出版。在 IEC 61400-25-4 中将详细描述/定义信息模型和信息交换模型映射到具体的通信协议。IEC 61400-25-4 可以由多于一个的映射规范组成,但至少选择一个可选择的映射与 IEC 61400-25 标准保持一致。

IEC 61400-25-4 不包括以下映射:

网页服务

IEC 61850-8-1 MMS

OPC XML DA

IEC 60870-5-104

DNP3

每个不同映射分别详细说明了支持的信息模型(IEC 61400-25-2)和信息交换模型(IEC 61400-25-3)以及如何

支持这些模型。这些映射只会反映 IEC 61400-25-2 和 IEC 61400-25-3 中的信息模型和信息交换服务。单独选择的映射将作为强制性数据和数据属性以及关联服务的最低支持。由于实现的原因或由于所使用通信协议的内在属性等原因,特定映射可能需要在 IEC 61400-25-2 和 IEC 61400-25-3 中扩展和澄清单独的信息或服务。IEC 61400-25-4 在实现上有最高的优先级。

风力发电机组 风力发电场监控系统通信
第1部分：原则与模型

1 范围

IEC 61400-25(所有部分)关注的是风电场中各组成部分(如风力发电机组)和参与者(如 SCADA 系统)之间通信的一般性要求。风电场各部分自身内部通信不在适用范围之内。

IEC 61400-25(所有部分)设计了客户-服务器模型支持的通信环境，定义了以下 3 个方面的内容，并分别进行建模来保证实现的可扩展性：

1) 风电场信息模型；

2) 信息交换模型；

3) 信息模型和信息交换模型映射到标准通信规约。

风电场信息模型和信息交换模型在客户端和服务器端之间构成一个接口。作为访问风电场数据的解释框架，风电场信息模型通过服务器向客户端提供统一的、基于部件的风电场数据。信息交换模型反映了服务器的全部有效功能。IEC 61400-25(所有部分)使得不同客户与来自不同制造商和供应商的服务器之间的访问具有通用性。

如图 1 所示，IEC 61400-25(所有部分)定义的服务器包含如下几个方面：

——由风电场部件提供的信息，如"风力发电机组风轮转速"或"某一确定时间内总的发电量"，这些信息被模型化，并可被有效访问。模型化的信息在 GB/T 30966.2 信息模型中被定义。

——模型化信息值的交换服务，在 GB/T 30966.3 信息交换模型中定义。

——映射到通信规约，提供一个协议栈从模型化信息中获取交换值(在 GB/T 30966.4 中定义)。

IEC 61400-25(所有部分)仅定义了如何模型化信息、信息交换并映射到具体通信协议，不包含如何、在何地去实现通信接口、应用程序接口以及实现的建议。然而，IEC 61400-25(所有部分)的目的是通过相应的逻辑设备得到与单一风电场部件(如风力发电机组)相关的信息。

GB/T 30966 的本部分规定了 IEC 61400-25(所有部分)的使用原则与模式的一般性规定。

注：IEC 61400-25(所有部分)关注的是一般的、非特定供应商的信息。那些特定供应商的实现起来变化很大的信息项可以在双边协议、用户组或者 IEC 61400-25 的修正案中详细说明。

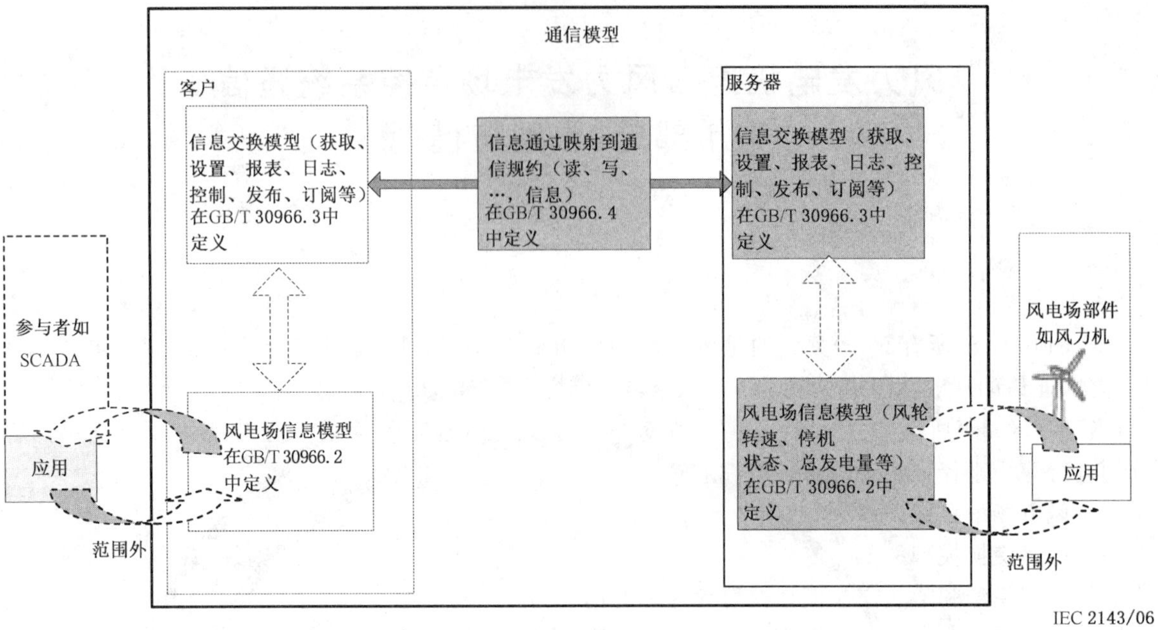

图 1　通信模型概念

2　规范性引用文件

下列文件对于本文件的应用是必不可少的。凡是注日期的引用文件，仅注日期的版本适用于本文件。凡是不注日期的引用文件，其最新版本（包括所有的修改单）适用于本文件。

DL/T 860.71—2006　变电站通信网络和系统　第7-1部分：变电站和馈线设备的基本通信结构　原理和模型（IEC 61850-7-1:2003，IDT）

DL/T 860.72—2004　变电站通信网络和系统　第7-2部分：变电站和馈线设备的基本通信结构　抽象通信服务接口（ACSI）（IEC 61850-7-2:2003，IDT）

DL/T 860.73—2004　变电站通信网络和系统　第7-3部分：变电站和馈线设备的基本通信结构　公用数据类（IEC 61850-7-3:2003，IDT）

DL/T 860.74—2006　变电站通信网络和系统　第7-4部分：变电站和馈线设备的基本通信结构　兼容逻辑节点类和数据类（IEC 61850-7-4:2003，IDT）

DL/T 860.81—2006　变电站通信网络和系统　第8-1部分：特定通信服务映射（SCSM）对MMS（ISO 9506-1和ISO 9506-2）及ISO/IEC 8802-3的映射（IEC 61850-8-1:2004，IDT）

IEC 61400-12-1　风力发电机组　第12-1部分：风力发电机组　功率特性测试（Wind turbines—Part 12-1: Power performance measurements of electricity producing wind turbines）

IEC 61400-25（所有部分）　风力发电机组　第25部分：风力发电场监控系统通信（Wind turbines—Part 25:Communications for monitoring and control of wind power plants）

ISO 7498-1:1994　信息技术　开放式系统互联　基本参考模型：基本模型（Information technology—Open systems interconnection—Basic reference model:The basic model）

3　术语和定义

下列术语和定义适用于本文件。

3.1

参与者　actor

监视和控制风电场行为，而不直接运行发电的系统，如数据采集与监控系统(SCADA)。

注：还有一些其他命名，如中央管理系统、监控系统、远程控制系统等。

3.2

报警　alarm

风电场状态信息。由风力发电机组控制系统干预的安全声明(即 on/off)。

3.3

特征值　characteristic values

模拟量信息的属性(最小值、最大值、平均值、偏差值等)。

3.4

命令　command

系统行为的控制数据(使能/禁止、有效/无效等)。

3.5

通信功能　communication function

参与者用来配置、执行和监视与风电场的信息交换，例如运行和管理功能。

3.6

控制　control

用于改变、修改、插入、切换、控制、参数化以及风电场优化的运行功能。

3.7

计数值　counting value

某一特定事件出现的总数。

3.8

数据获取　data retrieval

用于采集风电场数据的运行功能。

3.9

诊断　diagnostics

用于设置和提供通信系统自监视的管理功能。

3.10

电力系统　electrical system

风电场的一部分，用于接入并输送风力发电机组产生电能的系统。

3.11

事件　event

状态的改变(如状况、报警、命令等)。

3.12

智能电子设备　intelligent electronic device; IED

含有一个或多个处理器，并具有从外部发射器接收数据或向外部接收器发送数据能力的装置。

注：例如风力发电机组控制器。一个 IED 可以作为客户、服务器或者两者共同与其他 IED 进行连接。

3.13

信息　information

通信的内容。基础元素是来自风电场各组成部分的原始数据，这些数据依据本部分处理成特定的信息。风电场信息类型：源信息(模拟量和状态信息)和派生信息(统计和历史信息)。信息被定义为数据(通常是经过处理和派生的数据，以及描述其他数据的信息)。

3.14

信息交换　information exchange

两个系统间的通信过程,例如风电场部件和参与者之间的通信,其目的是提供和获取相关信息。需要具体通信功能,由一个或多个服务组成。

3.15

信息模型　information model

与功能和实现这些功能的设备有关的知识。

注:通过本部分的方法,知识是可见和可得的。模型是通过抽象方式描述面向通信的真实功能或设备。

3.16

日志　log

风电场历史信息。一定周期内的源信息顺序列表。

3.17

记录　logging

一种操作功能。通常按照时间顺序连续记录数据。记录的结果是日志。

3.18

逻辑设备　logical device

代表一组典型风电场功能的独立实体。

3.19

管理功能　management function

某一确定级别上的信息交换的管理需求。管理功能包括用户访问管理、时间同步管理、诊断以及配置等。

3.20

强制　mandatory

定义的内容应遵从 IEC 61400-25。

3.21

测量数据　measured data

包含相关数据属性(如时间戳和数据品质)的过程量的采样值。

3.22

气象系统　meteorological system

风电场部件,负责监测周围环境参数(如风速、风向、气压、温度等)的系统。其提供的数据有多种用途,例如利用气象数据进行单台风力发电机组电能输出与潜在可用风能之间的相关分析。

3.23

监视　monitoring

一种运行功能,用于本地或远程观测系统或过程随时间的任何改变。这一术语同样也可以用于一个数据值或者一组数据值的行为观测。

3.24

运行功能　operational function

获取信息和向风电场发送日常运行指令的功能。类型包括:监视、记录、报告、数据获取、控制。

3.25

可选　optional

定义的内容可以选择性地遵从 IEC 61400-25。

3.26

参数 parameter

用于获取或校正系统行为的可控信息。

3.27

过程数据 processed data

依照计算方法属性处理的具有相关数据属性(如时间戳和品质)的测量值。

3.28

规约 profile(s)

采用特定协议来传送数据对象或命令等的格式。

3.29

协议栈 protocol stack

计算机网络协议簇的特殊软件实现。协议栈和协议簇经常交替使用。严格意义上来讲,簇是协议的定义,堆栈是协议的软件实现。

3.30

报表 report

由功能报告发送的实际信息。报表可以包含 GB/T 30966.2 定义的所有种类的信息。

3.31

报告 reporting

由服务器应用程序启动的从服务器传送数据到客户的运行功能。

3.32

数据采集与监控系统 supervisory control and data acquisition;SCADA

基于处理单元的系统,用于从 IED 处接收信息、决定控制要求以及发送命令到 IED。例如,调度人员使用的用来监控服务器或控制区域内电力分布的计算机系统。

3.33

状态 status

部件或系统的状况条件(状态 1/状态 2/…/状态 n)。

3.34

统计信息 statistical information

在数据集上应用统计算法以得到最小、最大、平均标准偏差等的结果。

3.35

计时数据 timing data

特定状态的持续时间。

3.36

时间同步 time synchronisation

同步是使发生的事件在时间上协调一致。这一过程可以是在一个并行时间范围内事先安排好的,或者这些事件被看到是同时发生的。

3.37

三相数据 three phase data

具有相关数据属性(如时间戳、品质以及计算方法)的三相电路中的测量值。

3.38

短时日志 transient log

短时周期内事件驱动的高分辨信息的时间序列列表(事件驱动报表)。

3.39

用户/访问管理　user/access management

用于设置、修改、删除用户(管理职能)、分配访问权限(管理职能)以及监视访问的管理功能。

注：管理功能不一定包括通信服务。

3.40

风电场　wind power plant

由一些技术子系统组成的完整系统，这些子系统在IEC 61400-25(所有部分)中被称为风电场部件，如一台或多台风力发电机组。

注：风电场的主要目标是实现风能发电。

3.41

风电场模拟量信息　wind power plant analogue information

与某一部件或系统的实际状况或行为相关的连续信息。

注：例如类型有测量值、处理值、三相值、设置点、参数。

3.42

风电场部件　wind power plant component

风电场运行过程中应用的技术系统，例如风力发电机组、气象系统、电力系统和风电场管理系统。

3.43

风电场管理系统　wind power plant management system

风电场部件，负责保证整个系统自身能够适应静态和动态条件与电力连接的要求(即，风力发电机组与变电站以及其他电力系统相关设备配合运行)。

注：一个风电场管理系统可以包含其他没有在本部分中模型化的功能(例如，塔影控制功能、噪音或声音减少、冰冻警告、雷电保护)。

3.44

风力发电机组　wind turbine

风电场的主要部件。其主要功能是发电，即将风的动能转化为电能。

4　缩略语

下列缩略语适用于本文件。

ACSI	抽象通信服务接口(在DL/T 860.72—2004中定义)
CDC	公用数据类
DC	数据类
DNP3	分布式网络协议版本3
IED	智能电子设备
IEM	信息交换模型
LCB	日志控制块
LD	逻辑设备
LN	逻辑节点
O&M	运行与维护
OSI	开放系统互连
RCB	报表控制块
SCADA	数据采集与监控系统
SCSM	特定通信服务映射(在DL/T 860.81—2006中定义)

WPP	风电场
WT	风力发电机组
XML	扩展标记语言

5 总则

5.1 一般规定

IEC 61400-25(所有部分)的主要目的是建立不依赖于制造商的监控系统的通信标准。风电场部件的制造商和供应商在各自的设备和系统中应执行 IEC 61400-25(所有部分)。

本章给出了 IEC 61400-25(所有部分)的背景、模型、模型化方法以及应用可能性的一般规定。

5.2 给出了风电场概览并显示了 IEC 61400-25(所有部分)可以应用的区域,解释了在术语“风电场”下需要理解的事物、需要区分的操作概念以及风电场运行需要哪些部件。

5.3 给出了风电场监控系统框架内发生的通信要求,规定了风电场应具有的一般通信能力以及通信需要的内容和功能。

5.4 给出了通信模型综述。介绍了作为开发 IEC 61400-25(所有部分)基础的服务器-客户通信环境和 3 类服务器-客户应用技术,举例阐明了可能的通信结构,定义了作为风电场监控标准来执行的 3 个方面。

5.2 风电场概览

5.2.1 风电场定义

风电场是由任意数量、有明确的任务区别的技术子系统组成的完整系统。在之后的论述中子系统被称为风电场部件,在 5.2.2 中描述。

5.2.2 风电场部件

风电场部件是用于风电场运行的技术系统。由不同的子部件构成,这些部件不在后续章节中加以区分。所有风电场部件都属于 IEC 61400-25(所有部分)的应用领域。

IEC 61400-25(所有部分)中信息模型化的部件包括:

风力发电机组:

——风轮;

——传动装置;

——发电机;

——变流器;

——机舱;

——偏航系统;

——塔筒;

——报警系统。

气象系统:

——风电场气象条件。

风电场管理系统:

——风电场控制。

电力系统:

——风电场并网。

风力发电机组(及其子部件)是风电场的主要部件。风力发电机组负责发出电能,完成利用某一地区风能的任务,即将风能转化为电能。

风力发电机组供应商通常向客户保证某一功率曲线和关系到能量输出的技术可利用性。为了使运行人员和业主都能验证所使用的风力发电机组达到供应商保证的功率性能,应提供特定地点风力条件的数据。

根据 IEC 61400-12-1,气象塔是一个单独的风电场部件,在后边的论述中被称为气象系统,主要被用于测量风况,例如某一地点的风速。气象系统提供的数据可以用来修正单台风力发电机组输出功率与可用风能的相关性。在此基础上可以确定某一特定风力发电机组的实际功率性能。

除风力发电机组外,风电场并网运行还需其他设备。由分散集电线路以及变电站将风电场所产生的电能收集,经合适的电网输送到最终用户。这一任务由电力系统完成。

注:所有有关变电站的电力系统问题都属于 DL/T 860 的应用范围。

另一个部件,风电场管理系统,应确保整个系统自身能适应静动态条件和电力连接要求(变电站、公用电网)。

5.3 通信的一般要求

5.3.1 通信能力

风电场被不同的外部参与者监控,例如本地或远程 SCADA 系统、本地实时内置控制系统以及电能调度中心等。

风电场监控的目的是给参与者提供整个系统及已安装部件的信息。这些信息是风电场控制的重要知识基础。例如,要停止某一台风力发电机组的运行,SCADA 系统应明确如何在总系统中识别出此部件,以及其目前所运行的状态。并且,SCADA 系统也应明确其该向哪个设备发送指令来确保相关部件如所期望的那样被控制。为了能检查命令是否被执行,SCADA 系统还需来自风电场的反馈。

这样,为能在监控框架内交换信息,风电场和外部参与者应满足一个基本前提条件:能够与外部网络通信。

因此,任何需要与其他部件和参与者交换信息的风电场部件需要装配一台智能电子设备(IED),该设备可以发送数据给外部接收器,也可以接收来自外部的数据。一台风力发电机组通常配置一台风力发电机组控制器,其主要负责风电场部件的内部监控,但也允许外部监控。

5.3.2 通信内容

信息是监控框架内的通信内容,其基本元素是来自风电场部件的原始数据。这些原始数据应被处理成特定信息。有 5 种类型的信息需要被区分,这 5 类信息对监控风电场来说是至关重要的:

——过程信息;

——统计信息;

——历史信息;

——控制信息;

——描述信息。

过程、统计和历史信息是风电场监控所需要的内容,这些信息通过风电场通信获得。过程信息反映了某些系统及部件当前的状态。统计信息通常在评价一个风电场运行方面很有用。历史信息使得在日志和报表中跟踪运行趋势成为可能。

控制信息是风电场控制需要传输的内容,例如,访问规约、设定值、参数以及命令;这些信息应首先由某些参与者传达给风电场。风电场应储存控制信息并为以后子过程通信提供这些信息。

描述信息是指对信息的类型、精度、时间和数据的描述。

5.3.3 通信功能

参与者监控风电场需要特定功能来配置、执行并监视与风电场的信息交换。这些功能分为以下两个主要类别：

——运行功能；

——管理功能。

运行功能(手动或自动)由参与者用来获取风电场的信息并发送控制指令给风电场。运行功能包括：

——监视；

——控制；

——数据获取；

——记录；

——报告。

表 1 给出了运行功能应用范围的概要。

表 1 运行功能

运行功能	应用范围(实际使用)
监视	用于本地或远程观测系统或过程在某一时间内的任何变化。也用于观测一个或一组数据值的变化
控制	改变、修改、插入、切换、控制、参数化以及风电场优化
数据获取	采集风电场数据
记录	记录是一种功能，用于对一系列的数据和事件按时间顺序进行记录，记录的结果称为日志
报告	报告是一种功能，用于从服务器向客户传输数据，通过服务器应用进程初始化

管理功能是信息交换更高级管理所需要的，参与者用来保护监控过程的完整性。管理功能包括：

——用户/访问管理；

——时间同步；

——诊断(自监视)；

——系统设置。

表 2 给出了管理功能应用范围的概要。

表 2 管理功能

管理功能	应用范围(实际使用)
用户/访问管理	设置、修改、删除用户(管理员)，分配访问权限(管理员)，监视访问
时间同步	在一个通讯系统内的设备同步
诊断(自监视)	该功能用于设置、提供通讯系统的自监视
系统设置功能	定义信息交换如何发生；建立、改变和接收系统设置数据

5.4 通信模型

5.4.1 一般规定

IEC 61400-25(所有部分)定义了风电场监控系统的通信模型，从抽象层面考虑了所有关于通信的要求。通信模型包含 3 个单独定义的部分：

——信息模型；

——信息交换模型；

——信息模型和信息交换模型映射到标准通信规约。

通信模型被嵌入到抽象环境中，在此环境中两个实体可通过一个公用通信通道来通信。这两个实体在后文的论述中被称为服务器和客户（见图 1）。服务器担任的是信息和服务提供者的角色，给客户提供通信所需的内容和功能。客户担任的是使用者的角色，具有一定权限来使用和管理服务器。

IEC 61400-25（所有部分）不界定实际中服务器由何种物理设备来执行及如何执行的问题，其目的是通过相应的逻辑设备获得风电场部件（如风力发电机组）的相关信息。但是，IEC 61400-25（所有部分）没有详细说明风电场信息模型中的对象是如何在服务器中分布的。

5.4.2　信息模型

风电场信息模型（见图 2）规定了在监控框架内，客户和服务器之间信息交换所需要的内容。

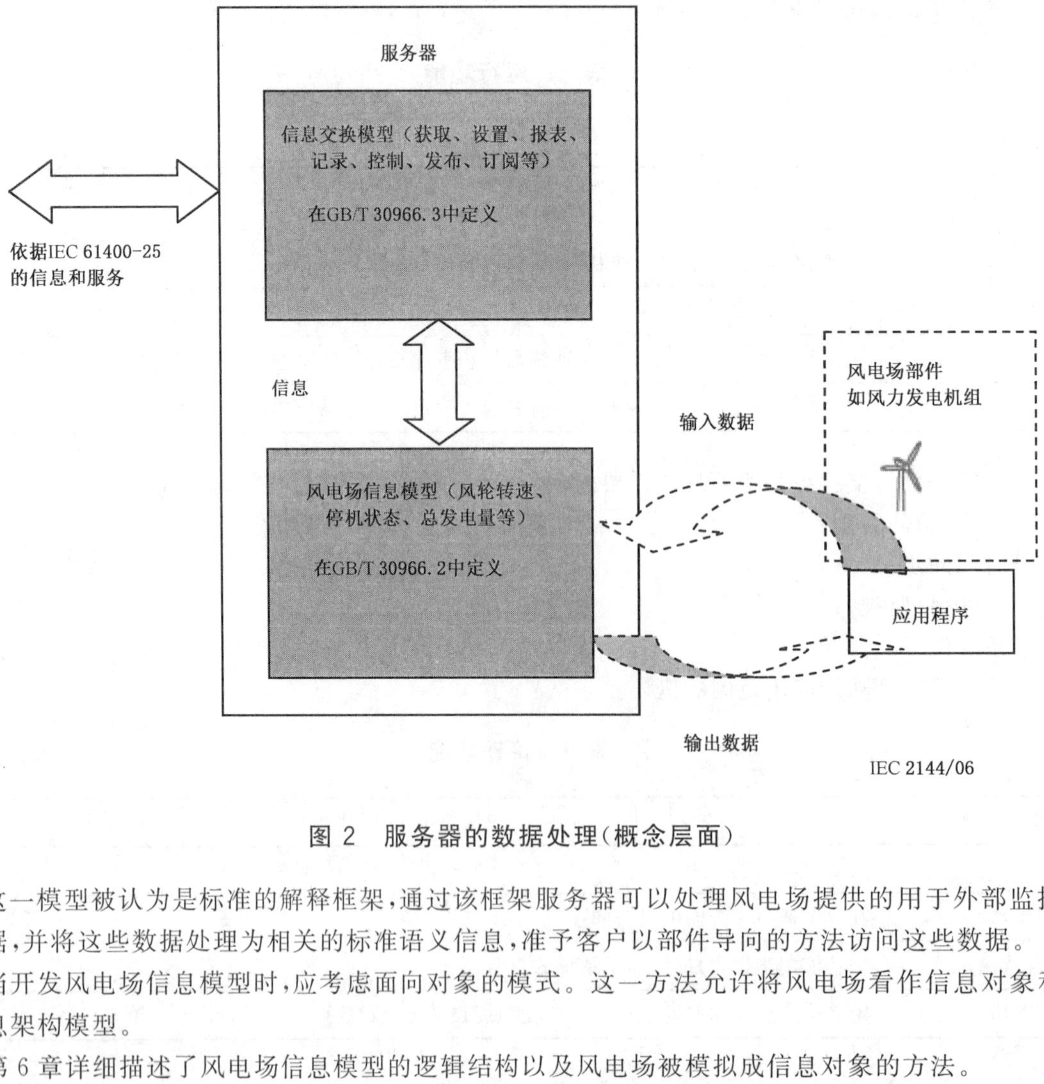

图 2　服务器的数据处理（概念层面）

这一模型被认为是标准的解释框架，通过该框架服务器可以处理风电场提供的用于外部监控的所有数据，并将这些数据处理为相关的标准语义信息，准予客户以部件导向的方法访问这些数据。

当开发风电场信息模型时，应考虑面向对象的模式。这一方法允许将风电场看作信息对象和适当的信息架构模型。

第 6 章详细描述了风电场信息模型的逻辑结构以及风电场被模拟成信息对象的方法。

IEC 61400-25（所有部分）利用对象模型的概念来表示用于通信的风电场的系统和部件。这意味着真实世界的所有部件都被视为有着诸如模拟值、二进制状态、命令以及设定点数据的对象，这些对象和数据作为风电场的信息模型被映射为真实世界部件的一般逻辑表示。

要把真实世界的部件分解为对象并产生这个对象的模型，需要识别出每个部件对象的所有数据和功能。设备中每个数据有一个名字和一个简单或复杂的类型(类)以及一个数据表达,并可以读取和更新。

与处理数字量列表不同,一个对象模型化方法允许我们为标准事物组织和定义标准名称,而不受设备制造商的限制。如果这个设备有一个轴可以读取转动速度,那么不论其供应商是谁,它们都有一个统一的名称,并可被任何能识别信息模型的客户程序所读取。

除了读取和更新过程信息,设备还包括其他的一些功能例如历史信息日志、异常能力报表、由内部或外部命令及输入控制所触发的设备内的运转情况。

所有这些条款包含了外部世界与风电场信息模型所代表的真实世界设备之间信息交换的几种类型。

5.4.3 信息交换模型和与其相关的风电场信息模型

信息交换机制依赖标准化的风电信息模型。这些信息模型以及模型化方法是 IEC 61400-25(所有部分)的核心。IEC 61400-25(所有部分)用此方法模拟如图 3 所示的概念性图解中的实际部件的信息,并定义所有可以同其他部件进行交换的可用信息。此模型为风电场自动化系统提供了一个真实世界(如电力系统过程、发电机等)的映像。

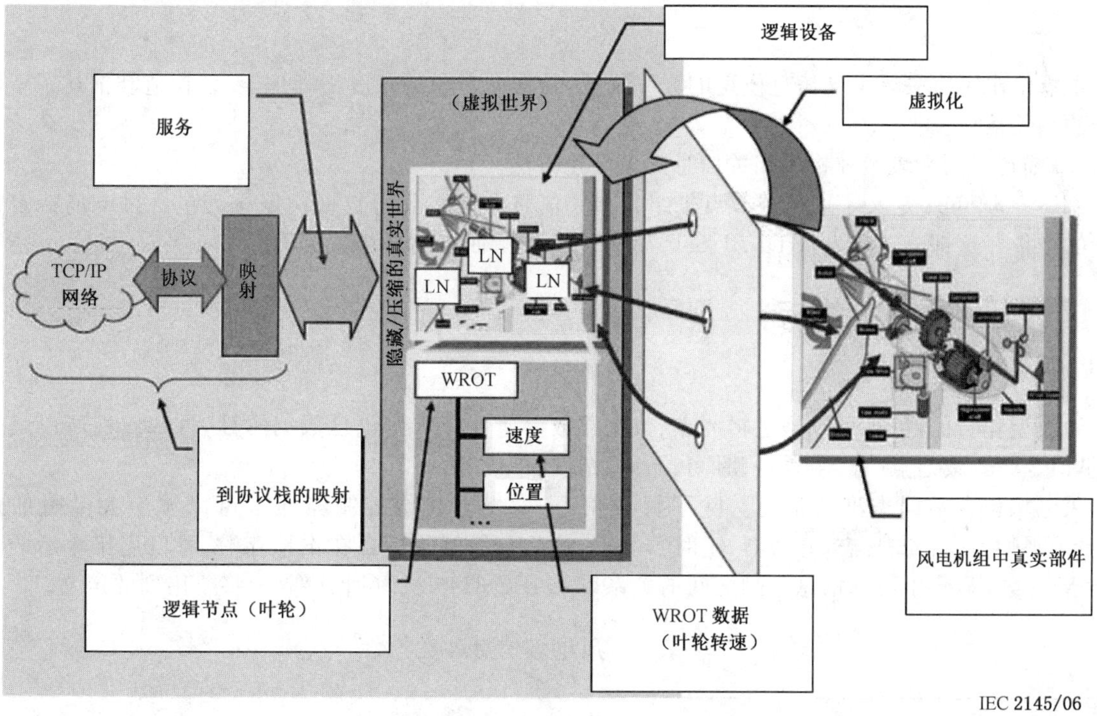

图 3 模型化方法(概念层面)

IEC 61400-25(所有部分)以独立于具体实现的方式(即使用抽象模型)定义信息和信息交换模型。IEC 61400-25(所有部分)还使用虚拟化的概念。虚拟化提供了一种与其他设备进行信息交换的真实设备的表示方法。IEC 61400-25(所有部分)对那些需要提供设备互用性的细节给出了定义。

IEC 61400-25(所有部分)的方法是将功能分解为交换信息的最小实体。专有设备(IED)的实体大小由合理分布的配置决定。这些实体被称作逻辑节点(例如风轮装置类可以虚拟表示为标准化类名 WROT),它可以从概念性应用层面来模拟和定义。逻辑节点集中在诸如代表完整风力发电机组这样的逻辑设备之中。

图 3 右侧的真实部件被模拟成图中间的一个虚拟模型。逻辑节点对应实际物理设备的功能。在这个例子中,逻辑节点 WROT 代表图右边风力发电机组的一个具体风轮。

从功能上讲，一个逻辑节点包含一组含有专用信息的数据（如风轮转速数据）。这些数据具有一定的结构和定义明晰的语义（即在风电场系统背景下的含义）。由数据表示的信息按照所定义的信息交换服务进行交换。

逻辑节点及其包含的数据对信息模型和信息交换服务是至关重要的，对风力发电机组具有互用性。

逻辑节点及其包含的数据由控制信息设定，例如参数、接受的指令、设定点范围等。

5.4.4 映射到通信规约

服务器和客户之间的信息交换要求双方有统一的通信协议。一个通信规约的特定映射定义了如何用一个具体的协议栈来实现风电场信息模型对象和信息交换模型中定义的功能和服务，例如一个完整的通信协议。GB/T 30966.4 详细说明了所应用的通信协议。

在 GB/T 30966.4 描述的协议栈映射结构参考了 OSI 参考模型（ISO 7498-1:1994）。根据 OSI 参考模型，在客户和服务器之间实现的通信被分为 7 层。其中 5、6、7 层是与应用问题有关的（通常被称为 A-规范），较低的 4 层与数据传输问题有关（通常被称为 T-规范）。

6 风电场信息模型

6.1 一般规定

本章给出了有关风电场信息模型的详细描述，从面向对象的角度清晰地定义、构造和描述了一般风电场的相关信息。

6.2 描述了用来表示和构成相关信息的模型化方法。

GB/T 30966.2 定义了用逻辑节点来组合相关信息。并将公用数据类定义为包含风电场特定信息属性的构件。这部分还含有从 DL/T 860.73—2004 继承而来的公用数据类。

6.2 信息模型化方法

6.2.1 风电场信息

为模型化目的，信息可以是逻辑节点、数据或数据属性。数据包含数据属性，这些属性可以是数值（测量值、状态、设定点等）、附属名、时间、品质、精度、单位等。

风电场包含不同类型的信息。除了源数据，风力发电机组控制器通常可以派生大量附加信息（10 min平均值、报警、日志、计数器、定时器等）。这些有价值的信息在本地存贮，可以用于今后的使用或分析。表 3 显示了不同信息类型之间的关系以及 IEC 61400-25（所有部分）将要用到的定义。

表 3 风电场信息种类

类别		描述
过程信息		
状态信息		有关部件或系统当前状况或行为的离散信息
	状态	一个部件或系统的状况（状态 1/状态 2/…/状态 n）
	报警	安全介入的声明，如风力发电机组控制系统介入的安全声明
	事件	状态变换（状态、警报、命令）
模拟信息		有关部件或系统目前状况或行为的连续信息
	测量数据	过程量化（采样）值
	过程数据	经过处理的测量值（10 min 平均…）
	三相数据	三相电量的测量值

表 3（续）

类别		描述
控制信息		
控制信息		有关部件或系统目前状况或行为的离散信息
	命令	系统行为的可控状态(使能/禁止、有效/无效等)
	设置点	过程量化的参考值
	参数	系统行为的可控值(调整值)
派生信息		
统计信息		对一组数据应用统计算法得出的结果
	计时数据	特定状态的总持续时间
	计数数据	特定事件发生的总数
	特征数据	信息或观测数据的属性(最小、最大、平均、标准、偏差等)
历史信息		与已逝去时间有关的信息
	日志	特定时间段内按时间排序的事件
	短时日志	短时间段内高分辨率源信息的事件驱动的时间序列列表
	报表	报表控制块中所需的包含表示状态和数据信息的周期性通知

6.2.2 模型化方法

由于所有在表 3 中列出的信息种类都包含自己的格式和属性，因此不得不定义通用的风电场信息模型。这一自上而下的模型结构是分级的，并基于定义在 DL/T 860.71—2006 第 6 章(DL/T 860 的模型化方法)中的模型化方法，其基准在 DL/T 860.72—2004 第 5 章中描述。分级的意义在于将不同层次的公用信息加以区分并组合成类。底层类会自动继承高层类的属性。图 4 概述了风电场信息模型的结构，每一层结构都会更加详细地进行分别论述。

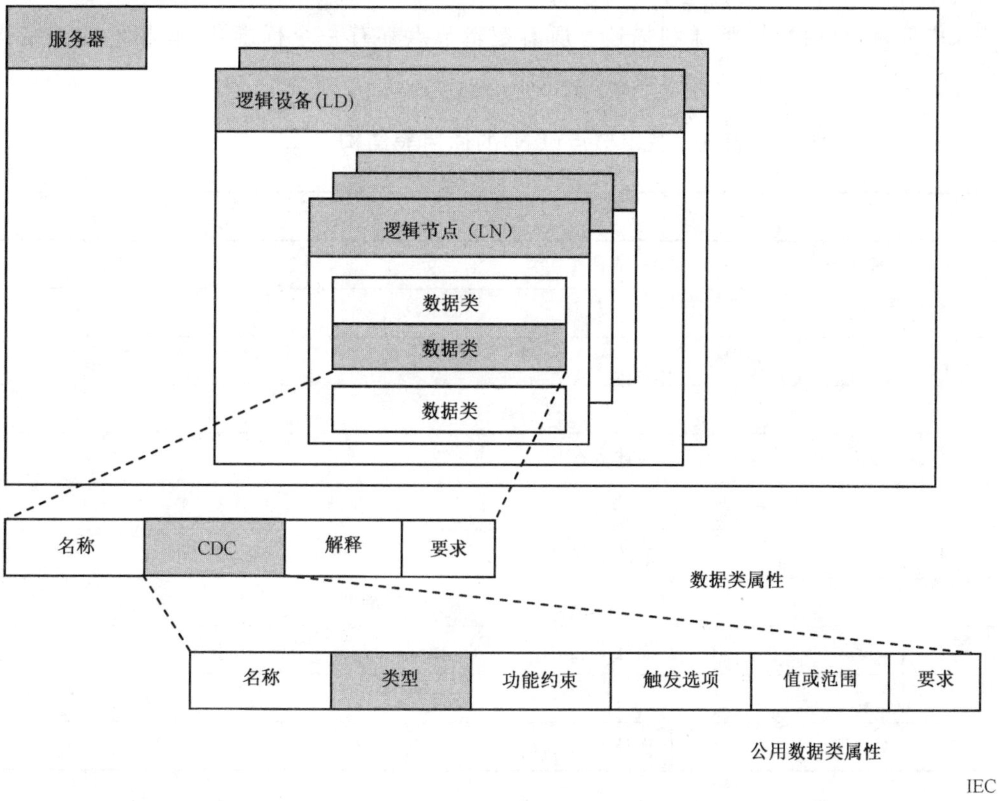

图 4　风电场信息模型的结构

最高层被称作逻辑设备(LD),它被分解为逻辑节点(LN)。一个逻辑节点包含一个相关数据集,称作数据类(DC)。每个数据类继承一个属性集,正如称为公用数据类所定义的那样分配其属性。一个公用数据类包含一个数据记录集。最基本的数据详情可在公用数据类的类型定义中找到。

6.2.3 逻辑设备

一台服务器主机至少是一个逻辑设备。例如,IEC 61400-25(所有部分)可把一个逻辑设备分配给风电场的特定风力发电机组。因此一个逻辑设备包含属于这台风力发电机组的特定逻辑节点集。逻辑节点零(LLN0)被指定提供关于逻辑设备的公用信息(如逻辑设备铭牌和健康状态),逻辑节点物理设备(LPHD)表示该逻辑设备对应物理设备的公用数据(如物理设备铭牌和健康状态)。

6.2.4 逻辑节点

在一个逻辑设备中,所有风力发电机组信息分布在称为逻辑节点的不同"容器"中。IEC 61400-25(所有部分)详细说明了风电场特定逻辑节点类集(GB/T 30966.2),其中一些是强制的(在表中用"M"表示),其他是可选的(在表中用"O"表示)。逻辑节点和数据类及其扩展名的基本使用规则在DL/T 860.74—2006的附录A和DL/T 860.71—2006的第14章中定义。特定逻辑节点是指风力发电机组分解成功能系统(如风轮、传动装置、发电机、偏航系统等)产生,但是公用信息集也可以用逻辑节点(LN)表示(如报警日志、事件日志等)。风电场特定逻辑节点的名称应该是唯一的,并始终以"W"开头,后边是3个表示内容的大写字母。

逻辑节点数据由被命名的有着简单或复杂类型的属性来表示(如32位整数或复杂结构变量由被命名的简单或复杂部件类型组成)。在第一代风电场通信中,这些数据可能会被表示为具有相同类型的线性的存储映像地址空间。在这个模型中,数据被命名并具有适合表示底层数据的任何类型。数据存储和管理计划的具体内部组织和实现独立于外部世界。

在逻辑节点内部,信息由数据类详细描述。所有逻辑节点都有一个标准化的、相似的表结构,见表4。表4表示和设想了逻辑节点的不同数据类属性。

表4 逻辑节点(LN)的通用表结构

W×××类			
属性名	属性类型	解释	M/O
数据			
公用信息			
数据类名	CDC	描述和范围	
状态信息			
数据类名	CDC	描述和范围	
模拟信息			
数据类名	CDC	描述和范围	
控制信息			
数据类名	CDC	描述和范围	

为方便起见,逻辑节点的所有信息都根据表3中的风电场信息分解图来分类。

逻辑节点的所有数据类属性在表5中简要说明。

表 5　逻辑节点的数据类属性

数据类属性	描述
属性名	数据类名
属性类型	公用数据类定义了公用数据属性。公用数据类(CDC)在 GB/T 30966.3 定义
解释	数据类内容的简短说明
要求	M:强制,O:可选

如果一个可选逻辑节点被使用,那么它的强制(M)数据类属性也将被使用。可选的(O)数据类属性根据用户需要来选择。

7　风电场信息交换模型

7.1　一般规定

本章给出了信息交换模型(IEM)的概要,客户和服务器通过信息交换模型获得第 6 章定义的风电场信息模型的内容和结构。

7.2　信息交换模型化方法

7.2.1　风电场信息交换

GB/T 30966.3 定义的风电场信息交换模型的主要目的是交换不同类的实例化信息模型提供的信息,如逻辑节点、数据、数据属性或控制块。IEM 定义的服务器可以提供:

——风电场信息模型的实例;

——客户访问实例化信息模型所需要的功能,包括相关的服务(获取、设置、控制、查询、报表等)。

IEC 61400-25(所有部分)只定义了服务器角色。客户通过发送请求信息向服务器提出服务请求,并从服务器接收响应信息或报表。

一个服务器为多个客户提供访问风电场信息模型实例的服务,如图 5 所示。每个客户可以独立于其他客户与服务器进行通信。

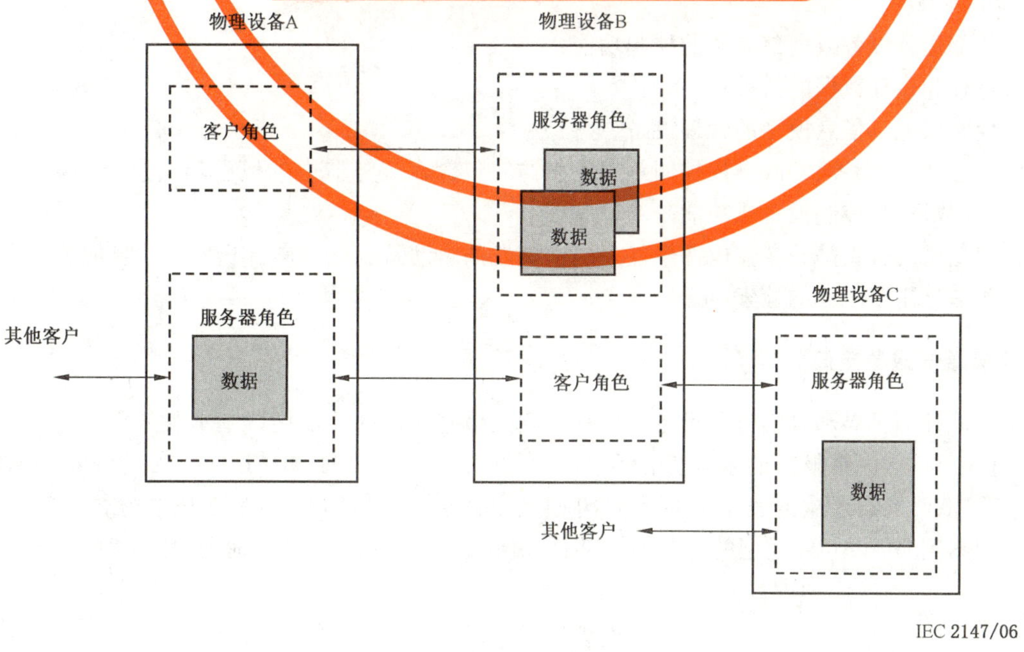

图 5　客户和服务器角色

如图 5 所示,物理设备可以履行客户或服务器职责,或者同时履行两种职责。

客户的角色是与服务有关的服务器形成互补。

注:IEC 61400-25(所有部分)没有定义任何应用程序接口——它既不在服务器中也不在客户中。它定义了服务器中包含信息的外部可见视图,以及这些信息如何发送和接收。

7.2.2 服务模型

服务器中的风电场信息模型支持访问服务,如图 6 所示。

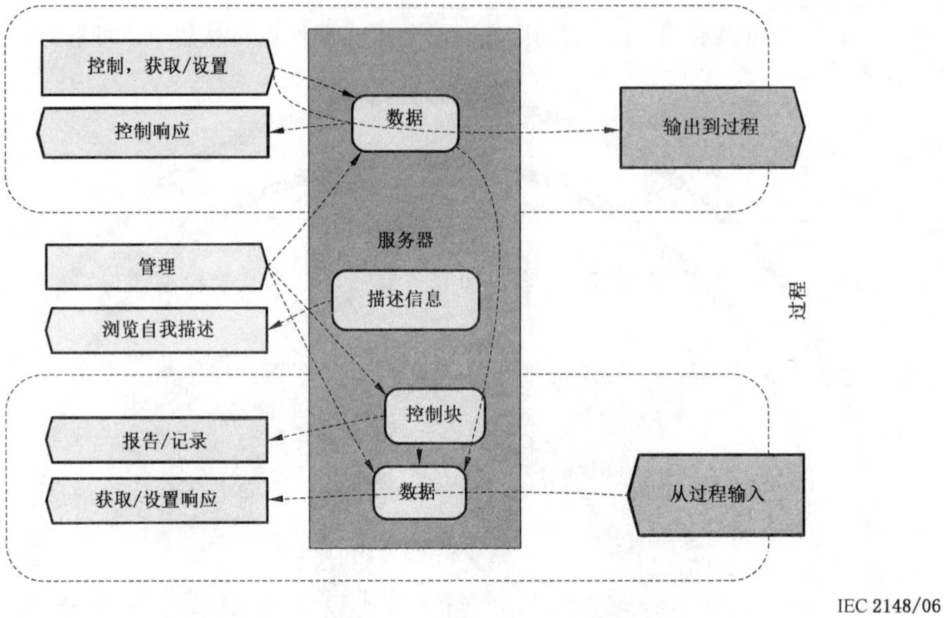

图 6 IEM 服务模型

服务器的主要任务是提供组成风电场信息模型的数据。这些数据属性包含用于信息交换的数值。IEM 提供下列服务:

——外部运行设备或内部设备的控制功能;

——过程和过程数据的监视;

——检索风电场信息模型的管理设备。

可以通过获取、设置、即时操控控制等服务来访问包含在服务器中的风电场信息模型数据实例(返回信息、设置数据值、控制设备或功能)。

报告和记录的含义是服务器内部事件(报告)引发的自动从服务器向客户发送信息或者是在服务器中存储这些信息用于之后的检索(记录)。

7.2.3 抽象通信服务接口

用于完成外部世界和真实世界设备不同部件之间信息交换的通信接口基本服务集被称为抽象通信服务接口(ACSI)。这些服务的基本方法在 DL/T 860.71—2006 和 DL/T 860.72—2004 中有详细描述。DL/T 860.71—2006 中的表 6 描述了 ACSI 模型和服务。下面给出了在特定风电场语境下的服务。

图 7 用图阐明了 ACSI 模型的各种不同部件,并阐述一台典型设备如何通过这些服务与外部相互作用。

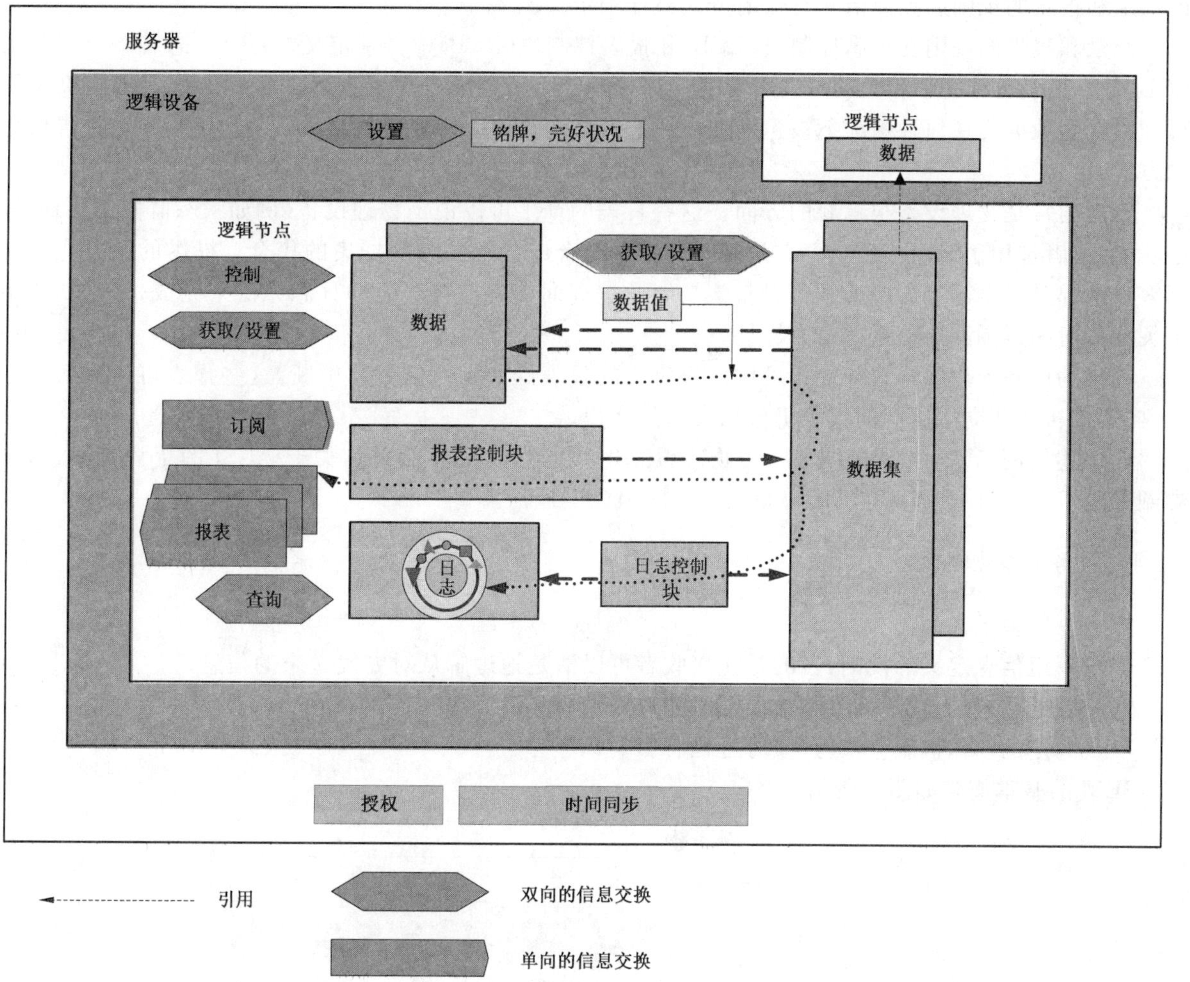

图 7　风电场信息交换的概念模型

具有通信接口的物理设备表示一台服务器。服务器拥有一个通信网络地址，外部客户可以通过网络进行访问。服务器可以接受一个或多个外部客户的连接，并且可以验证这个连接，支持向客户提供信息的服务。服务器包含一个或多个逻辑设备，每个逻辑设备含有一个或多个逻辑节点，每个逻辑节点代表一个基本构件(对象)，每个对象代表逻辑设备的不同功能。逻辑节点包含数据，这些数据可以被单独和成组(数据集)写入或读取，逻辑节点对控制输入做出响应，提供请求的和未请求的报表，并含有可以被查询的日志。这种表示法是通用的，并且提供强大的服务功能，可用来表示任何具有通信接口的实体设备。

获取/设置和控制服务，用于在逻辑节点中读(获取)和写(设置)数据。模拟信息和状态信息通常是只读的。控制和配置信息一般可以读也可以写。提供的服务应便于理解，易于使用，例如操作控制应用程序之前的选择服务。

除了单个命名数据，还可以定义数据的集合(数据集)并给其命名。该功能用于创建、删除和列出数据集等服务，并可以获取和设置数据集的值。这种任意组合能力使得客户可以定义经常需要的数据属性集，并使用唯一名称的简单获取操作就能检索这些数据属性。

数据集是逻辑节点中两种信息交换机制(报告和记录)的关键。大多数物理设备都有某种内部记录机制。这些日志可以包含数据值的周期性记录，以及由于一些量超出某一阈值、或者一些其他触发机制而引发数值改变时记录下来的数据。同样，在与上述描述记录环境相似的情况下，物理设备能够直接发送某种报告给一个预定的客户。在 ACSI 模型中，报告或记录获得的信息用数据集表示。这一方法使得记录和报告的规则以更简洁和有效的方式被详细定义。

记录和报告的规则在日志控制块(LCB)和报表控制块(RCB)中分别定义。每个日志有一个相关的LCB,每个报表也有一个相关的RCB。LCB或RCB定义了进入日志或报表的规则。这些规则决定了哪个或哪些数据集在何种情况下被包括在内。这一方法提供了一个功能强大而灵活的记录和报告信息的方式。

日志通常是物理设备很重要的方面。这些日志的产生可以说是物理设备(例如状态监控设备)的核心功能,或者被用于诊断信息。日志是按时间排序组合成被定义为数据集的集合。提供的服务允许外部客户从部分或全部日志中检索信息。该功能通过查询带有筛选功能的日志方法来完成,筛选功能指定关注的时间范围和要检索的命名属性。

提供的服务允许客户订阅在设备中已经定义的报表。如果通信暂时中断,这些报表可以进入缓冲区,当通信再次建立后所有的报表仍可以发送给客户。

此综述使用ACSI方法阐明了一个物理设备的核心信息交换能力。关于ACSI的更详细描述,可参阅DL/T 860.71—2006和DL/T 860.72—2004。

7.2.4 服务模型化惯例

服务一般被定义为:

——一组信息定义的规则,目的是让接收者可以清楚地理解从对方发送来的信息;

——服务请求的参数、结果和错误都可能返回给服务请求者;

——约定的动作被服务执行(或对过程有影响)。

IEM的基本概念如图8所示。

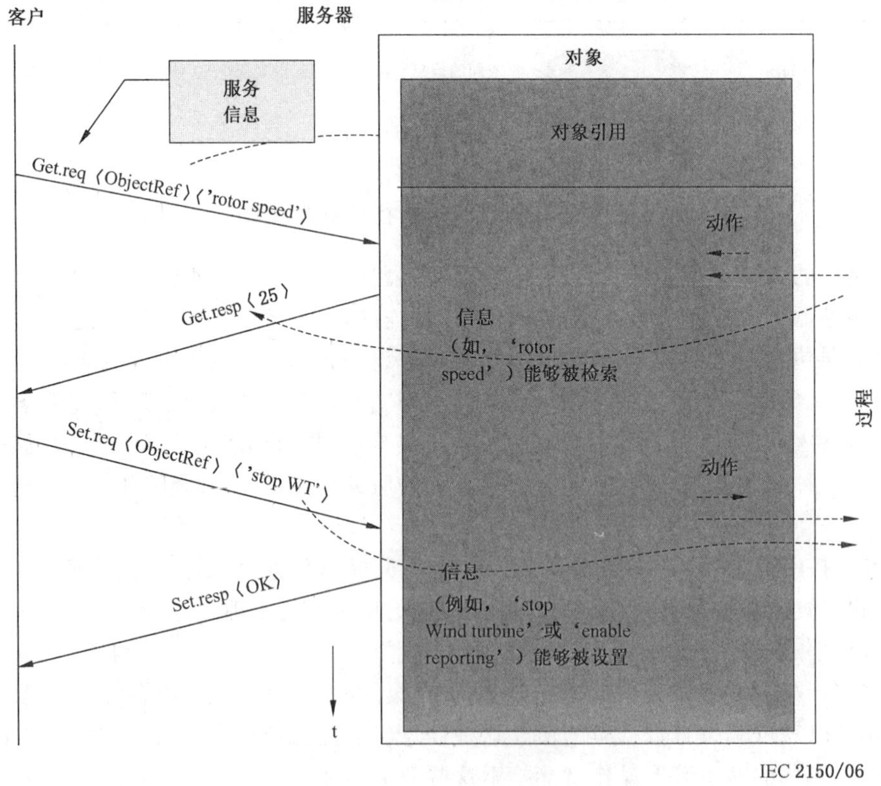

图8 IEM服务模型示例

所有的服务都基于3个信息基本元素:请求、积极响应和消极响应。请求基元用于客户向服务器发出服务呼叫,响应基元允许服务器返回信息给客户。积极响应基元表示约定的服务动作已经执行或将要执行，而消极响应基元表示没有执行或不会执行的动作。一个信息基元可以有许多参数，对于响应基元来说就称作结果和错误。

每个特定服务都由一个或多个服务表定义。服务表总结了处理一个特定基元所需要的参数，见表6。

表6　服务表

参数名
请求
参数 1…
参数 *n*
响应＋
参数 1…
参数 *n*
响应－
参数 1…
参数 *n*

注：GB/T ××××.3 定义的服务表没有显示具体接口实现需要的所有参数，例如，参数“关联”或“重传时间”没有在服务表中描述。这些表是抽象的——本地问题和具体协议问题没有显示。对于理解服务的语义和行为来说，这些具体问题是不需要的。

本部分抽象地描述了每个参数和参数对于服务过程的影响。

服务请求/响应基元(报文)的顺序如图9所示。

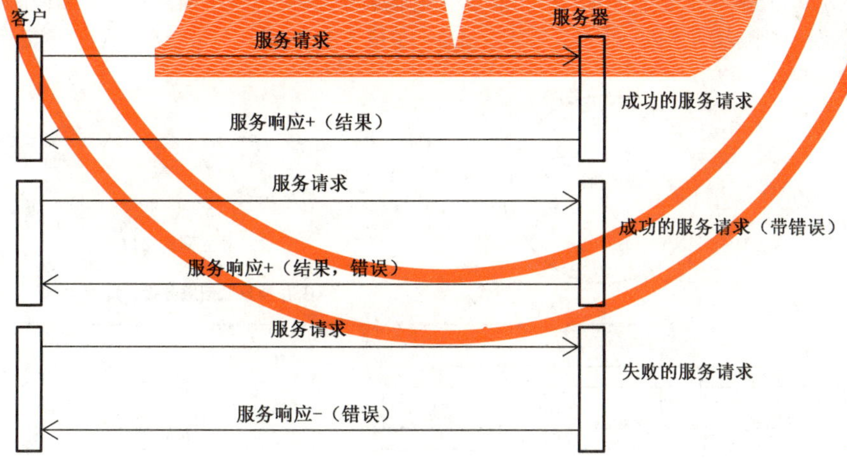

IEC 2151/06

图9　顺序图

报文在信息对象(的属性)上进行操作。可以被实例化的对象有两类：

1)　风电场信息模型类，例如第6章中所定义的逻辑设备、逻辑节点、数据以及数据属性(主要表示过程数据，如“风轮转速”或“停止风力发电机组”)；

2)　各种不同(公用)控制块，如报告和记录控制块。例如，报告控制模块可以通过设定属性开始或停止报告值。

本条款中所描述的报文是概念性的——用于理解 IEM。

注：具体报文可以由一些众所周知的符号所定义，例如表或可扩展标记语言。具体报文可以在特定应用层协议的映射中找到(见 GB/T 30966.4)。

在收到的信息中处理约定的动作可以是很简单的，正如"获取"服务那样，或者更复杂些，就如控制一个真实物理设备的运转状态。后者需对控制过程进行精确描述。例如，服务器要将停止的内部命令发送出去，可以直接执行命令控制系统，或先检查是否有别的客户端正在操作风机，因此需要使用一个信号(通常称为操作前选择)。

报告和记录模型的动态行为由公用控制块控制。对于某个控制块对象的动作由入口/数组元素这种多重属性来描述，如报告或记录的属性值、周期性报告/记录的周期或者通信连接中断情况下需缓冲的事件。动态行为也会受缓冲区类型的影响，如环型缓冲区。

通常动作产生的结果应回传给客户端。万一错误发生，错误报文就会送回。动作通常由不同的属性、形式状态机器码以及纯文本所定义。

8 映射到通信协议

8.1 一般规定

特定通信服务映射(SCSM)定义了服务和模型(服务器、逻辑设备、逻辑节点、数据、数据集、报表控制、日志控制、设定组等)如何映射到特定通信栈，即一个完整的规约。映射及其使用的应用层规定了网络上数据交换的语法(具体编码)。

注：从含有应用层协议的通信栈中单独引入了 SCSM 的概念。

根据图 10，SCSM 将抽象通信服务、对象和参数映射到特定应用层。这些应用层提供了具体编码。依靠通信网络技术，这些映射复杂程度不同。一些 ACSI 服务不支持所有的映射，但是如果某个服务在一个映射中被提供，那么这个服务将与基准映射中的同一个服务有着同等的含义。一个应用层可以使用一个或多个堆栈(1 层～6 层)。

示例："获取数据集值"服务(在一个数据块中读取多个值)的映射对于 AL1 到 ALn 可以有不同的映射。例如，一个特定 AL 可以直接支持这个服务，而另一个 AL 支持取回单个值或者多个值(这些值应属于同一类型)。在该情况下，映射应发出数个取回动作。

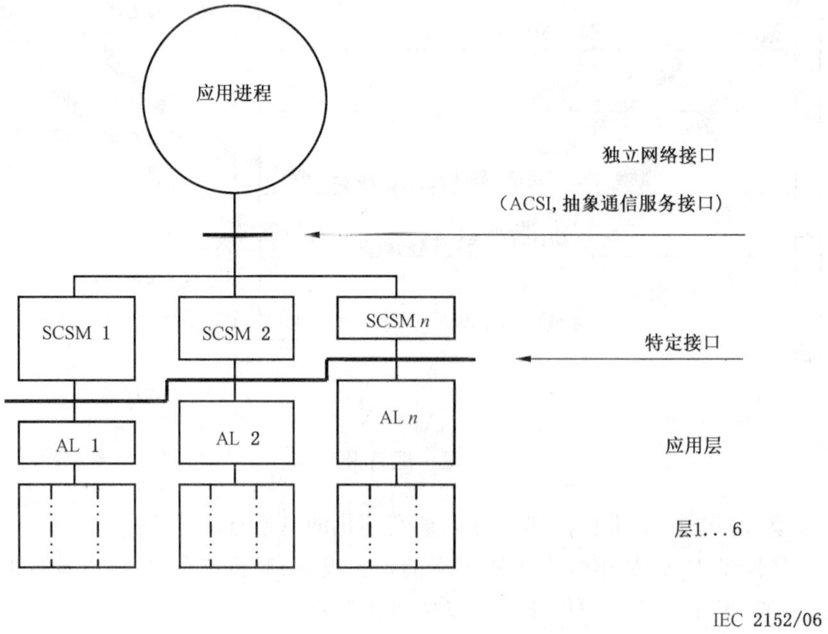

图 10 ACSI 映射到通信栈/规约

8.2 映射的体系结构

IEC 61400-25(所有部分)可以支持多种映射。映射的概念性体系结构如图 11 所示。

信息模型和信息交换模型需要映射到适合的协议。有关映射的要求在 GB/T 30966.4 定义。TCP 和 IP 协议是由所有映射提供的底层基础协议。具体数据链路层和物理层不在 IEC 61400-25(所有部分)的应用范围之内。

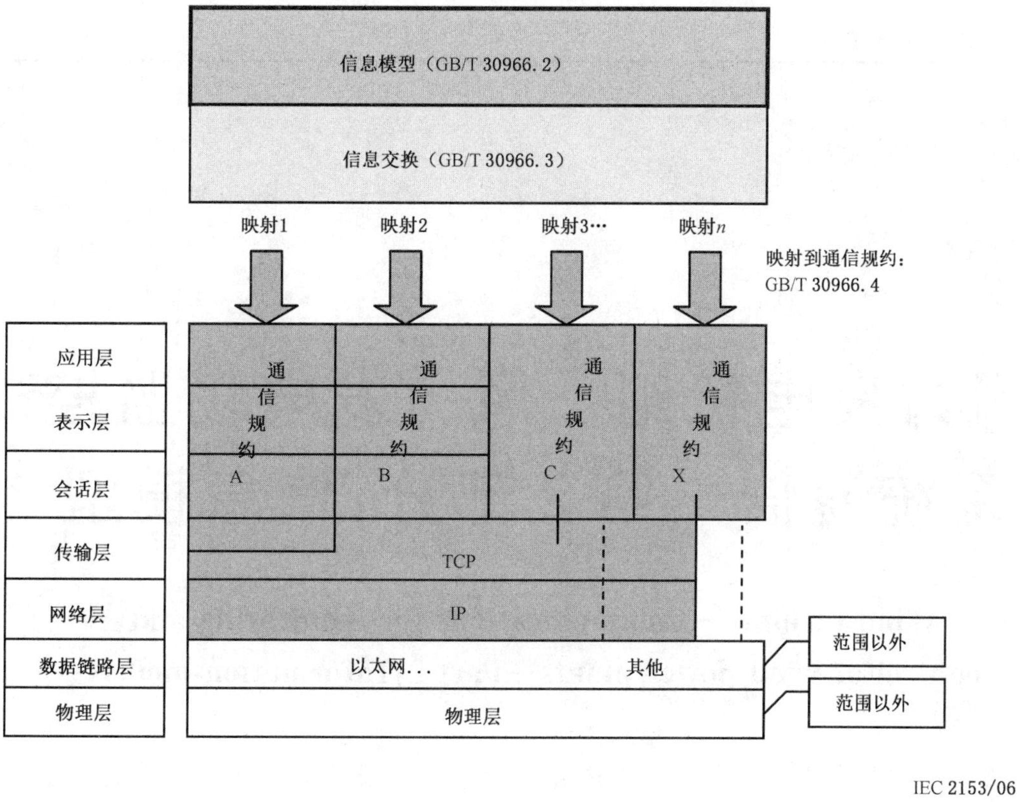

图 11 通讯规约

8.3 风电场信息模型的映射

风电场信息模型映射的分层结构在 GB/T 30966.2—2014 的第 6 章和第 7 章中定义，应能用于 IEC 61400-25(所有部分)的所有特定通信服务映射(SCSM)。

ICS 27.180
F 11

中华人民共和国国家标准

GB/T 30966.2—2014/IEC 61400-25-2:2006

风力发电机组　风力发电场监控系统通信　第2部分:信息模型

Wind turbines—Communications for monitoring and control of wind power plants—Part 2: Information models

(IEC 61400-25-2:2006, Wind turbines—Part 25-2: Communications for monitoring and control of wind power plants—Information models, IDT)

2014-07-24 发布　　2015-01-01 实施

中华人民共和国国家质量监督检验检疫总局
中国国家标准化管理委员会　发布

前　言

GB/T 30966《风力发电机组　风力发电场监控系统通信》分为6个部分：

——第1部分：原则与模型；

——第2部分：信息模型；

——第3部分：信息交换模型；

——第4部分：映射到通信规约；

——第5部分：一致性测试；

——第6部分：状态监测的逻辑节点类和数据类。

本部分是GB/T 30966的第2部分。

本部分按照GB/T 1.1—2009给出的规则起草。

本部分使用翻译法等同采用IEC 61400-25-2:2006《风力发电机组　第25-2部分：风力发电场监控系统通信　信息模型》。

与本部分中规范性引用的国际文件有一致性对应关系的我国文件如下：

——GB/T 4880.1—2005　语种名称代码　第1部分：2字母代码(ISO 639-1:2002,MOD)；

——GB/T 4880.2—2000　语种名称代码　第2部分：3字母代码(eqv ISO 639-2:1998)；

——GB/T 4880.3—2009　语种名称代码　第3部分：所有语种的3字母代码(ISO 639-3:2007,IDT)；

——GB 3100—1993　国际单位制及其应用(eqv ISO 1000:1992)；

——GB/T 2659—2000　世界各国和地区名称代码(eqv ISO 3166-1:1997)；

——GB/T 30966(所有部分)　风力发电机组　风力发电场监控系统通信[IEC 61400-25(所有部分)]；

——DL/T 860.5—2006　变电站通信网络和系统　第5部分：功能的通信要求和装置模型(IEC 61850-5:2003,IDT)；

——DL/T 860.73—2004　变电站通信网络和系统　第7-3部分：变电站和馈线设备的基本通信结构　公用数据类(IEC 61850-7-3:2003,IDT)；

——DL/T 860.74—2006　变电站通信网络和系统　第7-4部分：变电站和馈线设备的基本通信结构　兼容逻辑节点类和数据类(IEC 61850-7-4:2003,IDT)。

本部分做了下列编辑性修改：

——将"IEC 61400-25-2:2006"改为"本部分"；

——将标准名称改为"风力发电机组　风力发电场监控系统通信　第2部分：信息模型"；

——将"IEC 61400-25-1"改为"GB/T 30966.1"；

——将"IEC 61400-25-3"改为"GB/T 30966.3"；

——将"IEC 61400-25-4"改为"GB/T 30966.4"。

本部分由中国机械工业联合会提出。

本部分由全国风力发电机组械标准化技术委员会(SAC/TC 50)归口。

本部分起草单位：北京科诺伟业科技有限公司、中国科学院电工研究所、保定科诺伟业控制设备有限公司、新疆金风科技股份有限公司。

本部分主要起草人：赵斌、鄂春良、武鑫、赵栋利、姚红菊、谷海涛、许洪华、马蕊、李宏宇、王相明。

IEC 引言

IEC 61400-25 定义了风力发电场监控系统通信的要求。IEC 61400-25 选择了类和服务等抽象定义的建模方法,从而使规范独立于特定协议栈,实现方法和操作系统。这些抽象的类和服务映射到特定通信规约不属于本部分的范围,但将在 IEC 61400-25 的第 4 部分讨论。

为达到互操作性,信息模型中所有数据需要有关语法和语义的强大定义。数据语义主要由分配给逻辑节点的名称及其所包含的数据提供,如 IEC 61400-25 的本部分定义。如果数据尽可能多地定义为强制,互操作最容易。

应当指出,具有完整语义的数据仅是实现互操作的一个要素。因为数据和服务由设备(IED)主导,适当的设备模型需要与具体服务域相兼容(见 IEC 61400-25-3)。

本部分详细说明了逻辑设备类、逻辑节点类、数据类和抽象公用数据类的抽象定义。这些抽象定义映射到具体对象定义,即为一个特定协议。

兼容逻辑节点名和数据名在本部分定义,其相关的语义是确定的。

注:IEC 61400-25 的实施性能是一种应用特性。IEC 61400-25 不要求某一确定的性能级别,这在 IEC 61400-25 的范围之外。然而,在通信技术中没有潜在的限制来阻止高速应用(毫秒级的响应)。

风力发电机组　风力发电场监控系统通信　第2部分:信息模型

1　范围

IEC 61400-25(所有部分)关注的是风电场中各组成部分(如风力发电机组)和参与者(如SCADA系统)之间通信的一般性要求。风电场各部分自身内部通信不在适用范围之内。

IEC 61400-25(所有部分)设计了客户-服务器模型支持的通信环境,定义了以下3个方面的内容,并分别进行建模来保证实现的可扩展性:

1)　风电场信息模型;

2)　信息交换模型;

3)　信息模型和信息交换模型映射到标准通信规约。

风电场信息模型和信息交换模型在客户端和服务器端之间构成一个接口。作为访问风电场数据的解释框架,风电场信息模型通过服务器向客户端提供统一的、基于部件的风电场数据。信息交换模型反映了服务器的全部有效功能。IEC 61400-25(所有部分)使得不同客户与来自不同制造商和供应商的服务器之间的访问具有通用性。

如图1所示,IEC 61400-25(所有部分)定义的服务器包含如下几个方面:

——由风电场部件提供的信息,如"风力发电机组风轮转速"或"某一确定时间内总的发电量",这些信息被模型化,并可被有效访问;

——模型化信息值的交换服务,在GB/T 30966.3信息交换模型中定义;

——映射到通信规约,提供一个协议栈从模型化信息中获取交换值(GB/T 30966.4)。

IEC 61400-25(所有部分)仅定义了如何模型化信息、信息交换并映射到具体通信协议,不包含如何、在何地去实现通信接口、应用程序接口以及实现的建议。然而,IEC 61400-25(所有部分)的目的是通过相应的逻辑设备得到与单一风电场部件(如风力发电机组)相关的信息。

GB/T 30966的本部分规定了与风电场应用相关的设备和功能的信息模型,特别是规定了风电场部件之间通信的兼容逻辑节点名和数据名,包括逻辑设备,逻辑节点和数据之间的关系。IEC 61400-25(所有部分)定义的名称被用来创建分层对象引用,应用于风电场部件的通信。

本部分规定了与风力发电机组应用有关的公用属性类型和公用数据类,特别说明了如下公用数据类:

- 设定值;
- 状态值;
- 报警;
- 命令;
- 事件计数;
- 状态计时;
- 报警设定状态。

本部分设备实施信息模型应根据应用要求选择一个或多个逻辑节点。

注1:IEC 61400-25(所有部分)关注的是一般的、非特定供应商的信息。那些特定供应商的实现起来变化很大的信息项可以在双边协议、用户组详细说明。

注2:本部分不提供指导材料。

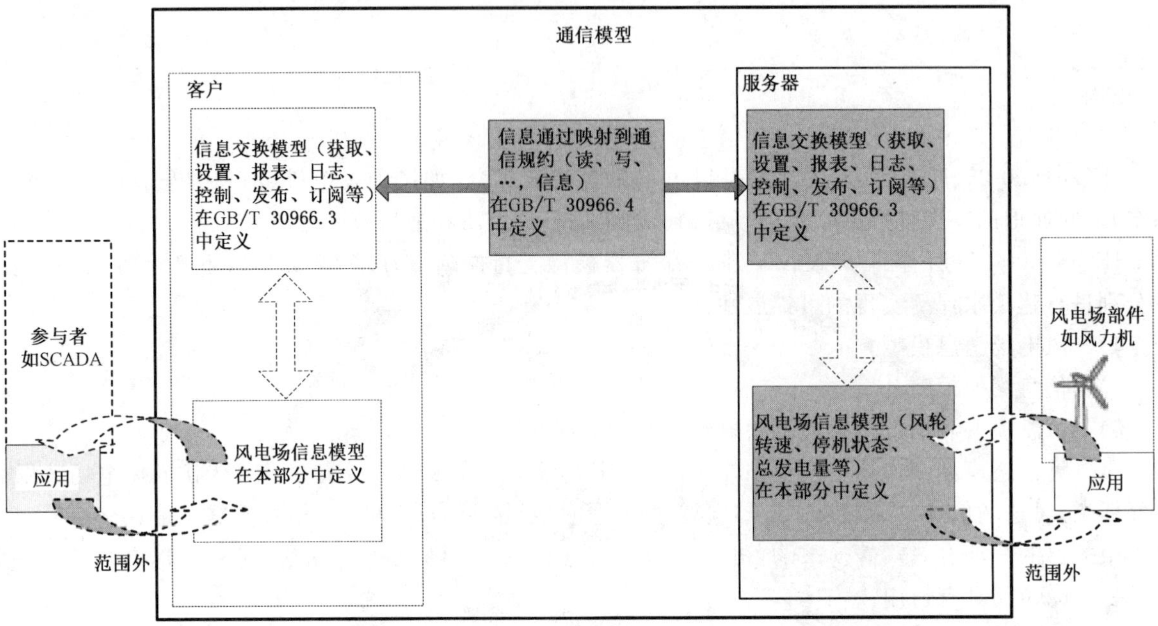

图 1　通信模型概念

2　规范性引用文件

下列文件对于本文件的应用是必不可少的。凡是注日期的引用文件，仅注日期的版本适用于本文件。凡是不注日期的引用文件，其最新版本(包括所有的修改单)适用于本文件。

DL/T 860.71—2006　变电站通信网络和系统　第 7-1 部分：变电站和馈线设备的基本通信结构　原理和模型(IEC 61850-7-1:2003,IDT)

DL/T 860.72—2004　变电站通信网络和系统　第 7-2 部分：变电站和馈线设备的基本通信结构　抽象通信服务接口(ACSI)(IEC 61850-7-2:2003,IDT)

IEC 61400-25(所有部分)　风力发电机组　第 25 部分：风力发电场监控系统通信(Wind turbines—Part 25:Communications for monitoring and control of wind power plants)

IEC 61850-5　变电站通信网络和系统　第 5 部分：功能的通信要求和装置模型(Communication networks and systems in substations—Part 5:Communication requirements for functions and device models)

IEC 61850-7-3　变电站通信网络和系统　第 7-3 部分：变电站和馈线设备的基本通信结构　公用数据类(Communication networks and systems in substations—Part 7-3: Basic communication structure for substations and feeder equipment—Common data classes)

IEC 61850-7-4　变电站通信网络和系统　第 7-4 部分：变电站和馈线设备的基本通信结构　兼容逻辑节点类和数据类(Communication networks and systems in substations—Part 7-4:Basic communication structure for substations and feeder equipment—Compatible logical node classes and data classes)

ISO 639(所有部分) 语种名称代码(Codes for the representation of names of languages)

ISO 1000 国际单位制及其应用(SI units and recommendations for the use of their multiples and of certain other units)

ISO 3166(所有部分) 世界各国和地区名称代码(Codes for the representation of names of countries and their sundivisions)

RFC 2445 互联网日历和日程安排核心对象规范(iCalendar)[Internet Calendaring and Scheduling Core Object Specification (iCalendar)]

3 术语和定义

GB/T 30966.1 界定的以及下列术语和定义适用于本文件。

3.1

条件 conditional

由 IEC 61400-25(所有部分)提供的公用数据类属性,在一定条件下对应的属性为真。

3.2

强制 mandatory

定义的内容应遵从 IEC 61400-25。

3.3

可选 optional

定义的内容可以选择性地遵从 IEC 61400-25。

4 缩略语

下列缩略语适用于本文件。

CDC 公用数据类

DC 数据类

IED 智能电子设备

LCB 日志控制块

LD 逻辑设备

LN 逻辑节点

LPHD 逻辑节点物理设备

RCB 报表控制块

SBO 操作前选择

WPP 风电场

WT 风力发电机组

XML 可扩展标记语言

这些缩略语用来建立数据类名,下面列出了一些逻辑节点名称。

示例:"RotPos"由两个词组成,"Rot"代表风轮,"Pos"代表位置。因此合成词表示"风轮位置"。

词汇	描述
A	电流
AC	交流电
Ack	确认
Acs	访问
Act	实际值
Alm	报警
An	模拟量
Ane	风速计
Ang	角度
Alt	高度
At	有功
Atv	有效
Av	平均值
Avl	可用性
Az	方位角
Bec	灯塔
Bl	桨叶
Blk	锁定
Brg	轴承
Brk	制动器
Cab	电缆
Calc	计算
Ccw	逆时针
Ch	特性
Chg	转变
Chk	检查
Chrg	负荷
Cl	冷却
Cm	命令
Cnv	变流器
Ct	计数器
Ctl	控制
Cw	顺时针
d	描述
Dat	数据
Db	死区

词汇	描述
DC	直流电
Dcl	直流环节
Dec	减少
Dehum	减湿器
Del	三角形
Det	探测
Dir	说明书
Disp	位移
Dly	日报
Dmd	需求
Drv	驱动器
Dn	下降
Egy	能量
Elev	升降机
Emg	紧急情况
En	启动
Ent	入口
Ety	空闲
Evt	事件
Ex	外部
Exp	终止
Ext	励磁
Flsh	闪光
Flt	故障
Ftr	滤波器
Gbx	齿轮箱
Gra	梯度
Gri	电网
Gn	发电机
Gs	油脂
Hi	高
Hly	每小时
Hor	水平
Ht	加热
Htex	热交换器
Hum	湿度

词汇	描述
Hy	液压
Hz	频率
Ice	冰冻
Id	标识符
Idl	空转
Inc	增加
Inj	单射
Inl	在线
Inlet	进口
Inst	瞬间
Intl	内部
Lev	等级
Log	日志
Lift	起重机
Lim	限制
Lo	低
Lu	润滑油
Lum	亮度
Man	手动
Max	最大值
Met	气象
Min	最小值
Mly	每月
Mod	模式
Mthd	方法
Mul	乘法器
Mx	测量
Nac	机舱
Num	数字(大小)
Of	离线
Oil	涂油
Op	操作
Oper	操作员
Ov	结束
Per	周期
PF	功率因数

词汇	描述
Ph	相位
Pmp	泵
Pl	工厂
Plu	污染
Pos	位置
Pres	压力
Prod	生产
Pt	桨距
Ptr	指针
Pwr	功率
q	质量
Rdy	准备就绪
Rep	报表
Rms	均方根
Rng	范围
Roof	顶部
Rot	风轮(风力发电机组)
Rs	复位
React	无功
Rtr	转子(发电机)
Sdv	标准偏差
Sev	严重
Seq	序列
Shf	转轴
Smk	烟尘
Smp	采样
Sp	设定值
Spd	速度
Src	源
St	状态
Sta	定子
Stdby	备用
Stop	停止
Str	开始
Sw	开关
Sys	系统

词汇	描述
t	时间戳
Tm	计时器
Tmp	温度
Tot	合计
Tow	塔筒
Tra	暂态
Trf	变压器
Trg	触发器
Torq	转矩
Tur	风力发电机组
Un	在……下
Urg	紧急
V	电压

词汇	描述
VA	视在功率
Val	值
Vals	数值
Ver	垂直
Vib	振动
Vis	能见度
Wd	风电
Wly	每周
Wup	终止
Xdir	*X* 轴
Ydir	*Y* 轴
Yly	每年
Yw	偏航

5 一般规定

5.1 逻辑节点类概述

两组公用逻辑节点类定义为：

1) 系统特定逻辑节点；

2) 风电场特定逻辑节点。

系统特定逻辑节点应包括物理主机设备的所有公用信息和风电独有信息。风电场特定逻辑节点至少应继承系统逻辑节点的所有强制性信息。

本部分定义的所有逻辑节点类的结构从 DL/T 860.72—2004 的 9.1.1 中定义的抽象逻辑节点类(LN,见图 2)继承而来。除了逻辑节点“物理设备信息”(LPHD),本部分定义的其他所有逻辑节点类(逻辑节点零 LLN0 和风电场特定逻辑节点 LNs)至少应继承公用逻辑节点(公用 LN)的强制性信息。

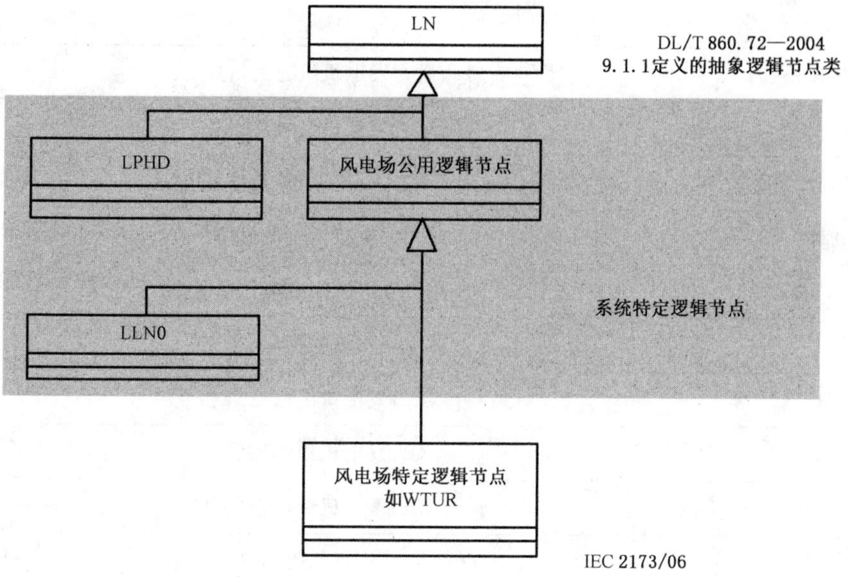

图 2　逻辑节点关系图

表 1 中列出的系统特定逻辑节点类都是强制性的。逻辑节点零(LLN0)表示逻辑设备的公用信息，逻辑节点物理设备(LPHD)表示逻辑设备的物理主机设备公用信息(见 DL/T 860.71—2006 的 8.2)。

表 1　系统特定逻辑节点

逻辑节点类	描述	M/O
LLN0	逻辑节点零	M
LPHD	物理设备信息	M

风电场信息应在风电场特定逻辑节点中分类。原则上，风电场信息分类成不同的逻辑节点是一个随意的过程，而且建模方法灵活。但从标准化的角度讲，所有风电场信息宜以明确的、相似的方式建立起来。表 2 列出了风电场信息分解成的逻辑节点。

表 2　风电场特定逻辑节点

逻辑节点类	描述	M/O
WTUR	风力发电机组通用信息	M
WALM	风电场报警信息	O
WMET	风电场气象信息	O
WAPC	风电场有功功率控制信息	O
WRPC	风电场无功功率控制信息	O

一个风电场由若干个部件组成，包括一个或多个风力发电机组。表 3 列出了风力发电机组分解成的逻辑节点。每个风力发电机组模型应包括表 3 列出的强制逻辑节点。尽管一些逻辑节点在应用时是可选的，但在 IEC 61400-25 中强烈建议尽可能少的偏离表 2 和表 3 中列出的逻辑节点。

表 3 风力发电机组特定逻辑节点

逻辑节点类	描述	M/O
WTUR	风力发电机组通用信息	M
WROT	风力发电机组风轮信息	M
WTRM	风力发电机组传动信息	O
WGEN	风力发电机组发电机信息	M
WCNV	风力发电机组变流器信息	O
WTRF	风力发电机组变压器信息	O
WNAC	风力发电机组机舱信息	M
WYAW	风力发电机组偏航信息	M
WTOW	风力发电机组塔筒信息	O
WALM	风电场报警信息	M
WSLG	风力发电机组状态日志信息	O
WALG	风力发电机组模拟量日志信息	O
WREP	风力发电机组报表信息	O

信息主要由一系列的逻辑节点类来建模，这些逻辑节点类通过风力发电机组物理分解进行分类，如表 2 和表 3 所示。实用中的一个例外是报警信息，所有的报警信息应收集在一个独立的逻辑节点。

记录事件(状态、报警、命令、事件计数、状态计时)和记录模拟量时序(长周期、要求、暂态记录)的独立逻辑节点应建立历史记录信息模型。

除所有风力发电机组(独立于制造商)公用信息外，实际上，大部分信息将取决于风力发电机组概念、制造商、安装位置、风力发电机组的技术和状态。因此，作为建模准则，表示风电场特定逻辑节点特定信息的数据类属性名关注的是最普遍的现代风力发电机组概念，即三叶片，变速，主动变桨(电动/液压)和齿轮箱传动。若风力发电机组系统或部件产生了一些附加信息，对于已存在的逻辑节点可以定义新的数据类或特定数据类。附加的用户特定逻辑节点也可以被定义。

数据类名语义和语义定义按字母顺序列出，并在 6.3 定义。与数据类相关的单位和倍数详见附录 B。

建模方法包括逻辑节点的通用表格结构，在 GB/T 30966.1—2014 的 6.2.2 中描述。

逻辑节点类的标准化名用大写字母。层级结构中第一层(逻辑节点层以下)的数据名以大写字母开始，层级结构中第二层和后面层的数据名和属性名用小写字母。

5.2 逻辑节点类应用

本部分定义的逻辑节点类(如 WROT，WTUR)及引用其他标准定义的逻辑节点类(如 IEC 61850-7-4 的 5.12.1 和 5.10.7 中的 XCBR 和 MMXU)，应在实际系统中实例化。图 3 描述了一个应用逻辑节点实例的实际风力发电机组例子。

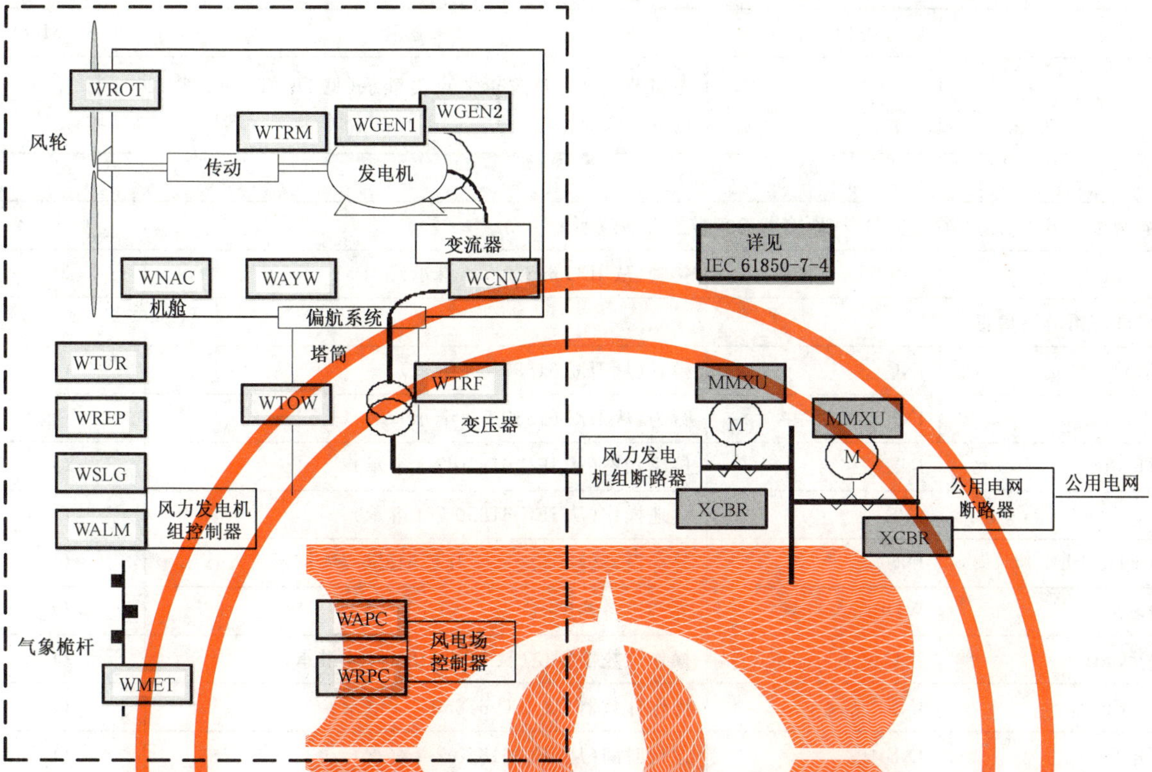

图 3 逻辑节点实例应用

图 3 描述的逻辑节点实例表示来自风力发电机组“WTUR”、偏航系统“WYAW”、变流器“WCNV”等的信息。实例名，如“WGEN1”和“WGEN2”表示不同的发电机。图 3 也说明了连接的电力系统，包括测量单元“MMXU”，断路器“XCBR”等。MMXU、XCBR 及和电力系统有关的其他逻辑节点在 IEC 61850-7-3 中具体说明。

5.3 扩展的信息模型

第 6 章中描述的信息模型在特定实施过程中可用附加逻辑节点和数据进行扩展。如果应用了一个不同的拓扑(如若干个发电机和齿轮箱)或监控时使用了多个传感器(温度，电流)，用户可方便地为附加数据名分配相关信息。任何数据都可以加在任何逻辑节点上。

逻辑节点，数据类和数据属性的扩展规则在 IEC 61850-7-4 附录 A 中定义。DL/T 860.71—2006 第 14 章中定义的命名空间概念允许定义任何扩展名，命名空间可以用唯一的标识符来区分。

6 风电场逻辑节点类

6.1 系统特定逻辑节点

6.1.1 风电场公用逻辑节点类

本部分定义的风力发电机组特定兼容逻辑节点类是表 4 中定义的风力发电机组公用逻辑节点类的具体化。

表 4 风电场公用逻辑节点类

风电场公用逻辑节点类			
属性名	属性类型	解释	M/O
逻辑节点名		逻辑节点名。从逻辑节点类继承(见 DL/T 860.72—2004 的 9.1.1)	
数据			
强制逻辑节点信息(除 LPHD 外,所有的逻辑节点都应继承)			
NamPlt	LPL	铭牌(从 IEC 61850-7-4 继承)	M
可选逻辑节点信息			
Mod	INC	模式(从 IEC 61850-7-4 继承)	O
Beh	INS	行为(从 IEC 61850-7-4 继承)	O
Health	INS	健康状态(从 IEC 61850-7-4 继承)	O
Loc	SPS	本地操作(从 IEC 61850-7-4 继承)	O
EEHealth	INS	外部设备健康状态(从 IEC 61850-7-4 继承)	O
EEName	WDPL	外部设备铭牌	O
OpCntRs	INC	操作计数器复位(从 IEC 61850-7-4 继承)	O
OpCnt	INS	操作计数器(从 IEC 61850-7-4 继承)	O
OpTmh	INS	运行时间(从 IEC 61850-7-4 继承)	O
统计信息			
CalcExp	SPS	计算周期终止	O
CalcStr	SPC	在 operTm 时刻开始计算(如果已设置)或立即开始计算	O
CalcMthd	ING	统计数据的计算方法。允许的值为:PRES|MIN|MAX|TOTMIN|TOTMAX|AVG|SDV	O
CalcPer	ING	统计数据的计算周期,以秒为单位	O
CalcSrc	ORG	逻辑节点源的对象引用	O
注:如果支持统计信息,统计信息的所有 5 个数据应当都能获得。			

如果计算方法不是 PRES,数据 CalcMthd 应包括在表示模拟或数字信息的任何逻辑节点中。数据 CalcExp、CalcStr、CalcPer 和 CalcSrc 应包括在表示统计数据(MIN、MAX 等)的任何逻辑节点中。

风电场公用逻辑节点类的具体化应从风电场特定逻辑节点(见表 2)要求的所有信息继承而来。对于可选逻辑节点信息,具体化时可能会有以下 3 种可能:

——不继承特定信息条款;

——继承特定信息条款,并设为可选;

——继承特定信息条款,并定义为强制。

6.1.2 逻辑节点零(LLN0)

逻辑节点零类用来写入逻辑设备的公用信息地址,见表 5。

表 5 逻辑节点零类

LLN0 类			
属性名	属性类型	解释	M/O
		逻辑节点应继承从风电场公用逻辑节点类而来的所有强制数据(见 6.1.1)	M

逻辑节点零表示逻辑设备的特定信息。逻辑节点零铭牌表示逻辑设备的根命名空间(逻辑设备名称空间,IdNs)。IEC 61400-25(所有部分)的值是"IEC 61400-25:2006"。名称空间也适用于从其他标准继承的名称。每个逻辑设备仅有一个逻辑设备名称空间,例如对单个逻辑设备仅有一个版本可用。

6.1.3 物理设备信息(LPHD)

物理设备信息类应模拟物理设备的常见问题,见表 6。

表 6 物理设备信息类

LPHD 类			
属性名	属性类型	解释	M/O
逻辑节点名		逻辑节点名。从逻辑节点类继承(见 DL/T 860.72—2004)	
数据			
PhyNam	WDPL	物理设备铭牌(见 7.4.2.2)	M
PhyHealth	INS	物理设备健康状态(从 IEC 61850-7-4 继承)	M
OutOv	SPS	输出通讯缓冲区溢出(从 IEC 61850-7-4 继承)	O
Proxy	SPS	LD 代理显示(从 IEC 61850-7-4 继承)	M
InOv	SPS	输入通讯缓冲区溢出(从 IEC 61850-7-4 继承)	O
NumPwrUp	INS	不间断电源数量(从 IEC 61850-7-4 继承)	O
WrmStr	INS	软启动数量(从 IEC 61850-7-4 继承)	O
WacTrg	INS	检测到的看门狗复位数量(从 IEC 61850-7-4 继承)	O
PwrUp	SPS	上电检测(从 IEC 61850-7-4 继承)	O
PwrDn	SPS	掉电检测(从 IEC 61850-7-4 继承)	O
PwrSupAlm	SPS	电源报警(从 IEC 61850-7-4 继承)	O
RsStat	SPC	复位设备统计(从 IEC 61850-7-4 继承)	O

6.2 风电场特定逻辑节点

6.2.1 风力发电机组通用信息(WTUR)

表示风力发电机组通用信息的数据类由逻辑节点组成,见表 7。逻辑节点应是强制的,这意味着至少所有定义的强制数据类应符合 IEC 61400-25(所有部分)。

表 7 逻辑节点:风力发电机组通用信息(WTUR)

WTUR 类			
属性名	属性类型	解释	M/O
		逻辑节点应继承从风电场公用逻辑节点类而来的所有强制数据(见 6.1.1)	M
数据			
公用信息			
AvlTmRs	TMS	风力发电机组可用时间(特定供应商)	O
OpTmRs	TMS	运行时间(特定供应商)	O
StrCnt	CTE	风力发电机组投运的数量(特定供应商)	O
StopCnt	CTE	风力发电机组停运的数量(特定供应商)	O
TotWh	CTE	总(净)有功电能	M
TotVArh	CTE	总(净)无功电能	O
DmdWh	BCR	有功能量需求(默认需求方向:能量从变电站母线流入风力发电机组)	O
DmdVArh	BCR	无功能量需求(默认需求方向:能量从变电站母线流入风力发电机组)	O
SupWh	BCR	有功能量供给(默认供给方向:能量从风力发电机组流入变电站母线)	O
SupVArh	BCR	无功能量供给(默认供给方向:能量从风力发电机组流入变电站母线)	O
状态信息			
TurSt	STV	风力发电机组状态	M
模拟信息			
W	MV	有功电能	M
Var	MV	无功电能	O
控制信息			
SetTurOp	CMD	风力发电机组操作命令	M
VArOvW	CMD	风力发电机组无功优先于有功命令	O
VArRefPri	CMD	风力发电机组无功设定值优先命令	O
DmdW	SPV	风力发电机组有功设定值	O
DmdVAr	SPV	风力发电机组无功设定值	O
DmdPF	SPV	风力发电机组功率因数设定值	O

6.2.2 风力发电机组风轮信息(WROT)

表示风力发电机组风轮信息的数据类由逻辑节点组成。逻辑节点是强制的,意味着至少表 8 中定义的所有强制数据类应符合 IEC 61400-25(所有部分)。

这些数据类主要针对三叶片风轮,电动/液压变桨距主动控制。对于变桨距主动控制,强烈建议至少建立一个桨叶风轮的桨距角模型(作为参考)。

对于各种类型的风轮拓扑(如叶尖刹车、两叶片)或安装了不同的设备(如冰冻或雷电检测传感器、叶片位置检测传感器、UPS 设备),用户可方便地为附加数据名分配相应风轮信息。

表 8 逻辑节点:风力发电机组风轮信息(WROT)

WROT 类			
属性名	属性类型	解释	M/O
		逻辑节点应继承从风电场公用逻辑节点类而来的所有强制数据(见 6.1.1)	M
数据			
公用信息			
状态信息			
RotSt	STV	风轮状态	O
BlStBl1	STV	叶片 1 状态(参考量)	O
BlStBl2	STV	叶片 2 状态	O
BlStBl3	STV	叶片 3 状态	O
PtCtlSt	STV	变桨控制状态	O
模拟量信息			
RotSpd	MV	风轮侧风轮转速值	O
RotPos	MV	风轮角位置	O
HubTmp	MV	轮毂内温度	O
PtHyPresBl1	MV	叶片 1 液压变桨系统压力(参考量)	O
PtHyPresBl2	MV	叶片 2 液压变桨系统压力	O
PtHyPresBl3	MV	叶片 3 液压变桨系统压力	O
PtAngSpBl1	MV	叶片 1 桨距角设定值(参考量)	O
PtAngSpBl2	MV	叶片 2 桨距角设定值	O
PtAngSpBl3	MV	叶片 3 桨距角设定值	O
PtAngValBl1	MV	叶片 1 桨距角(参考量)	O
PtAngValBl2	MV	叶片 2 桨距角	O
PtAngValBl3	MV	叶片 3 桨距角	O
控制信息			
BlkRot	CMD	设置风轮为锁定位置	O
PtEmChk	CMD	检查紧急变桨系统	O

6.2.3 风力发电机组传动信息(WTRM)

表示风力发电机组(机械)传动信息的数据类由逻辑节点组成。逻辑节点是可选的。表9列出了常见传动拓扑的数据类,常见传动拓扑由一个低速轴,多级齿轮箱,一个高速轴和一个机械刹车(液压驱动)组成。

对于各种类型的传动拓扑(如直驱,单级齿轮箱)或安装了不同的设备(如传感器、电动制动器),用户可方便地修改或扩展表9中的数据类。

表9 逻辑节点:风力发电机组传动信息(WTRM)

WTRM类			
属性名	属性类型	解释	M/O
		逻辑节点应继承从风电场公用逻辑节点类而来的所有强制数据(见6.1.1)	M
数据			
公用信息			
状态信息			
BrkOpMod	STV	主轴制动状态	O
LuSt	STV	齿轮箱润滑系统状态	O
FtrSt	STV	过滤系统状态	O
ClSt	STV	传动冷却系统状态	O
HtSt	STV	加热系统状态	O
OilLevSt	STV	齿轮箱油箱油位状态	O
OfFltSt	STV	离线过滤器状态	O
InlFltSt	STV	在线过滤器状态	O
模拟信息			
TrmTmpShfBrg1	MV	主轴承1的测量温度	O
TrmTmpShfBrg2	MV	主轴承2的测量温度	O
TrmTmpGbxOil	MV	齿轮箱油测量温度	O
TrmTmpShfBrk	MV	主轴制动(表面)测量温度	O
VibGbx1	MV	齿轮箱1振动测量	O
VibGbx2	MV	齿轮箱2振动测量	O
GsLev	MV	主轴轴承润滑油油位	O
GbxOilLev	MV	齿轮箱油箱油位	O
GbxOilPres	MV	齿轮油压	O
BrkHyPres	MV	主轴制动液压压力	O
OfFlt	MV	离线过滤污物	O
InlFlt	MV	在线过滤污物	O

6.2.4 风力发电机组发电机信息(WGEN)

表示风力发电机组发电机信息的数据类由逻辑节点组成。逻辑节点应是强制的,这意味着至少表 10 中定义的所有强制数据类应符合 IEC 61400-25(所有部分)。

这些数据类主要针对变速双馈感应发电机或(直流励磁)同步发电机的运行。

如果应用了不同的拓扑(如恒速、两速、多极、永磁转子、多相发电机)或为了监测使用了多种传感器(温度、电流、气隙距离),用户可方便地为附加数据名分配相应发电机信息。

如果风力发电机组安装了两个发电机(低速、高速),建议使用两个逻辑节点:WGEN1、WGEN2。

表 10 逻辑节点:风力发电机组发电机信息(WGEN)

WGEN 类			
属性名	属性类型	解释	M/O
		逻辑节点应继承从风电场公用逻辑节点类而来的所有强制数据(见 6.1.1)	M
数据			
公用信息			
OpTmRs	TMS	发电机运行时间	O
状态信息			
GnOpMod	STV	发电机运行模式	O
ClSt	STV	发电机冷却系统状态	O
模拟信息			
Spd	MV	发电机转速	M
W	WYE	发电机有功功率	O
VAr	WYE	发电机无功功率	O
GnTmpSta	MV	发电机定子温度测量值	O
GnTmpRtr	MV	发电机转子温度测量值	O
GnTmplnlet	MV	发电机入口空气/水温度测量值	O
StaPPV	DEL	发电机定子三相相相之间电压	O
StaPhV	WYE	发电机定子三相相对地电压	O
StaA	WYE	发电机定子三相电流	O
RtrPPV	DEL	发电机转子三相相相之间电压	O
RtrPhV	WYE	发电机转子三相相对地电压	O
RtrA	WYE	发电机转子三相电流	O
RtrExtDC	MV	发电机转子直流励磁	O
RtrExtAC	MV	发电机转子交流励磁	O

6.2.5 风力发电机组变流器信息(WCNV)

表示风力发电机组变流器信息的数据类由逻辑节点组成。逻辑节点是可选的,但是一旦使用,

表 11 中定义的强制数据类应符合 IEC 61400-25(所有部分)。

表 11 中列出的数据名主要针对变速感应发电机(转子馈电)或同步发电机的背靠背变流器(AC-DC-AC)。

如果应用其他的变流器拓扑(例如:恒速发电机软启动,直流转子励磁)或为了监测安装了多种设备(例如:温度、电流、电压传感器),用户可方便地增加或修改额外的数据名。

如果有两个(并联)变流器,建议使用两个逻辑节点:WCNV1,WCNV2.

表 11 逻辑节点:风力发电机组变流器信息(WCNV)

WCNV 类			
属性名	属性类型	解释	M/O
		逻辑节点应继承从风电场公用逻辑节点类而来的所有强制数据(见 6.1.1)	M
数据			
公用信息			
OpTmRs	TMS	变流器运行时间	O
状态信息			
CnvOpMod	STV	变流器运行模式	M
ClSt	STV	变流器冷却系统状态	O
模拟信息			
Hz	MV	频率值	O
Torq	MV	转矩值	O
GnPPV	DEL	发电机侧三相相相之间电压	O
GnPhV	WYE	发电机侧三相相对地电压	O
GnA	WYE	发电机侧三相电流	O
GnPF	WYE	发电机侧三相功率因数	O
GriPPV	DEL	电网侧三相相相之间电压	O
GriPhV	WYE	电网侧三相相对地电压	O
GriA	WYE	电网侧三相电流	O
GriPF	WYE	电网侧三相功率因数	O
CnvTmpGn	MV	变流器-发电机侧温度	O
CnvTmpDclink	MV	变流器内温度	O
CnvTmpGri	MV	变流器-电网侧温度	O
DclVol	MV	变流器内直流电压	O
DclAmp	MV	变流器内直流电流	O

6.2.6 风力发电机组变压器信息(WTRF)

表示风力发电机组变压器信息的数据类由逻辑节点组成。逻辑节点是可选的,但是一旦使用,表 12 中定义的强制数据类应符合 IEC 61400-25(所有部分)。

表 12 逻辑节点:风力发电机组变压器信息(WTRF)

WCNF 类			
属性名	属性类型	解释	M/O
		逻辑节点应继承从风电场公用逻辑节点类而来的所有强制数据(见 6.1.1)	M
数据			
公用信息			
TrfOpTmRs	TMS	变压器运行时间(特定供应商)	O
状态信息			
TrfClSt	STV	变压器冷却系统状态	O
OilLevSt	STV	变压器填充油油位信息	O
MTPresSt	STV	变压器填充油主箱气压	O
模拟信息			
TrfTurPPV	DEL	变压器风力发电机组侧三相相相之间电压	O
TrfTurPhV	WYE	变压器风力发电机组侧三相相对地电压	O
TrfTurA	WYE	变压器风力发电机组侧三相电流	O
TrfGriPPV	DEL	变压器电网侧三相相相之间电压	O
TrfGriPhV	WYE	变压器电网侧三相相对地电压	O
TrfGriA	WYE	变压器电网侧三相电流	O
TrfTmpTrfTur	MV	风力发电机组侧变压器温度	O
TrfTmpTrfGri	MV	电网侧变压器温度	O
控制信息			
AtvGriSw	CMD	主并网开关的激活命令	O

6.2.7 风力发电机组机舱信息(WNAC)

表示风力发电机组机舱信息的数据类由逻辑节点组成。表 13 列出了机舱中通用设备的数据类:振动测量和灯塔设备。逻辑节点是强制的,至少表 13 中定义的强制数据类应符合 IEC 61400-25(所有部分)。

表 13 逻辑节点:风力发电机组机舱信息(WNAC)

WNAC 类			
属性名	属性类型	解释	M/O
		逻辑节点应继承从风电场公用逻辑节点类而来的所有强制数据(见 6.1.1)	M
数据			
公用信息			
BecTmRs	TMS	灯塔运行时间	O
状态信息			
BecBulbSt	STV	灯塔状态	O
WdHtSt	STV	风速传感器的加热器状态	O
IceSt	STV	冰冻检测器状态	O
AneSt	STV	主/次风速计状态	O
模拟信息			
Dir	MV	机舱方向	O
WdSpd	MV	机舱外风速	O
WdDir	MV	机舱外风向	O
ExTmp	MV	机舱外温度	M
IntlTmp	MV	机舱内温度	O
IntlHum	MV	机舱内湿度	O
BecLumLev	MV	灯塔照明度值	O
Vis	MV	机舱外能见度	O
Ice	MV	冰冻厚度	O
DispXdir	MV	塔筒位移(纵向)	O
DispYdir	MV	塔筒位移(横向)	O
控制信息			
SetBecMod	CMD	设置灯塔程序	O
SetBecLev	SPV	设置灯塔中灯泡亮度	O
SetFlsh	SPV	设置灯塔中闪光负载周期值	O

6.2.8 风力发电机组偏航信息(WYAW)

表示风力发电机组偏航信息的数据类由逻辑节点组成。逻辑节点是强制的,这意味着至少表 14 中定义的所有强制数据类应符合 IEC 61400-25(所有部分)。

表 14 中列出的数据类主要针对液压或电驱动机舱偏航和解缆检测。

如果安装了多种设备(例如:多重驱动或液压泵,转速控制器),用户可方便地为附加数据名分配相应发电机信息。

表 14 逻辑节点:风力发电机组偏航信息(WYAW)

WYAW 类			
属性名	属性类型	解释	M/O
		逻辑节点应继承从风电场公用逻辑节点类而来的所有强制数据(见 6.1.1)	M
数据			
公用信息			
CwTm	TMS	顺时针偏航运行时间	O
CcwTm	TMS	逆时针偏航运行时间	O
状态信息			
YwSt	STV	偏航系统模式	O
YwBrakeSt	STV	偏航刹车模式	O
模拟信息			
YwSpd	MV	偏航速度	O
Tmp	MV	偏航电机/齿轮箱温度	O
YawAng	MV	相对名义北极偏航轴承旋转角度	M
CabWup	MV	解缆	M
SysGsLev	MV	偏航系统润滑油油位	O
BrkPres	MV	偏航刹车压力	O
控制信息			
AtvYw	CMD	偏航命令	O

6.2.9 风力发电机组塔筒信息(WTOW)

表示风力发电机组塔筒结构信息的数据类由逻辑节点组成。表 15 列出了和塔筒相关的通用设备数据类。逻辑节点是可选的,但是一旦使用,至少定义的强制数据类应符合 IEC 61400-25(所有部分)。

表 15 逻辑节点:风力发电机组塔筒信息(WTOW)

WTOW 类			
属性名	属性类型	解释	M/O
		逻辑节点应继承从风电场公用逻辑节点类而来的所有强制数据(见 6.1.1)	M
数据			
公用信息			
状态信息			
LiftSt	STV	起重机系统状态	O
DehumSt	STV	减湿器状态	O
HtexSt	STV	热交换机状态	O
模拟信息			
LiftPos	MV	起重机位置	O
IntlHum	MV	塔筒内湿度	O

6.2.10 风电场气象信息(WMET)

表示气象信息的数据类由逻辑节点组成。

表16中列的数据类主要针对气象站的气象信息。

如果在一个气象站中气象设备安装在不同的高度,逻辑节点可扩展为附加组 MetAlt2、MetAlt3 等。

如果安装了额外的或多种测量设备(例如:结冰、降雨、浪高、闪电),逻辑节点可通过附加数据名扩展。

如果有不同的气象站,建议使用多个逻辑节点:WMET1、WMET2 等。

表 16 逻辑节点:风电场气象信息(WMET)

WMET 类			
属性名	属性类型	解释	M/O
		逻辑节点应继承从风电场公用逻辑节点类而来的所有强制数据(见 6.1.1)	M
数据			
公用信息			
模拟信息			
MetAlt1Alt	MV	气象海拔 1-海拔高度传感器	O
MetAlt1HorWdSpd	MV	气象海拔 1-水平风速	O
MetAlt1VerWdSpd	MV	气象海拔 1-垂直风速	O
MetAlt1HorWdDir	MV	气象海拔 1-水平风向	O
MetAlt1VerWdDir	MV	气象海拔 1-垂直风向	O
MetAlt1Tmp	MV	气象海拔 1-温度	O
MetAlt1Hum	MV	气象海拔 1-湿度	O
MetAlt1Pres	MV	气象海拔 1-压力	O

6.2.11 风电场报警信息(WALM)

表示风电场报警信息的数据类由逻辑节点组成。逻辑节点应是强制的,这意味着至少表17中定义的所有强制数据类应符合 IEC 61400-25(所有部分)。

如果报警组、报警等级、警告、事件之间的差异是相当明显的,那么逻辑节点 WALM 可被分解成若干个报警逻辑节点:WALM1、WALM2。

仅 ASS 类型数据被 WALM 逻辑节点专用。

表 17 逻辑节点:风电场报警信息(WALM)

WALM 类			
属性名	属性类型	解释	M/O
		逻辑节点应继承从风电场公用逻辑节点类而来的所有强制数据(见 6.1.1)	M

表 17（续）

WALM 类			
属性名	属性类型	解释	M/O
数据			
公共信息			
状态信息			
AlmSt	ASS	报警设定状态	O
EvtTm	TMS	最老的有效报警时间戳	O

6.2.12 风力发电机组状态日志信息(WSLG)

表示状态信息所有记录历史数据属性的数据类由逻辑节点组成，如表 18 定义。

表示状态信息所有记录历史数据属性的数据类由状态数据日志组成。逻辑节点类是可选的，但是一旦使用，至少表 18 中定义的所有强制数据和数据集类应符合 IEC 61400-25(所有部分)。

日志中的数据由制造商固定和确定，或者由客户改变和控制。用户可方便地将记录信息分成不同日志。

状态数据的日志类应在表 18 中定义。相应的数据集应参考“解释”栏定义的所有数据类。

表 18 逻辑节点：风力发电机组状态日志信息(WSLG)

WSLG 类			
属性名	属性类型	解释	M/O
		逻辑节点应继承从风电场公用逻辑节点类而来的所有强制数据(见 6.1.1)	M
数据			
数据集(见注)			
TurCmLog		所有记录的(历史)风力发电机组命令数据集。 由逻辑设备所有逻辑节点公用数据类 CMD 派生得到的数据实例的下列数据属性应被记录： ActSt[CO] ActSt[ST]	O
TurStLog		所有记录的(历史)风力发电机组状态数据集。 由逻辑设备所有逻辑节点公用数据类 STV 派生得到的数据实例的下列数据属性应被记录： ActSt[ST] (包含所有元素)datSetMx	O

表 18（续）

WSLG 类			
属性名	属性类型	解释	M/O
HiUrgAlm		所有高度紧急报警数据集。 由逻辑设备所有逻辑节点公用数据类 ALM 派生得到的数据实例的下列数据属性应被记录： AlmAck[CO] ActSt[ST] (包含所有元素) datSetMx (包含所有元素) datSetSt	O
LoUrgAlm		所有低紧急报警数据集。 由逻辑设备所有逻辑节点公用数据类 ALM 派生得到的数据实例的下列数据属性应被记录： AlmAck[CO] ActSt[ST] (包含所有元素) datSetMx (包含所有元素) datSetSt	O
TurCtLog		所有计数信息数据集。 由逻辑设备所有逻辑节点公用数据类 CTE 派生得到的数据实例的下列数据属性应被记录： actCtVal[ST] ctTot dly mly yly	O
TurTmLog		所有事件计时信息数据集。 由逻辑设备所有逻辑节点公用数据类 TMS 派生得到的数据实例的下列数据属性应被记录： actTmVal[ST] tmTot dly mly yly	O
日志(见注)			
TurCmLog		TurCmLog 数据集规定的一组按时间排序的历史模拟信息数据属性值由命令数据日志组成	O
TurStLog		TurStLog 数据集规定的一组按时间排序的历史状态信息数据属性值由状态数据日志组成	O

表 18（续）

WSLG 类			
属性名	属性类型	解释	M/O
HiUrgAlm		HiUrgAlm 数据集规定的一组按时间排序的历史报警信息数据属性值由报警数据日志组成	O
LoUrgAlm		LoUrgAlm 数据集规定的一组按时间排序的历史报警信息数据属性值由报警数据日志组成	O
TurCtLog		TurCtLog 数据集规定的一组按时间排序的历史状态信息数据属性值由事件计数数据日志组成	O
TurTmLog		TurTmLOg 数据集规定的一组按时间排序的历史状态信息数据属性值由计时数据日志组成	O
日志控制块(见注)			
TurCmLog			O
TurStLog			O
HiUrgAlm			O
LoUrgAlm			O
TurCtLog			O
TurTmLog			O
注：日志和日志控制块的模型在 DL/T 860.72—2004 的 14.1 和 14.3 中描述，数据集在第 11 章描述。本注释对概念进行了简要介绍。数据集参考记录数据。日志是个别日志项(在特定事件提供的数据值)按时间顺序存储的地方。日志服务查询允许稍后检索日志项。查询有类似开始时间、停止时间和滤波等参数。数据集和日志之间的联系通过日志控制块建立，它连接数据值和日志。日志控制块能/不能控制流入日志。通过定义数据集、日志和日志控制块的标准化名称，提供了一个高度标准化的语义。名为“TurCmLog”的数据集给出了准确说明，它意味着所有记录的(历史)风机命令数据集。			

6.2.13 风力发电机组模拟日志信息(WALG)

表示模拟信息所有记录历史数据属性的数据类由逻辑节点组成，如表 19 定义。

表示模拟信息所有记录历史数据属性的数据类由模拟数据日志组成。逻辑节点类是可选的，但是一旦使用，至少表 19 中定义的所有强制数据和数据集类应符合 IEC 61400-25(所有部分)。

日志中的数据由制造商固定和确定，或者由客户改变或控制。用户可方便地将记录信息分成不同日志。

模拟数据的日志类应在表 19 中定义。相应的数据集应参考“解释”栏定义的所有数据类。

表 19　逻辑节点：风力发电机组模拟日志信息(WALG)

WALG 类			
属性名	属性类型	解释	M/O
		逻辑节点应继承从风电场公用逻辑节点类而来的所有强制数据(见 6.1.1)	M

表 19（续）

WALG 类			
属性名	属性类型	解释	M/O
数据			
数据集			
TurAnLog		所有记录的(历史)风力发电机组模拟时间序列数据集。 由逻辑设备所有逻辑节点公用数据类 MV 派生得到的数据实例的下列数据属性应被记录： mag range q	O
TurPhLog		所有记录的(历史)风力发电机组三相时间序列数据集。 由逻辑设备所有逻辑节点公用数据类 WYE 派生得到的数据实例的下列数据属性应被记录： cVal range q	O
HiAcsSp		所有记录的(历史)风力发电机组设定值数据集。 高级访问保护。 由逻辑设备所有逻辑节点公用数据类 SPV 派生得到的数据实例的下列数据属性应被记录： actVal[CO] actVal[ST] incRate decRate minVal maxVal	O
LoAcsSp		所有记录的(历史)风力发电机组设定值数据集。 低级访问保护。 由逻辑设备所有逻辑节点公用数据类 SPV 派生得到的数据实例的下列数据属性应被记录： actVal[CO] actVal[ST] incRate decRate minVal maxVal	O

表 19（续）

WALG 类			
属性名	属性类型	解释	M/O
TrgEmgStop		紧急关闭触发的所有暂态日志数据集 由逻辑设备所有逻辑节点公用数据类 MV 派生得到的数据实例的下列数据属性应被记录： mag range q 由逻辑设备所有逻辑节点公用数据类 SPV(设定值)派生得到的数据实例的下列数据属性应被记录： actVal[CO] actVal[MX] incRate decRate minVal maxVal 由逻辑设备所有逻辑节点公用数据类 STV(状态)派生得到的数据实例的下列数据属性应被记录： actSt[ST] (包含所有元素)datSetMx 由逻辑设备所有逻辑节点公用数据类 ALM(报警)派生得到的数据实例的下列数据属性应被记录： almAck[CO] actSt[ST] (包含所有元素)datSetMx (包含所有元素)datSetSt 由逻辑设备所有逻辑节点公用数据类 CMD(命令)派生得到的数据实例的下列数据属性应被记录： actSt[CO] actSt[ST]	O
TrgProdGri		所有暂态风力发电机组记录数据集。短时日志在电网连接点触发。 由逻辑设备所有逻辑节点公用数据类 MV 派生得到的数据实例的下列数据属性应被记录： mag range q 由逻辑设备所有逻辑节点公用数据类 SPV(设定值)派生得到的数据实例的下列数据属性应被记录： actVal[CO] actVal[MX] incRate decRate minVal	

表 19（续）

WALG 类			
属性名	属性类型	解释	M/O
TrgProdGri		maxVal 由逻辑设备所有逻辑节点公用数据类 STV(状态)派生得到的数据实例的下列数据属性应被记录： actSt[ST] (包含所有元素)datSetMx 由逻辑设备所有逻辑节点公用数据类 ALM(报警)派生得到的数据实例的下列数据属性应被记录： almAck[CO] actSt[ST] (包含所有元素)datSetMx (包含所有元素)datSetSt 由逻辑设备所有逻辑节点公用数据类 CMD(命令)派生得到的数据实例的下列数据属性应被记录： actSt[ST]	O
日志			
TurAnLog		TurAnLog 数据集规定的一组按时间排序的历史模拟信息数据属性值由模拟数据日志组成	M
TurPhLog		TurPhLog 数据集规定的一组按时间排序的历史三相信息数据属性值由三相数据日志组成	O
HiAcsSp		HiAcsSp 数据集规定的一组按时间排序的历史设定值信息数据属性值由设定值数据日志组成	O
LoAcsSp		LoAcsSp 数据集规定的一组按时间排序的历史设定值信息数据属性值由设定值数据日志组成	O
TrgEmgStop		TrgEmgStop 数据集规定的一组高分辨率时间同步列表的同一参考时间不同类的历史信息数据属性值由暂态数据日志组成	O
TrgProdGri		TrgProdGri 数据集规定的一组高分辨率时间同步列表的同一参考时间不同类的历史信息数据属性值由暂态数据日志组成	O
日志控制块			
TurAnLog			M
TurPhLog			O
HiAcsSp			O
LoAcsSp			O
TrgEmgStop			O
TrgProdGri			O

6.2.14 风力发电机组报表信息(WREP)

表示定期存储信息的数据由逻辑节点组成,定期存储信息包含模拟数据的统计值、计数事件和状态持续时间。逻辑节点是可选的,但是一旦使用,至少表 20 中定义的所有强制数据和数据集类应符合 IEC 61400-25(所有部分)。

表 20 列出了表示这些数据的数据集。

表 20 逻辑节点:风力发电机组报表信息(WREP)

WREP 类			
属性名	属性类型	解释	M/O
		逻辑节点应继承从风电场公用逻辑节点类而来的所有强制数据(见 6.1.1)	M
数据			
数据集			
TurRpCh		风力发电机组报表模拟特征 由逻辑设备所有逻辑节点公用数据类 MV 派生得到的数据实例的下列数据属性应被报告: 来自相应历史逻辑节点的 mag 值	O
TurRpTm		风力发电机组报表持续时间 由逻辑设备所有逻辑节点公用数据类 TMS 派生得到的数据实例的下列数据属性应被报告: 来自相应统计逻辑节点的 dly 值 来自相应统计逻辑节点的 mly 值 来自相应统计逻辑节点的 yly 值 来自相应统计逻辑节点的 tot 值	O
TurRpCt		风力发电机组报表事件计数 由逻辑设备所有逻辑节点公用数据类 CTE 派生得到的数据实例的下列数据属性应被报告: 来自相应统计逻辑节点的 dly 值 来自相应统计逻辑节点的 mly 值 来自相应统计逻辑节点的 yly 值 来自相应统计逻辑节点的 tot 值	O

6.2.15 风电场有功功率控制(WAPC)

表示风电场有功功率控制信息的数据类由逻辑节点组成。逻辑节点是可选的,但是一旦使用,至少定义的强制数据类应符合 IEC 61400-25(所有部分)。表 21 表示和显现了 WAPC 逻辑节点中不同的数据类属性。

表 21　逻辑节点:风电场有功功率控制信息(WAPC)

WAPC 类			
属性名	属性类型	解释	M/O
		逻辑节点应继承从风电场公用逻辑节点类而来的所有强制数据(见6.1.1)	M
数据			
公用信息			
状态信息			
NumOpTur	INS	实际运行风力发电机组数量	O
PlWLimEn	STV	启用有功功率限制模式	O
PlVAEn	STV	启用有功功率控制模式来控制视在功率	O
PlGraEn	STV	启用梯度函数分析	O
PlDelEn	STV	启用 delta 函数	O
模拟信息			
PlWCap	MV	风电场有功功率输出容量	O
PlW	MV	风电场有功功率输出	M
PlVA	MV	风电场视在功率	O
PlGra	MV	风电场坡度	O
PlWDel	MV	利用 delta 函数实现风电场有功功率备用——有功功率发电能力和有功功率发电的差异	O
控制信息			
PlWAtv	CMD	激活有功功率控制功能	O
PlVAAtv	CMD	激活视在功率控制功能	O
PlGraAtv	CMD	激活梯度控制功能	O
PlDelAtv	CMD	激活 delta 控制功能	O
SetPlW	SPV	设置风电场有功功率输出参考值	M
SetPlVA	SPV	设置风电场视在功率输出参考值	O
SetPlWUpGra	SPV	设置风电场有功功率输出梯度上升斜率参考值	O
SetPlWDoGra	SPV	设置风电场有功功率输出梯度下降斜率参考值	O
SetPlDel	SPV	设置风电场有功功率备用参考值,并命名为“旋转备用”	O

6.2.16　风电场无功功率控制(WRPC)

表示风电场无功功率控制信息的数据类由逻辑节点组成。逻辑节点是可选的,但是一旦使用,至少定义的强制数据类应符合 IEC 61400-25(所有部分)。表 22 表示和显现了 WRPC 逻辑节点中不同的数据类属性。无功功率所有方面都遵循发电机惯例。正值意味着电压增加和产生无功功率,负值意味着电压降低和消耗无功功率。

表 22 逻辑节点:风电场无功功率控制信息(WRPC)

WRPC 类			
属性名	属性类型	解释	M/O
		逻辑节点应继承从风电场公用逻辑节点类而来的所有强制数据(见 6.1.1)	M
数据			
公用信息			
状态信息			
NumOpTur	INS	实际运行风力发电机组数量	O
PlVArMode	STV	无功功率控制模式	O
模拟信息			
PlVAr	MV	风电场无功功率输出	O
PlVArCaplmp	MV	风电场无功功率输入(需求)容量	O
PlVArCapExp	MV	风电场无功功率输出(供应)容量	O
PlPF	MV	风电场实际功率因数	O
PlV	MV	风电场外部并网点输出电压	O
控制信息			
PlVArAtv	CMD	激活无功功率控制功能	O
SetPlVAr	SPV	设置风电场无功功率输出参考值	O
SetPlVArUpGra	SPV	设置风电场无功功率输出梯度上升斜率参考值	O
SetPlVArDoGra	SPV	设置风电场无功功率输出梯度下降斜率参考值	O
SetPlV	SPV	设置风电场电压输出参考值	O
SetPlVUpGra	SPV	设置风电场电压上升斜率参考值	O
SetPlVDoGra	SPV	设置风电场电压下降斜率参考值	O
SetPlDrp	SPV	设置电压跌落控制的斜坡参考值	O
SetPlPF	SPV	设置风电场功率因数参考值——负值:消耗无功功率;正值:产生无功功率	O

6.3 数据名语义

表 23 列出了 6.2 给出的风电场特定数据类。数据类名一般是建立在方便记忆和第 4 章缩写的基础上。数据名的扩展名应符合 IEC 61850-7-4 附录 A 的规定。

在 IEC 61400-25(所有部分)中数据名长度不受限制,正如 DL/T 860.72—2004 第 19 章一样。但是引用对象及其不同层次结构的长度是有限制的。

如果逻辑节点类的数据是可选的,那所有的状态值都是可选的。

表 23 数据名语义

<table>
<tr><th>数据名</th><th>风电场特定数据名语义</th></tr>
<tr><td>AlmSt</td><td>报警设置状态。它包括 WALM 逻辑节点一套报警实际状态值的信息</td></tr>
<tr><td>Alt</td><td>海拔</td></tr>
<tr><td>AMx</td><td>电流测量值</td></tr>
<tr><td>AneSt</td><td>主/次风速计状态
<table>
<tr><td>值</td><td>数值</td><td>语义</td></tr>
<tr><td>Auto</td><td>1</td><td>风速仪处于自动模式</td></tr>
<tr><td>Ane1</td><td>2</td><td>主风速仪运行</td></tr>
<tr><td>Ane2</td><td>3</td><td>次风速仪运行</td></tr>
<tr><td>Off</td><td>4</td><td>风速仪关闭</td></tr>
<tr><td>Flt</td><td>5</td><td>风速仪故障</td></tr>
</table></td></tr>
<tr><td>AtvGriSw</td><td>主网开关激活命令
<table>
<tr><td>值</td><td>数值</td><td>语义</td></tr>
<tr><td>On</td><td>1</td><td>操作开关开启</td></tr>
<tr><td>Off</td><td>2</td><td>操作开关关闭</td></tr>
<tr><td>Auto</td><td>3</td><td>操作开关自动模式</td></tr>
</table></td></tr>
<tr><td>AtvYw</td><td>偏航命令
<table>
<tr><td>值</td><td>数值</td><td>语义</td></tr>
<tr><td>Cw</td><td>1</td><td>顺时针操作偏航</td></tr>
<tr><td>Off</td><td></td><td>偏航关闭</td></tr>
<tr><td>Ccw</td><td>3</td><td>逆时针操作偏航</td></tr>
<tr><td>Auto</td><td>4</td><td>偏航自动模式</td></tr>
</table></td></tr>
<tr><td>AvlTmRs</td><td>有效时间。精确语义应由风力发电机组控制器的制造商定义并分类存档</td></tr>
<tr><td>BecBulbSt</td><td>灯塔状态
<table>
<tr><td>值</td><td>数值</td><td>语义</td></tr>
<tr><td>Auto</td><td>1</td><td>灯塔在自动模式</td></tr>
<tr><td>Bulb1</td><td>2</td><td>灯塔在灯泡 1 模式</td></tr>
<tr><td>Bulb2</td><td>3</td><td>灯塔在灯泡 2 模式</td></tr>
<tr><td>Off</td><td>4</td><td>灯塔关闭</td></tr>
<tr><td>Flt</td><td>5</td><td>灯塔故障</td></tr>
</table></td></tr>
<tr><td>BecLumLev</td><td>灯塔照明度值</td></tr>
<tr><td>BecTmRs</td><td>灯塔运行时间</td></tr>
<tr><td>Beh</td><td>行为(在 IEC 61850-7-4 第 6 章中定义)</td></tr>
</table>

表 23（续）

<table>
<tr><th>数据名</th><th>风电场特定数据名语义</th></tr>
<tr><td>BlkRot</td><td>设置转子在锁定位置
<table><tr><th>值</th><th>数值</th><th>语义</th></tr><tr><td>On</td><td>1</td><td>阻塞转子位置</td></tr><tr><td>Off</td><td>2</td><td>非阻塞转子位置</td></tr><tr><td>Auto</td><td>3</td><td>转子位置自动控制</td></tr></table></td></tr>
<tr><td>BlSt</td><td>叶片状态
<table><tr><th>值</th><th>数值</th><th>语义</th></tr><tr><td>Blk</td><td>1</td><td>叶片被锁定</td></tr><tr><td>Stop</td><td>2</td><td>叶片停止</td></tr><tr><td>Pt</td><td>3</td><td>叶片顺桨</td></tr></table></td></tr>
<tr><td>BrkHyPres</td><td>轴制动液压</td></tr>
<tr><td>BrkOpMod</td><td>轴制动状态
<table><tr><th>值</th><th>数值</th><th>语义</th></tr><tr><td>Brk</td><td>1</td><td>转轴通过制动已停止</td></tr><tr><td>Rdy</td><td>2</td><td>制动准备就绪</td></tr><tr><td>vHt</td><td>3</td><td>制动盘过热</td></tr><tr><td>Flt</td><td>4</td><td>制动系统故障</td></tr></table></td></tr>
<tr><td>CabWup</td><td>解缆。校准点绕组数</td></tr>
<tr><td>CalcExp</td><td>见表 A.1</td></tr>
<tr><td>CalcMthd</td><td>见表 A.1</td></tr>
<tr><td>CalcPer</td><td>见表 A.1</td></tr>
<tr><td>CalcSrc</td><td>见表 A.1</td></tr>
<tr><td>CalcStr</td><td>见表 A.1</td></tr>
<tr><td>CcwTm</td><td>偏航逆时针运行时间</td></tr>
<tr><td>ClSt</td><td>冷却系统状态
<table><tr><th>值</th><th>数值</th><th>语义</th></tr><tr><td>Inact</td><td>1</td><td>冷却系统失效</td></tr><tr><td>Actv</td><td>2</td><td>冷却系统有效</td></tr><tr><td>Flt</td><td>3</td><td>冷却系统故障</td></tr></table></td></tr>
</table>

表 23（续）

<table>
<tr><th>数据名</th><th>风电场特定数据名语义</th></tr>
<tr><td>CnvOpMod</td><td>变流器运行模式
<table><tr><td>值</td><td>数值</td><td>语义</td></tr><tr><td>Chrg</td><td>1</td><td>变流器目前正在充电</td></tr><tr><td>Rdy</td><td>2</td><td>变流器准备就绪</td></tr><tr><td>Run</td><td>3</td><td>变流器正在运行</td></tr><tr><td>Flt</td><td>4</td><td>变流器故障</td></tr></table></td></tr>
<tr><td>CnvTmpGn</td><td>变流器—发电机侧温度</td></tr>
<tr><td>CnvTmpDclink</td><td>变流器内温度</td></tr>
<tr><td>CnvTmpGri</td><td>变流器—电网侧温度</td></tr>
<tr><td>CwTm</td><td>偏航顺时针运行时间</td></tr>
<tr><td>DclAmp</td><td>变流器内直流环节电流</td></tr>
<tr><td>DclVol</td><td>变流器内直流环节电压</td></tr>
<tr><td>DehumSt</td><td>减湿器状态
<table><tr><td>值</td><td>数值</td><td>语义</td></tr><tr><td>On</td><td>1</td><td>减湿器开启</td></tr><tr><td>Off</td><td>2</td><td>减湿器关闭</td></tr><tr><td>Flt</td><td>3</td><td>减湿器在故障状态</td></tr></table></td></tr>
<tr><td>Dir</td><td>机舱方向</td></tr>
<tr><td>DispXdir</td><td>机舱位移(纵向)</td></tr>
<tr><td>DispYdir</td><td>机舱位移(横向)</td></tr>
<tr><td>DmdPF</td><td>功率因数设定值</td></tr>
<tr><td>DmdVAr</td><td>无功发电设定值</td></tr>
<tr><td>DmdVArh</td><td>无功电能需求(默认需求方向:能量从变电站母线流入风力发电机组)</td></tr>
<tr><td>DmdW</td><td>有功发电设定值</td></tr>
<tr><td>DmdWh</td><td>有功电能需求(默认需求方向:能量从变电站母线流入风力发电机组)</td></tr>
<tr><td>Drv</td><td>驱动</td></tr>
<tr><td>Drv</td><td>偏航驱动</td></tr>
<tr><td>EmgStop</td><td>紧急停机</td></tr>
<tr><td>EvtCt</td><td>有效事件数量</td></tr>
<tr><td>Evtld</td><td>事件 ld</td></tr>
<tr><td>EvtSev</td><td>事件严重性</td></tr>
<tr><td>EvtSt</td><td>事件状态(有效/无效)</td></tr>
<tr><td>EvtTm</td><td>最早的有效事件时间戳</td></tr>
</table>

表 23（续）

<table>
<tr><th>数据名</th><th>风电场特定数据名语义</th></tr>
<tr><td>ExTmp</td><td>机舱外温度</td></tr>
<tr><td>FtrSt</td><td>过滤系统状态
<table>
<tr><th>值</th><th>数值</th><th>语义</th></tr>
<tr><td>Inact</td><td>1</td><td>过滤系统无效</td></tr>
<tr><td>Actv</td><td>2</td><td>过滤系统有效</td></tr>
<tr><td>Flt</td><td>3</td><td>过滤系统故障</td></tr>
</table></td></tr>
<tr><td>Gbx</td><td>齿轮箱</td></tr>
<tr><td>GbxOil</td><td>齿轮箱油</td></tr>
<tr><td>GbxOilLev</td><td>齿轮箱油箱油位</td></tr>
<tr><td>Gn</td><td>变流器发电机侧</td></tr>
<tr><td>GnA</td><td>发电机侧三相电流</td></tr>
<tr><td>GnPF</td><td>发电机侧三相功率因数</td></tr>
<tr><td>GnPhV</td><td>发电机侧三相相对地电压</td></tr>
<tr><td>GnPPV</td><td>发电机侧三相相相之间电压</td></tr>
<tr><td>GnClSt</td><td>发电机冷却系统状态
<table>
<tr><th>值</th><th>数值</th><th>语义</th></tr>
<tr><td>Cl</td><td>1</td><td>冷却系统在运行</td></tr>
<tr><td>Stdby</td><td>2</td><td>备用冷却系统</td></tr>
<tr><td>Off</td><td>3</td><td>冷却系统关闭</td></tr>
<tr><td>Flt</td><td>4</td><td>冷却系统故障</td></tr>
</table></td></tr>
<tr><td>GnHz</td><td>发电机频率值</td></tr>
<tr><td>GnOpMod</td><td>发电机运行模式
<table>
<tr><th>值</th><th>数值</th><th>语义</th></tr>
<tr><td>Ht</td><td>1</td><td>发电机运行</td></tr>
<tr><td>Run</td><td>2</td><td>发电机运转</td></tr>
<tr><td>Rdy</td><td>3</td><td>发电机准备就绪</td></tr>
<tr><td>Flt</td><td>4</td><td>发电机故障</td></tr>
</table></td></tr>
<tr><td>GnRtr</td><td>发电机转子</td></tr>
<tr><td>GnRtrExt</td><td>发电机转子励磁</td></tr>
<tr><td>GnTmp</td><td>发电机温度测量值</td></tr>
<tr><td>GnTmpInlet</td><td>发电机入口空气/水温度测量值</td></tr>
<tr><td>GnTmpRtr</td><td>发电机转子温度测量值</td></tr>
</table>

表 23（续）

<table>
<tr><th>数据名</th><th>风电场特定数据名语义</th></tr>
<tr><td>GnTmpSta</td><td>发电机定子温度测量值</td></tr>
<tr><td>GnTrq</td><td>发电机转矩值</td></tr>
<tr><td>GriA</td><td>电网侧三相电流</td></tr>
<tr><td>GriPF</td><td>电网侧三相功率因数</td></tr>
<tr><td>GriPhV</td><td>电网侧三相相对地电压</td></tr>
<tr><td>GriPPV</td><td>电网侧三相相相之间电压</td></tr>
<tr><td>GsLev</td><td>主轴轴承润滑油油位</td></tr>
<tr><td>Health</td><td>健康状态(在 IEC 61850-7-4 第 6 章中定义)。反映了与硬件和软件相关逻辑节点的状态</td></tr>
<tr><td>HiAcsSp</td><td>高级访问受保护设定值</td></tr>
<tr><td>HiUrgAlm</td><td>高度紧急报警</td></tr>
<tr><td>HorWdDir</td><td>水平风向</td></tr>
<tr><td>HorWdSpd</td><td>水平风速</td></tr>
<tr><td>HtexSt</td><td>热交换器状态
<table>
<tr><th>值</th><th>数值</th><th>语义</th></tr>
<tr><td>On</td><td>1</td><td>热交换器开启</td></tr>
<tr><td>Off</td><td>2</td><td>热交换器关闭</td></tr>
<tr><td>Flt</td><td>3</td><td>热交换器故障</td></tr>
</table></td></tr>
<tr><td>HtSt</td><td>加热系统状态
<table>
<tr><th>值</th><th>数值</th><th>语义</th></tr>
<tr><td>Inact</td><td>1</td><td>热传动系统无效</td></tr>
<tr><td>Actv</td><td>2</td><td>热传动系统有效</td></tr>
<tr><td>Flt</td><td>3</td><td>热传动系统故障</td></tr>
</table></td></tr>
<tr><td>HubTmp</td><td>风轮轮毂温度</td></tr>
<tr><td>Hum</td><td>湿度值</td></tr>
<tr><td>HyPmp</td><td>偏航系统液压泵</td></tr>
<tr><td>HyPres</td><td>偏航系统液压</td></tr>
<tr><td>Hz</td><td>频率值</td></tr>
<tr><td>Ice</td><td>冰冻厚度</td></tr>
<tr><td>IceSt</td><td>冰冻检测器状态
<table>
<tr><th>值</th><th>数值</th><th>语义</th></tr>
<tr><td>On</td><td>1</td><td>冰冻检测器开启</td></tr>
<tr><td>Off</td><td>2</td><td>冰冻检测器关闭</td></tr>
<tr><td>Flt</td><td>3</td><td>冰冻检测器故障</td></tr>
</table></td></tr>
</table>

表 23（续）

<table>
<tr><th>数据名</th><th>风电场特定数据名语义</th></tr>
<tr><td>InletTmp</td><td>发电机进口空气温度</td></tr>
<tr><td>InlFlt</td><td>在线过滤污物</td></tr>
<tr><td>InlFltSt</td><td>在线过滤污物的状态
<table>
<tr><th>值</th><th>数值</th><th>语义</th></tr>
<tr><td>HiHi</td><td>1</td><td>过滤污物超过高-高级</td></tr>
<tr><td>Hi</td><td>2</td><td>过滤污物超过高级</td></tr>
<tr><td>Nor</td><td>3</td><td>过滤污物正常</td></tr>
<tr><td>Lo</td><td>4</td><td>过滤污物低于低级</td></tr>
<tr><td>LoLo</td><td>5</td><td>过滤污物低于低-低级</td></tr>
<tr><td>OutRng</td><td>6</td><td>过滤污物值超出范围</td></tr>
</table></td></tr>
<tr><td>InOv</td><td>输入通信缓冲溢出。该数据应表明通信过程中输入缓冲溢出和重要的服务请求可能丢失(TRUE)。用户应根据应用要求采取适当的措施</td></tr>
<tr><td>IntlHum</td><td>部件内湿度</td></tr>
<tr><td>IntlTmp</td><td>机舱内温度</td></tr>
<tr><td>LiftPos</td><td>起重机位置</td></tr>
<tr><td>LiftSt</td><td>起重机系统状态
<table>
<tr><th>值</th><th>数值</th><th>语义</th></tr>
<tr><td>Up</td><td>1</td><td>起重机在上升</td></tr>
<tr><td>Dn</td><td>2</td><td>起重机在下降</td></tr>
<tr><td>Off</td><td>3</td><td>起重机在“关闭”位置</td></tr>
<tr><td>Blk</td><td>4</td><td>起重机被锁定</td></tr>
</table></td></tr>
<tr><td>LiftSt</td><td>起重机状态
<table>
<tr><th>值</th><th>数值</th><th>语义</th></tr>
<tr><td>Ht</td><td>1</td><td>起重机在运行</td></tr>
<tr><td>Run</td><td>2</td><td>起重机在运转</td></tr>
<tr><td>Rdy</td><td>3</td><td>起重机准备就绪</td></tr>
<tr><td>Flt</td><td>4</td><td>起重机故障</td></tr>
</table></td></tr>
<tr><td>LoAcsSP</td><td>低级访问受保护设定值</td></tr>
<tr><td>LoUrgAlm</td><td>低度紧急报警</td></tr>
<tr><td>LuSt</td><td>齿轮箱润滑系统状态
<table>
<tr><th>值</th><th>数值</th><th>语义</th></tr>
<tr><td>Inact</td><td>1</td><td>润滑系统无效</td></tr>
<tr><td>Actv</td><td>2</td><td>润滑系统有效</td></tr>
<tr><td>Flt</td><td>3</td><td>润滑系统故障</td></tr>
</table></td></tr>
</table>

表 23（续）

数据名	风电场特定数据名语义
Mod	模式(在 IEC 61850-7-4 第 6 章定义)
MetAlt1Alt	气象海拔 1-传感器海拔
MetAlt1HorWdSpd	气象海拔 1-水平风速
MetAlt1VerWdSpd	气象海拔 1-垂直风速
MetAlt1HorWdDir	气象海拔 1-水平风向
MetAlt1VerWdDir	气象海拔 1-垂直风向
MetAlt1Tmp	气象海拔 1-温度
MetAlt1Hum	气象海拔 1-湿度
MetAlt1Pres	气象海拔 1-压力
MTPresSt	变压器填充油主箱气压 <table><tr><td>值</td><td>数值</td><td>语义</td></tr><tr><td>HiHi</td><td>1</td><td>气压高于高-高级</td></tr><tr><td>Hi</td><td>2</td><td>气压高于高级</td></tr><tr><td>Nor</td><td>3</td><td>气压正常</td></tr><tr><td>Lo</td><td>4</td><td>气压低于低级</td></tr><tr><td>LoLo</td><td>5</td><td>气压低于低-低级</td></tr><tr><td>OutRng</td><td>6</td><td>气压值超出范围</td></tr></table>
NamPlt	逻辑节点铭牌。LLN0 铭牌表示逻辑设备的铭牌信息
NumEvt	事件数量
NumOpTur	实际运行风力发电机组的数量
NumPwrUp	不间断电源的数量。自最后复位后，物理设备不间断电源的数量
ObjId	对象引用
OfFlt	离线过滤污物
OfFltSt	离线过滤污物状态 <table><tr><td>值</td><td>数值</td><td>语义</td></tr><tr><td>HiHi</td><td>1</td><td>过滤污物高于高-高级</td></tr><tr><td>Hi</td><td>2</td><td>过滤污物高于高级</td></tr><tr><td>Nor</td><td>3</td><td>过滤污物正常</td></tr><tr><td>Lo</td><td>4</td><td>过滤污物低于低级</td></tr><tr><td>LoLo</td><td>5</td><td>过滤污物低于低-低级</td></tr><tr><td>OutRng</td><td>6</td><td>过滤污物值超出范围</td></tr></table>
OilLev	变压器或齿轮箱填充油油位信息

表 23（续）

<table>
<tr><th>数据名</th><th>风电场特定数据名语义</th></tr>
<tr><td>OilLevSt</td><td>油位状态
<table>
<tr><th>值</th><th>数值</th><th>语义</th></tr>
<tr><td>HiHi</td><td>1</td><td>油位高于高-高级</td></tr>
<tr><td>Hi</td><td>2</td><td>油位高于高级</td></tr>
<tr><td>Nor</td><td>3</td><td>油位正常</td></tr>
<tr><td>Lo</td><td>4</td><td>油位低于低级</td></tr>
<tr><td>LoLo</td><td>5</td><td>油位低于低-低级</td></tr>
<tr><td>OutRng</td><td>6</td><td>油位值超出范围</td></tr>
</table></td></tr>
<tr><td>OpTmRs</td><td>运行时间。精确语义应由风力发电机组控制器的制造商定义并分类归档</td></tr>
<tr><td>OutOv</td><td>输出通信缓冲溢出。该数据表明任何通信信息列队输出缓冲溢出，通信中重要的显示有可能丢失。建议使用普遍的审讯方法或自动启动完整扫描来更新客户数据库</td></tr>
<tr><td>PFMx</td><td>功率因数测量值</td></tr>
<tr><td>PhyHealth</td><td>物理设备健康状态表示逻辑设备所在的物理设备的健康状态信息。与源问题相关的更多细节信息由特定数据提供。
<table>
<tr><th>值</th><th>数值</th><th>语义</th></tr>
<tr><td>Ok</td><td>1</td><td>正常（“绿色”）——没问题，正常运行</td></tr>
<tr><td>Warning</td><td>2</td><td>警告（“黄色”）——小问题，但在安全运行模式下</td></tr>
<tr><td>Alarm</td><td>3</td><td>报警（“红色”）——严重问题，不能运行</td></tr>
</table>
健康状态 1（“绿色”）和 3（“红色”）有明确的定义。健康状态 2（“黄色”）的详细含义是局部问题，它决定于专门的功能/设备</td></tr>
<tr><td>PhyNam</td><td>物理设备铭牌表示逻辑设备所在的物理设备的铭牌信息</td></tr>
<tr><td>PlDelAtv</td><td>delta 控制功能有效：开|关</td></tr>
<tr><td>PlDelEn</td><td>启用 delta 功能</td></tr>
<tr><td>PlGra</td><td>风电场坡度</td></tr>
<tr><td>PlGraAtv</td><td>梯度控制功能有效：开|关</td></tr>
<tr><td>PlGraEn</td><td>启用梯度功能</td></tr>
<tr><td>PlPF</td><td>风电场实际功率因数</td></tr>
<tr><td>PlV</td><td>风电场外部并网点输出电压</td></tr>
<tr><td>PlVA</td><td>风电场视在功率</td></tr>
<tr><td>PlVAAtv</td><td>视在功率控制功能有效：开|关</td></tr>
<tr><td>PlVAEn</td><td>启用视在功率控制模式来控制视在功率</td></tr>
<tr><td>PlVAr</td><td>风电场无功功率输出</td></tr>
<tr><td>PlVArAtv</td><td>无功功率控制功能有效：VAr 开|VOC 开|PF 开|关</td></tr>
</table>

表 23（续）

<table>
<tr><th>数据名</th><th>风电场特定数据名语义</th></tr>
<tr><td>PlVArCapExp</td><td>风电场无功功率输出(供给)容量</td></tr>
<tr><td>PlVArCapImp</td><td>风电场无功功率输入(需求)容量</td></tr>
<tr><td>PlVArMod</td><td>无功功率控制模式</td></tr>
<tr><td>PlW</td><td>风电场有功功率输出</td></tr>
<tr><td>PlWAtv</td><td>有功功率控制功能有效:开|关</td></tr>
<tr><td>PlWCap</td><td>风电场有功功率输出容量</td></tr>
<tr><td>PlWDel</td><td>风电场有功功率储备利用 delta 函数—有功功率发电容量和有功功率发电的不同处</td></tr>
<tr><td>PlWLimEn</td><td>启用有功功率限制模式</td></tr>
<tr><td>Pres</td><td>压力</td></tr>
<tr><td>Proxy</td><td>TRUE 应指出逻辑设备是代理的。代理是来自不同逻辑节点的数据集合。客户可以在代理点或者是原始位置获得数据</td></tr>
<tr><td>PtAngSpBl1</td><td>叶片 1 桨距角设定值(参考)</td></tr>
<tr><td>PtAngSpBl2</td><td>叶片 2 桨距角设定值</td></tr>
<tr><td>PtAngSpBl3</td><td>叶片 3 桨距角设定值</td></tr>
<tr><td>PtAngValBl1</td><td>叶片 1 桨距角(参考)</td></tr>
<tr><td>PtAngValBl2</td><td>叶片 2 桨距角</td></tr>
<tr><td>PtAngValBl3</td><td>叶片 3 桨距角</td></tr>
<tr><td>PtCtlSt</td><td>变桨控制状态:<table><tr><th>值</th><th>数值</th><th>语义</th></tr><tr><td>Op</td><td>1</td><td>变桨在运行</td></tr><tr><td>Flt</td><td>2</td><td>变桨故障</td></tr></table></td></tr>
<tr><td>PtEmgChk</td><td>检查紧急变桨系统命令:<table><tr><th>值</th><th>数值</th><th>语义</th></tr><tr><td>On</td><td>1</td><td>开始检查</td></tr><tr><td>Off</td><td>2</td><td>停止检查</td></tr></table>注:检查的结果,如果需要显示,应该进行描述</td></tr>
<tr><td>PtHyPresBl1</td><td>叶片 1 液压变桨系统的压力(参考)</td></tr>
<tr><td>PtHyPresBl2</td><td>叶片 2 液压变桨系统的压力</td></tr>
<tr><td>PtHyPresBl3</td><td>叶片 3 液压变桨系统的压力</td></tr>
<tr><td>PwrDn</td><td>掉电检测。TRUE 说明已检测到设备掉电</td></tr>
<tr><td>PwrSupAlm</td><td>电源报警。TRUE 说明电源报警。它通常指的是由 LPHD 建模的 IED 当地电源,而不是完整的外部电源系统的健康状态(EEHealth)</td></tr>
<tr><td>PwrUp</td><td>上电检测。TRUE 说明已检测到设备上电</td></tr>
</table>

表 23（续）

<table>
<tr><th>数据名</th><th>风电场特定数据名语义</th></tr>
<tr><td>RoofEnt</td><td>风力发电机组顶部入口的舱口接头</td></tr>
<tr><td>RotPos</td><td>转角位置</td></tr>
<tr><td>RotSpd</td><td>转子侧风轮转速值</td></tr>
<tr><td>RotSt</td><td>转子状态：<table><tr><th>值</th><th>数值</th><th>语义</th></tr><tr><td>Blk</td><td>1</td><td>转子被锁定</td></tr><tr><td>Stop</td><td>2</td><td>转子停止</td></tr><tr><td>Idl</td><td>3</td><td>转子空转</td></tr><tr><td>Run</td><td>4</td><td>转子转动</td></tr></table></td></tr>
<tr><td>RsStat</td><td>将此值设置为 TRUE 将重置该逻辑节点的所有设备统计数据，如数据 NumPwrUp、WrmStr、WacTrg</td></tr>
<tr><td>Rtr</td><td>发电机转子电力测量</td></tr>
<tr><td>RtrA</td><td>发电机转子三相电流</td></tr>
<tr><td>RtrExtAC</td><td>发电机转子交流励磁</td></tr>
<tr><td>RtrExtDC</td><td>发电机转子直流励磁</td></tr>
<tr><td>RtrPhV</td><td>发电机转子三相相对地电压</td></tr>
<tr><td>RtrPPV</td><td>发电机转子三相相相之间电压</td></tr>
<tr><td>SetBecLev</td><td>设置灯塔中灯泡亮度</td></tr>
<tr><td>SetBecMod</td><td>设置灯塔模式：<table><tr><th>值</th><th>数值</th><th>语义</th></tr><tr><td>Auto</td><td>1</td><td>灯塔自动模式</td></tr><tr><td>Bulb1</td><td>2</td><td>灯塔灯泡 1 开</td></tr><tr><td>Bulb2</td><td>3</td><td>灯塔灯泡 2 开</td></tr></table></td></tr>
<tr><td>SetFlsh</td><td>设置灯塔闪光灯工作周期值</td></tr>
<tr><td>SetPlDel</td><td>设置风电场有功功率储备参考值，并命名为“热备用”</td></tr>
<tr><td>SetPlDrp</td><td>设置电压跌落控制的斜坡参考值</td></tr>
<tr><td>SetPlPF</td><td>设置风电场功率因数参考值——负值：消耗无功功率；正值：产生无功功率</td></tr>
<tr><td>SetPlV</td><td>设置风电场输出电压参考值</td></tr>
<tr><td>SetPlVA</td><td>设置风电场输出表观功率参考值</td></tr>
<tr><td>SetPlVAr</td><td>设置风电场输出无功功率参考值</td></tr>
<tr><td>SetPlVArDoGra</td><td>设置风电场输出无功功率梯度斜坡下降的参考值</td></tr>
<tr><td>SetPlVArUpGra</td><td>设置风电场输出无功功率梯度斜坡上升的参考值</td></tr>
<tr><td>SetPlVArW</td><td>设置风电场输出无功功率参考值</td></tr>
</table>

表 23（续）

<table>
<tr><th>数据名</th><th>风电场特定数据名语义</th></tr>
<tr><td>SetPlVDoGra</td><td>设置风电场电压下降斜率参考值</td></tr>
<tr><td>SetPlVDrp</td><td>设置电压跌落控制的斜率参考值</td></tr>
<tr><td>SetPlVUpGra</td><td>设置风电场电压上升斜率参考值</td></tr>
<tr><td>SetPlW</td><td>设置风电场输出有功功率参考值</td></tr>
<tr><td>SetPlWDoGra</td><td>设置风电场输出有功功率下降斜率的参考值</td></tr>
<tr><td>SetPlWUpGra</td><td>设置风电场输出有功功率上升斜率的参考值</td></tr>
<tr><td>SetTurOp</td><td>风力发电机组运行命令：<table><tr><th>值</th><th>数值</th><th>语义</th></tr><tr><td>Str</td><td>1</td><td>启动风力发电机组</td></tr><tr><td>Stop</td><td>2</td><td>停止风力发电机组</td></tr></table></td></tr>
<tr><td>ShfBrg</td><td>转轴轴承</td></tr>
<tr><td>ShfBrk</td><td>轴制动(表面)</td></tr>
<tr><td>StaA</td><td>发电机定子三相电流</td></tr>
<tr><td>StaPhV</td><td>发电机定子三相相对地电压</td></tr>
<tr><td>StaPPV</td><td>发电机定子三相相相之间电压</td></tr>
<tr><td>StopCnt</td><td>停止的数量。精确语义应由风力发电机组控制器的制造商定义并文档化</td></tr>
<tr><td>Str</td><td>变流器开始命令:开|关|自动<table><tr><th>值</th><th>数值</th><th>语义</th></tr><tr><td>On</td><td>1</td><td>变流器开</td></tr><tr><td>Off</td><td>2</td><td>变流器关</td></tr><tr><td>Auto</td><td>3</td><td>变流器自动模式</td></tr></table></td></tr>
<tr><td>StrCnt</td><td>启动的数量。精确语义应由风力发电机组控制器的制造商定义并文档化</td></tr>
<tr><td>SupVArh</td><td>无功能量供给(默认供给方向:能量从风力发电机组流入变电站母线)</td></tr>
<tr><td>SupWh</td><td>有功能量供给(默认供给方向:能量从风力发电机组流入变电站母线)</td></tr>
<tr><td>SysGsLev</td><td>偏航系统润滑油油位</td></tr>
<tr><td>Tmp</td><td>温度</td></tr>
<tr><td>TmpNacEx</td><td>机舱外温度</td></tr>
<tr><td>TmpNaclntl</td><td>机舱内温度</td></tr>
<tr><td>Torq</td><td>转矩值</td></tr>
<tr><td>TotVArh</td><td>产生的总(净)无功能量</td></tr>
<tr><td>TotWh</td><td>产生的总(净)有功能量</td></tr>
</table>

表 23（续）

数据名	风电场特定数据名语义
TrfClst	变压器冷却系统状态： 值 / 数值 / 语义 Cl / 1 / 变压器冷却系统开 Stdby / 2 / 变压器冷却系统在等待模式 Off / 3 / 变压器冷却系统关 Flt / 4 / 变压器冷却系统故障
TrfGri	变压器电网侧
TrfGriA	变压器电网侧三相电流
TrfGriPhV	变压器电网侧三相相对地电压
TrfGriPPV	变压器电网侧三相相对相电压
TrfOpTmRs	变压器运行时间(特定供应商)。精确语义应由风力发电机组控制器的制造商定义并文档化
TrfTmpTrfGn	变压器风力发电机组侧温度测量值
TrfTmpTrfGri	变压器电网侧温度测量值
TrfTurA	变压器风力发电机组侧三相电流
TrfTurPhV	变压器风力发电机组侧三相相对地电压
TrfTurPPV	变压器风力发电机组侧三相相相之间电压
TrgEmgStop	紧急关闭触发的瞬态日志
TrgProdGri	并网触发的瞬态日志
TrmTmpGbxOil1	齿轮箱油温度测量值
TrmTmpShfBrg1	转轴轴承 1 温度测量值
TrmTmpShfBrg2	转轴轴承 2 温度测量值
TrmTmpShfBrk	轴制动温度测量值(表面测量)
TurAlLog	所有记录的(历史)风力发电机组报警
TurAnLog	所有记录的(历史)风力发电机组模拟时间系列
TurCmLog	所有记录的(历史)风力发电机组命令
TurCtLog	所有记录的(历史)风力发电机组计数器
TurEvtLog	所有记录的(历史)状态变化
TurPhLog	所有记录的(历史)风力发电机组三相时间系列
TurRpCh	风力发电机组报表模拟特征
TurRpCt	风力发电机组报告事件计数
TurRpTm	风力发电机组报表持续时间
TurSpLog	所有记录的(历史)风力发电机组设定值

表 23（续）

<table>
<tr><th>数据名</th><th>风电场特定数据名语义</th></tr>
<tr><td>TurSt</td><td>风力发电机组状态<table><tr><th>值</th><th>数值</th><th>语义</th></tr><tr><td>Stop</td><td>1</td><td>风力发电机组停止</td></tr><tr><td>Stdby</td><td>2</td><td>风力发电机组待机</td></tr><tr><td>Str</td><td>3</td><td>风力发电机组开始运行</td></tr><tr><td>Run</td><td>4</td><td>风力发电机组运行正常</td></tr><tr><td>Free</td><td>5</td><td>风力发电机组和发电机断开，正在空转</td></tr><tr><td>Brk</td><td>6</td><td>风力发电机组刹车</td></tr></table></td></tr>
<tr><td>TurStLog</td><td>所有记录的（历史）风力发电机组状态</td></tr>
<tr><td>TurTmLog</td><td>所有记录的（历史）风力发电机组计时器</td></tr>
<tr><td>TurTrLog</td><td>所有的暂态风力发电机组记录</td></tr>
<tr><td>VA</td><td>视在功率——S 作为视在功率的共用同义词</td></tr>
<tr><td>VAh</td><td>视在能量</td></tr>
<tr><td>VAr</td><td>无功功率——Q 作为无功功率的共用同义词</td></tr>
<tr><td>VAr</td><td>发电侧无功</td></tr>
<tr><td>VArh</td><td>无功电能</td></tr>
<tr><td>VArOvW</td><td>风力发电机组无功优先于有功命令</td></tr>
<tr><td>VArRefPri</td><td>风力发电机组无功设定值优先命令</td></tr>
<tr><td>VerWdDir</td><td>垂直风向</td></tr>
<tr><td>VerWdSpd</td><td>垂直风速</td></tr>
<tr><td>Vib</td><td>齿轮箱振动测量值</td></tr>
<tr><td>BrkHyPres</td><td>轴制动液压</td></tr>
<tr><td>VibGbx1</td><td>齿轮箱 1 齿轮箱振动测量值</td></tr>
<tr><td>VibGbx2</td><td>齿轮箱 2 齿轮箱振动测量值</td></tr>
<tr><td>GbxOilLev</td><td>齿轮箱油箱油位</td></tr>
<tr><td>GbxOilPres</td><td>齿轮油压</td></tr>
<tr><td>GsLev</td><td>主轴轴承润滑油油位</td></tr>
<tr><td>InlFlt</td><td>内联过滤污染</td></tr>
<tr><td>OfFlt</td><td>离线过滤污染</td></tr>
<tr><td>Vis</td><td>能见度</td></tr>
<tr><td>VMx</td><td>电压测量值</td></tr>
<tr><td>W</td><td>有功功率——P 作为有功功率的公共同义词</td></tr>
<tr><td>W</td><td>发电侧有功</td></tr>
</table>

表 23（续）

<table>
<tr><th>数据名</th><th>风电场特定数据名语义</th></tr>
<tr><td>WacTrg</td><td>计数器复位后，所记录的电路重设设备的次数</td></tr>
<tr><td>WdDir</td><td>风向。风吹来的方向。风向应以正北方向为参照</td></tr>
<tr><td>WdHtSt</td><td>风传感器加热器的状态：<table><tr><td>值</td><td>数值</td><td>语义</td></tr><tr><td>On</td><td>1</td><td>加热器开</td></tr><tr><td>Off</td><td>2</td><td>加热器关</td></tr><tr><td>Dis</td><td>3</td><td>加热器故障</td></tr></table></td></tr>
<tr><td>WdSpdNac</td><td>风速</td></tr>
<tr><td>Wh</td><td>有功电能</td></tr>
<tr><td>WrmStr</td><td>自最后一次复位后，物理设备热启动的数量</td></tr>
<tr><td>Xdir</td><td>纵向</td></tr>
<tr><td>YawAng</td><td>偏航轴与正北方向的角度</td></tr>
<tr><td>YawSpd</td><td>偏航速度</td></tr>
<tr><td>Ydir</td><td>横向</td></tr>
<tr><td>YwBrakeSt</td><td>偏航制动的模式：<table><tr><td>值</td><td>数值</td><td>语义</td></tr><tr><td>On</td><td>1</td><td>偏航制动开</td></tr><tr><td>Off</td><td>2</td><td>偏航制动关</td></tr></table></td></tr>
<tr><td>YwSt</td><td>偏航系统模式：<table><tr><td>值</td><td>数值</td><td>语义</td></tr><tr><td>Auto</td><td>1</td><td>偏航在自动模式</td></tr><tr><td>Cw</td><td>2</td><td>偏航在顺时针运行模式</td></tr><tr><td>Blk</td><td>3</td><td>偏航锁定</td></tr><tr><td>Ccw</td><td>4</td><td>偏航在逆时针运行模式</td></tr><tr><td>Flt</td><td>5</td><td>偏航故障</td></tr></table></td></tr>
</table>

7 公用数据类

7.1 公用数据类(CDC)的基本概念

7.1.1 公用数据类的种类

一组数据类(在逻辑节点中定义的)的公共属性可以定义成公用数据类。数据类继承所有与之配套的公用数据类属性中指定的信息(数据和元数据)。在风电场信息要求的基础上，定义风电场一系列特定公用数据类。

下面是几组定义的公用数据类：

a) 风电场特定公用数据类(CDC)(见7.3)：

——设定值(SPV)；

——状态值(STV)；

——报警(ALM)；

——命令(CMD)；

——事件计数(CTE)；

——状态计时(TMS)；

——报警设定状态(ASS)。

b) 从IEC 61850-7-3继承的公用数据类(见7.4.1)：

——单点状态(SPS)；

——整数状态(INS)；

——二进制计数器读数(BCR)；

——测量值(MV)；

——三相系统中相对地相关测量值(WYE)；

——三相系统中相对相相关测量值(DEL)；

——可控的单点(SPC)；

——可控的整数状态(INC)；

——可控的模拟过程值(APC)(当前标准有待进一步修正)；

——逻辑节点铭牌(LPL)。

c) 从IEC 61850-7-3继承过来并加以特定化的公用数据类(见7.4.2)：

——设备铭牌(DPL)->WDPL。

7.1.2 公用数据类结构

风电场特定公用数据类的缩写名称用大写字母，名称长度要短(建议用3个字母)并且应是唯一的。在公用数据类中，特定数据类的信息(数据和元数据)应通过一个表格符号清晰的建模，见表24。

表24 公用数据类的一般表格结构

×××类					
属性名	属性类型	FC	TrgOp	解释和值/范围	M/O
数据属性					
状态信息					
cdc attr.name	attr type	fc		描述和范围	
模拟信息					
cdc attr.name	attr type	fc		描述和范围	
统计信息					
cdc attr.name	attr type	fc		描述和范围	
历史信息					
cdc attr.name		fc		描述和范围	

表 24（续）

×××类						
属性名		属性类型	FC	TrgOp	解释和值/范围	M/O
	cdc attr.name	attr typeA	fc		描述和范围	
	cdc attr.name	attr typeB	fc		描述和范围	
	cdc attr.name	attr typeA	fc		描述和范围	
	cdc attr.name	attr typeC	fc		描述和范围	
控制信息						
cdc attr.name		attr type	fc		描述和范围	
设定值信息						
cdc attr.name		attr ty pe	fc		描述和范围	
描述和扩展						
cdc attr.name		attr type	fc		描述和范围	

为了方便，对所有的公用数据类属性进行了分类。

公用数据类的属性类型在表 25 中进行了简要的说明。

表 25　公用数据类属性

数据类属性	描述
属性名	公用数据类属性记录的助忆缩写
属性类型	基础(例如整型，布尔型)或构造数据类型
函数约束	为了有效的进行信息交换，将建立的组进行分类。列出的函数约束将在 DL/T 860.72—2004 表 18 中进行定义。 例如： ST 状态信息 MX 测量值 CO 控制 SP 设定值 CF 配置 DC 描述
触发选择	有条件的通知状态或数据改变。dchg：数据改变，qchg：品质改变，dupd：数据更新
解释/范围	属性记录的描述和范围
要求	M：强制，O：可选，C：一定条件下

至少定义的所有强制性数据类属性应被相关的数据类继承。定义的可选数据类属性名可以被应用，并且自由使用。如果给定的条件为真，公用数据类属性也是强制性的。

表 26 列举了属性被列入的条件。

表 26 属性存在的条件

缩略语	条件
AC_ALM_ST_POS	如果 WALM 逻辑节点包括 AlmSt 数据值，则属性应存在
AC_DLN_M	如果数据的数据命名空间偏离了逻辑节点 lnNs 或 ldNs 规定的数据命名空间，则属性应存在(仅用于所有公用数据类的 dataNs)
AC_DLNDA_M	如果数据的公用数据类命名空间偏离了数据 dataNs，或逻辑节点 lnNs 或 ldNs 规定的公用数据类命名空间，则属性应存在(仅用于所有公用数据类 cdcNs 和 cdcName)
AC_PRE_TRG	如果支持前沿触发，则该属性是强制的
AC_PST_TRG	如果支持后沿触发，则该属性是强制的
AC_TRG	如果支持触发(前沿或后沿触发)，则该属性是强制的
GC_1	对于给定数据实例，至少存在一个属性
GC_CON	如和配置相关的(可选的)特定数据属性存在，那么该配置数据属性只能也存在
M	属性是强制的
O	属性是可选的

公用数据类的属性类型是最基本的信息属性。表 27 中列出了基本类型的范围。

表 27 公用数据类：属性基本类型

属性类型	
名称	范围/解释
BOOLEAN	真|假
INT8	－128～＋127
INT16	－32 768～＋32 767
INT24	－8 388 608～8 388 607
INT32	－2＊＊31～(2＊＊31)－1
INT64	－2＊＊63～(2＊＊63)－1
INT128	－2＊＊127～(2＊＊127)－1
INT8U	0～255
INT16U	0～65 535
INT24U	0～16 777 215
INT32U	0～4 294 967 295
FLOAT32	单精度浮点值，范围和精度在 IEEE 754 单精度浮点值中指定
FLOAT64	双精度浮点值，范围和精度在 IEEE 754 双精度浮点值中指定
OCTETSTRING64	8 位字符串
ENUMERATED	与信息建模相关的有序值，允许自定义扩展名
CODED ENUM	一旦定义即设定一组值；不允许自定义扩展名。类型应和映射中有效的编码相匹配
VISIBLE STRING	ASCII 码
UNICODE STRING	统一编码的字符串

导出的构造类型在下面的条款中分别详细的列出。

7.2 公用数据类属性

7.2.1 模拟值

浮点值或整数值(可扩展)。模拟值类型在表 28 中定义。

表 28 模拟值

模拟值类型定义			
属性名	属性类型	值/值域	M/O
i	INT32	整数值	GC_1[a]
f	FLOAT32	浮点值	GC_1[a]
[a] GC_1:对于给定的数据实例至少一个属性应给定。			

符号模拟值[n]应是模拟值 n 的数组。

模拟值可以用基本数据类型 INTEGER(属性 i)或 FLOATING POINT(属性 f)来表示。至少使用其中一个属性。如果两个属性都存在,那么应用时应确保两种属性的值保持一致。若其中一个值由通信服务更新,另一个值也要更新。例如:如果 xxx.f 被写入,xxx.i 相应地也要更新。

i:值 i 是测量值的整数表示。i 和 f 的转换公式为:

$f\times10^{单位\times乘数}=(i\times 比例因子)+偏移量$

当 i、比例因子、偏移量和 f 给定时,计算结果在可接受的误差范围内是正常的。

f:值 f 是测量值的浮点表示。f 应代表工程值。

注:整数值和浮点值都存在的原因是为了使不具备浮点值处理能力的 IED 也能支持模拟值。这种情况下,比例因子和偏移量可以在客户端和服务器之间离线交换。

7.2.2 TimeStamp(时间戳)

TimeStamp(时间戳)类型应代表一个 UTC 时间,表 29 中详细说明了 1970-01-01 午夜(00:00:00)的时间。

表 29 TimeStamp 类型

TimeStamp 类型定义			
属性名	属性类型	值/值域/解释	M/O
SecondSinceEpoch	INT32	(0……MAX)	M
FractionOfSencond	INT24U	值=bi * 2 * * −(i+1)从 0 到 23 的和;次序=b0,b1,b2,b3……	M
TimeQuality	TimeQuality		M

SecondSinceEpoch

SecondSinceEpoch 是从 1970-01-01 00:00:00 UTC 开始连续计数的时间间隔,以秒为单位。

注 1:SecondSinceEpoch 符合 UNIX 时间。

FractionOfSencond

当 TimeStamp 的值确定以后,属性 FractionOfSencond 是当前时间的一部分。时间的一部分由公式[$bi * 2^{**}-(i+l)s$]从 $i=0$ 到 23 计算得到。

注 2：TimeStamp 通过计算结果的最小整数进行升级。整数的 24 位提供来自 1 到 16 777 216 的最小整数；通过 1/2** 24(大约为 60 ns)进行计算。

注 3：如果仅用第一个字节，时间戳的结果可能是 1/2** 1(=0.5 s)；如果用前两个字节，时间戳的结果也可能是 1/2** 2(0.25 s)；如果用了所有的 24 个字节，时间戳的结果也可能是大约 60 ns。IED 提供的计算结果不在 IEC 61400-25(所有部分)范围内。

TimeQuality

TimeQuality 提供关于由 IED 发送的时间源的信息，在表 30 中列出。

表 30　TimeQuality 定义

TimeQuality 定义				
属性名		属性类型	值/值域/解释	M/O
		PACKED LIST		
	LeapSecondsKnown	BOOLEAN		M
	ClockFailure	BOOLEAN		M
	ClockNotSynchronized	BOOLEAN		O
	TimeAccuracy	CODED ENUM	FractionOfSencond 中重要字节数：最小的时间间隔是：2** −*n*	M

LeapSecondsKnown：LeapSecondsKnown 属性值为真，则说明 SecondSinceEpoch 的值考虑了所有的闰秒。如果属性值为假，则说明 SecondSinceEpoch 的值在设备时间源初始化时没有考虑闰秒。

ClockFailure：ClockFailure 属性值为真，则说明发送设备的时间源是不可靠的。TimeStamp 的值将被忽略。

ClockNotSynchronized：ClockNotSynchronized 属性值为真，则说明发送设备的时间源和外部 UTC 时间不同步。

TimeAccuracy：TimeAccuracy 属性代表发送设备的时间源相对于外部 UTC 时间的精度等级。时间的精度等级代表 FractionOfSencond 重要字节的数字。

n 的值在表 31 中列出。

表 31　TimeAccuracy

n	结果的 TimeAccuracy(2** −*n*)	在 IEC 61850-5 中定义的相应的时间性能等级
31	—	未指明
7	大约 7 ms～8 ms	10 ms(性能等级 T0)
10	大约 0.9 ms	1 ms(性能等级 T1)
14	大约 61 μs	100 μs(性能等级 T2)
16	大约 15 μs	25 μs(性能等级 T3)
18	大约 3.8 μs	4 μs(性能等级 T4)
20	大约 0.9 μs	1 μs(性能等级 T5)

7.2.3　品质

不同的标识符规定了信息的品质和有效性。品质类型在表 32 中定义。

表 32 品质

品质类型定义			
属性名	属性类型	值/值域	M/O
	PACKED LIST		
validity	CODED ENUM	良好/无效/保留/可疑	M
detailQual	PACKED LIST		O
overflow	BOOLEAN		O
outOfRange	BOOLEAN		O
badReference	BOOLEAN		O
oscillatory	BOOLEAN		O
failure	BOOLEAN		O
oldData	BOOLEAN		O
inconsistent	BOOLEAN		O
inaccurate	BOOLEAN		O
source	CODED ENUM	process|substituted 缺省 process	O
test	BOOLEAN	缺省 FALSE	O
operatorBlocked	BOOLEAN	缺省 FALSE	O

如果相关属性的功能不受支持，则应使用缺省值。如果属性不受支持或使用缺省值，映射可以将该属性从报文中去除。详细描述见 IEC 61850-7-3 6.2。

7.2.4 单位

表 33 定义了单位类型。

表 33 单位

单位类型定义			
属性名	属性类型	值/值域	M/O
SIUnit	ENUMERTED	依据附录 B 表 B.1、表 B.2、表 B.3、表 B.4	M
multiplier	ENUMERTED	依据附录 B 表 B.5	O

SIUnit：根据附录 A 定义 SI 单位。

multiplier：根据附录 A 定义倍数的值。缺省值是 0(例如 multiplier=1)。

单位应是从 ISO 1000 导出的国际单位 SI，以枚举的形式描述。枚举将在表 B.1、表 B.2、表 B.3 和表 B.4 中定义。倍数的值以枚举的形式描述，枚举的值为倍数值的以 10 为基的指数，在表 B.5 中定义。

7.2.5 CtlModels

CtlModels 类型定义如下：

ENUMERATED(该对象是不可控的，仅支持用于状态对象的服务|带一般安全的直接控制|带一

般安全的 sbo 控制|带增强安全的直接控制|带增强安全的 sbo 控制)

7.2.6 SboClasses

SboClasses 类型如下定义:
ENUMERATED(执行一次|执行多次)

7.2.7 Originator

表 34 定义了 Originator 类型。

表 34 Originator

Originator 类型定义			
属性名	属性类型	值/值域	M/O
orCat	ENUMERTED	不支持(0) 保留(1) | 站控制 (2) | 远程控制(3) 保留 (4) |自动化站 (5) | 自动远程 (6) | 维护(7) | 过程 (8)	M
orIdent	OCTET STRING64		M

Originator 应包含有关原发者的信息,即代表可控数据值的数据属性的最后变化的原发者。
orCat:原发者范围规定了引起值变化的原发者的类别。其值的解释在表 35 给出。

表 35 orCat 值

值	数字值	解释
not-supported	0	orCat 不支持
reserved1	1	
station-control	2	操作员通过位于风电场内的客户端发出的控制操作
remote-control	3	操作员通过位于风电场外的客户端发出的控制操作
reserved2	4	
automatic-station	5	风电场内自动功能发出的控制操作
automatic-remote	6	风电场外自动功能发出的控制操作
maintenance	7	维护/服务工具发出的控制操作
process	8	无控制行为而出现的状态改变

7.2.8 CtxInt

CtxInt 类型依据使用的数据名称,能够代表 INT32 或者 ENUMERATED。如果数据定义了一组可能值,则用 ENUMERATED 类型。

7.2.9 ObjectReference

ObjectReference 类型如下定义:VISIBLE STRING255。
更进一步解释见 DL/T 860.72—2004 的 19.2。

7.3 风电场专用公用数据类(CDC)

7.3.1 概述

两组公用数据类被区分:

1) 风电场特定公用数据类(本节);

2) 从 IEC 61850-7-3 继承而来的数据类和可能专门定义的公用数据类(见 7.3.8)。

由于 IEC 61400-25(所有部分)使用了一个与 IEC 61850 相似的建模方法,一些在 IEC 61850-7-3 中已经存在的公用数据类可以重复扩展使用,或者纳入与电网相关的风力发电场模型信息。

但是,所有风力发电相关的信息主要是依据风力发电场专用的公用数据类来建立的,见表 36。

表 36 风电场特定公用数据类

公用数据类	描述	表
SPV	设定值	表 37
STV	状态值	表 38
ALM	报警	表 39
CMD	命令	表 40
CTE	事件计数	表 41
TMS	状态计时	表 42
ASS	报警设置状态	表 43

所有公用数据类的数据属性名按字母顺序排列在 7.5 中。

每个数据属性至少应继承其属性类型中的指定特性。

只有具有指定属性的数据被用来建立风电场特有公用数据类。仅采用特殊数据属性,这些数据用来建立风电场专用特殊公共数据。

7.3.2 设定值(SPV)

公用数据类 SPV 应包含代表设定点或参数数据的信息和控制的属性。两者都是模拟数据,差别仅在于访问权限不同。详细的描述在表 37 中列出,可以看到过去和当前值、要求(目标)值、时间戳和操作标记的变化。另外,可以设置变化率和限制值来避免干扰系统动态。建议用描述和单位。

注:APC CDC 将在现有标准的修正版中定义,在 IEC 61850-7-3 的第二版中出版,表 37 所列的 APC CDC 的属性将被用到 actVal 和 oldVal 中。

表 37 公用数据类:设定点值(SPV)

SPV 类					
属性名	属性类型	FC	TrgOp	释义和值/范围	M/O
数据名称	从数据类继承而来(见 DL/T 860.72—2004 表 20)				
数据					
控制和状态信息					
chaManRs	SPC			特征信息手动强制复位	O

表 37（续）

SPV 类						
属性名		属性类型	FC	TrgOp	释义和值/范围	M/O
	ctlVal	BOOLEAN	CO		复位(真)	M
	Origin	发起人	CO,ST		最后复位的操作员识别码	M
	stVal	BOOLEAN	ST	dchg		M
	q	Quality	ST	qchg		M
	t	TimeStamp	ST			M
	ctlModel	CtlModels	CF		常规安全直接控制	M
设定点信息						
actVal		APC			要求设定值或参数	M
	ctlVal	Analogue Value	CO,	dchg		M
	origin	Originator	CO,MX		最近改变的操作员识别码	M
	operTm	TimeStamp	CO			O
	mxVal	Analogue Value	MX	dchg		M
	q	Quality	MX	qchg		M
	t	TimeStamp	MX			M
	stSeld	BOOLEAN	ST	dchg		O
	ctlModel	CtlModels	CF		常规安全直接控制|常规安全 sbo 控制 | 增强安全直接控制 | 增强安全 sbo 控制	M
	sboTimeout	INT32U	CF			O
	sboClass	SboClasses	CF			O
oldVal		APC			较早的设定值	O
	ctlVal	Analogue Value	CO			M
	origin	Originator	CO,MX		较早改变的操作员识别码	O
	operTm	TimeStamp	CO			O
	mxVal	Analogue Value	MX	dchg		O
	q	Quality	MX	qchg		M
	t	TimeStamp	MX			M
	ctlModel	CtlModels	CF		仅为状态	M
数据属性						
特征信息						
minMxVal		Analogue Value	MX		最小测量值	O
maxMxVal		Analogue Value	MX		最大测量值	O
totAvVal		Analogue Value	MX		数据的总平均值	O

表 37（续）

SPV 类					
属性名	属性类型	FC	TrgOp	释义和值/范围	M/O
sdvVal	Analogue Value	MX		数据的均方差	O
配置、描述和扩展信息					
unitst	Unit	CF			O
minVal	Analogue Value	CF	dchg	下限	O
maxVal	Analogue Value	CF	dchg	上限	O
incRate	Analogue Value	CF	dchg	增长率	O
decRate	Analogue Value	CF	dchg	下降率	O
spAcs	CODED ENUM	CF		设定或参数的访问级别 低|中等|高	O
chaPerRs	CODED ENUM	CF		时间定期复位 hly | dly | wly | mly	O
d	VISIBLE STRING255	DC			O
du	UNICODE STPING255	DC			O
cdcNs	VISIBLE STRING255	EX			AC_DLNDA_
					M
cdcName	VISIBLE STRING255	EX			AC_DLNDA_M
dataNs	VISIBLE STRING255	EX			AC_DLNDA_M
服务					
如 GB/T 30966.3—2014 中表 B.1 定义。					

注 1：chaManRs 是一个暂态数据。

注 2：oldVal 提供较早的命令设定点信息，它不允许任何的控制模型服务。

7.3.3 状态值(STV)

表 38 定义了公用数据类 STV，它包含了代表状态 DATA 的状态信息属性。因为当前的和较早的情况都被模拟，这就决定了状态变化（事件），状态值由指定的 CDC STV 数据类决定了。（比如“开”，“关”，“良好”）。相关模拟数据可以被筛选，事件发生时候模拟值有助于事件分析。如果需要，DATA 应包括在由 dataSetMx 引用的 DATA SET 中。

DATA 通过当前状态值、命令值、时间戳和上次操作来区分。描述为可选的，但推荐使用。

表 38 公用数据类:状态值(STV)

STV 类					
属性名	属性类型	FC	TrgOp	解释和值/范围	M/O
数据名称	从数据类继承而来(见 DL/T 860.72—2004)				
数据					
状态信息					
actSt	INS			实际状态	M
stVal	CtxInt	ST	dchg		M
q	Quality	ST	qchg		M
t	TimeStamp	ST			M
oldSt	INS			较早状态	O
stVal	CtxInt	ST	dchg		M
q	Quality	ST	qchg		M
t	TimeStamp	ST			M
统计信息					
stTm	TMS			活动状态持续时间	O
stCt	CTE			活动状态改变次数	O
数据属性					
配置、描述和扩展信息					
preTmms	INT32U	CF		前沿触发时间	AC_PRE_TRG
pstTmms	INT32U	CF		后沿触发时间	AC_PST_TRG
smpTmms	INT16U	CF		在前沿触发和后沿触发之间采样的数据属性的采样时间	AC_TRG
datSetMx	ObjectReference	CF	dchg	与该状态值相关的模拟数据	O
d	VISIBLE STRING255	DC		文本	O
dU	UNICODE STRING255	DC			O
cdcNs	VISIBLE STRING255	EX			AC_DLNDA_M
cdcName	VISIBLE STRING255	EX			AC_DLNDA_M
dataNs	VISIBLE STRING255	EX			AC_DLN_M
服务					
如 GB/T 30966.3—2014 中表 B.1 定义。					

7.3.4 报警(ALM)

公用数据类ALM由代表警告状态信息的若干属性组成。特定的风电场信息模型报警在表39中列出,包括4个状态值:比如说"开","警告","确认","关"。因为之前和现在的状态已经被模式化,所以警示事件(状态变化)也被确定。通过确认控制,有效报警状态dataSetMx的确认服务将通过操作标识和时间戳确认,以报警事件分析为例,在报警发生时的,不仅相关模拟信息有用,而且相关状态信息也有用。

DATA将被当前状态值、命令值、时间戳和确认服务标识。

表39 公用数据类:报警(ALM)

报警类						
属性名		属性类型	FC	TrgOp	解释和值/范围	M/O
数据名称		从数据类继承而来(见DL/T 860.72—2004)				
数据						
状态信息						
almAck		SPC			确认	M
	ctlVal	BOOLEAN	CO	dchg	确认(真)	M
	origin	Originator	CO,ST			M
	stVal	BOOLEAN	ST	dchg		M
	q	Qulity	ST	qchg		M
	t	TimeStamp	ST			M
	ctlModel	CtlModels	CF		常规安全直接控制	M
actSt		INS			有效报警状态值	M
	stVal	CtxInt	ST	dchg	关|报警|开|确认	M
	q	Qulity	ST	qchg		M
	t	TimeStamp	ST			M
oldSt		INS			较早的报警状态值	O
	stVal	CtxInt	ST	dchg	关|报警|开|确认	M
	q	Qulity	ST	qchg		M
	t	TimeStamp	ST			M
统计信息						
almTm		TMS			有效报警状态持续时间	O
almCt		CTE			有效报警状态改变数量	O
数据属性						
状态信息						
almLev		ENUMERATED	ST		报警紧急级别 低 | 正常 | 紧急	O
seqId		INT32U	ST		报警的序列标识符	O

表 39（续）

报警类					
属性名	属性类型	FC	TrgOp	解释和值/范围	M/O
配置、描述和扩展					
almStPos	INT32	CF		报警状态中的报警位置 set (AlSt)	AC_ALM_ST_POS
preTmms	INT32U	CF		前沿触发时间	AC_PRE_TRG
pstTmms	INT32U	CF		后沿触发时间	AC_PST_TRG
smpTmms	INT16U	CF		在前沿触发和后沿触发之间采样的数据属性的采样时间	AC_TRG
datSetMx	ObjectReference	CF	dchg	报警影响的测量数据清单	O
datSetSt	ObjectReference	CF	dchg	报警影响的状态数据清单	O
d	VISIBLE STRING255	DC		文本	O
dU	UNICODE STRING255	DC			O
cdcNs	VISIBLE STRING255	EX			AC_DLNDA_M
cdcName	VISIBLE STRING255	EX			AC_DLNDA_M
dataNs	VISIBLE STRING255	EX			AC_DLN_M
服务					
如 GB/T 30966.3—2014 中表 B.1 定义。					

注 1：akmAck 是一个暂态数据。

注 2：在 WALM 逻辑节点中的 AlmSt，属性 almStPos 是有条件存在的。AlmSt 数据储存了一组预先构造的报警的当前状态值。如果这一警告没有包含在这组报警（它们的值被 AlmSt 数据监视）中，almStPos 值将是负的。如果它的值是正的，它代表包含在 AlmSt 数据这组值中这一报警的位置。

7.3.5 命令（CMD）

公用数据类 CMD 将表示一个命令的信息和控制。详细的说明见表 40。命令值是由已经指定好的 CMD-CDC 的数据类来决定的（比如：“开”、“关”、“自动”）。每个状态变化将由他较早的，实际的命令状态，及相应的时间和上次发生的操作标识标出。访问许可常用来保护系统，以防止危险情况。

DATA 将被当前状态值、命令值、时间戳和上次操作员标识。建议用描述。

表 40 公用数据类:命令(CMD)

CMD 类					
属性名	属性类型	FC	TrgOp	解释和值/范围	M/O
数据名称	从数据类继承而来(见 DL/T 860.72—2004)				
数据					
控制和状态信息					
actSt	INC			当前控制状态	M
ctlVal	CtxInt	CO	dchg		M
origin	Originator	CO,ST			M
stVal	CtxInt	ST	dchg		M
q	Quality	ST	dchg		M
t	TimeStamp	ST			M
stSeld	BOOLEAN	ST	dchg		O
ctlModel	CtlModels	CF		常规安全直接控制,常规安全 sbo 控制,增强安全直接控制,增强安全 sbo 控制	M
sboTimeout	INT32U	CF			O
sboClass	SboClasses	CF			O
oldSt	INS			较早状态	O
stVal	CtxInt	ST	dchg		M
q	Quality	ST	dchg		M
t	TimeStamp	ST			M
统计信息					
cmTm	TMS			有效命令状态的持续时间	O
cmCt	CTE			有效命令事件的数量	O
数据属性					
组成、描述和扩展					
cmAcs	INT8U	CF		命令访问级别	O
d	VISIBLE STRING255	DC		文本	O
dU	UNICODE STRING255	DC			O
cdcNs VISIBLE	VISIBLE STRING255	EX			AC_DLNDA_M

表 40（续）

CMD 类					
属性名	属性类型	FC	TrgOp	解释和值/范围	M/O
cdcName	VISIBLE STRING255	EX			AC_DLNDA_M
dataNs	VISIBLE STRING255	EX			AC_DLN_M
服务					
如 GB/T 30966.3—2014 中表 B.1 定义。					

7.3.6 事件计数(CTE)

公用数据类 CTE 由一些表示状态变化的计数信息的属性组成。专用模型在表 41 中说明，并且它区分了 3 种计数值，也就是，自上次复位的事件数量，上次复位前的事件数量和事件的总数。重置可以是每天、每周、每月、每年或手动强制 。上次复位的时间戳和操作标识是可预知的。

DATA 将被它的实际的和较早的计算值和手动复位值指定，建议用描述。

表 41 公用数据类：事件计数(CTE)

CTE 类						
属性名		属性类型	FC	TrgOp	解释和值/范围	M/O
数据名称		从数据类继承而来(见 DL/T 860.72—2004)				
数据						
状态信息						
manRs		SPC			手动强制复位	M
	ctlVal	BOOLEAN	CO		复位(真)	M
	origin	Originator	CO，ST			M
	stVal	BOOLEAN	ST	dchg		M
	q	Quality	ST	qchg		M
	t	TimeStamp	ST			M
	ctlModel	CtlModels	CF		常规安全直接控制	M
hisRs		INC			复位计数信息	O
	ctlVal	CtxInt	CO		dly | mly | yly | tot | all	M
	origin	Originator	CO，ST			M
	stVal	INT32	ST	dchg		M
	q	Quality	ST	qchg		M
	t	TimeStamp	ST			M

表 41（续）

CTE 类						
属性名		属性类型	FC	TrgOp	解释和值/范围	M/O
	ctlModel	CtlModelS	ST		常规安全直接控制	M
actCtVal		INS			有效事件计数	M
	stVal	CtxInt		dchg	INT32	M
	q	Quality	ST	qchg		M
	t	TimeStamp	ST			M
oldCtVal		INS			较早的事件计数	M
	stVal	CtxInt	ST	dchg	INT32	M
	q	Quality	ST	qchg		M
	t	TimeStamp	ST		·	M
数据属性						
统计信息						
ctTot		INT32	ST		一个事件的总数	O
历史信息						
dly		[0…31]一维数组，每个元素为无符号32位整型	ST	dchg	每日计数数据	O
mly		[0…12]一维数组，每个元素为无符号32位整型	ST	dchg	每月计数数据	O
yly		[0…20]一维数组，每个元素为无符号32位整型	ST	dchg	每年计数数据	O
tot		INT32U	ST	dchg	总计数数据	O
配置、描述和扩展						
rsPer		CODED ENUM	CF		周期性复位 dly|wly|mly|yly|manual	O
d		VISIBLE STRING255	DC		文本	O
dU		UNICODE STRING255	DC			O
cdcNs		VISIBLE STRING255	EX			AC_DLNDA_M

表 41（续）

CTE 类					
属性名	属性类型	FC	TrgOp	解释和值/范围	M/O
cdcName	VISIBLE STRING255	EX			AC_DLNDA_M
dataNs	VISIBLE STRING255	EX			AC_DLN_M
服务					
如 GB/T 30966.3—2014 中表 B.1 定义。					
注：manRs 和 hisRs 是暂态数据。					

7.3.7 状态计时(TMS)

公用数据类 TMS 应该包含代表了状态持续时间信息的属性。专用的模型如表 42 所示。这种模式区分了 3 种持续时间,也就是自上次复位的状态持续时间 ,上次复位之前的较早时间持续和总的状态时间持续。重置可以以每天、每月 、每周、每年或手动强制设置。时间戳和上次重置的操作标识符是可预知的。

数据应该指定实际的和较早的时间值,以及手动重置。建议用描述。

表 42 公用数据类:状态计时(TMS)

TMS 类						
属性名		属性类型	FC	TrgOp	解释和值/范围	M/O
数据名		从数据类继承而来(见 DL/T 860.72—2004)				
数据						
状态信息						
manRs		SPC			手动强制复位	M
	ctlVal	BOOLEAN	CO		复位(真)	M
	origin	Originator	CO, ST			M
	stVal	BOOLEAN	ST			M
	q	Quality	ST			M
	t	TimeStamp	ST			M
	ctlModel	CtlModels	CF		常规安全直接控制	M
hisRs		INC			复位历史信息	O
	ctlVal	CtxInt	CO		dly | mly | yly | tot | all	M
	origin	Originator	CO, ST			M

表 42（续）

TMS 类						
属性名		属性类型	FC	TrgOp	解释和值/范围	M/O
	stVal	INT32	ST			M
	q	Quality	ST			M
	t	TimeStamp	ST			M
	ctlModel	CtlModels	CF		常规安全直接控制	M
act TmVal		INS			状态实际持续时间	M
	stVal	CtxInt	ST	dchg	INT32	M
	q	Quality	ST	qchg		M
	t	TimeStamp	ST			M
oldCtVal		INS			转前的状态持续时间	
		CtxInt	ST	dchg	INT32	M
		Quality	ST	qchg		M
		TimeStamp	ST			M
数据属性						
统计信息						
tmTot		INT32U	ST		一个状态持续总时间	O
历史信息						
dly		[0...31]一维数组，每个元素为无符号32位整型	ST	dchg	每日计数数据	O
mly		[0...12]一维数组，每个元素为无符号32位整型	ST	dchg	每月计数数据	O
yly		[0...20]一维数组，每个元素为无符号32位整型	ST	dchg	每年计数数据	O
tot		INT32U	ST	dchg	总计数数据	O
配置、描述和扩展						
rsPer		CODED ENUM	CF		周期性复位 dly|wly|mly|yly|manual	O
d		VISIBLE STRING255	DC		文本	O
dU		UNICODE STRING255	DC			O

表 42（续）

TMS 类					
属性名	属性类型	FC	TrgOp	解释和值/范围	M/O
cdcNs	VISIBLE STRING255	EX			AC_DLNDA_M
cdcName	VISIBLE STRING255	EX			AC_DLNDA_M
dataNs	VISIBLE STRING255	EX			AC_DLN_M
服务					
如 GB/T 30966.3—2014 中表 B.1 定义。					
注：manRs 和 hisRs 是暂态数据。					

7.3.8 报警设置状态(ASS)

公用数据类 ASS 应包括代表在单一数据里一系列被定义的报警状态值的属性。时间戳提供了上一变化发生时(被控的报警中的一个)的信息。

具体模型见表 43。

表 43 公用数据类:报警设置状态(ASS)

ASS 类					
属性名	属性类型	FC	TrgOp	解释和值/范围	M/O
DataName	从数据类继承而来(见 DL/T 860.72—2004)				
数据属性					
Status					
stVal	ARRAY[0..numAlm] OF CODED_ENUM	ST	dchg	关|确认|报警|有效	M
q	Quality	ST	qchg		M
t	TimeStamp	ST			M
配置、描述和扩展					
numAlm	INT16U	CF		报警数组中元素数量	M
d	VISIBLE STRING255	DC		文本	O
dU	UNICODE STRING255	DC			O
cdcNs	VISIBLE STRING255	EX			AC_DLNDA_M
cdcName	VISIBLE STRING255	EX			AC_DLNDA_M

表 43(续)

ASS 类					
属性名	属性类型	FC	TrgOp	解释和值/范围	M/O
dataNs	VISIBLE STRING255	EX			AC_DLN_M
服务					
如 GB/T 30966.3—2014 中表 B.1 定义。					

7.4 从 IEC 61850-7-3 继承而来的公用数据类

7.4.1 来自 IEC 61850-7-3 的 CDCs(未改变)

下面的公用数据类将被继承(见 IEC 61850-7-3 第 7 章):

- 单点状态(SPS);
- 整数状态(INS);
- 二进制计数器读取(BCR);
- 测量值(MV);
- 三相系统中相对地的测量值(WYE);
- 三相系统中相对相的测量值(DEL);
- 可控单点(SPC);
- 可控整数状态(INC);
- 可控模拟过程值(APC)(现有标准的进一步修正);
- 逻辑节点铭牌(LPL)。

7.4.2 来自 IEC 61850-7-3 的 CDCs(特定化)

7.4.2.1 概述

下列的 CDCs 是从 IEC 61850-7-3 继承来的,并在本部分进行了特定化。

设备铭牌(DPL)->WDPL。

特定化的 CDS 列在表 44。

表 44 特定化的公用数据类

CDC 类	描述	表
WDPL		表 45

7.4.2.2 设备铭牌公用数据类特定化 WDPL

表 45 定义了公用数据类“设备铭牌”。公用数据类的数据是用来标识实体如基础设备或物理设备。LPHD 的核心定义是从 IEC 61850-7-4 继承而来的。在 IEC 61850-7-3 中,CDC WDPL 是用于代替 CDC DPL。

表 45 设备铭牌公用数据类详细说明(WDPL)

WDPL 类					
属性名	属性类型	FC	TrgOp	解释和值/范围	M/O
DataName	从数据类继承而来(见 DL/T 860.72—2004)				
数据属性					
配置、描述和扩展					
vendor	VISIBLE STRING255	DC			M
hwRev	VISIBLE STRING255	DC			O
swRev	VISIBLE STRING255	DC			O
serNum	VISIBLE STRING255	DC			O
model	VISIBLE STRING255	DC			O
location	VISIBLE STRING255	DC			O
cdcNs	VISIBLE STRING255	EX			AC_DLNDA_M
cdcName	VISIBLE STRING255	EX			AC_DLNDA_M
dataNs	VISIBLE STRING255	EX			AC_DLN_M
专用					
当地时间信息					
				应用层显示	
tmOffset	INT16	DC		在几分钟内与 UTC 的时间偏移(不含夏令时间校正)	M
tmUseDT	BOOLEAN	DC		这一地方是否使用夏令时的标志	M
tmDT	BOOLEAN	DC		夏令时现在是否有效的标志	M
tmAutoDT	BOOLEAN	DC		夏令时标志和时区偏移是否自动使用 tmTZ 属性规则置位的标志	O
tmTZ	VISIBLE STRING128	DC		用从 IETF RFC2445 引用的行业标准时区数据库标识的包含时区名称字符串。实际的 RFC 2445 时区数据被存储在从属供应商模式内	O
tmLang	VISIBLE STRING3	DC		ISO 639 中的 2 字母或 3 字母语种代码,用来作为应用层显示的智能系统默认值	O
tmCountry	VISIBLE STRING2	DC		ISO 3166 中的 2 字母国家标识符,用来表示设备安装的地理位置	O

表 45（续）

WDPL 类					
属性名	属性类型	FC	TrgOp	解释和值/范围	M/O
时间状态信息					
stDT	BOOLEAN	ST		这一状态指示夏令(夏季)时间现在是否使用(如果 tmAutoDT 是假的，tmDT 可以强制设置这一状态为真)	O
描述和扩展信息					
d	VISIBLE STRING255	DC		文本	O
dU	UNICODE STRING255	DC			O
服务					
如 GB/T 30966.3—2014 中表 B.1 定义。					

7.5 公用数据类属性语义

用于本节公用数据类的数据属性名按字母顺序排列，见表 46。一些使用者对具体使用所作的扩展将和这些名字一致，也与 IEC 61850-7-4 附录 A 和 DL/T 860.71—2006 第 14 章所描述的指导一致。

表 46 公用数据类属性语义

数据名称	公用数据类属性语义
actCtVal	实际事件计数
actSt	实际状态
actTmVal	状态的实际持续时间
actVal	实际值
almAck	报警确认
almCt	报警状态的数量
almLev	报警紧迫性级别 <table><tr><td>值</td><td>数</td></tr><tr><td>低</td><td>1</td></tr><tr><td>中</td><td>2</td></tr><tr><td>紧急</td><td>3</td></tr></table>
almStPos	报警状态值数组中某一报警的位置，包含在 WALM 逻辑节点的数据 AlmSt 中
almTm	报警状态的持续时间
cdcNs	公用数据类的命名空间。命名空间机制在 DL/T 860.71—2006 中的第 14 章定义
cdcName	公用数据类名称

表 46（续）

<table>
<tr><th>数据名称</th><th>公用数据类属性语义</th></tr>
<tr><td>chaManRs</td><td>特征信息的手动强制复位</td></tr>
<tr><td>chaPerRs</td><td>定期复位</td></tr>
<tr><td>cmAcs</td><td>命令访问级别</td></tr>
<tr><td>cmCt</td><td>命令激活事件的次数</td></tr>
<tr><td>cmTm</td><td>有效命令状态的持续时间</td></tr>
<tr><td>ctlModel</td><td>DL/T 860.72—2004 控制模型相对应的数据：
<table>
<tr><td>值</td><td>数值</td><td>解释</td></tr>
<tr><td>status-only</td><td>0</td><td>该对象是不可控的，仅支持用于状态对象的服务</td></tr>
<tr><td>direct-with-normal-security</td><td>1</td><td>常规安全直接控制</td></tr>
<tr><td>sbo-with-normal-security</td><td>2</td><td>常规安全的 SBO 控制</td></tr>
<tr><td>direct-with-enhanced-security</td><td>3</td><td>增强安全的直接控制</td></tr>
<tr><td>sbo-with-enhanced-security</td><td>4</td><td>增强安全的 SBO 控制</td></tr>
</table>
注 1：如一个控制类的数据实例没有相关的状态信息，那么属性 stVal 不存在。在此情况下，ctlModel 的值域限定为常规安全直接控制和常规安全 sbo 控制。
注 2：在 IEC 61400-25(所有部分)专用公用数据类的一些属性中，ctlModel 的值已经被限制。</td></tr>
<tr><td>ctlVal</td><td>此属性决定控制行为，它的值是控制命令中要求的</td></tr>
<tr><td>ctTot</td><td>一个事件总次数</td></tr>
<tr><td>d</td><td>文本性的描述</td></tr>
<tr><td>dataNs</td><td>数据命名空间，命名空间机制在 DL/T 860.71—2006 中定义</td></tr>
<tr><td>datSetMx</td><td>具有相关数据的实测信息的数据置位对象引用</td></tr>
<tr><td>datSetSt</td><td>具有相关数据的状态信息的数据置位对象引用</td></tr>
<tr><td>db</td><td>死区。应表示为用以计算所有带死区属性(例如 CDC MV 的 mag 属性)的配置参数，这个值应表示为最大值和最小值差值的百分比(以 0.001 百分比为单位)。如用积分计算以确定死区的值，该值应表示为 0.001%s</td></tr>
<tr><td>decRate</td><td>下降率</td></tr>
<tr><td>dly</td><td>每日的计数数据</td></tr>
<tr><td>dU</td><td>统一字符编码中文本性的描述</td></tr>
<tr><td>hisRs</td><td>复位历史信息</td></tr>
<tr><td>hwRev</td><td>硬件修订版本</td></tr>
<tr><td>incRate</td><td>增长率</td></tr>
<tr><td>instMag</td><td>瞬时值的量级</td></tr>
</table>

表 46（续）

数据名称	公用数据类属性语义
instVal	瞬时值
location	设备安装的位置
mag	死区值。如下图所示，应是基于从 instMag 的死区计算。当值变化已超出配置参数 db，mag 的值应更新为当前值。 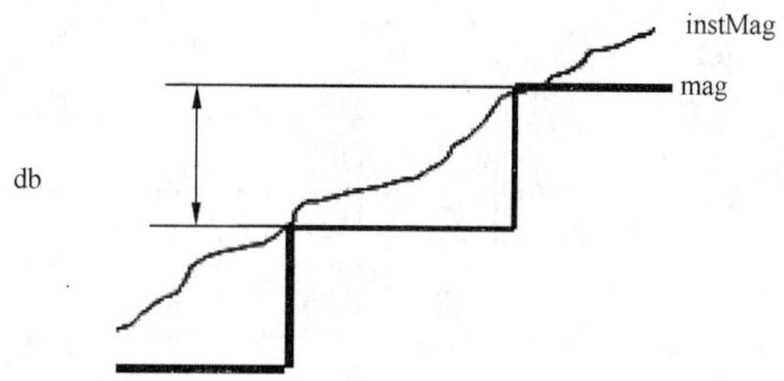 **注 3**：上图仅仅是一个例子，可能还有其他算法具有可比效果。例如：一个替换的解决方案是死区计算采用 instMag 变化量的积分。采用何种算法是具体问题。 **注 4**：mag 的值通常用于创建模拟值的报告。这种“由于异常”发送的报告与 CDC SAV 支持的采样测量值传输是完全不同的。
manRs	手动强制复位
maxVal	数据上限值，用于限定系列值的范围上限
maxMxVal	在一个时间周期内最大的测量值
minVal	数据下限值，用于限定系列值的范围下限
minMxVal	在一个时间周期内最小的测量值
mly	每月的计数数据
model	供应商详细的产品名称
mxVal	数据测量值
numAlm	报警数组中的元素数量
oldCtVal	较早的事件计数
oldSt	较早的状态
oldTmVal	一个状态较早的持续时间
oldVal	较早的值
origin	这个属性包含有关可控数据值最近一次变换的发出者的信息
operTm	若要完成 TimeActivatedOperate 服务，此属性制定命令执行的绝对时间
perRs	定期复位
preTmms	前沿预触发时间——当一个触发发生时，下列值被记录（报告）： 在前沿预触发时间的采样值

表 46（续）

<table>
<tr><th>数据名称</th><th>公用数据类属性语义</th></tr>
<tr><td>pstTmms</td><td>后沿预触发时间——当一个触发发生时，下列值被记录（报告）：
● 事件发生时的值；
● 后沿触发时间内的采样值</td></tr>
<tr><td>q</td><td>品质
<table>
<tr><td>CDC</td><td>数据属性 q 适用于</td></tr>
<tr><td>SPS</td><td>stVal</td></tr>
<tr><td>DPS</td><td>stVal</td></tr>
<tr><td>INS</td><td>stVal</td></tr>
<tr><td>BCR</td><td>actVal</td></tr>
<tr><td>MV</td><td>mag，instMag，range</td></tr>
<tr><td>CMV</td><td>cVal instCVal，range</td></tr>
<tr><td>SPC</td><td>stVal</td></tr>
<tr><td>INC</td><td>stVal</td></tr>
<tr><td>APC</td><td>mxVal</td></tr>
<tr><td>ASS</td><td>stVal</td></tr>
</table></td></tr>
<tr><td>range</td><td>instMag 或 instCVal.mag 的当前值的范围。如当前值变化并且进入了其他范围，就将产生事件。它应用于具体配置属性的上下文中，如 hhLim，hLim，lLim，llLim，min 和 max，如下所述：
<table>
<tr><td></td><td>范围</td><td>有效性</td><td>详细描述</td></tr>
<tr><td></td><td>高-高</td><td>有问题的</td><td>范围外</td></tr>
<tr><td>max</td><td></td><td></td><td></td></tr>
<tr><td></td><td>高-高</td><td>好</td><td></td></tr>
<tr><td>hhLim</td><td></td><td></td><td></td></tr>
<tr><td></td><td>高</td><td>好</td><td></td></tr>
<tr><td>hLim</td><td></td><td></td><td></td></tr>
<tr><td></td><td>正常</td><td>好</td><td></td></tr>
<tr><td>lLim</td><td></td><td></td><td></td></tr>
<tr><td></td><td>低</td><td>好</td><td></td></tr>
<tr><td>llLim</td><td></td><td></td><td></td></tr>
<tr><td></td><td>低-低</td><td>好</td><td></td></tr>
<tr><td>min</td><td></td><td></td><td></td></tr>
<tr><td></td><td>低-低</td><td>有问题的</td><td>范围外</td></tr>
</table>
注 5：基于从一个范围到另一个范围转变的事件过滤采用何种算法是具体需要考虑的问题。
注 6：如 DL/T 860.72—2004 中 14.2.2.11 描述的带有触发任选 ”data-change”的值用于向客户报告事件。</td></tr>
</table>

表 46（续）

<table>
<tr><th>数据名称</th><th>公用数据类属性语义</th></tr>
<tr><td>rangeC</td><td>用于范围属性的配置参数</td></tr>
<tr><td>rsPer</td><td>时间定期复位</td></tr>
<tr><td>sboClass</td><td>按照反映数据行为的控制模式规定了 SBO-类，定义了如下值：
<table>
<tr><th>值</th><th>数值</th><th></th></tr>
<tr><td>operate-once</td><td>0</td><td>操作请求后，控制对象将返回到未选择状态。</td></tr>
<tr><td>operate-many</td><td>1</td><td>操作请求后，sboTimeout 超时未终止，控制对象将保持在准备就绪状态。</td></tr>
</table></td></tr>
<tr><td>sboTimeout</td><td>按照对应数据行为的控制模式规定了超时时间。该值以 ms 为单位</td></tr>
<tr><td>sdvVal</td><td>标准偏差值</td></tr>
<tr><td>seqId</td><td>事件序列的标识符</td></tr>
<tr><td>smpRate</td><td>确定模拟值的采样速率。该值表示每个额定周期的采样次数。在直流系统，该值代表每秒的采样次数</td></tr>
<tr><td>smpTmms</td><td>在前沿触发和后沿触发之间采样的数据属性的采样时间</td></tr>
<tr><td>spAcs</td><td>设定值访问级别</td></tr>
<tr><td>stCt</td><td>有效状态变化的数量</td></tr>
<tr><td>stDT</td><td>该状态指示夏令(夏季)时间现在是否使用(如果 tmAutoDT 是假，tmDT 可以强制设置该状态为真)</td></tr>
<tr><td>stSeld</td><td>stSeld 是真时，可控数据在“已选择”状态</td></tr>
<tr><td>stTm</td><td>有效状态的持续时间</td></tr>
<tr><td>stVal</td><td>数据的状态值</td></tr>
<tr><td>swRev</td><td>软件修订版</td></tr>
<tr><td>t</td><td>某一(些)属性最后一次改变的时间戳，这一(些)属性代表数据值的属性的品质。对于不同的 CDC，t 用于下列数据属性：
<table>
<tr><th>CDC</th><th>数据属性 t 适用于</th></tr>
<tr><td>SPS</td><td>stVal</td></tr>
<tr><td>DPS</td><td>stVal</td></tr>
<tr><td>INS</td><td>stVal</td></tr>
<tr><td>BCR</td><td>actVal</td></tr>
<tr><td>MV</td><td>mag，range</td></tr>
<tr><td>CMV</td><td>cVal，range</td></tr>
<tr><td>SPC</td><td>stVal</td></tr>
<tr><td>INC</td><td>stVal</td></tr>
<tr><td>APC</td><td>mxVal</td></tr>
<tr><td>ASS</td><td>stVal</td></tr>
</table></td></tr>
</table>

表 46（续）

数据名称	公用数据类属性语义
tmAutoDT	夏令时标志和时区偏移是否自动使用 tmTZ 属性规则置位的标志
tmCountry	ISO 3166 中的 2 字母国家标识符，用来表示设备安装的地理位置
tmDT	夏令时现在是否有效的标志
tmLang	ISO 639 中的 2 字母或 3 字母语种代码，用来作为应用层显示的智能系统默认值
tmOffset	在几分钟内从 UTC 的时间补消(不含夏令时间校正 n)
tmTot	状态总的持续时间
tmTZ	IETF RFC 2445 引用的行业标准时区数据库标识的包含时区名称字符串。实际的 RFC 2445 时区数据被存储在从属供应商模式内
tmUseDT	此位置是否使用夏令时的标志
tot	总的计数数据
totAvVal	上次复位后数据的总平均值
units	模拟数据属性的 SI 单位定义在 IEC 61850-7-3 附录 A 中
vendor	供应商的名称
yly	每年的计数数据

附 录 A
（规范性附录）
统计数据和历史统计数据的信息模型

A.1 概述

IEC 61850-7-3:2003 中定义的模拟值规定了下面两个基本数据属性，例如：公用数据类 MV（测量值）：

instMag	AnalogueValue	瞬时值，例如：电压测量值
mag	AnalogueValue	死区滤波值

在许多应用领域，如风电场，还需要提供基础模拟值的额外信息：

——统计信息（例如：特定时间周期内最小值的计算，如上一小时最小值）；

——历史统计信息（例如：以上计算值序列的最小值，如过去 24 h 的值）。

这一额外的信息可能从基础模拟值导出。它可能是唯一依靠应用需求提供的信息。

下面的举例显示了一些可能的数据及它们如何被导出或相关联：

——instMag（当前值）（在 IEC 61850-7-3:2003 中定义）；

——instMag（当前值）—>instMag（前一天的最大值——称为统计数据）；

——instMag（前一月的最大值）。

注："—>"指右侧的值是由左侧的值导出。

值 instMag 的特定语义由一个逻辑节点实例的特定数据对象定义。一个逻辑节点实例代表当前值或最大值等。

A.2 统计数据和历史统计数据模型

图 A.1 从概念上说明了统计数据和历史统计数据模型。图左侧是表示当前值（PRES）的基础数据，即：一些包含在逻辑节点实例 XXYZ 中瞬时模拟（或整型）值。

图的上半部分描述了统计值的方法定义。第一个例子是逻辑节点类 XXYZ 的实例 XXYZ1。模拟值表示从实例 XXYZ 导出的最大计算值。逻辑节点 XXYZ1 有一个专用的设置数据，它表示此数据是最大值：CalcMthd 等于 MAX。计算基于设置数据 CalcPer。周期在一个起始命令或通过局部方法后开始。在这一周期结束时，实例 XXYZ1 的计算最大值被新的值覆盖。

当然，在比 XXYZ1 最大计算值周期更长的范围内，最大值可以用来计算最小最大值。实例 XXYZ2 可表示最近 10 天最大值的最小值。

图的下部分是历史统计数据的概念模型。在这个模型中，计算值（在这种情况下，即最大值）按顺序存在一个日志中。在这个实例中，计算在 2004-10-03 午夜启动。间隔是 1 h。第一小时后，第一个日志条目被记录下来。第二小时后，第二个条目包含第二小时的值。5 h 后，日志中包含最近 3 h 的值（间隔 02-03，03-04，04-05）。

统计数据模型是基于包含在其他逻辑节点中计算的模拟值。图 A.2 上面的逻辑节点 LN XXYZ 包含 3 个同样类型的技术逻辑节点（例如 MMXU）。上面的逻辑节点（LN XXYZ）表示瞬时测量值。第二或第三逻辑节点是统计逻辑节点，例如：表示计算值的逻辑节点（LN XXYZ1 表示最小值，LN XXYZ2 表示最大值）。

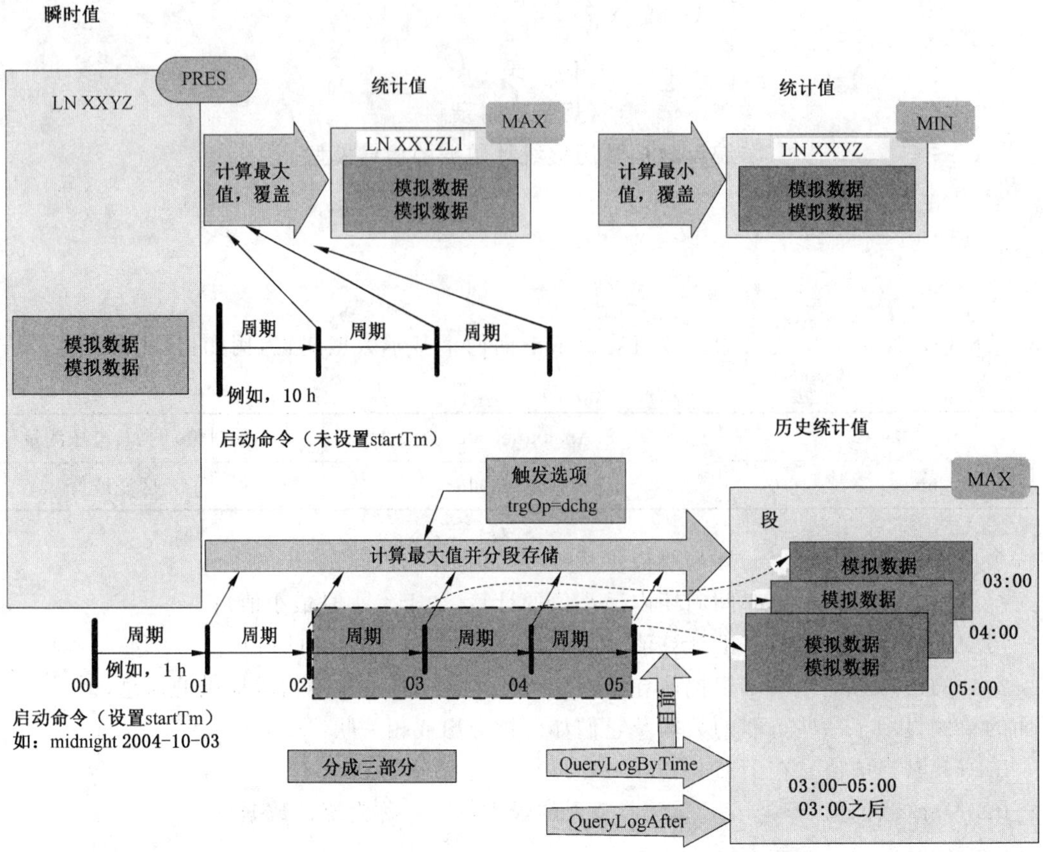

图 A.1　统计数据和历史统计数据的概念模型(1)

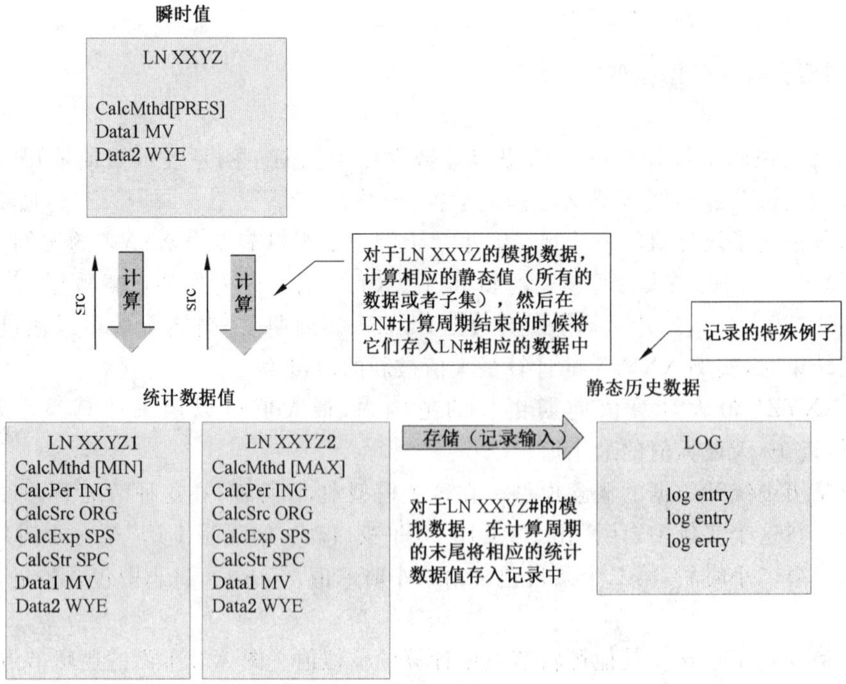

图 A.2　统计数据和历史统计数据的概念模型(2)

图 A.2 底部左侧的两个逻辑节点(XXYZ1 和 XXYZ2)是图上面的逻辑节点(XXYZ)表示的模拟数据的最小(MIN)和最大(MAX)值。两个逻辑节点的设置数据 CalcSrc(计算来源)有各自的值 XXYZ(这是对源逻辑节点的引用)。每个具有模拟数据的逻辑节点被用作一个源。另外,他们有数据 CalcStr(计算开始)、CalcExp (计算终止)、设置数据 CalcPer (计算周期)和 CalcSrc (计算来源)。

通过 CalcMthd、CalcPer 和 CalcSrc 的设置,逻辑节点的运行状况可以被控制。数据 CalcMthd 指定该逻辑节点表示什么样的模拟数据值。在这种情况下,逻辑节点 XXYZ1 表示最小(MIN)值。数据 CalcPer 表示统计值的计算间隔。数据 CalcSrc 基于在 IEC 61850-7-4:2003 第一次修订版本中说明的新的公用数据类 ORG(对象引用设置组)。

表示统计数据的逻辑节点(例如每 5 min 计算的最大值)可以被用作计算一个相对较长周期(例如一天)的最大值的最小值。新的数据对象 CalcStr 将被用来启动(和停止,通常当属性 CalcExp 设置为 TRUE 时,计算完成)统计数据的计算。"事件"CalcExp 设定成 TRUE 时可以通过报告控制模块用来作为一个新值(统计值)报告的事件,或者它可能被记录为历史统计数据供以后检索。

注 1:图 A.2 的所有逻辑节点的"Data"的数据名都是一样的,例如在所有的 3 个逻辑节点中。数据被包含在不同逻辑节点实例(XXYZ,XXYZ1 和 XXYZ2)。这些导致了下列引用:XXYZ.Data1,XXYZ1.Data1 和 XXYZ2.Data1。

注 2:本节介绍和说明的模型都是资料性的。最终模型将包含在 IEC 61850-7-4:2003 和 IEC 61850-7-4:2003 后续的修正版本中。

A.3 统计 DATA 的逻辑节点扩展

A.3.1 用于模拟值和统计模拟值计算方法的数据

风电场公用逻辑节点(在 6.1.1 中定义)应包括用于模拟值和统计模拟值计算方法的数据。

A.3.2 数据名语义

下面数据名语义的扩展(在 IEC 61850-7-4 中定义)作为 IEC 61850-7-4:2003 表 9 的补充。

表 A.1 数据描述

数据名	语义
CalcExp	表示统计逻辑节点计算周期终止。 该数据对所有代表公用数据类(例如 CDC MV,CMV,WYE 等)的统计数据的逻辑节点应是强制的
CalcStr	启动统计数据计算,立即或已在控制模式 operTm 状态下设定。 该数据对所有代表公用数据类(例如 CDC MV,CMV,WYE 等)的统计数据的逻辑节点应是强制的
CalcMthd	计算方法规定了代表模拟值的数据属性是如何通过计算而得到的。计算方法对给定逻辑节点实例的所有数据均相同。 允许的值如下:

表 A.1（续）

<table>
<tr><th>数据名</th><th>语义</th></tr>
<tr><td>CalcMthd</td><td>
<table>
<tr><th>值</th><th>数值</th><th>描述</th></tr>
<tr><td>PRES</td><td>1</td><td>表示所有模拟值(即:所有公用属性 i 和 f)是当前值</td></tr>
<tr><td>MIN</td><td>2</td><td>表示所有模拟值(即:所有公用属性 i 和 f)在相应的计算周期 calPd 内是计算最小值</td></tr>
<tr><td>MAX</td><td>3</td><td>表示所有模拟值(即:所有公用属性 i 和 f)在相应的计算周期 calPd 内是计算最大值</td></tr>
<tr><td>TOTMIN</td><td>4</td><td>表示所有模拟值(例如:所有公用属性 i 和 f)是自系统启动以来的全部最小值</td></tr>
<tr><td>TOTMAX</td><td>5</td><td>表示所有模拟值(例如:所有公用属性 i 和 f)是自系统启动以来的全部最大值</td></tr>
<tr><td>AVG</td><td>6</td><td>表示所有模拟值(例如:所有公用属性 i 和 f)在相应的计算周期 calPd 内是计算平均值</td></tr>
<tr><td>SDV</td><td>7</td><td>表示所有模拟值(例如:所有公用属性 i 和 f)在相应的计算周期 calPd 内是标准偏差值</td></tr>
</table>
该数据对所有代表公用数据类(例如 CDC MV,CMV,WYE 等)的统计数据的逻辑节点应是强制的。
逻辑节点中没有数据对象"CalcMethd"与值 PRES 相当。
注 1：如果一个逻辑节点数据的计算周期不同,那么具有不同计算周期的不同逻辑节点可以被实例化。
注 2：计算中的计算算法和采样数量是实现问题。</td></tr>
<tr><td>CalcPer</td><td>统计逻辑节点的计算周期以秒为单位。
该数据对所有代表公用数据类(例如 CDC MV,CMV,WYE 等)的统计数据的逻辑节点应是强制的。
注 3：计算中的计算算法和采样数量是实现问题。</td></tr>
<tr><td>CalcSrc</td><td>逻辑节点的引用,它的模拟数据属性是用来计算包含在这个逻辑节点实例中的值。
该数据对所有代表公用数据类(例如 CDC MV,CMV,WYE 等)的统计数据的逻辑节点应是强制的</td></tr>
</table>

A.4 统计数据公用数据类

A.4.1 对象引用设置组公用数据类(ORG)

A.4.1.1 类模型

A.4.1.1.1 概述

表A.2定义公用数据类“对象引用设置组”。公用数据类被用来规定逻辑节点的对象引用,而统计数据通过该逻辑节点计算得到。CDC将被用来确定对逻辑节点的对象引用,例如对于数据DATA CalcSrc被包括定义在IEC 61850-7-4:2003中的公共逻辑节点的“可选逻辑节点信息”。

表A.2 对象引用设置组公用数据类

ORG类					
属性名	属性类型	FC	TrgOp	值/值域	M/O
DataName	从数据类继承(见DL/T 860.72—2004)				
数据属性					
		设置			
setVal	VISIBLE STRING129	SP		对象引用	AC_NSG_M
		配置、描述和扩展			
d	VISIBLE STRING255	DC		文本	O
dU	UNICODE STRING255	DC			O
cdcNs	VISIBLE STRING255	EX			AC_DLNDA_M
cdcName	VISIBLE STRING255	EX			AC_DLNDA_M
dataNs	VISIBLE STRING255	EX			AC_DLN_M
服务					
如表39中定义					

A.4.1.1.2 设置值(setVal)

数据属性setVal(设置值)代表到另一数据(LN,DO或DA)的对象引用。在此情况下,数据将被用于引用逻辑节点,逻辑节点的模拟数据属性用于计算包含在本逻辑节点实例中的值。

例如逻辑节点“AB”[对于PRES]可能包含当前值(PRES)。逻辑节点“CD”[对于MAX]可能包含含在逻辑节点“AB”中数据的最大值。在这种情况下,逻辑节点“CD”引用逻辑节点“AB”。第三个逻辑节点可能引用逻辑节点CD和表示最大值中的最小值。

A.4.1.1.3 配置、描述和扩展

数据属性d、dU、cdcNs、cdcName、dataNs与IEC 61850-7-3:2003第8章中定义的相同。

附　录　B
（规范性附录）
单位及其倍数

单位应是从 ISO 1000 导出的国际单位 SI，可以枚举表示，定义见表 B.1～表 B.4。倍数也以枚举表示，见表 B.5。表 B.5 中的值为倍数值的以 10 为基的指数。

表 B.1　SI 单位：基本单位

值	量	单位名称	符号
1	无	无量纲	无
2	长度	米	m
3	质量	千克	kg
4	时间	秒	s
5	电流	安培	A
6	热力学温度	开尔文	K
7	物质的量	摩尔	mol
8	发光强度	坎德拉	cd

表 B.2　SI 单位：导出单位

值	量	单位名称	符号
9	平面角	度	deg
10	平面角	弧度	rad
11	立体角	球面度	sr
21	吸收剂量	戈瑞	Gy
22	活度	贝可勒尔	q
23	相对温度	摄氏度	℃
24	剂量当量	希沃特	Sv
25	电容	法拉	F
26	电量	库伦	C
27	电导	西门子	S
28	电感	亨利	H
29	电动势	伏特	V
30	电阻	欧姆	Ω
31	能量	焦耳	J
32	力	牛顿（$kg \cdot m/s^2$）	N
33	频率	赫兹（1/s）	Hz

表 B.2（续）

值	量	单位名称	符号
34	光照度	勒克斯(lm/m^2)	lx
35	光通量	流明(cd·sr)	Lm
36	磁通量	韦伯(V·s)	Wb
37	磁通量密度	特拉斯(Wb/m^2)	T
38	功率	瓦特(J/s)	W
39	压强	帕斯卡(N/m^2)	Pa

表 B.3　SI 单位：扩展单位

值	量	单位名称	符号
41	面积	平方米(m^2)	m^2
42	体积	立方米(m^3)	m^3
43	速度	米每秒(m/s)	$m \cdot s^{-1}$
44	加速度	米每二次方秒(m/s^2)	$m \cdot s^{-2}$
45	流速	立方米每秒(m^3/s)	$m^3 \cdot s^{-1}$
46	燃料(热)效率	米每立方米(m/m^3)	m/m^3
47	质量矩	千克米(kg·m)	M
48	密度	千克每立方米(kg/m^3)	kg/m^3
49	粘(稠)度	平方米每秒(m^2/s)	m^2/s
50	热导率	瓦特每米开尔文(W/m·K)	W/m·K
51	热容	焦耳每开尔文(J/K)	J/K
52	浓度	百万分之	ppm
53	转速	转每秒 (1/s)	s^{-1}
54	角速度	弧度每秒(rad/s)	$rads^{-1}$

表 B.4　SI 单位：行业特定单位

值	量	单位名称	符号
61	视在功率	伏安 (V·A)	V·A
62	有功功率	瓦特(I^2R)	W
63	无功功率	乏(VI Sinθ)	VAr
64	相位角	度	θ
65	功率因数	无量纲	cosθ
66	伏秒	伏秒 (W·s/A)	V·s
67	伏平方	伏平方(W^2/A^2)	V^2

表 B.4（续）

值	量	单位名称	符号
68	安培秒	安培秒(A・s)	A・s
69	安培平方	安培平方(A^2)	A^2
70	安培平方时间	安培平方秒(A^2・s)	A^2・s
71	视在电能	伏安小时	V・A・h
72	有功电能	瓦特小时	W・h
73	无功电能	乏小时	VAr・h
74	磁通	伏特/赫兹	V/Hz

表 B.5 倍数

值	倍数值	名称	符号
−24	10^{-24}	幺	y
−21	10^{-21}	仄	z
−18	10^{-18}	阿	a
−15	10^{-15}	飞	f
−12	10^{-12}	皮	p
−9	10^{-9}	纳	n
−6	10^{-6}	微	μ
−3	10^{-3}	毫	m
−2	10^{-2}	厘	c
−1	10^{-1}	分	d
0	1		
1	10^{1}	十	da
2	10^{2}	百	h
3	10^{3}	千	k
6	10^{6}	兆	M
9	10^{9}	吉	G
12	10^{12}	太	T
15	10^{15}	拍	P
18	10^{18}	艾	E
21	10^{21}	泽	Z
24	10^{24}	尧	Y

附　录　C
（资料性附录）
风电场控制器

C.1　概述

风电场控制逻辑节点——风电场有功功率控制（WAPC）和风电场无功功率控制（WRPC）模型的功能是为了便于把一个风电场作为一个单独的生产单元。

基于实际的过程信息，如U（电压）、A（电流）、W（有功功率）、Var（无功功率）和Hz（频率），风电场可以作为一个单独的生产单元，并基于本附录中不同控制功能来进行管理。基于测量的过程值，控制算法生成了一套新的参考值或设定点。

设定点转换成一套关于单台风力发电机组和相关其他系统部件的性能和操作状态的参考值。

在控制逻辑中，关键的参数体现单台风力发电机组的发电量和风电场约束。

应用功能的优先级是个实施的具体问题，它不在IEC 61400-25（所有部分）范围内。

图C.1说明了控制逻辑的概念原理。详细的逻辑即具体实施没有在本部分做详细阐述。

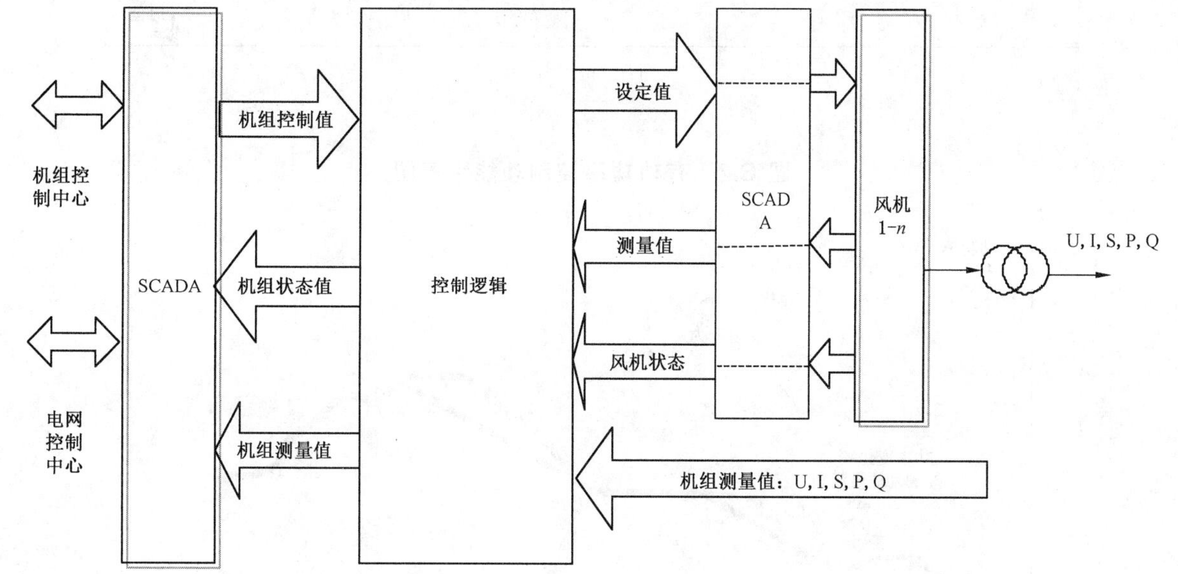

图C.1　风电场控制功能概念结构

C.2　有功功率控制功能

从功效角度考虑，控制风电场的有功功率凸显其优先性，因为控制有功功率提升了风电场发电能力。

WAPC逻辑节点提供下列控制功能：

a)　有功功率限制控制——各种事件引起的缩减（见图C.2）；

b) 梯度功率控制——关注电网的稳定性梯度控制的优先级(见图 C.3);

c) Δ 功率控制——频率控制中会用到有功功率的旋转备用(见图 C.4);

d) 联合功率控制——梯度、Δ、有功功率限制联合控制(见图 C.5);

e) 视在功率控制功能——为了风电场部件如变压器的寿命最大化,视在功率控制是可用的(见图 C.6)。

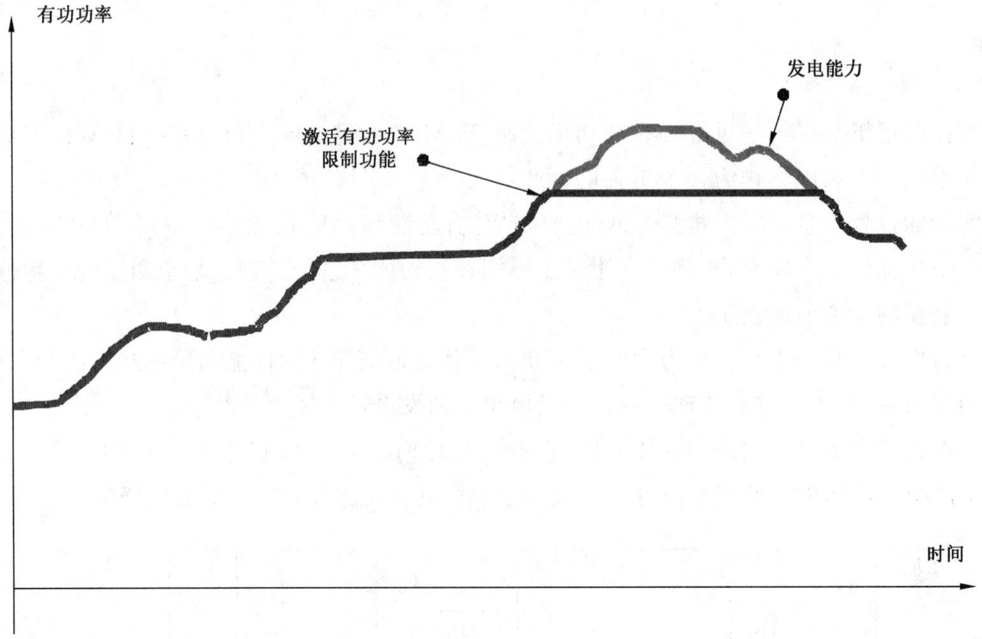

图 C.2 有功功率控制功能示意图

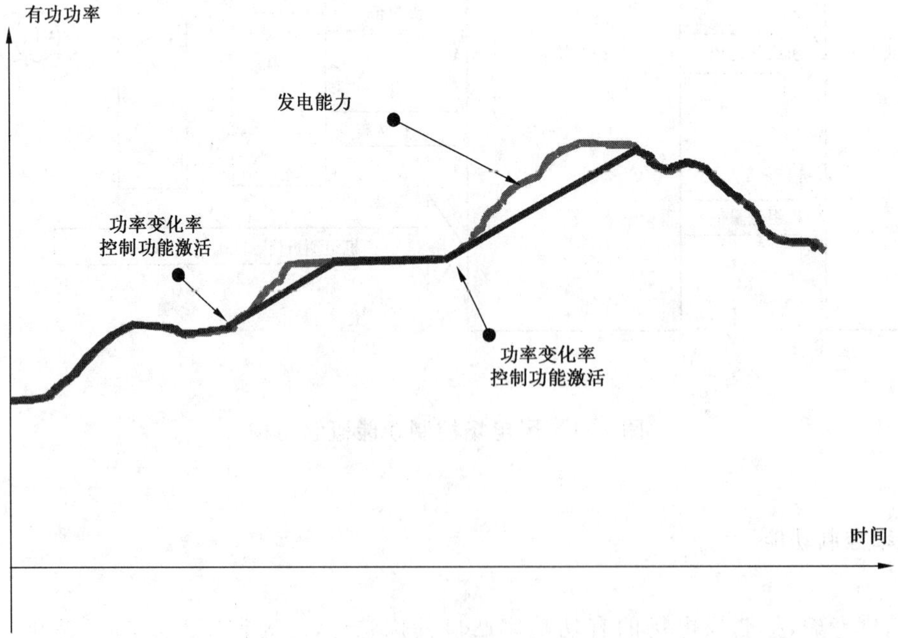

图 C.3 梯度功率控制功能示意图

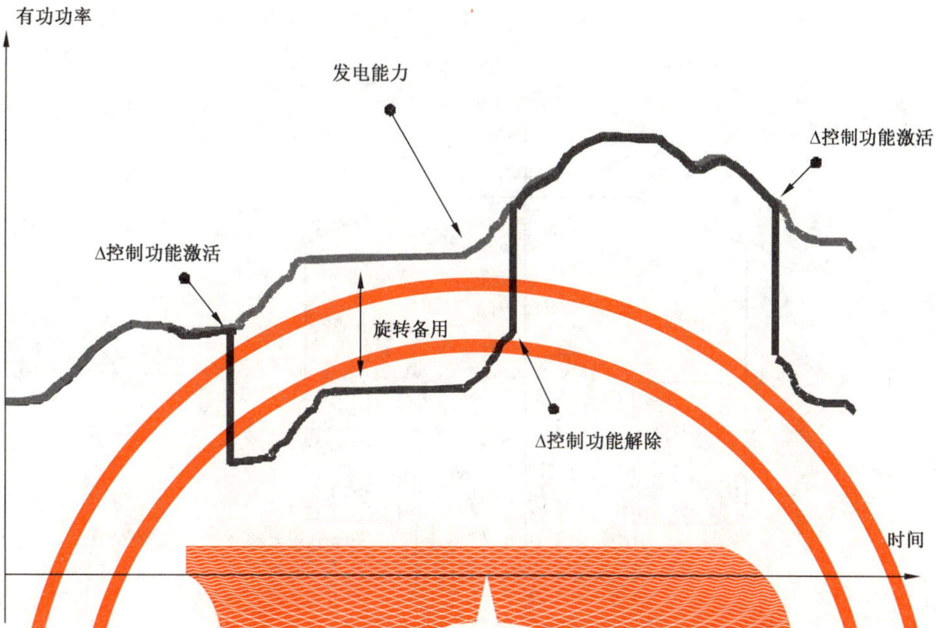

图 C.4 Δ功率控制功能示意图

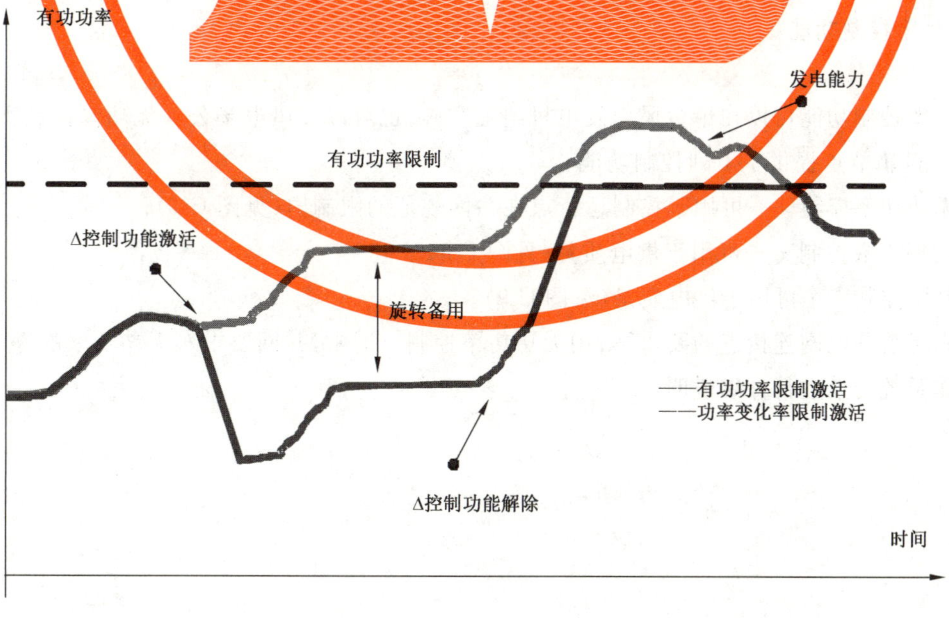

图 C.5 梯度、Δ、有功功率限制联合控制示意图

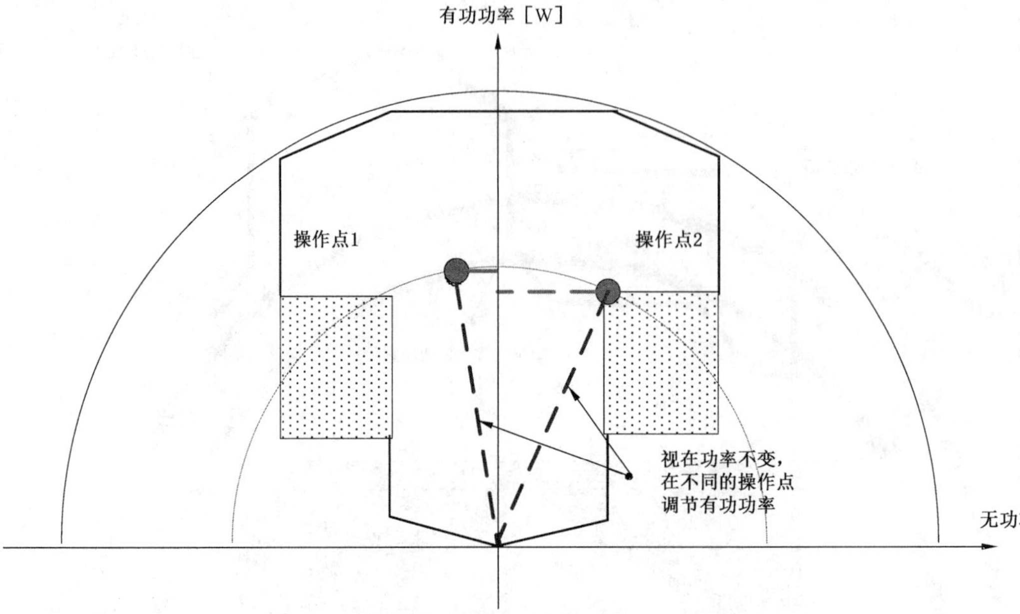

图 C.6 视在功率控制功能示意图

C.3 无功功率控制功能

无功功率控制功能可以在单台风力发电机组上实施，也可以在风电场公共无功修正点实施。

WRPC 逻辑节点提供了下列控制功能：

a) 无功功率控制——可用于控制运行点在并网规范的限制内(见图 C.7)；

b) 功率因数控制——可用于供电质量(见图 C.8)；

c) 电压控制　　可用于供电质量(见图 C.9)。

为了满足公共电网连接点的要求，采用无功功率控制。通常，并网要求对无功功率的操作限制和对风电场操作系统约束进行详细说明。

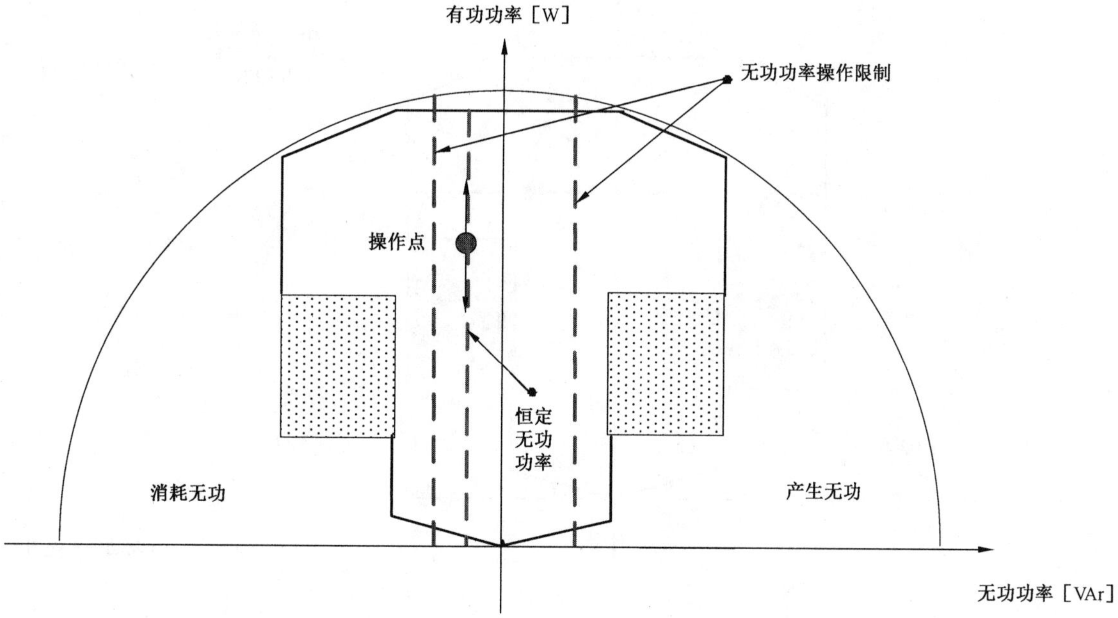

图 C.7　无功功率控制功能示意图

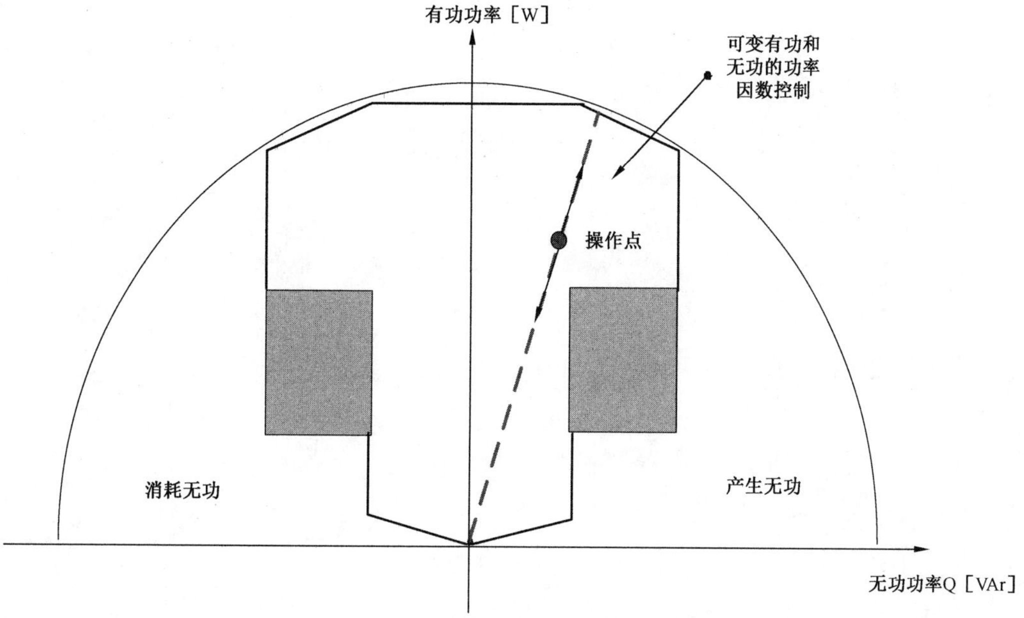

图 C.8　功率因数控制功能示意图

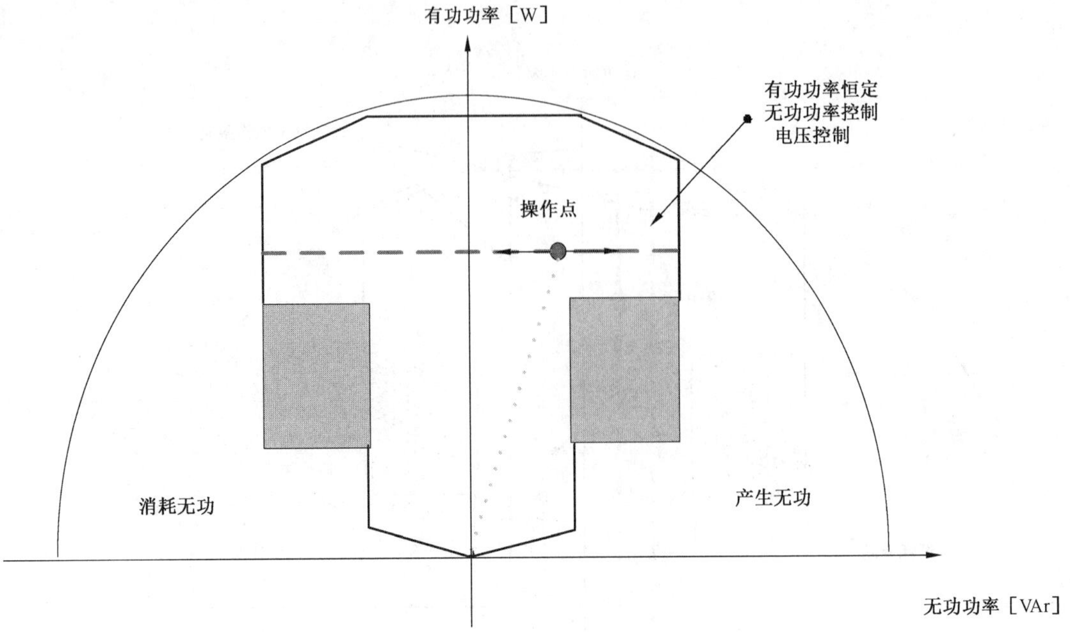

图 C.9　利用无功功率控制的电压控制功能示意图

附 录 D
（资料性附录）
强制逻辑节点和数据列表

本附录提供了一个强制逻辑节点、数据和附属数据属性清单，见表 D.1～表 D.6。

表 D.1 强制系统特定逻辑节点

LN 类	描述
LLN0	逻辑节点零
LPHD	物理设备信息

表 D.2 强制风电场特定逻辑节点

LN 类	描述
WTUR	风力发电机组通用信息

表 D.3 强制风力发电机组特定逻辑节点

LN 类	描述
WALM	风电场报警信息
WGEN	风力发电机组发电机信息
WNAC	风力发电机组机舱信息
WROT	风力发电机组风轮信息
WTUR	风力发电机组通用信息
WYAW	风力发电机组偏航信息

表 D.4 强制风电场专用公用数据类

CDC	描述
ALM	报警
CMD	命令
CTE	事件计数
SPV	设置点值
STV	状态值

表 D.5 从 IEC 61850-7-3 继承的强制公用数据类

CDC	描述
INS	整数状态
LPL	逻辑节点铭牌
MV	测量值
SPS	整数状态
WYE	三相系统中相对地的测量值

表 D.6 从 IEC 61850-7-3 继承过来并加以特定化的强制公用数据类

CDC	描述
WDPL	从 DPL 继承的设备铭牌

ICS 27.180
F 11

中华人民共和国国家标准

GB/T 30966.3—2014/IEC 61400-25-3:2006

风力发电机组 风力发电场监控系统通信 第3部分:信息交换模型

Wind turbines—Communications for monitoring and control of wind power plants—Part 3:Information exchange models

(IEC 61400-25-3:2006,Wind turbines—Part 25-3:Communications for monitoring and control of wind power plants—Information exchange models,IDT)

2014-07-24 发布　　　　2015-01-01 实施

中华人民共和国国家质量监督检验检疫总局
中国国家标准化管理委员会 发布

前　言

GB/T ××××《风力发电机组　风力发电场监控系统通信》分为6个部分：

——第1部分：原则与模式；

——第2部分：信息模型；

——第3部分：信息交换模型；

——第4部分：映射到通信规约；

——第5部分：一致性测试；

——第6部分：状态监测的逻辑节点类和数据类。

本部分为GB/T 30966的第3部分。

本部分按照GB/T 1.1—2009给出的规则起草。

本部分使用翻译法等同采用IEC 61400-25-3:2006《风力发电机组　第25-3部分：风力发电场监控系统通信　信息交换模型》。

与本部分中规范性引用的国际文件有一致性对应关系的我国文件如下：

——GB/T 30966（所有部分）　风力发电机组　风力发电场监控系统通信[IEC 61400-25（所有部分）]。

本部分做了下列编辑性修改：

——将标准名称改为"风力发电机组　风力发电场监控系统通信　第3部分：信息交换模型"；

——将"IEC 61400-25-3"改为"本部分"；

——将"IEC 61400-25-2"改为"GB/T 30966.2"；

——将"IEC 61400-25-4"改为"GB/T 30966.4"。

本部分由中国机械工业联合会提出。

本部分由全国风力机械标准化技术委员会（SAC/TC 50）归口。

本部分起草单位：中国科学院电工研究所、北京科诺伟业科技有限公司、新疆金风科技股份有限公司。

本部分主要起草人：许洪华、马蕊、胡书举、赵斌、鄂春良、姚红菊、王相明。

IEC 引言

IEC 61400-25 定义了风力发电场监控系统通信的要求。IEC 61400-25 的建模方法用来提供类和服务的抽象定义,从而使规范独立于特定协议栈、实施方法和操作系统。抽象类和服务映射到特定通信规约不属于本部分(IEC 61400-25-3)的范围,但将在 IEC 61400-25-4 讨论。

IEC 61400-25 的本部分定义了风力发电场中智能电子设备信息交换模型的服务。这些服务被称为抽象通信服务接口(ACSI)。定义的 ACSI 独立于底层的通信系统。

该信息交换模型根据以下内容来定义:

——所有可访问的信息分层类模型;

——运行在这些类上的信息交换服务;

——和每个信息交换服务相关的参数。

ACSI 技术说明对实现不同设备之间协作的所有不同方法不予考虑。

这些抽象服务定义将被映射到用于特定协议的具体对象定义上。映射到特定协议栈在 IEC 61400-25-4 中明确说明。

注 1:抽象通信服务接口(ACSI)的抽象有两方面的含义。首先,仅真实设备或真实功能的抽象方面可通过通信网络建模可视、可访问。这种抽象导致分层建模及行为(在 IEC 61400-25-2 定义)。其次,抽象通信服务接口从具体的定义方面定义设备如何交换信息,仅在概念上定义。具体的信息交换在 IEC 61400-25-4 定义。

注 2:IEC 61400-25 的实施性能是一种应用特性。IEC 61400-25 不要求某一确定的性能级别,这在 IEC 61400-25 的范围之外。然而,在通信技术中没有内在的限制来阻止高速应用(毫秒级的响应)。

风力发电机组
风力发电场监控系统通信
第3部分:信息交换模型

1 范围

IEC 61400-25(所有部分)关注的是风电场中各组成部分(如风力发电机组)和参与者(如 SCADA 系统)之间通信的一般性要求。风电场各部分自身内部通信不在适用范围之内。

IEC 61400-25(所有部分)设计了客户-服务器模型支持的通信环境,定义了以下 3 个方面的内容,并分别进行建模来保证实现的可扩展性:

1) 风电场信息模型;

2) 信息交换模型;

3) 信息模型和信息交换模型映射到标准通信规约。

风电场信息模型和信息交换模型在客户端和服务器端之间构成一个接口。作为访问风电场数据的解释框架,风电场信息模型通过服务器向客户端提供统一的、基于部件的风电场数据。信息交换模型反映了服务器的全部有效功能。IEC 61400-25(所有部分)使得不同客户与来自不同制造商和供应商的服务器之间的访问具有通用性。

如图 1 所示,IEC 61400-25(所有部分)定义的服务器包含如下几个方面:

——由风电场部件提供的信息,如"风力发电机组风轮转速"或"某一确定时间内总的发电量",这些信息被模型化,并可被有效访问。模型化的信息在 GB/T 30966.2 信息模型中定义。

——模型化信息值的交换服务,在本部分信息交换模型中定义。

——映射到通信规约,提供一个协议栈从模型化信息中获取交换值(GB/T 30966.4)。

IEC 61400-25(所有部分)仅定义了如何模型化信息、信息交换并映射到具体通信协议,不包含如何、在何地去实现通信接口、应用程序接口以及实现的建议。然而,IEC 61400-25(所有部分)的目的是通过相应的逻辑设备得到与单一风电场部件(如风力发电机组)相关的信息。

GB/T 30966 的本部分规定了描述客户端和服务器之间信息交换的抽象通信服务接口:

——数据访问与获取;

——设备控制;

——事件报告和记录;

——发布人和预定人;

——设备的自描述(设备数据字典);

——数据类型和数据类型的发现。

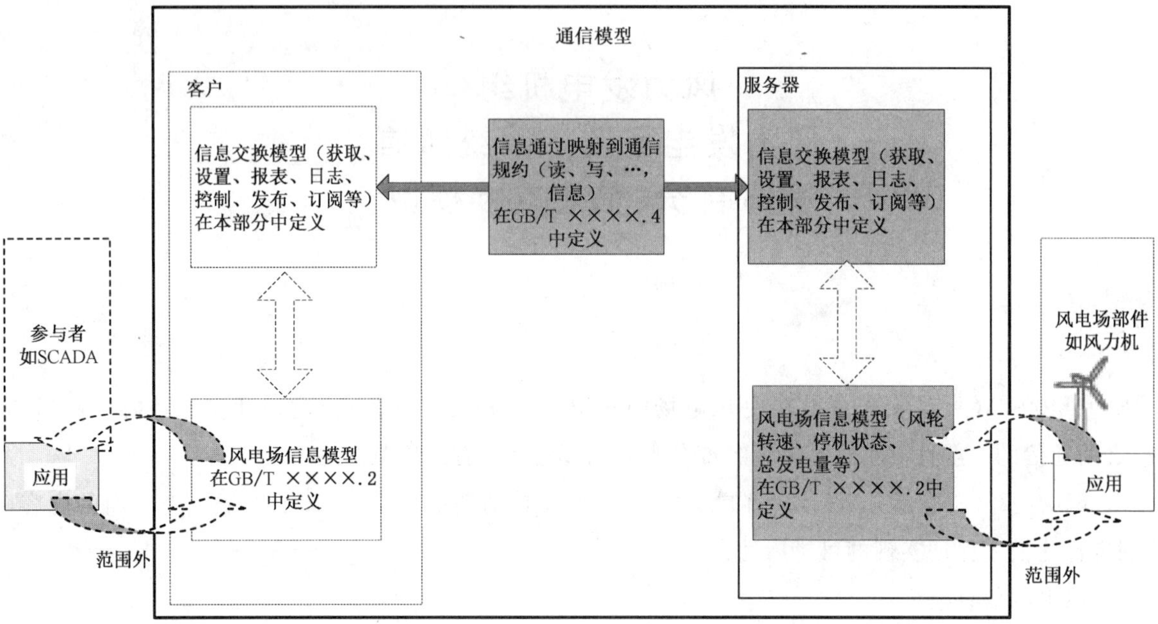

图 1 通信模型概念

2 规范性引用文件

下列文件对于本文件的应用是必不可少的。凡是注日期的引用文件，仅注日期的版本适用于本文件。凡是不注日期的引用文件，其最新版本(包括所有的修改单)适用于本文件。

DL/T 860.72—2004 变电站通信网络和系统 第 7-2 部分：变电站和馈线设备的基本通信结构 抽象通信服务接口(ACSI)(IEC 61850-7-2:2003，IDT)

IEC 61400-25(所有部分) 风力发电机组 第 25 部分：风力发电场监控系统通信(Wind turbines—Part 25:Communications for monitoring and control of wind power plants)

3 术语和定义

下列术语和定义适用于本文件。

3.1

参与者 actor

监视和控制风电场行为，而不直接运行发电的系统，如数据采集与监控系统(SCADA)。

注：还有一些其他命名，如中央管理系统、监控系统、远程控制系统等。

3.2

报警 alarm

状态信息。由风力发电机组控制系统介入的安全声明(如 on/off)。

3.3

命令 command

系统行为的控制数据(使能/禁止、有效/无效等)。

3.4

通信功能　communication function

参与者用来配置、执行和监视与风电场的信息交换,例如运行和管理功能。

3.5

控制　control

用于改变、修改、插入、切换、控制、参数化以及风电场优化的运行功能。

3.6

数据获取　data retrieval

用于采集风电场数据的运行功能。

3.7

诊断　diagnostics

用于设置和提供通信系统自监视的管理功能。

3.8

事件　event

状态的改变(如状况、报警、命令)。

3.9

智能电子设备　intelligent electronic device;IED

含有一个或多个处理器,并具有从外部发射器接收数据或向外部接收器发送数据能力的任何设备。

注：例如风力发电机组控制器。一个IED可以作为客户、服务器或者两者皆有同其他IED进行连接。

3.10

信息　information

通信的内容。信息被定义为数据(通常为过程和派生的数据,描述其他数据的信息)。基础元素是来自风电场部件的原始数据,这些数据依据IEC 61400-25(所有部分)处理成特定的信息。

注：风电场信息类型：源信息(模拟和状态信息)、控制信息和派生信息(统计和历史信息)。

3.11

信息交换　information exchange

两个系统间的通信过程,例如风电场部件和参与者之间的通信,其目的是提供和获取相关信息。需要具体通信功能,由一个或多个服务组成。

3.12

日志　log

历史信息。一定周期内的源信息顺序列表。

3.13

记录　logging

一种运行功能。通常按照时间顺序连续记录数据。记录的结果是日志。

3.14

逻辑设备　logical device

代表一组典型风电场功能的独立实体。

3.15

管理功能　management function

某一确定级别上的信息交换的管理需求功能。

注：管理功能包括用户/访问管理、时间同步管理、诊断以及配置等。

3.16

强制　mandatory

定义的内容应遵从IEC 61400-25。

3.17

测量数据　measured data

包含相关数据属性(如时间戳和数据品质)的过程量的采样值。

3.18

气象系统　meteorological system

风电场部件,负责监测周围环境参数(如风速、风向、气压、温度等)的系统。其提供的数据有多种用途,例如利用气象数据进行单台风力发电机组电能输出与潜在可用风能之间的相关分析。

3.19

监视　monitoring

一种运行功能,用于本地或远程观测系统或过程随时的任何改变。这一术语同样也可以用于一个数据值或者一组数据值的行为观测。

3.20

运行功能　operational function

获取信息和向风电场发送日常运行指令的功能。类型包括:监视、记录、报告、数据获取、控制。

3.21

可选　optional

定义的内容可以选择性地遵从 IEC 61400-25。

3.22

参数　parameter

用于获取或校正系统行为的可控信息。

3.23

过程值　processed value

依照计算方法属性处理的具有相关数据属性(如时间戳和品质)的测量值(例如:10 min 平均……)。

3.24

报表　report

由功能报告发送的实际信息。

3.25

报告　reporting

由服务器应用程序启动的从服务器传送数据到客户的运行功能。

3.26

数据采集与监控系统　supervisory control and data acquisition;SCADA

基于处理单元的系统,用于从 IED 处接收信息、决定控制要求以及发送命令到 IED。例如,调度人员使用的用来全程监控服务器或控制区域电力分布的计算机系统。

3.27

状态　status

部件或系统的状况条件(状态 1/状态 2/…/状态 n)。

3.28

三相数据　three phase data

具有相关数据属性(如时间戳、品质以及计算方法)的三相电路中的测量值。

3.29

用户/访问管理　user/access management

用于设置、修改、删除用户(管理职能)、分配访问权限(管理职能)以及监视访问的管理功能。

3.30

风电场　wind power plant

由一些技术子系统组成的完整系统，这些子系统在 IEC 61400-25（所有部分）中被称为风电场部件，如一台或多台风力发电机组。风电场的主要目标是风能发电。

3.31

风电场模拟信息　wind power plant analogue information

与某一部件或系统的实际状况或行为相关的连续信息。

注：例如类型有测量值、处理值、三相值、设置点、参数。

3.32

风电场部件　wind power plant component

风电场运行过程中应用的技术系统，例如风力发电机组、气象系统、电力系统和风电场管理系统。

3.33

风电场管理系统　wind power plant management system

风电场部件，负责保证整个系统自身能够适应电力连接的静态和动态条件与要求的系统（例如，风力发电机组与变电站以及其他电力系统相关设备配合运行）。

注：一个风电场管理系统可以包含其他未在 IEC 61400-25（所有部分）模型化的功能（例如：塔影控制功能、噪音或声音减少、冰冻警告、雷电保护）。

3.34

风力发电机组　wind turbine

风电场的主要部件。其主要功能是发电，满足利用某个区域的潜在风能并将动态风能转化为电能的任务。

4　缩略语

下列缩略语适用于本文件。

ACSI	抽象通信服务接口（在 DL/T 860.72—2004 中定义）
FCD	功能约束数据
FCDA	功能约束数据属性
IED	智能电子设备
IEM	信息交换模型
LCB	日志控制块
LD	逻辑设备
LN	逻辑节点
LOG	日志
LPHD	逻辑节点物理设备
RCB	报告控制块
SCADA	数据采集与监控系统
SCSM	特定通信服务映射（在 DL/T 860.81 中定义）
SG	设置组
WPP	风电场
WT	风力发电机组
XML	扩展标记语言
GUI	图形化用户界面

5 一般规定

本部分提供了信息交换模型，该信息交换模型可被客户端和服务器用来访问GB/T ××××.2定义的风电场信息模型的内容和结构。

第6章给出了运行功能和管理功能的信息交换模型概述。

第7章介绍了用于运行功能的信息交换模型：授权、控制、监视、报告和记录。

第8章给出了管理功能的信息交换模型概述。

第9章提供了下面服务模型类的服务细节：

- 应用关联；
- 服务器类；
- 逻辑设备类（获取自我描述等）；
- 逻辑节点类（获取自我描述等）；
- 数据类（获取值、设置值、获取自我描述等）；
- 数据集类（获取值、设置值、创建数据集、获取自我描述等）；
- 报告控制块类（获取属性、设置属性、报告等）；
- 日志控制块和日志类（获取属性、设置属性、获取日志条目等）；
- 控制类（选择、操作等）。

附录A提供了服务所需的报告和记录的例子。

附录B提供了ACSI服务和功能约束之间的关系。

附录C提供了DL/T 860.72—2004和本部分定义的ACSI的关系。

6 信息交换模型概述

信息交换模型为通信功能提供服务，该通信功能分为以下两类：

- 运行功能；
- 管理功能。

运行功能和管理功能在下面的章节有更详细的介绍和描述。

每个信息交换模型的强制服务在第9章相应的服务表格中说明。

风电场（逻辑设备、逻辑节点、数据、数据属性和控制块对象）信息模型实例应能被表1列出的信息交换模型实例访问。表1前两列列举了功能组和信息交换模型，第三列为概述，第四列和第五列区分了哪种数据类型和传输原则能用到该信息交换模型。最后一列说明适用于相应信息交换模型的ACSI服务模型。

信息交换模型应由相应的ACSI模型和关联的服务（表1最后一列）来实现。该表旨在给出适用于风电场领域的常用术语概述。

表1 信息交换模型

功能组	信息交换模型	简要描述	信息目录	传输原则	ACSI服务模型
运行（见第7章）	授权（见7.2）	运行和管理功能访问身份认证和限制	短消息	根据传输命令要求进行数据传输	关联
	控制（见7.3）	运行设备的控制	设定值命令	命令传输 设置点传输	控制

表 1（续）

功能组	信息交换模型	简要描述	信息目录	传输原则	ACSI 服务模型
运行（见第 7 章）	监视（见 7.4）	对运行设备的当前数据和数据变化进行监视	测量数据 处理数据（平均值、最小/最大值） 状态 报警 事件 定时器 计数器 设定值 参数 命令 时间序列数据（例如报警/事件日志、命令日志、设定值日志） （模拟量值、二进制值）	周期性数据传输（所有数据或自上次传输后发生变化的部分数据） 按需传送数据 事件驱动数据传输（自发的）	逻辑设备 逻辑节点 数据 数据集 缓存报告控制 非缓存报告控制 日志 日志控制 （ACSI 服务的详细情况见第 9 章）
	报告和记录（见 7.4）	触发控制连续扫描和值、事件记录	历史（日志） 报告 统计信息 曲线 趋势 事件 短消息		
	诊断（见 8.5）	设备的自监测	监视、报告和记录信息目录		
管理（见第 8 章）	用户和访问管理（见 8.2）	建立用户访问权限和监视访问	特定系统		
	建立（见 8.3）	设备配置管理	特定系统		
	时间同步（见 8.4）	设备时钟同步	特定系统		

7 运行功能

7.1 一般规定

有关运行功能的信息交换模型描述如下：

- 关联和授权模型；
- 控制模型；
- 监视、报告和记录模型。

附录 B 给出了 ACSI 服务的功能约束。

7.2 关联和授权模型

关联和授权模型的目的就是在客户端和服务器之间提供一个安全的信息交换。该模型提供了客户端对服务器功能访问的身份验证和控制。概念性原理如图 2 所示：

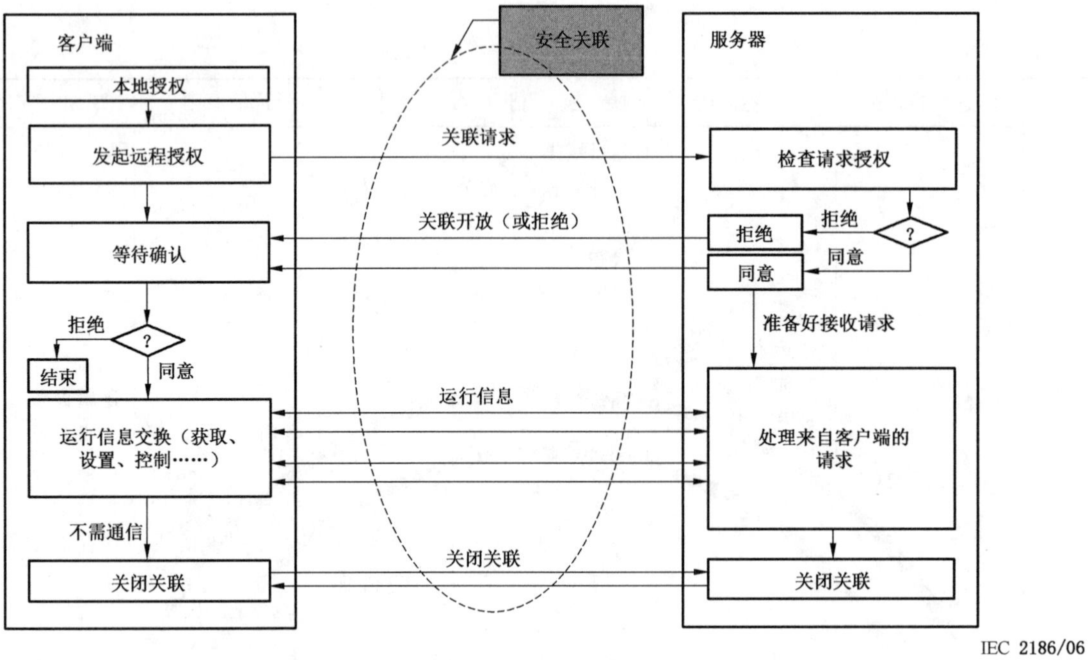

图 2 关联和授权模型示意图(概念性的)

实现客户端和服务器之间关联的需求如下：

——**身份验证**:识别用户/客户身份；

——**授权和访问控制**:保证实体有合适的访问权限(至少要提供一个用户名和密码)；

——**完整性**:信息和计算机设施应受保护免遭未授权的更改或破坏；

——**保密性**:风电场信息模型对象应受保护,并且仅能开放给适当的用户/客户；

——**不可否认性**:防止参与数据交换的用户/客户否认其曾参与过数据交换；

——**防止设备拒绝**:防止客户端/服务器阻塞对授权用户的访问。

授权模型的真正服务是由 GB/T ××××.4 中特定的映射来提供的。基于选择的特定映射,安全性的实际级别和支持的特定服务可能不同。

7.3 控制模型

控制模型定义了包含在运行设备中的一组设定点控制和命令的信息交换模型,概念性原理如图 3 所示。

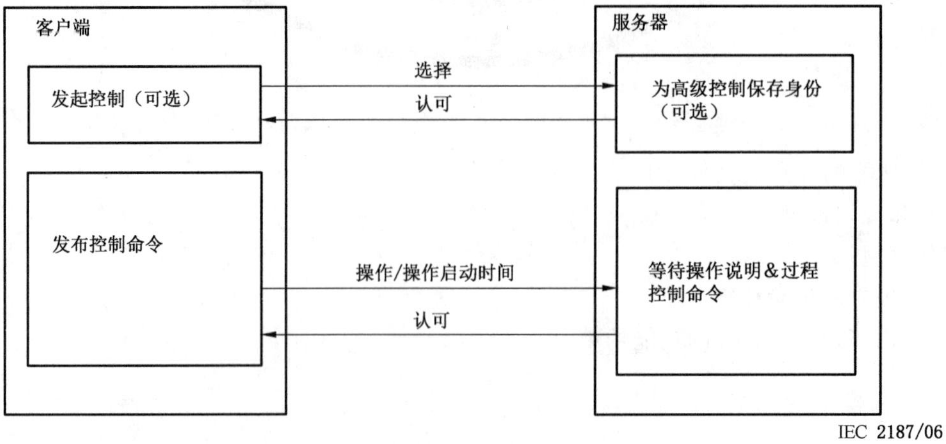

图 3 控制模型示意图(概念性的)

控制模型包含对运行设备的控制。控制功能可具备使客户端在特定时间内有设备控制专有权的功能。

操作命令“设置”可控数据的值(从可控公用数据类中获得)。

注：控制物理实体的程序是属于服务器从属设备的局部问题。IEC 61400-25(所有部分)仅定义了设备表观工况。作为服务器的控制模型提供一些决定控制程序的参数。客户的工作是对服务器工作的补充。

当服务请求给定的时间满足要求时,服务器能对时间激活操作命令自动处理。

7.4 监视、报告和记录模型

监视、报告和记录的信息交换模型如图 4 所示。该模型包括 3 个独立的信息获取方法:

1) 值可依据客户端的命令来获取(图的上半部分),这通常被称作获取或读取,响应将被立即传送。
2) 伴随发布者/预定者报告模型,值可报告给客户端(图的中间部分)。服务器被配置(本地或通过服务器)为自发性或周期性地传送数据。服务器端的触发条件一旦满足,客户端就会接受信息(报告)。对于缓存报告,发布者/预定者模型在通信链路损坏时能暂存事件,一旦链路恢复运行后能顺序地将所有暂存的事件进行传送。对于非缓存报告,则不能保证在通信链路中断时进行事件传送。
3) 值可被记录在设备上。该记录模型(图的底部)允许事件正确有序地进行暂存和传递。来自多源数据的记录值(通过数据集的配置)可被记录,并且每个源可独立于其他源单独配置。客户端可查询两个时间戳之间的日志条目或查询特定条目后的所有条目。

报告和记录模型包括:

a) 数据集类(DS),用来引用将被记录或报告的数据组;
b) 控制块类(报告控制块类或日志控制块类),用来控制信息记录或报告的动态行为;
c) 日志类,用来定义日志存储。

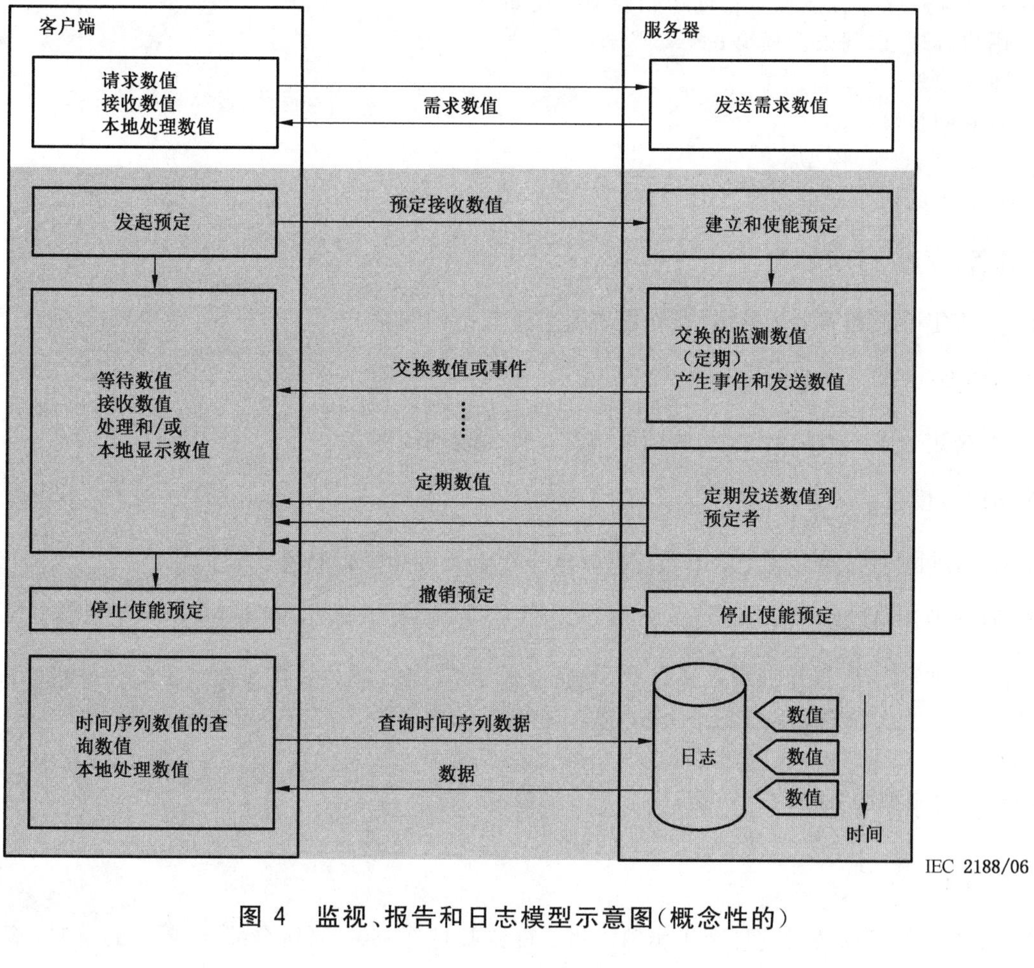

图 4 监视、报告和日志模型示意图(概念性的)

检索方法的特点见表 2。

表 2　信息检索方法比较

检索方法		时间先决信息交换	能否丢失(序列)变化	多客户端接收信息	存储数据的上次变化	典型客户端(但不限于)
要求的数据		否	是	是	—	浏览器
报告	预定	是	是/否	是	服务器	实时用户界面
	非缓存报告	是	是	是	—	实时用户界面
	缓存报告	是	否	是	服务器	数据汇集器
记录		否	否	是	客户端	电厂操作,工程师站

每种检索方法都有特定的特点。没有任何单一的方法能满足所有的应用需求。在系统设计中,设计人员应分析需求并检查他们是否违背该(实现)方法,该方法由与 IEC 61400-25(所有部分)相一致的设备提供。

8　管理功能

8.1　一般规定

管理功能模型被用于建立或完善(维护)一个系统。系统配置和维护功能包括配置数据的设置和变化,以及从系统获取配置信息。管理功能模型描述如下:

- 用户管理/访问安全模型;
- 建立模型;
- 时间同步模型;
- 诊断(自监测)模型。

ACSI 服务的功能约束在附录 B 中说明。

8.2　用户管理/访问安全模型

除 7.2 规定的服务需求之外,这些功能都是具体实现的问题。

8.3　建立模型

除 7.2 规定的服务需求之外,这些功能都是具体实现的问题。

8.4　时间同步模型

系统中不同时钟的同步是在 GB/T 30966.4 中被选择和指定的特殊映射问题。

8.5　诊断(自监测)模型

诊断或自监测功能旨在检测系统状态,例如设备完全运行、部分运行或停止运行。诊断信息在逻辑节点 LPHD 中定义,逻辑节点 LPDH 在 GB/T 30966.2 定义。

9　风电场信息模型的 ACSI

9.1　一般规定

第 7 章和第 8 章描述的信息交换模型创建了符合 IEC 61400-25(所有部分)要求的模型。第 9 章包含所有需求服务的详细描述。

图 5 描述了基本的信息交换模型，说明了 ACSI 服务的不同部件。该图详细描述了一个典型设备如何利用这些服务和外界进行联系。

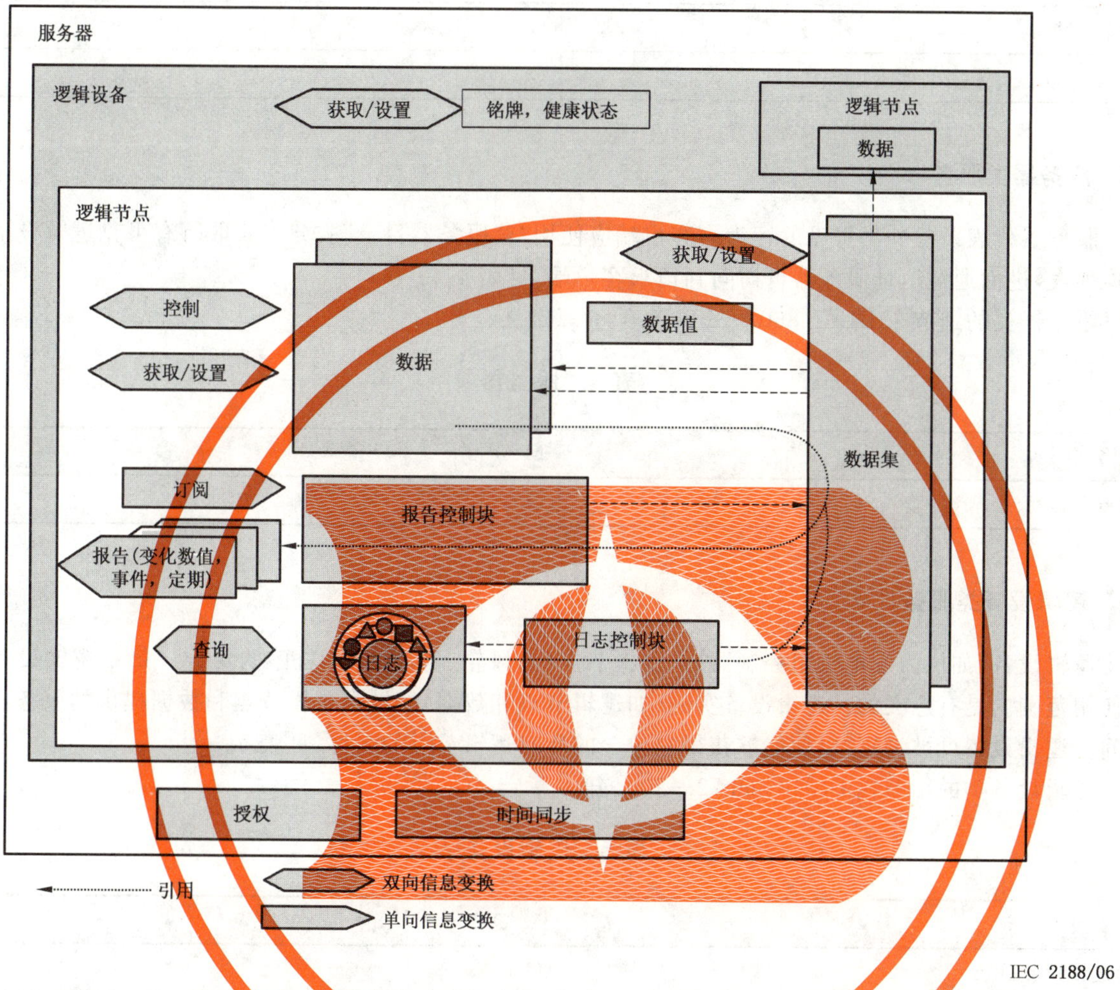

图 5 风电场的信息交换模型(概念性的)

本章的说明提供了服务的高级定义。ACSI 模型和服务细节的标准定义见 DL/T 860.72—2004。

9.2 关联和授权服务

应用关联模型由各类设备间如何通讯的规定组成。该模型包括：

- 关联类的定义；
- 访问控制概念(如何在服务器中限制访问实例)。

应用关联模型定义了用于客户端和服务器(双边应用关联)管理关联的服务。

注：应用关联模型在 SCSM 中定义。

访问控制模型提供了限制特定客户端访问类实例、类实例属性以及 ACSI 服务作用于特定服务器的类实例的能力。

表 3 中所列出的服务被定义为双边应用关联。

双边应用关联类的细节在 DL/T 860.72—2004 第 7 章定义。

表3 双边应用关联

双边应用关联服务	M/O
关联	M
异常中止	O
释放	O

9.3 服务器类服务

服务器代表设备外部可见的行为。客户端应使用“读服务器目录”服务来获取所有可见逻辑设备的名称列表，进而通过地址服务器可访问到请求客户端，见表4。

服务器类的细节在DL/T 860.72—2004第6章定义。

表4 服务器

服务器服务	M/O
读服务器目录	O

9.4 逻辑设备类服务

逻辑设备(如风力发电机组控制器)是逻辑节点(如风轮、传动和发电机)的集合。每个逻辑设备在其使用范围内是有意义的。逻辑设备实例(如逻辑节点和数据)能被由逻辑节点和数据提供的服务直接访问。逻辑设备可被浏览，以便能够获得它包含的所有逻辑节点的名称，见表5。

逻辑设备类的细节在DL/T 860.72—2004第8章定义。

表5 逻辑设备

逻辑设备服务	M/O
读逻辑设备目录	O

9.5 逻辑节点类服务

逻辑节点(如传动系统)是数据(如传动齿轮温度)的集合。每个逻辑节点在其使用范围内是有意义的。逻辑节点实例(如数据)能被由数据提供的服务直接访问。逻辑节点可被浏览，以便能获得它包含的所有类型信息的名称，见表6。

逻辑节点类的细节在DL/T 860.72—2004第9章定义。

表6 逻辑节点

逻辑节点服务	M/O
读逻辑节点目录	O

9.6 数据类服务

数据(如风轮状态)是数据属性(如实际状态值、品质和时间戳)的集合。每个数据在其使用范围内是有意义的。数据实例(例如数据属性)能被服务器直接访问,见表 7。

数据类的细节在 DL/T 860.72—2004 第 10 章定义。

例如:读数据值"WindPowerPlant12/WGEN.PwrAt.phsA.cVal.mag.f[MX]"返回当前值的浮点值。

表 7 数据

数据服务	M/O
读数据值	M
写数据值	M
读数据目录	O
读数据定义	O

9.7 数据集类服务

数据集是对数据的一组引用。数据集实例能被表 8 中的服务直接访问。数据集实例可被报告控制块使用,以便它依据某些特定规则来指定哪些数据被监测和报告(分别定义为数据或报告控制块)。

表 8 数据集

数据集服务	M/O
读数据集值	M
写数据集值	O
创建数据集	O
删除数据集	O
读数据集目录	O

数据集类的细节在 DL/T 860.72—2004 第 11 章定义。

注 1:数据集仅引用这些数据,它并不包含这些数据。若数据集被删除,数据仍然存在。

注 2:数据集可被理解为提供一个能被某个引用访问的大量数据实例的速记参考(名字),而不是一个引用列表。数据集被报告和日志控制块所引用。

9.8 报告控制块类服务

9.8.1 ACSI 一致性服务

报告-控制提供了关于特定规则(如值变化、品质信息变化或仅是周期地)的自发报告数据值机制。报告-控制的行为由它的属性值决定(如启动/禁止报告,使用顺序号)。报告-控制引用数据集实例。报告-控制提供自发报告服务,报告-控制实例的属性可被表 9 中的服务直接访问。

BRCB(缓存报告控制块)提供了在通信临时中断时服务器仍能发送序列事件的功能。带有 URCB(非缓存报告控制块)的服务器在通信中断时则不需要缓存事件。

表 9 报告-控制

服务	M/O
报告	O
读 BRCB 值	O
写 BRCB 值	O
读 URCB 值	O
写 URCB 值	O
增加预定[a]	O
取消预定[a]	O

[a] 增加预定和取消预定服务作为报告模型的特例已被增加在 DL/T 860.72—2004 的 14.2 中。

报告-控制类的细节在 DL/T 860.72—2004 的 14.2 定义。

注：报告模型由两个独立的类组成：报告控制块类和数据集类。首先，数据集可被创建数据集服务预先定义（配置）或动态定义。其次，作为报告控制块属性的数据集引用需要被设置[或通过写 BRCB 值（写 URCB 值）服务]这两步在增加预定服务中被合并。

基本的报告原理如图 6 所示。缓存和非缓存报告由报告控制块配置开始。设置缓存 RCB 属性为真来启动报告，设置属性为假来停止报告。报告方法简单，并且报告方法为自发性传输变化提供了一种有效方法。

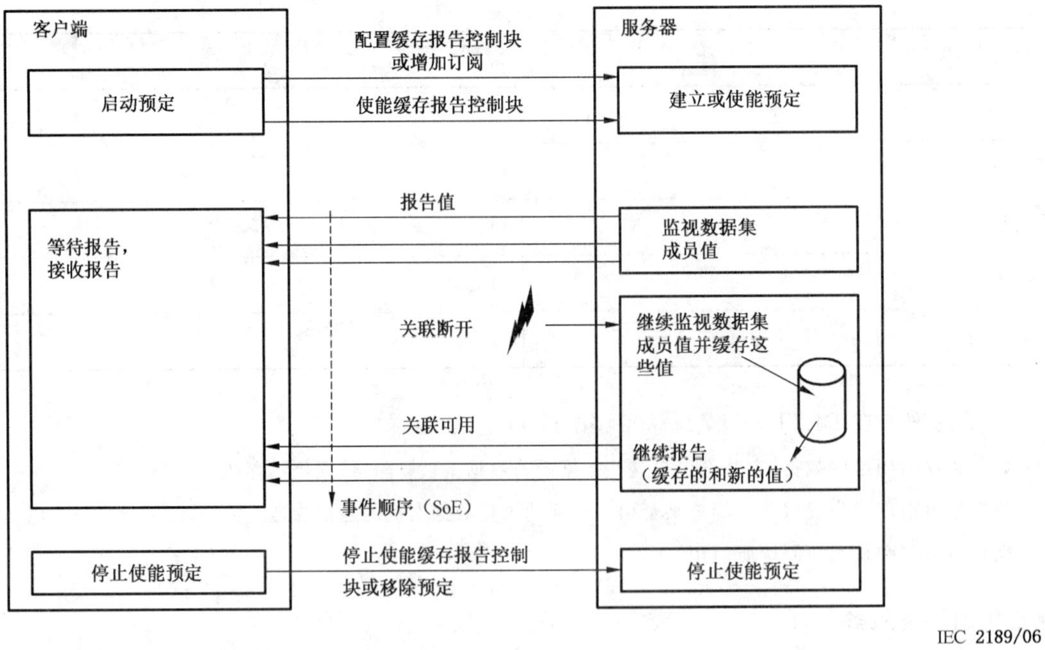

图 6 缓存报告控制块示意图（概念性的）

9.8.2 增加预定

客户端应使用增加预定服务来请求服务器：1）创建数据集，该数据集有用功能约束数据（FCD）或功能约束数据属性（FCDA）定义的成员列表，使得对请求客户可见和可访问；2）设置相应报告控制块属性；3）立即开始监视和报告数值。使用增加预定服务创建的数据集遵循数据集模型规则。

处理完增加预定服务后,服务器应启动一个单独的通用询问(DL/T 860.72—2004 的 14.2 定义)以使客户端进程映像与服务器端当前映像同步。

增加预定服务的定义见表 10。

表 10 增加预定服务

参数名	描述
请求	
RCBRef	报告控制块对象引用 参数 RCBRef 应指明所选择的报告控制块的对象引用
RCBType	报告控制块类型 参数 RCBType 应指明所选择的报告控制块的类型是 URCB 或 BRCB
ReportIdentifier[0..1]	报告标识符 参数 ReportIdentifier 应包含相应属性 RptID 值,引用 BRCB/URCB 的 RptID 的定义见 DL/T 860.72—2004 的 14.2
ReportEnable[0..1]	报告启动 参数 ReportEnable 应包含相应属性 RptEna 值,引用 BRCB/URCB 的 RptEna 的定义见 DL/T 860.72—2004 的 14.2。对于 URCB 应始终隐含设置为 TRUE
DataSetReference	数据集参考 当数据集不存在时,参数 DataSetReference 应被用来创建一个数据集,否则它指向用于报告的已存在的数据集。参数 DataSetReference 应被用于设置相应属性 DatSet 值,引用 BRCB/URCB 的 DatSet 的定义见 DL/T 860.72—2004 的 14.2
OptionalFields[0..1]	可选字段 参数 OptionalFields 应包含相应属性 OptFlds 值,引用 BRCB/URCB 的 OptFlds 的定义见 DL/T 860.72—2004 的 14.2
BufferTime[0..1]	缓存时间 参数 BufferTime 应包含相应属性 BufTm 值,引用 BRCB/URCB 的 BufTm 的定义见 DL/T 860.72—2004 的 14.2
TriggerOptions[0..1]	触发选项 参数 TriggerOptions 应包含相应属性 TrgOp 值,引用 BRCB/URCB 的 TrgOp 的定义见 DL/T 860.72—2004 的 14.2
IntegrityPeriod[0..1]	完整性周期 参数 IntegrityPeriod 应包含相应属性 IntgPd 值。引用 BRCB/URCB 的 IntgPd 的定义见 DL/T 860.72—2004 的 14.2
DSMemberRef[0..n]	数据集成员对象引用 参数 DSMemberRef 表示数据的功能约束数据(FCD)或功能约束数据属性(FCDA),该数据在 DL/T 860.72—2004 第 11 章定义
Response+	参数 Response+表示服务请求成功。若引用的其中一个功能约束数据(FCD)对客户端无效,则该服务请求失败
Response−	参数 Response−表示服务请求失败
ServiceError	返回相应 ServiceError

9.8.3 取消预定

客户端应使用取消预定服务来请求服务器禁用相应的报告控制块和预定删除被数据集引用的数据集属性。在删除数据集过程中，删除数据集服务应依照相同的规则。

取消预定服务应在表 11 中定义。

表 11 取消预定服务

参数名	描述
请求	
RCBRef	报告控制块对象引用 参数应被指定被禁用的报告控制块的对象引用。被此报告控制块引用的数据集应被取消
Response＋	参数 Response＋表示服务请求成功
Response－	参数 Response－表示服务请求失败
ServiceError	返回相应 ServiceError

9.9 日志控制块和日志类服务

日志-控制提供了关于特定规则（如值变化、品质信息变化、计数器刷新或仅是周期地）到日志的自发日志数据值机制。日志-控制行为由它的属性值（如启动/禁止记录）决定。日志-控制引用数据集实例。

日志提供查询服务，以接收存储在两次查询之间的数据值。日志实例的属性可被表 12 中的服务直接访问。

表 12 日志和日志-控制

日志控制块服务	M/O
读 LCB 值	O
写 LCB 值	O
日志服务	
读日志状态值	O
按时间查询日志[a]	O
按顺序查询日志[a]	O

[a] 作为 DL/T 860.72—2004 的 14.3 定义日志的专业化，服务应提供过滤参数以选择被查询数据的一个或多个功能约束数据（FCD）或功能约束数据属性（FCDA）。

日志-控制类和日志类的细节在 DL/T 860.72—2004 的 14.3 定义。

表 13 中数据过滤应被添加到按时间查询日志请求和按顺序查询日志请求中。

表 13 数据过滤

DataFilter[0..n]	数据过滤对象引用 参数 DataFilter 应指明数据的功能约束数据(FCD)或功能约束数据属性(FCDA)。如果不包括数据过滤参数,那么不应用数据过滤。只有 RangeStartTime 参数和 RangeStopTime 或 Entry 参数被用来选择数据

按时间查询日志响应和按顺序查询日志响应的 ListOfLogEntries 参数应包含日志项列表:1)由 DataFilter 选择的;2)服务请求的 RangeStartTime 和 RangeStopTime 参数指定的范围。

注:过滤参数能使要返回的信息数量大为减少。

图 7 给出了 1 个日志和 3 个日志控制块的例子。第一步是与服务器建立关联并配置和启用日志控制块。启用日志控制块后,与服务器的关联可被关断。日志条目到达时就会被存储在日志中。日志条目按时间顺序进行存储,因此允许获取事件顺序列表。

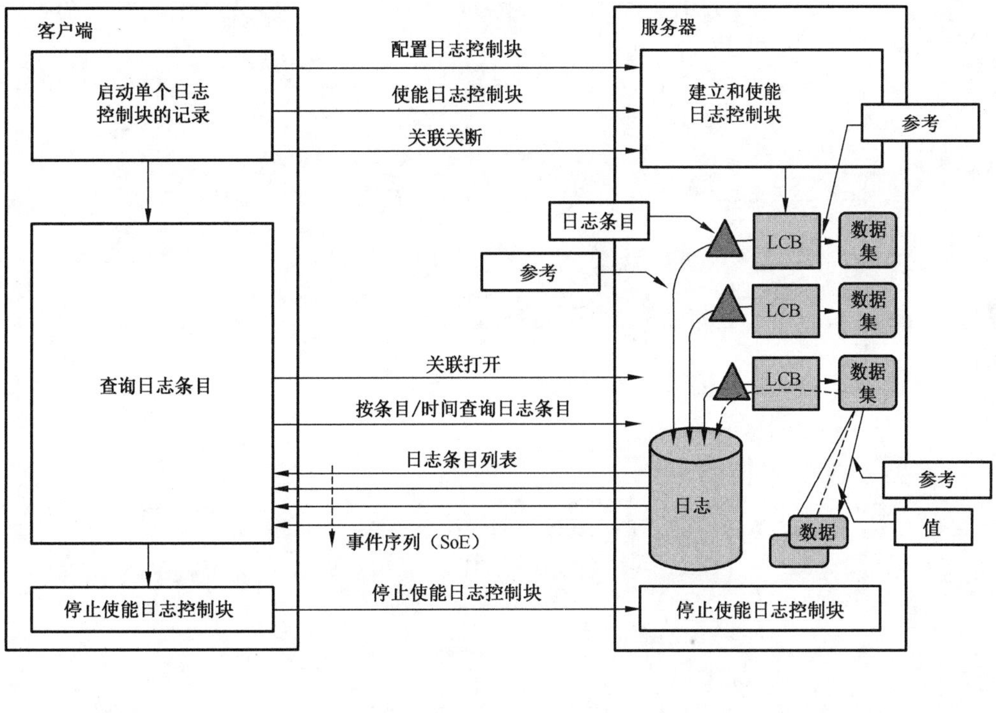

图 7 日志控制块示意图(概念性的)

日志可在任意时间启用意味着不管客户端关联是否打开,日志条目将会被添加到日志中。不同的日志控制块允许控制不同数据集中的存储信息。每个日志控制块独立于其他控制块。

9.10 控制层服务

控制模型提供了以服务器为代表的控制功能和实际设备的机理。

控制提供的服务见表 14。

控制层的细节在 DL/T 860.72—2004 第 17 章中定义。

表 14 控制

服务	M/O
选择	O
带值选择	O
取消	O
操作	M
命令结束	O
时间激活操作	O

附 录 A
(资料性附录)
报告和记录服务实例

A.1 报告实例

报告服务实例如图 A.1 所示。报告的值从“MyDS”数据集成员中获得。数据集每个成员的位置都被客户端和服务器定义为已知。

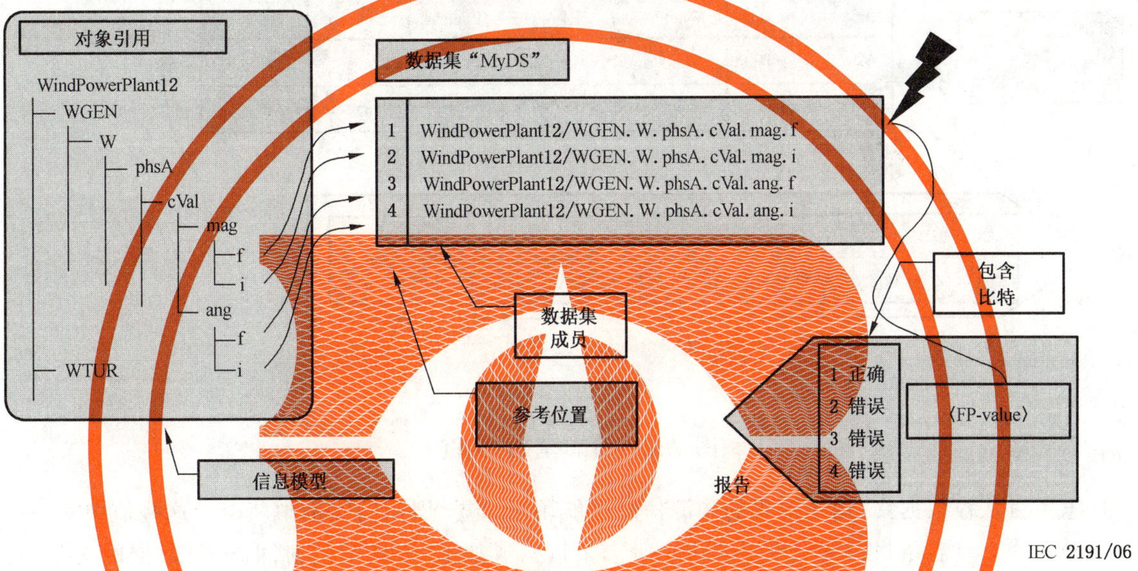

图 A.1 信息模型到报告数据集的映射(实例)

本例中,报告仅携带相同数据最后一次改变的数据值。下个值改变将触发一个携带新值的新报告。因为仅那些改变的值随报告被发送,值所对应的那些数据指示包含在所谓的“内含位串”中。位串的位数和数据集的成员一样多。第一个成员值改变后,位串中的第一位被设为“真”。接收器通过位串中的位置能够确定值来源于“WindPowerPlant12/WGEN.W.phsA.cVal.mag.f”。

全部对象标识符“WindPowerPlant12/WGEN.W.phsA.cVal.mag.f”可被有选择的传输,但不是必需的。

报告可以有选择地包括以下参数:

——报告标识符(RpdID):客户端给出的句柄;

——顺序号:用来检测丢失的数据段;

——子顺序号:如果值不适合报告;

——数据集引用:“MyDS”;

——报告原因(原因代码):数据变化,品质变化等。

A.2 日志实例

日志实例如图 A.2 所示。

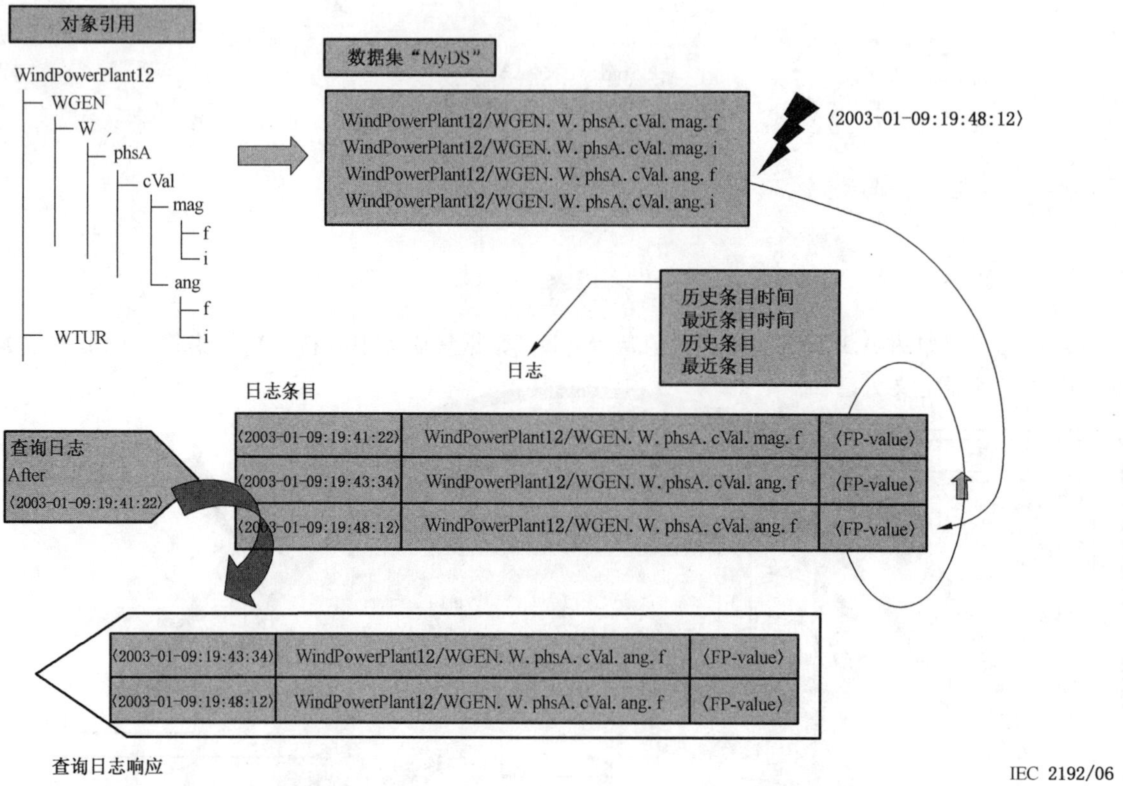

图 A.2 日志基础(实例)

日志条目从被数据集(用于报告的同源信息可能用于日志)引用的实例中获得。这些值中的一个改变将会触发一个日志条目被存储到日志中。日志条目构成如下:1)条目的时间戳;2)数据的对象引用;3)当前值(实例中的浮点值)。

日志的其他属性:

——历史条目时间(最早条目的时间戳);

——最近条目时间(最新条目的时间戳);

——历史条目(最早条目的标识符);

——最近条目(最新条目的标识符)。

这些属性可被读取。

查询日志服务允许通过时间范围(时间 1 到时间 2)或通过时间戳和条目 ID 识别的日志条目获取,之后条目应返回(条目 ID 是必需的,因为同样时间戳的多个条目可能包含在日志中)。

查询日志响应传送所请求的项。

附 录 B
（规范性附录）
ACSI 服务和功能约束的关系

功能约束(FC)有两个目的：

——定义适用于特定数据属性的服务(见表 B.1)；

——减少(或过滤)携带某些服务的数据值数量，例如：逻辑节点的特定数据或所有数据的读数据值服务响应应返回所有数据属性。服务请求的 FC 参数，例如 MX，只请求 FC＝MX 的数据属性。

表 B.1 ACSI 服务和功能约束的关系

服务	M/O	应用到 FC 的服务
关联	M	—
释放	O	—
异常中止	O	—
读服务目录	O	—
读逻辑设备目录	O	—
读逻辑节点目录	O	—
读数据值	M	CF，DC，ST，MX，SP，EX
写数据值	M	CF，SP
读数据目录	O	CF，DC，ST，MX，SP，CO，EX
读数据定义	O	CF，DC，ST，MX，SP，CO，EX
读数据设置值	M	—
写数据集值	O	—
创建数据集	O	数据集引用没有 FC 关联，但创建它的元素可以是任何 FC
删除数据集	O	—
读数据集目录	O	—
报告	O	报告可包括任何 FC 的元素，详见“注 1”
读 BRCB 值	O	BR
写 BRCB 值	O	BR
读 URCB 值	O	RP
写 URCB 值	O	RP
增加预定[a]	O	RP，BR
取消预定[a]	O	RP，BR
读 LCB 值	O	LG
写 LCB 值	O	LG
读日志状态值	O	LG

表 B.1（续）

服务	M/O	应用到 FC 的服务
按时间查询日志[a]	O	日志条目可包括任何 FC 的元素，详见“注 2”
按顺序查询日志[a]	O	日志条目可包括任何 FC 的元素，详见“注 2”
选择	O	CO
带值选择	O	CO
取消	O	CO
操作	M	CO
命令结束	O	CO
时间激活操作	O	CO

注 1：仅在 GB/T 30966.2 定义的 TrgOp、“dchg”、”qchg”、“dupd”的元素值改变后，才会在报告中发送事件。

注 2：仅在 GB/T 30966.2 定义的 TrgOp、“dchg”、”qchg”、“dupd”的元素值改变后，才会在日志中存储事件。

附 录 C
（资料性附录）
DL/T 860.72—2004 和本部分定义的 ACSI 的关系

风电场自动化要求和变电站自动化系统定义的要求相似，但不完全相同。这些差别的结果是，在 DL/T 860.72—2004 中定义的某些提供非常具体功能的 ACSI 类，在 IEC 61400-25（所有部分）中是不需要的。

不出现在风电场中的类有：

——取代；

——文件：IEC 61400-25（所有部分）不指定文件如何交换，如果需要，也可指定。

不在本部分使用的控制块有：

——SGCB：设置组控制块。系统的所有设置都会使用功能约束 FC，意味着在服务器里不存在预先配置的不同设置组。

——GoCB：GOOSE 控制块。变电站内保护设备之间高优先级事件控制块。

——GsCB：GSSE 控制块。变电站内保护设备之间高优先级事件控制块。

——MSVCB：多路传输采样值控制块。

——USVCB：单路传输采样值控制块。

DL/T 860.72—2004 允许每个逻辑设备中只存在一个日志。在本部分中，该限制被修改，日志可被链接到逻辑节点，使多个实例被创建并连接到其相应的逻辑节点上。

定义在 DL/T 860.72—2004 图 3 中的 ACSI 描述了在变电站自动化领域内内嵌于 ACSI 中的不同元素之间的关系。本部分中的图 C.1 描述了这种关系。

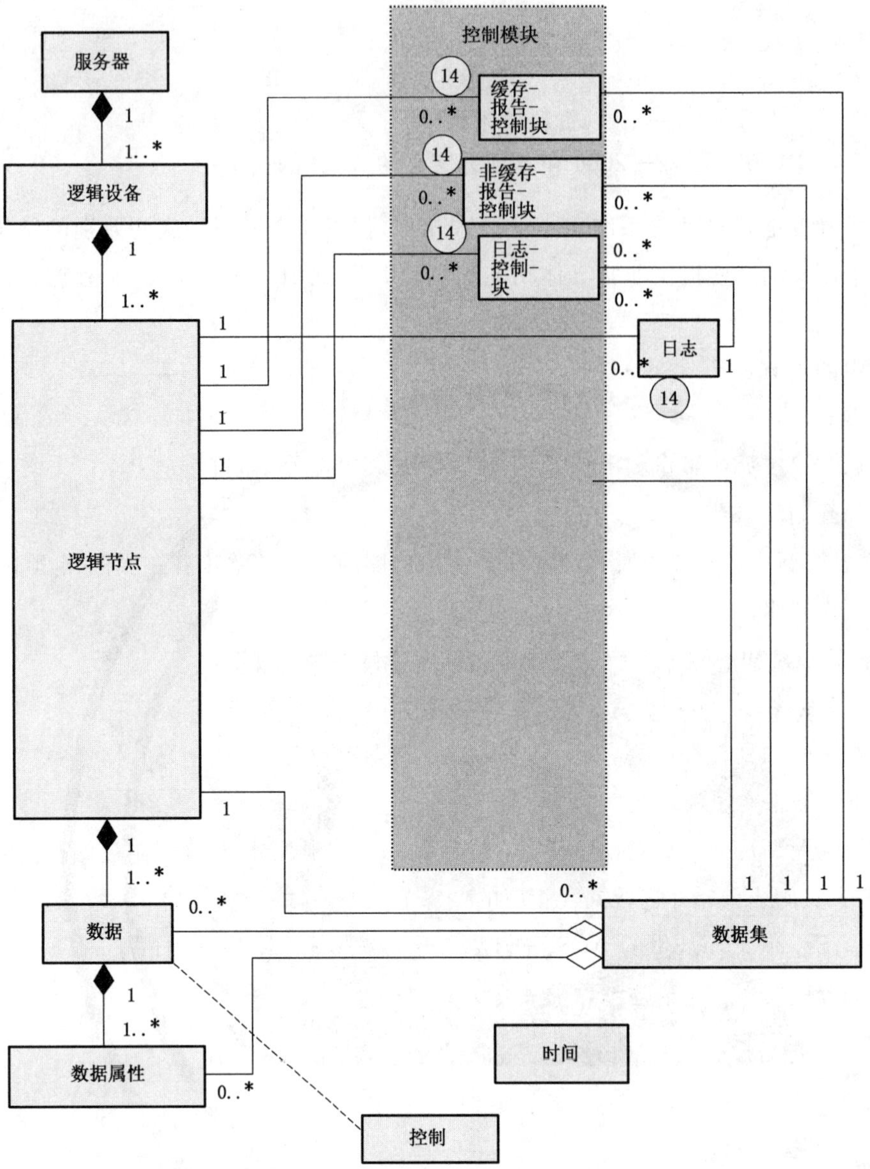

IEC 2193/06

图 C.1 ACSI 的服务模型(概念性的)

ICS 27.180
F 11

中华人民共和国国家标准

GB/T 30966.4—2014/IEC 61400-25-4:2008

风力发电机组　风力发电场监控系统通信　第4部分：映射到通信规约

Wind turbines—Communications for monitoring and control of wind power plants—Part 4: Mapping to communication profile

(IEC 61400-25-4:2008, Wind turbines—Part 25-4: Communications for monitoring and control of wind power plants—Mapping to communication profile, IDT)

2014-07-24 发布　　2015-01-01 实施

中华人民共和国国家质量监督检验检疫总局
中国国家标准化管理委员会　发布

前 言

GB/T 30966《风力发电机组 风力发电场监控系统通信》分为6个部分：

——第1部分：原则与模型；

——第2部分：信息模型；

——第3部分：信息交换模型；

——第4部分：映射到通信规约；

——第5部分：一致性试验；

——第6部分：环境监视逻辑类和数据类。

本部分为GB/T 30966《风力发电场监控系统通信》的第4部分。

本部分按照GB/T 1.1—2009给出的规则起草。

本部分使用翻译法等同采用IEC 61400-25-4:2008《风力发电机组 第25-4部分：风力发电场监控系统通信 映射到通信规约》。

与本部分中规范性引用的国际文件有一致性对应关系的我国文件如下：

——GB/T 30966(所有部分) 风力发电机组 风力发电场监控系统通信[IEC 61400-25(所有部分)]；

——DL/T 634.5104—2009 远动设备及系统 第5-104部分：传输规约 采用标准传输协议集的IEC 60870-5-101网络访问(IEC 60870-5-104:2006,IDT)。

本部分做了下列编辑性修改：

——将标准名称改为“风力发电机组 风力发电场监控系统通信 第4部分：映射到通信规约”；

——将“IEC 61400-25-4”改为本部分；

——将“IEC 61400-25-2”改为“GB/T 30966.2”；

——将“IEC 61400-25-3”改为“GB/T 30966.3”。

本部分由中国机械工业联合会提出。

本部分由全国风力机械标准化技术委员会(SAC/TC 50)归口。

本部分起草单位：新疆金风科技股份有限公司、北京天源科创风电技术有限责任公司、北京金风科创风电设备有限公司、北京科诺伟业科技有限公司、中国科学院电工研究所。

本部分主要起草人：王相明、杨建、张新文、周生年、陈荣、李富荣、鄂春良、武鑫、许洪华、马蕊。

风力发电机组　风力发电场监控系统通信　第4部分:映射到通信规约

1　范围

IEC 61400-25 关注的是风电场中各组成部分(如风力发电机组)和参与者(如 SCADA 系统)之间通信的一般性要求。风电场各部分自身内部通信不在适用范围之内。

IEC 61400-25 设计了客户-服务器模型支持的通信环境,定义了以下 3 个方面的内容,并分别进行建模来保证实现的可量测性:

1)　风电场信息模型;

2)　信息交换模型;

3)　信息模型和信息交换模型映射到标准通信规约。

风电场信息模型和信息交换模型在客户端和服务器端之间构成一个接口。作为访问风电场数据的解释框架,风电场信息模型通过服务器向客户提供统一的、面向部件的风电场数据。信息交换模型反映了服务器的全部有效功能。IEC 61400-25 使得不同客户与来自不同制造商和供应商的服务器之间的访问具有通用性。

如图 1 所示,IEC 61400-25 定义的服务器包含如下几个方面:

——由风电场部件提供的信息,如"风力发电机组叶轮转速"或"某一确定时间内总的发电量",这些信息被模型化,并可被有效访问。模型化的信息在 GB/T 30966.2 信息模型中被定义。

——模型化信息值的交换服务,在 GB/T 30966.3 信息交换模型中定义。

——映射到通信规约,提供一个协议栈从模型化信息中获取交换值(本部分)。

GB/T 30966.5 针对服务器与客户端的一致性测试,定义了与信息、服务及协议栈有关的测试用例。

IEC 61400-25 仅定义了如何模型化信息、信息交换并映射到具体通信协议,不包含如何、在何地去实现通信接口、应用程序接口以及实现的建议。然而,IEC 61400-25 的目的是通过相应的逻辑设备得到与单一风电场部件(如风力发电机组)相关的信息。

GB/T 30966 的本部分规定了面向协议栈的特定映射,从而为客户端与远程服务器之间信息交换提供所需的信息编码:

——数据访问与获取;

——设备控制;

——事件报告和记录;

——发布方/订阅方;

——设备自我描述(设备数据词典);

——数据类型的分类与挖掘。

本部分规定的映射包括:

——面向 SOAP Web 服务的映射;

——面向 OPC/XML-DA 的映射;

——面向 DL/T 860.81—2006 MMS 的映射;

——面向 IEC 60870-5-104:2006 的映射;

——面向 DNP3 的映射。

所有映射都是可选映射,但若要符合本部分的规定,至少应选定一种可选映射。

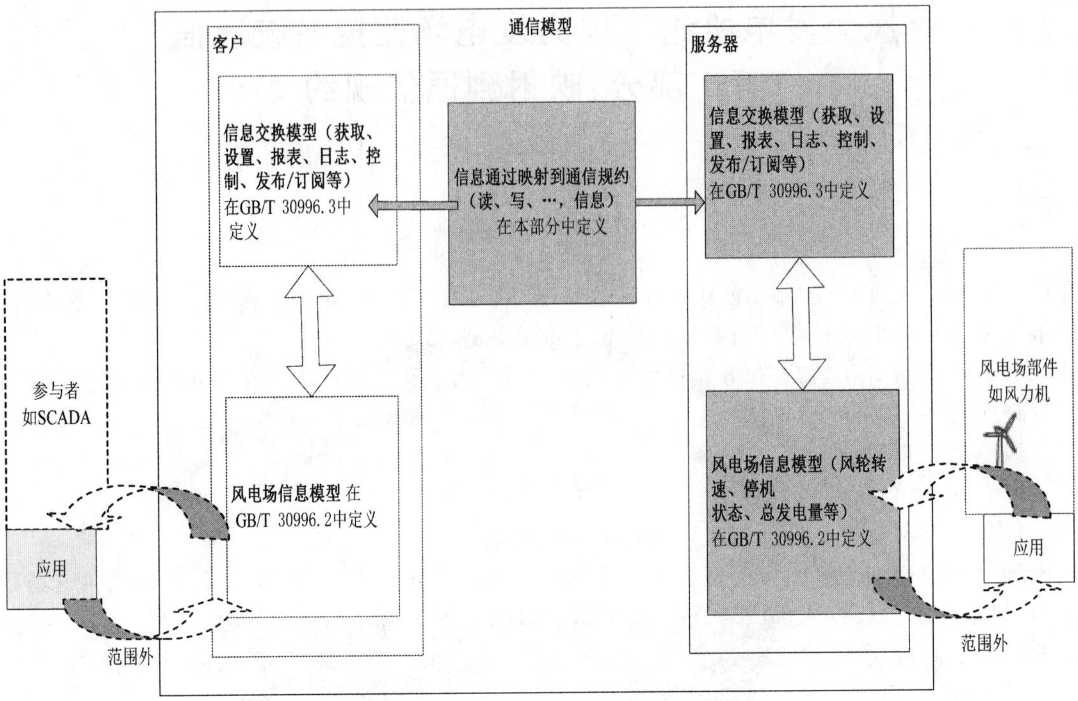

图 1 IEC 61400-25 的通信模型概念

2 规范性引用文件

下列文件对于本文件的应用是必不可少的。凡是注日期的引用文件，仅注日期的版本适用于本文件。凡是不注日期的引用文件，其最新版本（包括所有的修改单）适用于本文件。

DL/T 860.72—2004 变电站通信网络和系统 第 7-2 部分：变电站和馈线设备的基本通信结构 抽象通信服务接口（ACSI）（IEC 61850-7-2:2003，IDT）

DL/T 860.73—2004 变电站通信网络和系统 第 7-3 部分：变电站和馈线设备的基本通信结构 公用数据类（IEC 61850-7-3:2003，IDT）

DL/T 860.81—2006 变电站通信网络和系统 第 8-1 部分：特定通信服务映射（SCSM）对 MMS（ISO 9506-1 和 ISO 9506-2）及 ISO/IEC 8802-3 的映射（IEC 61850-8-1:2004，IDT）

IEC 60870-5-104:2006 远动设备及系统 第 5-104 部分：传输规约 采用标准传输协议集的 IEC 60870-5-101 网络访问（Telecontrol equipment and systems—Part 5-104: Transmission protocols—Network access for IEC 60870-5-101 using standard transport profiles）

IEC 61400-25（所有部分） 风力发电机组 第 25 部分：风力发电场监控系统通信（Wind turbines—Part 25: Communications for monitoring and control of wind power plants）

DNP 3 规约 第 2 卷～第 8 卷:2007 年（Specification, Volume 2—Volume 8:2007）

3 术语和定义

下列术语和定义适用于本文件。

3.1

参与者 actor

监视和控制风电场,而不直接参与发电的系统,如数据采集与监控系统(SCADA)。

注:还有一些其他命名,如中央管理系统、监控系统、远程控制系统等。

3.2

报警 alarm

风电场状态信息。由风力发电机组控制系统介入的安全声明(即 on/off)。

3.3

命令 command

系统行为的控制数据(允许/禁止、有效/无效等)。

3.4

通信功能 communication function

参与者用来配置、执行和监视与风电场的信息交换,例如运行和管理功能。

3.5

控制 control

用于替换、修改、插入、切换、控制、参数化以及优化等风电场运行功能。

3.6

数据获取 data retrieval

用于采集风电场数据的运行功能。

3.7

诊断 diagnostics

用于设置和提供通信系统自行监视的管理功能。

3.8

电力系统 electrical system

风电场用于采集并传输风力发电机组产生电能的设备。

3.9

事件 event

状态的改变(如状况、报警、命令等)。

3.10

功能 function

控制中心或风电场执行的任务。

注:一般来说,某一功能由若干相互交换数据的子功能构成。受功能定义的影响,各功能之间也相互交换数据。

3.11

智能电子设备 intelligent electronic device;IED

含有一个或多个处理器,并具有从外部发射器接收数据,或向外部接收器发送数据能力的设备。

注:例如,风力发电机组控制器。一个 IED 可以作为客户端、服务器或者两者皆有,同其他 IED 进行连接。

3.12

信息 information

通信的内容。信息被定义为数据(通常是经过处理和派生的数据以及描述其他数据的信息)。基础元素是来自风电场部件的原始数据,这些数据依据 IEC 61400-25 处理成特定的信息。

注:风电场信息类型:源信息(模拟和状态信息)、控制信息和派生信息(统计和历史信息)。

3.13

信息交换 information exchange

两个系统间的通信过程,例如风电场部件和参与者之间的通信,其目的是提供和获取相关信息。需要具体通信功能，由一个或多个服务组成。

3.14

信息模型　information model

功能和实现功能的设备有关的知识。

注：通过 IEC 61400-25，使得风场信息可见可得。模型是通过抽象方式描述的一个面向通信的真实功能或设备的表达。

3.15

日志　log

风电场历史信息。一定周期内的源信息，按时间顺序排列。

3.16

记录　logging

一种运行功能。通常按照时间顺序连续记录数据。记录的结果是日志。

3.17

逻辑设备　logical device

代表一组典型风电场功能的独立实体。

3.18

管理功能　management function

某一确定级别上的信息交换的管理需求。

注：管理职能包括用户/访问管理、时间同步、诊断和配置。

3.19

强制　mandatory

定义的内容应遵从 IEC 61400-25。

3.20

测量数据　measured data

包含数据属性（如时间戳和数据品质）在内的过程量的采样值。

3.21

气象系统　meteorological system

风电场中负责监测周围环境参数（如风速、风向、气压、温度等）的部件。

注：系统提供的数据有多种用途，例如利用气象数据分析单台风力发电机组功率输出与潜在可用风能之间的关系。

3.22

监视　monitoring

一种运行功能，用于本地或远程观测系统或随时间发生任何改变的过程。这一术语同样也可以用于一个或者一组数据值的行为观测。

3.23

运行功能　operational function

获取信息和向风电场发送日常运行指令的功能。

注：类型包括：监视、记录和报告、数据检索、控制。

3.24

可选　optional

定义的内容可以选择性地遵从 IEC 61400-25。

3.25

参数　parameter

用于获取或校正系统行为的可控信息。

3.26

过程数据 processed data

具有相关数据属性(如时间戳和品质)的测量值,依照计算方法属性处理。

3.27

规约 profile(s)

采用特定协议来传送数据对象或命令等的格式。

3.28

协议栈 protocol stack

计算机网络协议簇的特殊软件实现。

注:此术语经常交替使用。严格意义上来讲,簇是协议的定义,堆栈是簇的软件实现。

3.29

报表 report

由报表功能发布的实际信息。

3.30

报告 reporting

从服务器传送数据到客户端的运行功能,由服务器应用程序启动。

3.31

数据采集与监控系统 supervisory control and data acquisition;SCADA

基于处理单元的系统,用于从 IED 处接收信息、决定控制要求以及发送命令到 IED。例如,调度程序使用的计算机系统,用来全程监控服务器或控制区域的发电量分布。

3.32

状态 status

部件或系统的状态(st1/st2/…/st*n*)。

3.33

统计信息 statistical information

在数据集上应用统计算法以得到最小、最大、平均标准偏差等的结果。

3.34

计时数据 timing data

特定状态的持续时间。

3.35

时间同步 time synchronization

同步是使发生的事情与时间协调一致。这一过程可以在一个并行时间范围内事先安排好,或者可能是观测到偶然事件同时发生。

3.36

三相数据 three phase data

具有相关数据属性(如时间戳、品质以及计算方法)的三相电路中的测量值。

3.37

用户/访问管理 user/access management

用于设置、修改、删除用户(管理职能)、分配访问权限(管理职能)以及监视访问的管理功能。

3.38

风电场 wind power plant

由一些技术子系统组成的完整系统,这些子系统在 IEC 61400-25 中被称为风电场部件,如一台或多台风力发电机组。

注:风电场的主要目标是实现风能发电。

3.39

风电场模拟信息　wind power plant analogue information

与某一部件或系统的实际状况或行为相关的连续信息。

注：例如，类型有测量值、处理值、三相值、设置点、参数。

3.40

风电场部件　wind power plant component

风电场运行过程中应用的技术系统，例如风力发电机组、气象系统、电力系统和风电场管理系统。

3.41

风电场管理系统　wind power plant management system

风电场的部件，负责保证整个系统自身能够适应电力连接的静态和动态条件与要求（即风力发电机组与变电站以及其他电力系统相关设备配合运行）。

注：一个风电场管理系统可以包含其他没有在 IEC 61400-25 中模型化的功能（例如，阴影控制功能、噪音或声音减少、冰冻警告、雷电保护）。

3.42

风力发电机组　wind turbine

风电场的主要部件。其主要功能是发出电能，即将特定位置的风能转化为电能。

4　缩略语

下列缩略语适用于本文件。

ACSI	抽象通信服务接口（在 DL/T 860.72—2004 中定义）
A-Profile	应用规约
HTTP	超文本传输协议
ICMP	Internet 控制消息协议
IED	智能电子设备
IEM	信息交换模型
IM	信息模型
IP	互联网协议
LCB	日志控制块
LD	逻辑设备
LN	逻辑节点
LOG	日志
LPHD	逻辑节点物理设备
RCB	报表控制块
RFC	请求报文
SCADA	数据采集与监控系统
SCL	变电站配置语言（在 IEC 61850-6 中定义）
SCSM	特定通信服务映射（在 DL/T 860.81—2006 中定义）
SOAP	简单对象访问协议
TCP	传输控制协议
T-Profile	传送规约

UDP　　用户数据包协议
UUID　　通用唯一识别码
WPP　　风电场
WSDL　　Web服务描述语言
WT　　风力发电机组
XML　　扩展标记语言
XPATH　　XML路径语言

5 概述

5.1 总则

本部分规定了GB/T 30966.2中定义的信息模型和GB/T 30966.3中定义的信息交换模型的映射，以下5个附录给出了具体的映射情况。

——附录A:映射到一组Web服务的风电场信息交换模型，Web服务提供了GB/T 30966.3中定义和引用的信息交换服务映射；
——附录B:映射到OPC XML-DA协议栈的风电场信息交换模型，协议栈提供了GB/T 30966.3中定义和引用的信息交换服务映射；
——附录C:映射到DL/T 860.81—2006 MMS协议栈的风电场信息交换模型，协议栈提供了GB/T 30966.3中定义和引用的信息交换服务映射；
——附录D:映射到IEC 60870-5-104协议栈的风电场信息交换模型，协议栈提供了GB/T 30966.3中定义和引用的信息交换服务映射；
——附录E:映射到DNP3协议栈的风电场信息交换模型，协议栈提供了GB/T 30966.3中定义和引用的信息交换服务映射。

5.2概要介绍了信息模型、信息交换模型和映射到协议栈三者之间的关系。

5.3概要介绍了GB/T 30966.3规定的信息交换服务和映射到协议栈的能力。

附录F描述了为遵从本部分要求:执行的时间同步。

附录G为读者提供了有助于理解IEC 61400-25的指南。以真实系统为例进行了解释说明。

5.2 面向协议栈的映射

本部分可以支持多个映射，即，不止一个特定映射可作为标准化映射。遵从IEC 61400-25规定，至少应选择一个映射。多个映射的概念性架构示意如图2所示。

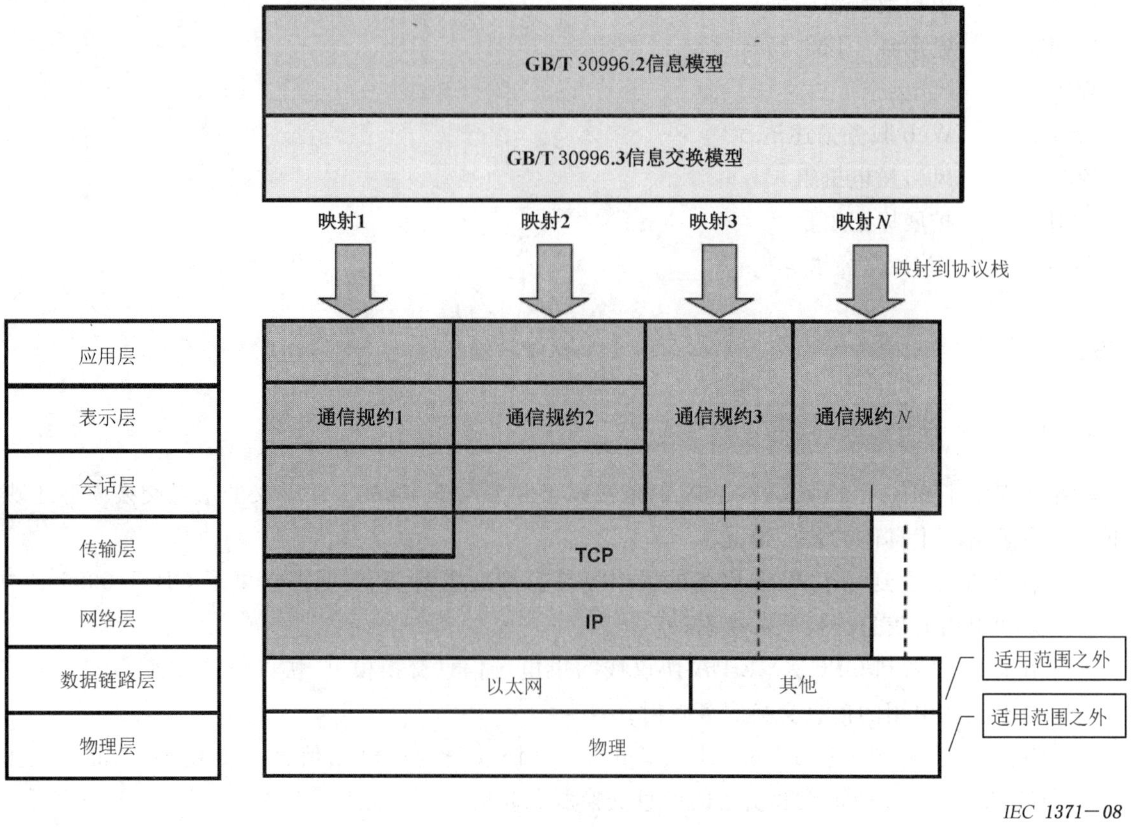

图 2 通信规约

5.3 GB/T 30966.3 映射到协议栈的服务

表 1 概要介绍了 GB/T 30966.3 规定的信息交换服务以及面向协议栈进行规定映射所提供的实现程度。每一种映射均设有一栏，用于描述符合要求服务的情况。M/O 栏表示服务在 GB/T 30966.3 中被定义为强制还是可选。对于特定映射而言，栏中“Y”的含义为“是”，即服务获得支持，“N”表示不支持，“P”表示部分支持，即 GB/T 30966.3 中定义的服务未完全取得支持。

表 1 GB/T 30966.3 服务映射概览

映射能力概览						
GB/T 30966.3 服务	M/O	Web 服务	OPC XMLDA	DL/T 860.81—2006(MMS)	DL/T 634.5 104	DNP3
Associate(关联)	M	Y	Y	Y	Y	Y
Release(释放)	O	Y	Y	Y	Y	N
Abort(中止)	O	Y	Y	Y	N	N
GetServerDirectory(读取服务器目录)	O	Y	Y	Y	N	Y
GetLogicalDeviceDirectory(读取逻辑设备目录)	O	Y	Y	Y	N	Y
GetLogicalNodeDirectory(读取逻辑节点目录)	O	Y	Y	Y	N	N
GetDataValues(读取数据值)	M	Y	Y	Y	Y	Y

表 1（续）

映射能力概览						
GB/T 30966.3 服务	M/O	Web 服务	OPC XMLDA	DL/T 860.81—2006(MMS)	DL/T 634.5 104	DNP3
SetDataValues(设定数据值)	M	Y	Y	Y	Y	Y
GetDataDirectory(读取数据目录)	O	Y	Y	Y	N	N
GetDataDefinition(读取数据定义)	O	Y	Y	Y	N	N
GetDataSetValues(读取数据集数值)	M	Y	P[a]	Y	N	Y
SetDataSetValues(设定数据集数值)	O	Y	N	Y	N	Y
CreateDataSet(创建数据集)	O	Y	N	Y	N	N
DeleteDataSet(删除数据集)	O	Y	N	Y	N	N
GetDataSetDirectory(读取数据集目录)	O	Y	N	Y	N	N
Report(报表)	O	Y	Y	Y	Y	N
GetBRCBValues(读取 BRCB 值)	O	Y	N	Y	N	N
SetBRCBValues(设定 BRCB 值)	O	Y	N	Y	N	N
GetURCBValues(读取 URCB 值)	O	Y	N	Y	N	N
SetURCBValues(设定 URCB 值)	O	Y	N	Y	N	N
AddSubscription(添加订阅)	O	Y	Y	Y	N	N
RemoveSubscription(清除订阅)	O	Y	Y	Y	N	N
GetLCBValues(读取 LCB 值)	O	Y	N	Y	N	N
SetLCBValues(设定 LCB 值)	O	Y	N	Y	N	N
GetLogStatusValues(读取日志状态值)	O	Y	N	Y	N	N
QueryLogByTime(按时间查询日志)	O	Y	N	Y	N	N
QueryLogAfter(查询此后日志)	O	Y	N	Y	N	N
Select(选择)	O	Y	Y	Y	Y	Y
SelectWithValue(按数值选择)	O	Y	Y	Y	Y	Y
Cancel(取消)	O	Y	Y	Y	Y	N
Operate(操作)	M	Y	Y	Y	Y	Y
CommandTermination(命令终止)	O	Y	Y	Y	Y	Y
TimeActivatedOperate(时间激活操作)	O	Y	Y	Y	N	N

[a] 支持层在 B.5.7.3.5 中有详细描述。

附 录 A
（规范性附录）
特定通信服务映射——定义及面向 Web 服务的映射

A.1 总则

A.1.1 关于定义及面向 Web 服务映射的介绍

本附录描述的解决方案包括了 GB/T 30966.2 和 GB/T 30966.3 的信息模型、信息交换类别和模型服务，到对象和 Web 服务的映射和定义。本附录描述了由 WSDL 文件定义的全面通信解决方案，适用于实施与风电场的通信。

本附录包括下列条款：

——A.1 总体介绍了面向 Web 服务的映射；

——A.2 列出了面向 Web 服务映射的标准引用文件清单；

——A.3 提供了附录 A 中所用缩写的列表；

——A.4 提供了信息模型面向 Web 服务的映射；

——A.5 提供了信息交换模型面向 Web 服务的映射；

——A.6 提供了协议栈的详情；

——A.7 提供了面向 Web 服务映射的 WSDL 规程，WSDL 规程选定的装订形式是文档/文字包装。

A.1.2 定义面向 Web 服务映射的范围

定义面向 Web 服务映射的范围是基于客户端-服务器关联运行所需的过程信息交换。

风电场信息模型和信息交换模型在客户端和服务器端之间构成一个接口。作为访问风电场数据的解释框架，风电场信息模型通过服务器向客户提供统一的、基于部件的风电场数据。

服务器所提供的信息量，可随着各制造商所提供可选数据的范围而发生变化。

客户端可为当地、地区或全国的控制中心，其交换信息的目的是为了对风电场实施监控。

A.1.3 映射架构

映射架构由 3 部分组成：

1） 信息模型的映射；

2） 数据类的映射；

3） 信息交换服务的映射。

本附录的规定映射是采用 SOAP/XML 来交换服务器-客户端架构内风电场部件的建模信息。

GB/T 30966.2 中定义的风电场信息模型应面向分层结构映射。

图 A.1 描绘了概念性映射的情况。在映射到 Web 服务以后，要对 GB/T 30966.2 的风电场信息模型实施保存。这尤其表明：

——服务器执行 GB/T 30966.2（IM）的分层风电场信息模型，此模型可根据表 A.1 按服务进行检索；

——客户端按配置实施风电场信息模型；

——通过 Web 服务映射到交换信息所提供的服务，客户端访问 GB/T 30966.2 的分层风电场信息模型。

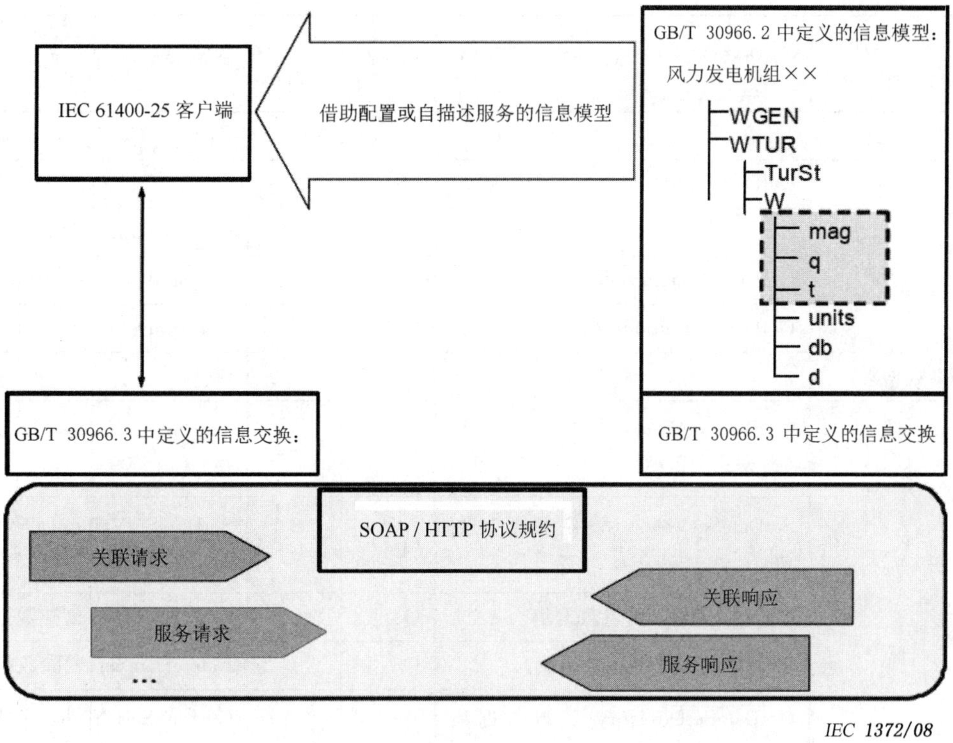

图 A.1 映射架构(概念性)

表 A.1 IM 和 IEM 的 Web 服务映射概览

GB/T 30966.2 IM 类 GB/T 30966.3 IEM 类	GB/T 30966.3 IEM 服务	M/O	包括在映射中	映射到对象和 Web 服务
SERVER(服务器)			Y	tServer
	GetServerDirectory(读取服务器目录)	O	Y	GetServerDirectory(读取服务器目录)
ASSOCIATION(关联)				
	Associate(关联)	M	Y	Associate(关联)
	Release(释放)	O	Y	Release(释放)
	Abort(中止)	O	Y	Abort(中止)
LOGICAL-DEVICE(逻辑设备)			Y	tLD
	GetLogicalDeviceDirectory(读取逻辑设备目录)	O	Y	GetLogicalDeviceDirectory(读取逻辑设备目录)
LOGICAL-NODE(逻辑节点)			Y	tLN
	GetLogicalNodeDirectory(读取逻辑节点目录)	O	Y	GetLogicalNodeDirectory(读取逻辑节点目录)

表 A.1（续）

GB/T 30966.2 IM 类 GB/T 30966.3 IEM 类	GB/T 30966.3 IEM 服务	M/O	包括在映射中	映射到对象和 Web 服务
DATA(数据)			Y	tData
	GetDataValues(读取数据值)	M	Y	GetDataValues(读取数据值)
	SetDataValues(设定数据值)	M	Y	SetDataValues(设定数据值)
	GetDataDirectory(读取数据目录)	O	Y	GetDataDirectory(读取数据目录)
	GetDataDefinition(读取数据定义)	O	Y	GetDataDefinition(读取数据定义)
DATA-SET(数据集)			Y	tDataSet
	GetDataSetValues(读取数据集数值)	M	Y	GetDataSetValues(读取数据集数值)
	SetDataSetValues(设定数据集数值)	O	Y	SetDataSetValues(设定数据集数值)
	CreateDataSet(创建数据集)	O	Y	CreateDataSet(创建数据集)
	DeleteDataSet(删除数据集)	O	Y	DeleteDataSet(删除数据集)
	GetDataSetDirectory(读取数据集目录)	O	Y	GetDataSetDirectory(读取数据集目录)
REPORTING(报告)				
	AddSubscription(添加订阅)	O	Y	AddSubscription(添加订阅)
	RemoveSubscription(清除订阅)	O	Y	RemoveSubscription(清除订阅)
	Report(报表)	O	Y	ReportRequest/Response(报表请求/响应)
BRCB				tBRCB
	GetBRCBValues(读取 BRCB 值)	O	Y	GetBRCBValues(读取 BRCB 值)
	SetBRCBValues(设定 BRCB 值)	O	Y	SetBRCBValues(设定 BRCB 值)
URCB				tURCB
	GetURCBValues(读取 URCB 值)	O	Y	GetURCBValues(读取 URCB 值)
	SetURCBValues(设定 URCB 值)	O	Y	SetURCBValues(设定 URCB 值)
LOG(日志)			Y	tLOG
	GetLogStatusValues(读取日志状态值)	O	Y	GetLogStatusValues(读取日志状态值)
	QueryLogByTime(按时间查询日志)	O	Y	QueryLogByTime(按时间查询日志)
	QueryLogAfter(查询此后日志)	O	Y	QueryLogAfter(查询此后日志)

表 A.1（续）

GB/T 30966.2 IM 类 GB/T 30966.3 IEM 类	GB/T 30966.3 IEM 服务	M/O	包括在映射中	映射到对象和 Web 服务
LCB				tLCB
	GetLCBValues(读取 LCB 值)	O	Y	GetLCBValues(读取 LCB 值)
	SetLCBValues(设定 LCB)	O	Y	SetLCBValues(设定 LCB)
CONTROL(控制)				
	Select(选择)	O	Y	Select(选择)
	SelectWithValue(按数值选择)	O	Y	SelectWithValue(按数值选择)
	Cancel(取消)	O	Y	Cancel(取消)
	Operate(操作)	M	Y	Operate(操作)
	CommandTermination(命令终止)	O	Y	CommandTermination(命令终止)
	TimeActivatedOperate(时间激活操作)	O	Y	TimeActivatedOperate(时间激活操作)

注：表 A.1 中 M/O 栏表示服务在 GB/T 30966.3 中被定义为强制还是可选。栏中"Y"表示"是"，服务获得支持，"N"表示未获得支持。

A.2 针对 Web 服务的引用文件

下列文件对于本文件的应用是必不可少的。凡是注日期的引用文件，仅注日期的版本适用于本文件。凡是不注日期的引用文件，其最新版本(包括所有的修改单)适用于本文件。

DL/T 860.6—2008 变电站通信网络和系统 第 6 部分：与智能电子设备有关的变电站内通信配置描述语言(IEC 61850-6:2004，IDT)

IEC 61400-25(所有部分) 风力发电机组 第 25 部分：风力发电场监控系统通信(Wind turbines—Part 25: Communications for monitoring and control of wind power plants)

ISO/IEC 10646:2003 信息技术 通用多八位编码字符集(UCS)[Information technology—Universal Multiple—Octet Coded Character Set(UCS)]

ISO 639-2 语种名称代码 第 2 部分：3 字母代码(Codes for the representation of names of languages—Part 2: Alpha-3 code)

W3C，Web 服务架构，http://www.w3.org/TR/2002/WD-ws-arch-20021114/(Web Services Architecture，http://www.w3.org/TR/2002/WD-ws-arch-20021114/)

W3C，可扩展标示语言(XML) 1.0，http://www.w3.org/TR/2000/REC-xml-20001006 [Extensible Markup Language(XML) 1.0，http://www.w3.org/TR/2000/REC-xml-20001006]

W3C，可扩展标示语言中的名字空间，http://www.w3.org/TR/REC-xml-names(Name spaces in XML，http://www.w3.org/TR/REC-xml-names)

W3C，可扩展标示语言模式 第 0 部分：初级读本，http://www.w3.org/TR/xmlschema-0(XML Schema Part 0: Primer，http://www.w3.org/TR/xmlschema-0)

W3C，可扩展标示语言模式 第 1 部分：结构，http://www.w3.org/TR/xmlschema-1(XML

Schema Part 1: Structures, http://www.w3.org/TR/xmlschema-1)

W3C,可扩展标示语言模式　第 2 部分:数据类型,http://www.w3.org/TR/xmlschema-2(XML Schema Part 2: Data Types, http://www.w3.org/TR/xmlschema-2)

SOAP 版本 1.1, W3C 注《简单对象访问协议》(SOAP)1.1,2000 年 5 月 8 日

http://www.w3.org/TR/2006/NOTE-soap11-ror-httpbinding-20060321/#reqoptrespbinding 和

http://www.w3.org/TR/2000/NOTE-SOAP-20000508/

[SOAP ver. 1.1, W3C Note "Simple Object Access Protocol(SOAP) 1.1, 8 May 2000.

http://www.w3.org/TR/2006/NOTE-soap11-ror-httpbinding-20060321/#reqoptrespbinding 及 http://www.w3.org/TR/2000/NOTE-SOAP-20000508/]

RFC 791,互联网协议规程(IP)[Internet Protocol specification(IP)]

RFC 792,互联网控制消息协议(ICMP)[Internet Control Message Protocol(ICMP)]

RFC 793,传输控制协议(TCP)[Transmission Control Protocol(TCP)]

RFC 826,以太网地址解析协议(Ethernet Address Resolution Protocol)

RFC 919,广播互联网数据包(Broadcasting internet datagrams)

RFC 922,使用子网时的广播互联网数据包(Broadcasting internet datagrams in presence of subnets)

RFC 950,互联网标准子网搭建程序(Internet Standard Subnetting Procedure)

RFC 1112,IP 组播的主机扩展(Host Extensions for IP Multicasting)

RFC 2616,超级文本传输协议-HTTP/1.1(Hypertext Transfer Protocol-HTTP/1.1)

RFC 2817,在 HTTP 内升级到 TLS/1.1(Upgrading to TLS Within HTTP/1.1)

RFC 2246,传送层安全(TLS)协议[Transport Layer Security(TLS) protocol]

RFC 4122,通用唯一识别码(UUID)URN 名字空间[Universally Unique IDentifier(UUID) URN Namespace]

A.3　缩略语

DA	数据属性
HTTP	超文本传输协议
ICMP	互联网控制消息协议
IED	智能电子设备
IEM	信息交换模型
IM	信息模型
IP	互联网协议
LCB	日志控制块
LD	逻辑设备
LN	逻辑节点
LOG	日志
LPHD	逻辑节点物理设备
RCB	报表控制块
SCADA	数据采集与监控系统
SCSM	特定通信服务映射(例如,在 DL/T 860.81—2006 中定义)

SOAP　简单对象访问协议
TCP　传输控制协议
UDP　用户数据包协议
UUID　通用唯一识别码
WPP　风电场
WSDL　Web 服务描述语言。文字/包装式
WT　风力发电机组
XML　可扩展标记语言
XPATH　XML 路径语言

A.4 面向 Web 服务的 IEC 61400-25 信息模型映射

A.4.1 附录 A 的总体介绍

表 A.2 列出了映射到 Web 服务的 GB/T 30966.2 中已定义类别的主要特点。

表 A.2 IEC 61400-25 IM 映射到 Web 服务

GB/T 30966.2 IM 类	映射到对象和 Web 服务
SERVE(服务器)	tServer
LOGICAL-DEVIC(逻辑设备)	tLD
LOGICAL-NODE(逻辑节点)	tLN
DATA classes(数据类)	tDATA
COMMON-DATA(通用数据类)	tCDC
DATA-ATTRIBUTE(数据属性类)	tDataAttribute
DA-COMPONENT(数据组件类)	tDAType

表 A.3 描述了基本数据类型属性的映射。

表 A.3 IEC 61400-25 数据属性基本类型映射

IEC 61400-25 名称	数据范围/说明	映射到对象和 Web 服务
BOOLEAN	True | False	依据 tBasic 类型
INT8	－128 至＋127	依据 tBasic 类型
INT16	－32 768 至＋32 767	依据 tBasic 类型
INT24	－8 388 608 至 8 388 607	依据 tBasic 类型
INT32	－2** 32 至(2** 32)－1	依据 tBasic 类型
INT128	－2** 127 至(2** 127)－1	依据 tBasic 类型
INT8U	0 至 255	依据 tBasic 类型
INT16U	0 至 65 535	依据 tBasic 类型
INT24U	0 至 16 777 215	依据 tBasic 类型

表 A.3(续)

IEC 61400-25 名称	数据范围/说明	映射到对象和 Web 服务
INT32U	0 至 4 294 967 295	依据 tBasic 类型
FLOAT32	单精度浮点	依据 tBasic 类型
FLOAT64	双精度浮点	依据 tBasic 类型
ENUMERATED	定义为整数和文本的数值有序集	依据 tBasic 类型
CODED ENUM	定义为有明确定义位数的整数数值有序集	依据 tBasic 类型
OCTET STRING	十六进制二进制	依据 tBasic 类型
VISIBLE STRING	按 UNICODE string 编码的字符串	依据 tBasic 类型
UNICODE STING	Unicode string 为非零结束的八位序列,该序列基于 ISO/IEC 10646标准的 UTF-8 变换格式,采用此格式的编码字符可多达 6 个八位	依据 tBasic 类型

GB/T 30966.2 中规定的风电场信息模型按照 LOGICAL-NODES(逻辑节点)类、数据类、COMMON-DATA(通用数据)类、DATA-ATTRIBUTE(数据属性)类型和 DACOMPONENT(数据部件)类型进行定义。

信息模型中的对象按照 GB/T 30966.2—2014 中第 5 章和第 6 章定义的方法命名。

对象名称的第一部分为用户定义的逻辑设备(LD)名,长度限制为 64 个字符,其后采用斜线("/")作为分隔符。

图 A.2 描写了斜线后名称部分的构成,名称由标准化组件组成。名称的构成有 3 组图表:

- 逻辑节点(LN)定义,见 GB/T 30966.2—2014 第 6 章;
- 通用数据类定义(DATA),见 GB/T 30966.2—2014 中的 7.3;
- 通用数据属性定义(DA),见 GB/T 30966.2—2014 中的 7.2。

除了已定义的组件外,GB/T 30966.2—2014 中的表 42 中还定义了一组基本数据类型。名称的最后组成部分是具有基本数据类型的数据属性。

逻辑节点(LN)定义具有若干属于 DATA 的组件列表。DATA 定义具有既可以是 DA(称为"简单"CDC)、也可以是其他 DATA(称为"复合"CDC)的若干组件列表。例如,一个组件为其他 DATA 组成部分的 DATA 是星形接法的电气对象(WYE),其中每个组件均为综合实测值(CMV)类,CMV 同时也属于 DATA 类。

DATA 的组件为 DA,DA 既可以是一种具有基本数据类型(称为"简单"组件,因此成为名称中的最后组件)的属性,也可以是另一个 DA(称为"复合"组件)。

建立名称的过程是先输入 LN 图表集,找到 LN 名称,其位置附在紧靠斜线分隔符的名称上。LN 名称可以一个可选前缀开始,后面为标准化的 LN 类名称,结尾是必须提供的 LN 实例识别码(如:某个 LD 中的第二个 WGEN 表示为 WGEN2)。LN 实例识别码后面跟着一个圆点(".")分隔符。

找到适当的 LN 图表,即选定列表上下一个相应组件。将组件名称附在圆点分隔符后,后面跟着另一圆点分隔符。LN 图表将显示该组件的 DATA 类。然后从 DATA 定义中选择正确的图表,再从列表上选择该 DATA 定义的下一个相应组件。将该组件的名称附在最后的圆点分隔符后。

如果该组件是一个DA,并且属于基本型,名称即告完成。否则,该组件既可以是另一个DATA,也可以是带有DA图表中某个定义的DA。如果是后面两种情况中的任何一种,均应重新输出适当图表,从列表中选定下一个相应组件。如果该组件不属于基本DA,应重新输出适当图表,附上名称和圆点分隔符,直至到达基本组件。

凡是带有风电场信息模型给定实例结构和/或数据值的服务,且信息模型派生于本部分定义的类别,均应采用此模式。

表A.4列出WSDL结构是为了便于理解规程内容。A.7中给出了准确的WSDL规范,应贯彻执行,以满足本部分的要求。

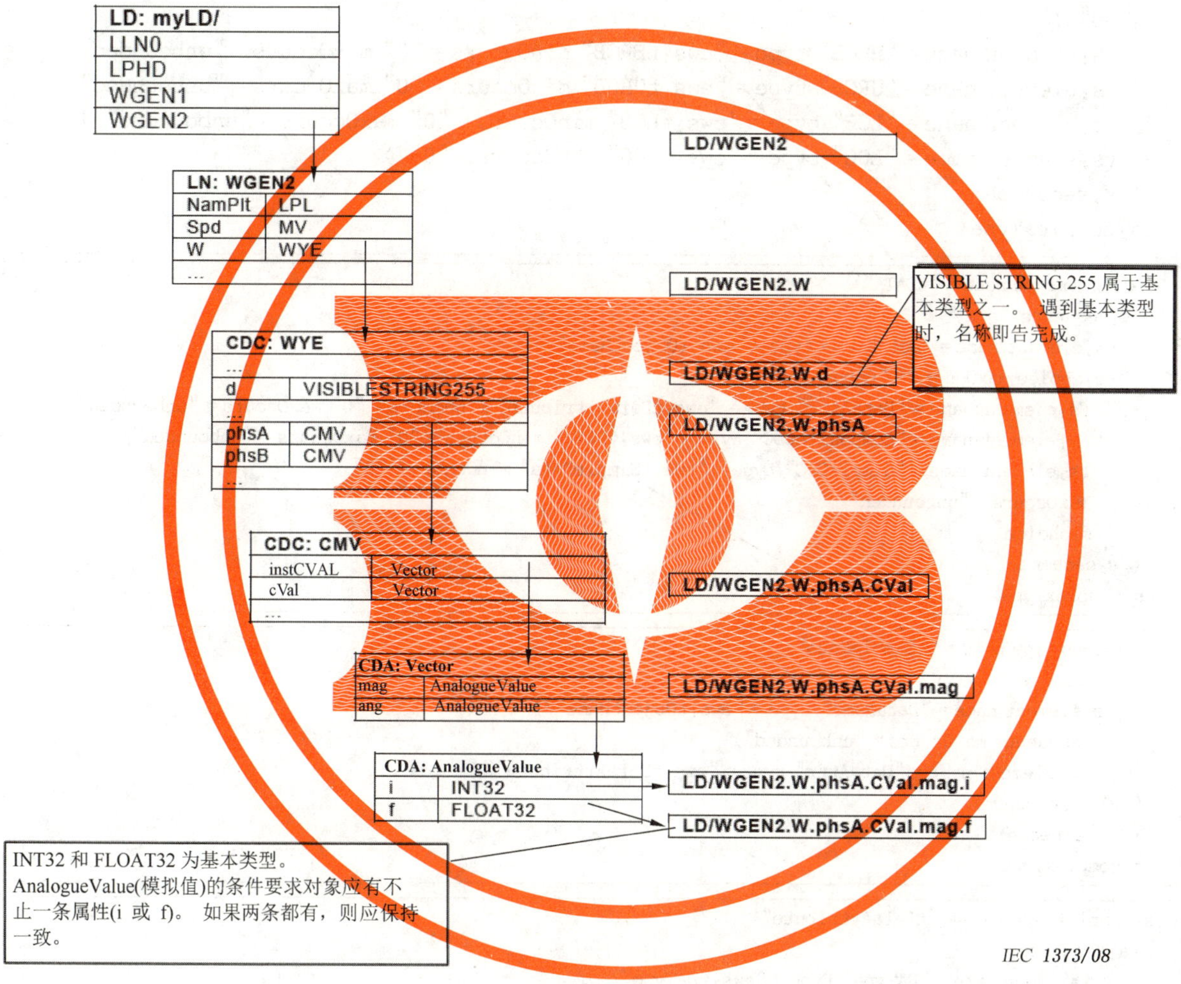

图 A.2 IEC 61400-25 采用的命名结构(概念性)

表 A.4 风电信息模型可扩展标示语言模式

```
〈s:schema targetNamespace = "http://iec.ch/61400/ews/1.0/"
xmlns:soap = "http://schemas.xmlsoap.org/wsdl/soap/"
xmlns:s = "http://www.w3.org/2001/XMLSchema"
xmlns:ews = "http://iec.ch/61400/ews/1.0/"
elementFormDefault = "qualified"〉
〈s:complexType name = "tLD"〉
```

```
  <s:sequence>
    <s:element name="LDName" type="ews:tObjectName"/>
    <s:element name="LN" type="ews:tLN" minOccurs="3" maxOccurs="unbounded"/>
  </s:sequence>
</s:complexType>
```

```
<s:complexType name="tLN">
  <s:sequence>
    <s:element name="LNName" type="ews:tObjectName"/>
    <s:element name="Data" type="ews:tDATA" maxOccurs="unbounded"/>
    <s:element name="DataSet" type="ews:tDATASet" minOccurs="0" maxOccurs="unbounded"/>
    <s:element name="BRCB" type="ews:tBRCB" minOccurs="0" maxOccurs="unbounded"/>
    <s:element name="URCB" type="ews:tURCB" minOccurs="0" maxOccurs="unbounded"/>
    <s:element name="LCB" type="ews:tLCB" minOccurs="0" maxOccurs="unbounded"/>
    <s:element name="LOG" type="ews:tLOG" minOccurs="0"/>
  </s:sequence>
</s:complexType>
```

```
<s:complexType name="tDATA">
  <s:sequence>
    <s:element name="DataName" type="ews:tObjectName"/>
    <s:choice maxOccurs="unbounded">
      <s:element name="DataAttr" type="ews:tDataAttribute" minOccurs="0" maxOccurs="unbounded"/>
      <s:element name="CompositeCDC" type="ews:tDATA" minOccurs="0" maxOccurs="unbounded"/>
      <s:element name="SimpleCDC" type="ews:tSimpleData" minOccurs="0"
      maxOccurs="unbounded"/>
    </s:choice>
  </s:sequence>
</s:complexType>
```

```
<s:complexType name="tSimpleData">
  <s:sequence>
    <s:element name="DataName" type="ews:tObjectName"/>
    <s:sequence maxOccurs="unbounded">
      <s:element name="DataAttr" type="ews:tDataAttribute"/>
    </s:sequence>
  </s:sequence>
</s:complexType>
```

```
<s:complexType name="tDataAttribute">
  <s:sequence>
    <s:element name="DAType" type="ews:tDAType"/>
    <s:element name="TrgOp" type="ews:tTrgCond" minOccurs="0" maxOccurs="unbounded"/>
  </s:sequence>
  <s:attribute name="FC" type="tFC" use="required" />
</s:complexType>
```

```
<s:complexType name="tDAType">
  <s:sequence>
    <s:element name="DAName" type="ews:tObjectName"/>
    <s:choice minOccurs="1" maxOccurs="unbounded">
      <s:element name="DAComp" type="ews:tDAType" minOccurs="0" maxOccurs="unbounded"/>
      <s:element name="PrimComp" type="ews:tBasicType" minOccurs="0"/>
    </s:choice>
  </s:sequence>
</s:complexType>
```

A.4.2 服务器类

服务器类应按照以下文字的定义进行映射:

```
<s:complexType name="tServer">
  <s:annotation>
    <s:documentation>Container for Server object</s:documentation>
  </s:annotation>
  <s:sequence>
    <s:element name="ServerAccessPoint" type="s:string" maxOccurs="unbounded"/>
    <s:element name="LD" type="ews:tLD" maxOccurs="unbounded"/>
  </s:sequence>
</s:complexType>
```

所有元素均应符合 GB/T 30966.3—2014 的 9.3 中定义和引用的要求。

A.4.3 逻辑设备类

逻辑设备类应按照以下文字的定义进行映射:

```
<s:complexType name="tLD">
  <s:annotation>
    <s:documentation>Container for Logical Device object</s:documentation>
  </s:annotation>
  <s:sequence>
    <s:element name="LDName" type="ews:tObjectName"/>
    <s:element name="LN" type="ews:tLN" minOccurs="3" maxOccurs="unbounded"/>
  </s:sequence>
</s:complexType>
```

所有元素均应符合 GB/T 30966.3—2014 的 9.4 中定义和引用的要求。

A.4.4 逻辑节点类

逻辑节点类应按照以下文字的定义进行映射:

```
<s:complexType name="tLN">
  <s:annotation>
    <s:documentation>Container for Logical Node object</s:documentation>
  </s:annotation>
  <s:sequence>
    <s:element name="LNName" type="ews:tObjectName"/>
    <s:element name="Data" type="ews:tDATA" maxOccurs="unbounded"/>
    <s:element name="DataSet" type="ews:tDATASet" minOccurs="0" maxOccurs="unbounded"/>
    <s:element name="BRCB" type="ews:tBRCB" minOccurs="0" maxOccurs="unbounded"/>
    <s:element name="URCB" type="ews:tURCB" minOccurs="0" maxOccurs="unbounded"/>
    <s:element name="LCB" type="ews:tLCB" minOccurs="0" maxOccurs="unbounded"/>
    <s:element name="LOG" type="ews:tLOG" minOccurs="0"/>
  </s:sequence>
```

```
〈/s:complexType〉
```

所有元素均应符合 GB/T 30966.3—2014 的 9.5 中定义和引用的要求。

A.4.5 数据类

数据类应按照以下文字的定义进行映射：

```
〈s:complexType name = "tDATA"〉
  〈s:annotation〉
    〈s:documentation〉Container for DATA object〈/s:documentation〉
  〈/s:annotation〉
  〈s:sequence〉
    〈s:element name = "DataName" type = "ews:tObjectName"/〉
    〈s:choice maxOccurs = "unbounded"〉
      〈s:element name = "DataAttr" type = "ews:tDataAttribute" minOccurs = "0"
    maxOccurs = "unbounded"/〉
      〈s:element name = "CompositeCDC" type = "ews:tDATA" minOccurs = "0"
    maxOccurs = "unbounded"/〉
      〈s:element name = "SimpleCDC" type = "ews:tSimpleData" minOccurs = "0"
    maxOccurs = "unbounded"/〉
    〈/s:choice〉
  〈/s:sequence〉
〈/s:complexType〉
```

复合通用数据类和简单通用数据类属于本部分 DATA 类的特殊情况，所有其他元素均应符合 GB/T 30966.3—2014中 9.6 的定义要求。

A.4.6 数据集类

数据集类应按照以下文字的定义进行映射：

```
〈s:complexType name = "tDATASet"〉
  〈s:annotation〉
    〈s:documentation〉Container for DATA - SET object〈/s:documentation〉
  〈/s:annotation〉
  〈s:sequence〉
    〈s:element name = "DSName" type = "ews:tObjectName"/〉
    〈s:element name = "DSMemberRef" type = "ews:tFcdFcdaType" maxOccurs = "unbounded"/〉
  〈/s:sequence〉
〈/s:complexType〉
```

所有元素均应符合 GB/T 30966.3—2014 的 9.7 中定义和引用的要求。

A.4.7 数据属性定义

数据属性定义应按照以下文字的定义进行映射：

```
〈s:complexType name = "tDataAttribute"〉
  〈s:annotation〉
    〈s:documentation〉Container for DataAttributes〈/s:documentation〉
  〈/s:annotation〉
```

```
    <s:sequence>
      <s:element name = "DAType" type = "ews:tDAType"/>
      <s:element name = "TrgOp" type = "ews:tTrgCond" minOccurs = "0" maxOccurs = "1"/>
    </s:sequence>
    <s:attribute name = "FC " type = "ews:tFC " use = "required " />
  </s:complexType>
```

所有元素均应符合 GB/T 30966.3—2014 的 9.6 中定义和引用的要求。

A.4.8 数据类型类

数据类型类应按照以下文字的定义进行映射：

```
<s:complexType name = "tDAType">
  <s:annotation>
    <s:documentation>Container for DAType</s:documentation>
  </s:annotation>
  <s:sequence>
    <s:choice minOccurs = "1" maxOccurs = "unbounded">
      <s:element name = "DAComp" type = "ews:tDAType" minOccurs = "0"
    maxOccurs = "unbounded"/>
      <s:element name = "PrimComp" type = "ews:tBasicType" minOccurs = "0"/>
    </s:choice>
    <! -- Specialisation of DAType-->
  </s:sequence>
  <s:attribute name = "DAName" type = "ews:tObjectName" use = "required"/>
  <s:attribute name = "ix" type = "s:integer" use = "optional"/><! -- Index of Array of Com-
  posite Data Attribute as ARRAY of AnalogueValue-->
</s:complexType>
```

数据组件和基本组件属于本部分数据类型类的特殊情况，所有元素均应符合 GB/T 30966.3—2014 中 9.6 的定义要求。

A.4.9 报表控制块类

报表控制模块提供了自动记录有关特定标准数据值的机制(如：关于数值变化、质量信息变化或定期提供报告)。报表控制的状态由相应控制块实例的属性值确定(如：允许/禁止报告、使用连续号)。报告控制块引用数据集实例来规定需要监控和自动报告的数据值。

缓存报表控制块具有保证通信即使临时中断服务器也能发出事件顺序的功能。使用非缓存报表控制块，服务器在通信中断时不需要对事件进行缓存。

GB/T 30966.3—2014 中 9.8 定义的报表控制块类(BRCB 和 URCB)的所有属性和状态均应映射如下。

A.4.10 缓存报表控制块类(BRCB)

BRCB 类应按照以下文字的定义进行映射：

```
<s:complexType name = "tBRCB">
  <s:annotation>
    <s:documentation>Container for BRCB object</s:documentation>
```

```
    〈/s:annotation〉
    〈s:sequence〉
      〈s:element name = "BRCBName" type = "ews:tObjectName"/〉
      〈s:element name = "RptID" type = "ews:tstring65"/〉
      〈s:element name = "RptEna" type = "s:boolean"/〉
      〈s:element name = "DatSet" type = "ews:tDataSetReference"/〉
      〈s:element name = "ConfRev" type = "s:unsignedInt"/〉
      〈s:element name = "OptFlds" type = "s:tOptFldsBRCB"/〉
      〈s:element name = "BufTm" type = "s:unsignedInt"/〉
      〈s:element name = "SqNum" type = "s:unsignedShort"/〉
      〈s:element name = "TrgOp" type = "ews:tTrgCond"/〉
      〈s:element name = "IntgPd" type = "ews:unsignedInt"/〉
      〈s:element name = "GI" type = "s:boolean"/〉
      〈s:element name = "PurgeBuf" type = "s:boolean"/〉
      〈s:element name = "EntryID" type = "ews:tEntryID"/〉
      〈s:element name = "TimeOfEntry" type = "ews:tTimeStamp"/〉
    〈/s:sequence〉
  〈/s:complexType〉
          〈! --
          --〉
  〈s:complexType name = "tOptFldsBRCB"〉
    〈s:annotation〉
      〈s:documentation〉Optional fields for BRCB 〈/s:documentation〉
    〈/s:annotation〉
    〈s:sequence〉
      〈s:element name = "seqNum" type = "s:boolean" /〉
      〈s:element name = "timeStamp" type = "s:boolean" /〉
      〈s:element name = "reasonCode" type = "s:boolean" /〉
      〈s:element name = "dataSet" type = "s:boolean" /〉
      〈s:element name = "dataRef" type = "s:boolean" /〉
      〈s:element name = "bufOvfl" type = "s:boolean" /〉
      〈s:element name = "entryID" type = "s:boolean" /〉
      〈s:element name = "configRef" type = "s:boolean" /〉
    〈/s:sequence〉
  〈/s:complexType〉
```

所有元素均应符合 GB/T 30966.3—2014 的 9.8 中定义和引用的要求。

A.4.11 非缓存报表控制块类(URCB)

URCB 类应按照以下文字的定义进行映射:

```
  〈s:complexType name = "tURCB"〉
    〈s:annotation〉
      〈s:documentation〉Container for UNBUFFERED REPORT CONTROL BLOCK
      object〈/s:documentation〉
```

```
  〈/s:annotation〉
  〈s:sequence〉
    〈s:element name = "URCBName" type = "ews:tObjectName"/〉
    〈s:element name = "RptID" type = "ews:tstring65"/〉
    〈s:element name = "RptEna" type = "s:boolean"/〉
    〈s:element name = "Resv" type = "s:boolean"/〉
    〈s:element name = "DatSet" type = "ews:tDataSetReference"/〉
    〈s:element name = "ConfRev" type = "s:unsignedInt"/〉
    〈s:element name = "OptFlds" type = "ews:tOptFldsURCB"/〉
    〈s:element name = "BufTm" type = "s:unsignedInt"/〉
    〈s:element name = "SqNum" type = "s:unsignedShort"/〉
    〈s:element name = "TrgOp" type = "ews:tTrgCond"/〉
    〈s:element name = "IntgPd" type = "s:unsignedInt"/〉
    〈s:element name = "GI" type = "s:boolean"/〉
  〈/s:sequence〉
〈/s:complexType〉
      〈! --
      --〉
〈s:complexType name = "tOptFldsURCB"〉
  〈s:annotation〉
    〈s:documentation〉Optional fields for URCB〈/s:documentation〉
  〈/s:annotation〉
  〈s:sequence〉
    〈s:element name = "seqNum" type = "s:boolean" /〉
    〈s:element name = "timeStamp" type = "s:boolean" /〉
    〈s:element name = "reasonCode" type = "s:boolean" /〉
    〈s:element name = "dataSet" type = "s:boolean" /〉
    〈s:element name = "dataRef" type = "s:boolean" /〉
    〈s:element name = "reserved" type = "s:boolean" /〉
    〈s:element name = "configRev" type = "s:boolean" /〉
  〈/s:sequence〉
〈/s:complexType〉
```

所有元素均应符合 GB/T 30966.3—2014 的 9.8 中定义和引用的要求。

A.4.12 日志控制块类(LCB)

日志控制块类应按照以下文字的定义进行映射:

```
〈s:complexType name = "tLCB"〉
  〈s:annotation〉
    〈s:documentation〉Container for LOG - CONTROL - BLOCK object〈/s:documentation〉
  〈/s:annotation〉
  〈s:sequence〉
    〈s:element name = "LCBName" type = "ews:tObjectName"/〉
    〈s:element name = "LogEna" type = "s:boolean"/〉
```

```
    〈s:element name="DatSet" type="ews:tDataSetReference"/〉
    〈s:element name="OptFlds" type="ews:tOptFldsLCB"/〉
    〈s:element name="TrgOp" type="ews:tTrgCond"/〉
    〈s:element name="IntgPd" type="s:unsignedInt"/〉
    〈s:element name="LogRef" type="ews:tObjectReference"/〉
  〈/s:sequence〉
〈/s:complexType〉
```

所有元素均应符合 GB/T 30966.3—2014 的 9.9 中定义和引用的要求。

A.4.13 日志类

日志类应按照以下文字的定义进行映射：

```
〈s:complexType name="tLOG"〉
  〈s:annotation〉
    〈s:documentation〉Container for LOG object〈/s:documentation〉
  〈/s:annotation〉
  〈s:sequence〉
    〈s:element name="LogName" type="ews:tObjectName"/〉
    〈s:element name="OldEntrTm" type="ews:tTimeStamp"/〉
    〈s:element name="NewEntrTm" type="ews:tTimeStamp"/〉
    〈s:element name="OldEntr" type="s:unsignedInt"/〉
    〈s:element name="NewEntr" type="s:unsignedInt"/〉
      〈s:sequence maxOccurs="unbounded"〉
    〈s:element name="LogEntry" type="ews:tLOGEntry"/〉
  〈/s:sequence〉
  〈/s:sequence〉
〈/s:complexType〉
```

所有元素均应符合 GB/T 30966.3—2014 的 9.9 中定义和引用的要求。

A.5 信息交换模型面向 Web 服务的映射

A.5.1 总则

GB/T 30966.3 IEM 标准中规定的风电场信息交换服务应映射到本条款定义的服务。

除了 A.5.7.2 中定义的服务添加订阅和 A.5.7.3 中定义的清除订阅以外，A.5 中给出的所有服务名称和定义均来自于 IEC 61850-7-2。

本条款中采用 CODED ENUM 给出的全部定义均应以 1 开始，除非 GB/T 30966.2 对数值做出了明确定义。

A.5.2 服务器类服务映射

A.5.2.1 总则

应按照表 A.5 的描述将 SERVER(服务器)类服务映射到 Web 服务。

表 A.5 映射到 Web 服务的服务器类服务

GB/T 30966.2 IM 类 GB/T 30966.3 IEM 类	GB/T 30966.3 IEM 服务	映射到对象和 Web 服务
SERVER(服务器)		tServer
	GetServerDirectory(读取服务器目录)	GetServerDirectory(读取服务器目录)
ASSOCIATION(关联)		
	Associate(关联)	Associate(关联)
	Release(释放)	Release(释放)
	Abort(中止)	Abort(中止)

A.5.2.2 读取服务器目录

A.5.2.2.1 总则

客户机应通过 GetServerDirectory 服务检索公开的、可被客户机访问寻址的服务器逻辑设备名字空间。

A.5.2.2.2 读取服务器目录请求

读取服务器目录请求的服务应定义如下：

```
<s:element name = "GetServerDirectoryRequest">
  <s:complexType>
    <s:sequence>
      <s:element name = "ObjClass" type = "ews:tObjectClass"/>
    </s:sequence>
    <s:attribute name = "UUID" type = "ews:tstring36" use = "optional"/>
    <s:attribute name = "AssocID" type = "ews:tAssocID" use = "required"/>
  </s:complexType>
</s:element>
```

标记名称应按照表 A.6 进行定义。

表 A.6 读取服务器目录请求

标记名称	说明
GetServerDirectoryRequest(读取服务器目录请求)	请求运行各逻辑设备清单的客户端服务，且逻辑设备要可见，因此可由提出请求的客户端访问
ObjClass(对象类)	引用逻辑设备或 FILE(文件)引用
UUID	通用唯一识别码用作请求/响应关系的唯一服务识别。UUID 的细节应符合 RFC 4122的规定
AssocID(关联识别码)	关联识别码用于识别关联的源发站——特定客户端。关联识别码应用于识别服务器上已建立的订阅和记录

A.5.2.2.3 读取服务器目录响应

读取服务器目录响应的服务应定义如下：

```
〈s:element name = "GetServerDirectoryResponse"〉
  〈s:complexType〉
      〈s:choice〉
        〈s:element name = "LDRef" type = "ews:tLogicalDeviceReference" minOccurs = "0"
maxOccurs = "unbounced /〉
      〈s:element name = "ServiceError" type = "ews:tServiceError" minOccurs = "0"
maxOccurs = "1"/〉
      〈/s:choice〉
    〈s:attribute name = "UUID" type = "ews:tstring36" use = "optional"/〉
    〈s:attribute name = "AssocID" type = ”ews:tAssocID” use = "required"/〉
  〈/s:complexType〉
〈/s:element〉
```

标记名称应按照表 A.7 进行定义。

表 A.7 读取服务器目录响应

标记名称	说明
GetServerDirectoryResponse（读取服务器目录响应）	针对客户端关于服务器拥有逻辑设备清单请求的服务器响应
LDRef(逻辑设备引用)	逻辑设备对象引用,元素应为逻辑设备的唯一路径名称
ServiceError(服务错误)	嵌入错误。服务器应用该元素表示请求的服务不成功。当响应消息中出现此元素时,客户端应假定请求被服务器拒绝
UUID	通用唯一识别码用作请求/响应关系的唯一服务识别。UUID 的细节应符合 RFC 4122 的规定。服务器应反映请求消息中收到的 UUID 值,并在响应消息中发送相同数值
AssocID(关联识别码)	关联识别码用于识别关联的源发站——特定客户端。关联识别码应用于识别服务器上已建立的订阅和记录

A.5.2.3 关联服务映射

创建与服务器关联的过程应在数据交换前进行。客户端应向服务器表明自己的身份。服务器应在认可关联请求中提供的参数值后再继续客户端与服务器之间的会话。

客户机与服务器可多重关联,只有具体实施的关联对此构成限制,因此不在本部分的范围内。

通信会话的最后一步是释放关联。允许客户端将释放关联的意图通知服务器,使服务器重新分配与关联有关的资源。

服务器应保持与每个已建立关联链接的超时。如果在超时范围内未收到来自客户端的服务请求,应视为通信结束,并释放任何已分配的资源。接收到带有无效(未使用)关联识别符的任何服务请求,应返回“连接丢失”服务错误代码。

〈s:enumeration value = "connection-lost"/〉(〈s:枚举值 = “连接丢失”/〉)

在客户端侧,如果接收到“连接丢失”服务错误代码,应视为通信丢失,以便请求新的关联来与服务器侧交换服务。

如果客户端检测到使服务互换中断的异常情况，或者如果服务器拒绝释放关联，客户端可采用"中止请求"服务中止关联。

服务器不能拒绝此项服务。中止响应中唯一允许的服务错误是"连接丢失"，表示服务器考虑释放关联。

A.5.2.4 关联

A.5.2.4.1 关联请求

关联请求服务应定义如下：

```
〈s:element name = "AssociateRequest"〉
  〈s:complexType〉
    〈s:sequence〉
      〈s:element name = "UserName" type = "s:string"/〉
      〈s:element name = "Password" type = "s:string"/〉
      〈s:element name = "LocalID" type = "s:string" minOccurs = "0"/〉
      〈s:element name = "MaxMessageSize" type = "s:unsignedInt "/〉
    〈/s:sequence〉
    〈s:attribute name = "UUID" type = "ews:tstring36" use = "optional"/〉
  〈/s:complexType〉
〈/s:element〉
```

标记名称应按照表 A.8 进行定义。

表 A.8 关联请求

标记名称	说明
AssociateRequest(关联请求)	关联请求应为与服务器建立连接时发出的第一条消息。这样可使客户端能够设置会话特性，使服务器能够验证该特性已设为正确值。如果客户端在关联请求前试图发出消息，响应应为显示故障代码的 SOAP 故障：客户端应关联，但不限制故障字符串的具体措词字句。如果客户端已经登录到服务器并发出一条关联请求，关联响应应包含服务错误代码
UserName(用户名)	服务器应通过用户名将客户端识别为已注册用户，如果不可行，服务器应在关联响应中返回错误代码
Password(密码)	服务器应通过密码属性来验证提出请求的客户端被允许与系统关联。如果密码验证被拒绝，服务器应在关联响应中返回错误代码
LocalID(本地识别码)	本地识别码属性应为可选，服务器可据此对客户端请求做出响应，例如选择应使用哪种语言来显示被请求的信息等情况。如果未提供本地识别码，应使用铭牌上定义的默认选项。如果此属性设为无效值，服务器应做出显示错误代码的响应。本地识别码的有效范围应符合 ISO 639-2 标准的要求，采用 3 个字母的代码
MaxMessageSize(最大消息长度)	客户端从服务器的一条 SOAP 回复消息中最大能够接收的八位字节数
UUID	通用唯一识别码用作请求/响应关系的唯一服务识别。UUID 的细节应符合 RFC 4122 的规定

示例:关联请求的相应 SOAP 消息主体:

```
〈SOAP - ENV:Envelope xmlns:SOAP-ENV = "http://schemas.xmlsoap.org/soap/envelope/"
  xmlns:SOAP-ENC = "http://schemas.xmlsoap.org/soap/encoding/"〉
  〈SOAP-ENV:Body〉
    〈m:AssociateRequest xmlns:m = "http://iec.ch/61400/ews/1.0/"〉
      〈m:UserName〉MyName〈/m:UserName〉
      〈m:Password〉MyPassword〈/m:Password〉
      〈m:LocalID〉ger〈/m:LocalID〉
      〈m:MaxMessageSize〉MaxMessageSize〈/m:MaxMessageSize〉
    〈/m:AssociateRequest〉
  〈/SOAP-ENV:Body〉
〈/SOAP-ENV:Envelope〉
```

本地识别码规定:关联中应使用德语。客户端规定的最大消息长度给出了客户端在一条 SOAP 回复消息中最大能接收的八位字节数。

A.5.2.4.2 关联响应

关联响应应定义如下:

```
〈s:element name = "AssociateResponse"〉
  〈s:complexType〉
    〈s:choice〉
      〈s:sequence〉
        〈s:element name = "MaxMessageSize" type = "s:unsignedInt minOccurs = "0"/〉
        〈s:element name = "AssocID " type = "ews:tAssocID " /〉
      〈/s:sequence〉
      〈s:element name = "ServiceError" type = "ews:tServiceError" minOccurs - "0" maxOccurs
    = "1"/〉
    〈/s:choice〉
    〈s:attribute name = "UUID" type = "ews:tstring36" use = "optional"/〉
  〈/s:complexType〉
〈/s:element〉
```

标记名称应按照表 A.9 进行定义。

表 A.9 关联响应

标记名称	说明
AssociateResponse(关联响应)	关联响应应为服务器收到关联请求后发出的响应消息。此消息应只包含可选错误和可选客户端请求处理。客户端应通过关联响应验证关联请求已成功实施
ServiceError(服务错误)	嵌入错误。服务器应用该元素表示请求的服务不成功。当响应消息中出现此元素时,客户端应假定请求被服务器拒绝

表 A.9（续）

标记名称	说　明
MaxMessageSize(最大消息长度)	客户端和服务器之间任何消息中发出的最大八位字节数。最大消息长度应小于等于客户端关联请求中规定的最大消息长度
UUID	通用唯一识别码用作请求/响应关系的唯一服务识别。UUID 的细节应符合 RFC 4122 的规定。服务器应反映请求消息中收到的 UUID 值，并在响应消息中返回相同数值
AssocID(关联识别码)	关联识别码用于识别关联的源发站——特定客户端。关联识别码应用于识别服务器上已建立的订阅和记录

示例：关联响应的相应 SOAP 消息主体：

```
〈SOAP-ENV:Envelope xmlns:SOAP-ENV = "http://schemas.xmlsoap.org/soap/envelope/"
  xmlns:SOAP-ENC = "http://schemas.xmlsoap.org/soap/encoding/"〉
  〈SOAP-ENV:Body〉
    〈m:AssociateResponse xmlns:m = http://iec.ch/61400/ews/1.0/ UUID = "xxxxxxx"〉
      〈m:MaxMessageSize〉?? 〈/m:MaxMessageSize〉
      〈m:AssocID〉?? 〈 /m:AssocID〉
    〈/m:AssociateResponse〉
  〈/SOAP-ENV:Body〉
〈/SOAP-ENV:Envelope〉
```

A.5.2.5　释放

A.5.2.5.1　释放请求

释放请求应定义如下：

```
〈s:element name = "ReleaseRequest"〉
    〈s:complexType〉
      〈s:annotation〉
        〈s:documentation〉ReleaseRequest is the message used when releasing an
        association〈/s:documentation〉
      〈/s:annotation〉
      〈s:attribute name = "UUID" type = "ews:tstring36" use = "optional"/〉
      〈s:attribute name = "AssocID" type = "ews:tAssocID" use = "required"/〉
    〈/s:complexType〉
〈/s:element〉
```

标记名称应按照表 A.10 进行定义。

表 A.10 释放请求

标记名称	说明
ReleaseRequest(释放请求)	释放请求应为结束会话时发出的最后消息。这可使客户端能够让服务器做好结束会话的准备。如果释放请求被接受时服务器上有不止一个客户端订阅在运行,则使用关联识别码来识别订阅的所有人
UUID	通用唯一识别码用作请求/响应关系的唯一服务识别。UUID 的细节应符合 RFC 4122 的规定
AssocID(关联识别码)	关联识别码用于识别关联的源发站——特定客户端。关联识别码应用于识别服务器上已建立的订阅和记录

A.5.2.5.2 释放响应

释放响应应定义如下：

```
〈s:element name="ReleaseResponse"〉
    〈s:complexType〉
        〈s:annotation〉
            〈s:documentation〉ReleaseResponse is the message returned from a server when re-
            ceiving a ReleaseRequest〈/s:documentation〉
        〈/s:annotation〉
        〈s:sequence〉
        〈s: element name=" ServiceError" type=" ews: tServiceError" minOccurs=" 0"
        maxOccurs="1"/〉
      〈/s:sequence〉
      〈s:attribute name="UUID" type="ews:tstring36" use="optional"/〉
      〈s:attribute name="AssocID" type=”ews:tAssocID” use="required"/〉
    〈/s:complexType〉
〈/s:element〉
```

标记名称应按照表 A.11 进行定义。

表 A.11 释放响应

标记名称	说明
ReleaseResponse(释放响应)	释放响应应为服务器收到释放请求后发出的响应消息。客户端应使用释放响应来验证释放请求已成功实施
ServiceError(服务错误)	嵌入错误。服务器应用该元素表示请求的服务不成功。当响应消息中出现此元素时,客户端应假定请求被服务器拒绝
UUID	通用唯一识别码用作请求/响应关系的唯一服务识别。UUID 的细节应符合 RFC 4122 的规定。服务器应反映请求消息中收到的 UUID 值,并在响应消息中返回相同数值
AssocID(关联识别码)	关联识别码用于识别关联的源发站——特定客户端。关联识别码应用于识别服务器上已建立的订阅和记录

A.5.2.6 中止

A.5.2.6.1 中止请求

中止请求应定义如下：

```
〈s:element name = "AbortRequest"〉
    〈s:complexType〉
        〈s:attribute name = "UUID" type = "ews:tstring36" use = "optional"/〉
        〈s:attribute name = "AssocID" type = ”ews:tAssocID” use = "required"/〉
    〈/s:complexType〉
〈/s:element〉
```

标记名称应按照表 A.12 进行定义。

表 A.12 中止请求

标记名称	说明
AbortRequest(中止请求)	如果客户端检测到使服务互换中断的异常情况，或者如果服务器拒绝释放关联，客户端可采用“中止请求”服务中止关联。 服务器不能拒绝此项服务。中止响应中唯一允许的服务错误是“连接丢失”，表示服务器认为关联结束
UUID	通用唯一识别码用作请求/响应关系的唯一服务识别。UUID 的细节应符合 RFC 4122 的规定
AssocID(关联识别码)	关联识别码用于识别关联的源发站——特定客户端。关联识别码应用于识别服务器上已建立的订阅和记录

A.5.2.6.2 中止响应

中止响应应定义如下：

```
〈s:element name = "AbortResponse"〉
  〈s:complexType〉
    〈s:choice〉
      〈s:element name = "ServiceError" type = "ews:tServiceError" minOccurs = "0"
    maxOccurs = "unbounded"/〉
    〈/s:choice〉
    〈s:attribute name = "UUID" type = "ews:tstring36" use = "optional"/〉
    〈s:attribute name = "AssocID" type = ”ews:tAssocID” use = "required"/〉
  〈/s:complexType〉
〈/s:element〉
```

标记名称应按照表 A.13 进行定义。

表 A.13 中止响应

标记名称	说明
AbortResponse(中止响应)	接收到无效(未使用)关联识别符的任何服务请求,应返回"连接丢失"服务错误代码。 〈s:enumeration value="connection-lost"/〉(〈s:枚举值="连接丢失"/〉) 在客户端侧,如果接收到"连接丢失"服务错误代码,应视为通信丢失,以便请求新的关联来与服务器侧交换服务
ServiceError(服务错误)	嵌入错误。服务器应用该元素表示请求的服务不成功。当响应消息中出现此元素时,客户端应假定请求被服务器拒绝
UUID	通用唯一识别码用作请求/响应关系的唯一服务识别。UUID 的细节应符合 RFC 4122 的规定。服务器应反映请求消息中收到的 UUID 值,并在响应消息中返回相同数值
AssocID(关联识别码)	关联识别码用于识别关联的源发站——特定客户端。关联识别码应用于识别服务器上已建立的订阅和记录

A.5.3 逻辑设备类服务映射

A.5.3.1 总则

逻辑设备类服务应映射到表 A.14 给出的 Web 服务。

表 A.14 逻辑设备服务映射

GB/T 30966.2 IM 类 GB/T 30966.3 IEM 类	GB/T 30966.3 IEM 服务	映射到对象和 Web 服务
逻辑设备(LOGICAL-DEVICE)		tLD
	GetLogicalDeviceDirectory(读取逻辑设备目录)	GetLogicalDeviceDirectory(读取逻辑设备目录)

A.5.3.2 读取逻辑设备目录

A.5.3.2.1 总则

客户端应通过 GetLogicalDeviceDirectory 服务来检索逻辑设备名字空间暴露的逻辑节点,从而得到客户端正在寻址的逻辑设备。

A.5.3.2.2 读取逻辑设备目录请求

读取逻辑设备目录请求的服务应定义如下:

```
〈s:element name = "GetLogicalDeviceDirectoryRequest"〉
  〈s:complexType〉
    〈s:sequence〉
      〈s:element name = "LDRef" type = "ews:tLogicalDeviceReference"/〉
    〈/s:sequence〉
```

```
    〈s:attribute name = "UUID" type = "ews:tstring36" use = "optional"/〉
    〈s:attribute name = "AssocID" type = ”ews:tAssocID” use = "required"/〉
  〈/s:complexType〉
〈/s:element〉
```

标记名称应按照表 A.15 进行定义。

表 A.15 读取逻辑设备目录请求

标记名称	说明
GetLogicalDeviceDirectoryRequest（读取逻辑设备目录请求）	要求各逻辑设备对象引用清单的客户端服务，且逻辑设备要可见、因此可由提出请求的客户端访问
LDRef(逻辑设备对象引用)	逻辑设备对象引用。元素应为逻辑设备的唯一路径名称
UUID	通用唯一识别码用作请求/响应关系的唯一服务识别。UUID 的细节应符合 RFC 4122 的规定
AssocID(关联识别码)	关联识别码用于识别关联的源发站——特定客户端。关联识别码应用于识别服务器上已建立的订阅和记录

A.5.3.2.3 读取逻辑设备目录响应

读取逻辑设备目录响应的服务应定义如下：

```
〈s:element name = "GetLogicalDeviceDirectoryResponse"〉
  〈s:complexType〉
    〈s:choice〉
      〈s:element name = "LNRef" type = "ews:tLogicalNodeReference" minOccurs = "3"
maxOccurs = "unbounded"/〉
      〈s:element name = "ServiceError" type = "ews:tServiceError" minOccurs = "0"
    maxOccurs = "unbounded"/〉
    〈/s:choice〉
    〈s:attribute name = "UUID" type = "ews:tstring36" use = "optional"/〉
    〈s:attribute name = "AssocID" type = ”ews:tAssocID” use = "required"/〉
  〈/s:complexType〉
〈/s:element〉
```

标记名称应按照表 A.16 进行定义。

表 A.16 读取逻辑设备目录响应

标记名称	说明
GetLogicalDeviceDirectoryResponse（读取逻辑设备目录响应）	针对客户请求的服务器响应，请求内容为逻辑设备内包含的对象引用列表
LNRef(逻辑节点引用)	逻辑节点对象引用。元素应为逻辑节点的唯一路径名称
ServiceError(服务错误)	嵌入错误。服务器应用该元素表示请求的服务不成功。当响应消息中出现此元素时，客户端应假定请求被服务器拒绝

表 A.16（续）

标记名称	说　明
UUID	通用唯一识别码用作请求/响应关系的唯一服务识别。UUID 的细节应符合 RFC 4122 的规定。服务器应反映请求消息中收到的 UUID 值，并在响应消息中返回相同数值
AssocID(关联识别码)	关联识别码用于识别关联的源发站——特定客户端。关联识别码应用于识别服务器上已建立的订阅和记录

A.5.4 逻辑节点类服务映射

A.5.4.1 总则

逻辑节点类服务应映射到表 A.17 定义的 Web 服务。

表 A.17 逻辑节点映射

GB/T 30966.2 IM 类 GB/T 30966.3 IEM 类	GB/T 30966.3 IEM 服务	映射到对象和 Web 服务
LOGICAL-NODE(逻辑节点)		tLN
	读取逻辑节点目录 (GetLogicalNodeDirectory)	读取逻辑节点目录 (GetLogicalNodeDirectory)

A.5.4.2 读取逻辑节点目录

A.5.4.2.1 总则

客户机应通过 GetLogicalNodeDirectory 服务来检索具有地址空间公开的、可被客户端寻址的所有 DATA(数据)和控制块(如:RCB 或 LCB)的 LN 名字空间。

A.5.4.2.2 读取逻辑节点目录请求

读取逻辑节点目录请求的服务应定义如下:

```
<s:element name="GetLogicalNodeDirectoryRequest">
  <s:complexType>
    <s:sequence>
      <s:element name="LNRef" type="ews:tLogicalNodeReference"/>
      <s:element name="IEMcls" type="ews:tIEMcls"/>
    </s:sequence>
    <s:attribute name="UUID" type="ews:tstring36" use="optional"/>
    <s:attribute name="AssocID" type="ews:tAssocID" use="required"/>
  </s:complexType>
</s:element>
```

标记名称应按照表 A.18 进行定义。

表 A.18　读取逻辑节点目录请求

标记名称	说　明
GetLogicalNodeDirectoryRequest（读取逻辑节点目录请求）	此服务指客户端要求全部实例的对象引用清单，且逻辑类要可见、因此可由提出请求的客户端访问
LNRef（逻辑节点引用）	逻辑节点对象引用。元素应为逻辑节点的唯一路径名称
IEMcls（信息交换模型类）	枚举[“数据”、“DATASET（数据集）”、“BRCB”、“URCB”、“LCB”、“LOG”]
AssocID（关联识别码）	关联识别码用于识别关联的源发站——特定客户端。关联识别码应用于识别服务器上已建立的订阅和记录

A.5.4.2.3　读取逻辑节点目录响应

读取逻辑节点目录响应的服务应定义如下：

```
〈s:element name = "GetLogicalNodeDirectoryResponse"〉
  〈s:complexType〉
    〈s:choice〉
      〈s:sequence〉
        〈s:element name = "DATAname" type = "ews:tObjectName" minOccurs = "0"
maxOccurs = "unbounded"/〉
        〈s:element name = "DSname" type = "ews:tObjectName" minOccurs = "0"
      maxOccurs = "unbounded"/〉
        〈s:element name = "BRCBname" type = "ews:tObjectName" minOccurs = "0"
maxOccurs = "unbounded"/〉
        〈s:element name = "URCBname" type = "ews:tObjectName" minOccurs = "0"
maxOccurs = "unbounded"/〉
        〈s:element name = "LCBname" type = "ews:tObjectName" minOccurs = "0"
      maxOccurs = "unbounded"/〉
        〈s:element name = "LOGname" type = "ews:tObjectName" minOccurs = "0"
      maxOccurs = "unbounded"/〉
      〈/s:sequence〉
      〈s:element name = "ServiceError" type = "ews:tServiceError" minOccurs = "0"
    maxOccurs = "1"/〉
    〈/s:choice〉
    〈s:attribute name = "UUID" type = "ews:tstring36" use = "optional"/〉
    〈s:attribute name = "AssocID" type = ”ews:tAssocID” use = "required"/〉
  〈/s:complexType〉
〈/s:element〉
```

标记名称应按照表 A.19 进行定义。

表 A.19　读取逻辑节点目录响应

标记名称	说　明
GetLogicalNodeDirectoryResponse（读取逻辑节点目录响应）	针对客户请求对象引用列表的服务器响应，请求列表内容为所涉逻辑节点包含的某类全部实例
DATAname（数据名称）	在逻辑节点范围内明确识别数据的元素
DSname（数据集名称）	在逻辑节点范围内或客户端-服务器关联内明确识别数据集的元素
BRCBname（缓存报表控制块名称）	在逻辑节点范围内明确识别缓存报表控制块的元素
URCBname（非缓存报表控制块名称）	在逻辑节点范围内明确识别非缓存报表控制块的元素
LCBname（日志控制块名称）	在逻辑节点范围内明确识别日志控制块的元素
LOGname（日志名称）	在 LLN0 逻辑节点范围内明确识别日志的元素。日志名称应为逻辑设备名称
ServiceError（服务错误）	嵌入错误。服务器应用该元素表示请求的服务不成功。当响应消息中出现此元素时，客户端应假定请求被服务器拒绝
UUID	通用唯一识别码用作请求/响应关系的唯一服务识别。UUID 的细节应符合 RFC 4122 的规定。服务器应反映请求消息中收到的 UUID 值，并在响应消息中返回相同数值
AssocID（关联识别码）	关联识别码用于识别关联的源发站——特定客户端。关联识别码应用于识别服务器上已建立的订阅和记录

A.5.5　数据类服务映射

A.5.5.1　总则

数据类服务应映射到表 A.20 定义的 Web 服务。

表 A.20　数据映射

GB/T 30966.2 IM 类 GB/T 30966.3 IEM 类	GB/T 30966.3 IEM 服务	映射到对象和 Web 服务
DATA（数据）		tDATA
	GetDataValues（读取数据值）	GetDataValues（读取数据值）
	SetDataValues（设定数据值）	SetDataValues（设定数据值）
	GetDataDirectory（读取数据目录）	GetDataDirectory（读取数据目录）
	GetDataDefinition（读取数据定义）	GetDataDefinition（读取数据定义）

A.5.5.2　读取数据值

A.5.5.2.1　读取数据值请求

读取数据值请求服务应定义如下：

```
<s:element name="GetDataValuesRequest">
```

```
⟨s:complexType⟩
  ⟨s:sequence⟩
    ⟨s:element name = "Ref" type = "ews:tFcdFcdaType" /⟩
  ⟨/s:sequence⟩
  ⟨s:attribute name = "UUID" type = "ews:tstring36" use = "optional"/⟩
  ⟨s:attribute name = "AssocID" type = ”ews:tAssocID” use = "required"/⟩
⟨/s:complexType⟩
⟨/s:element⟩
```

标记名称应按照表 A.21 进行定义。

表 A.21 读取数据值请求

标记名称	说明
GetDataValuesRequest(读取数据值请求)	引用数据的数据属性检索值为可见，因此可由提出请求的客户端访问
Ref(引用)	参数“引用”应定义数据的功能受限数据或功能受限数据属性，其数据属性值应被写入。“引用”应为 FCD 或 FCDA
UUID	通用唯一识别码用作请求/响应关系的唯一服务识别。UUID 的细节应符合 RFC 4122 的规定
AssocID(关联识别码)	关联识别码用于识别关联的源发站——特定客户端。关联识别码应用于识别服务器上已建立的订阅和记录

A.5.5.2.2 读取数据值响应

读取数据值响应的服务应定义如下：

```
⟨s:element name = "GetDataValuesResponse"⟩
  ⟨s:complexType⟩
    ⟨s:choice⟩
      ⟨s:sequence⟩
        ⟨s:element name = "DataAttrVal" type = "ews:tDataAttributeValue" minOccurs = "0"
maxOccurs = "unbounded"/⟩
      ⟨/s:sequence⟩
      ⟨s:element name = "ServiceError" type = "ews:tServiceError" minOccurs = "0"
maxOccurs = "unbounded"/⟩
    ⟨/s:choice⟩
    ⟨s:attribute name = "UUID" type = "ews:tstring36" use = "optional"/⟩
    ⟨s:attribute name = "AssocID" type = ”ews:tAssocID” use = "required"/⟩
  ⟨/s:complexType⟩
⟨/s:element⟩
```

标记名称应按照表 A.22 进行定义。

表 A.22 读取数据值响应

标记名称	说明
GetDataValuesResponse(读取数据值响应)	客户端应利用读取数据值服务来检索被引用数据的数据属性值，且数据要可见、因此可由提出请求的客户端按引用的逻辑节点访问
DataAttrVal(数据属性值)	t数据属性值类型包含的数据引用的类型引用值
ServiceError(服务错误)	嵌入错误。服务器应用该元素表示请求的服务不成功。当响应消息中出现此元素时，客户端应假定请求被服务器拒绝
UUID	通用唯一识别码用作请求/响应关系的唯一服务识别。UUID的细节应符合RFC 4122的规定。服务器应反映请求消息中收到的UUID值，并在响应消息中返回相同数值
AssocID(关联识别码)	关联识别码用于识别关联的源发站——特定客户端。关联识别码应用于识别服务器上已建立的订阅和记录

A.5.5.3 设定数据值

A.5.5.3.1 设定数据值请求

设定数据值请求服务应定义如下：

```
<s:element name="SetDataValuesRequest">
  <s:complexType>
    <s:sequence>
      <s:element name="Ref" type="ews:tFcdFcdaType" />
      <s:element name="DataAttrVal" type="ews:tDataAttributeValue"maxOccurs="unbound-
    ed"/>
    </s:sequence>
    <s:attribute name="UUID" type="ews:tstring36" use="optional"/>
    <s:attribute name="AssocID" type=”ews:tAssocID” use="required"/>
  </s:complexType>
</s:element>
```

标记名称应按照表A.23进行定义。

表 A.23 设定数据值请求

标记名称	说明
SetDataValuesRequest(设定数据值请求)	客户端应利用设定数据值服务来设定被引用数据的数据属性值，且数据为可见、因此可由提出请求的客户端按引用的逻辑节点访问
Ref(引用)	“引用”参数应定义数据的功能受限数据或功能受限数据属性，其数据属性值要被写入。“引用”应为FCD或FCDA
DataAttrVal(数据属性值)	t数据属性值类型包含的数据引用的类型引用值

表 A.23（续）

标记名称	说明
UUID	通用唯一识别码用作请求/响应关系的唯一服务识别。UUID 的细节应符合 RFC 4122的规定
AssocID(关联识别码)	关联识别码用于识别关联的源发站——特定客户端。关联识别码应用于识别服务器上已建立的订阅和记录

A.5.5.3.2 设定数据值响应

设定数据值响应的服务应定义如下：

```
〈s:element name = "SetDataValuesResponse"〉
  〈s:complexType〉
    〈s:sequence〉
      〈s:choice〉
        〈s:element name = "Result" type = "ews:tResult" minOccurs = "0"/〉
        〈s:element name = "ServiceError" type = "ews:tServiceError" minOccurs = "0"
maxOccurs = "unbounded"/〉
      〈/s:choice〉
    〈/s:sequence〉
    〈s:attribute name = "UUID" type = "ews:tstring36" use = "optional"/〉
    〈s:attribute name = "AssocID" type = ”ews:tAssocID” use = "required"/〉
  〈/s:complexType〉
〈/s:element〉
```

标记名称应按照表 A.24 进行定义。

表 A.24 设定数据值响应

标记名称	说明
SetDataValuesResponse(设定数据值响应)	针对客户端的服务器响应，该客户端请求设定数据值服务来设定被引用数据的数据属性值，且数据为可见、因此可由提出请求的客户端按引用的逻辑节点访问
Result(结果)	简单结果字符串“Ok”，表明设定数据值的请求被接受
ServiceError(服务错误)	嵌入错误。服务器应用该元素表示请求的服务不成功。当响应消息中出现此元素时，客户端应假定请求被服务器拒绝
UUID	通用唯一识别码用作请求/响应关系的唯一服务识别。UUID 的细节应符合 RFC 4122 的规定。服务器应反映请求消息中收到的 UUID 值，并在响应消息中返回相同数值
AssocID(关联识别码)	关联识别码用于识别关联的源发站——特定客户端。关联识别码应用于识别服务器上已建立的订阅和记录

A.5.5.4 读取数据目录

A.5.5.4.1 总则

客户端应使用 GetDataDirectory 服务来检索暴露数据属性的名称域，从而得到客户端寻址的数据类。

A.5.5.4.2 读取数据目录请求

读取数据目录请求的服务应定义如下：

```
<s:element name = "GetDataDirectoryRequest">
  <s:complexType>
    <s:sequence>
      <s:element name = "DataRef" type = "ews:tDAReference"/>
    </s:sequence>
    <s:attribute name = "UUID" type = "ews:tstring36" use = "optional"/>
    <s:attribute name = "AssocID" type = ”ews:tAssocID” use = "required"/>
  </s:complexType>
</s:element>
```

标记名称应按照表 A.25 进行定义。

表 A.25 读取数据目录请求

标记名称	说明
GetDataDirectoryRequest（读取数据目录请求）	客户端应利用读取数据目录服务来检索被引用数据的全部数据属性名称列表，且数据为可见、因此可由提出请求的客户端按引用的逻辑节点访问
DataRef(数据引用)	数据引用参数应包含数据的对象引用。对象引用应为数据引用
UUID	通用唯一识别码用作请求/响应关系的唯一服务识别。UUID 的细节应符合 RFC 4122 的规定
AssocID(关联识别码)	关联识别码用于识别关联的源发站——特定客户端。关联识别码应用于识别服务器上已建立的订阅和记录

A.5.5.4.3 读取数据目录响应

读取数据目录响应的服务应定义如下：

```
<s:element name = "GetDataDirectoryResponse">
  <s:complexType>
    <s:choice>
      <s:sequence>
        <s:element name = "DataName" type = "ews:tObjectName" minOccurs = "0"
      maxOccurs = "unbounded"/>
        <s:element name = "DataAttrName" type = "ews:tObjectName" minOccurs = "0"
maxOccurs = "unbounded"/>
```

```
maxOccurs = "unbounded"/〉
        〈/s:sequence〉
          〈s:element name = "ServiceError" type = "ews:tServiceError" minOccurs = "0"
      〈/s:choice〉
      〈s:attribute name = "UUID" type = "ews:tstring36" use = "optional"/〉
      〈s:attribute name = "AssocID" type = "ews:tAssocID" use = "required"/〉
    〈/s:complexType〉
  〈/s:element〉
```

标记名称应按照表 A.26 进行定义。

表 A.26 读取数据目录响应

标记名称	说明
GetDataDirectoryResponse(读取数据目录响应)	针对客户端的服务器响应,该客户端请求读取数据目录服务来检索被引用数据的所有数据属性名称列表,且数据为可见、因此可由提出请求的客户端按引用的逻辑节点访问
DATAname(数据名称)	数据名称属性应明确识别逻辑节点范围内的数据
DataAttrName(数据属性名称)	数据属性名称参数应包含数据最高数据属性级的数据属性名称
ServiceError(服务错误)	嵌入错误。服务器应用该元素表示请求的服务不成功。当响应消息中出现此元素时,客户端应假定请求被服务器拒绝
UUID	通用唯一识别码用作请求/响应关系的唯一服务识别。UUID 的细节应符合 RFC 4122 的规定。服务器应反映请求消息中收到的 UUID 值,并在响应消息中返回相同数值
AssocID(关联识别码)	关联识别码用于识别关联的源发站——特定客户端。关联识别码应用于识别服务器上已建立的订阅和记录

A.5.5.5 读取数据定义

A.5.5.5.1 总则

客户端应使用 GetDataDefinition 服务来检索公开的、因此可访问数据类寻址客户端的所有数据属性定义。

A.5.5.5.2 读取数据定义请求

读取数据定义请求服务应定义如下:

```
〈s:element name = "GetDataDefinitionRequest"〉
  〈s:complexType〉
    〈s:sequence〉
      〈s:element name = "DataRef" type = "ews:tDAReference"/〉
    〈/s:sequence〉
    〈s:attribute name = "UUID" type = "ews:tstring36" use = "optional"/〉
    〈s:attribute name = "AssocID" type = "ews:tAssocID" use = "required"/〉
  〈/s:complexType〉
```

```
</s:element>
```

标记名称应按照表 A.27 进行定义。

表 A.27 读取数据定义请求

标记名称	说明
GetDataDefinitionRequest(读取数据定义请求)	客户端应利用读取数据定义服务来检索被引用数据的全部数据属性定义完整列表,且数据为可见、因此可由提出请求的客户端按引用的逻辑节点访问
DataRef(数据引用)	数据引用参数应包含数据的对象引用,对象引用应为数据引用
UUID	通用唯一识别码用作请求/响应关系的唯一服务识别。UUID 的细节应符合 RFC 4122 的规定
AssocID(关联识别码)	关联识别码用于识别关联的源发站——特定客户端。关联识别码应用于识别服务器上已建立的订阅和记录

A.5.5.5.3 读取数据定义响应

读取数据定义响应应定义如下:

```
<s:element name="GetDataDefinitionResponse">
  <s:complexType>
    <s:choice>
      <s:element name="DataAttrDef" type="ews:tDataAttributeDefinition" minOccurs="1"
maxOccurs="unbounded"/>
      <s:element name="ServiceError" type="ews:tServiceError" minOccurs="0" maxOccurs
      ="1"/>
    </s:choice>
    <s:attribute name="UUID" type="ews:tstring36" use="optional"/>
    <s:attribute name="AssocID" type="ews:tAssocID" use="required"/>
  </s:complexType>
</s:element>
```

标记名称应按照表 A.28 进行定义。

表 A.28 读取数据定义响应

标记名称	说明
GetDataDefinitionResponse(读取数据定义响应)	针对请求读取数据定义服务的客户端的服务器响应,该服务具有被引用数据的所有数据属性名称的完整列表,且数据为可见、因此可由提出请求的客户端按引用的逻辑节点访问
DataAttrDef(数据引用定义)	在 WSDL 规范中使用字符串类型
ServiceError(服务错误)	嵌入错误。服务器应用该元素表示请求的服务不成功。当响应消息中出现此元素时,客户端应假定请求被服务器拒绝

表 A.28（续）

标记名称	说明
UUID	通用唯一识别码用作请求/响应关系的唯一服务识别。UUID 的细节应符合 RFC 4122 的规定。服务器应反映请求消息中收到的 UUID 值，并在响应消息中返回相同数值
AssocID(关联识别码)	关联识别码用于识别关联的源发站——特定客户端。关联识别码应用于识别服务器上已建立的订阅和记录

A.5.6 数据集类服务映射

A.5.6.1 总则

数据集类应映射到表 A.29 定义的数据项列表上。

表 A.29 数据集映射

GB/T 30966.2 IM 类 GB/T 30966.3 IEM 类	GB/T 30966.3 IEM 服务	映射到对象和 Web 服务
DATA-SET(数据集)		tDataSet
	GetDataSetValues(读取数据集数值)	GetDataSetValues(读取数据集数值)
	SetDataSetValues(设定数据集数值)	SetDataSetValues(设定数据集数值)
	CreateDataSet(创建数据集)	CreateDataSet(创建数据集)
	DeleteDataSet(删除数据集)	DeleteDataSet(删除数据集)
	GetDataSetDirectory(读取数据集目录)	GetDataSetDirectory(读取数据集目录)

A.5.6.2 读取数据集数值

A.5.6.2.1 读取数据集数值请求

读取数据集数值请求的服务应定义如下：

```
〈s:element name="GetDataSetValuesRequest"〉
  〈s:complexType〉
    〈s:sequence〉
      〈s:element name="DSRef" type="ews:tDataSetReference"/〉
    〈/s:sequence〉
    〈s:attribute name="UUID" type="ews:tstring36" use="optional"/〉
    〈s:attribute name="AssocID" type=”ews:tAssocID” use="required"/〉
  〈/s:complexType〉
〈/s:element〉
```

标记名称应按照表 A.30 进行定义。

表 A.30 读取数据集数值请求

标记名称	说明
GetDataSetValuesRequest(读取数据集数值请求)	客户端应利用读取数据集数值服务来检索所有被引用的数据属性值,且数据为可见、因此可由提出请求的客户端按引用的数据集访问
DSRef(数据集引用)	数据集引用属性应为数据集实例的唯一路径名称
UUID	通用唯一识别码用作请求/响应关系的唯一服务识别。UUID 的细节应符合 RFC 4122 的规定
AssocID(关联识别码)	关联识别码用于识别关联的源发站——特定客户端。关联识别码应用于识别服务器上已建立的订阅和记录

A.5.6.2.2 读取数据集数值响应

读取数据集数值响应的服务应定义如下:

```
〈s:element name = "GetDataSetValuesResponse"〉
  〈s:complexType〉
    〈s:choice〉
      〈s:element name = "DataAttrVal" type = "ews:tDataAttributeValue" minOccurs = "0" 
maxOccurs = "unbounded"/〉
      〈s:element name = "ServiceError" type = "ews:tServiceError" minOccurs = "0" 
maxOccurs = "unbounded"/〉
    〈/s:choice〉
    〈s:attribute name = "UUID" type = "ews:tstring36" use = "optional"/〉
    〈s:attribute name = "AssocID" type = ”ews:tAssocID” use = "required"/〉
  〈/s:complexType〉
〈/s:element〉
```

标记名称应按照表 A.31 进行定义。

表 A.31 读取数据集数值响应

标记名称	说明
GetDataSetValuesResponse(读取数据集数值响应)	针对客户端请求读取数据集数值服务的的服务器响应,该服务具有所有被引用的数据属性值,且数据为可见、因此可由提出请求的客户端按引用的数据集访问
DataAttrVal(数据属性值)	t 数据属性值类型包含的数据引用的类型引用值
ServiceError(服务错误)	嵌入错误。服务器应用该元素表示请求的服务不成功。当响应消息中出现此元素时,客户端应假定请求被服务器拒绝
UUID	通用唯一识别码用作请求/响应关系的唯一服务识别。UUID 的细节应符合 RFC 4122 的规定。服务器应反映请求消息中收到的 UUID 值,并在响应消息中返回相同数值
AssocID(关联识别码)	关联识别码用于识别关联的源发站——特定客户端。关联识别码应用于识别服务器上已建立的订阅和记录

A.5.6.3 设定数据集数值

A.5.6.3.1 设定数据集数值请求

设定数据集数值请求的服务应定义如下：

```
〈s:element name = "SetDataSetValuesRequest"〉
  〈s:complexType〉
    〈s:sequence〉
      〈s:element name = "DSRef" type = "ews:tDataSetReference"/〉
      〈s:element name = "DataAttrVal" type = "ews:tDataAttributeValue" maxOccurs = "unbound-
      ed"/〉
    〈/s:sequence〉
    〈s:attribute name = "UUID" type = "ews:tstring36" use = "optional"/〉
    〈s:attribute name = "AssocID" type = "ews:tAssocID" use = "required"/〉
  〈/s:complexType〉
〈/s:element〉
```

标记名称应按照表 A.32 进行定义。

表 A.32 设定数据集数值请求

标记名称	说明
SetDataSetValuesRequest（设定数据集数值请求）	客户端应利用设定数据集数值服务来设定被引用数据的数据属性值，且数据为可见，因此可由提出请求的客户端按引用的数据集访问
DSRef(数据集引用)	数据集引用属性应为数据集实例的唯一路径名称
DataAttrVal(数据属性值)	数据属性值类型包含的数据引用的类型引用值
UUID	通用唯一识别码用作请求/响应关系的唯一服务识别。UUID 的细节应符合 RFC 4122 的规定
AssocID(关联识别码)	关联识别码用于识别关联的源发站——特定客户端。关联识别码应用于识别服务器上已建立的订阅和记录

A.5.6.3.2 设定数据集数值响应

设定数据集数值响应的服务应定义如下：

```
〈s:element name = "SetDataSetValuesResponse"〉
  〈s:complexType〉
    〈s:sequence〉
      〈s:choice〉
        〈s:element name = "Result" type = "ews:tResult" minOccurs = "0"/〉
        〈s:element name = "ServiceError" type = "ews:tServiceError" minOccurs = "0"
maxOccurs = "unbounded"/〉
      〈/s:choice〉
    〈/s:sequence〉
    〈s:attribute name = "UUID" type = "ews:tstring36" use = "optional"/〉
```

```
    <s:attribute name = "AssocID" type = "ews:tAssocID" use = "required"/>
  </s:complexType>
</s:element>
```

标记名称应按照表 A.33 进行定义。

表 A.33 设定数据集数值响应

标记名称	说明
SetDataSetValuesResponse(设定数据集数值响应)	针对客户端的服务器响应,该客户端通过设定被引用数据的数据属性值来请求设定数据值服务,且数据为可见、因此可由提出请求的客户端按引用的数据集访问
Result(结果)	简单结果字符串"Ok",表明设定数值请求被接受
ServiceError(服务错误)	嵌入错误。服务器应用该元素表示请求的服务不成功。当响应消息中出现此元素时,客户端应假定请求被服务器拒绝
UUID	通用唯一识别码用作请求/响应关系的唯一服务识别。UUID 的细节应符合 RFC 4122 的规定。服务器应反映请求消息中收到的 UUID 值,并在响应消息中返回相同数值
AssocID(关联识别码)	关联识别码用于识别关联的源发站——特定客户端。关联识别码应用于识别服务器上已建立的订阅和记录

A.5.6.4 创建数据集

A.5.6.4.1 创建数据集请求

创建数据集请求的服务应定义如下:

```
<s:element name = "CreateDataSetRequest">
  <s:complexType>
    <s:sequence>
      <s:element name = "DSRef" type = "ews:tDataSetReference"/>
      <s:element name = "DSMemberRef" type = "ews:tFcdFcdaType" maxOccurs = "unbounded"/>
    </s:sequence>
    <s:attribute name = "UUID" type = "ews:tstring36" use = "optional"/>
    <s:attribute name = "AssocID" type = "ews:tAssocID" use = "required"/>
  </s:complexType>
</s:element>
```

标记名称应按照表 A.34 进行定义。

表 A.34 创建数据集请求

标记名称	说明
CreateDataSetRequest(创建数据集请求)	客户端应利用创建数据集服务请求服务器使用功能受限数据或功能受限数据属性定义的项列表来创建数据集,该属性为可见、因此可由提出请求的客户端访问
DSRef(数据集引用)	数据集引用属性应为数据集实例的唯一路径名称

表 A.34（续）

标记名称	说明
DSMemberRef(数据集项引用)	数据集项引用属性应定义数据的功能受限数据或功能受限数据属性
UUID	通用唯一识别码用作请求/响应关系的唯一服务识别。UUID 的细节应符合 RFC 4122 的规定
AssocID(关联识别码)	关联识别码用于识别关联的源发站——特定客户端。关联识别码应用于识别服务器上已建立的订阅和记录

A.5.6.4.2 创建数据集响应

创建数据集响应的服务应定义如下：

```
〈s:element name = "CreateDataSetResponse"〉
  〈s:complexType〉
    〈s:sequence〉
      〈s:choice〉
        〈s:element name = "Result" type = "ews:tResult" minOccurs = "0"/〉
        〈s: element name = " ServiceError " type = " ews: tServiceError " minOccurs = " 0 "
      maxOccurs = "1"/〉
      〈/s:choice〉
    〈/s:sequence〉
    〈s:attribute name = "UUID" type = "ews:tstring36" use = "optional"/〉
    〈s:attribute name = "AssocID" type = ”ews:tAssocID” use = "required"/〉
  〈/s:complexType〉
〈/s:element〉
```

标记名称应按照表 A.35 进行定义。

表 A.35 创建数据集响应

标记名称	说明
CreateDataSetResponse(创建数据集响应)	针对客户端的服务器响应，该客户端通过使用功能受限数据或功能受限数据属性定义的项列表创建数据集来请求创建数据集服务，该属性为可见、因此可由提出请求的客户端访问
Result(结果)	简单结果字符串“Ok”，表明创建数据值请求被接受
ServiceError(服务错误)	嵌入错误。服务器应用该元素表示请求的服务不成功。当响应消息中出现此元素时，客户端应假定请求被服务器拒绝
UUID	通用唯一识别码用作请求/响应关系的唯一服务识别。UUID 的细节应符合 RFC 4122 的规定。 服务器应反映请求消息中收到的 UUID 值，并在响应消息中返回相同数值
AssocID(关联识别码)	关联识别码用于识别关联的源发站——特定客户端。关联识别码应用于识别服务器上已建立的订阅和记录

A.5.6.5 删除数据集

A.5.6.5.1 删除数据集请求

删除数据集请求的服务应定义如下：

```
〈s:element name = "DeleteDataSetRequest"〉
  〈s:complexType〉
    〈s:sequence〉
      〈s:element name = "DSRef" type = "ews:tDataSetReference"/〉
    〈/s:sequence〉
    〈s:attribute name = "UUID" type = "ews:tstring36" use = "optional"/〉
    〈s:attribute name = "AssocID" type = ”ews:tAssocID” use = "required"/〉
  〈/s:complexType〉
〈/s:element〉
```

标记名称应按照表 A.36 进行定义。

表 A.36 删除数据集请求

标记名称	说明
DeleteDataSetRequest(删除数据集请求)	客户端应利用删除数据集服务来删除提出请求的客户端可见且可访问的数据集
DSRef(数据集引用)	数据集引用属性应为数据集实例的唯一路径名称
UUID	通用唯一识别码用作请求/响应关系的唯一服务识别。UUID 的细节应符合 RFC 4122 的规定
AssocID(关联识别码)	关联识别码用于识别关联的源发站——特定客户端。关联识别码应用于识别服务器上已建立的订阅和记录

A.5.6.5.2 删除数据集响应

删除数据集响应的服务应定义如下：

```
〈s:element name = "DeleteDataSetResponse"〉
  〈s:complexType〉
    〈s:sequence〉
      〈s:choice〉
        〈s:element name = "Result" type = "ews:tResult" minOccurs = "0"/〉
        〈s:element name = "ServiceError" type = "ews:tServiceError" minOccurs = "0"
      maxOccurs = "1"/〉
      〈/s:choice〉
    〈/s:sequence〉
    〈s:attribute name = "UUID" type = "ews:tstring36" use = "optional"/〉
    〈s:attribute name = "AssocID" type = ”ews:tAssocID” use = "required"/〉
  〈/s:complexType〉
〈/s:element〉
```

标记名称应按照表 A.37 进行定义。

表 A.37 删除数据集响应

标记名称	说明
DeleteDataSetResponse（删除数据集响应）	针对客户端的服务器响应，该客户端通过删除可见、因此可由提出请求的客户端访问的数据值来请求删除数据集服务
Result（结果）	简单结果字符串“Ok”，表明设定数值请求被接受
ServiceError（服务错误）	嵌入错误。服务器应用该元素表示请求的服务不成功。当响应消息中出现此元素时，客户端应假定请求被服务器拒绝
UUID	通用唯一识别码用作请求/响应关系的唯一服务识别。UUID 的细节应符合 RFC 4122 的规定。服务器应反映请求消息中收到的 UUID 值，并在响应消息中返回相同数值
AssocID（关联识别码）	关联识别码用于识别关联的源发站——特定客户端。关联识别码应用于识别服务器上已建立的订阅和记录

A.5.6.6 读取数据集目录

A.5.6.6.1 总则

客户端应使用 GetDataSetDirectory 服务来检索暴露数据属性的名称域，从而得到客户端寻址的数据集类。

A.5.6.6.2 读取数据集目录请求

读取数据集目录请求应定义如下：

```
〈s:element name = "GetDataSetDirectoryRequest"〉
  〈s:complexType〉
    〈s:sequence〉
      〈s:element name = "DSRef" type = "ews:tDataSetReference"/〉
    〈/s:sequence〉
    〈s:attribute name = "UUID" type = "ews:tstring36" use = "optional"/〉
    〈s:attribute name = "AssocID" type = ”ews:tAssocID” use = "required"/〉
  〈/s:complexType〉
〈/s:element〉
```

标记名称应按照表 A.38 进行定义。

表 A.38 读取数据集目录请求

标记名称	说明
GetDataSetDirectoryRequest（读取数据集目录请求）	客户端应利用读取数据集目录服务来检索数据集引用的所有数据集项的对象引用列表，该数据集为可见、因此可由提出请求的客户端访问
数据集引用（DSRef）	数据集引用属性应为数据集实例的唯一路径名称

表 A.38（续）

标记名称	说明
UUID	通用唯一识别码用作请求/响应关系的唯一服务识别。UUID 的细节应符合 RFC 4122 的规定
AssocID(关联识别码)	关联识别码用于识别关联的源发站——特定客户端。关联识别码应用于识别服务器上已建立的订阅和记录

A.5.6.6.3 读取数据集目录响应

读取数据集目录响应应定义如下：

```
<s:element name = "GetDataSetDirectoryResponse">
  <s:complexType>
    <s:choice>
      <s:element name = "DSMemberRef" type = "ews:tFcdFcdaType" maxOccurs = "unbounded"/>
      <s:element name = "ServiceError" type = "ews:tServiceError"
     minOccurs = "0"maxOccurs = "unbounded"/>
    </s:choice>
    <s:attribute name = "UUID" type = "ews:tstring36" use = "optional"/>
    <s:attribute name = "AssocID" type = ”ews:tAssocID” use = "required"/>
  </s:complexType>
</s:element>
```

标记名称应按照表 A.39 进行定义。

表 A.39　读取数据集目录响应

标记名称	说明
GetDataSetDirectoryResponse(读取数据集目录响应)	针对客户端的服务器响应，该客户端通过提供由数据集引用的所有数据集项的对象引用列表来请求读取数据集目录服务，该数据集为可见、因此可由提出请求的客户端访问
DSMemberRef(数据集项引用)	数据集项引用属性应定义数据的功能受限数据(FCD)或功能受限数据(FCDA)属性
ServiceError(服务错误)	嵌入错误。服务器应用该元素表示请求的服务不成功。当响应消息中出现此元素时，客户端应假定请求被服务器拒绝
UUID	通用唯一识别码用作请求/响应关系的唯一服务识别。UUID 的细节应符合 RFC 4122 的规定。服务器应反映请求消息中收到的 UUID 值，并在响应消息中返回相同数值
AssocID(关联识别码)	关联识别码用于识别关联的源发站——特定客户端。关联识别码应用于识别服务器上已建立的订阅和记录

A.5.7 报表控制块类服务映射

A.5.7.1 总则

RCB类服务应映射到表A.40定义的Web服务。GB/T 30966.3—2014的A.1举例说明了如何让REPORT(报表)服务在实践中发挥作用。

表 A.40 报表控制块服务映射

GB/T 30966.2 IM类 GB/T 30966.3 IEM类	GB/T 30966.3 IEM服务	映射到对象和Web服务
(REPORT-CONTROL-BLOCK)报表控制块		
	AddSubscription(添加订阅)	添加订阅(AddSubscription)
	RemoveSubscription(清除订阅)	清除订阅(RemoveSubscription)
	Report(报表)	ReportRequest/ReportResponse(报表请求/报表响应)
BRCB		tBRCB
	GetBRCBValues(读取BRCB值)	GetBRCBValues(读取BRCB值)
	SetBRCBValues(设定BRCB值)	SetBRCBValues(设定BRCB值)
URCB		tURCB
	GetURCBValues(读取URCB值)	GetURCBValues(读取URCB值)
	SetURCBValues(设定URCB值)	SetURCBValues(设定URCB值)

Web服务方法要求服务器对客户端发出的请求做出响应。规定的信息交换服务中定义的报表机制采用了以下方法:服务器在读取请求后,将存储后待发送报表的事件通知客户端。

客户端请求添加订阅服务或激活报告,利用设定URCB值或设定BRCB值服务来迫使报表允许属性改为“真”。客户端映射应发送相应的消息。此外,“Web服务”映射应在最短请求时间和最长请求时间之间的时间窗口内定期向客户端发送报表请求消息。

报告概念中的客户端行为应符合图A.3的描述,图中概述了请求和响应时间设定值如何控制客户端的报表请求行为。

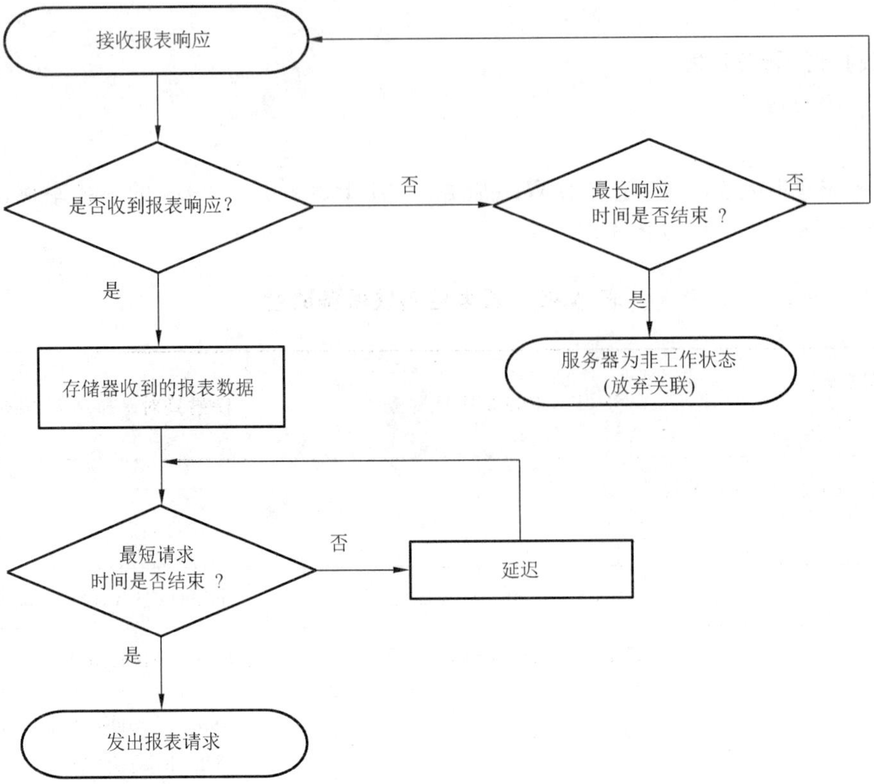

图 A.3 报表服务中的客户端行为(概念性)

如果在最长响应时间结束前没有收到报表响应,客户端应假定服务器为非工作状态。

客户端应阻拦下一个报表请求,直到最短请求时间结束通过请求。

客户端服务请求应在最短请求时间结束后和最长请求时间到达前发出。最短请求时间由服务器定义,并报告给处于报表响应状态的客户端。这样可使服务器以受控的方式实现负荷的平衡。最长响应时间由客户端定义。它可使客户端以受控的方式平衡关联负荷。

当客户端要结束报表的接收时,应通过迫使报表允许属性改为“错误”来发出清除订阅、设定 URCB 值或设定 BRCB 值服务的请求。映射应发送最后的报表请求消息,然后发送与被请求 IEM 服务(清除订阅请求、设定 URCB 值请求或设定 BRCB 值请求关联的消息)。

在结束报表请求-响应程序时,还应使用由最短-最长请求时间和最短-最长响应时间定义的时间窗口。

处于报告程序中的服务器行为如下:

当服务器应用程序接收到客户端的报表请求服务时,服务器映射应将其与关联识别码共同存储,直到服务器试图发出报表时结束。在收到客户端的报表请求后,响应中应包含与被请求的指定关联识别码一致的所有已存报表。

图 A.4 概述了请求和响应时间设定值如何控制服务器报告行为。

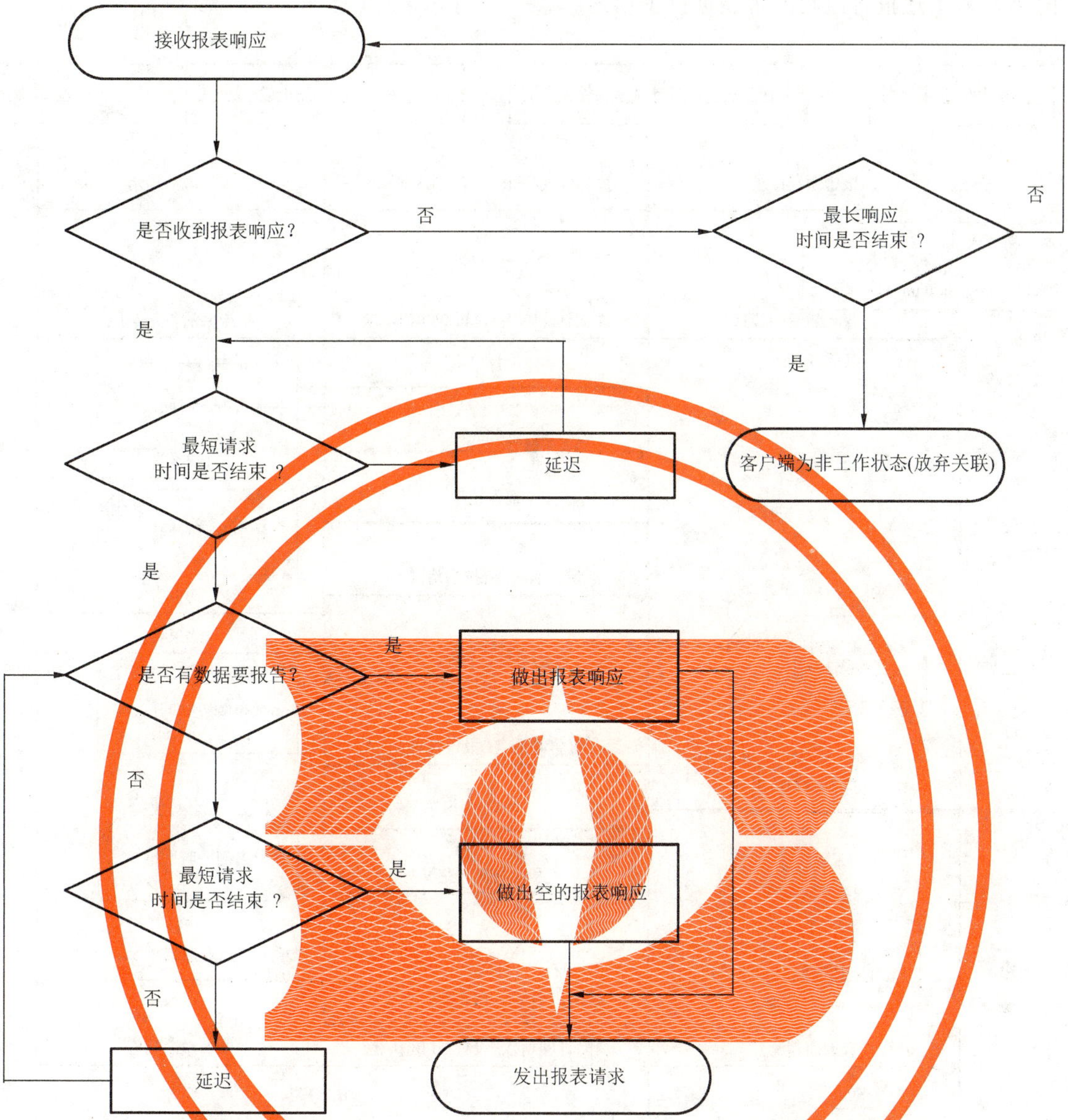

图 A.4 报告服务中的服务器行为(概念性)

如果在最长响应时间结束前没有收到报表请求,应假定关联客户端为非工作状态。

服务器应阻止报表响应,直到最短响应时间结束。

如果最短响应时间结束后有数据需要报告,应立即发出报表响应。

如果最短响应时间结束后没有数据需要报告,应在形成新数据后立即发出报表响应。

如果没有报表数据形成,应在最长响应时间结束前发出空的报表响应(即:无报表格式)。

在结束报表请求-响应程序时,还应使用由最短-最长请求时间和最短-最长响应时间定义的时间窗口。

为了在关联故障、失去连接、缓冲区溢出等情况下跟踪报告顺序,SqNum 会以报表格式给出由服务器生成的序号。在收到 SqNum 后,客户端映射能够跟踪报表顺序并检测报表是否丢失或是否收到复制报表。采用输入识别码,客户端可请求在关联过程中丢失的某个特定报表。有关 SqNum 和恢复失去的报表的更详细处理过程属于实施方面的内容,不在本部分的范围之内。每个关联的 SqNum 都应该是唯一的。

图 A.5 对上述报告过程的机制进行了描述。

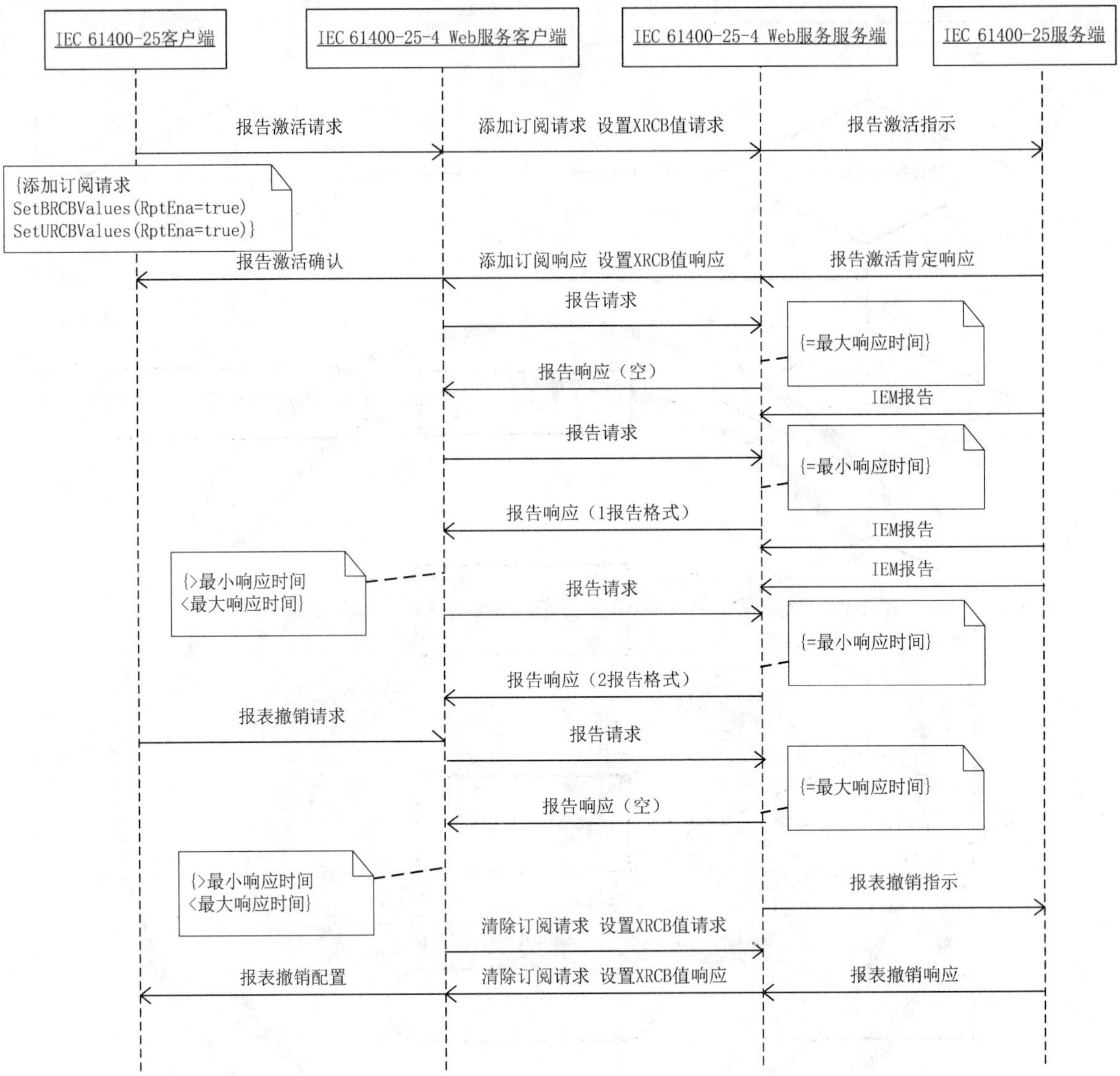

IEC 1376/08

图 A.5 报表服务机制(概念性)

报表服务机制中设计的服务应符合 A.5.7.2～A.5.7.7.4。

A.5.7.2 添加订阅

A.5.7.2.1 添加订阅请求

添加订阅请求的服务应定义如下：

```
〈s:element name = "AddSubscriptionRequest"〉
  〈s:complexType〉
    〈s:sequence〉
      〈s:element name = "RCBRef" type = "ews:tControlBlockReference"/〉
```

```
    <s:element name="RCBType" type="ews:tRCBType"/>
    <s:element name="RptID" type="ews:tstring65" minOccurs="0"/>
    <s:element name="RptEna" type="s:boolean" minOccurs="0"/>
    <s:element name="DatSet" type="ews:tDataSetReference" minOccurs="0"/>
    <s:element name="OptFlds" type="ews:tOptFldsBRCB" minOccurs="0"/>
    <s:element name="BufTm" type="s:unsignedInt" minOccurs="0"/>
    <s:element name="TrgOp" type="ews:tTrgCond" minOccurs="0"/>
    <s:element name="IntgPd" type="s:unsignedInt" minOccurs="0"/>
    <s:element name="DSMbrRef" type="ews:tFcdFcdaType" minOccurs="0"
  maxOccurs="unbounded"/>
  </s:sequence>
  <s:attribute name="UUID" type="ews:tstring36" use="optional"/>
  <s:attribute name="AssocID" type="ews:tAssocID" use="required"/>
 </s:complexType>
</s:element>
```

标记名称应按照表 A.41 进行定义。

表 A.41　添加订阅请求

标记名称	说　明
AddSubscriptionRequest(添加订阅请求)	添加订阅请求后应为为对报表服务定义的最短请求和最长请求时间的时间窗口内的报表请求
RCBRef(报表控制块引用)	报表控制块引用属性应为报表控制块的唯一路径名称
RCBType(报表控制块类型)	报表控制块类型应定义订阅应采用缓存报表控制块还是非缓存报表控制块类型
RptID(报表编号)	报表识别符属性应为已导致报表生成的 BRCB 的客户端指定报表识别符。如果 BRCB 的报表识别符值为零,BRCB 引用应作为报表识别符报出
RptEna(报表允许)	应利用报表允许属性来控制和指示 BRCB 的当前状态
DatSet(数据集)	数据集属性应指出被监控数据集的对象引用以及数据集的哪些项值(一个,子集或全部)应被报告
Optflds(可选字段)	可选字段属性应为需要在本 BRCB 发出报表中采用的客户端指定的可选字段
BufTm(缓存时间)	缓存时间属性应指定用于内部通知缓存的时间间隔(单位:ms),该通知由数据变更、质量变更和数据更新通过 BRCB 生成,以便在单一报告中采用
TrgOp(触发器选项)	触发器选项属性应指定本 BRCB 应监控的触发条件。确定以下值: ——数据变更; ——质量变更; ——数据升级; ——完整性; ——一般询问
IntgPd	如果 TrgOps(触发器选项)包含了指示完整性的设定值,IntgPd 属性应指示生成完整性报表的时间段(单位:ms)。完整性报表应报告相关数据集各项的数值。当这一变更发出报表时,缓存时间应不会产生影响

表 A.41（续）

标记名称	说明
DSMbrRef(数据集项引用)	数据集项引属性应定义数据的功能受限数据或功能受限数据属性
UUID	通用唯一识别码用作请求/响应关系的唯一服务识别。UUID 的细节应符合 RFC 4122 的规定
AssocID(关联识别码)	关联识别码用于识别关联的源发站——特定客户端。关联识别码应用于识别服务器上已建立的订阅和记录

A.5.7.2.2 添加订阅响应

添加订阅响应的服务应定义如下：

```
〈s:element name = "AddSubscriptionResponse"〉
  〈s:complexType〉
    〈s:sequence〉
      〈s:choice〉
        〈s:element name = "Result" type = "ews:tResult" minOccurs = "0"/〉
        〈s:element name = "ServiceError" type = "ews:tServiceError" minOccurs = "0"
      maxOccurs = "unbound"/〉
      〈/s:choice〉
    〈/s:sequence〉
    〈s:attribute name = "UUID" type = "ews:tstring36" use = "optional"/〉
    〈s:attribute name = "AssocID" type = ”ews:tAssocID” use = "required"/〉
  〈/s:complexType〉
〈/s:element〉
```

标记名称应按照表 A.42 进行定义。

表 A.42 添加订阅响应

标记名称	说明
AddSubscriptionResponse(添加订阅响应)	在添加订阅响应后应为针对报表服务定义的最短响应和最长响应时间的时间窗口内的报表响应
Result(结果)	简单结果字符串“Ok”,表明设定数值请求被接受
ServiceError(服务错误)	嵌入错误。服务器应用该元素表示请求的服务不成功。当响应消息中出现此元素时,客户端应假定请求被服务器拒绝
UUID	通用唯一识别码用作请求/响应关系的唯一服务识别。UUID 的细节应符合 RFC 4122 的规定。服务器应反映请求消息中收到的 UUID 值,并在响应消息中返回相同数值
AssocID(关联识别码)	关联识别码用于识别关联的源发站——特定客户端。关联识别码应用于识别服务器上已建立的订阅和记录

A.5.7.3 清除订阅

A.5.7.3.1 清除订阅请求

清除订阅请求的服务应定义如下：

```
〈s:element name = "RemoveSubscriptionRequest"〉
  〈s:complexType〉
    〈s:sequence〉
      〈s:element name = "RCBRef" type = "ews:tCon trolBlockReference"/〉
    〈/s:sequence〉
    〈s:attribute name = "UUID" type = "ews:tstring36" use = "optional"/〉
    〈s:attribute name = "AssocID" type = ”ews:tAssocID” use = "required"/〉
  〈/s:complexType〉
〈/s:element〉
```

标记名称应按照表 A.43 进行定义。

表 A.43 清除订阅请求

标记名称	说明
RemoveSubscriptionRequest（清除订阅请求）	客户端应利用清除订阅请求服务来清除已建立的订阅
RCBRef(报表控制块引用)	报表控制块引用属性应为报表控制块的唯一路径名称
UUID	通用唯一识别码用作请求/响应关系的唯一服务识别。UUID 的细节应符合 RFC 4122 的规定
AssocID(关联识别码)	关联识别码用于识别关联的源发站——特定客户端。关联识别码应用于识别服务器上已建立的订阅和记录

A.5.7.3.2 清除订阅响应

清除订阅响应的服务应定义如下：

```
〈s:element name = "RemoveSubscriptionResponse"〉
  〈s:complexType〉
    〈s:sequence〉
      〈s:choice〉
        〈s:element name = "Result" type = "ews:tResult" minOccurs = "0"/〉
        〈s:element name = "ServiceError" type = "ews:tServiceError" minOccurs = "0"
      maxOccurs = "1"/〉
      〈/s:choice〉
    〈/s:sequence〉
    〈s:attribute name = "UUID" type = "ews:tstring36" use = "optional"/〉
    〈s:attribute name = "AssocID" type = ”ews:tAssocID” use = "required"/〉
  〈/s:complexType〉
〈/s:element〉
```

标记名称应按照表 A.44 进行定义。

表 A.44　清除订阅响应

标记名称	说明
RemoveSubscriptionResponse（清除订阅响应）	服务器应通过清除被请求的订阅来响应客户端的清除订阅请求服务
Result（结果）	简单结果字符串“Ok”，表明清除订阅请求被接受
ServiceError（服务错误）	嵌入错误。服务器应用该元素表示请求的服务不成功。当响应消息中出现此元素时，客户端应假定请求被服务器拒绝
UUID	通用唯一识别码用作请求/响应关系的唯一服务识别。UUID 的细节应符合 RFC 4122 的规定。服务器应反映请求消息中收到的 UUID 值，并在响应消息中返回相同数值
AssocID（关联识别码）	关联识别码用于识别关联的源发站——特定客户端。关联识别码应用于识别服务器上已建立的订阅和记录

A.5.7.3.3　报表格式

报表格式结构应定义如下：

```
<s:complexType name="tReportFormat">
  <s:sequence>
    <s:element name="RptID" type="ews:tstring65" minOccurs="1" maxOccurs="1"/>
    <s:element name="OptFlds" type="ews:tOptFldsBRCB" minOccurs="1" maxOccurs="1"/>
    <!-- IF sequence-number=TRUE in optFlds:-->
    <s:element name="SqNum" type="s:unsignedShort" minOccurs="0" maxOccurs="1"/>
    <s:element name="SubSqNum" type="s:unsignedShort" minOccurs="0" maxOccurs="1"/>
    <s:element name="MoreSegFlw" type="s:boolean" minOccurs="1" maxOccurs="1"/>
    <!-- IF dat-set-name=TRUE in optFlds -->
    <s:element name="DatSet" type="ews:tObjectReference" minOccurs="0" maxOccurs
="1"/>
    <!-- IF buffer-overflow=TRUE in optFlds -->
    <s:element name="BufOvfl" type="s:boolean" minOccurs="0" maxOccurs="1"/>
    <!-- If conf-revision=TRUE in optFlds AND RptID is BRCB-->
    <s:element name="ConfRev" type="s:unsignedInt" minOccurs="0" maxOccurs="1"/>
    <!-- Entry:-->
      <!-- IF report-time-stamp=TRUE in optFlds -->
      <s:element name="TimeOfEntry" type="ews:tTimeStamp" minOccurs="0" maxOccurs
="1"/>
      <!-- IF entryID=TRUE in optFlds -->
      <s:element name="EntryID" type="s:tEntryID" minOccurs="0" maxOccurs="1"/>
      <s:sequence>
        <s:element name="EntryData" type="ews:tEntryData" minOccurs="0" maxOccurs
="1"/>
```

```
    </s:sequence>
  </s:sequence>
</s:complexType>
```

标记名称应按照表 A.45 进行定义。

表 A.45　报表格式

标记名称	说　　明
tReportFormat(t 报表格式)	报表格式服务应指定报表中包含的信息
RptID(报表识别符)	报表识别符属性应为已导致报表生成的 BRCB 的客户端指定报表识别符。如果 BRCB 的报表识别符值为零,BRCB 引用应作为报表识别符报出
OptFlds(可选字段)	可选字段属性应为需要在本 BRCB 发出报表中采用的客户端指定的可选字段
SqNum(序号)	序号属性应指定每个使报表允许设定为真的 BRCB 的序号。每生成和发出一份报表,BRCB 应使该序号递增。一旦 BRCB 完成了报表的格式化并提出请求发送,序号就应递增。在报表允许设定为真的设置之后的第一份报表,应包含序号 0。序号在达到最大值后,应滚动到 0。如果 BRCB 报表属性(可选字段)中的可选字段含有序号(=真),则报表中应包含序号;否则,应省略序号
SubSqNum(子序号)	对于一条消息无法容纳的长报表,应将一个报表分成若干个子报表。一份报表的每一部分均应编有相同的序号和唯一的子序号。BRCB 应为每份报表保留一个子序号。依照报表控制实例,每生成和发出一份子报表,该编号均应递增。一旦服务器完成了子报表的格式化并使其进入发送等待队列,就应递增。报表的第一份子报表,应设为子序号 0。当一份特定报表的所有子报表均进入等待队列后,子序号应滚动到 0。如果 BRCB 报表属性(选字段)中的可选字段含有子序号(=真),则报表中应包含子序号;否则,应省略子序号
MoreSegFlw(更多部分跟进)	更多部分跟进参数表明有更多序号相同的报表部分跟随其后
DatSet(数据集)	数据集参数应由 BRCB 的相应属性派生
BufOvfl	BufOvfl 参数应向客户端指示:缓存内的输入项可能已经丢失。当客户端请求与不存在的输入项或等待队列中的第一输入项重新同步时,即对可能丢失的信息进行检测
ConfRev	ConfRev 属性应显示数据集引用的数据集配置已经变更的次数计数
TimeOfEntry(输入时间)	输入时间属性应为报表处理器收到内部事件通知的时间。该值被赋给某个特定的输入识别符,此外在收到内部通知时也会被赋值
EntryID(输入识别符)	输入识别符值在读取 BRCB 值响应中返回,应定义如下: ——当 BRCB 状态为报表允许=假时:读取 BRCB 值应返回代表被输入到缓存中最后一个(即最新)输入项的输入识别符值。 ——当报表允许=真时:在读取 BRCB 值响应中返回的输入识别符值应为最后一个被格式化并排队等待发送的输入识别符的输入识别符。 所有零(0)的输入识别符均被保留,表明缓存清空,任何已报告的输入识别符均不得有零(0)
EntryData(输入数据)	输入数据参数应包含数据参考、数值以及要在报表中采用的各项数据集的原因代码。数值应由数据集项的各数据属性值组成

A.5.7.4 读取 BRCB 值

A.5.7.4.1 读取 BRCB 值请求

读取 BRCB 值请求的服务应定义如下：

```
〈s:element name = "GetBRCBValuesRequest"〉
  〈s:complexType〉
    〈s:sequence〉
      〈s:element name = "BRCBRef" type = "ews:tControlBlockReference"/〉
    〈/s:sequence〉
    〈s:attribute name = "UUID" type = "ews:tstring36" use = "optional"/〉
    〈s:attribute name = "AssocID" type = ”ews:tAssocID” use = "required"/〉
  〈/s:complexType〉
〈/s:element〉
```

标记名称应按照表 A.46 进行定义。

表 A.46 读取 BRCB 值请求

标记名称	说明
GetBRCBValuesRequest（读取 BRCB 值请求）	客户端应利用读取 BRCB 值服务来读取 BRCB 的属性值，且该值为可见、因此可由提出请求的客户端按引用的逻辑节点访问
BRCBRef	缓存报表控制块引用属性应为缓存报表控制块的唯一路径名称
UUID	通用唯一识别码用作请求/响应关系的唯一服务识别。UUID 的细节应符合 RFC 4122 的规定
AssocID(关联识别码)	关联识别码用于识别关联的源发站——特定客户端。关联识别码应用于识别服务器上已建立的订阅和记录

A.5.7.4.2 读取 BRCB 值响应

读取 BRCB 值响应的服务应定义如下：

```
〈s:element name = "GetBRCBValuesResponse"〉
  〈s:complexType〉
    〈s:sequence〉
      〈s:choice〉
        〈s:sequence〉
          〈s:element name = "RptID" type = "ews:tstring65"/〉
          〈s:element name = "RptEna" type = "s:boolean"/〉
          〈s:element name = "DatSet" type = "ews:tDataSetReference"/〉
          〈s:element name = "ConfRev" type = "s:unsignedInt"/〉
          〈s:element name = "OptFlds" type = "ews:tOptFldsBRCB"/〉
          〈s:element name = "BufTm" type = "s:unsignedInt"/〉
          〈s:element name = "SqNum" type = "s:unsignedShort"/〉
          〈s:element name = "TrgOp" type = "ews:tTrgCond"/〉
```

```
        〈s:element name="IntgPd" type="s:unsignedInt"/〉
        〈s:element name="GI" type="s:boolean"/〉
        〈s:element name="PurgeBuf" type="s:boolean" /〉
        〈s:element name="EntryID" type="ews:tEntryID"/〉
        〈s:element name="TimeOfEntry" type="ews:tTimeStamp"/〉
      〈/s:sequence〉
    〈s:element name="ServiceError" type="ews:tServiceError" minOccurs="0"
    maxOccurs="1"/〉
    〈/s:choice〉
  〈/s:sequence〉
  〈s:attribute name="UUID" type="ews:tstring36" use="optional"/〉
  〈s:attribute name="AssocID" type="ews:tAssocID" use="required"/〉
 〈/s:complexType〉
〈/s:element〉
```

标记名称应按照表 A.47 进行定义。

表 A.47 读取 BRCB 值响应

标记名称	说明
GetBRCBValuesResponse（读取 BRCB 值响应）	通过设定 BRCB 属性值对请求读取 BRCB 值服务的客户端的服务器响应，BRCB 属性值为可见，因此可由提出请求的客户端按引用的逻辑节点访问
RptID（表识别符）	报表识别符属性应为已导致报表生成的 BRCB 的客户端指定报表识别符。如果 BRCB 的报表识别符值为零，BRCB 引用应作为报表识别符报出
RptEna（报表允许）	应利用报表允许属性来控制和指示 BRCB 的当前状态
DatSet（数据集）	DatSet 属性应指定被监控数据集的对象引用以及数据集的哪些项值（一个，子集或全部）应报告
ConfRev	ConfRev 属性应显示 DatSet 引用的数据集配置已经变更的次数计数
OptFlds（可选字段）	可选字段属性应为需要在本 BRCB 发出的报表中采用的客户端指定的可选字段
BufTm（缓冲时间）	缓存时间属性应指定用于内部通知缓存的时间间隔（单位：ms），该通知由数据变更、质量变更和数据升级通过 BRCB 生成，以便在单一报告中采用
SqNum（序号）	序号属性应指定每个使报表允许设定为真的 BRCB 的序号。每生成和发出一份报表，BRCB 应使该序号递增。一旦 BRCB 完成了报表的格式化并提出请求发送，序号就应递增
TrgOp（触发器选项）	触发器选项属性应指定本 BRCB 应监控的触发条件。应确定以下值： ——数据变更； ——质量变更； ——数据升级； ——完整性； ——一般询问

表 A.47（续）

标记名称	说明
IntgPd(完整性时段)	如果触发器选项包含了指示完整性的设定值，完整性时段属性应指示生成完整性报表的时间段(单位:ms)。完整性报表应报告相关数据集各项的数值。当这一变更发出报表时，缓存时间应不会产生影响
GI(一般询问)	GI 属性应指示启动一般询问过程的请求。在设定为真后，BRCB 应启动一般询问过程。在开始一般询问后，BRCB 应自动将该属性设为假
PurgeBuf(清除缓存)	清除缓存属性应指示放弃缓存事件的请求。在设定为真后，BRCB 应放弃尚未发给客户端的全部缓存事件。在放弃缓存事件后，BRCB 应自动将该属性设为假
EntryID(输入识别符)	输入识别符值在读取 BRCB 值响应中返回，应定义如下： ——BRCB 状态为报表允许＝假时：读取 BRCB 值应返回代表被输入到缓存中最后一个(即最新)输入项的输入识别符值。 ——当报表允许＝真时：在读取 BRCB 值响应中返回的输入识别符值应为最后一个被格式化并排队等待发送的输入识别符的输入识别符。 所有零(0)的输入识别符均被保留，表明缓存清空，任何已报告的输入识别符均不得有零(0)
TimeOfEntry(输入时间)	输入时间属性应为报表处理器收到内部事件通知的时间。该值被赋给某个特定的输入识别符，此外在收到内部通知时也会被赋值
ServiceError(服务错误)	嵌入错误。服务器应用该元素表示请求的服务不成功。当响应消息中出现此元素时，客户端应假定请求被服务器拒绝
UUID	通用唯一识别码用作请求/响应关系的唯一服务识别。UUID 的细节应符合 RFC 4122 的规定。服务器应反映请求消息中收到的 UUID 值，并在响应消息中返回相同数值
AssocID(关联识别码)	关联识别码应用于识别服务器上已建立的订阅和记录

A.5.7.5 设定 BRCB 值

A.5.7.5.1 设定 BRCB 值请求

设定 BRCB 值请求的服务应定义如下：

```
<s:element name="SetBRCBValuesRequest">
  <s:complexType>
    <s:sequence>
      <s:element name="BRCBRef" type="ews:tControlBlockReference"/>
      <s:element name="RptID" type="ews:tstring65" minOccurs="0"/>
      <s:element name="RptEna" type="s:boolean" minOccurs="0"/>
      <s:element name="DatSet" type="ews:tDataSetReference" minOccurs="0"/>
      <s:element name="OptFlds" type="ews:tOptFldsBRCB" minOccurs="0"/>
      <s:element name="BufTm" type="s:unsignedInt" minOccurs="0"/>
      <s:element name="TrgOp" type="ews:tTrgCond" minOccurs="0"/>
      <s:element name="IntgPd" type="s:unsignedInt" minOccurs="0"/>
```

```
        <s:element name="GI" type="s:boolean" minOccurs="0"/>
        <s:element name="PurgeBuf" type="s:boolean" minOccurs="0"/>
        <s:element name="EntryID" type="ews:tEntryID" minOccurs="0"/>
      </s:sequence>
      <s:attribute name="UUID" type="ews:tstring36" use="optional"/>
      <s:attribute name="AssocID" type="ews:tAssocID" use="required"/>
    </s:complexType>
  </s:element>
```

标记名称应按照表 A.48 进行定义。

表 A.48 设定 BRCB 值请求

标记名称	说明
SetBRCBValuesRequest(设定 BRCB 值请求)	客户端应利用设定 BRCB 值服务来设定 BRCB 的属性值,且该值为可见,因此可由提出请求的客户端按引用的逻辑节点访问
BRCBRef	缓存报表控制块引用属性应为缓存报表控制块的唯一路径名称
RptID(报表识别符)	报表识别符属性应为 BRCB 的客户端指定报表识别符,BRCB 生成报表。如果 BRCB 的报表识别符值为零,BRCB 引用应作为报表识别符报出
RptEna(报表允许)	应利用报表允许属性来控制和指示 BRCB 的当前状态
DatSet(数据集)	DatSet 属性应指定被监控数据集的对象引用以及数据集的哪些项值(一个,子集或全部)应报告
OptFlds(可选字段)	Optflds(可选字段)属性应为需要在本 BRCB 发出报表中采用的客户端指定的可选字段
BufTm(缓冲时间)	BufTm(缓存时间)属性应指定内部通知缓存的时间间隔(单位:ms),该通知由数据变更、质量变更和数据升级通过 BRCB 生成,以便在单一报告中采用
TrgOp(触发器选项)	触发器选项属性应指定本 BRCB 应监控的触发条件。应确定以下值: ——数据变更; ——质量变更; ——数据升级; ——完整性; ——一般询问
IntgPd(完整性时段)	如果触发器选项包含了指示完整性的设定值,完整性时段属性应指示生成完整性报表的时间段(单位:ms)。完整性报表应报告相关数据集各项的数值。当这一变更发出报表时,缓存时间应不会产生影响
GI(一般询问)	GI 属性应指示启动一般询问过程的请求。在设定为真后,BRCB 应启动一般询问过程。在开始一般询问后,BRCB 应自动将该属性设为假
PurgeBuf(清除缓存)	清除缓存属性应指示放弃缓存事件的请求。在设定为真后,BRCB 应放弃尚未发给客户端的全部缓存事件。在放弃缓存事件后,BRCB 应自动将该属性设为假

表 A.48（续）

标记名称	说明
EntryID(输入识别符)	输入识别符值在读取 BRCB 值响应中返回，应定义如下： ——当 BRCB 状态为报表允许＝假时：读取 BRCB 值应返回代表被输入到缓存中最后一个(即最新)输入项的输入识别符值。 ——当报表允许＝真时：在读取 BRCB 值响应中返回的输入识别符值应为最后一个被格式化并排队等待发送的输入识别符的输入识别符。 所有零(0)输入识别符均被保留，表明缓存清空，任何已报告的输入识别符均不得有零(0)
UUID	通用唯一识别码用作请求/响应关系的唯一服务识别。UUID 的细节应符合 RFC 4122 的规定
AssocID(关联识别码)	关联识别码用于识别关联的源发站——特定客户端。关联识别码应用于识别服务器上已建立的订阅和记录

A.5.7.5.2　设定 BRCB 值响应

设定 BRCB 值响应的服务应定义如下：

```
<s:element name = "SetBRCBValuesResponse">
  <s:complexType>
    <s:sequence>
      <s:choice>
        <s:element name = "Result" type = "ews:tResult" minOccurs = "0"/>
        <s:element name = "ServiceError" type = "ews:tServiceError" minOccurs = "0"
        maxOccurs = "unbounded"/>
    </s:choice>
    </s:sequence>
    <s:attribute name = "UUID" type = "ews:tstring36" use = "optional"/>
    <s:attribute name = "AssocID" type = ”ews:tAssocID” use = "required"/>
  </s:complexType>
</s:clcmcnt>
```

标记名称应按照表 A.49 进行定义。

表 A.49　设定 BRCB 值响应

标记名称	说明
SetBRCBValuesResponse（设定 BRCB 值响应）	通过设定 BRCB 属性值对请求设定 BRCB 值服务的客户端的服务器响应，BRCB 属性值为可见、因此可由提出请求的客户端按引用的逻辑节点访问
Result(结果)	简单结果字符串“Ok”，表明设定 URCB 值的请求被接受
ServiceError(服务错误)	嵌入错误。服务器应用该元素表示请求的服务不成功。当响应消息中出现此元素时，客户端应假定请求被服务器拒绝

表 A.49（续）

标记名称	说明
UUID	通用唯一识别码用作请求/响应关系的唯一服务识别。UUID 的细节应符合 RFC 4122 的规定。服务器应反映请求消息中收到的 UUID 值，并在响应消息中返回相同数值
AssocID（关联识别码）	关联识别码用于识别关联的源发站——特定客户端。关联识别码应用于识别服务器上已建立的订阅和记录

A.5.7.6 读取 URCB 值

A.5.7.6.1 读取 URCB 值请求

读取 URCB 值请求的服务应定义如下：

```
<s:element name="GetURCBValuesRequest">
    <s:complexType>
      <s:sequence>
       <s:element name="URCBRef" type="ews:tControlBlockReference"/>
      </s:sequence>
    <s:attribute name="UUID" type="ews:tstring36" use="optional"/>
    <s:attribute name="AssocID" type="ews:tAssocID" use="required"/>
    </s:complexType>
</s:element>
```

标记名称应按照表 A.50 进行定义。

表 A.50 读取 URCB 值请求

标记名称	说明
GetURCBValuesRequest（读取 URCB 值请求）	客户端应利用读取 URCB 值服务来检索 URCB 的属性值，且该值为可见、因此可由提出请求的客户端按引用的逻辑节点访问
URCBRef（URCB 引用）	非缓存报表控制块引用属性应为非缓存报表控制块的唯一路径名称
UUID	通用唯一识别码用作请求/响应关系的唯一服务识别。UUID 的细节应符合 RFC 4122 的规定
AssocID（关联识别码）	关联识别码用于识别关联的源发站——特定客户端。关联识别码应用于识别服务器上已建立的订阅和记录

A.5.7.6.2 读取 URCB 值响应

读取 URCB 值响应的服务应定义如下：

```
<s:element name="GetURCBValuesResponse">
  <s:complexType>
    <s:sequence>
      <s:choice>
```

```
        <s:sequence>
          <s:element name = "RptID" type = "ews:tstring65"/>
          <s:element name = "RptEna" type = "s:boolean"/>
          <s:element name = "Resv" type = "s:boolean" minOccurs = "0"/>
          <s:element name = "DatSet" type = "ews:tDataSetReference"/>
          <s:element name = "ConfRev" type = "s:unsignedInt"/>
          <s:element name = "OptFlds" type = "ews:tOptFldsURCB"/>
          <s:element name = "BufTm" type = "s:unsignedInt"/>
          <s:element name = "SqNum" type = "s:unsignedShort"/>
          <s:element name = "TrgOp" type = "ews:tTrgCond"/>
          <s:element name = "IntgPd" type = "s:unsignedInt"/>
          <s:element name = "GI" type = "s:boolean"/>
        </s:sequence>
        <s:element name = "Result" type = "ews:tResult" minOccurs = "0"/>
        <s:element name = "ServiceError" type = "ews:tServiceError" minOccurs = "0"
      maxOccurs = "1"/>
      </s:choice>
    </s:sequence>
  <s:attribute name = "UUID" type = "ews:tstring36" use = "optional"/>
  <s:attribute name = "AssocID" type = "ews:tAssocID" use = "required"/>
  </s:complexType>
</s:element>
```

标记名称应按照表 A.51 进行定义。

表 A.51　读取 URCB 值响应

标记名称	说　明
GetURCBValuesResponse(读取URCB值响应)	通过提供 URCB 属性值对请求读取 URCB 值服务的客户端的服务器响应,URCB 属性值为可见、因此可由提出请求的客户端按引用的逻辑节点访问
RptID(报表识别符)	报表识别符属性应为已导致报表生成的 BRCB 的客户端指定报表识别符。如果 BRCB 的报表识别符值为零,BRCB 引用应作为报表识别符报出
RptEna(报表允许)	应利用报表允许属性来控制和指示 BRCB 的当前状态
Resv(保留)	保留属性(如果设为真)应表明 URCB 当前只为将该值设为真的客户端保留。其他客户端不允许设置该 URCB 的任何属性
DatSet(数据集)	DatSet 属性应指定被监控数据集的对象引用以及数据集的哪些项值(一个,子集或全部)应报告
ConfRev	ConfRev 属性应显示 DatSet 引用的数据集配置已经变更的次数计数
OptFlds(可选字段)	可选字段属性应为需要在本 BRCB 发出报表中采用的客户端指定的可选字段
BufTm(缓冲时间)	缓存时间属性应指定内部通知缓存的时间间隔(单位:ms),该通知由数据变更、质量变更和数据升级通过 BRCB 生成,以便在单一报告中采用

表 A.51（续）

标记名称	说　　明
SqNum(序号)	如果 BRCB 已经让允许报表设为真,应采用序号。在 BRCB 基础上每生成和发出一份报表,BRCB 应使该序号递增。一旦 BRCB 完成了发送报表的格式化,序号就应递增。在设定允许报表为真后的第一份报表,应包含序号 0。序号在达到最大值后,应滚动到 0
TrgOp(触发器选项)	触发器选项属性应指定本 BRCB 应监控的触发条件。应确定以下值: ——数据变更; ——质量变更; ——数据升级:完整性; ——一般询问
IntgPd(完整性时段)	如果触发器选项包含了指示完整性的设定值,完整性时段属性应指示生成完整性报表的时间段(单位:ms)。完整性报表应报告相关数据集各项的数值。当这一变更发出报表时,缓存时间应不会产生影响
GI(一般询问)	GI 属性应指示启动一般询问过程的请求。在设定为真后,BRCB 应启动一般询问过程。在开始一般询问后,BRCB 应自动将该属性设为假
Result(结果)	简单结果字符串"Ok",表明读取 URCB 值请求被接受
ServiceError(服务错误)	嵌入错误。服务器应用该元素表示请求的服务不成功。当响应消息中出现此元素时,客户端应假定请求被服务器拒绝
UUID(通用唯一识别码)	通用唯一识别码用作请求/响应关系的唯一服务识别。UUID 的细节应符合 RFC 4122 的规定。服务器应反映请求消息中收到的 UUID 值,并在响应消息中返回相同数值
AssocID(关联识别码)	关联识别码用于识别关联的源发站——特定客户端。关联识别码应用于识别服务器上已建立的订阅和记录

A.5.7.7　设定 URCB 值

A.5.7.7.1　设定 URCB 值请求

设定 URCB 值请求的服务应定义如下:

```
〈s:element name="SetURCBValuesRequest"〉
  〈s:complexType〉
    〈s:sequence〉
      〈s:element name="URCBRef" type="ews:tControlBlockReference"/〉
      〈s:element name="RptID" type="ews:tstring65" minOccurs="0"/〉
      〈s:element name="RptEna" type="s:boolean" minOccurs="0"/〉
      〈s:element name="Resv" type="s:boolean" minOccurs="0"/〉
      〈s:element name="DatSet" type="ews:tDataSetReference" minOccurs="0"/〉
      〈s:element name="OptFlds" type="ews:tOptFldsURCB" minOccurs="0"/〉
      〈s:element name="BufTm" type="s:unsignedInt" minOccurs="0"/〉
      〈s:element name="TrgOp" type="ews:tTrgCond" minOccurs="0"/〉
      〈s:element name="IntgPd" type="s:unsignedInt" minOccurs="0"/〉
```

```
    <s:element name="GI" type="s:boolean" minOccurs="0"/>
    </s:sequence>
  <s:attribute name="UUID" type="ews:tstring36" use="optional"/>
  <s:attribute name="AssocID" type="ews:tAssocID" use="required"/>
  </s:complexType>
</s:element>
```

标记名称应按照表 A.52 进行定义。

表 A.52 设定 URCB 值请求

标记名称	说明
SetURCBValuesRequest（设定 URCB 值请求）	客户端应利用设定 URCB 值服务来设定 URCB 的属性值，且该值为可见，因此可由提出请求的客户端按引用的逻辑节点访问
URCBRef(URCB 引用)	非缓存报表控制块引用属性应为非缓存报表控制块的唯一路径名称
RptID(报表识别符)	报表识别符属性应为已导致报表生成的 BRCB 的客户端指定报表识别符。如果 BRCB 的报表识别符值为零，BRCB 引用应作为报表识别符报出
RptEna(报表允许)	报表允许属性如果设为真应表明 URCB 当前允许报告数据集的值。如果设为真，URCB 应监控被引用的数据集值，并按照 URCB 中的规定生成报表。如果设为假，URCB 应停止发送报表
Resv(保留)	保留属性如果设为真应表明 URCB 当前只为将该值设为真的客户端所保留。其他客户端不允许设置该 URCB 的任何属性。如果保留属性不设为真，将报表允许属性设为真会隐含保留实例
DatSet(数据集)	DatSet 属性应指定被监控数据集的对象引用以及数据集的哪些项值一个数据、一个子集或全部数据应报告
OptFlds(可选字段)	可选字段属性应为需要在本 BRCB 发出报表中采用的客户端指定的可选字段
BufTm(缓冲时间)	缓存时间属性应指定用于内部通知缓存的时间间隔(单位：ms)，该通知由数据变更、质量变更和数据升级通过 BRCB 生成，以便在单一报告中采用
TrgOp(触发器选项)	触发器选项属性应指定本 BRCB 应监控的触发条件。应确定以下值： ——数据变更； ——质量变更； ——数据升级； ——完整性； ——一般询问
IntgPd(完整性时段)	如果触发器选项包含了指示完整性的设定值，完整性时段属性应指示生成完整性报表的时间段(单位：ms)。完整性报表应报告相关数据集各项的数值。当这一变更发出报表时，缓存时间应不会产生影响
GI(一般询问)	一般询问属性应指示启动一般询问过程的请求。在设定为真后，BRCB 应启动一般询问过程。在开始一般询问后，BRCB 应自动将该属性设为假
UUID	通用唯一识别码用作请求/响应关系的唯一服务识别。UUID 的细节应符合 RFC 4122 的规定
AssocID(关联识别码)	关联识别码用于识别关联的源发站——特定客户端。关联识别码应用于识别服务器上已建立的订阅和记录

A.5.7.7.2 设定 URCB 值响应

设定 URCB 值响应的服务应定义如下：

```
<s:element name="SetURCBValuesResponse">
  <s:complexType>
    <s:sequence>
      <s:choice>
        <s:element name="Result" type="ews:tResult" minOccurs="0"/>
        <s:element name="ServiceError" type="ews:tServiceError" minOccurs="0"
        maxOccurs="unbounded"/>
      </s:choice>
    </s:sequence>
    <s:attribute name="UUID" type="ews:tstring36" use="optional"/>
    <s:attribute name="AssocID" type="ews:tAssocID" use="required"/>
  </s:complexType>
</s:element>
```

标记名称应按照表 A.53 进行定义。

表 A.53 设定 URCB 值响应

标记名称	说明
SetURCBValuesResponse(设定 URCB 值响应)	通过设定 URCB 属性值对请求设定 URCB 值服务的客户端的服务器响应，URCB 属性值为可见、因此可由提出请求的客户端按引用的逻辑节点访问
Result(结果)	简单结果字符串"Ok"，表明设定 URCB 值的请求被接受
ServiceError(服务错误)	嵌入错误。服务器应用该元素表示请求的服务不成功。当响应消息中出现此元素时，客户端应假定请求被服务器拒绝
UUID	通用唯一识别码用作请求/响应关系的唯一服务识别。UUID 的细节应符合 RFC 4122 的规定。服务器应反映请求消息中收到的 UUID 值，并在响应消息中返回相同数值
AssocID(关联识别码)	关联识别码用于识别关联的源发站——特定客户端。关联识别码应用于识别服务器上已建立的订阅和记录

A.5.7.7.3 报表请求

报表请求服务应定义如下：

```
<s:element name="ReportRequest">
  <s:complexType>
    <s:sequence>
      <s:element name="MaxResponseTime" type="s:duration" minOccurs="1"/>
      <s:element name="MinResponseTime" type="s:duration" minOccurs="0"/>
    </s:sequence>
    <s:attribute name="UUID" type="ews:tstring36" use="optional"/>
    <s:attribute name="AssocID" type="ews:tAssocID" use="required"/>
  </s:complexType>
</s:element>
```

标记名称应按照表 A.54 进行定义。

表 A.54 报表请求

标记名称	说明
ReportRequest(报表请求)	客户端应利用报表请求服务来获得报表
MaxResponseTime(最长响应时间)	最长响应时间由服务器定义并在报表响应服务中通知客户端,以便服务器以受控的方式处理超时现象。最长响应时间结束时,服务器应假定客户端为非工作状态
MinResponseTime(最短响应时间)	最短响应时间报表请求中报表请求做出响应前应等待的最短时间。该时间被客户端用于以受控的方式平衡负荷
UUID	通用唯一识别码用作请求/响应关系的唯一服务识别。UUID 的细节应符合 RFC 4122 的规定
AssocID(关联识别码)	关联识别码用于识别关联的源发站——特定客户端。关联识别码应用于识别服务器上已建立的订阅和记录

A.5.7.7.4 报表响应

报表响应服务应定义如下:

```
〈s:element name = "ReportResponse"〉
  〈s:complexType〉
    〈s:choice〉
      〈s:sequence〉
        〈s:element name = "ReportFormat" type = "ews:tReportFormat" minOccurs = "0"
maxOccurs = "unbounded"/〉
        〈s:element name = "MaxRequestTime" type = "s:duration" minOccurs = "1"/〉
        〈s:element name = "MinRequestTime" type = "s:duration" minOccurs = "0"/〉
      〈/s:sequence〉
        〈s:element name = "ServiceError" type = "ews:tServiceError" minOccurs = "0"
      maxOccurs = "1"/〉
    〈/s:choice〉
    〈s:attribute name = "UUID" type = "ews:tstring36" use = "optional"/〉
    〈s:attribute name = "AssocID" type = ”ews:tAssocID” use = "required"/〉
    〈s: attribute name = " moreFollows " type = ” s: Boolean ” use = " optional " default
  = "false"/〉
    〈! -- The message size is too small to send all the information of a report in one mes-
  sage--〉
  〈/s:complexType〉
〈/s:element〉
```

标记名称应按照表 A.55 进行定义。

表 A.55 报表响应

标记名称	说明
ReportResponse(报表响应)	服务器应通过提供被请求的报表来响应客户端的报表响应服务
ReportFormat(报表格式)	报表格式指定报表中要采用的信息
MaxRequestTime(最长请求时间)	最长请求时间由服务器定义并在报表响应服务中通知客户端,以便允许服务器以受控的方式处理超时现象。最长请求时间结束时,服务器应假定客户端为非工作状态
MinRequestTime(最短请求时间)	最短请求时间由服务器定义并在报表响应中通知客户端,表示客户端在收到报表响应与针对同一关联发出下一个报表请求之间应等待的最短时间。该时间被服务器用于以受控的方式平衡负荷
ServiceError(服务错误)	嵌入错误。服务器应用该元素表示请求的服务不成功。当响应消息中出现此元素时,客户端应假定请求被服务器拒绝
UUID	通用唯一识别码用作请求/响应关系的唯一服务识别。UUID的细节应符合RFC 4122的规定。服务器应反映请求消息中收到的UUID值,并在响应消息中返回相同数值
AssocID(关联识别码)	关联识别码用于识别关联的源发站——特定客户端。关联识别码应用于识别服务器上已建立的订阅和记录
moreFollows(更多跟进)	随后是序号相同的更多报表部分

A.5.8 日志控制块类服务映射

A.5.8.1 总则

LCB类服务应映射到表A.56定义的Web服务。

表 A.56 日志控制块服务映射

GB/T 30966.2 IM类 GB/T 30966.3 IEM类	GB/T 30966.3 IEM服务	映射到对象和Web服务
LOG-CONTROL-BLOCK(日志控制块)		tLCB
	GetLCBValues(读取LCB值)	GetLCBValues(读取LCB值)
	SetLCBValues(设定LCB值)	SetLCBValues(设定LCB值)

A.5.8.2 读取LCB值

A.5.8.2.1 读取LCB值请求

读取LCB值请求的服务应定义如下:

```
<s:element name="GetLCBValuesRequest">
  <s:complexType>
    <s:sequence>
      <s:element name="LCBRef" type="ews:tControlBlockReference"/>
```

```
    </s:sequence>
      <s:attribute name="UUID" type="ews:tstring36" use="optional"/>
      <s:attribute name="AssocID" type=”ews:tAssocID” use="required"/>
  </s:complexType>
</s:element>
```

标记名称应按照表 A.57 进行定义。

表 A.57 读取 LCB 值请求

标记名称	说明
GetLCBValuesRequest（读取 LCB 值请求）	客户端应利用读取 LCB 值服务来检索 LCB 的属性值，该属性值为可见，因此可由提出请求的客户端按引用的逻辑节点访问
LCBRef(LCB 引用)	日志控制块引用属性应为日志控制块的唯一路径名称
UUID	通用唯一识别码用作请求/响应关系的唯一服务识别。UUID 的细节应符合 RFC 4122 的规定
AssocID(关联识别码)	关联识别码用于识别关联的源发站——特定客户端。关联识别码应用于识别服务器上已建立的订阅和记录

A.5.8.2.2 读取 LCB 值响应

读取 LCB 值响应的服务应定义如下：

```
<s:element name="GetLCBValuesResponse">
  <s:complexType>
    <s:sequence>
      <s:choice>
        <s:sequence>
          <s:element name="LogEna" type="s:boolean"/>
          <s:element name="DatSet" type="ews:tDataSetReference"/>
          <s:element name="TrgOp" type="ews:tTrgCond"/>
          <s:element name="IntgPd" type="s:unsignedInt"/>
          <s:element name="LogRef" type="ews:tObjectReference"/>
        </s:sequence>
        <s:element name="ServiceError" type="ews:tServiceError" minOccurs="0"
      maxOccurs="1"/>
      </s:choice>
    </s:sequence>
    <s:attribute name="UUID" type="ews:tstring36" use="optional"/>
    <s:attribute name="AssocID" type=”ews:tAssocID” use="required"/>
  </s:complexType>
</s:element>
```

标记名称应按照表 A.58 进行定义。

表 A.58 读取 LCB 值响应

标记名称	说明
GetLCBValuesResponse（读取 LCB 值响应）	通过提供 LCB 属性值对请求读取 LCB 值服务的客户端的服务器响应，该属性值为可见，因此可由提出请求的客户端按引用的逻辑节点访问
LogEna（日志允许）	日志允许参数应包含被引用 LCB 的相应日志允许属性值
DatSet（数据集）	数据集引用参数应包含被引用 LCB 的相应 DatSet 属性值
TrgOp（触发器选项）	触发器选项参数应包含被引用 LCB 的相应触发器选项属性值
IntgPd（完整性时段）	完整性时段参数应包含被引用 LCB 的相应完整性时段属性值
LogRef（日志引用）	日志引用参数应包含被引用 LCB 的相应日志引用属性值
ServiceError（服务错误）	嵌入错误。服务器应用该元素表示请求的服务不成功。当响应消息中出现此元素时，客户端应假定请求被服务器拒绝
UUID	通用唯一识别码用作请求/响应关系的唯一服务识别。UUID 的细节应符合 RFC 4122 的规定。服务器应反映请求消息中收到的 UUID 值，并在响应消息中返回相同数值
AssocID（关联识别码）	关联识别码用于识别关联的源发站——特定客户端。关联识别码应用于识别服务器上已建立的订阅和记录

A.5.8.3 设定 LCB 值

A.5.8.3.1 总则

LCB 的属性与行为应符合 GB/T 30966.3 的定义（参照 IEC 61850-7-2）。

A.5.8.3.2 设定 LCB 值请求

设定 LCB 值请求的服务应定义如下：

```
〈s:element name = "SetLCBValuesRequest"〉
  〈s:complexType〉
    〈s:sequence〉
      〈s:element name = "LCBRef" type = "ews:tControlBlockReference"/〉
      〈s:element name = "LogEna" type = "s:boolean" minOccurs = "0"/〉
      〈s:element name = "DatSet" type = "ews:tDataSetReference" minOccurs = "0"/〉
      〈s:element name = "OptFlds" type = "ews:tOptFldsLCB" minOccurs = "0"/〉
      〈s:element name = "IntgPd" type = "s:unsignedInt" minOccurs = "0"/〉
      〈s:element name = "LogRef" type = "ews:tObjectReference" minOccurs = "0"/〉
    〈/s:sequence〉
    〈s:attribute name = "UUID" type = "ews:tstring36" use = "optional"/〉
    〈s:attribute name = "AssocID" type = ”ews:tAssocID” use = "required"/〉
  〈/s:complexType〉
〈/s:element〉
```

标记名称应按照表 A.59 进行定义。

表 A.59 设定 LCB 值请求

标记名称	说明
SetLCBValuesRequest（设定 LCB 值请求）	客户端应利用设定 LCB 值服务来设定 LCB 的属性值，该属性值为可见，因此可由提出请求的客户端按引用的逻辑节点访问
LCBRef(LCB 引用)	LCB 引用参数应包含被引用 LCB 的相应 LCB 引用属性值
LogEna(日志允许)	日志允许参数应包含被引用 LCB 的相应日志允许属性值
DatSet(数据集)	数据集引用参数应包含被引用 LCB 的相应 DatSet 属性值
OptFlds(可选字段)	可选字段属性应为需要在本 BRCB 发出报表中采用的客户端指定的可选字段
IntgPd(完整性时段)	完整性时段参数应包含被引用 LCB 的相应完整性时段属性值
LogRef(日志引用)	日志引用参数应包含被引用 LCB 的相应日志引用属性值
UUID	通用唯一识别码用作请求/响应关系的唯一服务识别。UUID 的细节应符合 RFC 4122 的规定
AssocID(关联识别码)	关联识别码用于识别关联的源发站——特定客户端。关联识别码应用于识别服务器上已建立的订阅和记录

A.5.8.3.3 设定 LCB 值响应

设定 LCB 值响应的服务应定义如下：

```
〈s:element name="SetLCBValuesResponse"〉
  〈s:complexType〉
    〈s:sequence〉
      〈s:choice〉
        〈s:element name="Result" type="ews:tResult" minOccurs="0"/〉
        〈s: element name=" ServiceError" type=" ews: tServiceError" minOccurs=" 0"
      maxOccurs="1"/〉
      〈/s:choice〉
    〈/s:sequence〉
    〈s:attribute name="UUID" type="ews:tstring36" use="optional"/〉
    〈s:attribute name="AssocID" type=”ews:tAssocID” use="required"/〉
  〈/s:complexType〉
〈/s:element〉
```

标记名称应按照表 A.60 进行定义。

表 A.60 设定 LCB 值响应

标记名称	说明
SetLCBValuesResponse（设定 LCB 值响应）	通过设定 LCB 属性值对请求设定 LCB 值服务的客户端的服务器响应，LCB 属性值为可见、因此可由提出请求的客户端按引用的逻辑节点访问
Result(结果)	简单结果字符串“Ok”，表明设定 LCB 值的请求被接受
ServiceError(服务错误)	嵌入错误。服务器应用该元素表示请求的服务不成功。当响应消息中出现此元素时，客户端应假定请求被服务器拒绝
UUID	通用唯一识别码用作请求/响应关系的唯一服务识别。UUID 的细节应符合 RFC 4122 的规定。服务器应反映请求消息中收到的 UUID 值，并在响应消息中返回相同数值
AssocID(关联识别码)	关联识别码用于识别关联的源发站——特定客户端。关联识别码应用于识别服务器上已建立的订阅和记录

A.5.9 日志类服务映射

A.5.9.1 总则

日志类服务应映射到表 A.61 定义的 Web 服务。GB/T 30966.3—2014 的 A.2 举例说明了如何让日志服务在实践中发挥作用。

表 A.61 日志类服务映射

GB/T 30966.2 IM 类 GB/T 30966.3 IEM 类	GB/T 30966.3 IEM 服务	映射到对象和 Web 服务
LOG(日志)		tLOG
	GetLogStatusValues(读取日志状态值)	GetLogStatusValues(读取日志状态值)
	QueryLogByTime(按时间查询日志)	QueryLogByTime(按时间查询日志)
	QueryLogAfter(查询此后日志)	QueryLogAfter(查询此后日志)

A.5.9.2 读取日志状态值

A.5.9.2.1 读取日志状态值请求

读取日志状态值请求的服务应定义如下：

```
〈s:element name="GetLogStatusValuesRequest"〉
  〈s:complexType〉
    〈s:sequence〉
      〈s:element name="LogRef" type="ews:tObjectReference"/〉
    〈/s:sequence〉
    〈s:attribute name="UUID" type="ews:tstring36" use="optional"/〉
    〈s:attribute name="AssocID" type="ews:tAssocID" use="required"/〉
  〈/s:complexType〉
〈/s:element〉
```

标记名称应按照表 A.62 进行定义。

表 A.62 读取日志状态值请求

标记名称	说 明
GetLogStatusValuesRequest（读取日志状态值请求）	客户端应利用读取日志状态值服务来检索 LCB 的属性值，该属性值为可见，因此可由提出请求的客户端按引用的逻辑节点访问
LogRef（日志引用）	日志引用属性应为日志的唯一路径名称
UUID	通用唯一识别码用作请求/响应关系的唯一服务识别。UUID 的细节应符合 RFC 4122 的规定
AssocID（关联识别码）	关联识别码用于识别关联的源发站——特定客户端。关联识别码应用于识别服务器上已建立的订阅和记录

A.5.9.2.2 读取日志状态值响应

读取日志状态值响应的服务应定义如下：

```
<s:element name = "GetLogStatusValuesResponse">
<s:complexType>
  <s:choice>
    <s:sequence>
      <s:element name = "OldEntrTm" type = "ews:tTimeStamp"/>
      <s:element name = "NewEntrTm" type = "ews:tTimeStamp"/>
      <s:element name = "OldEntr" type = "s:unsignedInt"/>
      <s:element name = "NewEntr" type = "s:unsignedInt"/>
    </s:sequence>
    <s:element name = "ServiceError" type = "ews:tServiceError" minOccurs = "0" maxOccurs
    = "1"/>
  </s:choice>
  <s:attribute name = "UUID" type = "ews:tstring36" use = "optional"/>
  <s:attribute name = "AssocID" type = "ews:tAssocID" use = "required"/>
</s:complexType>
</s:element>
```

标记名称应按照表 A.63 进行定义。

表 A.63 读取日志状态值响应

标记名称	说 明
GetLogStatusValuesResponse（读取日志状态值响应）	通过检索 LCB 属性值对请求读取日志状态值服务的客户端的服务器响应，LCB 属性值为可见、因此可由提出请求的客户端按引用的逻辑节点访问
OldEntrTm（旧输入时间）	旧输入时间属性应指示最老日志输入项被存储的时间。 注：这里是指输入项被存入日志的时间。此时间不同于输入本身的时间戳，后者表示创建日志输入项的事件发生时间
NewEntrTm（新输入时间）	新输入时间属性应指示最新日志输入项被存储的时间

表 A.63（续）

标记名称	说　　明
OldEntr(旧输入项)	旧输入项属性应指示日志中现有最先输入项的输入识别码
NewEntr(新输入项)	新输入项属性应指示日志中现有最新输入项的输入识别码
ServiceError(服务错误)	嵌入错误。服务器应用该元素表示请求的服务不成功。当响应消息中出现此元素时,客户端应假定请求被服务器拒绝
UUID	通用唯一识别码用作请求/响应关系的唯一服务识别。UUID 的细节应符合 RFC 4122 的规定。服务器应反映请求消息中收到的 UUID 值,并在响应消息中返回相同数值
AssocID(关联识别码)	关联识别码用于识别关联的源发站——特定客户端。关联识别码应用于识别服务器上已建立的订阅和记录

A.5.9.3　按时间询问日志

A.5.9.3.1　按时间询问日志请求

按时间询问日志请求的服务应定义如下：

```
〈s:element name = "QueryLogByTimeRequest"〉
  〈s:complexType〉
    〈s:sequence〉
      〈s:element name = "LogRef" type = "ews:tObjectReference"/〉
      〈s:element name = "StartTime" type = "ews:tTimeStamp" minOccurs = "0"/〉
      〈s:element name = "StopTime" type = "ews:tTimeStamp" minOccurs = "0"/〉
      〈s:element name = "DataFilter" type = "ews:tFcdFcdaType" minOccurs = "0"
    maxOccurs = "unbounded"/〉
    〈/s:sequence〉
    〈s:attribute name = "UUID" type = "ews:tstring36" use = "optional"/〉
    〈s:attribute name = "AssocID" type = ”ews:tAssocID” use = "required"/〉
  〈/s:complexType〉
〈/s:element〉
```

标记名称应按照表 A.64 进行定义。

表 A.64　按时间询问日志请求

标记名称	说　　明
QueryLogByTimeRequest(按时间询问日志请求)	客户端应利用按时间询问日志服务来检索日志输入项的范围,该输入项来自 LOG,日志基于时间范围(开始时间和停止时间)
LogRef(日志引用)	日志引用属性应为日志的唯一路径名称
StartTime(开始时间)	开始时间参数应包含检索日志输入项的开始时间。选定的第一个日志输入项应为日志中的第一个输入项,其开始时间要大于等于开始时间。如果没有指定开始时间,日志中包含的第一个日志输入项应为选定发送的第一输入项

表 A.64（续）

标记名称	说明
StopTime(停止时间)	停止时间参数应包含检索日志输入项的停止时间。选定的最后一个日志输入项应为日志中的最后输入项,其停止时间要小于等于停止时间。如果没有指定停止时间,日志中包含的最后日志输入项应为选定的最后输入项
DataFilter(数据筛选器)	数据筛选器指定功能受限数据或功能受限数据属性,其数值须从响应中的日志进行检索。这是一种筛选机制:服务器只应采纳客户端请求间隔中包含有指定数据筛选器引用的日志输入项。如果没有请求数据筛选器,服务器应检索属于被请求间隔的全部日志输入项
UUID	通用唯一识别码用作请求/响应关系的唯一服务识别。UUID 的细节应符合 RFC 4122 的规定
AssocID(关联识别码)	关联识别码用于识别关联的源发站——特定客户端。关联识别码应用于识别服务器上已建立的订阅和记录

A.5.9.3.2 按时间询问日志响应

按时间询问日志响应的服务应定义如下：

```
〈s:element name = "QueryLogByTimeResponse"〉
  〈s:complexType〉
    〈s:sequence〉
      〈s:choice〉
        〈s:sequence〉
          〈s:element name = "LogEntry" type = "ews:tLOGEntry"/〉
        〈/s:sequence〉
          〈s:element name = "ServiceError" type = "ews:tServiceError" minOccurs = "0"
        maxOccurs = "1"/〉
      〈/s:choice〉
    〈/s:sequence〉
    〈s:attribute name = "UUID" type = "ews:tstring36" use = "optional"/〉
    〈s:attribute name = "AssocID" type = ”ews:tAssocID” use = "required"/〉
  〈/s:complexType〉
〈/s:element〉
```

标记名称应按照表 A.65 进行定义。

表 A.65 按时间询问日志响应

标记名称	说明
QueryLogByTimeResponse（按时间询问日志响应）	针对客户端的服务器响应,客户端通过检索日志输入项来请求按时间询问日志服务,该输入项来自基于时间范围开始时间和停止时间的日志
LogEntry(日志输入)	日志输入参数应引用被选定开始时间的日志输入项,日志输入项应在此开始时间后被选定

表 A.65（续）

标记名称	说明
ServiceError(服务错误)	嵌入错误。服务器应用该元素表示请求的服务不成功。当响应消息中出现此元素时，客户端应假定请求被服务器拒绝
UUID	通用唯一识别码用作请求/响应关系的唯一服务识别。UUID 的细节应符合 RFC 4122 的规定。服务器应反映请求消息中收到的 UUID 值，并在响应消息中返回相同数值
AssocID(关联识别码)	关联识别码用于识别关联的源发站——特定客户端。关联识别码应用于识别服务器上已建立的订阅和记录

A.5.9.4 询问此后日志

A.5.9.4.1 询问此后日志请求

询问此后日志请求的服务应定义如下：

```
〈s:element name="QueryLogAfterRequest"〉
  〈s:complexType〉
    〈s:sequence〉
      〈s:element name="LogRef" type="ews:tObjectReference"/〉
      〈s:element name="StartTime" type="ews:tTimeStamp" minOccurs="0"/〉
      〈s:element name="EntryID" type="s:unsignedInt" minOccurs="0"/〉
      〈s:element name="DataFilter" type="ews:tFcdFcdaType" minOccurs="0"
    maxOccurs="unbounded"/〉
    〈/s:sequence〉
    〈s:attribute name="UUID" type="ews:tstring36" use="optional"/〉
    〈s:attribute name="AssocID" type=”ews:tAssocID” use="required"/〉
  〈/s:complexType〉
〈/s:element〉
```

标记名称应按照表 A.66 进行定义。

表 A.66　询问此后日志请求

标记名称	说明
QueryLogAfterRequest (询问此后日志请求)	客户端应利用询问此后日志)服务来检索日志输入项的范围，该输入项来自基于识别符范围的被引用日志，识别符的位置在开始时间和输入识别符之后
LogRef(日志引用)	日志引用参数应指定日志对象引用的日志引用
StartTime(开始时间)	开始时间范围参数应包含被选定日志输入项(或若干日志输入项——单一时间戳的多个输入项)的时间
EntryID(输入识别符)	输入识别符参数应引用被选定开始时间的日志输入项，日志输入项应在此开始时间后被选定

表 A.66（续）

标记名称	说明
DataFilter(数据筛选器)	数据筛选器指定功能受限数据或功能受限数据属性，其数值须从响应中的日志进行检索。这是一种筛选机制：服务器只应采纳客户端请求间隔中包含有指定数据筛选器引用的日志输入项。如果没有请求数据筛选器，服务器应检索属于被请求间隔的全部日志输入项
UUID	通用唯一识别码用作请求/响应关系的唯一服务识别。UUID 的细节应符合 RFC 4122 的规定
AssocID(关联识别码)	关联识别码用于识别关联的源发站——特定客户端。关联识别码应用于识别服务器上已建立的订阅和记录

A.5.9.4.2 询问此后日志响应

询问此后日志响应的服务应定义如下：

```
〈s:element name = "QueryLogAfterResponse"〉
  〈s:complexType〉
    〈s:sequence〉
      〈s:choice〉
        〈s:sequence〉
          〈s:element name = "LogEntry" type = "ews:tLOGEntry"/〉
        〈/s:sequence〉
        〈s: element  name  = " ServiceError "  type  = " ews: tServiceError "  minOccurs  = " 0 "
        maxOccurs = "unbounded"/〉
      〈/s:choice〉
    〈/s:sequence〉
    〈s:attribute name = "UUID" type = "ews:tstring36" use = "optional"/〉
    〈s:attribute name = "AssocID" type = ”ews:tAssocID” use = "required"/〉
  〈/s:complexType〉
〈/s:element〉
```

标记名称应按照表 A.67 进行定义。

表 A.67 询问此后日志响应

标记名称	说明
QueryLogAfterResponse(询问此后日志响应)	针对客户端的服务器响应，客户端请求询问此后日志服务来检索日志输入项的范围，该输入项来自基于识别符范围的被引用日志，识别符的位置在开始时间和输入识别符后
LogEntry(日志输入)	日志输入参数应引用被选定开始时间的日志输入项，日志输入项应在此开始时间后被选定
ServiceError(服务错误)	嵌入错误。服务器应用该元素表示请求的服务不成功。当响应消息中出现此元素时，客户端应假定请求被服务器拒绝

表 A.67（续）

标记名称	说明
UUID(通用唯一识别码)	通用唯一识别码用作请求/响应关系的唯一服务识别。UUID 的细节应符合 RFC 4122 的规定。 服务器应反映请求消息中收到的 UUID 值，并在响应消息中返回相同数值
AssocID(关联识别码)	关联识别码用于识别关联的源发站——特定客户端。关联识别码应用于识别服务器上已建立的订阅和记录

A.5.10 控制类服务映射

A.5.10.1 总则

控制模型提供了通过客户端变更内外部过程状态的具体方法。控制模型只适用于具有控制模型属性的数据。该数据被称为"控制对象"。

控制模型由以下内容组成：

——关于服务的规定；

——状态机描述的行为。

控制模型定义了下列服务：

——选择；

——用数值选择；

——取消；

——操作；

——命令终止；

——时间激活操作。

控制对象和控制对象状态机的属性与行为应符合 GB/T 30966.3 的定义(参照 IEC 61850-7-2)。

控制类服务应映射到表 A.68 定义的 Web 服务。

表 A.68 控制类服务映射

GB/T 30966.2 IM 类 GB/T 30966.3 IEM 类	GB/T 30966.3 IEM 服务	映射到对象和 Web 服务
CONTROL(控制)		
	Select(选择)	Select(选择)
	SelectWithValue(按数值选择)	SelectWithValue(按数值选择)
	Cancel(取消)	Cancel(取消)
	Operate(操作)	Operate(操作)
	CommandTermination(命令终止)	CommandTermination(命令终止)
	TimeActivatedOperate(时间激活操作)	TimeActivatedOperate(时间激活操作)

A.5.10.2 选择

选择服务定义如下：

A.5.10.2.1 选择请求

```
<s:element name = "SelectRequest">
  <s:complexType>
    <s:sequence>
      <s:element name = "ControlObjectRef" type = " ews:tDAReference "/>
    </s:sequence>
    <s:attribute name = "UUID" type = "ews:tstring36" use = "optional"/>
    <s:attribute name = "AssocID" type = ”ews:tAssocID” use = "required"/>
  </s:complexType>
</s:element>
```

标记名称应按照表 A.69 进行定义。

表 A.69 选择请求

标记名称	说 明
SelectRequest(选择请求)	客户端应发出选择请求，内容包括在被引用逻辑节点中客户端能接触到的有效控制对象
ControlObjectRef(控制对象引用)	控制对象引用参数应包含要被访问的可控数据的对象引用
UUID	通用唯一识别码用作请求/响应关系的唯一服务识别。UUID 的细节应符合 RFC 4122 的规定
AssocID(关联识别码)	关联识别码用于识别关联的源发站——特定客户端。关联识别码应用于识别服务器上已建立的订阅和记录

A.5.10.2.2 选择响应

```
<s:element name = "SelectResponse">
  <s:complexType>
    <s:sequence>
      <s:element name = "ControlObjectRef" type = " ews:tDAReference "/>
      <s: element name = " ServiceError " type = " ews: tServiceError " minOccurs = " 0 "
  maxOccurs = "1"/>
    </s:sequence>
    <s:attribute name = "UUID" type = "ews:tstring36" use = "optional"/>
    <s:attribute name = "AssocID" type = ”ews:tAssocID” use = "required"/>
  </s:complexType>
</s:element>
```

标记名称应按照表 A.70 进行定义。

表 A.70 选择响应

标记名称	说明
SelectRespons(选择响应)	服务器应采用关联控制对象对选择请求做出响应,其做法是确定客户端是否有适当的访问权限,确定控制对象目前未被不同的客户端选定,通过关联逻辑节点表示的设备可操作而且不带限制操作的标记。 如果选择操作无效,控制对象应向提出请求的客户端发出消极响应。 如果选择操作有效,控制对象应向提出请求的客户端发出积极响应,将状态改为就绪,并启动取消选择定时程序,时间间隔由选择超时属性定义或(如未实施)由某个局部确定的时限来定义
ControlObjectRef(控制对象引用)	控制对象引用参数应包含要被访问的可控数据的对象引用
ServiceError(服务错误)	嵌入错误。服务器应用该元素表示请求的服务不成功。当响应消息中出现此元素时,客户端应假定请求被服务器拒绝
UUID	通用唯一识别码用作请求/响应关系的唯一服务识别。UUID 的细节应符合 RFC 4122 的规定。服务器应反映请求消息中收到的 UUID 值,并在响应消息中返回相同数值
AssocID(关联识别码)	关联识别码用于识别关联的源发站——特定客户端。关联识别码应用于识别服务器上已建立的订阅和记录

A.5.10.3 按数值选择

按数值选择服务定义如下:

A.5.10.3.1 按数值选择请求

```
〈s:element name = "SelectWithValueRequest"〉
  〈s:complexType〉
    〈s:sequence〉
      〈s:element name = "ControlObjectRef" type = " ews:tDAReference "/〉
      〈s:element name = "Value" type = " ews:tControlValue "/〉
      〈s:element name = "T" type = " ews:tTimeStamp "/〉
      〈s:element name = "Test" type = " s:boolean "/〉
      〈s:element name = "Check" type = " ews:tCheck "/〉
    〈/s:sequence〉
    〈s:attribute name = "UUID" type = "ews:tstring36" use = "optional"/〉
    〈s:attribute name = "AssocID" type = ”ews:tAssocID” use = "required"/〉
  〈/s:complexType〉
〈/s:element〉
```

标记名称应按照表 A.71 进行定义。

表 A.71 按数值选择请求

标记名称	说明
SelectWithValueRequest(按数值选择请求)	客户端应发出按数值选择请求,内容包括在被引用逻辑节点中客户端能接触到的有效控制对象
ControlObjectRef(控制对象引用)	控制对象引用参数应包含要被访问的可控数据的对象引用
Value(数值)	如果客户端提出请求,“数值”参数应包含服务的特定值
T(时间)	“时间”参数应包含服务被请求的时间
Test(试验)	“试验”参数应通过数值真指示不得将消息数值用于运行目的
Check(校核)	在操作过程中从一种状态变为下一种状态的过程应通过参数校核来控制。校核条件可由服务参数(如:同步校核)指定。除了由服务参数指定的校核条件外,控制对象还可进行附加校核
UUID	通用唯一识别码用作请求/响应关系的唯一服务识别。UUID 的细节应符合 RFC 4122 的规定
AssocID(关联识别码)	关联识别码用于识别关联的源发站——特定客户端。关联识别码应用于识别服务器上已建立的订阅和记录

A.5.10.3.2 按数值选择响应

```
〈s:element name="SelectWithValueResponse"〉
  〈s:complexType〉
    〈s:sequence〉
      〈s:element name="ControlObjectRef" type=" ews:tDAReference "/〉
      〈s:element name="Value" type=" ews:tControlValue "/〉
      〈s:element name="T" type=" ews:tTimeStamp "/〉
      〈s:element name="Test" type=" s:boolean "/〉
      〈s: element name =" AddCause" type =" ews: tAddCause" minOccurs =" 0" maxOccurs
  ="1"/〉
    〈/s:sequence〉
    〈s:attribute name="UUID" type="ews:tstring36" use="optional"/〉
    〈s:attribute name="AssocID" type=”ews:tAssocID” use="required"/〉
  〈/s:complexType〉
〈/s:element〉
```

标记名称应按照表 A.72 进行定义。

表 A.72 按数值选择响应

标记名称	说明
SelectWithValueResponse（按数值选择响应）	当服务器收到按数值选择请求时，控制对象应确定客户端是否有适当的访问权限，确定控制对象目前未被不同的客户端选定，表现为关联逻辑节点表示的设备可操作而且不带限制操作。 如果按数值选择操作无效，控制对象应向提出请求的客户端发出消极响应。 如果按数值选择操作有效，控制对象应向提出请求的客户端发出积极响应，将状态改为就绪并启动取消选定定时程序，时间间隔由 sbo 超时属性定义或（如未实施）由某个当地确定的时限定义
ControlObjectRef（控制对象引用）	控制对象引用参数应包含要被访问的可控数据的对象引用
Value（数值）	如果客户端提出请求，数据参数应包含服务的特定值
T（时间）	"时间"参数应包含服务被请求的时间
Test（试验）	"试验"参数应通过数值真指示不得将消息数值用于运行目的
AddCause（添加理由）	添加理由参数应在控制服务响应失效时查找原因。数值范围如下： ——实例不存在； ——实例在使用； ——访问违规； ——当前状态不允许访问； ——参数值不恰当； ——参数值不一致； ——类别不被支持； ——实例被其他客户端锁定； ——控制应被选定； ——类型冲突； ——因通信限制而失败； ——因服务器限制而失败； ——应用无法实现； ——连接丢失； ——没有内存； ——没有处理器资源； ——被开关分级锁定； ——选择失败； ——无效位置； ——位置实现； ——参数更改在实施； ——命令已在执行； ——步骤限制； ——被模式锁定； ——被过程锁定； ——被联锁锁定； ——被同步校核锁定； ——被健康锁定； ——n 项控制之一；

表 A.72（续）

标记名称	说明
AddCause(添加理由)	——因取消而中止； ——时间限制结束； ——因跳闸而中止； ——不详； ——不被支持
UUID	通用唯一识别码用作请求/响应关系的唯一服务识别。UUID 的细节应符合 RFC 4122 的规定。服务器应反映请求消息中收到的 UUID 值，并在响应消息中返回相同数值
AssocID(关联识别码)	关联识别码用于识别关联的源发站——特定客户端。关联识别码应用于识别服务器上已建立的订阅和记录

A.5.10.4 取消

取消服务定义如下：

A.5.10.4.1 取消请求

```
<s:element name="CancelRequest">
  <s:complexType>
    <s:sequence>
      <s:element name="ControlObjectRef" type=" ews:tDAReference "/>
      <s:element name="Value" type=" ews:tControlValue "/>
      <s:element name="T" type=" ews:tTimeStamp "/>
      <s:element name="Test" type=" s:boolean "/>
    </s:sequence>
    <s:attribute name="UUID" type="ews:tstring36" use="optional"/>
    <s:attribute name="AssocID" type="ews:tAssocID" use="required"/>
  </s:complexType>
</s:element>
```

标记名称应按照表 A.73 进行定义。

表 A.73 取消请求

标记名称	说明
CancelRequest(取消请求)	当需要撤消操作服务选择时，客户端应请求“取消”服务
ControlObjectRef(控制对象引用)	控制对象引用参数应包含要被访问的可控数据的对象引用
Value(数值)	如果客户端提出请求，数据参数应包含服务的特定值
T(时间)	“时间”参数应包含服务被请求的时间
Test(试验)	“试验”参数应通过数值真指示不得将消息数值用于运行目的

表 A.73（续）

标记名称	说　明
UUID	通用唯一识别码用作请求/响应关系的唯一服务识别。UUID 的细节应符合 RFC 4122 的规定
AssocID(关联识别码)	关联识别码用于识别关联的源发站——特定客户端。关联识别码应用于识别服务器上已建立的订阅和记录

A.5.10.4.2　取消响应

```
〈s:element name = "CancelResponse"〉
  〈s:complexType〉
    〈s:sequence〉
      〈s:element name = "ControlObjectRef" type = " ews:tDAReference "/〉
      〈s:element name = "Value" type = " ews:tControlValue "/〉
      〈s:element name = "T" type = " ews:tTimeStamp "/〉
      〈s:element name = "Test" type = " s:boolean "/〉
      〈s:element name = " AddCause" type = " ews: tAddCause" minOccurs = " 0 " maxOccurs
  = "1"/〉
    〈/s:sequence〉
    〈s:attribute name = "UUID" type = "ews:tstring36" use = "optional"/〉
    〈s:attribute name = "AssocID" type = "ews:tAssocID" use = "required"/〉
  〈/s:complexType〉
〈/s:element〉
```

标记名称应按照表 A.74 进行定义。

表 A.74　取消响应

标记名称	说　明
CancelResponse(取消响应)	当撤消操作服务选择操作完成或因为带有添加理由参数而被拒绝时，服务器应发出“取消”响应
ControlObjectRef(控制对象引用)	控制对象引用参数应包含要被访问的可控数据的对象引用
Value(数值)	如果客户端提出请求，数据参数应包含服务的特定值
T(时间)	“时间”参数应包含服务被请求的时间
Test(试验)	“试验”参数应通过数值真指示不得将消息数值用于运行目的
AddCause(添加理由)	添加理由参数应在控制服务响应失效时查找原因。数值范围如下： ——实例不存在； ——实例在使用； ——访问违规； ——当前状态不允许访问； ——参数值不恰当； ——参数值不一致；

表 A.74（续）

标记名称	说　明
AddCause(添加理由)	——类别不被支持； ——实例被其他客户端锁定； ——控制应被选定； ——类型冲突； ——因通信限制而失败； ——因服务器限制而失败； ——应用无法实现； ——连接丢失； ——没有内存； ——没有处理器资源； ——被开关分级锁定； ——选择失败； ——无效位置； ——位置实现； ——参数更改在实施； ——命令已在执行； ——步骤限制； ——被模式锁定； ——被过程锁定； ——被联锁锁定； ——被同步校核锁定； ——被健康锁定； ——n 项控制之一； ——因取消而中止； ——时间限制结束； ——因跳闸而中止； ——不详； ——不被支持
UUID	通用唯一识别码用作请求/响应关系的唯一服务识别。UUID 的细节应符合 RFC 4122 的规定。服务器应反映请求消息中收到的 UUID 值，并在响应消息中返回相同数值
AssocID(关联识别码)	关联识别码用于识别关联的源发站——特定客户端。关联识别码应用于识别服务器上已建立的订阅和记录

A.5.10.5　操作

操作服务定义如下：

A.5.10.5.1 操作请求

```
<s:element name = "OperateRequest">
  <s:complexType>
```

```
      〈s:sequence〉
        〈s:element name = "ControlObjectRef" type = " ews:tDAReference "/〉
        〈s:element name = "Value" type = " ews:tControlValue "/〉
        〈s:element name = "T" type = " ews:tTimeStamp "/〉
        〈s:element name = "Test" type = " s:boolean "/〉
        〈s:element name = "Check" type = " ews:tCheck "/〉
      〈/s:sequence〉
      〈s:attribute name = "UUID" type = "ews:tstring36" use = "optional"/〉
      〈s:attribute name = "AssocID" type = ”ews:tAssocID” use = "required"/〉
    〈/s:complexType〉
  〈/s:element〉
```

标记名称应按照表 A.75 进行定义。

表 A.75　操作请求

标记名称	说　明
OperateRequest(操作请求)	需要操作服务时,客户端应请求包括控制对象引用的"操作"服务
ControlObjectRef(控制对象引用)	控制对象引用参数应包含要被访问的可控数据的对象引用
Value(数值)	如果客户端提出请求,数据参数应包含服务的特定值
T(时间)	"时间"参数应包含服务被请求的时间
Test(试验)	"试验"参数应通过数值真指示不得将消息数值用于运行目的
Check(校核)	在操作过程中从一种状态向下一种状态的变化应由参数校核来控制。校核条件可由服务参数(如:同步校核)指定。除了由服务参数指定的校核条件外,控制对象还可进行附加校核
UUID	通用唯一识别码用作请求/响应关系的唯一服务识别。UUID 的细节应符合 RFC 4122 的规定
AssocID(关联识别码)	关联识别码用于识别关联的源发站——特定客户端。关联识别码应用于识别服务器上已建立的订阅和记录

A.5.10.5.2　操作响应

```
  〈s:element name = "OperateResponse"〉
    〈s:complexType〉
      〈s:sequence〉
        〈s:element name = "ControlObjectRef" type = " ews:tDAReference "/〉
        〈s:element name = "Value" type = " ews:tControlValue "/〉
        〈s:element name = "T" type = " ews:tTimeStamp "/〉
        〈s:element name = "Test" type = " s:boolean "/〉
        〈s: element name = " AddCause" type = " ews: tAddCause" minOccurs = " 0" maxOccurs
    = "1"/〉
      〈/s:sequence〉
      〈s:attribute name = "UUID" type = "ews:tstring36" use = "optional"/〉
```

```
    <s:attribute name="AssocID" type="ews:tAssocID" use="required"/>
  </s:complexType>
</s:element>
```

标记名称应按照表 A.76 进行定义。

表 A.76 操作响应

标记名称	说明
OperateResponse(操作响应)	当服务完成或因为带有添加理由参数而被拒绝时,服务器应发出“操作”响应
ControlObjectRef(控制对象引用)	控制对象引用参数应包含要被访问的可控数据的对象引用
Value(数值)	如果客户端提出请求,数据参数应包含服务的特定值
T(时间)	“时间”参数应包含服务被请求的时间
Test(试验)	“试验”参数应通过数值真指示不得将消息数值用于运行目的
AddCause(添加理由)	添加理由参数应在控制服务响应失效时查找原因。数值范围如下: ——实例不存在; ——实例在使用; ——访问违规; ——当前状态不允许访问; ——参数值不恰当; ——参数值不一致; ——类别不被支持; ——实例被其他客户端锁定; ——控制应被选定; ——类型冲突; ——因通信限制而失败; ——因服务器限制而失败; ——应用无法实现; ——连接丢失; ——没有内存; ——没有处理器资源; ——被开关分级锁定; ——选择失败; ——无效位置; ——位置实现; ——参数更改在实施; ——命令已在执行; ——步骤限制; ——被模式锁定; ——被过程锁定; ——被联锁锁定; ——被同步校核锁定; ——被健康锁定; ——n 项控制之一; ——因取消而中止; ——时间限制结束; ——因跳闸而中止; ——不详; ——不被支持

表 A.76（续）

标记名称	说明
UUID	通用唯一识别码用作请求/响应关系的唯一服务识别。UUID 的细节应符合 RFC 4122 的规定。服务器应反映请求消息中收到的 UUID 值，并在响应消息中返回相同数值
AssocID(关联识别码)	关联识别码用于识别关联的源发站——特定客户端。关联识别码应用于识别服务器上已建立的订阅和记录

A.5.10.6 命令终止

命令终止服务应定义如下：

A.5.10.6.1 命令终止请求

```
<s:element name = "CommandTerminationRequest">
  <s:complexType>
    <s:sequence>
      <s:element name = "ControlObjectRef" type = "ews:tDAReference"/>
      <s:element name = "T" type = "ews:tTimeStamp"/>
      <s:element name = "Test" type = "s:boolean"/>
    </s:sequence>
      <s:attribute name = "UUID" type = "ews:tstring36" use = "optional"/>
      <s:attribute name = "AssocID" type = "ews:tAssocID" use = "required"/>
  </s:complexType>
</s:element>
```

标记名称应按照表 A.77 进行定义。

表 A.77 命令终止请求

标记名称	说明
CommandTerminationRequest(命令终止请求)	需要终结以前的命令时，客户端应请求包括控制对象引用的命令终止服务
ControlObjectRef(控制对象引用)	控制对象引用参数应包含要被访问的可控数据的对象引用
T(时间)	“时间”参数应包含服务被请求的时间
Test(试验)	“试验”参数应通过数值真指示不得将消息数值用于运行目的
UUID	通用唯一识别码用作请求/响应关系的唯一服务识别。UUID 的细节应符合 RFC 4122 的规定
AssocID(关联识别码)	关联识别码用于识别关联的源发站——特定客户端。关联识别码应用于识别服务器上已建立的订阅和记录

A.5.10.6.2 命令终止响应

```
<s:element name="CommandTerminationResponse">
  <s:complexType>
   <s:sequence>
     <s:element name="ControlObjectRef" type="ews:tDAReference"/>
     <s:element name="T" type="ews:tTimeStamp"/>
     <s:element name="Test" type="s:boolean"/>
     <s:element name="AddCause" type="ews:tAddCause" minOccurs="0" maxOccurs="1"/>
  </s:sequence>
      <s:attribute name="UUID" type="ews:tstring36" use="optional"/>
      <s:attribute name="AssocID" type="ews:tAssocID" use="required"/>
  </s:complexType>
</s:element>
```

标记名称应按照表 A.78 进行定义。

表 A.78 命令终止响应

标记名称	说明
CommandTerminationResponse(命令终止响应)	当服务完成或因为带有添加理由参数而被拒绝时,服务器应发出命令终止响应
ControlObjectRef(控制对象引用)	控制对象引用参数应包含要被访问的可控数据的对象引用
T(时间)	“时间”参数应包含服务被请求的时间
Test(试验)	“试验”参数应通过数值真指示不得将消息数值用于运行目的
AddCause(添加理由)	添加理由参数应在控制服务响应失效时查找原因。数值范围如下: ——实例不存在; ——实例在使用; ——访问违规; ——当前状态不允许访问; ——参数值不恰当; ——参数值不一致; ——类别不被支持; ——实例被其他客户端锁定; ——控制应被选定; ——类型冲突; ——因通信限制而失败; ——因服务器限制而失败; ——应用无法实现; ——连接丢失; ——没有内存; ——没有处理器资源; ——被开关分级锁定; ——选择失败; ——无效位置;

表 A.78（续）

标记名称	说明
AddCause(添加理由)	——位置实现； ——参数更改在实施； ——命令已在执行； ——步骤限制； ——被模式锁定； ——被过程锁定； ——被联锁锁定； ——被同步校核锁定； ——被健康锁定； ——n 项控制之一； ——因取消而中止； ——时间限制结束； ——因跳闸而中止； ——不详； ——不被支持
UUID	通用唯一识别码用作请求/响应关系的唯一服务识别。UUID 的细节应符合 RFC 4122 的规定。服务器应反映请求消息中收到的 UUID 值，并在响应消息中返回相同数值
AssocID(关联识别码)	关联识别码用于识别关联的源发站——特定客户端。关联识别码应用于识别服务器上已建立的订阅和记录

A.5.10.7 时间激活操作

时间激活操作服务应定义如下：

A.5.10.7.1 时间激活操作请求

```
<s:element name = "TimeActivateOperateRequest">
  <s:complexType>
    <s:sequence>
      <s:element name = "ControlObjectRef" type = " ews:tDAReference "/>
      <s:element name = "Value" type = " ews:tControlValue "/>
      <s:element name = "T" type = " ews:tTimeStamp "/>
      <s:element name = "Test" type = " s:boolean "/>
      <s:element name = "Check" type = " ews:tCheck "/>
    </s:sequence>
    <s:attribute name = "UUID" type = "ews:tstring36" use = "optional"/>
    <s:attribute name = "AssocID" type = "ews:tAssocID" use = "required"/>
  </s:complexType>
</s:element>
```

标记名称应按照表 A.79 进行定义。

表 A.79 时间激活操作请求

标记名称	说明
TimeActivatedOperateRequest（时间激活操作请求）	客户端应发出时间激活操作请求，内容包括对被引用逻辑节点有效的控制对象引用
ControlObjectRef（控制对象引用）	控制对象引用参数应包含要被访问的可控数据的对象引用
Value（数值）	如果客户端提出请求，数据参数应包含服务的特定值
T（时间）	“时间”参数应包含服务被请求的时间
Test（试验）	“试验”参数应通过数值真指示不得将消息数值用于运行目的
Check（校核）	在操作过程中从一种状态向下一种状态的变化应由参数校核来控制。校核条件可由服务参数（如：同步校核）指定。除了由服务参数指定的校核条件外，控制对象还可实施附加校核
UUID	通用唯一识别码用作请求/响应关系的唯一服务识别。UUID 的细节应符合 RFC 4122 的规定
AssocID（关联识别码）	关联识别码用于识别关联的源发站——特定客户端。关联识别码应用于识别服务器上已建立的订阅和记录

A.5.10.7.2 时间激活操作响应

```
〈s:element name = "TimeActivateOperateResponse"〉
  〈s:complexType〉
    〈s:sequence〉
        〈s:element name = "ControlObjectRef" type = " ews:tDAReference "/〉
        〈s:element name = "Value" type = " ews:tControlValue "/〉
        〈s:element name = "T" type = " ews:tTimeStamp "/〉
        〈s:element name = "Test" type = " s:boolean "/〉
     〈s:choice〉
        〈s:element name = "TimOperRsp" type = "ews:tTimOperRsp"/〉
        〈s:element name = "AddCause" type = "ews:tAddCause"/〉
     〈/s:choice〉
    〈/s:sequence〉
    〈s:attribute name = "UUID" type = "ews:tstring36" use = "optional"/〉
    〈s:attribute name = "AssocID" type = "ews:tAssocID" use = "required"/〉
  〈/s:complexType〉
〈/s:element〉
```

标记名称应按照表 A.80 进行定义。

表 A.80 时间激活操作响应

标记名称	说明
TimeActivatedOperateResponse(时间激活操作响应)	当服务完成或因为带有添加理由参数而被拒绝时,服务器应发出时间激活操作响应
ControlObjectRef(控制对象引用)	控制对象引用参数应包含要被访问的可控数据的对象引用
Value(数值)	如果客户端提出请求,数据参数应包含服务的特定值
T(时间)	“时间”参数应包含服务被请求的时间
Test(试验)	“试验”参数应通过数值真指示不得将消息数值用于运行目的
AddCause(添加理由)	添加理由参数应在控制服务响应失效时查找原因。数值范围如下: ——实例不存在; ——实例在使用; ——访问违规; ——当前状态不允许访问; ——参数值不恰当; ——参数值不一致; ——类别不被支持; ——实例被其他客户端锁定; ——控制应被选定; ——类型冲突; ——因通信限制而失败; ——因服务器限制而失败; ——应用无法实现; ——连接丢失; ——没有内存; ——没有处理器资源; ——被开关分级锁定; ——选择失败; ——无效位置; ——位置实现; ——参数更改在实施; ——命令已在执行; ——步骤限制; ——被模式锁定; ——被过程锁定; ——被联锁锁定; ——被同步校核锁定; ——被健康锁定; ——n 项控制之一; ——因取消而中止; ——时间限制结束; ——因跳闸而中止; ——不详; ——不被支持

表 A.80（续）

标记名称	说明
TimeOperRsp(时间操作响应)	时间操作响应参数应规定针对时间被激活操作的响应细节。时间操作响应为枚举型,可具有定时程序被激活|命令被执行的相关数值
UUID	通用唯一识别码用作请求/响应关系的唯一服务识别。UUID的细节应符合 RFC 4122 的规定。服务器应反映请求消息中收到的 UUID 值,并在响应消息中返回相同数值
AssocID(关联识别码)	关联识别码用于识别关联的源发站——特定客户端。关联识别码应用于识别服务器上已建立的订阅和记录

A.6 协议栈细节

为了符合此映射,应使用表 A.81 中给出的协议栈选项。

TCP 协议应为基本传输层协议,用于 Web 服务映射的 IP 应为基本网络层协议。有关数据链路层和物理层的规范属于实施方面的内容,不在 IEC 61400-25 范围之内。

表 A.81 协议栈选项

OSI 模型层	规范			M/O
	名称	服务规范	协议规范	
应用层	Web 服务	Web 服务结构, http://www.w3.org/TR/2002/WD-wsarch-20021114/20021114/		M
	SOAP	SOAP 1.1 版		M
	HTTP ver 1.1	RFC 2616, RFC 2817		M
	SSL/TLS ver. 1.0	RFC 2246		O
表示层	—	—		
会话层	—	—		
传输层	传输控制协议	RFC 793		M
网络层	互联网协议 IP 版本 4(ICMPv4)或 IP 版本 6(ICMPv6)	RFC 792, RFC 791		M
	以太网地址解析协议(ARP)	RFC 826		M
	广播互联网数据包	RFC 922 RFC 950 RFC 919		M
	IP 多点传送主机扩展	RFC 1112		M
数据链路层	属于实施方面的内容,不在 IEC 61400-25 范围之内			—
物理层	属于实施方面的内容,不在 IEC 61400-25 范围之内			—

A.7 定义及面向 Web 服务映射的 WSDL 规范

有关面向 Web 服务映射的 WSDL 规范应按照以下文字内容定义。用于 WSDL 描述的形式为文字/包装式。

现行 WSDL 文件中规定的所有统一资源定位器均为了引用在服务中使用的名字空间。

WSDL 文件是针对 Web 服务工具包中代码生成工具的输入文件，工具包生成的代码可由程序员与工具包库一起使用，以执行不同的消息。

为了方便用户，本文件中收入了包含 A.7 中文本的文件。

本条中给出的 WSDL 文件文本包括了各项定义和映射。客户端-服务器关联中没有通过线路传输的定义部分，在下面给出的 WSDL 文件中以报文的形式显示。

```
〈? xml version = "1.0" encoding = "UTF-8"?〉
〈definitions xmlns:ews = "http://iec.ch/61400/ews/1.0/"
    xmlns:soap = "http://schemas.xmlsoap.org/wsdl/soap/"
    xmlns:s = "http://www.w3.org/2001/XMLSchema"
    xmlns = "http://schemas.xmlsoap.org/wsdl/"
    targetNamespace = "http://iec.ch/61400/ews/1.0/"〉
 〈types〉
   〈s:schema targetNamespace = "http://iec.ch/61400/ews/1.0/"
      xmlns:soap = "http://schemas.xmlsoap.org/wsdl/soap/"
      xmlns:sc = "http://www.w3.org/2001/XMLSchema"
      xmlns:ews = "http://iec.ch/61400/ews/1.0/"
      elementFormDefault = "qualified"〉
   〈! --
      IEC61400-25-4 WSDL File, Version 2.9, dated 05.03.2008/KJO
   --〉
   〈! --
   Reference document: IEC 61400-24-4; FDIS, Annex A.7.
   The WSDL file defined below includes only the Web Services transmitted.
    The text given in IEC 61400-25-4, Annex A.7 includes all service descriptions and defini-
   tions given as comments.
    Naming conventions used in this Schema:
     Schema type names start with small letter t(example: tObjectName)
     File validated until now with WSDL the follwing tools:
         GSOAP AXIS2Java
         AltovaXMLSpy
         WSDL2py
         WSDL2dispatch
   Revision history:
   17.10.2006-KJO-yellow remarks clarified and corrections made accordingly.
   26.10.2006-KJO-editorial corrections and technical corrections based on input from
   several contributors
   30.10.2006-KJO-correction made by Keld after checking with Eclipse editor
```

06.11.2006-KJO-Abort functionality added including a service error named "connection-lost"

14.11.2006-KJO-correction of editorial errors and section reorganizing in order to follow the clause structure.

16.02.2007-KJO-correction of excessive spaces in line 822, 917

14.03.2007-KJO-correction of inputs given at the PT25 meeting in Frankfurt:

11.09. 2007-KJO-corrections according to actions agreed at the PT25 meeting in Bergen June 2007

22.09.2007-KJO-typo error "teype" in line 1377 corrected

28.09.2007-KJO-typo errors in line 526 is corrected and sequence and boundary is removed in GetDataValueRequest.

06.10.2007-KJO-Correction of ReportRequest and ReportResponse services according to corrections made in clause
5.7.7.3 and 5.7.74.

11.11.2007-KJO-correction in definition of tControlValue-element “operTm” is added

12.11.2007-KJO-XML Schema hexBinary is used instead of the data type tHexString-definition removed, tObjectName maxLength value changed to 64

30.11.2007-KJO-correction in line 618-Int26U corrected to Int24U; correction in line 577-"ews:" prefix added before the data type tTimeStamp.

20.01.2008-KR-correction in "tTimeStamp" definition TimeAccuracy shall be used instead of TimeQuality; a sequence is introduced in "GetDataValuesRequest" definition; "tControlValue" definition spelling error in tTimeStamp corrected.

05.03.2008-KJO-"ServiceError" element is introduced in specification of the SelectResponse service.

```
 -->
 〈! --
   Information Model(IEC 61850-25-2) data type definitions
 -->
   〈s:simpleType name = "tObjectName"〉
     〈s:annotation〉
       〈s:documentation〉Name of an instance of a class of a single hierarchy level〈/s:documentation〉
     〈/s:annotation〉
     〈s:restriction base = "s:string"〉
       〈s:maxLength value = "64"/〉
     〈/s:restriction〉
   〈/s:simpleType〉
   〈! -- --〉
   〈s:simpleType name = "tObjectReference"〉
     〈s:annotation〉
       〈s:documentation〉ObjectReference comprises the whole path-name of an instance of a class that identifies the instance uniquely〈/s:documentation〉
     〈/s:annotation〉
     〈s:restriction base = "s:string"〉
```

```
        <s:maxLength value="255"/>
      </s:restriction>
    </s:simpleType>
      <!-- -->
  <s:simpleType name="tLogicalDeviceReference">
    <s:restriction base="ews:tObjectReference">
      <s:pattern value="\p{L}[\d,\p{L},_]*"/>
    </s:restriction>
  </s:simpleType>
  <!-- -->
  <s:simpleType name="tLogicalNodeReference">
   <s:restriction base="ews:tObjectReference">
    <s:pattern value="\p{L}[\d,\p{L},_]*/[\p{L},_]*[\d]*"/>
   </s:restriction>
  </s:simpleType>
  <!-- -->
  <s:simpleType name="tDAReference">
   <s:restriction base="ews:tObjectReference">
    <s:pattern value="\p{L}[\d,\p{L},_]*/[\p{L},_]*[\d]*.[\p{L},_,.]*"/>
   </s:restriction>
  </s:simpleType>
  <!-- -->
  <s:simpleType name="tControlBlockReference">
   <s:restriction base="ews:tObjectReference">
    <s:pattern value="\p{L}[\d,\p{L},_]*/[\p{L},_]*[\d]*.[\p{L},_]"/>
     </s:restriction>
   </s:simpleType>
   <!-- -->
  <s:simpleType name="tDataSetReference">
  <s:restriction base="ews:tObjectReference">
   <s:pattern value="\p{L}[\d,\p{L},_]*/[\p{L},_]*[\d]*.[\p{L}]*|@[\p{L},_]*"/>
   </s:restriction>
 </s:simpleType>
 <!-- -->
 <s:simpleType name="tInt24">
  <s:restriction base="s:integer">
     <s:minInclusive value="-8388608"/>
     <s:maxInclusive value="8388607"/>
  </s:restriction>
 </s:simpleType>
 <!-- -->
 <s:simpleType name="tInt24u">
```

```
<s:restriction base="s:integer">
  <s:minInclusive value="0"/>
  <s:maxInclusive value="16777215"/>
</s:restriction>
</s:simpleType>
<!---->
<s:simpleType name="tInt32">
  <s:restriction base="s:integer">
    <s:minInclusive value="-4294967296"/>
    <s:maxInclusive value="4294967295"/>
  </s:restriction>
</s:simpleType>
<!---->
<s:simpleType name="tInt32u">
  <s:restriction base="s:integer">
    <s:minInclusive value="0"/>
    <s:maxInclusive value="4294967295"/>
  </s:restriction>
</s:simpleType>
<!---->
<s:simpleType name="tstring36">
  <s:restriction base="s:string">
    <s:maxLength value="36"/>
  </s:restriction>
</s:simpleType>
<!---->
<s:simpleType name="tstring65">
  <s:restriction base="s:string">
    <s:maxLength value="65"/>
  </s:restriction>
</s:simpleType>
<!---->
<s:simpleType name="tOctetString64">
  <s:restriction base="s:hexBinary">
    <s:maxLength value="64"/>
    <s:minLength value="0"/>
  </s:restriction>
</s:simpleType>
<!---->
<s:simpleType name="tEntryID">
  <s:restriction base="s:hexBinary">
    <s:maxLength value="8"/>
  </s:restriction>
```

```
</s:simpleType>
<!--   -->
<!-- TimeStamp -->
<!--   -->
<s:simpleType name = "tTimeAccuracy">
  <s:annotation>
    <s:documentation>LSK = LeapSecondsKnown, CF = Clock Failure, CNS = ClockNotSunchro-
nised, TA = Time Accuracy</s:documentation>
  </s:annotation>
  <s:restriction base = "s:integer">
    <s:minInclusive value = "0"/>
    <s:maxInclusive value = "31"/>
  </s:restriction>
</s:simpleType>
<!-- -->
 <s:complexType name = "tTimeStamp">
   <s:annotation>
     <s:documentation>SecSE = SecondsSinceEpoch, FracOfSec = FractionsOfSecond, Tq =
TimeAccuracy</s:documentation>
   </s:annotation>
     <s:attribute name = "SecSE" type = "s:unsignedInt" use = "required"/>
     <s:attribute name = "FracOfSec" type = "ews:tInt24u" use = "required"/>
     <s:attribute name = "TA" type = "ews:tTimeAccuracy" use = "required"/>
     <s:attribute name = "LSK" type = "s:boolean" use = "optional " default = "false"/>
     <s:attribute name = "CF" type = "s:boolean" use = "optional" default = "false"/>
     <s:attribute name = "CNS" type = "s:boolean" use = "optional" default = "false"/>
  </s:complexType>
  <!-- -->
  <!-- Quality -->
  <!-- -->
  <s:simpleType name = "tValidity">
    <s:restriction base = "s:string">
      <s:enumeration value = "good"/>
      <s:enumeration value = "invalid"/>
      <s:enumeration value = "reserved"/>
      <s:enumeration value = "questionable"/>
    </s:restriction>
  </s:simpleType>
  <!-- -->
  <s:complexType name = "tDetailQual">
     <s:attribute name = "overflow" type = "s:boolean" default = "false"/>
```

```
    <s:attribute name="outOfRange" type="s:boolean" default="false"/>
    <s:attribute name="badReference" type="s:boolean" default="false"/>
    <s:attribute name="oscillatory" type="s:boolean" default="false"/>
    <s:attribute name="failure" type="s:boolean" default="false"/>
    <s:attribute name="oldData" type="s:boolean" default="false"/>
    <s:attribute name="inconsistent" type="s:boolean" default="false"/>
    <s:attribute name="inaccurate" type="s:boolean" default="false"/>
  </s:complexType>
  <!-- -->
  <s:simpleType name="tSource">
    <s:restriction base="s:string">
      <s:enumeration value="process"/>
      <s:enumeration value="substituted"/>
    </s:restriction>
  </s:simpleType>
  <!-- -->
  <s:complexType name="tQuality">
    <s:annotation>
      <s:documentation>As defined in IEC 61400-25-2 clause 7.2.3 </s:documentation>
    </s:annotation>
    <s:sequence>
      <s:element name="DetailQual" type="ews:tDetailQual" minOccurs="0"/>
    </s:sequence>
    <s:attribute name="Validity" type="ews:tValidity" use="required"/>
    <s:attribute name="Source" type="ews:tSource" use="required"/>
    <s:attribute name="test" type="s:boolean" default="false" />
    <s:attribute name="operatorBlock" type="s:boolean" default="false" />
  </s:complexType>
  <!-- -->
  <s:complexType name="tEnumerated" >
    <s:simpleContent>
      <s:extension base="s:string">
        <s:attribute name="ord" type="s:integer" use="required"/>
          </s:extension>
    </s:simpleContent>
  </s:complexType>
  <!--  -->
   <s:complexType name="tCodedEnum" >
    <s:simpleContent>
    <s:extension base="s:integer">
        <s:attribute name="numBits" type="s:integer" use="required"/><!-- Number
        of bits of the coded enum-->
    </s:extension>
```

```
    〈/s:simpleContent〉
   〈/s:complexType〉
  〈! -- --〉
  〈! -- Array --〉
  〈! -- --〉
  〈s:complexType name = "tArray"〉
    〈s:sequence〉
      〈s:element name = "arrayElem" type = "ews:tBasicType" maxOccurs = "unbounded"/〉
  〈/s:sequence〉
  〈/s:complexType〉
  〈! --  --〉
  〈s:complexType name = "tBasicType"〉
      〈s:choice〉
         〈s:element name = "Boolean" type = "s:boolean"/〉
         〈s:element name = "int8" type = "s:byte"/〉
         〈s:element name = "int16" type = "s:short"/〉
         〈s:element name = "int24" type = "ews:tInt24"/〉
         〈s:element name = "int32" type = "ews:tInt32"/〉
         〈s:element name = "int128" type = "s:integer"/〉
         〈s:element name = "int8u" type = "s:unsignedByte"/〉
         〈s:element name = "int16u" type = "s:unsignedShort"/〉
         〈s:element name = "int24u" type = "ews:tInt24u"/〉
         〈s:element name = "int32u" type = "ews:tInt32u"/〉
         〈s:element name = "float32" type = "s:float"/〉
         〈s:element name = "float64" type = "s:double"/〉
         〈s:element name = "enum" type = "ews:tEnumerated"/〉
         〈s:element name = "codedEnum " type = "ews:tCodedEnum"/〉
         〈s:element name = "octetString" type = "s:hexBinary"/〉
         〈s:element name = "visibleString" type = "s:string"/〉
         〈s:element name = "unicodeString" type = "s:string"/〉
         〈s:element name = "quality" type = "ews:tQuality"/〉
         〈s:element name = "timeStamp" type = "ews:tTimeStamp"/〉
         〈s:element name = "array" type = "ews:tArray"/〉
      〈/s:choice〉
    〈s:attribute name = "pos" type = "s:integer" use = "optional"/〉
      〈! -- Used in the arrays --〉
〈/s:complexType〉
〈! -- --〉
〈s:complexType name = "tTrgCond"〉
 〈s:attribute name = "dchg" type = "s:boolean" use = "optional" default = "false"/〉
 〈s:attribute name = "qchg" type = "s:boolean" use = "optional" default = "false"/〉
```

```
        〈s:attribute name="dupd" type="s:boolean" use="optional" default="false"/〉
        〈s:attribute name="integrity" type="s:boolean" use="optional" default="false"/〉
        〈s:attribute name="genrInterg" type="s:boolean" use="optional" default
        ="false"/〉
    〈/s:complexType〉
    〈! -- --〉
    〈s:simpleType name="tFC"〉
    〈s:annotation〉
        〈s:documentation〉Functional Constraint definitions〈/s:documentation〉
    〈/s:annotation〉
      〈s:restriction base="s:string"〉
      〈s:enumeration value="ST"/〉
      〈s:enumeration value="MX"/〉
      〈s:enumeration value="CO"/〉
      〈s:enumeration value="SP"/〉
      〈s:enumeration value="CF"/〉
      〈s:enumeration value="DC"/〉
      〈s:enumeration value="EX"/〉
      〈s:enumeration value="BR"/〉
      〈s:enumeration value="RP"/〉
      〈s:enumeration value="LG"/〉
    〈/s:restriction〉
   〈/s:simpleType〉
   〈! -- --〉
   〈s:complexType name="tDAType"〉
    〈s:annotation〉
       〈s:documentation〉Container for DAType〈/s:documentation〉
   〈/s:annotation〉
    〈s:sequence〉
       〈s:choice minOccurs="1" maxOccurs="unbounded"〉
         〈s:element name="DAComp" type="ews:tDAType" minOccurs="0" maxOccurs="un-
         bounded"/〉
         〈s:element name="PrimComp" type="ews:tBasicType" maxOccurs="1"/〉
       〈/s:choice〉
       〈! -- Specialisation of DAType--〉
    〈/s:sequence〉
    〈s:attribute name="DAName" type="ews:tObjectName" use="required"/〉
    〈s:attribute name="ix" type="s:integer" use="optional"/〉〈! -- Index of Array of
Composite Data Attribute as ARRAY of AnalogueValue--〉
   〈/s:complexType〉
   〈! --
```

```
  DataAttriibute -->
<s:complexType name="tDataAttribute">
  <s:annotation>
      <s:documentation>Container for DataAttributes</s:documentation>
    </s:annotation>
    <s:sequence>
      <s:element name="DAType" type="ews:tDAType"/>
      <!--<s:element name="TrgOp" type="ews:tTrgCond" minOccurs="0" maxOccurs
    ="1"/>-->
    </s:sequence>
    <s:attribute name="FC" type="ews:tFC" use="required"/>
  </s:complexType>
  <!--
  <s:complexType name="tSimpleData">
    <s:annotation>
      <s:documentation>Container for Common-Data Class</s:documentation>
    </s:annotation>
    <s:sequence>
      <s:element name="DataName" type="ews:tObjectName"/>
      <s:sequence maxOccurs="unbounded">
        <s:element name="DataAttr" type="ews:tDataAttribute"/>
      </s:sequence>
    </s:sequence>
  </s:complexType>
  -->
  <!--
     Data
  -->
  <!--
  <s:complexType name="tDATA">
    <s:annotation>
      <s:documentation>Container for DATA object</s:documentation>
    </s:annotation>
    <s:sequence>
      <s:element name="DataName" type="ews:tObjectName"/>
    <s:sequence maxOccurs="unbounded">
        <s:element name="DataAttr" type="ews:tDataAttribute" minOccurs="0"
        maxOccurs="unbounded"/>
        <s:element name="CompositeCDC" type="ews:tDATA" minOccurs="0" maxOccurs="
        unbounded"/>
        <s:element name="SimpleCDC" type="ews:tSimpleData" minOccurs="0" maxOccurs
         ="unbounded"/>
      </s:sequence>
```

```
  </s:sequence>
</s:complexType>
-->
<! --
  Logical Node
-->]
<! --
  <s:complexType name = "tLN">
     <s:annotation>
       <s:documentation>Container for Logical Node object</s:documentation>
     </s:annotation>
     <s:sequence>
       <s:element name = "LNName" type = "ews:tObjectName"/>
       <s:element name = "Data" type = "ews:tDATA" maxOccurs = "unbounded"/>
       <s:element name = "DataSet" type = "ews:tDATASet" minOccurs = "0" maxOccurs = "un-
       bounded"/>
       <s:element name = "BRCB" type = "ews:tBRCB" minOccurs = "0" maxOccurs = "unbound-
       ed"/>
       <s:element name = "URCB" type = "ews:tURCB" minOccurs = "0" maxOccurs = "unbound-
       ed"/>
       <s:element name = "LCB" type = "ews:tLCB" minOccurs = "0" maxOccurs = "unbounded"/>
       <s:element name = "LOG" type = "ews:tLOG" minOccurs = "0"/>
     </s:sequence>
    </s:complexType>
    -->
    <! --
     Logical Device
    -->
    <! --
   <s:complexType name = "tLD">
     <s:annotation>
       <s:documentation>Container for Logical Device object</s:documentation>
       </s:annotation>
     <s:sequence>
       <s:element name = "LDName" type = "ews:tObjectName"/>
       <s:element name = "LN" type = "ews:tLN" minOccurs = "3" maxOccurs = "unbounded"/>
       </s:sequence>
   </s:complexType>
   -->
   <! --
    Server
   -->
```

```
    <!--
    <s:complexType name="tServer">
    <s:annotation>
      <s:documentation>Container for Server object</s:documentation>
    </s:annotation>
    <s:sequence>
      <s:element name="ServerAccessPoint" type="s:string" maxOccurs="unbounded"/>
      <s:element name="LD" type="ews:tLD" maxOccurs="unbounded"/>
    </s:sequence>
  </s:complexType>
  -->
  <!--
    Information Exchange Model (IEC 61850-25-3)-data type definitions used by
    exchange services
    -->
    <s:complexType name="tFcdFcdaType">
    <s:annotation>
    <s:documentation>DATA-SET Member reference type</s:documentation>
  </s:annotation>
  <s:sequence>
    <s:element name="Ref" type="ews:tDAReference" minOccurs="0"/>
    <s:element name="FC" type="ews:tFC"/>
  </s:sequence>
  </s:complexType>
<!-- -->
<s:complexType name="tDATASet">
<s:annotation>
    <s:documentation>Container for DATA-SET object</s:documentation>
  </s:annotation>
  <s:sequence>
    <s:element name="DSName" type="ews:tObjectName"/>
    <s:element name="DSMemberRef" type="ews:tFcdFcdaType" maxOccurs="unbounded"/>
 </s:sequence>
</s:complexType>
<!-- -->
<s:complexType name="tOptFldsBRCB">
<s:annotation>
      <s:documentation>Optional fields for BRCB</s:documentation>
      </s:annotation>
      <s:sequence>
        <s:element name="seqNum" type="s:boolean"/>
```

```
        <s:element name="timeStamp" type="s:boolean"/>
        <s:element name="reasonCode" type="s:boolean"/>
        <s:element name="dataSet" type="s:boolean"/>
        <s:element name="dataRef" type="s:boolean"/>
        <s:element name="bufOvfl" type="s:boolean"/>
        <s:element name="entryID" type="s:boolean"/>
        <s:element name="configRef" type="s:boolean"/>
      </s:sequence>
      </s:complexType>
     <! --
    <s:complexType name="tBRCB">
      <s:annotation>
        <s:documentation>Container for BUFFERED-REPORT-CONTROL-BLOCK object</s:documentation>
       </s:annotation>
      <s:sequence>
        <s:element name="BRCBName" type="ews:tObjectName"/>
          <s:element name="RptID" type="ews:tstring65"/>
        <s:element name="RptEna" type="s:boolean"/>
      <s:element name="DatSet" type="ews:tDataSetReference"/>
      <s:element name="ConfRev" type="s:unsignedInt"/>
      <s:element name="OptFlds" type="ews:tOptFldsBRCB"/>
      <s:element name="BufTm" type="s:unsignedInt"/>
      <s:element name="SqNum" type="s:unsignedShort"/>
      <s:element name="TrgOp" type="ews:tTrgCond"/>
      <s:element name="IntgPd" type="s:unsignedInt"/>
  <s:element name="GI" type="s:boolean"/>
  <s:element name="PurgeBuf" type="s:boolean"/>
  <s:element name="EntryID" type="ews:tEntryID"/>
  <s:element name="TimeOfEntry" type="ews:tTimeStamp"/>
 </s:sequence>
</s:complexType>
-->
<! -- -->
<s:complexType name="tOptFldsURCB">
  <s:annotation>
    <s:documentation>Optional fields for URCB</s:documentation>
  </s:annotation>
  <s:sequence>
    <s:element name="seqNum" type="s:boolean"/>
    <s:element name="timeStamp" type="s:boolean"/>
    <s:element name="reasonCode" type="s:boolean"/>
    <s:element name="dataSet" type="s:boolean"/>
```

```
      <s:element name="dataRef" type="s:boolean"/>
      <s:element name="reserved" type="s:boolean"/>
      <s:element name="configRev" type="s:boolean"/>
    </s:sequence>
  </s:complexType>
  <!--
  <s:complexType name="tURCB">
    <s:annotation>
      <s:documentation>Container for UNBUFFERED-REPORT-CONTROL-BLOCK object</s:documentation>
    </s:annotation>
    <s:sequence>
      <s:element name="URCBName" type="ews:tObjectName"/>
      <s:element name="RptID" type="ews:tstring65"/>
      <s:element name="RptEna" type="s:boolean"/>
      <s:element name="Resv" type="s:boolean"/>
      <s:element name="DatSet" type="ews:tDataSetReference"/>
      <s:element name="ConfRev" type="s:unsignedInt"/>
      <s:element name="OptFlds" type="ews:tOptFldsURCB"/>
      <s:element name="BufTm" type="s:unsignedInt"/>
      <s:element name="SqNum" type="s:unsignedShort"/>
      <s:element name="TrgOp" type="ews:tTrgCond"/>
      <s:element name="IntgPd" type="s:unsignedInt"/>
      <s:element name="GI" type="s:boolean"/>
    </s:sequence>
  </s:complexType>
-->
<s:complexType name="tOptFldsLCB">
    <s:annotation>
        <s:documentation>Optional fields for LCB</s:documentation>
    </s:annotation>
    <s:sequence>
      <s:element name="ReasFI" type="s:boolean"/>
    </s:sequence>
</s:complexType>
<!--
  <s:complexType name="tLCB">
  <s:annotation>
    <s:documentation>Container for LOG-CONTROL-BLOCK object</s:documentation>
  </s:annotation>
  <s:sequence>
    <s:element name="LCBName" type="ews:tObjectName"/>
    <s:element name="LogEna" type="s:boolean"/>
```

```
    <s:element name="DatSet" type="ews:tDataSetReference"/>
    <s:element name="OptFlds" type="ews:tOptFldsLCB"/>
    <s:element name="TrgOp" type="ews:tTrgCond"/>
    <s:element name="IntgPd" type="s:unsignedInt"/>
    <s:element name="LogRef" type="ews:tObjectReference"/>
  </s:sequence>
</s:complexType>
-->
<! --
  LOG and LogEntry
-->
<s:complexType name="tEntryData">
<s:sequence>
    <! -- IF data-reference=TRUE in optFlds -->
    <s:element name="DSMemberRef" type="ews:tFcdFcdaType" minOccurs="0" maxOccurs
    ="1"/>
    <s:element name="Value" type="ews:tDataAttributeValue" minOccurs="1" maxOccurs
    ="unbounded"/>
    <! -- If reason-for-inclusion(=TRUE) in optFlds -->
    <s:element name="ReasonCode" type="ews:tTrgCond" minOccurs="0" maxOccurs="1"/>
          </s:sequence>
        </s:complexType>
      <! --  -->
      <s:complexType name="tLOGEntry">
        <s:sequence>
            <s:element name="TimeOfEntry" type="ews:tTimeStamp"/>
            <s:element name="EntryID" type="ews:tEntryID"/>
            <s:sequence maxOccurs="unbounded">
              <s:element name="EntryData" type="ews:tEntryData"/>
            </s:sequence>
        </s:sequence>
      </s:complexType>
      -->
      <! --
      <s:complexType name="tLOG">
        <s:annotation>
          <s:documentation>Container for LOG object</s:documentation>
        </s:annotation>
        <s:sequence>
          <s:element name="LogName" type="ews:tObjectName"/>
      <s:element name="OldEntrTm" type="ews:tTimeStamp"/>
      <s:element name="NewEntrTm" type="ews:tTimeStamp"/>
```

```
        <s:element name="OldEntr" type="s:unsignedInt"/>
        <s:element name="NewEntr" type="s:unsignedInt"/>
        <s:sequence maxOccurs="unbounded">
              <s:element name="LogEntry" type="ews:tLOGEntry"/>
           </s:sequence>
        </s:sequence>
      </s:complexType>
      -->
      <!--
        Information Exchange Model(IEC 61400-25-3 ) service parameters
      -->
      <!--
        Generic parameters
      -->
       <s:simpleType name="tAssocID">
         <s:annotation>
           <s:documentation>Association Identifier returned in the positive confimation of the Associate service and used in the Reporting Services as well as the Control Model to identify who is performing the control order</s:documentation>
         </s:annotation>
         <s:restriction base="s:string">
           <s:maxLength value="36"/>
         </s:restriction>
       </s:simpleType>
       <!---->
       <s:simpleType name="tServiceError">
          <s:annotation>
            <s:documentation>The service error code for negative service responses</s:documentation>
          </s:annotation>
          <s:restriction base="s:string">
            <s:enumeration value="instance-not-available"/>
            <s:enumeration value="instance-in-use"/>
            <s:enumeration value="access-violation"/>
            <s:enumeration value="access-not-allowed-in-current-state"/>
            <s:enumeration value="parameter-value-inappropriate"/>
            <s:enumeration value="parameter-value-inconsistent"/>
            <s:enumeration value="class-not-supported"/>
            <s:enumeration value="instance-locked-by-other-client"/>
            <s:enumeration value="control-must-be-selected"/>
            <s:enumeration value="type-conflict"/>
            <s:enumeration value="failed-due-to-communications-constraint"/>
            <s:enumeration value="failed-due-to-server-constraint"/>
            <s:enumeration value="application-unreachable"/>
```

```
      <s:enumeration value = "connection-lost"/>
      <s:enumeration value = "memory-unavailable"/>
      <s:enumeration value = "processor-resource-unavailable"/>
      <s:enumeration value = "connection-lost"/>
    </s:restriction>
  </s:simpleType>
  <! --
     GetServerDirectory service parameters.
     Note that Filename is not used here, but keept here for compliance to IEC 61850-7-2
  -->
  <! -- -->
  <s:simpleType name = "tObjectClass">
  <s:annotation>
      <s:documentation>ObjectClass to distinguise LDObject or FileName</s:documenta-
     tion>
     </s:annotation>
     <s:restriction base = "s:string">
       <s:enumeration value = "LD"/>
     </s:restriction>
   </s:simpleType>
   <! --
   GetLogicalNodeDirectory service parameters
   -->
   <s:simpleType name = "tIEMcls">
     <s:restriction base = "s:string">
       <s:enumeration value = "DATA"/>
       <s:enumeration value = "DATASET"/>
       <s:enumeration value = "BRCB"/>
       <s:enumeration value = "URCB"/>
       <s:enumeration value = "LCB"/>
       <s:enumeration value = "LOG"/>
     </s:restriction>
   </s:simpleType>
   <! --
       Control services parameters
   -->
   <! --
       Additional cause diagnosis
   -->
   <s:simpleType name = "tAddCause">
     <s:annotation>
       <s:documentation>Additional Cause Diagnosis used in the negative control re-
 sponses. It can include all the ServiceError</s:documentation>
     </s:annotation>
```

```
  〈s:restriction base = "s:string"〉
    〈s:enumeration value = "instance-not-available"/〉
    〈s:enumeration value = "instance-in-use"/〉
    〈s:enumeration value = "access-violation"/〉
    〈s:enumeration value = "access-not-allowed-in-current-state"/〉
    〈s:enumeration value = "parameter-value-inappropriate"/〉
    〈s:enumeration value = "parameter-value-inconsistent"/〉
    〈s:enumeration value = "class-not-supported"/〉
    〈s:enumeration value = "instance-locked-by-other-client"/〉
    〈s:enumeration value = "control-must-be-selected"/〉
    〈s:enumeration value = "type-conflict"/〉
    〈s:enumeration value = "failed-due-to-communications-constraint"/〉
    〈s:enumeration value = "failed-due-to-server-constraint"/〉
    〈s:enumeration value = "application-unreachable"/〉
    〈s:enumeration value = "connection-lost"/〉
    〈s:enumeration value = "memory-unavailable"/〉
    〈s:enumeration value = "processor-resource-unavailable"/〉
    〈s:enumeration value = "blocked-by-switching-hierarchy"/〉
    〈s:enumeration value = "select-failed"/〉
    〈s:enumeration value = "invalid-position"/〉
    〈s:enumeration value = "position-reached"/〉
    〈s:enumeration value = "parameter-change-in-execution"/〉
    〈s:enumeration value = "command-already-in-execution"/〉
    〈s:enumeration value = "step-limit"/〉
    〈s:enumeration value = "blocked-by-mode"/〉
    〈s:enumeration value = "blocked-by-process"/〉
    〈s:enumeration value = "blocked-by-interlocking"/〉
    〈s:enumeration value = "blocked-by-synchrocheck"/〉
    〈s:enumeration value = "blocked-by-health"/〉
    〈s:enumeration value = "1-of-n-control"/〉
    〈s:enumeration value = "abortion-by-cancel"/〉
    〈s:enumeration value = "time-limit-over"/〉
    〈s:enumeration value = "abortion-by-trip"/〉
    〈s:enumeration value = "unknown"/〉
    〈s:enumeration value = "not-supported"/〉
  〈/s:restriction〉
〈/s:simpleType〉
〈! --
   Check condition.
--〉
  〈s:complexType name = "tCheck"〉
    〈s:annotation〉
      〈s:documentation〉Container for Check Conditions〈/s:documentation〉
    〈/s:annotation〉
```

```
        <s:attribute name="Syncrocheck" type="s:boolean" default="false"/>
        <s:attribute name="InterlockCheck" type="s:boolean" default="false"/>
</s:complexType>
<!-- -->
<s:simpleType name="tTimOperRsp">
  <s:annotation>
    <s:documentation>Time Activated Operate response type</s:documentation>
  </s:annotation>
  <s:restriction base="s:string">
    <s:enumeration value="timerActivated"/>
    <s:enumeration value="commandExecuted"/>
  </s:restriction>
</s:simpleType>
<!-- -->
<s:simpleType name="tOrcatValue">
  <s:annotation>
    <s:documentation>Originator Category</s:documentation>
  </s:annotation>
  <s:restriction base="s:string">
    <s:enumeration value="not-supported"/>
    <s:enumeration value="reserved1"/>
    <s:enumeration value="station-control"/>
    <s:enumeration value="remote-control"/>
    <s:enumeration value="reserved2"/>
    <s:enumeration value="automatic-station"/>
    <s:enumeration value="automatic-remote"/>
    <s:enumeration value="maintenance"/>
    <s:enumeration value="process"/>
  </s:restriction>
</s:simpleType>
<!-- -->
<s:complexType name="tOrcat">
<s:simpleContent>
  <s:extension base="ews:tOrcatValue">
   <s:attribute name="ord" type="s:integer"/>
  </s:extension>
</s:simpleContent>
</s:complexType>
<!-- -->
<s:complexType name="tOrigin">
  <s:annotation>
    <s:documentation>Control originator</s:documentation>
  </s:annotation>
```

```
        <s:sequence>
          <s:element name="orIdent" type="ews:tOctetString64"/>
          <s:element name="orCat" type="ews:tOrcat"/>
        </s:sequence>
      </s:complexType>
      <!-- -->
      <s:complexType name="tControlValue">
        <s:annotation>
          <s:documentation>Control value</s:documentation>
        </s:annotation>
        <s:sequence>
          <s:element name="ctlVal" type="ews:tDAType"/>
          <s:element name="origin" type="ews:tOrigin"/>
          <s:element name="operTm" type="ews:tTimeStamp" minOccurs="0"/>
          <s:element name="ctlNum" type="s:int"/>
        </s:sequence>
      </s:complexType>
      <!--
        Data access services parameters
      -->
      <s:complexType name="tDataAttributeValue">
        <s:annotation>
          <s:documentation>Container for a DataAttribute </s:documentation>
        </s:annotation>
        <s:sequence>
            <s:element name="DataAttrRef" type="ews:tDAReference"/>
            <s:element name="Value" type="ews:tDataAttribute"/>
        </s:sequence>
      </s:complexType>
      <!-- -->
      <s:simpleType name="tResult">
        <s:annotation>
          <s:documentation>The SetDataValueResult for successfull responses</s:documen-
        tation>
          </s:annotation>
       <s:restriction base="s:string">
          <s:enumeration value="Ok"/>
        </s:restriction>
</s:simpleType>
<!--
  Data definition services parameters
-->
<s:simpleType name="tDataAttrBasicType">
```

```
<s:annotation>
  <s:documentation>DataAttributeType definition</s:documentation>
</s:annotation>
<s:restriction base="s:string">
  <s:enumeration value="Boolean"/>
  <s:enumeration value="Int8"/>
  <s:enumeration value="Int16"/>
  <s:enumeration value="Int24"/>
  <s:enumeration value="Int32"/>
  <s:enumeration value="Int128"/>
  <s:enumeration value="Int8U"/>
  <s:enumeration value="Int16U"/>
  <s:enumeration value="Int24U"/>
  <s:enumeration value="Int32U"/>
  <s:enumeration value="Float32"/>
  <s:enumeration value="Float64"/>
  <s:enumeration value="Enumerated"/>
  <s:enumeration value="CodedEnum"/>
  <s:enumeration value="OctetString"/>
  <s:enumeration value="VisibleString"/>
  <s:enumeration value="UnicodeString"/>
  <s:enumeration value="Quality"/>
  <s:enumeration value="TimeStamp"/>
  <s:enumeration value="ArrayOfBoolean"/>
  <s:enumeration value="ArrayOfInt8"/>
  <s:enumeration value="ArrayOfInt16"/>
  <s:enumeration value="ArrayOfInt24"/>
  <s:enumeration value="ArrayOfInt32"/>
  <s:enumeration value="ArrayOfInt128"/>
  <s:enumeration value="ArrayOfInt8U"/>
  <s:enumeration value="ArrayOfInt16U"/>
  <s:enumeration value="ArrayOfInt24U"/>
  <s:enumeration value="ArrayOfInt32U"/>
  <s:enumeration value="ArrayOfFloat32"/>
  <s:enumeration value="ArrayOfFloat64"/>
  <s:enumeration value="ArrayOfEnum"/>
  <s:enumeration value="ArrayOfCodedEnum"/>
  <s:enumeration value="ArrayOfOctetString"/>
  <s:enumeration value="ArrayOfVisibleString"/>
  <s:enumeration value="ArrayOfUnicodeString"/>
</s:restriction>
</s:simpleType>
<!-- -->
```

```
<s:complexType name="tDataAttrType">
  <s:annotation>
    <s:documentation>DataAttrType</s:documentation>
  </s:annotation>
  <s:sequence>
    <s:element name="BasicType" type="ews:tDataAttrBasicType"/>
    <s:element name="Len" type="s:int" minOccurs="0"/> <!--to use with
    strings&coded enums-->
  </s:sequence>
</s:complexType>
<!-- -->
<s:complexType name="tDataAttributeDefinition">
    <s:annotation>
    <s:documentation>DataAttributeDefinition</s:documentation>
  </s:annotation>
  <s:sequence>
    <s:element name="DARef" type="ews:tDAReference"/>
    <s:element name="FC" type="ews:tFC"/>
    <s:element name="DAType" type="ews:tDataAttrType"/>
    </s:sequence>
</s:complexType>
<!--
Report services parameters
-->
<s:complexType name="tReportFormat">
<s:sequence>
  <s:element name="RptID" type="ews:tstring65" minOccurs="1" maxOccurs="1"/>
  <s:element name="OptFlds " type="ews:tOptFldsBRCB" minOccurs="1" maxOccurs="
  1"/>
  <!-- IF sequence-number=TRUE in optFlds: -->
  <s:element name="SqNum" type="s:unsignedShort" minOccurs="0" maxOccurs="1"/>
 <s:element name="SubSqNum" type="s:unsignedShort" minOccurs="0" maxOccurs="1"/>
  <s:element name="MoreSegFlw" type="s:boolean" minOccurs="1" maxOccurs="1"/>
  <!-- IF dat-set-name=TRUE in optFlds -->
  <s:element name="DatSet" type="ews:tDataSetReference" minOccurs="0" maxOccurs
="1"/>
  <!-- IF buffer-overflow=TRUE in optFlds -->
  <s:element name="BufOvfl" type="s:boolean" minOccurs="0" maxOccurs="1"/>
  <!-- If conf-revision=TRUE in optFlds AND RptID is BRCB-->
  <s:element name="ConfRev" type="s:unsignedInt" minOccurs="0" maxOccurs="1"/>
  <!-- Entry: -->
  <!-- IF report-time-stamp=TRUE in optFlds -->
  <s:element name="TimeOfEntry" type="ews:tTimeStamp" minOccurs="0" maxOccurs="1"/>
```

```
      〈! -- IF entryID = TRUE in optFlds --〉
      〈s:element name = "EntryID" type = "ews:tEntryID" minOccurs = "0" maxOccurs = "1"/〉
  〈s:sequence〉
      〈s:element name = "EntryData" type = "ews:tEntryData" minOccurs = "0" maxOccurs = "un-
bounded"/〉
   〈/s:sequence〉
  〈/s:sequence〉
        〈/s:complexType〉
        〈! --  --〉
        〈s:simpleType name = "tRCBType"〉
          〈s:restriction base = "s:string"〉
            〈s:enumeration value = "BRCB"/〉
            〈s:enumeration value = "URCB"/〉
          〈/s:restriction〉
        〈/s:simpleType〉
        〈! --
        Web Services IEC 61400-25-3 IEM Services
        --〉
         〈! --
         GetServerDirectoryRequest, IEC 61400-25-4, Annex A.5.2.2.2
         --〉
        〈s:element name = "GetServerDirectoryRequest"〉
            〈s:complexType〉
              〈s:sequence〉
                〈s:element name = "ObjClass" type = "ews:tObjectClass"/〉
              〈/s:sequence〉
              〈s:attribute name = "UUID" type = "ews:tstring36" use = "optional"/〉
              〈s:attribute name = "AssocID" type = "ews:tAssocID" use = "required"/〉
            〈/s:complexType〉
          〈/s:element〉
          〈! --
          GetServerDirectoryResponse, IEC 61400-25-4, Annex A.5.2.2.3
          --〉
          〈s:element name = "GetServerDirectoryResponse"〉
            〈s:complexType〉
                〈s:choice〉
                  〈s:element name = "LDRef" type = "ews:tLogicalDeviceReference" minOccurs
                  = "0" maxOccurs = "unbounded"/〉
                  〈s:element name = "ServiceError" type = "ews:tServiceError" minOccurs = "
                  0" maxOccurs = "1"/〉
                〈/s:choice〉
              〈s:attribute name = "UUID" type = "ews:tstring36" use = "optional"/〉
              〈s:attribute name = "AssocID" type = "ews:tAssocID" use = "required"/〉
            〈/s:complexType〉
          〈/s:element〉
         〈! --
         AssociationRequest as defined IEC 61400-25-4, Annex A.5.2.4.1
```

```
    -->
    <s:element name="AssociateRequest">
      <s:complexType>
        <s:annotation>
          <s:documentation>AssociateRequest is the message used when a client try to establish an association to a server</s:documentation>
        </s:annotation>
        <s:sequence>
          <s:element name="UserName" type="s:string"/>
          <s:element name="Password" type="s:string"/>
          <!--<s:element name="ClientRequestHandle" type="s:string"/>-->
          <s:element name="LocalID" type="s:string" minOccurs="0"/>
          <s:element name="MaxMessageSize" type="s:unsignedInt"/>
        </s:sequence>
        <s:attribute name="UUID" type="ews:tstring36" use="optional"/>
      </s:complexType>
    </s:element>
    <!--
    AssociationResponse as defined IEC 61400-25-4, Annex A.5.2.4.2
    -->
    <s:element name="AssociateResponse">
      <s:complexType>
        <s:choice>
          <s:sequence>
            <s:element name="MaxMessageSize" type="s:unsignedInt" minOccurs="0"/>
            <s:element name="AssocID" type="ews:tAssocID"/>
          </s:sequence>
          <s:element name="ServiceError" type="ews:tServiceError" minOccurs="0" maxOccurs="1"/>
        </s:choice>
        <s:attribute name="UUID" type="ews:tstring36" use="optional"/>
      </s:complexType>
    </s:element>
    <!--
    ReleaseRequest as defined IEC 61400-25-4, Annex A.5.2.5.1
    -->
    <s:element name="ReleaseRequest">
      <s:complexType>
        <s:annotation>
          <s:documentation>ReleaseRequest is the message used when releaseing an association</s:documentation>
        </s:annotation>
        <s:attribute name="UUID" type="ews:tstring36" use="optional"/>
        <s:attribute name="AssocID" type="ews:tAssocID" use="required"/>
      </s:complexType>
    </s:element>
    <!--
    ReleaseResponse as defined IEC 61400-25-4, Annex A.5.2.5.2
```

```
    -->
    <s:element name="ReleaseResponse">
      <s:complexType>
        <s:annotation>
          <s:documentation>ReleaseResponse is the message returned from a server when re-
ceiving a ReleaseRequest
          </s:documentation>
        </s:annotation>
        <s:sequence>
          <s:element name="ServiceError" type="ews:tServiceError" minOccurs="0" maxOc-
        curs="1"/>
        </s:sequence>
      <s:attribute name="UUID" type="ews:tstring36" use="optional"/>
      <s:attribute name="AssocID" type="ews:tAssocID" use="required"/>
    </s:complexType>
  </s:element>
  <!--
   AbortRequest as defined IEC 61400-25-4, Annex A.5.2.6.1
   -->
   <s:element name="AbortRequest">
     <s:complexType>
       <s:attribute name="UUID" type="ews:tstring36" use="optional"/>
       <s:attribute name="AssocID" type="ews:tAssocID" use="required"/>
     </s:complexType>
   </s:element>
  <!--
  AbortResponse as defined IEC 61400-25-4, Annex A.5.2.6.2
  -->
  <s:element name="AbortResponse">
    <s:complexType>
        <s:choice>
          <s:element name="ServiceError" type="ews:tServiceError" minOccurs="0"
          maxOccurs="unbounded"/>
        </s:choice>
        <s:attribute name="UUID" type="ews:tstring36" use="optional"/>
        <s:attribute name="AssocID" type="ews:tAssocID" use="required"/>
     </s:complexType>
  </s:element>
  <!--
   GetLogicalDeviceDirectoryRequest, IEC 61400-25-4, Annex A.5.3.2.2
   -->
   <s:element name="GetLogicalDeviceDirectoryRequest">
     <s:complexType>
       <s:sequence>
```

```
        <s:element name="LDRef" type="ews:tLogicalDeviceReference"/>
      </s:sequence>
      <s:attribute name="UUID" type="ews:tstring36" use="optional"/>
      <s:attribute name="AssocID" type="ews:tAssocID" use="required"/>
    </s:complexType>
  </s:element>
  <!--
  GetLogicalDeviceDirectoryResponse, IEC 61400-25-4, Annex A.5.3.2.3
  -->
    <s:element name="GetLogicalDeviceDirectoryResponse">
      <s:complexType>
        <s:choice>
          <s:element name="LNRef" type="ews:tLogicalNodeReference" minOccurs="3" max-
          Occurs="unbounded"/>
          <s:element name="ServiceError" type="ews:tServiceError" minOccurs="0" maxOc-
          curs="unbounded"/>
        </s:choice>
        <s:attribute name="UUID" type="ews:tstring36" use="optional"/>
        <s:attribute name="AssocID" type="ews:tAssocID" use="required"/>
      </s:complexType>
      </s:element>
    <!--
    GetLogicalNodeDirectoryRequest, IEC 61400-25-4, Annex A.5.4.2.2
    -->
    <s:element name="GetLogicalNodeDirectoryRequest">
    <s:complexType>
        <s:sequence>
        <s:element name="LNRef" type="ews:tLogicalNodeReference"/>
        <s:element name="IEMcls" type="ews:tIEMcls"/>
      </s:sequence>
      <s:attribute name="UUID" type="ews:tstring36" use="optional"/>
      <s:attribute name="AssocID" type="ews:tAssocID" use="required"/>
     </s:complexType>
     </s:element>
   <!--
   GetLogicalNodeDirectoryResponse, IEC 61400-25-4, Annex A.5.4.2.3
   -->
   <s:element name="GetLogicalNodeDirectoryResponse">
     <s:complexType>
         <s:choice>
        <s:sequence>
           <s:element name="DATAname" type="ews:tObjectName" minOccurs="0" maxOccurs
           ="unbounded"/>
```

```
        〈s:element name = "DSname" type = "ews:tObjectName" minOccurs = "0" maxOccurs
        = "unbounded"/〉
        〈s:element name = "BRCBname" type = "ews:tObjectName" minOccurs = "0" maxOccurs
        = "unbounded"/〉
        〈s:element name = "URCBname" type = "ews:tObjectName" minOccurs = "0" maxOccurs
        = "unbounded"/〉
        〈s:element name = "LCBname" type = "ews:tObjectName" minOccurs = "0" maxOccurs
        = "unbounded"/〉
        〈s:element name = "LOGname" type = "ews:tObjectName" minOccurs = "0" maxOccurs
        = "unbounded"/〉
      〈/s:sequence〉
      〈s:element name = "ServiceError" type = "ews:tServiceError" minOccurs = "0" maxOc-
    curs = "1"/〉
      〈/s:choice〉
    〈s:attribute name = "UUID" type = "ews:tstring36" use = "optional"/〉
    〈s:attribute name = "AssocID" type = "ews:tAssocID" use = "required"/〉
  〈/s:complexType〉
  〈/s:element〉
〈! --
GetDataValuesRequest, IEC 61400-25-4, Annex A.5.5.2.1
--〉
〈s:element name = "GetDataValuesRequest"〉
〈s:complexType〉
    〈s:sequence〉
    〈s:element name = "Ref" type = "ews:tFcdFcdaType" /〉
    〈/s:sequence〉
    〈s:attribute name = "UUID" type = "ews:tstring36" use = "optional"/〉
    〈s:attribute name = "AssocID" type = "ews:tAssocID" use = "required"/〉
  〈/s:complexType〉
  〈/s:element〉
〈! --
GetDataValuesResponse, IEC 61400-25-4, Annex A.5.5.2.2.
--〉
〈s:element name = "GetDataValuesResponse"〉
  〈s:complexType〉
    〈s:choice〉
    〈s:sequence〉
      〈s:element name = "DataAttrVal" type = "ews:tDataAttributeValue" minOccurs = "0"
    maxOccurs = "unbounded"/〉
    〈/s:sequence〉
    〈s:element name = "ServiceError" type = "ews:tServiceError" minOccurs = "0" maxOc-
  curs = "unbounded"/〉
    〈/s:choice〉
```

```
        〈s:attribute name = "UUID" type = "ews:tstring36" use = "optional"/〉
        〈s:attribute name = "AssocID" type = "ews:tAssocID" use = "required"/〉
      〈/s:complexType〉
      〈/s:element〉
    〈! --
    SetDataValuesRequest, IEC 61400-25-4, Annex A.5.5.3.1
    --〉
    〈s:element name = "SetDataValuesRequest"〉
    〈s:complexType〉
      〈s:sequence〉
        〈s:element name = "Ref" type = "ews:tFcdFcdaType"/〉
        〈s:element name = "DataAttrVal" type = "ews:tDataAttributeValue" maxOccurs = "un-
      bounded"/〉
      〈/s:sequence〉
  〈s:attribute name = "UUID" type = "ews:tstring36" use = "optional"/〉
  〈s:attribute name = "AssocID" type = "ews:tAssocID" use = "required"/〉
 〈/s:complexType〉
 〈/s:element〉
〈! --
SetDataValuesResponse, IEC 61400-25-4, Annex A.5.5.3.2
--〉
〈s:element name = "SetDataValuesResponse"〉
  〈s:complexType〉
    〈s:sequence〉
    〈s:choice〉
      〈s:element name = "Result" type = "ews:tResult" minOccurs = "0"/〉
      〈s:element name = "ServiceError" type = "ews:tServiceError" minOccurs = "0" maxOccurs
     = "unbounded"/〉
      〈/s:choice〉
    〈/s:sequence〉
    〈s:attribute name = "UUID" type = "ews:tstring36" use = "optional"/〉
    〈s:attribute name = "AssocID" type = "ews:tAssocID" use = "required"/〉
 〈/s:complexType〉
 〈/s:element〉
〈! --
GetDataDirectoryRequest, IEC 61400-25-4, Annex A.5.5.4.2
--〉
〈s:element name = "GetDataDirectoryRequest"〉
  〈s:complexType〉
    〈s:sequence〉
      〈s:element name = "DataRef" type = "ews:tDAReference"/〉
      〈/s:sequence〉
    〈s:attribute name = "UUID" type = "ews:tstring36" use = "optional"/〉
    〈s:attribute name = "AssocID" type = "ews:tAssocID" use = "required"/〉
```

〈/s:complexType〉
〈/s:element〉
〈! --
GetDataDirectoryResponse, IEC 61400-25-4, Annex A.5.5.4.3
--〉
〈s:element name = "GetDataDirectoryResponse"〉
〈s:complexType〉
〈s:choice〉
〈s:sequence〉
〈s:element name = "DataName" type = "ews:tObjectName" minOccurs = "0" maxOccurs = "unbounded"/〉
〈s:element name = "DataAttrName" type = "ews:tObjectName" minOccurs = "0" maxOccurs = "unbounded"/〉
〈/s:sequence〉
〈s:element name = "ServiceError" type = "ews:tServiceError" minOccurs = "0" maxOccurs = "unbounded"/〉
〈/s:choice〉
〈s:attribute name = "UUID" type = "ews:tstring36" use = "optional"/〉
〈s:attribute name = "AssocID" type = "ews:tAssocID" use = "required"/〉
〈/s:complexType〉
〈/s:element〉
〈! --
GetDataDefinitionRequest, IEC 61400-25-4, Annex A.5.5.5.2
--〉
〈s:element name = "GetDataDefinitionRequest"〉
〈s:complexType〉
〈s:sequence〉
〈s:element name = "DataRef" type = "ews:tDAReference"/〉
〈/s:sequence〉
〈s:attribute name = "UUID" type = "ews:tstring36" use = "optional"/〉
〈s:attribute name = "AssocID" type = "ews:tAssocID" use = "required"/〉
〈/s:complexType〉
〈/s:element〉
〈! --
GetDataDefinitionResponse, IEC 61400-25-4, Annex A.5.5.5.3
--〉
〈s:element name = "GetDataDefinitionResponse"〉
〈s:complexType〉
〈s:choice〉
〈s:element name = "DataAttrDef" type = "ews:tDataAttributeDefinition" minOccurs = "1" maxOccurs = "unbounded"/〉
〈s:element name = "ServiceError" type = "ews:tServiceError" minOccurs = "0" maxOccurs = "1"/〉

```
    </s:choice>
    <s:attribute name="UUID" type="ews:tstring36" use="optional"/>
    <s:attribute name="AssocID" type="ews:tAssocID" use="required"/>
  </s:complexType>
  </s:element>
<!--
GetDataSetValues, IEC 61400-25-4, Annex A.5.6.2.1
-->
<s:element name="GetDataSetValuesRequest">
<s:complexType>
        <s:sequence>
          <s:element name="DSRef" type="ews:tDataSetReference"/>
        </s:sequence>
        <s:attribute name="UUID" type="ews:tstring36" use="optional"/>
        <s:attribute name="AssocID" type="ews:tAssocID" use="required"/>
      </s:complexType>
      </s:element>
     <!--
     GetDataSetValuesResponse, IEC 61400-25-4, Annex A.5.6.2.2
     -->
     <s:element name="GetDataSetValuesResponse">
       <s:complexType>
        <s:choice>
          <s:element name="DataAttrVal" type="ews:tDataAttributeValue" minOccurs="0"
          maxOccurs="unbounded"/>
          <s:element name="ServiceError" type="ews:tServiceError" minOccurs="0" maxOc-
          curs="unbounded"/>
        </s:choice>
        <s:attribute name="UUID" type="ews:tstring36" use="optional"/>
        <s:attribute name="AssocID" type="ews:tAssocID" use="required"/>
       </s:complexType>
       </s:element>
     <!--
     SetDataSetValues, IEC 61400-25-4, Annex A.5.6.3.1
     -->
     <s:element name="SetDataSetValuesRequest">
     <s:complexType>
       <s:sequence>
         <s:element name="DSRef" type="ews:tDataSetReference"/>
         <s:element name="DataAttrVal" type="ews:tDataAttributeValue" maxOccurs="un-
       bounded"/>
       </s:sequence>
       <s:attribute name="UUID" type="ews:tstring36" use="optional"/>
```

```
    〈s:attribute name = "AssocID" type = "ews:tAssocID" use = "required"/〉
  〈/s:complexType〉
  〈/s:element〉
〈! --
SetDataSetValuesResponse, IEC 61400-25-4, Annex A.5.6.3.2
--〉
〈s:element name = "SetDataSetValuesResponse"〉
  〈s:complexType〉
    〈s:sequence〉
    〈s:choice〉
      〈s:element name = "Result" type = "ews:tResult" minOccurs = "0"/〉
      〈s:element name = "ServiceError" type = "ews:tServiceError" minOccurs = "0" maxOc-
    curs = "unbounded"/〉
      〈/s:choice〉
    〈/s:sequence〉
    〈s:attribute name = "UUID" type = "ews:tstring36" use = "optional"/〉
    〈s:attribute name = "AssocID" type = "ews:tAssocID" use = "required"/〉
  〈/s:complexType〉
  〈/s:element〉
〈! --
CreateDataSet, IEC 61400-25-4, Annex A.5.6.4.1
--〉
〈s:element name = "CreateDataSetRequest"〉
  〈s:complexType〉
    〈s:sequence〉
      〈s:element name = "DSRef" type = "ews:tDataSetReference"/〉
      〈s:element name = "DSMemberRef" type = "ews:tFcdFcdaType" maxOccurs = "unbounded"/〉
    〈/s:sequence〉
    〈s:attribute name = "UUID" type = "ews:tstring36" use = "optional"/〉
    〈s:attribute name = "AssocID" type = "ews:tAssocID" use = "required"/〉
  〈/s:complexType〉
  〈/s:element〉
〈! --
CreateDataSetResponse, IEC 61400-25-4, Annex A.5.6.4.2
--〉
〈s:element name = "CreateDataSetResponse"〉
〈s:complexType〉
    〈s:sequence〉
    〈s:choice〉
      〈s:element name = "Result" type = "ews:tResult" minOccurs = "0"/〉
      〈s:element name = "ServiceError" type = "ews:tServiceError" minOccurs = "0" maxOc-
    curs = "1"/〉
      〈/s:choice〉
    〈/s:sequence〉
```

```
        <s:attribute name="UUID" type="ews:tstring36" use="optional"/>
        <s:attribute name="AssocID" type="ews:tAssocID" use="required"/>
      </s:complexType>
      </s:element>
    <!--
DeleteDataSet, IEC 61400-25-4, Annex A.5.6.5.1
-->
<s:element name="DeleteDataSetRequest">
<s:complexType>
   <s:sequence>
     <s:element name="DSRef" type="ews:tObjectReference"/>
     </s:sequence>
   <s:attribute name="UUID" type="ews:tstring36" use="optional"/>
   <s:attribute name="AssocID" type="ews:tAssocID" use="required"/>
 </s:complexType>
 </s:element>
<!--
DeleteDataSetValuesResponse, IEC 61400-25-4, Annex A.5.6.5.2
-->
<s:element name="DeleteDataSetResponse">
<s:complexType>
     <s:sequence>
     <s:choice>
       <s:element name="Result" type="ews:tResult" minOccurs="0"/>
       <s:element name="ServiceError" type="ews:tServiceError" minOccurs="0" maxOccurs
     ="1"/>
     </s:choice>
   </s:sequence>
   <s:attribute name="UUID" type="ews:tstring36" use="optional"/>
   <s:attribute name="AssocID" type="ews:tAssocID" use="required"/>
 </s:complexType>
 </s:element>
<!--
GetDataSetDirectoryRequest, IEC 61400-25-4, Annex A.5.6.6.2
-->
<s:element name="GetDataSetDirectoryRequest">
  <s:complexType>
    <s:sequence>
      <s:element name="DSRef" type="ews:tDataSetReference"/>
      </s:sequence>
    <s:attribute name="UUID" type="ews:tstring36" use="optional"/>
    <s:attribute name="AssocID" type="ews:tAssocID" use="required"/>
  </s:complexType>
  </s:element>
```

```
<!--
GetDataSetDirectoryResponse, IEC 61400-25-4, Annex A.5.6.6.3
-->
<s:element name="GetDataSetDirectoryResponse">
  <s:complexType>
    <s:choice>
      <s:element name="DSMemberRef" type="ews:tFcdFcdaType" maxOccurs="unbounded"/>
      <s:element name="ServiceError" type="ews:tServiceError" minOccurs="0" maxOccurs
       ="unbounded"/>
    </s:choice >
    <s:attribute name="UUID" type="ews:tstring36" use="optional"/>
    <s:attribute name="AssocID" type="ews:tAssocID" use="required"/>
  </s:complexType>
  </s:element>
<!--
AddSubscriptionRequest. IEC61400-25-4, Annex A.5.7.2.1
-->
<s:element name="AddSubscriptionRequest">
<s:complexType>
  <s:sequence>
    <s:element name="RCBRef" type="ews:tControlBlockReference"/>
    <s:element name="RCBType" type="ews:tRCBType"/>
    <s:element name="RptID" type="ews:tstring65" minOccurs="0"/>
    <s:element name="RptEna" type="s:boolean" minOccurs="0"/>
    <s:element name="DatSet" type="ews:tDataSetReference" minOccurs="0"/>
    <s:element name="OptFlds " type="ews:tOptFldsBRCB" minOccurs="0"/>
    <s:element name="BufTm" type="s:unsignedInt" minOccurs="0"/>
    <s:element name="TrgOp" type="ews:tTrgCond" minOccurs="0"/>
    <s:element name="IntgPd" type="s:unsignedInt" minOccurs="0"/>
    <s:element name="DSMbrRef" type="ews:tFcdFcdaType" minOccurs="0" maxOccurs="un-
  bounded"/>
    </s:sequence>
  <s:attribute name="UUID" type="ews:tstring36" use="optional"/>
  <s:attribute name="AssocID" type="ews:tAssocID" use="required"/>
 </s:complexType>
 </s:element>
<!--
AddSubscriptionResponse. IEC 61400-25-4, Annex A.5.7.2.2
-->
<s:element name="AddSubscriptionResponse">
<s:complexType>
          <s:sequence><s:choice>
            <s:element name="Result" type="ews:tResult" minOccurs="0"/>
```

```
      <s:element name="ServiceError" type="ews:tServiceError" minOccurs="0" maxOccurs="unbounded"/>
      </s:choice>
    </s:sequence>
    <s:attribute name="UUID" type="ews:tstring36" use="optional"/>
    <s:attribute name="AssocID" type="ews:tAssocID" use="required"/>
  </s:complexType>
  </s:element>
<!--
RemoveSubscriptionRequest. IEC 61400-25-4, Annex A.5.7.3.1
-->
<s:element name="RemoveSubscriptionRequest">
  <s:complexType>
    <s:sequence>
      <s:element name="RCBRef" type="ews:tControlBlockReference"/>
      </s:sequence>
    <s:attribute name="UUID" type="ews:tstring36" use="optional"/>
    <s:attribute name="AssocID" type="ews:tAssocID" use="required"/>
  </s:complexType>
  </s:element>
<!--
RemoveSubscriptionResponse. IEC 61400-25-4, Annex A.5.7.3.2
-->
<s:element name="RemoveSubscriptionResponse">
<s:complexType>
    <s:sequence>
    <s:choice>
      <s:element name="Result" type="ews:tResult" minOccurs="0"/>
      <s:element name="ServiceError" type="ews:tServiceError" minOccurs="0" maxOccurs="1"/>
      </s:choice>
  </s:sequence>
  <s:attribute name="UUID" type="ews:tstring36" use="optional"/>
  <s:attribute name="AssocID" type="ews:tAssocID" use="required"/>
</s:complexType>
</s:element>
<!--
GetBRCBValuesRequest, IEC 61400-25-4, Annex A.5.7.4.1
-->
<s:element name="GetBRCBValuesRequest">
  <s:complexType>
    <s:sequence>
      <s:element name="BRCBRef" type="ews:tControlBlockReference"/>
```

```
        </s:sequence>
      <s:attribute name="UUID" type="ews:tstring36" use="optional"/>
      <s:attribute name="AssocID" type="ews:tAssocID" use="required"/>
    </s:complexType>
    </s:element>
  <!--
  GetBRCBValuesResponse, IEC 61400-25-4, Annex A.5.7.4.2
  -->
  <s:element name="GetBRCBValuesResponse">
    <s:complexType>
        <s:sequence>
        <s:choice>
          <s:sequence>
            <s:element name="RptID" type="ews:tstring65"/>
            <s:element name="RptEna" type="s:boolean"/>
            <s:element name="DatSet" type="ews:tDataSetReference"/>
            <s:element name="ConfRev" type="s:unsignedInt"/>
            <s:element name="OptFlds " type="ews:tOptFldsBRCB"/>
            <s:element name="BufTm" type="s:unsignedInt"/>
            <s:element name="SqNum " type="s:unsignedShort"/>
            <s:element name="TrgOp" type="ews:tTrgCond"/>
            <s:element name="IntgPd" type="s:unsignedInt"/>
            <s:element name="GI" type="s:boolean"/>
            <s:element name="PurgeBuf" type="s:boolean"/>
            <s:element name="EntryID" type="ews:tEntryID"/>
            <s:element name="TimeOfEntry" type="ews:tTimeStamp"/>
          </s:sequence>
          <s:element name="ServiceError" type="ews:tServiceError" minOccurs="0" max-
        Occurs="1"/>
          </s:choice>
      </s:sequence>
      <s:attribute name="UUID" type="ews:tstring36" use="optional"/>
      <s:attribute name="AssocID" type="ews:tAssocID" use="required"/>
    </s:complexType>
    </s:element>
    <!--
    SetBRCBValuesRequest, IEC 61400-25-4, Annex A.5.7.5.1
    -->
  <s:element name="SetBRCBValuesRequest">
<s:complexType>
  <s:sequence>
    <s:element name="BRCBRef" type="ews:tControlBlockReference"/>
    <s:element name="RptID" type="ews:tstring65" minOccurs="0"/>
```

```
        <s:element name="RptEna" type="s:boolean" minOccurs="0"/>
        <s:element name="DatSet" type="ews:tDataSetReference" minOccurs="0"/>
        <s:element name="OptFlds " type="ews:tOptFldsBRCB" minOccurs="0"/>
        <s:element name="BufTm" type="s:unsignedInt" minOccurs="0"/>
        <s:element name="TrgOp" type="ews:tTrgCond" minOccurs="0"/>
        <s:element name="IntgPd" type="s:unsignedInt" minOccurs="0"/>
        <s:element name="GI" type="s:boolean" minOccurs="0"/>
        <s:element name="PurgeBuf" type="s:boolean" minOccurs="0"/>
        <s:element name="EntryID" type="ews:tEntryID" minOccurs="0"/>
      </s:sequence>
      <s:attribute name="UUID" type="ews:tstring36" use="optional"/>
      <s:attribute name="AssocID" type="ews:tAssocID" use="required"/>
  </s:complexType>
  </s:element>
  <!--
SetBRCBValuesResponse, IEC 61400-25-4, Annex A.5.7.5.2
-->
<s:element name="SetBRCBValuesResponse">
   <s:complexType>
     <s:sequence>
     <s:choice>
         <s:element name="Result" type="ews:tResult" minOccurs="0"/>
         <s:element name="ServiceError" type="ews:tServiceError" minOccurs="0"
       maxOccurs="unbounded"/>
         </s:choice>
     </s:sequence>
     <s:attribute name="UUID" type="ews:tstring36" use="optional"/>
     <s:attribute name="AssocID" type="ews:tAssocID" use="required"/>
   </s:complexType>
   </s:element>
  <!--
  GetURCBValuesRequest, IEC 61400-25-4, Annex A.5.7.6.1
  -->
 <s:element name="GetURCBValuesRequest">
 <s:complexType>
   <s:sequence>
     <s:element name="URCBRef" type="ews:tControlBlockReference"/>
     </s:sequence>
   <s:attribute name="UUID" type="ews:tstring36" use="optional"/>
   <s:attribute name="AssocID" type="ews:tAssocID" use="required"/>
 </s:complexType>
```

```
 </s:element>
<! --
GetURCBValuesResponse, IEC 61400-25-4, Annex A.5.7.6.2
-->
<s:element name = "GetURCBValuesResponse">
<s:complexType>
     <s:sequence>
     <s:choice>
       <s:sequence>
         <s:element name = "RptID" type = "ews:tstring65"/>
         <s:element name = "RptEna" type = "s:boolean"/>
         <s:element name = "Resv" type = "s:boolean"/>
         <s:element name = "DatSet" type = "ews:tDataSetReference"/>
         <s:element name = "ConfRev" type = "s:unsignedInt"/>
         <s:element name = "OptFlds " type = "ews:tOptFldsURCB"/>
         <s:element name = "BufTm" type = "s:unsignedInt"/>
         <s:element name = "SqNum " type = "s:unsignedShort"/>
         <s:element name = "TrgOp" type = "ews:tTrgCond"/>
         <s:element name = "IntgPd" type = "s:unsignedInt"/>
         <s:element name = "GI" type = "s:boolean"/>
       </s:sequence>
       <s:element name = "Result" type = "ews:tResult" minOccurs = "0"/>
       <s:element name = "ServiceError" type = "ews:tServiceError" minOccurs = "0" maxOccurs
     = "1"/>
       </s:choice>
   </s:sequence>
   <s:attribute name = "UUID" type = "ews:tstring36" use = "optional"/>
   <s:attribute name = "AssocID" type = "ews:tAssocID" use = "required"/>
 </s:complexType>
     </s:element>
     <! --
     SetURCBValuesRequest, IEC 61400-25-4, Annex A.5.7.7.1
     -->
     <s:element name = "SetURCBValuesRequest">
       <s:complexType>
         <s:sequence>
           <s:element name = "URCBRef" type = "ews:tControlBlockReference"/>
           <s:element name = "RptID" type = "ews:tstring65" minOccurs = "0"/>
           <s:element name = "RptEna" type = "s:boolean" minOccurs = "0"/>
           <s:element name = "Resv" type = "s:boolean" minOccurs = "0"/>
           <s:element name = "DatSet" type = "ews:tDataSetReference" minOccurs = "0"/>
           <s:element name = "OptFlds " type = "ews:tOptFldsBRCB" minOccurs = "0"/>
           <s:element name = "BufTm" type = "s:unsignedInt" minOccurs = "0"/>
```

```
        <s:element name="TrgOp" type="ews:tTrgCond" minOccurs="0"/>
        <s:element name="IntgPd" type="s:unsignedInt" minOccurs="0"/>
        <s:element name="GI" type="s:boolean" minOccurs="0"/>
      </s:sequence>
      <s:attribute name="UUID" type="ews:tstring36" use="optional"/>
      <s:attribute name="AssocID" type="ews:tAssocID" use="required"/>
    </s:complexType>
  </s:element>
  <!--
  SetURCBValuesResponse, IEC 61400-25-4, Annex a.5.7.7.2
  -->
  <s:element name="SetURCBValuesResponse">
    <s:complexType>
        <s:sequence>
        <s:choice>
          <s:element name="Result" type="ews:tResult" minOccurs="0"/>
          <s:element name="ServiceError" type="ews:tServiceError" minOccurs="0" max-
        Occurs="unbounded"/>
          </s:choice>
      </s:sequence>
      <s:attribute name="UUID" type="ews:tstring36" use="optional"/>
      <s:attribute name="AssocID" type="ews:tAssocID" use="required"/>
    </s:complexType>
  </s:element>
  <!--
  ReportRequest, IEC 61400-25-4, Annex A.5.7.7.3
  -->
  <s:element name="ReportRequest">
    <s:complexType>
      <s:sequence>
        <s:element name="MaxResponseTime" type="s:duration" minOccurs="1"/>
        <s:element name="MinResponseTime" type="s:duration" minOccurs="0"/>
      </s:sequence>
      <s:attribute name="UUID" type="ews:tstring36" use="optional"/>
      <s:attribute name="AssocID" type="ews:tAssocID" use="required"/>
    </s:complexType>
  </s:element>
  <!--
  ReportResponse, IEC 61400-25-4, Annex A.5.7.7.4
  -->
  <s:element name="ReportResponse">
    <s:complexType>
        <s:choice>
        <s:sequence>
          <s:element name="ReportFormat" type="ews:tReportFormat" minOccurs="0"
          maxOccurs="unbounded"/>
```

```
<s:element name="MaxRequestTime" type="s:duration" minOccurs="1"/>
<s:element name="MinRequestTime" type="s:duration" minOccurs="0"/>
</s:sequence>
<s:element name="ServiceError" type="ews:tServiceError" minOccurs="0"
maxOccurs="1"/>
</s:choice>
<s:attribute name="UUID" type="ews:tstring36" use="optional"/>
<s:attribute name="AssocID" type="ews:tAssocID" use="required"/>
<s:attribute name="moreFollows" type="s:boolean" use="optional" default=
"false"/><!-- The message size is too small to send all the ReportFormats in one message-->
</s:complexType>
</s:element>
<!--
GetLCBValuesRequest, IEC 61400-25-4, Annex A.5.8.2.1
-->
<s:element name="GetLCBValuesRequest">
<s:complexType>
<s:sequence>
<s:element name="LCBRef" type="ews:tControlBlockReference"/>
</s:sequence>
<s:attribute name="UUID" type="ews:tstring36" use="optional"/>
<s:attribute name="AssocID" type="ews:tAssocID" use="required"/>
</s:complexType>
</s:element>
<!--
GetLCBValuesResponse, IEC 61400-25-4, Annex A.5.8.2.2
-->
<s:element name="GetLCBValuesResponse">
<s:complexType>
<s:sequence>
<s:choice>
<s:sequence>
<s:element name="LogEna" type="s:boolean"/>
<s:element name="DatSet" type="ews:tDataSetReference"/>
<s:element name="TrgOp" type="ews:tTrgCond"/>
<s:element name="IntgPd" type="s:unsignedInt"/>
<s:element name="LogRef" type="ews:tObjectReference"/>
</s:sequence>
<s:element name="ServiceError" type="ews:tServiceError" minOccurs="0" maxOccurs
="1"/>
</s:choice>
</s:sequence>
<s:attribute name="UUID" type="ews:tstring36" use="optional"/>
```

```
    <s:attribute name="AssocID" type="ews:tAssocID" use="required"/>
  </s:complexType>
  </s:element>
<!--
SetLCBValuesRequest, IEC 61400-25-4, Annex A.5.8.3.2
-->
<s:element name="SetLCBValuesRequest">
<s:complexType>
    <s:sequence>
      <s:element name="LCBRef" type="ews:tControlBlockReference"/>
      <s:element name="LogEna" type="s:boolean" minOccurs="0"/>
      <s:element name="DatSet" type="ews:tDataSetReference" minOccurs="0"/>
      <s:element name="OptFlds " type="ews:tOptFldsLCB" minOccurs="0"/>
      <s:element name="IntgPd" type="s:unsignedInt" minOccurs="0"/>
      <s:element name="LogRef" type="ews:tObjectReference" minOccurs="0"/>
    </s:sequence>
    <s:attribute name="UUID" type="ews:tstring36" use="optional"/>
    <s:attribute name="AssocID" type="ews:tAssocID" use="required"/>
  </s:complexType>
  </s:element>
<!--
SetLCBValuesResponse, IEC 61400-25-4, Annex A.5.8.3.3
-->
<s:element name="SetLCBValuesResponse">
<s:complexType>
   <s:sequence>
   <s:choice>
       <s:element name="Result" type="ews:tResult" minOccurs="0"/>
       <s:element name="ServiceError" type="ews:tServiceError" minOccurs="0" maxOccurs
      ="1"/>
       </s:choice>
    </s:sequence>
    <s:attribute name="UUID" type="ews:tstring36" use="optional"/>
    <s:attribute name="AssocID" type="ews:tAssocID" use="required"/>
  </s:complexType>
  </s:element>
<!--
GetLogStatusValuesRequest, IEC 61400-25-4, Annex A.5.9.2.1
-->
<s:element name="GetLogStatusValuesRequest">
<s:complexType>
    <s:sequence>
      <s:element name="LogRef" type="ews:tObjectReference"/>
```

```
      </s:sequence>
    <s:attribute name="UUID" type="ews:tstring36" use="optional"/>
    <s:attribute name="AssocID" type="ews:tAssocID" use="required"/>
  </s:complexType>
  </s:element>
<!--
GetLogStatusValuesResponse, IEC 61400-25-4, Annex a.5.9.2.2
-->
<s:element name="GetLogStatusValuesResponse">
  <s:complexType>
     <s:choice>
     <s:sequence>
       <s:element name="OldEntrTm" type="ews:tTimeStamp"/>
           <s:element name="NewEntrTm" type="ews:tTimeStamp"/>
           <s:element name="OldEntr" type="s:unsignedInt"/>
           <s:element name="NewEntr" type="s:unsignedInt"/>
         </s:sequence>
         <s:element name="ServiceError" type="ews:tServiceError" minOccurs="0"
       maxOccurs="1"/>
         </s:choice>
       <s:attribute name="UUID" type="ews:tstring36" use="optional"/>
       <s:attribute name="AssocID" type="ews:tAssocID" use="required"/>
     </s:complexType>
     </s:element>
   <!--
   QueryLogByTimeRequest, IEC 61400-25-4, Annex A.5.9.3.1
   -->
   <s:element name="QueryLogByTimeRequest">
   <s:complexType>
     <s:sequence>
       <s:element name="LogRef" type="ews:tObjectReference"/>
       <s:element name="StartTime" type="ews:tTimeStamp" minOccurs="0"/>
       <s:element name="StopTime" type="ews:tTimeStamp" minOccurs="0"/>
       <s:element name="DataFilter" type="ews:tFcdFcdaType" minOccurs="0" maxOccurs
     ="unbounded"/>
       </s:sequence>
     <s:attribute name="UUID" type="ews:tstring36" use="optional"/>
     <s:attribute name="AssocID" type="ews:tAssocID" use="required"/>
   </s:complexType>
   </s:element>
  <!--
  QueryLogByTimeResponse, IEC 61400-25-4, Annex A.5.9.3.2
  -->
```

```
<s:element name = "QueryLogByTimeResponse">
<s:complexType>
    <s:sequence>
    <s:choice>
      <s:sequence>
        <s:element name = "LogEntry" type = "ews:tLOGEntry"/>
        </s:sequence>
      <s:element name = "ServiceError" type = "ews:tServiceError" minOccurs = "0" maxOc-
    curs = "1"/>
      </s:choice>
   </s:sequence>
   <s:attribute name = "UUID" type = "ews:tstring36" use = "optional"/>
   <s:attribute name = "AssocID" type = "ews:tAssocID" use = "required"/>
  </s:complexType>
  </s:element>
<! --
QueryLogAfterRequest, IEC 61400-25-4, Annex A.5.9.4.1
-->
<s:element name = "QueryLogAfterRequest">
<s:complexType>
   <s:sequence>
     <s:element name = "LogRef" type = "ews:tObjectReference"/>
     <s:element name = "StartTime" type = "ews:tTimeStamp" minOccurs = "0"/>
  <s:element name = "EntryID" type = "s:unsignedInt" minOccurs = "0"/>
  <s:element name = "DataFilter" type = "ews:tFcdFcdaType" minOccurs = "0" maxOccurs = "un-
bounded"/>
  </s:sequence>
   <s:attribute name = "UUID" type = "ews:tstring36" use = "optional"/>
   <s:attribute name = "AssocID" type = "ews:tAssocID" use = "required"/>
  </s:complexType>
  </s:element>
<! --
QueryLogAfterResponse, IEC 61400-25-4, Annex A.5.9.4.2
-->
<s:element name = "QueryLogAfterResponse">
<s:complexType>
    <s:sequence>
    <s:choice>
      <s:sequence>
        <s:element name = "LogEntry" type = "ews:tLOGEntry"/>
        </s:sequence>
      <s:element name = "ServiceError" type = "ews:tServiceError" minOccurs = "0" maxOc-
    curs = "unbounded"/>
```

```
            </s:choice>
          </s:sequence>
          <s:attribute name = "UUID" type = "ews:tstring36" use = "optional"/>
          <s:attribute name = "AssocID" type = "ews:tAssocID" use = "required"/>
        </s:complexType>
        </s:element>
      <! --
      SelectRequest, IEC 61400-25-4, Annex A.5.10.2.1
      -->
<s:element name = "SelectRequest">
  <s:complexType>
    <s:sequence>
      <s:element name = "ControlObjectRef" type = "ews:tDAReference"/>
    </s:sequence>
    <s:attribute name = "UUID" type = "ews:tstring36" use = "optional"/>
    <s:attribute name = "AssocID" type = "ews:tAssocID" use = "required"/>
  </s:complexType>
</s:element>
<! --
SelectResponse, IEC 61400-25-4, Annex A.5.10.2.2
-->
<s:element name = "SelectResponse">
  <s:complexType>
    <s:sequence>
      <s:element name = "ControlObjectRef" type = "ews:tDAReference"/>
      <s:element name = "ServiceError" type = "ews:tServiceError" minOccurs = "0" maxOccurs
      = "1"/>
    </s:sequence>
    <s:attribute name = "UUID" type = "ews:tstring36" use = "optional"/>
    <s:attribute name = "AssocID" type = "ews:tAssocID" use = "required"/>
  </s:complexType>
  </s:element>
<! --
SelecetWithValueRequest, IEC 61400-25-4, Annex A.5.10.3.1
-->
<s:element name = "SelectWithValueRequest">
  <s:complexType>
    <s:sequence>
      <s:element name = "ControlObjectRef" type = "ews:tDAReference"/>
      <s:element name = "Value" type = "ews:tControlValue"/>
      <s:element name = "T" type = "ews:tTimeStamp"/>
      <s:element name = "Test" type = "s:boolean"/>
      <s:element name = "Check" type = "ews:tCheck"/>
```

```
    </s:sequence>
    <s:attribute name="UUID" type="ews:tstring36" use="optional"/>
    <s:attribute name="AssocID" type="ews:tAssocID" use="required"/>
  </s:complexType>
  </s:element>
<!--
SelectWithValueResponse, IEC 61400-25-4, Annex A.5.10.3.2
-->
<s:element name="SelectWithValueResponse">
  <s:complexType>
    <s:sequence>
      <s:element name="ControlObjectRef" type="ews:tDAReference"/>
      <s:element name="Value" type="ews:tControlValue"/>
      <s:element name="T" type="ews:tTimeStamp"/>
      <s:element name="Test" type="s:boolean"/>
      <s:element name="AddCause" type="ews:tAddCause" minOccurs="0" maxOccurs="1"/>
      </s:sequence>
    <s:attribute name="UUID" type="ews:tstring36" use="optional"/>
    <s:attribute name="AssocID" type="ews:tAssocID" use="required"/>
  </s:complexType>
  </s:element>
<!--
CancelRequest, IEC 61400-25-4, Annex A.5.10.4.1
-->
<s:element name="CancelRequest">
  <s:complexType>
    <s:sequence>
      <s:element name="ControlObjectRef" type="ews:tDAReference"/>
      <s:element name="Value" type="ews:tControlValue"/>
      <s:element name="T" type="ews:tTimeStamp"/>
      <s:element name="Test" type="s:boolean"/>
      </s:sequence>
    <s:attribute name="UUID" type="ews:tstring36" use="optional"/>
    <s:attribute name="AssocID" type="ews:tAssocID" use="required"/>
  </s:complexType>
  </s:element>
<!--
CancelResponse, IEC 61400-25-4, Annex A.5.10.4.2
-->
<s:element name="CancelResponse">
<s:complexType>
    <s:sequence>
      <s:element name="ControlObjectRef" type="ews:tDAReference"/>
```

```
<s:element name="Value" type="ews:tControlValue"/>
        <s:element name="T" type="ews:tTimeStamp"/>
        <s:element name="Test" type="s:boolean"/>
        <s:element name="AddCause" type="ews:tAddCause" minOccurs="0" maxOccurs
        ="1"/>
          </s:sequence>
        <s:attribute name="UUID" type="ews:tstring36" use="optional"/>
        <s:attribute name="AssocID" type="ews:tAssocID" use="required"/>
      </s:complexType>
      </s:element>
<!--
 OperateRequest, IEC 61400-25-4, Annex A.5.10.5.1
-->
<s:element name="OperateRequest">
<s:complexType>
    <s:sequence>
      <s:element name="ControlObjectRef" type="ews:tDAReference"/>
      <s:element name="Value" type="ews:tControlValue"/>
      <s:element name="T" type="ews:tTimeStamp"/>
      <s:element name="Test" type="s:boolean"/>
      <s:element name="Check" type="ews:tCheck"/>
    </s:sequence>
    <s:attribute name="UUID" type="ews:tstring36" use="optional"/>
    <s:attribute name="AssocID" type="ews:tAssocID" use="required"/>
  </s:complexType>
  </s:element>
<!--
OperateResponse, IEC 61400-25-4, Annex A.5.10.5.2
-->
<s:element name="OperateResponse">
<s:complexType>
    <s:sequence>
      <s:element name="ControlObjectRef" type="ews:tDAReference"/>
      <s:element name="Value" type="ews:tControlValue"/>
      <s:element name="T" type="ews:tTimeStamp"/>
      <s:element name="Test" type="s:boolean"/>
 <s:element name="AddCause" type="ews:tAddCause" minOccurs="0" maxOccurs="1"/>
</s:sequence>
<s:attribute name="UUID" type="ews:tstring36" use="optional"/>
<s:attribute name="AssocID" type="ews:tAssocID" use="required"/>
  </s:complexType>
</s:element>
<!--
```

```
CommandTerminationrequest, IEC 61400-25-4, Annex A.5.10.6.1
-->
<s:element name="CommandTerminationRequest">
<s:complexType>
  <s:sequence>
    <s:element name="ControlObjectRef" type="ews:tDAReference"/>
    <s:element name="T" type="ews:tTimeStamp"/>
    <s:element name="Test" type="s:boolean"/>
    </s:sequence>
  <s:attribute name="UUID" type="ews:tstring36" use="optional"/>
  <s:attribute name="AssocID" type="ews:tAssocID" use="required"/>
 </s:complexType>
 </s:element>
<!--
CommandTerminationResponse, IEC 61400-25-4, Annex A.5.10.6.2
-->
<s:element name="CommandTerminationResponse">
<s:complexType>
 <s:choice>
   <s:element name="notFinished" type="s:boolean"/>
   <s:sequence>
    <s:element name="ControlObjectRef" type="ews:tDAReference"/>
    <s:element name="T" type="ews:tTimeStamp"/>
    <s:element name="Test" type="s:boolean"/>
    <s:element name="AddCause" type="ews:tAddCause" minOccurs="0" maxOccurs="1"/>
    </s:sequence>
 </s:choice>
 <s:attribute name="UUID" type="ews:tstring36" use="optional"/>
 <s:attribute name="AssocID" type="ews:tAssocID" use="required"/>
</s:complexType>
</s:element>
<!--
TimeActivatedOperateRequest, IEC 61400-25-4, Annex A.5.10.7.1
-->
<s:element name="TimeActivatedOperateRequest">
<s:complexType>
  <s:sequence>
    <s:element name="ControlObjectRef" type="ews:tDAReference"/>
    <s:element name="Value" type="ews:tControlValue"/>
    <s:element name="T" type="ews:tTimeStamp"/>
    <s:element name="Test" type="s:boolean"/>
    <s:element name="Check" type="ews:tCheck"/>
  </s:sequence>
```

```
        <s:attribute name="UUID" type="ews:tstring36" use="optional"/>
        <s:attribute name="AssocID" type="ews:tAssocID" use="required"/>
      </s:complexType>
    </s:element>
    <!--
    TimeActivaedOperateResponse, IEC 61400-25-4, Annex A.5.10.7.2
    -->
    <s:element name="TimeActivatedOperateResponse">
      <s:complexType>
        <s:sequence>
          <s:element name="ControlObjectRef" type="ews:tDAReference"/>
          <s:element name="Value" type="ews:tControlValue"/>
          <s:element name="T" type="ews:tTimeStamp"/>
          <s:element name="Test" type="s:boolean"/>
          <s:choice>
            <s:element name="TimOperRsp" type="ews:tTimOperRsp"/>
            <s:element name="AddCause" type="ews:tAddCause"/>
          </s:choice>
        </s:sequence>
        <s:attribute name="UUID" type="ews:tstring36" use="optional"/>
        <s:attribute name="AssocID" type="ews:tAssocID" use="required"/>
      </s:complexType>
        </s:element>
    </s:schema>
    </types>
      <!-- -->
  <message name="AssociateSoapIn">
    <part name="parameters" element="ews:AssociateRequest"/>
  </message>
  <message name="AssociateSoapOut">
    <part name="parameters" element="ews:AssociateResponse"/>
  </message>
  <message name="ReleaseSoapIn">
    <part name="parameters" element="ews:ReleaseRequest"/>
  </message>
  <message name="AbortSoapOut">
    <part name="parameters" element="ews:ReleaseResponse"/>
  </message>
    <message name="AbortSoapIn">
    <part name="parameters" element="ews:AbortRequest"/>
  </message>
  <message name="ReleaseSoapOut">
    <part name="parameters" element="ews:AbortResponse"/>
  </message>
```

```
<message name="GetServerDirectorySoapIn">
  <part name="parameters" element="ews:GetServerDirectoryRequest"/>
</message>
<message name="GetServerDirectorySoapOut">
  <part name="parameters" element="ews:GetServerDirectoryResponse"/>
</message>
<message name="GetLogicalDeviceDirectorySoapIn">
  <part name="parameters" element="ews:GetLogicalDeviceDirectoryRequest"/>
</message>
<message name="GetLogicalDeviceDirectorySoapOut">
  <part name="parameters" element="ews:GetLogicalDeviceDirectoryResponse"/>
</message>
<message name="GetLogicalNodeDirectorySoapIn">
  <part name="parameters" element="ews:GetLogicalNodeDirectoryRequest"/>
</message>
<message name="GetLogicalNodeDirectorySoapOut">
  <part name="parameters" element="ews:GetLogicalNodeDirectoryResponse"/>
</message>
<message name="GetDataValuesSoapIn">
  <part name="parameters" element="ews:GetDataValuesRequest"/>
</message>
<message name="GetDataValuesSoapOut">
  <part name="parameters" element="ews:GetDataValuesResponse"/>
</message>
<message name="SetDataValuesSoapIn">
   <part name="parameters" element="ews:SetDataValuesRequest"/>
    </message>
 <message name="SetDataValuesSoapOut">
   <part name="parameters" element="ews:SetDataValuesResponse"/>
    </message>
 <message name="GetDataDirectorySoapIn">
   <part name="parameters" element="ews:GetDataDirectoryRequest"/>
   </message>
 <message name="GetDataDirectorySoapOut">
   <part name="parameters" element="ews:GetDataDirectoryResponse"/>
   </message>
 <message name="GetDataDefinitionSoapIn">
   <part name="parameters" element="ews:GetDataDefinitionRequest"/>
   </message>
 <message name="GetDataDefinitionSoapOut">
   <part name="parameters" element="ews:GetDataDefinitionResponse"/>
   </message>
 <message name="GetDataSetValuesSoapIn">
   <part name="parameters" element="ews:GetDataSetValuesRequest"/>
```

```
  </message>
<message name="GetDataSetValuesSoapOut">
  <part name="parameters" element="ews:GetDataSetValuesResponse"/>
  </message>
<message name="SetDataSetValuesSoapIn">
  <part name="parameters" element="ews:SetDataSetValuesRequest"/>
  </message>
<message name="SetDataSetValuesSoapOut">
  <part name="parameters" element="ews:SetDataSetValuesResponse"/>
  </message>
<message name="CreateDataSetSoapIn">
  <part name="parameters" element="ews:CreateDataSetRequest"/>
  </message>
<message name="CreateDataSetSoapOut">
  <part name="parameters" element="ews:CreateDataSetResponse"/>
  </message>
<message name="DeleteDataSetSoapIn">
  <part name="parameters" element="ews:DeleteDataSetRequest"/>
  </message>
<message name="DeleteDataSetSoapOut">
  <part name="parameters" element="ews:DeleteDataSetResponse"/>
  </message>
<message name="GetDataSetDirectorySoapIn">
  <part name="parameters" element="ews:GetDataSetDirectoryRequest"/>
  </message>
<message name="GetDataSetDirectorySoapOut">
  <part name="parameters" element="ews:GetDataSetDirectoryResponse"/>
  </message>
<message name="ReportSoapIn">
  <part name="parameters" element="ews:ReportRequest"/>
  </message>
<message name="ReportSoapOut">
  <part name="parameters" element="ews:ReportResponse"/>
  </message>
<message name="AddSubscriptionSoapIn">
  <part name="parameters" element="ews:AddSubscriptionRequest"/>
  </message>
<message name="AddSubscriptionSoapOut">
  <part name="parameters" element="ews:AddSubscriptionResponse"/>
  </message>
<message name="RemoveSubscriptionSoapIn">
  <part name="parameters" element="ews:RemoveSubscriptionRequest"/>
  </message>
```

```
<message name = "RemoveSubscriptionSoapOut">
  <part name = "parameters" element = "ews:RemoveSubscriptionResponse"/>
  </message>
<message name = "GetBRCBValuesSoapIn">
  <part name = "parameters" element = "ews:GetBRCBValuesRequest"/>
  </message>
<message name = "GetBRCBValuesSoapOut">
  <part name = "parameters" element = "ews:GetBRCBValuesResponse"/>
  </message>
<message name = "SetBRCBValuesSoapIn">
  <part name = "parameters" element = "ews:SetBRCBValuesRequest"/>
  </message>
<message name = "SetBRCBValuesSoapOut">
  <part name = "parameters" element = "ews:SetBRCBValuesResponse"/>
  </message>
<message name = "GetURCBValuesSoapIn">
  <part name = "parameters" element = "ews:GetURCBValuesRequest"/>
  </message>
<message name = "GetURCBValuesSoapOut">
  <part name = "parameters" element = "ews:GetURCBValuesResponse"/>
  </message>
<message name = "SetURCBValuesSoapIn">
  <part name = "parameters" element = "ews:SetURCBValuesRequest"/>
  </message>
<message name = "SetURCBValuesSoapOut">
  <part name = "parameters" element = "ews:SetURCBValuesResponse"/>
  </message>
<message name = "GetLCBValuesSoapIn">
  <part name = "parameters" element = "ews:GetLCBValuesRequest"/>
  </message>
<message name = "GetLCBValuesSoapOut">
  <part name = "parameters" element = "ews:GetLCBValuesResponse"/>
  </message>
<message name = "SetLCBValuesSoapIn">
  <part name = "parameters" element = "ews:SetLCBValuesRequest"/>
</message>
<message name = "SetLCBValuesSoapOut">
  <part name = "parameters" element = "ews:SetLCBValuesResponse"/>
</message>
<message name = "QueryLogByTimeSoapIn">
<part name = "parameters" element = "ews:QueryLogByTimeRequest"/>
</message>
<message name = "QueryLogByTimeSoapOut">
```

```
  <part name="parameters" element="ews:QueryLogByTimeResponse"/>
</message>
<message name="QueryLogAfterSoapIn">
  <part name="parameters" element="ews:QueryLogAfterRequest"/>
</message>
<message name="QueryLogAfterSoapOut">
  <part name="parameters" element="ews:QueryLogAfterResponse"/>
</message>
<message name="GetLogStatusValuesSoapIn">
  <part name="parameters" element="ews:GetLogStatusValuesRequest"/>
</message>
<message name="GetLogStatusValuesSoapOut">
  <part name="parameters" element="ews:GetLogStatusValuesResponse"/>
</message>
<message name="SelectSoapIn">
  <part name="parameters" element="ews:SelectRequest"/>
</message>
<message name="SelectSoapOut">
  <part name="parameters" element="ews:SelectResponse"/>
</message>
<message name="SelectWithValueSoapIn">
  <part name="parameters" element="ews:SelectWithValueRequest"/>
</message>
<message name="SelectWithValueSoapOut">
  <part name="parameters" element="ews:SelectWithValueResponse"/>
</message>
<message name="CancelSoapIn">
  <part name="parameters" element="ews:CancelRequest"/>
</message>
<message name="CancelSoapOut">
  <part name="parameters" element="ews:CancelResponse"/>
</message>
<message name="OperateSoapIn">
  <part name="parameters" element="ews:OperateRequest"/>
</message>
<message name="OperateSoapOut">
  <part name="parameters" element="ews:OperateResponse"/>
</message>
<message name="CommandTerminationSoapIn">
  <part name="parameters" element="ews:CommandTerminationRequest"/>
</message>
<message name="CommandTerminationSoapOut">
  <part name="parameters" element="ews:CommandTerminationResponse"/>
```

```
</message>
<message name = "TimeActivatedOperateSoapIn">
  <part name = "parameters" element = "ews:TimeActivatedOperateRequest"/>
</message>
<message name = "TimeActivatedOperateSoapOut">
  <part name = "parameters" element = "ews:TimeActivatedOperateResponse"/>
  </message>
  <portType name = "ServicePortType">
  <operation name = "Associate">
      <input message = "ews:AssociateSoapIn"/>
      <output message = "ews:AssociateSoapOut"/>
    </operation>
    <operation name = "Release">
      <input message = "ews:ReleaseSoapIn"/>
      <output message = "ews:ReleaseSoapOut"/>
    </operation>
    <operation name = "GetServerDirectory">
      <input message = "ews:GetServerDirectorySoapIn"/>
      <output message = "ews:GetServerDirectorySoapOut"/>
    </operation>
    <operation name = "GetLogicalDeviceDirectory">
      <input message = "ews:GetLogicalDeviceDirectorySoapIn"/>
      <output message = "ews:GetLogicalDeviceDirectorySoapOut"/>
    </operation>
    <operation name = "GetLogicalNodeDirectory">
      <input message = "ews:GetLogicalNodeDirectorySoapIn"/>
      <output message = "ews:GetLogicalNodeDirectorySoapOut"/>
    </operation>
    <operation name = "GetDataValues">
      <input message = "ews:GetDataValuesSoapIn"/>
      <output message = "ews:GetDataValuesSoapOut"/>
    </operation>
    <operation name = "SetDataValues">
      <input message = "ews:SetDataValuesSoapIn"/>
      <output message = "ews:SetDataValuesSoapOut"/>
    </operation>
    <operation name = "GetDataDirectory">
      <input message = "ews:GetDataDirectorySoapIn"/>
      <output message = "ews:GetDataDirectorySoapOut"/>
    </operation>
    <operation name = "GetDataDefinition">
      <input message = "ews:GetDataDefinitionSoapIn"/>
      <output message = "ews:GetDataDefinitionSoapOut"/>
```

```
    〈/operation〉
    〈operation name = "GetDataSetValues"〉
      〈input message = "ews:GetDataSetValuesSoapIn"/〉
      〈output message = "ews:GetDataSetValuesSoapOut"/〉
    〈/operation〉
    〈operation name = "SetDataSetValues"〉
      〈input message = "ews:SetDataSetValuesSoapIn"/〉
      〈output message = "ews:SetDataSetValuesSoapOut"/〉
    〈/operation〉
    〈operation name = "CreateDataSet"〉
      〈input message = "ews:CreateDataSetSoapIn"/〉
      〈output message = "ews:CreateDataSetSoapOut"/〉
    〈/operation〉
    〈operation name = "DeleteDataSet"〉
      〈input message = "ews:DeleteDataSetSoapIn"/〉
      〈output message = "ews:DeleteDataSetSoapOut"/〉
    〈/operation〉
    〈operation name = "GetDataSetDirectory"〉
      〈input message = "ews:GetDataSetDirectorySoapIn"/〉
      〈output message = "ews:GetDataSetDirectorySoapOut"/〉
    〈/operation〉
    〈operation name = "Report"〉
      〈input message = "ews:ReportSoapIn"/〉
      〈output message = "ews:ReportSoapOut"/〉
    〈/operation〉
    〈operation name = "AddSubscription"〉
      〈input message = "ews:AddSubscriptionSoapIn"/〉
      〈output message = "ews:AddSubscriptionSoapOut"/〉
    〈/operation〉
    〈operation name = "RemoveSubscription"〉
      〈input message = "ews:RemoveSubscriptionSoapIn"/〉
      〈output message = "ews:RemoveSubscriptionSoapOut"/〉
    〈/operation〉
    〈operation name = "GetBRCBValues"〉
      〈input message = "ews:GetBRCBValuesSoapIn"/〉
      〈output message = "ews:GetBRCBValuesSoapOut"/〉
    〈/operation〉
    〈operation name = "SetBRCBValues"〉
      〈input message = "ews:SetBRCBValuesSoapIn"/〉
      〈output message = "ews:SetBRCBValuesSoapOut"/〉
  〈/operation〉
  〈operation name = "GetURCBValues"〉
    〈input message = "ews:GetURCBValuesSoapIn"/〉
```

```
  〈output message = "ews:GetURCBValuesSoapOut"/〉
〈/operation〉
〈operation name = "SetURCBValues"〉
  〈input message = "ews:SetURCBValuesSoapIn"/〉
  〈output message = "ews:SetURCBValuesSoapOut"/〉
〈/operation〉
〈operation name = "GetLCBValues"〉
  〈input message = "ews:GetLCBValuesSoapIn"/〉
  〈output message = "ews:GetLCBValuesSoapOut"/〉
〈/operation〉
〈operation name = "SetLCBValues"〉
  〈input message = "ews:SetLCBValuesSoapIn"/〉
  〈output message = "ews:SetLCBValuesSoapOut"/〉
〈/operation〉
〈operation name = "QueryLogByTime"〉
  〈input message = "ews:QueryLogByTimeSoapIn"/〉
  〈output message = "ews:QueryLogByTimeSoapOut"/〉
〈/operation〉
〈operation name = "QueryLogAfter"〉
  〈input message = "ews:QueryLogAfterSoapIn"/〉
  〈output message = "ews:QueryLogAfterSoapOut"/〉
〈/operation〉
〈operation name = "GetLogStatusValues"〉
  〈input message = "ews:GetLogStatusValuesSoapIn"/〉
  〈output message = "ews:GetLogStatusValuesSoapOut"/〉
〈/operation〉
〈operation name = "Select"〉
  〈input message = "ews:SelectSoapIn"/〉
  〈output message = "ews:SelectSoapOut"/〉
〈/operation〉
〈operation name = "SelectWithValue"〉
  〈input message = "ews:SelectWithValueSoapIn"/〉
  〈output message = "ews:SelectWithValueSoapOut"/〉
〈/operation〉
〈operation name = "Cancel"〉
  〈input message = "ews:CancelSoapIn"/〉
  〈output message = "ews:CancelSoapOut"/〉
〈/operation〉
〈operation name = "Operate"〉
  〈input message = "ews:OperateSoapIn"/〉
  〈output message = "ews:OperateSoapOut"/〉
〈/operation〉
〈operation name = "CommandTermination"〉
```

```
      〈input message = "ews:CommandTerminationSoapIn"/〉
      〈output message = "ews:CommandTerminationSoapOut"/〉
    〈/operation〉
    〈operation name = "TimeActivatedOperate"〉
      〈input message = "ews:TimeActivatedOperateSoapIn"/〉
        〈output message = "ews:TimeActivatedOperateSoapOut"/〉
    〈/operation〉
    〈/portType〉
  〈binding name = "IECXMLServiceSoapBinding" type = "ews:ServicePortType"〉
  〈soap:binding style = "document " transport = "http://schemas.xmlsoap.org/soap/http"/〉
  〈operation name = "Associate"〉
      〈soap:operation soapAction = "http://iec.ch/ews/1.0/Associate" style = "document"/〉
      〈input〉
        〈soap:body use = "literal"/〉
        〈/input〉
      〈output〉
        〈soap:body use = "literal"/〉
        〈/output〉
    〈/operation〉
    〈operation name = "Release"〉
      〈soap:operation soapAction = "http://iec.ch/ews/1.0/Release" style = "document"/〉
      〈input〉
        〈soap:body use = "literal"/〉
        〈/input〉
      〈output〉
        〈soap:body use = "literal"/〉
        〈/output〉
    〈/operation〉
    〈operation name = "GetServerDirectory"〉
      〈soap:operation soapAction = "http://iec.ch/ews/1.0/GetServerDirectory" style = "docu-
      ment"/〉
      〈input〉
          〈soap:body use = "literal"/〉
          〈/input〉
        〈output〉
          〈soap:body use = "literal"/〉
          〈/output〉
        〈/operation〉
        〈operation name = "GetLogicalDeviceDirectory"〉
          〈soap: operation  soapAction  =  " http://iec. ch/ews/1. 0/GetLogicalDeviceDirectory"
          style = "document"/〉
          〈input〉
            〈soap:body use = "literal"/〉
```

```
      </input>
    <output>
      <soap:body use="literal"/>
      </output>
  </operation>
  <operation name="GetLogicalNodeDirectory">
    <soap:operation soapAction="http://iec.ch/ews/1.0/GetLogicalNodeDirectory" style
    ="document"/>
    <input>
      <soap:body use="literal"/>
      </input>
    <output>
      <soap:body use="literal"/>
      </output>
  </operation>
  <operation name="GetDataValues">
    <soap:operation soapAction="http://iec.ch/ews/1.0/GetDataValues" style="docu-
    ment"/>
    <input>
      <soap:body use="literal"/>
      </input>
    <output>
      <soap:body use="literal"/>
      </output>
  </operation>
  <operation name="SetDataValues">
    <soap:operation soapAction="http://iec.ch/ews/1.0/SetDataValues" style="docu-
    ment"/>
    <input>
      <soap:body use="literal"/>
      </input>
    <output>
      <soap:body use="literal"/>
      </output>
  </operation>
  <operation name="GetDataDirectory">
    <soap:operation soapAction="http://iec.ch/ews/1.0/GetDataDirectory" style="docu-
    ment"/>
    <input>
      <soap:body use="literal"/>
      </input>
    <output>
      <soap:body use="literal"/>
```

```
        〈/output〉
      〈/operation〉
      〈operation name = "GetDataDefinition"〉
        〈soap:operation soapAction = "http://iec.ch/ews/1.0/GetDataDefinition" style = "doc-
        ument"/〉
        〈input〉
          〈soap:body use = "literal"/〉
          〈/input〉
        〈output〉
          〈soap:body use = "literal"/〉
          〈/output〉
      〈/operation〉
      〈operation name = "GetDataSetValues"〉
        〈soap:operation soapAction = "http://iec.ch/ews/1.0/GetDataSetValues" style = "docu-
        ment"/〉
        〈input〉
          〈soap:body use = "literal"/〉
          〈/input〉
        〈output〉
          〈soap:body use = "literal"/〉
          〈/output〉
      〈/operation〉
      〈operation name = "SetDataSetValues"〉
        〈soap:operation soapAction = "http://iec.ch/ews/1.0/SetDataSetValues" style = "docu-
        ment"/〉
        〈input〉
          〈soap:body use = "literal"/〉
          〈/input〉
        〈output〉
          〈soap:body use = "literal"/〉
          〈/output〉
    〈/operation〉
    〈operation name = "CreateDataSet"〉
      〈soap:operation soapAction = "http://iec.ch/ews/1.0/CreateDataSet" style = "document"/〉
      〈input〉
        〈soap:body use = "literal"/〉
        〈/input〉
      〈output〉
        〈soap:body use = "literal"/〉
        〈/output〉
    〈/operation〉
    〈operation name = "DeleteDataSet"〉
      〈soap:operation soapAction = "http://iec.ch/ews/1.0/DeleteDataSet" style = "document"/〉
```

```
<input>
  <soap:body use="literal"/>
  </input>
<output>
  <soap:body use="literal"/>
  </output>
</operation>
<operation name="GetDataSetDirectory">
  <soap:operation soapAction="http://iec.ch/ews/1.0/GetDataSetDirectory" style="docu-
ment"/>
  <input>
    <soap:body use="literal"/>
    </input>
  <output>
    <soap:body use="literal"/>
    </output>
</operation>
<operation name="Report">
  <soap:operation soapAction="http://iec.ch/ews/1.0/Report" style="document"/>
  <input>
    <soap:body use="literal"/>
    </input>
  <output>
    <soap:body use="literal"/>
    </output>
</operation>
<operation name="AddSubscription">
  <soap:operation soapAction="http://iec.ch/ews/1.0/AddSubscription" style="docu-
ment"/>
  <input>
    <soap:body use="literal"/>
    </input>
  <output>
    <soap:body use="literal"/>
    </output>
</operation>
<operation name="RemoveSubscription">
  <soap:operation soapAction="http://iec.ch/ews/1.0/RemoveSubscription" style="docu-
ment"/>
  <input>
    <soap:body use="literal"/>
    </input>
  <output>
```

```
      <soap:body use="literal"/>
      </output>
    </operation>
    <operation name="GetBRCBValues">
     <soap:operation soapAction="http://iec.ch/ews/1.0/GetBRCBValues" style="document"/>
     <input>
      <soap:body use="literal"/>
      </input>
     <output>
      <soap:body use="literal"/>
      </output>
    </operation>
    <operation name="SetBRCBValues">
     <soap:operation soapAction="http://iec.ch/ews/1.0/SetBRCBValues" style="document"/>
     <input>
      <soap:body use="literal"/>
      </input>
     <output>
      <soap:body use="literal"/>
      </output>
    </operation>
    <operation name="GetURCBValues">
     <soap:operation soapAction="http://iec.ch/ews/1.0/GetURCBValues" style="document"/>
     <input>
      <soap:body use="literal"/>
       </input><output>
        <soap:body use="literal"/>
        </output>
      </operation>
      <operation name="SetURCBValues">
       <soap:operation soapAction="http://iec.ch/ews/1.0/SetURCBValues" style="docu-
       ment"/>
       <input>
        <soap:body use="literal"/>
        </input>
       <output>
        <soap:body use="literal"/>
        </output>
      </operation>
      <operation name="GetLCBValues">
       <soap:operation soapAction="http://iec.ch/ews/1.0/GetLCBValues" style="docu-
       ment"/>
       <input>
```

```
      〈soap:body use="literal"/〉
      〈/input〉
    〈output〉
      〈soap:body use="literal"/〉
      〈/output〉
  〈/operation〉
  〈operation name="SetLCBValues"〉
    〈soap:operation soapAction="http://iec.ch/ews/1.0/SetLCBValues" style="docu-
    ment"/〉
    〈input〉
      〈soap:body use="literal"/〉
      〈/input〉
    〈output〉
      〈soap:body use="literal"/〉
      〈/output〉
  〈/operation〉
  〈operation name="QueryLogByTime"〉
    〈soap:operation soapAction="http://iec.ch/ews/1.0/QueryLogByTime" style="docu-
    ment"/〉
    〈input〉
      〈soap:body use="literal"/〉
      〈/input〉
    〈output〉
      〈soap:body use="literal"/〉
      〈/output〉
  〈/operation〉
  〈operation name="QueryLogAfter"〉
    〈soap:operation soapAction="http://iec.ch/ews/1.0/QueryLogAfter" style="docu-
    ment"/〉
    〈input〉
      〈soap:body use="literal"/〉
      〈/input〉
    〈output〉
      〈soap:body use="literal"/〉
      〈/output〉
  〈/operation〉
  〈operation name="GetLogStatusValues"〉
    〈soap:operation soapAction="http://iec.ch/ews/1.0/GetLogStatusValues" style
    ="document"/〉
    〈input〉
      〈soap:body use="literal"/〉
      〈/input〉
    〈output〉
```

```
        <soap:body use="literal"/>
        </output>
      </operation>
      <operation name="Select">
        <soap:operation soapAction="http://iec.ch/ews/1.0/Select" style="document"/>
        <input>
          <soap:body use="literal"/>
          </input>
        <output>
          <soap:body use="literal"/>
          </output>
      </operation>
      <operation name="SelectWithValue">
        <soap:operation soapAction="http://iec.ch/ews/1.0/SelectWithValue" style="docu-
        ment"/>
        <input>
          <soap:body use="literal"/>
          </input>
        <output>
          <soap:body use="literal"/>
          </output>
      </operation>
      <operation name="Cancel">
        <soap:operation soapAction="http://iec.ch/ews/1.0/Cancel" style="document"/>
        <input>
          <soap:body use="literal"/>
          </input>
        <output>
          <soap:body use="literal"/>
        </output>
    </operation>
    <operation name="Operate">
      <soap:operation soapAction="http://iec.ch/ews/1.0/Operate" style="document"/>
      <input>
        <soap:body use="literal"/>
        </input>
      <output>
      <soap:body use="literal"/>
    </output>
  </operation>
  <operation name="CommandTermination">
    <soap:operation soapAction="http://iec.ch/ews/1.0/CommandTermination" style="docu-
    ment"/>
```

```
    <input>
      <soap:body use="literal"/>
      </input>
    <output>
      <soap:body use="literal"/>
    </output>
  </operation>
  <operation name="TimeActivatedOperate">
    <soap:operation soapAction="http://iec.ch/ews/1.0/TimeActivatedOperate" style="docu-
    ment"/>
    <input>
      <soap:body use="literal"/>
      </input>
    <output>
      <soap:body use="literal"/>
    </output>
  </operation>
</binding>
<service name="IECXMLService">
  <port name="IECXMLServicePort" binding="ews:IECXMLServiceSoapBinding">
    <soap:address location="http://someserver.com/ews"/>
</port>
</service>
</definitions>
```

附 录 B
（规范性附录）
特定通信服务映射——面向 OPC XML-DA 的映射

B.1 总则

B.1.1 关于面向 OPC XML-DA 映射的介绍

本附录描述了由 GB/T 30966.3 服务面向 OPC XML-DA 服务的映射。

该映射基于两条原则：

——采用 OPC XML-DA 的服务应可获得 GB/T 30966.2 中定义的信息模型；

——OPC XML-DA 服务器应遵守 OPC XML-DA 1.01 规范中指定的规则。

本附录包括下列条款：

——B.1 对面向 OPC XML-DA 的映射进行了概述；

——B.2 提供了面向 OPC XML-DA 映射的规范性引用文件清单；

——B.3 提供了附录 B 中所用缩写的列表；

——B.4 提供了 GB/T 30966.2 的信息模型面向 OPC XML-DA 的映射；

——B.5 提供了 GB/T 30966.3 的信息交换模型面向 OPC XML-DA 的映射；

——B.6 提供了协议栈的详情。

B.1.2 面向 OPC XML-DA 映射的范围

面向 OPC XML-DA 服务映射的范围属于运行所需过程信息的交换。服务器提供的信息量可根据运行需要发生变化。参与者可为当地、地区或全国的控制中心，其接收信息的目的是为了对过程实施监控。

B.1.3 映射架构

映射架构由以下两部分组成：

1） 信息模型的映射；

2） 信息交换模型的映射。

GB/T 30966.2 中定义的风电场信息模型应面向分层结构映射。

图 B.1 描绘了概念性映射的情况。在映射到 OPC XML-DA 服务以后，应对 GB/T 30966.2 的风电场信息模型实施保存。这表明：

——服务器执行 GB/T 30966.2 的分层风电场信息模型，此模型可根据表 B.1 按服务类型进行检索；

——客户端通过配置执行风电场信息模型，或能够利用自描述服务对其进行检索；

——客户端应用程序通过 OPC XML-DA 映射到交换信息模型数据所提供的服务，访问 GB/T 30966.2的分层风电场信息模型。

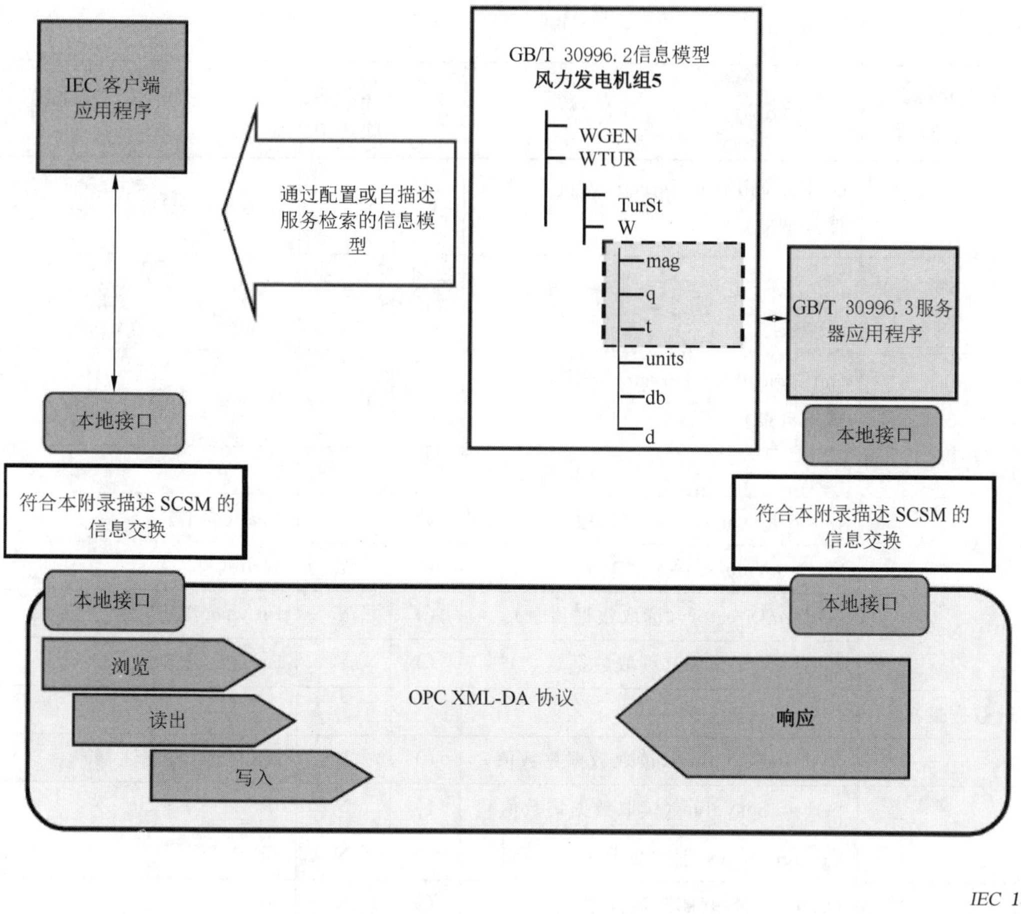

图 B.1 映射架构(概念性)

GB/T 30966.3 IEM 标准中规定的风电场信息交换服务应映射到表 B.1 中列出的服务。M/O 栏表示服务在 GB/T 30966.3 中被定义为强制还是可选。"Y"表示"是",服务获得支持,"N"表示未获得支持。

表 B.1 GB/T 30966.3 IEM 服务面向 OPC XML-DA 服务的映射

GB/T 30966.2 IM 类 GB/T 30966.3 IEM 类	GB/T 30966.3 IEM 服务	M/O	包含在映射中	OPC XML-DA 服务
ASSOCIATION(关联)				
	Associate(关联)	M	Y	
	Release(解除)	O	Y	
	Abort(中止)	O	N	
SERVER(服务器)				
	GetServerDirectory(读取服务器目录)	O	Y	Browse(浏览)
LOGICAL-DEVICE (逻辑设备)				

表 B.1（续）

GB/T 30966.2 IM 类 GB/T 30966.3 IEM 类	GB/T 30966.3 IEM 服务	M/O	包含在映射中	OPC XML-DA 服务
	GetLogicalDeviceDirectory（读取逻辑设备目录）	O	Y	Browse（浏览）
LOGICAL-NODE（逻辑节点）				
	GetLogicalNodeDirectory（读取逻辑节点目录）	O	Y	Browse（浏览）
DATA（数据）				
	GetDataValues（读取数据值）	M	Y	Read（读出）
	SetDataValues（设定数据值）	M	Y	Write（写入）
	GetDataDirectory（读取数据目录）	O	Y	Browse（浏览）
	GetDataDefinition（读取数据定义）	O	Y	Browse（浏览）
DATA-SET（数据集）				
	GetDataSetValues（读取数据集数值）	O	P	see Note（参看注释）
	SetDataSetValues（读取数据集数值）	O	N	
	CreateDataSet（创建数据集）	O	N	
	DeleteDataSet（删除数据集）	O	N	
	GetDataSetDirectory（读取数据集目录）	O	N	
REPORTING（报告）				
	Report（报表）	O	Y	SubscriptionPolledRefresh（订阅轮询刷新）
	AddSubscription（添加订阅）	O	Y	Subscribe（订阅）
	RemoveSubscription（清除订阅）	O	Y	SubscriptionCancel（订阅取消）
URCB				
	GetURCBValues（读取 URCB 值）	O	N	
	SetURCBValues（设定 URCB 值）	O	N	
BRCB				
	GetBRCBValues（读取 BRCB 值）	O	N	
	SetBRCBValues（设定 BRCB 值）	O	N	
LCB				
	GetLCBValues（读取 LCB 值）	O	N	
	SetLCBValues（设定 LCB 值）	O	N	

表 B.1（续）

GB/T 30966.2 IM 类 GB/T 30966.3 IEM 类	GB/T 30966.3 IEM 服务	M/O	包含在映射中	OPC XML-DA 服务
LOG(日志)				
	GetLogStatusValues(读取日志状态值)	O	N	
	QueryLogByTime(按时间查询日志)	O	N	
	QueryLogAfter(查询此后日志)	O	N	
CONTROL(控制)				
	Select(选择)	O	Y	Write(写入)
	SelectWithValue(按数值选择)	O	Y	Write(写入)
	Cancel(取消)	O	Y	Write(写入)
	Operate(操作)	M	Y	Write(写入)
	CommandTermination(命令终止)	O	Y	Read/Subscribe(读出/订阅) SubscriptionPolledRefresh(订阅轮询刷新) SubscriptionCancel(订阅取消)
	TimeActivatedOperate(时间激活操作)	O	Y	Write, Read /Subscribe(写入,读出/订阅) SubscriptionPolledRefresh(订阅轮询刷新) SubscriptionCancel(订阅取消)
注:"P"表示服务获得部分支持。服务器侧不存在数据集概念,但映射带有提示性描述,说明客户端如何能够通过 OPC XML-DA 服务利用 IEM 数据集服务来处理数据集。				

B.2 针对 OPC XML-DA 映射的引用文件

OPC XML-DA 规范 1.01 版,2004 年 12 月 18 日(OPC XML-DA Specification. Version1.01, 18 December 2004)

SOAP 版本 1.1, W3C 简单对象访问协议(SOAP)1.1,2000 年 5 月 8 日

http://www.w3.org/TR/2006/NOTE-soap11-ror-httpbinding-20060321/#reqoptrespbinding 及 http://www.w3.org/TR/2000/NOTE-SOAP-20000508/(SOAP ver. 1.1, W3C Note Simple Object Access Protocol(SOAP) 1.1, 8 May 2000.

http://www.w3.org/TR/2006/NOTE-soap11-ror-httpbinding-20060321/#reqoptrespbinding and http://www.w3.org/TR/2000/NOTE-SOAP-20000508/)

RFC 791,互联网协议规程(IP)[RFC 791, Internet Protocol specification(IP)]

RFC 792,互联网控制消息协议(ICMP)[RFC 792, Internet Control Message Protocol(ICMP)]

RFC 793,传输控制协议(TCP)[RFC 793, Transmission Control Protocol(TCP)]

RFC 826,以太网地址解析协议(RFC 826, Ethernet Address Resolution Protocol)

RFC 2616，超级文本传输协议 —— HTTP/1.1（RFC 2616，Hypertext Transfer Protocol-HTTP/1.1）

RFC 2246，传输层安全(TLS)协议[RFC 2246，Transport Layer Security(TLS) protocol]

B.3 缩略语

ACSI 抽象通信服务接口(在 DL/T 860.72 中定义)

注：在本附录中，将使用 IEM(见下)一词代替 ACSI。

HTTP 超级文本传输协议

IED 智能电子设备

IEM 信息交换模型

IM 信息模型

LCB 日志控制块

LD 逻辑设备

LN 逻辑节点

LOG 日志

LPHD 逻辑节点物理设备

RCB 报表控制块

RFC 报文请求

SCADA 数据采集与监控系统

SCSM 特定通信服务映射(例如，在 DL/T 860.81—2006 中定义)

SSL 安全插座层

URL 统一资源定位器

WPP 风电场

TTL 使用期限

WT 风力发电机组

XML 可扩展标示语言

B.4 本部分信息模型面向 OPC XML-DA 的映射

B.4.1 本部分信息模型类面向 OPC XML-DA 的映射

表 B.2 描述了 IM 类与 OPC XML-DA 所用概念之间的关系。

表 B.2 GB/T 30966.2 IM 类面向 OPC XML-DA 的映射

GB/T 30966.2 IM 类	OPC XML-DA 概念	OPC XML-DA 相关服务
Server(服务器)	Web Service(Web 服务)	Browse(浏览)
Logical Device(逻辑设备) Logical Node(逻辑节点) Data(数据)	Branch(分支)	Browse(浏览)
DataAttribute(Composite)数据属性(复合)		

表 B.2（续）

GB/T 30966.2 IM 类	OPC XML-DA 概念	OPC XML-DA 相关服务
DataAttribute(Primitive)数据属性(原始)	Item(数据项)	Browse(浏览) Read(读出) Write(写入) Subscribe(订阅) SubscriptionPolledRefresh(订阅轮询刷新) SubscriptionCancel(订阅取消)
注：分支与数据项概念为不可存取对象，可通过不同的 OPC XMLDA 网络方法使用。		

B.4.2 服务器

IEC 61400-25 服务器用 OPC XML-DAWeb 服务器来表示。

OPC XML-DAWeb 服务是按照 OPC XML-DA 规范确定的规则在 Web 服务器内运行的每一项 Web 服务。每项 Web 服务均被赋予了一个通信地址，通过其业务接入点可进行 OPC XML-DA 服务交换。地址的格式为 URL，如：

http://machineName/virtualDirectory/serviceName.asmx

或者 https://machineName/virtualDirectory/serviceName.asmx

IEM 服务器由具有 OPC XML-DA 服务的 Web 服务器覆盖。

服务器类属性如表 B.3 所示进行映射。

表 B.3 服务器类属性

GB/T 30966.2 (参照 DL/T 860.72—2004)	OPC XML-DA	备 注
ServiceAccessPoint [1..n] (业务接入点[1..n])	URL of the OPC XML-DA web service(OPC XML-DAWeb 服务的 URL)	
LogicalDevice [1..n](逻辑设备[1..n])	Child/Branch(子段/分支)	
TPAppAssociation [0..n](TPApp 关联 [0..n])	—	HTTP-会话
注：引用的 DL/T 860.72—2004 将文件和 MCAppAssociations 定义为服务器类属性。文件和 MCAppAssociations 不属于 GB/T 30966.2 的信息模型内容。		

B.4.3 逻辑设备

逻辑设备被映射到 OPC 分层中的分支。每个逻辑设备均应在 OPC 分层中设有分支。分支的名称应为逻辑设备的 LDName。

逻辑设备类属性如表 B.4 所示进行映射。

表 B.4 逻辑设备类属性

GB/T 30966.2 (参照 DL/T 860.72—2004)	OPC XML-DA	备 注
LDName(逻辑设备名称)	Name(名称)	
LDRef(逻辑设备引用)	ItemName(数据项名称)	
LogicalNode[3..n](逻辑节点[3..n])	Branch(分支)	至少应有 LLN0、LPHD 和另一个 LN

B.4.4 逻辑节点

逻辑节点应被映射到 OPC 分层中的分支。每个逻辑节点均应在 OPC 分层中设有分支。分支的名称应为逻辑节点的LNName 名称。分支的数据项名称应采用以下格式:LDName/LNName。

逻辑节点类属性如表 B.5 所示进行映射。

表 B.5 逻辑节点类属性

GB/T 30966.2 (参照 DL/T 860.72—2004)	OPC XML-DA	备注
LNName(逻辑节点名称)	Name(名称)	
LNRef(逻辑节点引用)	ItemName(数据项名称)	
Data [1..n](数据[1..n])	Branch(分支)	
DataSet [0..n](数据集[0..n])	Not mapped(不映射)	
BufferedReportControlBlock [0..n](缓存报表控制块[0..n])	Not mapped(不映射)	
UnbufferedReportControlBlock [0..n](非缓存报表控制块[0..n])	Not mapped(不映射)	
LogControlBlock [0..n](日志控制块[0..n])	Not mapped(不映射)	
Log [0..n](日志[0..n])	Not mapped(不映射)	

B.4.5 数据

每个数据实例均应映射到 OPC 分层中的某个分支。

数据类的属性应如表 B.6 所示进行映射。

表 B.6 数据类属性

GB/T 30966.2(参照 DL/T 860.72—2004)	OPC XML-DA	备注
DataName(数据名称)	Name(名称)	
DataRef(数据引用)	ItemName(数据项名称)	
Presence(存在)	Not mapped(不映射)	
DataAttribute[0..n](数据属性[0..n])		

表 B.6（续）

GB/T 30966.2(参照 DL/T 860.72—2004)		OPC XML-DA	备注
	DataAttribute(数据属性)形式	Item or branch(数据项或分支)	
	FunctionalConstraint(功能限制)	ItemPath / custom item property (数据项路径/定制数据项属性)	
	TrgOp(触发器选项)	Not mapped(不映射)	
Specialisations of DATA(数据的专门化)			
CompositeCDC(综合 CDC)		Branch(分支)	
SimpleCDC(简单 CDC)		Branch(分支)	

B.4.6 数据属性类型

B.4.6.1 总则

数据属性类型应映射到分支(复合数据属性)或 OPC XML-DA 分层中的数据项原始数据属性。每个复合组件都应有一个分支，每个基本组件都应有一个数据项。基本组件的数据项构成 OPC XML-DA 分层中的叶。DAType 属性如表 B.7 所示进行映射。

表 B.7 数据属性类型(DAType)类属性

GB/T 30966.2 (参照 DL/T 860.72—2004)	OPC XML-DA	备 注
DATName(数据名称)	Name(名称)	
DATRef(数据引用)	ItemName(数据项名称)	
Presense(存在)	Not mapped(不映射)	
Specialisations of DAType(DAType 的专门化)		
CompositeComponent [0..n] of DAType (DAType 的复合组件[0..n])	Branch(分支)	
PrimitiveComponent [0..1] of BasicType (本类型的基本组件 [0..1])	Item(数据项)	应映射到基本类型

B.4.6.2 属性基本类型的映射

基本类型应如表 B.8 所示进行映射。

表 B.8 属性基本类型的映射

GB/T 30966.2 分基本类型	OPC XML-DA 形式	数值范围	备注
BOOLEAN	boolean	二进制逻辑值 真|假	
INT8	byte	8 位带符号整数值： —128 至 127	
INT16	short	16 位带符号整数值： —32 768 至 32 767	
INT24	int	32 位带符号整数值： —2** 31 至(2** 31)—1	扩大数值范围
INT32	int	32 位带符号整数值： —2** 31 至(2** 31)—1	
INT128	long	64 位带符号整数值： —2** 63 至(2** 63)—1	缩小数值范围
INT8U	unsignedByte	8 位不带符号整数值：0 至 255	
INT16U	unsignedShort	16 位不带符号整数值：0 至 65 535	
INT24U	unsignedInt	32 位不带符号整数值：0 至 4 294 967 295	扩大数值范围
INT32U	unsignedInt	32 位不带符号整数值：0 至 4 294 967 295	
FLOAT32	float	IEEE 单精度 32 位浮点值	
FLOAT64	double	IEEE 单精度 64 位浮点值	
ENUMERATED	unsignedInt	数值的有序集合，在使用形式处定义；允许使用定制扩展名	
CODED ENUM	unsignedInt	数值的有序集合，在使用形式处定义；不允许使用定制扩展名	
VISIBLE STRING	string	宽字节字符串 (不用 ASCII 字符串)	长度在 CDC 定义中规定
UNICODE STRING	string	宽字节字符串	长度在 CDC 定义中规定

B.4.6.3 通用数据类型的附加定义

B.4.6.3.1 编码枚举

CODED ENUM(编码枚举)应映射到一个不带符号 Int 上。CODED ENUM 的 0 位应为不带符号 Int 中的最高有效位。

$$值=位[0]\times 2^{N-1}+位[1]\times 2^{N-2}+\cdots+位[N]\times 2^{0}$$

式中：N 为编码枚举中的位数。

B.4.6.3.2 八位字符串

IEC 的八位字符串应映射到 OPC XML-DA 的十六进制字符串上。只宜使用字符 0 至 9、a 至 f 和 A 至 F。

B.4.6.4 阵列

GB/T 30966.2 中“×××的阵列”应映射到 OPC XML-DA 中的“×××的阵列”,此处要在类型使用的位置定义×××。

B.4.6.5 通用数据类型

B.4.6.5.1 对象名称

IEM 对象名称(可见字符串 32)属性应映射到 OPC XML-DA 服务内的属性“名称”(字符串)。

B.4.6.5.2 对象引用

IEM 对象引用(VISIBLE STRING255)属性应映射到 OPC XML-DA 服务内的属性“数据项名称”(字符串)。

B.4.6.5.3 服务错误

IEM 服务错误(ENUMERATED 被枚举)应映射到 OPCError 元素的 OPC XML-DA 文本(字符串)元素。标准 OPC XML-DA 错误代码列表已经扩大,由表 B.9 给出。

表 B.9 新 OPC XML-DA 错误代码

新 OPC XML-DA 错误代码
E_61400_25_INSTANCE_NOT_AVAILABLE
E_61400_25_INSTANCE_IN_USE
E_61400_25_ACCESS_VIOLATION
E_61400_25_ACCESS_NOT_ALLOWED_IN_CURRENT_STATE
E_61400_25_PARAMETER_VALUE_INAPPROPRIATE
E_61400_25_PARAMETER_VALUE_INCONSISTENT
E_61400_25_CLASS_NOT_SUPPORTED
E_61400_25_INSTANCE_LOCKED_BY_OTHER_CLIENT
E_61400_25_CONTROL_MUST_BE_SELECTED
E_61400_25_TYPE_CONFLICT
E_FAILED_DUE_TO_COMMUNICATIONS_CONSTRAINT
E_FAILED_DUE_TO_SERVER_CONSTRAINT

B.4.6.5.4 时间戳

映射到一种 OPC XML-DA 日期时间类型。

在本映射中,没有使用 OPC XML-DA 时间戳属性。因为信息模型的时间戳在数值发生变化时反映出了最后瞬间的情况,而 OPC XML-DA 时间戳反映出服务器得知相应值的准确时间。

时　间	字　段　值	
09:59:55	0	
10:00:00	1	
10:00:05	1	
10:00:10	1	
10:00:15	1	OPC 客户端读出(10:00:15,1)
		IEC 客户端读出(10:00:00,1)

图 B.2　OPC XML-DA 与 IEC 信息模型时间戳之间的差异

图 B.2 表现了 OPC 时间戳属性与反映信息模型时间戳的数据项之间的数值差异。

表 B.10 详细描述了时间戳的映射情况。

表 B.10　时间戳映射

IM 时间戳属性		OPC 映射	限制
SecondSinceEpoch(信号出现时间后的秒数)		OPC XML-DA datetime(OPC XML-DA 日期时间)	
FractionOfSecond(一转眼)			
TimeQuality(时间质量)	LeapSecondsKnown(已知跳秒)	Not mapped(不映射)	
	ClockFailure(时钟失效)	Quality property of the TimeStamp item(时间戳项的质量属性)	"差"
	ClockNotSynchronized(时钟未同步)	Quality property of the TimeStamp item(时间戳项的质量属性)	"不确定"
	TimeAccuracy(时间精度)	Not mapped(不映射)	调整至 n =10

B.4.6.5.5　质量

GB/T 30966.2 中定义的信息模型规定了质量属性的存在,质量属性指部分状态或测量属性的数值。

IEM 质量属性可能包含的数值与 OPC XML-DA 质量属性中的数值差异较大。在本映射中,不使用 OPC XML-DA 质量属性。IEM 质量将成为 OPC XML-DA 分层的数据项。

信息模型内的质量属性应视为由 13 位组成的编码枚举,并按照表 B.11 给出的情况映射到 OPC XML-DA 不带符号 Int。质量值应按 B.4.6.3.1 的定义进行计算。

表 B.11　质量属性的映射

位　数	属性名称	属 性 值	备　注
0 至 1	Validity(有效性)	Good(良好)	值=0 0
		Invalid(无效)	值=0 1
		Reserved(保留)	值=1 0
		Questionable(有问题)	值=1 1

表 B.11（续）

位　数	属性名称	属性值	备　注
2	Overflow(溢出)		
3	outOfRange(超出范围)		
4	badReference(不良引用)		
5	Oscillatory(振荡)		
6	Failure(失效)		
7	oldData(旧数据)		
8	Inconsistent(不一致)		
9	Inaccurate(不准确)		
10	Source(来源)		
11	Test(试验)		
12	operatorBlocked(操作员锁定)		

B.4.6.6　定制数据项属性的定义

读取数据目录和读取数据定义服务要求在其响应中有不能由映射元素提供的信息。为了提供这一信息，应增加以下定制项属性。

B.4.6.6.1　定制项属性“FC”

应增加定制项属性“FC”。此定制项属性被分配给每个数据、数据属性和数据属性组建，可识别在相应元素内使用了哪些 FC。其引入是为了在读取数据目录服务的响应中提供 FC。同时，也由客户端使用，以减少浏览服务的次数，要读取包括 FCD 或 FCDA 在内的完整元素列表应浏览服务。

此项属性为强制性要求，但被 OPC XML-DA 客户端的使用时为可选要求。

数据项名称	DataRef.FC / DATRef.FC
数据项路径	“ ”(空字符串)
类型	CODEDENUM(编码枚举) [ST(0) | MX(1) | CO(2) | SP(3) | CF(4) | DC(5) | EX(6) | BR(7) | RP(8) |LG(9)]

B.4.6.6.2　定制项属性“IMClass”

应增加定制项属性“IMClass”。此定制项属性被分配给每个元素，具有元素的类别信息。其引入是为了在读取数据目录服务的响应中提供返回元素是否属于数据或数据属性的信息。

此项属性为强制性要求，但被 OPC XML-DA 客户端使用时为可选要求。

数据项名称	*Ref*.IMClass
数据项路径	“ ”(空字符串)
类型	被枚举 LD(逻辑设备)(1)| LN(逻辑节点)(2) | DO(数据对象)(3) | CDA 数据属性或数据属性组件 复合组件(4)| PDA(数据属性或数据属性组件) 基本组件(5)

B.4.6.6.3 定制项属性“IMType”

应增加定制项属性“IMType”。此定制项属性被分配给每个元素，具有元素的属性类型。其引入是为了在读取数据定义服务的响应中提供此信息。

此项属性为强制性要求，但被 OPC XML-DA 客户端使用时为可选要求。

数据项名称	*Ref*.IMType
数据项路径	“ ”(空字符串)
类型	宽字节字符串 针对 LD：WPP 针对 LN：WROT | WMET | WGWN | ...... 针对 DO：INS | INC | ALM | ...... 针对 CDA：AnalogueValue | Vector |...(模拟值| 矢量 | ...) 针对 PDA：BOOLEAN | INT16 |

B.5 信息交换模型面向 OPC XML-DA 服务的映射

B.5.1 总则

在 IEM 服务映射的定义中，以下定义适用：

- M：强制。OPC XML-DA 或本映射规程要求有此项属性/元素。
- C：有条件的。此项属性/元素对于另一属性或对于要求参数的接收是有条件的。
- O：可选。可采用，但非强制性，因此不能期望其在任何执行中均采用。
- N：不使用。此项属性/元素不得在映射中使用。

GB/T 30966.3 IEM 标准中规定的风电场信息交换服务应映射到本条款定义的服务。

B.5.2 关联模型(提示性)

B.5.2.1 总则

为了改善连接导向服务的可扩展性，Web 服务被建成无连接服务。无连接服务可通过构建成有状态服务达到连接服务的性能。

B.5 描述了使用 HTTP 标识符的方法，以便完成信息传送，在不同 OPC XML-DA 服务的互换过程中共享连接标识符。此映射不会强行要求采用这一性能，但如果服务器提供了这一信息，会建议应采用所描述的方法。

正如 GB/T 30966.2 和 GB/T 30966.3 所定义的，双边应用关联类及其服务规定了有状态连接的概念。对比之下，OPC XML-DA 基于 SOAP，而无状态协议 HTTP(即服务器将每一请求当作独立的交易)则与任何以前的请求无关。此映射要求在应用层内建立虚拟会话将各请求进行捆绑。

建立虚拟会话时，应使用由服务器创建并至少与每个请求传输的唯一会话 ID。该会话 ID 应在服务器(即：在一台客户端与一个会话 ID 之间存在一对一的连接)和客户端(即：在其 URL 代表的一个服务器与一个会话 ID 之间存在一对一的连接)内是唯一的。至于会话 ID 的交换应如何实施(如：通过超文本链接标示语言 Cookie 或作为 URL 的一部分)，映射没有做出规定。

服务器应为每一个会话 ID 设置一个定时程序。相关客户端每请求一次，定时程序均应相应做出更新。如果定时程序到期，即在特定时间内客户端不再提出请求，服务器应考虑会话结束，并删除会话 ID。

应如何实施客户端的认证，本映射未做规定，但要求客户端不得随着每次请求进行自身再次认证。这一点可以实现(例如通过使用会话 ID)，以便识别提出请求的客户端。

极力建议对被传送数据加密[例如采用 http(超文本传输协议)]，尤其是为了认证进行传输的数据(用户名/密码)。

B.5.2.2 关联属性

B.5.2.2.1 关联识别码

关联识别码格式和内容均应为本地问题。在服务器侧，在关联识别码与客户端和 Web 服务器连接之间应存在一一对应关系。在客户端侧，宜采用关联识别码与服务器 URL 的唯一结合。

B.5.2.3 关联服务

B.5.2.3.1 关联

如果需要认证客户端，可采用 HTTP 头认证。这一方法只有在服务器和客户端均支持认证的情况下方可使用。所有关于安全的问题均不属于 IEC 61400-25 的论述范围。

关联服务不得映射到任何特定的 OPC XML-DA 服务。只要客户端发出 HTTP 头中没有关联识别码的 OPC XML-DA 服务请求，服务器就应视其为新的关联，并且在服务回应中应包含该关联的标识符。

所使用的 HTTP 头应执行以下语法：

设置-Cookie：AssociationID＝AssocValue；expires＝date；path＝/SERVICE1；domain＝url(关联识别码＝关联值；到期＝日期；路径＝/服务 1；域＝url)。

表 B.12 描述了 Cookie 中发送的参数。

表 B.12 Cookie 参数说明

参　数	说　明
AssociationID(关联识别码)	关联标识符。服务器应为其全部连接发送不同的标识符
Expires(到期)	此参数应视为连接的最长使用期限。 格式为： Wdy, dd-mmm-yyyy hh:mm:ss GMT
Path(路径)	需要关联的服务
Domain(域)	服务器的 URL

如果不止一项 OPC XML-DA 服务需要关联识别码，服务器应使用不同的 Cookies，每一个与一项 OPC XML-DA 服务对应。

一旦客户端收到此信息，应在发向服务器的所有请求发出关联标识符。Cookie:关联识别码＝关联值。

收到此页眉后，服务器会发出有新到期日期的相同关联识别码，使连接断开的时间比前面的 TTL 更长。

服务器应保有一个定时程序，以便如果在一个关联识别码有效却没有激活任何消息的情况下，应视为关联丢失。如果收到了消息，同时服务器侧的关联识别码无效，应提供新的关联识别码，以便创建新连接。

图 B.3 描述了用于建立关联的各项服务顺序。

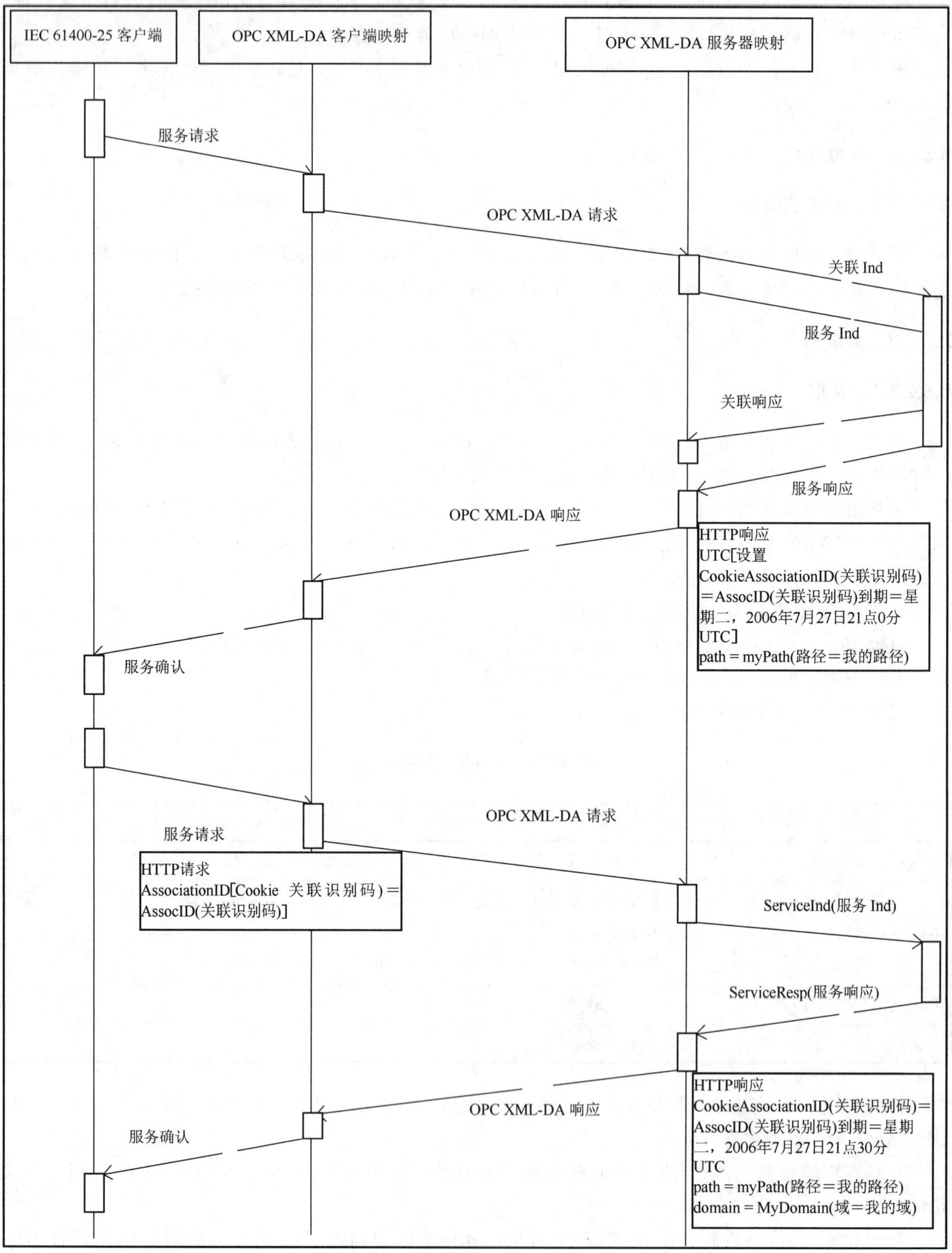

IEC 1378/08

图 B.3 建立关联的服务顺序

B.5.2.3.2 释放

释放服务不得映射到任何特定的 OPC XML-DA 服务。希望关闭关联的客户应停止在其消息中使用关联识别码 Cookie。一旦服务器中设置的定时程序到期,应视为释放连接。

B.5.2.3.3 中止(提示性)

B.5.2.3.3.1 总则

B.5.2.3.3 描述了如何在 OPC XML-DA 的消息顺序内执行中止机制。

B.5.2.3.3.2 客户端侧

中止请求会清除带有关联识别码的 Cookie,以便视为关联结束。

每次服务器以不同的关联识别码向处于请求状态中的被提供者回复时,都应向应用程序发出中止指示。在这种情况下,中止指示之后会发出关联指示并确认被请求的 OPC 服务。

B.5.2.3.3.3 服务器侧

中止请求会清除被请求的关联识别码,以便视为关联结束。

当视为关联丢失时,应向应用程序发出中止指示。如果服务器的预配置时间内已经没有活动,则认为关联丢失。

B.5.3 服务器类模型

B.5.3.1 服务器类服务

B.5.3.1.1 读取服务器目录

本服务允许客户端检索服务器具有逻辑设备清单。本服务应映射到 OPC XML-DA 的浏览。浏览服务参数应符合表 B.13 和表 B.14 的定义。

表 B.13 读取服务器目录映射

GB/T 30966.2(参照 DL/T 860.72—2004)	OPC XML-DA	备 注
Request ——ObjectClass(请求-对象类)	Browse(浏览)	逻辑设备 此映射不考虑文件
Response+ ——Reference[1..n](响应+-引用文件[1..n])	BrowseResponse(浏览响应)(+) ——(Elements)元素:(ItemName)数据项名称	逻辑设备引用
Response- ——ServiceError(响应-服务错误)	BrowseResponse(浏览响应(-) ——Errors(错误)(OPCErrors)	

表 B.14　IEM 读取服务器目录的详细映射

读取服务器目录参数	OPC XML-DA 参数		M/C/O/I/N	限　制
Request(请求)	Browse(浏览)			
	E	属性名称	N	
	@	*LocaleID*(地区识别码)	O	
	@	*ClientRequestHandle*(客户机请求处理)	O	
	@	*ItemPath*(数据项路径)	N 或“ ”	两者均无或空白
	@	*ItemName*(数据项名称)	N 或“ ”	两者均无或空白
	@	*ContinuationPoint*(连续点)	O	见注 1
	@	*MaxElementsReturned*(最大返回元素)	O	见注 1
	@	*BrowseFilter*(浏览过滤器)	N	
	@	*ElementNameFilter*(元素名称过滤器)	N	
	@	*VendorFilter*(供货商过滤器)	N	
	@	*ReturnAllProperties*(返回全部属性)	N	
	@	*ReturnPropertyValues*(返回属性值)	N	
	@	*ReturnErrorText*(返回错误文本)	O	
Response(响应)+	BrowseResponse(浏览响应)			
	E	BrowseResult(浏览结果)	M	
	E	Elements(元素)	M	应有与服务器中逻辑设备一样多的“元素”
	E	Properties(属性)	C	不应出现在请求中
Reference(引用文件)	@	*Name*(名称)	M	
	@	*ItemPath*(数据项路径)	M	
Reference(引用文件)	@	*ItemName*(数据项名称)	M	
	@	*IsItem*(属于数据项)	M	
	@	*HasChildren*(具有子段)	M	应为“真”
	E	Errors(错误)	N	不应在积极响应中出现
	@	*ContinuationPoint*(连续点)	C	
	@	*MoreElements*(更多元素)	C	
(Response)响应—	BrowseResponse(浏览响应)			
	E	BrowseResult(浏览结果)	M	
	E	Elements(元素)	N	在消极响应中不应有元素
	E	Properties(属性)	N	
	@	*Name*(名称)	N	
	@	*ItemPath*(数据项路径)	N	
	@	*ItemName*(数据项名称)	N	

表 B.14（续）

读取服务器目录参数	OPC XML-DA 参数		M/C/O/I/N	限　制
	@	*IsItem（属于数据项）*	N	
	@	*HasChildren（具有子段）*	N	
ServiceError(服务错误)	E	Errors(错误)	M	见注 2
	E	Text(文本)	C	
	@	*ID（识别码）*	M	
	@	*ContinuationPoint（连续点）*	N	
	@	*MoreElements（更多元素）*	N	
E：OPC XML-DA 服务元素。 @：OPC XML-DA 属性。				
注 1：在客户端侧，其使用为可选。 注 2：本服务中退回的误码应映射到 IEM 服务错误的"因服务器限制而失效"。				

B.5.4　逻辑设备类模型

B.5.4.1　逻辑设备类服务

B.5.4.1.1　读取逻辑设备目录

本服务映射应符合表 B.15 和表 B.16 的定义。

表 B.15　IEM 读取逻辑设备目录映射

GB/T 30966.2 （参照 DL/T 860.72—2004）	OPC XML-DA	备　注
Request ——LDRef (请求 ——LDRef)	Browse(浏览) ——ItemName(数据项名称)	
Response+ ——LNRef [3..n] (响应+ ——LNRef [3..n])	BrowseResponse(浏览响应)(+) ——Elements：ItemName(元素：数据项名称)	
Response− ——ServiceError (响应− ——服务错误)	BrowseResponse(浏览响应)(−) ——Errors(错误)(OPCErrors)	

表 B.16　IEM 读取逻辑设备目录的详细映射

(读取逻辑设备目录)参数	OPC XML-DA 参数		M/C/O/I/N	限　制
Request(请求)	Browse(浏览)			
	E	PropertyNames(属性名称)	N	
	@	*LocaleID* (地区识别码)	O	
	@	*ClientRequestHandle* (客户机请求处理)	O	
	@	*ItemPath* (数据项路径)	M	
	@	*ItemName* (数据项名称)	M	字符串应为逻辑设备引用
	@	*ContinuationPoint* (连续点)	O	
	@	*MaxElementsReturned* (最大返回元素)	O	
	@	*BrowseFilter* (浏览过滤器)	N	
	@	*ElementNameFilter* (元素名称过滤器)	N	
	@	*VendorFilter* (供货商过滤器)	N	
	@	*ReturnAllProperties* (返回全部属性)	N	
	@	*ReturnPropertyValues* (返回属性值)	N	
	@	*ReturnErrorText* (返回错误文本)	O	
Response(响应)+	BrowseResponse(浏览响应)			
	E	BrowseResult(浏览结果)	M	
	E	Elements(元素)	M	逻辑设备中应有与逻辑节点一样多的"元素"
	E	Properties(属性)	C	不应出现在请求中
	@	*Name* (名称)	M	
	@	*ItemPath* (数据项路径)	M	
Reference(引用文件)	@	*ItemName* (数据项名称)	M	
	@	*IsItem* (属于数据项)	M	
	@	*HasChildren* (具有子段)	M	应为"真"
	E	Errors(错误)	N	不应在积极响应中出现
	@	*ContinuationPoint* (连续点)	C	
	@	*MoreElements* (更多元素)	C	
Response(响应)−	BrowseResponse(浏览响应)			
	E	BrowseResult(浏览结果)	M	
	E	Elements(元素)	N	消极响应中不应有元素
	E	Properties(属性)	N	
	@	*Name* (名称)	N	
	@	*ItemPath* (数据项路径)	N	

表 B.16（续）

(读取逻辑设备目录)参数	OPC XML-DA 参数		M/C/O/I/N	限　制
	@	*ItemName*（数据项名称）	N	
	@	*IsItem*（属于数据项）	N	
	@	*HasChildren*（具有子段）	N	
ServiceError(服务错误)	E	Errors(错误)	M	见表 B.17
	E	Text(文本)	C	
	@	*ID*（识别码）	M	
	@	*ContinuationPoint*（连续点）	N	
	@	*MoreElements*（更多元素）	N	
E：OPC XML-DA 服务元素。 @：OPC XML-DA 属性。				

表 B.17 中定义了服务错误的映射。

表 B.17　面向 IEM 服务错误映射的读取逻辑备目录

服务错误	OPC 错误代码
Parameter-value-inappropriate(参数值不恰当)	E_INVALIDITEMNAME，E_UNKNOWNITEMNAME
Failed-due-to-server-constraint(因服务器限制而失败)	任何其他代码

B.5.5　逻辑节点类模型

B.5.5.1　总则

逻辑节点的实例应为 OPC 分层的分支。

B.5.5.2　逻辑节点类属性

本映射只支持逻辑节点类内的数据存在。数据只应作为 OPC XML-DA 服务器分层内逻辑节点下的分支数据项映射。

B.5.5.3　逻辑节点类服务

B.5.5.3.1　读取逻辑节点目录

OPC XML-DA 映射只允许使用“数据”IEM 类。任何其他 IEM 类的技术规格不能采用本映射法映射。

如果规定的 IEM 类为“数据”，应按表 B.18 和表 B.19 的定义进行映射。

表 B.18 读取逻辑节点目录的映射

GB/T 30966.2 (参照 DL/T 860.72—2004)	OPC XML-DA	备 注
Request ——LNRef ——ACSI class (请求 ——LNRef ——ACSI 类)	Browse(浏览) ——ItemName	
Response+ ——InstanceName [1..n] (响应+ ——InstanceName [1..n])	BrowseResponse(浏览响应)(+) ——Elements：Name(元素：名称)	
Response— ——ServiceError (响应— ——服务错误)	BrowseResponse(浏览响应)(—) ——Errors(OPCErrors)(错误)	

表 B.19 读取逻辑节点目录的详细映射

(读取逻辑节点目录)参数	OPC XML-DA 参数		M/C/O/I/N	限 制
Request(请求)	Browse(浏览)			
	E	PropertyNames(属性名称)	N	
	@	*LocaleID*(地区识别码)	O	
	@	*ClientRequestHandle*(客户机请求处理)	O	
	@	*ItemPath*(数据项路径)	M	应为空白
	@	*ItemName*(数据项名称)	M	字符串应为逻辑节点引用文件
	@	*ContinuationPoint*(连续点)	O	
	@	*MaxElementsReturned*(最大返回元素)	O	
	@	*BrowseFilter*(浏览过滤)	N	
	@	*ElementNameFilter*(元素名称过滤器)	N	
	@	*VendorFilter*(供货商过滤器)	N	
	@	*ReturnAllProperties*(返回全部属性)	N	
	@	*ReturnPropertyValues*(返回属性值)	N	
	@	*ReturnErrorText*(返回错误文本)	O	

表 B.19（续）

（读取逻辑节点目录）参数	OPC XML-DA 参数		M/C/O/I/N	限　制
Response（响应）＋	BrowseResponse（浏览响应）			
	E	BrowseResult（浏览结果）	M	
	E	Elements（元素）	M	逻辑节点中应有与数据一样多的“元素”
	E	Properties（属性）	N	
Reference（引用文件）	@	*Name*（名称）	M	
	@	*ItemPath*（数据项路径）	M	
	@	*ItemName*（数据项名称）	M	
	@	*IsItem*（属于数据项）	M	应为“真”
	@	*HasChildren*（具有子段）	M	应为“真”
	E	Errors（错误）	N	不应在积极响应中出现
	@	*ContinuationPoint*（连续点）	C	
	@	*MoreElements*（更多元素）	C	
Response（响应）－	BrowseResult（浏览响应）			
	E	BrowseResult（浏览结果）	M	
	E	Elements（元素）	N	消极响应中不应有元素
	E	Properties（属性）	N	
	@	*Name*（名称）	N	
	@	*ItemPath*（数据项路径）	N	
	@	*ItemName*（数据项名称）	N	
	@	*IsItem*（属于数据项）	N	
	@	*HasChildren*（具有子段）	N	
ServiceError（服务错误）	E	Errors（错误）	M	见表 B.20
	E	Text（文本）	C	
	@	*ID*（识别码）	M	
	@	*ContinuationPoint*（连续点）	N	
	@	*MoreElements*（更多元素）	N	
E：OPC XML-DA 服务元素。 @：OPC XML-DA 属性。				

表 B.20 中定义了服务错误的映射。

表 B.20 面向 IEM 服务错误的读取逻辑节点目录消极响应

服务错误	OPC 错误代码
Parameter-value-inappropriate(参数值不当)	E_INVALIDITEMNAME, E_UNKNOWNITEMNAME
Failed-due-to-server-constraint(因服务器限制而失败)	任何其他代码

B.5.6 数据类模型

B.5.6.1 总则

IEM 数据类均应映射到 OPC 分层中的某个分支。其原始数据属性应为 OPC XML-DA 树上叶中的数据项。

功能受限数据:

功能受限数据应映射到 OPC XML-DA 数据项名称和数据项路径。格式应符合 IEM 的定义要求。

ItemName(数据项名称)	逻辑设备名称/逻辑节点名称.数据名称[.数据名称[. …]]
ItemPath(数据项路径)	FC

功能受限数据属性:

功能制约数据属性应映射到 OPC XML-DA 数据项名称和数据项路径。格式应符合 IEM 的定义要求。

ItemName(数据项名称)	逻辑设备名称/逻辑节点名称.数据名称[数据名称[. …[数据属性[. …]]]]
ItemPath(数据项路径)	FC

注:引用文件中不宜使用[]字符。这表明:分层中可能存在更多层次。

数据项路径:

OPC XML-DA 中的数据项路径被定义为协助服务器的服务器专用机制,以便于查找客户端请求的信息。

在本映射中,数据项路径对客户端请求的功能限制做出了规定。应将其用作过滤机制。如果有不止一项功能受限属性,数据项路径会对被请求的属性做出规定。

在"浏览"服务中,如果未规定数据项路径,指定分层层内的所有数据项被退回。如果客户端规定了使用特定数据项路径,只应退回含有被请求的功能受限元素。

B.5.6.2 数据类服务

B.5.6.2.1 读取数据值

应将 IEM GetDataValues(读取数据值)映射到 OPC XML-DA "读出"服务。IEM 参数的映射应符合表 B.21 和表 B.22 的定义。

表 B.21 IEM 读取数据值映射

GB/T 30966.2 (参照 DL/T 860.72—2004)	OPC XML-DA	备 注
Request ——Reference (FCD or FCDA) (请求 ——引用文件 FCD 或 FCDA)	Read(读出) ——读出数据项清单/数据项[1..n]:数据项名称,数据项路径	
Response+ ——DataAttributeValue[1..n] (响应+ 数据属性值[1..n])	ReadResponse(读出响应) ——读出数据项清单/数据项[1..n]:数值	
Response− ——ServiceError (响应− ——服务错误)	BrowseResponse(浏览响应)(−) ——读出数据项清单/数据项 [1..n]:结果识别码 ——错误	

表 B.22 IEM 读取数据值的详细映射

读取数据值参数	OPC XML-DA 参数		M/C/O/I/N	限 制
Request(请求)	Read(读出)			
	E	Options(选项)	M	
	@	*ReturnErrorText* (*返回错误文本*)	O	
	@	*ReturnDiagnosticInfo* (*返回诊断信息*)	O	
	@	*ReturnItemTime* (*返回数据项时间*)	N	
	@	*ReturnItemPath* (*返回数据项路径*)	C	响应中应返回数据项名称和数据项路径或数据项处理
	@	*ReturnItemName* (*返回数据项名称*)	C	响应中应返回数据项名称和数据项路径或数据项处理
	@	*RequestDeadline* (*请求期限*)	N	
	@	ClientRequestHandle(客户机请求处理)	C	响应中应返回数据项名称和或数据项处理
	@	*LocaleID* (*地区识别码*)	O	
Reference(引用文件)	E	ItemList(数据项清单)	M	
	@	*ItemPath* (*数据项路径*)	N	
	@	*ReqType* (*请求类型*)	N	

表 B.22（续）

读取数据值参数	OPC XML-DA 参数		M/C/O/I/N	限　制
Reference（引用文件）	@	*MaxAge*（最大寿命）	N	
	E	Items（数据项）	M	
	@	*ItemPath*（数据项路径）	M	FCD 或 FCDA 的 FC
	@	*ReqType*（请求类型）	N	
	@	*ItemName*（数据项名称）	M	数据的对象引用
	@	*ClientItemHandle*（客户机数据项处理）	C	
	@	*MaxAge*（最大寿命）	N	
Response（响应）＋	ReadResponse（读出响应）			
	E	ReadResult（读出结果）	M	
	E	RitemList（读出数据项清单）	M	
DataAttributeValue（数据属性值）	E	Items（数据项）	M	
	E	Diagnostic Info（诊断信息）	C	
	E	Value（数值）	M	
	E	Quality（质量）	C	见 B.4.6.5.5 的说明
	@	*ValueType Qualifier*（数据类型限定符）	N	
	@	*ItemPath*（数据项路径）	C	前提是在请求中作出了规定
	@	*ItemName*（数据项名称）	C	前提是在请求中作出了规定
	@	*ClientItem*（客户机数据项）处理	C	前提是在请求中作出了规定
	@	*TimeStamp*（时间戳）	M	见 B.4.6.5.4 的说明
	@	*ResultID*（结果识别码）	O	
	E	Errors（错误）	N	不应在积极响应中出现
Response（响应）－	ReadResponse（读出响应）			
	E	ReadResult（读出结果）	M	
	E	RitemList（读出数据项清单）	M	
	E	Items（数据项）	M	应出现可读出的数据项
	E	Diagnostic Info（诊断信息）	C	
	E	Value（数值）	M	
	E	Quality（质量）	C	
	@	*Value Type Qualifier*（数据类型限定符）	C	
	@	*ItemPath*（数据项路径）	C	前提是在请求中作出了规定
	@	*ItemName*（数据项名称）	C	前提是在请求中作出了规定
	@	*ClientItem*（客户机数据项）处理	C	前提是在请求中作出了规定
	@	*TimeStamp*（时间戳）	N	见 B.4.6.5.4 的说明
	@	*ResultID*（结果识别码）	C	读出过程失效的数据项应包括此字段。

表 B.22（续）

读取数据值参数	OPC XML-DA 参数		M/C/O/I/N	限　制
ServiceError（服务错误）	E	Errors(错误)	M	应符合表 B.23 的定义
	E	Text(文本)	O	
	@	*ID (识别码)*	M	
E:OPC XML-DA 服务元素。 @:OPC XML-DA 属性。				

响应中应返回数据项名称和数据项路径或数据项处理。

如果应用程序规定的“引用文件”指定了内部具有基本“类型”的 FCDA,“读出”服务在请求中应只包括一个数据项。如果“引用文件”为 FCD 或复合 FCDA,面向 OPC XML-DA 映射的客户端应将 FCD 或 FCDA 分成原始属性，OPC XML-DA 的“读出”服务中应包括所有属性。分解方式属于客户端侧的本地问题。

服务器侧的映射层应将 OPC“读出”服务映射到 IEM GetDataValues 显示。

接收任何被请求数据项的任何负得数应视为读取数据值服务的消极响应。表 B.23 中定义了服务错误的映射。

表 B.23　面向 IEM 服务错误映射的读取数据值消极响应

服务错误	OPC 错误代码
Access-violation(非法访问)	E_ACCESS_DENIED
Parameter-value-inappropriate(参数值不恰当)	E_INVALIDITEMNAME
Parameter-value-inconsistent(参数值不一致)	E_INVALIDITEMPATH
Parameter-value-inappropriate(参数值不恰当)	E_UNKNOWNITEMNAME
Parameter-value-inconsistent(参数值不一致)	E_UNKNOWNITEMPATH
Failed-due-to-server-constraint(因服务器限制而失败)	任何其他错误代码

B.5.6.2.2　设定数据值

应将设定数据值映射到 OPC XML-DA“写入”服务。IEM 参数的映射应符合表 B.24 和表 B.25 的定义。

表 B.24 IEM 设定数据值映射

GB/T 30966.2 (参照 DL/T 860.72—2004)	OPC XML-DA	备注
Request ——Reference (FCD or FCDA) ——DataAttributeValue[1..n] 请求 ——引用文件 (FCD 或 FCDA) ——(数据属性值[1..n])	Write(写入) ——读出数据项清单/数据项 [1..n]:数据项名称,数据项路径 ——读出数据项清单/数据项 [1..n]:数值	
Response+ (响应+)		
esponse— ——ServiceError (响应— ——服务错误)	BrowseResponse(浏览响应)(—) ——Errors(OPCErrors)(错误)	

表 B.25 设定数据值的详细映射

参数	OPC XML-DA 参数		M/C/O/I/N	限 制
Request(请求)	Write(写入)			
	E	Options(选项)	M	
	@	*ReturnErrorText (返回错误文本)*	O	
	@	*ReturnDiagnosticInfo (返回诊断信息)*	N	
	@	*ReturnItemTime (返回数据项时间)*	N	
	@	*ReturnItemPath (返回数据项路径)*	M	数据应为"真"
	@	*ReturnItemName (返回数据项名称)*	M	数据应为"真"
	@	*RequestDeadline (请求期限)*	N	
	@	*ClientRequestHandle (客户机请求处理)*	O	
	E	ItemList(数据项清单)		
	E	Items(数据项)	M	
	E	Diagnostic Info(诊断信息)	N	
DataAttributeValue (数据属性值)	E	Value(数值)	M	
	E	Quality(质量)	N	
	@	*ValueType Qualifier (数据类型限定符)*	N	
Reference(引用文件)	@	*ItemPath (数据项路径)*	M	FCD 或 FCDA 的 FC
Reference(引用文件)	@	*ItemName (数据项名称)*	M	数据的对象引用

表 B.25（续）

参数	OPC XML-DA 参数		M/C/O/I/N	限　制
	@	*ClientItem*（客户机数据项）处理	O	
	@	*TimeStamp*（时间戳）	O	
	@	*ResultID*（结果识别码）	O	
	@	*ReturnValuesOnReply*（回复后返回值）	M	
Response（响应）＋	WriteResponse（写入响应）			
	E	WriteResult（写出结果）	M	
	E	RitemList（读出数据项清单）	M	
	E	Items（数据项）	M	应出现可读出的数据项
	E	Diagnostic Info（诊断信息）	C	
	E	Value（数值）	C	
	E	Quality（质量）	C	
	@	*Value Type Qualifier*（数据类型限定符）	N	
	@	*ItemPath*（数据项路径）	C	
	@	*ItemName*（数据项名称）	C	
	@	*ClientItemHandle*（客户机数据项）处理	C	
	@	*TimeStamp*（时间戳）	M	
	@	*ResultID*（结果识别码）	O	
	E	Errors（错误）	N	不应在积极响应中出现
Response（响应）－	WriteResponse（写入响应）			
	E	WriteResult（写出结果）	M	
	E	RitemList（读出数据项清单）	O	
	E	Items（数据项）	O	
	E	Diagnostic Info（诊断信息）	C	
	E	Value（数值）	C	
	E	Quality（质量）	C	
	@	*Value Type Qualifier*（数据类型限定符）	C	
	@	*ItemPath*（数据项路径）	C	
	@	*ItemName*（数据项名称）	C	
	@	*ClientItem*（客户机数据项）处理	C	
	@	*TimeStamp*（时间戳）	C	
	@	*ResultID*（结果识别码）	M	

表 B.25（续）

参数	OPC XML-DA 参数		M/C/O/I/N	限 制
ServiceError(服务错误)	E	Errors(错误)	M	应符合表 B.26 的定义
	E	Text(文本)	C	
	@	*ID (识别码)*	M	
E：OPC XML-DA 服务元素。 @：OPC XML-DA 属性。				

如果应用程序规定的"引用文件"指定了内部具有基本"类型"的 FCDA，"写入"服务在请求中应只包括一个数据项。如果"引用文件"为 FCD 或复合 FCDA，面向 OPC XML-DA 映射的客户端应将 FCD 或 FCDA 分成原始属性，OPC XML-DA 的"写入"服务中应包括所有属性。分解方式属于客户端侧的本地问题。

服务器侧的映射层应将 OPC"写入"服务映射到设定数据值指示。"写入"服务应作为唯一的服务来完成，即：要么写入每个数据项的值，要么一个也不写入。在写入响应中，每项数据值均应有结果识别码，或者均不得有此结果识别码。

在消极响应中，服务器错误应映射到各请求数据项的"OPC 错误代码"上。表 B.26 中定义了服务错误的映射。

表 B.26　面向 IEM 服务错误映射的设定数据值消极响应

服务错误	OPC 错误代码
Access-violation(非法访问)	E_ACCESS_DENIED
Access-violation(非法访问)	E_READONLY
Parameter-value-inappropriate(参数值不恰当)	E_INVALIDITEMNAME
Parameter-value-inconsistent(参数值不一致)	E_INVALIDITEMPATH
Parameter-value-inappropriate(参数值不恰当)	E_UNKNOWNITEMNAME
Parameter-value-inconsistent(参数值不一致)	E_UNKNOWNITEMPATH
Type-conflict(类型冲突)	E_BADTYPE
Failed-due-to-server-constraint(因服务器限制而失)	任何其他错误代码

B.5.6.2.3　读取数据目录

IEM 读取数据目录应映射到一项 OPC XML-DA 的浏览服务上。如果元素数超过了请求客户端规定的引用文件最大数，应发布引用文件"浏览"服务的顺序。

无论是采用前面还是后面的方法，均取决于返回的引用文件数和客户端在"浏览"服务器实施的最大返回元素属性限制或服务器限制："最大返回数据项"。

在响应中返回的元素既可以是数据，也可以是数据属性。OPC XML-DA 客户端可请求定制数据项属性 IM 类数值检测返回的元素是属于"数据"还是属于数据属性。B.4.6.6.2 对定制数据项属性 IM 类进行了定义。

表 B.27 和表 B.28 描述了读取数据目录服务的映射情况。

表 B.27 读取服务器目录映射

GB/T 30966.2 （参照 DL/T 860.72—2004）	OPC XML-DA	Comment 备注
Request ——DataRef （请求 ——DataRef）	Browse（浏览） ——ItemName（数据项名称）	
Response+ ——DataAttributeName[0..n] ——DataName[0..n] （响应+ ——数据属性名称 [0..n] ——数据名称 [0..n] ）	BrowseResponse（浏览响应）（+） ——Elements：Name（元素：名称）	
Response- ——ServiceError （响应- ——服务错误）	BrowseResponse（浏览响应）（-） ——Errors（OPCErrors）（错误）	

表 B.28 读取服务器目录的详细映射

读取服务器目录参数	OPC XML-DA 参数		M/C/O/I/N	限　制
Request（请求）	Browse（浏览）			
	E	PropertyNames（属性名称）	O	IM 类
	@	*LocaleID（地区识别码）*	O	
	@	*ClientRequestHandle（客户机请求处理）*	O	
	@	*ItemPath（数据项路径）*	M	
	@	*ItemName（数据项名称）*	M	字符串应为“数据”引用
	@	*ContinuationPoint（连续点）*	O	
	@	*MaxElementsReturned（最大返回元素）*	O	
	@	*BrowseFilter（浏览过滤器）*	N	
	@	*ElementNameFilter（元素名称过滤器）*	N	
	@	*VendorFilter（供货商过滤器）*	N	
	@	*ReturnAllProperties（返回全部属性）*	N	
	@	*ReturnPropertyValues（返回属性值）*	O	
	@	*ReturnErrorText（返回错误文本）*	O	
Response（响应）+	BrowseResponse（浏览响应）			
	E	BrowseResult（浏览结果）	M	

表 B.28（续）

读取服务器目录参数	OPC XML-DA 参数		M/C/O/I/N	限　制
	E	Elements(元素)	M	应出现与“数据”第一相关层中数据项数等量的元素数
	E	Properties(属性)	C	前提是请求了属性文件
	E	Value(数值)	M	前提是请求了属性文件
	@	*Name*（名称）	O	前提是请求了属性文件
	@	*Description*（说明）	O	前提是请求了属性文件
	@	*ItemPath*（数据项路径）	M	前提是请求了属性文件
	@	*ItemName*（数据项名称）	M	前提是请求了属性文件
	@	*ResultID*（结果识别码）	N	不应在积极响应中出现
Reference(引用文件)	@	*Name*（名称）	M	
	@	*ItemPath*（数据项路径）	M	
	@	*ItemName*（数据项名称）	M	
	@	*IsItem*（属于数据项）	M	应为“真”
	@	*HasChildren*（具有子段）	M	应为“真”
	E	Errors(错误)	N	不应在积极响应中出现
	@	*ContinuationPoint*（连续点）	C	
	@	*MoreElements*（更多元素）	C	
Response(响应)—	BrowseResponse(浏览响应)			
	E	BrowseResult(浏览结果)	M	
	E	Elements(元素)	N	消极响应中不得有元素
	E	Properties(属性)	N	
	@	*Name*（名称）	N	
	@	*ItemPath*（数据项路径）	N	
	@	*ItemName*（数据项名称）	N	
	@	*IsItem*（属于数据项）	N	
	@	*HasChildren*（具有子段）	N	
ServiceError(服务错误)	E	Errors(错误)	M	见表 B.29
	E	Text(文本)	C	
	@	*ID*（识别码）	M	
	@	*ContinuationPoint*（连续点）	N	
	@	*MoreElements*（更多元素）	N	
E：OPC XML-DA 服务元素。 @：OPC XML-DA 属性。				

表 B.29 中定义了服务错误的映射。

表 B.29　面向 IEM 服务错误映射的读取数据目录

服务错误	OPC 错误代码
Access-violation(非法访问)	E_ACCESS_DENIED
Parameter-value-inappropriate(参数值不恰当)	E_INVALIDITEMNAME
Parameter-value-inappropriate(参数值不恰当)	E_UNKNOWNITEMNAME
Failed-due-to-server-constraint(因服务器限制而失败)	任何其他错误代码

B.5.6.2.4　读取数据定义

IEM 读取数据定义服务应按“OPC XML-DA 浏览”服务的顺序完成映射，以便了解下面在被请求数据引用分层中所有数据项的“类型”。

在收到读取数据定义服务后，客户端应像在读取数据目录中一样请求一项“浏览”服务。对于“具有子段”属性设为“真”的每个返回元素，应请求新的“浏览”服务。一旦客户端侧获得了建立数据的完整属性清单，确认工作应交给客户端应用程序。

在多数情况下，面向 OPC XML-DA 元素和属性的映射与读取数据定义服务的情况相同(见表 B.28)，区别在于客户端请求的数据项属性是可选的。

属性名称	目　的
FC	读取数据属性的 FC
IMType(IM 类型)	读取数据属性和数据属性组件的属性类型

表 B.29 中定义了服务错误的映射。

B.5.7　数据集类模型(提示性)

注：服务器侧不存在数据集概念。B.5.7 描述了客户端如何利用 OPC XML-DA 服务来使用数据集服务处理数据集。此描述属于示例性质，不要求按照此映射情况实施。

B.5.7.1　数据集类别

OPC XML-DA 规范不包括能够以静态方式对数据项(FCD 或 FCDA)清单进行分组的任何元素。

在本映射中，服务器侧不允许有经过配置的数据集。

客户端的功能只允许创建非持久性的数据集。数据集由客户端动态创建，并在客户端侧进行内部存储。

只有客户端侧才有 EM 数据集类。客户端将有关数据集内容的信息进行内部存储，使应用程序能够像在服务器侧按规则执行该数据集一样地对其进行操控。

使用 DataSets(数据集)服务检索信息，可使客户端应用程序在不必指定整个数据项清单的情况下，恢复已选定数据项组的当前值。

B.5.7.2　数据集属性

不映射。

B.5.7.3 数据集服务

B.5.7.3.1 总则

创建数据集可确认服务器中存在客户端为建立数据集所请求的元素。一旦发生这种情况，客户端将对数据项清单进行内部存储，这些数据项组成被请求的数据集。

检索数据集数值会导致建立数据集的所有数据项“读出”服务的发送。采用此项服务，客户端应用程序可在不必指定整个引用文件清单的情况下，操控模型不同分支的各数据组。

B.5.7.3.2 创建数据集

为了获得应组成数据集的元素清单定义的完整原始数据项清单，创建数据集服务应映射到“浏览”服务的顺序。

如果任何一项“OPC 浏览”服务返回了一个故障情况，创建数据集服务会向客户端应用程序返回一个服务错误。

只允许使用非持久性的数据集。

如果服务返回了肯定确认，客户端应存储与应用程序所请求数据集引用有关的基本数据属性清单。该信息的存储方式属于本地问题。

图 B.4 描述了创建数据集所需的服务组。表 B.30 和表 B.31 描述了服务参数的映射情况。

表 B.30 创建数据集服务参数映射

创建数据集服务参数	OPC XML-DA 服务或参数	限 制
Request(请求)	Browse request services(浏览请求服务)	
DataSetRefence(数据集引用)	—	
DSMemberRef[1..n](数据集项引用 [1..n])	ItemName(数据项名称)	
Confirmation(确认)+	Browse response services(浏览响应服务)	前提是各项浏览服务均成功
Result(结果)		
Confirmation(确认)−	Browse response services(浏览响应服务)	前提是浏览服务失败
ServiceError(服务错误)	OPC Errorcode(OPC 错误代码)	服务错误应符合表 B.31 的定义

表 B.31 面向 IEM 服务错误映射的创建数据值消极响应

服务错误	OPC XML-DA 错误代码
Failed-due-to-server-constraint(因服务器限制而失败)	内部客户端错误。客户端请求持久性的 DATA-SET(数据集)
Instance-in-use(实例在使用)	内部客户端错误。客户端检测到数据集已经存在
Parameter-value-inconsistent(参数值不一致)	E_INVALIDITEMNAME
	E_INVALIDITEMPATH
Failed-due-to-communication-constraint(因通信限制而失败)	任何未映射的错误代码

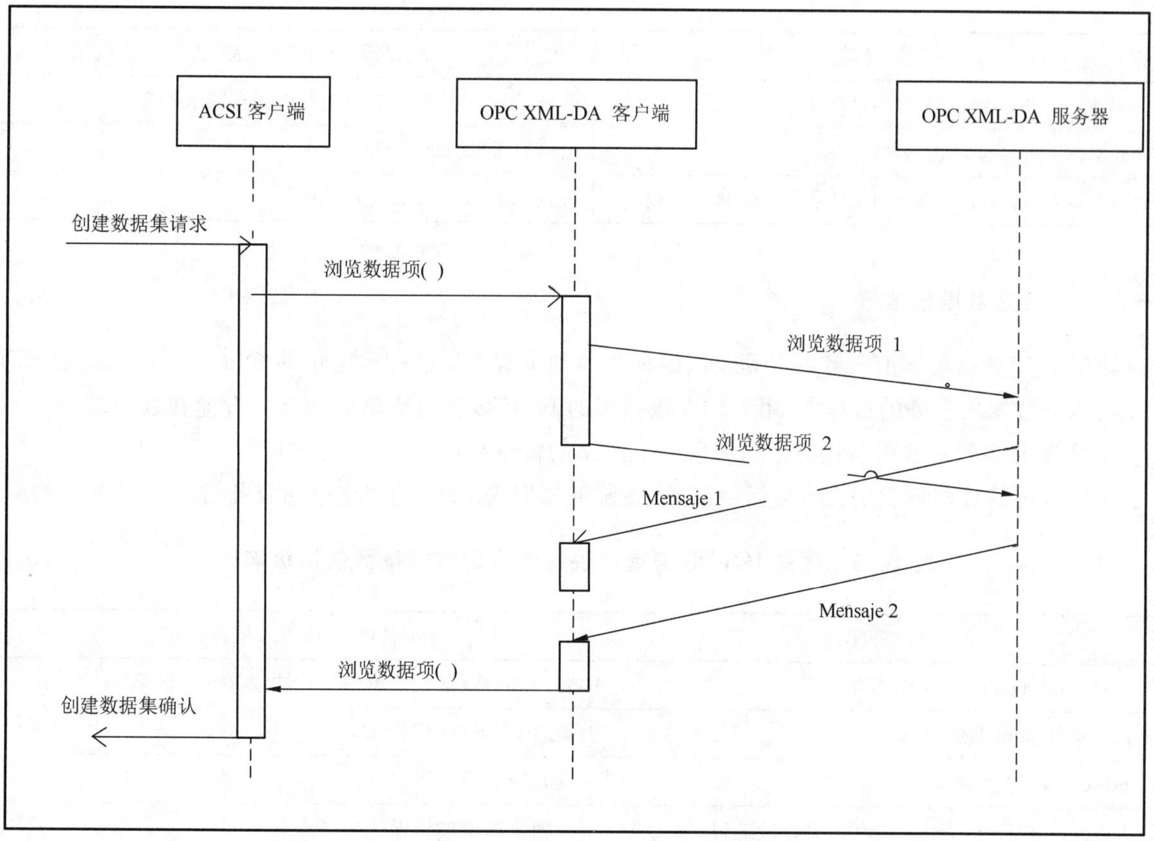

IEC 1379/08

图 B.4 创建数据集服务顺序

B.5.7.3.3 删除数据集

本服务删除了可存储基本数据属性清单(构成服务器)的内部结构。

不需要通信服务。

B.5.7.3.4 读取数据集目录

此映射不包括本服务。采用此映射,所有数据集均由客户端在线配置,使得构成数据集元素的有关信息成为已知信息。

B.5.7.3.5 读取数据集数值

IEM 读取数据集数值服务映射到 OPC XML-DA“读出”服务。在创建数据集服务的过程中,用于建立数据集的 OPC 数据项清单由 SCSM 存储在客户端侧。IEM 服务参数的映射与读取数据值服务中定义的情况相同。

如果规定的数据集引用不能使数据项清单被存储,该服务按照表 B.32 的规定返回服务错误。

表 B.32 面向 IEM 服务错误映射的读取数据集数值消极响应

服务错误	OPC XML-DA 错误代码
Instance-not-available(实例不存在)	客户端的数据集清单中没有被请求的数据集
Access-violation(非法访问)	E_ACCESS_DENIED
Failed-due-to-server-constraint(因服务器限制而失败)	任何未映射的错误代码

B.5.7.3.6 设定数据集数值

IEM 设定数据集数值服务映射到组成数据集的基本数据属性完整清单的 OPC XML-DA“写入”服务。在创建数据集服务的过程中,用于建立数据集的 OPC 数据项清单由 SCSM 存储在客户端侧。

IEM 服务参数的映射与设定数据值服务中定义的情况相同。

如果规定的数据集引用没有数据项清单,该服务按照表 B.33 的规定返回服务错误。

表 B.33 面向 IEM 服务错误映射的设定数据集数值消极响应

服务错误	OPC XML-DA 错误代码
Instance-not-available(实例不存在)	客户端的数据集清单中没有被请求的数据集
Access-violation(非法访问)	E_ACCESS_DENIED
Type-conflict(类型冲突)	E_BAD_TYPE
Failed-due-to-server-constraint(因服务器限制而失败)	任何未映射的错误代码

B.5.8 报表类模型

B.5.8.1 总则

GB/T 30966.3 描述了一套服务器引导式的报表机制,通过此机制,服务器可检测到其信息模型(事件)中的变化,在报表机制的配置中按照客户机制定的规则在报表消息的结构内发送此信息。

在 OPC XML-DA 内,报表机制采用了不同的做法。客户端应定期询问服务器,了解其是否接收最新一组变化(事件)。

B.5.8.2 OPC XML-DA 报告属性

OPC XML-DA 响应被发送的形式取决于客户端发出服务请求中的部分属性。OPC XML-DA 中最重要的属性有:

保持时间——指示服务器在接收到订阅轮询刷新的呼叫后,延迟到规定的服务器绝对时间点返回的时间。

等待时间——指示服务器;如果没有变化需要报告,则等待规定的时间(数毫秒),直到待定时间结束后再返回。在等待期内,如果有一项订阅的数据项发生变化,会使服务器在等待时间未结束前就立即返回。

允许缓存——通过进行允许缓存=真的指定,服务器会以规定的速度将所有数据变化保存在缓存器内,以便在下一次的订阅轮询刷新请求时返回到客户端。

表 B.34 描述了 OPC 的订阅属性。

表 B.34 OPC 订阅属性的受限值

OPC 属性	IEC 61400-25 限制
HoldTime(保持时间)	接近零
WaitTime(等待时间)	大于 0
EnableBuffering(允许缓存)	真
注：当保持时间和等待时间为零时，服务器在检测到最新一组变化后应立即回复	

为了不丢失任何事件，应将变化做缓存处理(允许缓存设为“真”)。

B.5.8.3 OPC XML-DA 报告服务

OPC XML-DA 支持以下基于订阅的服务：订阅轮询刷新和订阅取消。“订阅”用于启动与服务器达成的订阅契约。订阅轮询刷新定期被呼叫，以采集最新数据项数值的变化。订阅取消用于终止与服务器达成的订阅契约。

B.5.8.4 GB/T 30966.3 报告服务

B.5.8.4.1 添加订阅

添加订阅服务定义了服务器应监控的一组变量，以检测变量的变化并将变化情况报告给相应的客户端。表 B.35 和表 B.36 对服务参数进行了描述。

表 B.35 添加订阅服务参数限制

Request(请求)	
RcbRef(报表控制块引用)	不映射到通信服务
RCBType(报表控制块类型)	
ReportIdentifier [0..1](报表识别码) [0..1]	不映射到通信服务
ReportEnable [0..1](报表允许) [0..1]	不映射。报表允许始终视为真
DataSetReference [0..1](数据集引用)[0..1]	不映射到通信服务
OptionalFields [0..1](可选字段)[0..1]	顺序号＝N 报表时间戳＝Y 采纳理由＝N 数据集名称＝Y 数据引用＝Y 缓存溢出＝Y 输入识别码＝N 确认修改＝N
BufferTime [0..1](缓存时间) [0..1]	每次此定时程序到期时，客户端均应请求订阅轮询刷新
TriggerOptions [0..1](触发器选项)[0..1]	dchg＝Y qchg＝Y dupd＝N 完整性时段＝Y 一般询问＝N

表 B.35（续）

IntegrityPeriod [0..1]（完整性时段 [0..1]）	每次此定时程序到期时，客户端均应请求订阅轮询刷新，请求所有数据项属性设为真
DSMemberRef [1..n]（数据集项引用[1..n]）	只允许引用基本“类型”的 FCDA
Response（响应）+	
Response（响应）−	
ServiceError（服务错误）	

表 B.36　添加订阅服务参数映射

添加订阅参数	OPC XML-DA 参数		M/C/O/I/N	限　制
Request（请求）	Subscribe（订阅）			
	@	*ReturnValuesInReply*（在回复中返回数值）	N	
	@	*SubscriptionPingRate*	M	
	E	Options（选项）	N	
	E	ItemList（数据项清单）	M	
	@	*ItemPath*（数据项路径）	N	
	@	*ReqType*（请求类型）	N	
	@	*Deadband*（静带）	N	
	@	*RequestedSampleTime*（被请求样本时间）	C	本地问题；如不在清单层设置则为M。
	@	*EnableBuffering*（允许缓存）	M	始终为“真”
	E	Items（数据项）		
DSMemberRef（数据集项引用）	@	*ItemPath*（数据项路径）	M	FCDA 的 FC
	@	*ReqType*（请求类型）	O	
DSMemberRef（数据集项引用）	@	*ItemName*（数据项名称）	M	FCDA 的对象引用
	@	*ClientItemHandle*（客户机数据项处理）	O	
	@	*Deadband*（静带）	M	数值“0”
	@	*RequestedSampleTime*（被请求样本时间）	C	本地问题；如果数据项层的每个数据项不设置则为 M
	@	*EnableBuffering*（允许缓存）	M	始终为“真”
Response（响应）+	SubscribeResponse（订阅响应）			
	@	*ServerSubHandle*（服务器订阅处理）	M	
	E	SubscribeResult（订阅结果）	M	

表 B.36（续）

添加订阅参数	OPC XML-DA 参数		M/C/O/I/N	限 制
	E	RitemList(读出数据项清单)	M	
	@	*RevisedSamplingRate（修改后抽样率）*		
Reference(引用文件)	E	Items(数据项)	M	
	@	*RevisedSamplingRate（修改后抽样率）*	O	
	E	ItemValue(数据项数值)	M	
	E	Errors(错误)	N	不应在积极响应中出现
Response(响应)—	SubscribeResponse(订阅响应)			
	@	*ServerSubHandle（服务器订阅处理）*	M	
	E	SubscribeResult(订阅结果)	M	
	E	RitemList(读出数据项清单)	M	
	@	*RevisedSamplingRate（修改后抽样率）*	C	
Reference(引用文件)	E	Items(数据项)	M	
	@	*RevisedSamplingRate（修改后抽样率）*	C	
	E	ItemValue(数据项数值)	M	
	E	Errors(错误)	M	见表 B.37
E：OPC XML-DA 服务元素。 @：OPC XML-DA 属性。				

如果在订阅响应服务中有任何“错误”元素，IEM 添加订阅服务应视为失败。

在正确无误地收到 OPC XML-DA 订阅响应服务后，客户端映射应做到：

1） 对与 RCBRef、报表识别码、数据集引用及选项字段链接的、在添加订阅请求中收到的服务器订阅处理进行内部存储；

2） 起动定期的定时程序，由其针对每个完整时段请求含以下属性的订阅轮询刷新：

(HoldTime)保持时间	0
(WaitTime)等待时间	*0*
(ReturnAllItems)返回全部数据项	*真*

如果完整时段为零，不得创建此定时程序。

3） 起动定期的定时程序，由其针对每个“缓冲时间”请求含以下属性的订阅轮询刷新：

(HoldTime)保持时间	0
(WaitTime)等待时间	*0*
(ReturnAllItems)返回全部数据项	*假*

如果缓冲时间为零，客户端应尽快发送请求，以避免网络带宽崩溃。

注：采用此映射法时，建议使用大于 500 ms 的“缓冲时间”，以提高网络性能。

如果有一个以上的有效指定数据项，就会创建 OPC XML-DA 订阅。如果有一个以上的指定数据项发生“订阅”请示失败的情况，响应应映射到添加订阅消极响应，应使用 OPC-MXL-DA Subscription-

Cancel(订阅取消)服务取消订阅。

表 B.37 描述了添加订阅消极响应映射。

表 B.37 面向 IEM 服务错误映射的添加订阅消极响应

服务错误	OPC 错误代码
Instance-not-available(实例不存在)	E_INVALIDITEMNAME
Parameter-value-inappropriate(参数值不恰当)	E_INVALIDITEMPATH
Instance-not-available(实例不存在)	E_UNKNOWNITEMNAME
Parameter-value-inappropriate(参数值不恰当)	E_UNKNOWNITEMPATH
Failed-due-to-server-constraint(因服务器限制而失败)	任何其他错误代码

B.5.8.4.2 清除订阅

IEM 清除订阅服务应映射到 OPC XML-DA“订阅取消”。服务器订阅处理应属于返回到“订阅”服务的内容。

表 B.38 和表 B.39 描述了清除订阅服务参数的映射。

表 B.38 清除订阅服务参数的映射

清除订阅参数	OPC XML-DA 参数		M/C/O/I/N	限 制
Request(请求)	SubscriptionCancel(订阅取消)			
	@	*ServerSubHandle* (服务器订阅处理)	M	
RCBRef(报表控制块引用)	@	*ClientRequestHandle* (客户机请求处理)	M	
Response(响应)+	SubscriptionCancel Response(订阅取消响应)			
	@	*ClientRequestHandle* (客户机请求处理)	M	
Response(响应)−	SubscriptionCancel Response(订阅取消响应)			
		ClientRequestHandle (客户机请求处理)	M	
E:OPC XML-DA 服务元素。 @:OPC XML-DA 属性。				

表 B.39 面向 IEM 服务错误的故障映射

服务错误	OPC 错误代码
Instance-not-available(实例不存在)	E_NOSUBSCRIPTION
Failed-due-to-server-constrain(因服务器限制而失败)	E_SERVERSTATE,任何其他故障码

B.5.8.4.3 报表

“报表”服务应映射到 OPC XML-DA 订阅轮询刷新响应服务。表 B.40 和表 B.41 描述了“报表”服务参数。

表 B.40 报表服务参数

报　　表	限　　制
RptID(报表识别码)	通过映射在客户端侧采用
OptFlds(可选字段)	通过映射在客户端侧采用
SeqNum(顺序号)	无
SubSeqNum(订阅顺序号)	无
MoreSegmentsFollow(更多部分跟进)	不使用
DatSet(数据集)	如果可选字段中提出请求,应通过映射在客户端侧采用
BufOvfl(缓存溢出)	有
ConfRev	无
TimeOfEntry(输入时间)	有
DataRef(数据引用)	有
Value(数值)	有
ReasonCode(理由码)	无

表 B.41 报表服务参数的映射

报表参数	OPC XML-DA 参数		M/C/O/I/N	限制
	SubscriptionPolledRefresh(订阅轮询刷新)			
	@	*HoldTime (保持时间)*	M	设置为0
	@	*WaitTime (等待时间)*	M	设置为0
	@	*ReturnAllItems (返回全部数据项)*	M	视情况而定
	E	Options(选项)		
	E	ServerSubHandle(服务器订阅处理)	M	
Report(报表)	SubscriptionPolledRefresh Response(订阅轮询刷新响应)			
BufferOverflow(缓存溢出)	@	*DataBufferOverflow (数据缓存溢出)*		
	E	SubscriptionPolledRefreshResult(订阅轮询刷新结果)	M	
	E	InvalidServerSubHandles(无效服务器订阅处理)	M	
	E	RitemList(读出数据项清单)	M	
	@	*SubscriptionHandle (订阅处理)*	M	
数据引用和数据值	E	Items(数据项)	M	
	E	Errors(错误)	M	
E:OPC XML-DA 服务元素。 @:OPC XML-DA 属性。				

在收到订阅轮询刷新响应后,客户端须建立“报表”消息。由于“允许缓存”属性,订阅轮询刷新响应可包括同一数据项的多个样本。如果发生这种情况,客户端侧应做到:

——如果数据项代表状态值(ST),将消息分成两个不同的报表消息,使变化不会丢失;

——如果数据项代表实测值(MX),将消息一分为二或清除以前值。

根据客户端在“订阅”服务中存储的可选字段情况,报表指示中应包括 ReportId 和 DatSetRef 等(也由客户端保有)不同的报表元素。

B.5.9 控制模型

B.5.9.1 总则

IEC 61400-25 的控制模型可通过以下 OPC XML-DA 服务访问:

——读出;

——写入;

——订阅、订阅轮询刷新、清除订阅。

B.5.9.2 支持的 IEM 控制模型

表 B.42 规定了本映射支持的控制模型。

表 B.42 本映射支持的控制模型

GB/T 30966.3(DL/T 860.72—2004)控制模型	支 持
1 direct-control -with-normal-security(带常规安全的直接控制)	Y
2 sbo-control -with-normal-security(带常规安全的 SBO 控制)	Y
3 direct-control -with-enhanced-security(带增强安全的直接控制)	Y
4 sbo-control -with-enhanced-security(带增强安全的 SBO 控制)	Y

B.5.9.3 支持的 IEM 控制服务

表 B.43 规定了本映射提供的控制服务。

表 B.43 支持的控制服务

GB/T 30966.3(DL/T 860.72)	支 持
Select(选择)	Y
SelectWithValue(按数值选择)	Y
Operate(操作)	Y
TimeActivatedOperate(时间激活操作)	Y
Cancel(取消)	Y
CommandTermination(命令终止)	Y

B.5.9.4 控制服务参数

部分控制服务参数在语义上既不属于信息模型,也与任何 OPC XML-DA 服务参数不匹配。控制模型服务无法使用信息模型直接映射到 OPC XML-DAWeb 服务上。

为了解决这一问题,此类控制服务参数被映射到赋予给每个控制对象数据属性的可写入定制数据项属性。表 B.44 为可写入定制数据项属性列表。

表 B.44 控制模型可写入定制数据项属性

控制服务参数	可写入定制数据项属性		
	数据项名称	数据项路径	GB/T 30966.2 基本类型
T(时间)	DataRef.ctlVal.t(数据引用控制值时间)	CO	TimeStamp(时间戳)
Test(试验)	DataRef.ctlVal.test(数据引用控制值试验)	CO	Boolean(布尔值)
Check(校核)	DataRef.ctlVal.check(数据引用控制值校核)	CO	CodedEnum(编码枚举)
	DataRef.ctlVal.service(数据引用控制值服务)	CO	ENUMERATED(被枚举) (operate | taOperate |sbo |sbow |cancel) 1=operate 2=taOperate 3=sbo 4=sbow 5=cancel
AddCause(添加理由)	DataRef.ctlVal.cmdState(数据引用控制值命令状态)	CO	ENUMERATED(被枚举) (not-in-use | executing-command | status-changed | *AddCause*) 0=未使用 1=执行命令 2=状态改变(为被请求值,输出被撤消)。 *添加理由*=如果定时程序到期但状态未改变为被请求值;输出被撤消
TimOperRsp (时间操作响应)	DataRef.operTm.taoState(数据引用—操作时间—时间激活操作状态)	CO	ENUMERATED(被枚举) (not-in-use | waiting/timer-activated | com-mandexecuted | *AddCause*) 0=未使 1=定时程序被激活 2=命令被执行 添加理由:如果定时程序到期但未能导致被请求的动作

注 1:*DataRef (数据引用)*作为任何控制数据对象引用的占位符。

注 2:如果服务器不支持命令终止服务,则不必为任何控制对象提供数据项属性"命令状态"。

注 3:如果强制"操作"服务是服务器支持的唯一控制服务,则不必提供数据项属性"服务"。

注 4:如果服务器不支持时间激活操作服务,则不必提供数据项属性"时间激活操作状态"。

注 5:采用控制消极响应时,不得设定数据项属性"命令状态"和"时间激活操作状态"。

“命令状态”只应存在于使用了增强安全模型的可控制对象。

大部分控制服务映射到“写入”服务。为了指定正在被请求的控制服务,需要添加可写定制数据项属性“服务”。

表 B.45 描述了添加理由的映射情况。

表 B.45 面向 OPC 错误代码的添加理由映射

添加理由	OPC 错误代码扩展	被枚举值
Select-failed(选择失败)	E_ADDCAUSE_SELECT_FAILED	3
Invalid-position(无效位置)	E_ADDCAUSE_INVALID_POSITION	4
Position-reached(位置实现)	E_ADDCAUSE_POSITION_REACHED	5
Parameter-change-in-Execution (参数更改在实施)	E_ADDCAUSE_PARAMETER_CHANGE_IN_EXEC	6
Step-limit(步骤限制)	E_ADDCAUSE_STEP_LIMIT	7
Command-already-in-Execution (命令已在执行)	E_ADDCAUSE_COMMAND_ALREADY_IN_EXEC	8
Abortion-by-cancel(因取消而中止)	E_ADDCAUSE_BY_CANCEL	9
Time-limit-over(时间限制结束)	E_ADDCAUSE_TIME_LIMIT_OVER	10

B.5.9.5 控制服务映射

B.5.9.5.1 选择

B.5.9.5.1.1 选择请求

“选择”服务应映射到 OPC XML-DA“写入”服务,此服务具有包含“sbo”值的“服务”可写入定制数据项属性。表 B.46 对“选择”请求服务映射进行了描述。

表 B.46 选择请求服务映射

GB/T 30966.3 参数	OPC XML-DA 数据项/数据项属性	限 制
ControlObjectReference(控制对象引用)		可控制对象的数据项名称 数据项路径=“CO”
	数据引用控制值服务	“sbo” 试探返回信号

B.5.9.5.1.2 选择响应+

“选择”积极响应服务应映射到结果为正的 OPC XML-DA 写入响应服务。

响应后,时间激活操作状态和命令状态(如果有)数据项属性值应设置如下:

可写入定制数据项属性	数值	含意
DataRef.operTm.taoState(数据引用—操作时间—时间激活操作状态)	“0”	未使用
DataRef.ctlVal.cmdState(数据引用控制值命令状态)	“0”	未使用

B.5.9.5.1.3 选择响应－

“选择”消极响应服务应映射到含指示失败错误码的 OPC XML-DA 写入响应服务。

不得修改定制数据项属性“时间激活操作状态”和“命令状态”。

B.5.9.5.2 按数值选择

B.5.9.5.2.1 按数值选择请求

按数值选择服务应采用表 B.47 中可控制对象的数据项和数据项属性值的 OPC XML-DA Write（写入）方式。

表 B.47 按数值选择服务参数映射

GB/T 30966.3 参数	OPC XML-DA 数据项/数据项属性	限 制
ControlObjectReference（控制对象引用）		可控制对象的数据项名称数据项路径＝“CO”
Value（数值）	DataRef.ctlVal（数据引用控制值） DataRef.origin（数据引用源） DataRef.ctlNum（数据引用控制号） DataRef.operTm（数据引用操作时间）	
T（时间）	DataRef.ctlVal.T（数据引用控制值时间）	
Test（试验）	DataRef.ctlVal.Test（数据引用控制值试验）	
Check（校核）	DataRef.ctlVal.Check（数据引用控制值校核）	
	DataRef.ctlVal.service（数据引用控制值服务）	“sbow”

B.5.9.5.2.2 （按数值选择）响应＋

按数值选择积极响应应采用 OPC XMLDA 写入积极响应方式。只有当全部数据项均返回正结果时，按数值选择服务才被认为合格。

响应后，时间激活操作状态和命令状态（如果有）数据项属性值应设置如下：

可写入定制数据项属性	数 值	含 意
DataRef.operTm.taoState（数据引用—操作时间—时间激活操作状态）	“0”	未使用
DataRef.ctlVal.cmdState（数据引用控制值命令状态）	“0”	未使用

B.5.9.5.2.3 按数值选择响应－

按数值选择消极响应应采用 OPC XMLDA 写入消极响应方式。OPC 错误码应给出失败的附加理由，提供导致消极响应的原因。

不得修改定制数据项属性“时间激活操作状态”和“命令状态”。

B.5.9.5.3 取消

B.5.9.5.3.1 取消请求

“取消”服务应采用可控制对象的数据项和数据项属性值的 OPC XML-DA 写入方式。参数的映射在表 B.48 中进行了规定。

表 B.48 “取消”服务参数的映射

GB/T 30966.3 参数	OPC XML-DA 数据项/数据项属性	限 制
ControlObjectReference(控制对象引用)		可控制对象的数据项名称 数据项路径="CO"
T(时间)	DataRef.ctlVal.T(数据引用控制值时间)	
Test(试验)	DataRef.ctlVal.Test(数据引用控制值试验)	
	DataRef.ctlVal.service(数据引用控制值服务)	“取消”

B.5.9.5.3.2 取消响应+

取消响应+应通过使用不含错误的 OPC XML-DA 写入响应执行。

响应后,时间激活操作状态和命令状态(如果有)数据项属性值应设置如下:

可写入定制数据项属性	数值	含意
DataRef.operTm.taoState(数据引用—操作时间—时间激活操作状态)	“0”	未使用
DataRef.ctlVal.cmdState(数据引用控制值命令状态)	“0”	未使用

B.5.9.5.3.3 取消响应－

取消响应－应通过使用包含指示服务失败的“错误”代码的 OPC XML-DA 写入响应执行。错误码的映射应符合表 B.49 的规定。也可使用表 B.45 定义的添加理由错误码。

表 B.49 面向 IEM 服务错误映射的“取消”消极响应

DL/T 860.72—2004 服务错误	OPC 错误代码
Not-supported(不支持)	E_NOTSUPPORTED
Object-not-selected(对象未选定)	E_SERVERSTATE
Access-violation(非法访问)	E_ACCESS_DENIED
Instante-not-available(实例不存在)	E_UNKNOWNITEMNAME

不得修改定制数据项属性“时间激活操作状态”和“命令状态”。

B.5.9.5.4 操作

B.5.9.5.4.1 操作请求

操作请求服务应通过使用表 B.50 描述的可控制对象数据项和数据项属性值的 OPC XML-DA 写入执行。

表 B.50 "操作"服务参数映射

GB/T 30966.3 参数	OPC XML-DA 数据项/数据项属性	限　制
ControlObjectReference（控制对象引用）		可控制对象的数据项名称 数据项路径＝"CO"
Value(数值)	DataRef.ctlVal(数据引用控制值) DataRef.origin(数据引用源) DataRef.ctlNum(数据引用控制号)	
T(时间)	DataRef.ctlVal.T(数据引用控制值时间)	
Test(试验)	DataRef.ctlVal.Test(数据引用控制值试验)	
Check(校核)	DataRef.ctlVal.Check(数据引用控制值校核)	
	DataRef.ctlVal.service(数据引用控制值服务)	"操作"

B.5.9.5.4.2　操作响应＋

操作响应＋应通过使用包含指示成功的写入结果的 OPC XML-DA 写入响应执行。

响应后，taoState 和 cmdState 命令状态(如果有)数据项属性值应设置如下：

可写入定制数据项属性	数值	含意	限　制
DataRef.operTm.taoState(数据引用—操作时间—时间激活操作状态)	"0"	未使用	
DataRef.ctlVal.cmdState(数据引用控制值命令状态)	"0"	未使用	前提是在常规安全型控制模型内使用"操作"
	"1"	执行命令	前提是在增强安全型控制模型内使用"操作"

B.5.9.5.4.3　操作响应－

操作响应－应通过使用包含指示服务失败的错误代码的 OPC XML-DA 写入响应执行。错误码的映射应符合表 B.51 和表 B.45 的规定。

表 B.51　面向 IEM 服务错误映射的"操作"消极响应

DL/T 860.72—2004 服务错误	OPC 错误代码
Not-supported(不支持)	E_NOTSUPPORTED
Object-not-selected(对象未选定)	E_SERVERSTATE
Accesss-violation(非法访问)	E_ACCESS_DENIED
Instante-not-available(实例不存在)	E_UNKNOWNITEMNAME
Failed-due-to-server-constraint(因服务器限制而失败)	任何其他 OPC 错误代码

响应后，时间激活操作状态和命令状态(如果有)数据项属性值应设置如下：

可写入定制数据项属性	数值	含意	限　制
DataRef.operTm.taoState(数据引用—操作时间—时间激活操作状态)	“0”	未使用	
DataRef.ctlVal.cmdState(数据引用控制值命令状态)	“0”	未使用	前提是在简单安全控制模型内使用“操作”

B.5.9.5.5　时间激活操作

B.5.9.5.5.1　总则

第一响应的时间激活操作请求应映射到 OPC XMLDA 写入服务。

第二响应应映射到可控制对象的操作时间时间激活操作状态数据项属性的 OPC XML-DA 订阅，或者在操作时间 t 时间激活操作状态属性变化后通过“读出”服务来获得。

收到正写入响应后，OPC XML-DA 客户端应请求时间激活操作状态值和时间激活操作响应所需的其他数据项属性值。只要 t 时间激活操作状态＝定时程序被激活，OPC XML-DA 就应继续请求以上值。

如果时间激活操作状态将自身值改为“已执行命令”，客户端应通过时间操作响应＝“已执行命令”来创建时间激活操作的正确认。

如果时间激活操作状态将自身值改为“任意添加理由码”，客户端应创建时间激活操作的负确认。

注：第二响应值是通过“读出”服务请求，还是通过“订阅”机制＝订阅 ＋订阅轮询刷新 ＋订阅取消请求，属于客户端的执行范围。

B.5.9.5.5.2　时间激活操作请求

时间激活操作请求服务应通过使用可控制对象的数据项和数据项属性值的 OPC XML-DA Write(写入)执行。时间激活操作服务参数在表 B.52 中进行了描述。

表 B.52　时间激活操作服务参数映射

GB/T 30966.3 参数	OPC XML-DA 数据项/数据项属性	限　制
ControlObjectReference (控制对象引用)		可控制对象的数据项名称 数据项路径＝“CO”
Value(数值)	DataRef.ctlVal(数据引用控制值) DataRef.origin(数据引用源) DataRef.ctlNum(数据引用控制号) DataRef.operTm(数据引用操作时间)	
T(时间)	DataRef.ctlVal.T(数据引用控制值时间)	
Test(试验)	DataRef.ctlVal.Test(数据引用控制值试验)	
Check(校核)	DataRef.ctlVal.Check(数据引用控制值校核)	
	DataRef.ctlVal.service(数据引用控制值服务)	“taOperat”

B.5.9.5.5.3　时间激活操作响应＋(定时程序激活)

时间激活操作积极响应应通过使用不含错误代码的 OPC XML-DA 写入响应执行。响应后，时间激活操作状态和命令状态数据项属性值应设置如下：

可写入定制数据项属性	数值	含　意	限制
DataRef.operTm.taoState(数据引用—操作时间—时间激活操作状态)	“1”	等待/定时程序激活	
DataRef.ctlVal.cmdState(数据引用控制值命令状态)	“0”	未使用	

B.5.9.5.5.4　时间激活操作响应－

时间激活操作消极响应应通过使用 OPC XML-DA 写入响应执行，表示表 B.53 中定义的错误代码失败或使用表 B.45 中定义的任何添加理由代码。

表 B.53　面向 IEM 服务错误映射的时间激活操作消极响应

DL/T 860.72—2004 服务错误	OPC 错误代码
Not-supported(不支持)	E_NOTSUPPORTED
Object-not-selected(对象未选定)	E_SERVERSTATE
Access-violation(非法访问)	E_ACCESS_DENIED
Instante-not-available(实例不存在)	E_UNKNOWNITEMNAME
Failed-due-to-server-constraint(因服务器限制而失败)	任何其他 OPC 错误代码

B.5.9.5.5.5　时间激活操作响应＋(命令被执行)

第二个时间激活操作积极响应没有被关联的服务。客户端应订阅时间激活操作状态数据项属性或请求 OPC XML-DA Read(读出)服务来检测情况。

定时程序结束后，所需行动应被激活。如果激活成功，状态属性应设置如下。

可写入定制数据项属性	数　值	含　意	限　制
DataRef.operTm.taoState(数据引用—操作时间—时间激活操作状态)	“2”	命令被执行	
DataRef.ctlVal.cmdState(数据引用控制值命令状态)	“0”	未使用	前提是时间激活操作在简单安全控制模型内使用
	“1”	执行命令	前提是时间激活操作在常规安全控制模型内使用

B.5.9.5.5.6　时间激活操作响应－(第二响应)

如果激活不成功，只应设定时间激活操作状态数据项属性值。

可写入定制数据项属性	数值	含意	限制
DataRef.operTm.taoState(数据引用—操作时间—时间激活操作状态)	AddCause(添加理由)		

B.5.9.5.6　命令终止

在收到“操作”积极响应或时间激活操作第二积极响应后，“命令状态”数据项属性设为“命令被执行”。

如果状态改为被请求值,"命令状态"应设为"状态被改变"。否则,命令状态被设为*添加理由*。

OPC XML-DA 客户端通过"读出"服务或"订阅"机制请求"命令状态"。

表 B.54 和表 B.55 描述了命令终止服务的映射情况。

表 B.54 命令终止+服务参数映射

GB/T 30966.3 参数	OPC XML-DA 数据项/数据项属性	限　制
ControlObjectReference(控制对象引用)		可控制对象的数据项名称,数据项路径="CO"
T(时间)	DataRef.ctlVal.T(数据引用控制值时间)	
Test(试验)	DataRef.ctlVal.Test(数据引用控制值试验)	
	DataRef.ctlVal.cmdState(数据引用控制值命令状态)	状态已改变

表 B.55 命令终止-服务参数映射

GB/T 30966.3 参数	OPC XML-DA 数据项/数据项属性	限　制
ControlObjectReference(控制对象引用)		可控制对象的数据项名称数据项路径="CO"
T(时间)	DataRef.ctlVal.T(数据引用控制值时间)	
Test(试验)	DataRef.ctlVal.Test(数据引用控制值试验)	
AddCause(添加理由)	DataRef.ctlVal.cmdState(数据引用控制值命令状态)	添加理由错误代码

B.6 协议栈细节

若要符合此映射,应使用表 B.56 中给出的协议栈。数据链路层和物理层规定属于实施方面的内容,不在 IEC 61400-25 的范围之内。

表 B.56 协议栈细节

OSI 模型层	要　求			M/O
	名　称	服务要求	协议要求	
应用层	OPC XML-DA	OPC XMLDA 1.01		M
	SOAP	SOAP version 1.1 SOAP　1.1 版　http://www.w3.org/TR/soap/		M
	超级文本传输协议　HTTP/1.1	RFC 2616		M
表示层	—	—	—	—
会话层	—	—	—	—

表 B.56（续）

OSI模型层	要　求			M/O
	名　称	服务要求	协议要求	
传输层	传输层安全	RFC 2246		O
	互联网控制消息协议	RFC 792		M
	传输控制协议	RFC 793		M
网络层	互联网协议(IP)	RFC 791		M
	地址解析协议	RFC 826		M
数据链路层	属于实施方面的内容，不在 IEC 61400-25 的范围之内			—
物理层	属于实施方面的内容，不在 IEC 61400-25 的范围之内			—
注：HTTPS(SSL)的使用为当地问题，不属于本映射范围。				

附 录 C
（规范性附录）
特定通信服务映射——面向 DL/T 860.81—2006 中指定的 GB/T 16720 的映射

C.1 总则

C.1.1 关于面向 DL/T 860.81—2006 中指定 GB/T 16720 的映射的介绍

本附录描述了使用 DL/T 860.81—2006 将 GB/T 30966.2 和 GB/T 30966.3 定义的信息模型和信息交换模型面向 GB/T 16720 系列标准映射的情况。

GB/T 30966.3 定义的几乎所有服务模型均按照 DL/T 860.81—2006 的定义映射到了 GB/T 16720。本附录涉及的是 DL/T 860.81—2006 规定的映射。GB/T 30966.4 标准中定义的两类服务（添加订阅和清除订阅）均映射到 DL/T 860.81—2006。该附加映射在本附录中定义。

DL/T 860.81—2006 中定义的查询日志服务通过筛选参数（GB/T 16720 支持，但未用于 DL/T 860.81—2006）扩展。

C.1.2 面向 DL/T 860.81—2006 指定的 GB/T 16720 映射的范围

本附录定义的映射范围是利用 GB/T 16720 来表现 GB/T 30966.2 和 GB/T 30966.3 定义的信息模型和信息交换模型。

DL/T 860.81—2006 定义的映射主要针对信息的实时交换。与服务器通信的客户端可以是为了监控发电过程及相关设备而接收实时信息所需的系统。

C.1.3 映射架构

映射架构由以下几部分组成：

1） 信息模型到 GB/T 16720 MMS 模型的映射（见 C.4）；

2） 信息交换模型到 GB/T 16720 MMS 服务的映射（见 C.5）；

3） 通信栈（见 C.6）。

除了两项附加服务和查询日志服务的扩展内容以外，还定义了 GB/T 30966.3 的映射。

根据 DL/T 860.81—2006 的第 7 章、第 17 章和第 20 章的定义，GB/T 30966.2 定义的风电场信息模型映射到了分层结构。相应服务按照这些条款的定义进行了映射。

图 C.1 描绘了概念性映射的情况。在映射到 DL/T 860.81—2006 MMS 服务以后，应对 GB/T 30966.2的风电场信息模型进行保存。

这尤其表明：

——服务器执行 GB/T 30966.2 的分层风电场信息模型，此模型可由服务根据表 C.1 进行检索；

——客户端需要对风电场信息模型进行解释；

——客户端可按照本附录的定义，通过 DL/T 860.81—2006 和 GB/T 16720 提供的服务访问 GB/T 30966.2的风电场分层信息模型。

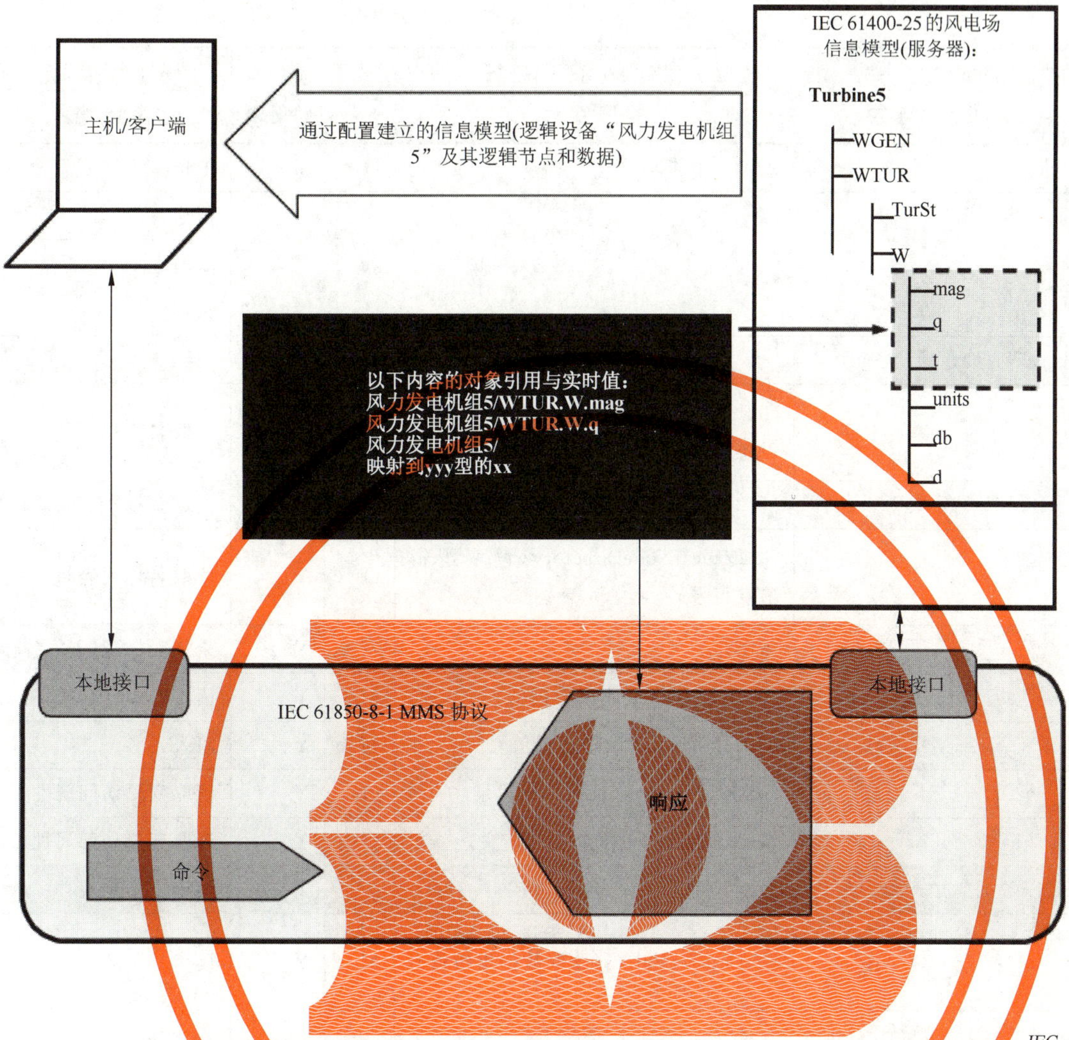

IEC 1380/08

图 C.1 映射架构(概念性)

表 C.1 列出了 DL/T 860.81—2006 定义的信息模型和信息交换模型服务面向 GB/T 16720 的映射。M/O(强制/可选)栏表示 GB/T 30966.3 定义的服务属于强制型,还是可选型。“Y”表示“是”,服务获得支持,“N”表示未获得支持。

表 C.1 GB/T 30966.3 IEM 标准面向 GB/T 16720 的映射(符合 DL/T 860.81—2006)

GB/T 30966.2 IM 类 GB/T 30966.3 IEM 类	GB/T 30966.3 IEM 服务	M/O	包括在 映射中	GB/T 16720 模型/服务
SERVER(服务器)			Y	Server
	GetServerDirectory(读取服务器目录)	O	Y	读取名称列表
ASSOCIATION(关联)				应用关联
	Associate(关联)	M	Y	开始
	Release(释放)	M	Y	结束

表 C.1（续）

GB/T 30966.2 IM 类 GB/T 30966.3 IEM 类	GB/T 30966.3 IEM 服务	M/O	包括在 映射中	GB/T 16720 模型/服务
	Abort（中止）	O	Y	中止
				拒绝
				取消
				识别
LOGICAL-DEVICE（逻辑设备）			Y	域
	GetLogicalDeviceDirectory（读取逻辑设备目录）	O	Y	读取名称列表
LOGICAL-NODE（逻辑节点）			Y	指定变量
	GetLogicalNodeDirectory（读取逻辑节点目录）	O	Y	读取名称列表
DATA（数据）			Y	指定变量
	GetDataValues（读取数据值）	M	Y	读出
	SetDataValues（设定数据值）	M	Y	写入
	GetDataDirectory（读取数据目录）	O	Y	读取变量访问属性
	GetDataDefinition（读取数据定义）	O	Y	读取变量访问属性
DATA-SET（数据集）			Y	指定变量列表
	GetDataSetValues（读取数据集数值）	M	Y	读出
	SetDataSetValues（设定数据集数值）	O	Y	写入
	CreateDataSet（创建数据集）	O	Y	定义指定变量列表
	DeleteDataSet（删除数据集）	O	Y	删除指定变量列表
	GetDataSetDirectory（读取数据集目录）	O	Y	读取变量列表属性
REPORTING（报告）				指定变量
	Report（报表）			信息报表
	GetBRCBValues（读取 BRCB 值）	O	Y	读出
	SetBRCBValues（设定 BRCB 值）	O	Y	写入
	GetURCBValues（读取 URCB 值）	O	Y	读出
	SetURCBValues（设定 URCB 值）	O	Y	写入
	AddSubscription（添加订阅）	O	Y	（定义指定变量列表）写（到 RCB）

表 C.1（续）

GB/T 30966.2 IM 类 GB/T 30966.3 IEM 类	GB/T 30966.3 IEM 服务	M/O	包括在 映射中	GB/T 16720 模型/服务
	RemoveSubscription（移除订阅）	O	Y	写入（到 RCB） 删除指定变量列表
LOG-CONTROL-BLOCK（日志控制块）			Y	指定变量
	GetLCBValues（读取 LCB 值）	O	Y	读出
	SetLCBValues（设定 LCB 值）	O	Y	写入
LOG（日志）			Y	日志
	GetLogStatusValues（读取日志状态值）	O	Y	初始化日志
	QueryLogByTime（按时间查询日志）	O	Y	读出日志
	QueryLogAfter（查询此后日志）	O	Y	读出日志
CONTROL（控制）				控制
	Select（选择）	O	Y	写入
	SelectWithValue（按数值选择）	O	Y	写入
	Cancel（取消）	O	Y	写入
	Operate（操作）	M	Y	写入
	CommandTermination（命令终止）	O	Y	信息报表
	TimeActivatedOperate（时间激活操作）	O	Y	写入

C.2 引用文件

GB/T 16720.1—2005 工业自动化系统 制造报文规范 第1部分：服务定义（ISO 9506-1:2003，IDT）

GB/T 16720.2—2005 工业自动化系统 制造报文规范 第2部分：协议规范（ISO 9506-2:2003，IDT）

ISO/IEC 8326:1996 信息技术 开放系统互连 会话服务定义（Information technology—Open Systems Interconnection—Session service definition）

ISO/IEC 8327-1:1996 信息技术 开放系统互连 面向连接的会话协议：协议规范（Information technology—Open systems interconnection—Connection-oriented session protocol: Protocol specification）

ISO/IEC 8649:1996 信息技术 开放系统互连 联系控制服务元素服务定义（Information technology—Open systems interconnection—Service definition for the association control service element）

ISO/IEC 8650-1:1996 信息技术 开放系统互连 有关控制服务要素的面向连接的协议：协议规

范（Information technology—Open systems interconnection—Connection-oriented protocol for the association control service element：Protocol specification）

ISO/IEC 8822:1994 信息技术 开放系统互连 表示服务定义（Information technology—Open systems interconnection—Presentation service definition）

ISO/IEC 8823-1:1994 信息技术 开放系统互连 面向连接的表示协议：协议规范（Information technology—Open systems interconnection—Connection-oriented presentation protocol：Protocol specification）

ISO/IEC 8824-1:2002 信息技术 抽象语法记法 1(ASN.1)：基本记法规范[Information technology—Abstract syntax notation one(ASN.1)：Specification of basic notation]

ISO/IEC 8825-1:2002 信息技术 ASN.1 编码规则：基本编码规则(BER)、正则编码规则(CER)和非典型编码规则(DER)规范[Information technology—ASN.1 encoding rules：Specification of basic encoding rules(BER)，canonical encoding rules(CER) and distinguished encoding rules(DER)]

RFC 791，互联网协议（Internet Protocol）

RFC 792，互联网控制消息协议（Internet Control Message Protocol）

RFC 793，传输控制协议（Transmission Control Protocol）

RFC 826，以太网地址解析协议或将网络协议地址转换为以太网硬件传输用 48 位以太网地址（Ethernet Address Resolution Protocol：Or Converting Network Protocol Addresses to 48. bit Ethernet Address for Transmission on Ethernet Hardware）

RFC 1006，ISO 在传输控制协议上的传送业务：版本 3（ISO Transport Service on top of the TCP Version：3）

C.3 缩略语

ACSI	抽象通信服务接口（在 DL/T 860.72—2004 中定义） 注：在本附录中，将使用 IEM(见下)一词代替 ACSI。
IED	智能电子设备
IEM	信息交换模型
LCB	日志控制块
LD	逻辑设备
LN	逻辑节点
LOG	日志
LPHD	逻辑节点物理设备
MMS	制造报文规范（GB/T 16720）
RCB	报表控制块
SCADA	数据采集与监控系统
SCSM	特定通信服务映射（在 DL/T 860.81—2006 中定义）
WPP	风电场
WT	风力发电机组

C.4 IEC 61400-25 信息模型面向 GB/T 16720 的映射（符合 DL/T 860.81—2006 规定）

根据 DL/T 860.81—2006 的第 7 章、第 17 章和第 20 章的定义，GB/T 30966.2 定义的风电场信息模型应映射到 GB/T 16720 的分层架构。相应服务应按照 DL/T 860.81—2006（及表 C.1）的定义映射到 GB/T 16720。

C.5 扩展信息交换模型面向 GB/T 16720 的映射

C.5.1 总则

本条描述了 GB/T 30966.3 定义的附加抽象 IEM 服务(添加订阅和清除订阅)以及查询日志服务的扩展筛选参数应如何按照以下条款的规定映射到 MMS 服务。

C.5.2 添加订阅

此服务应映射到以下 3 类 MMS 服务顺序中:

——第 1 步:按照表 C.2 创建被请求的数据集(定义指定变量列表);

——第 2 步:按照表 C.3 配置报表控制块(写入);

——第 3 步:按照表 C.4 激活报表控制块(写入)。

一旦以前的服务返回了积极响应,上述服务即应发出。如果以上 3 项 MMS 服务中有一项失败,添加订阅服务即应视为失败。

积极响应:

如果指定变量列表已经存在,则无需执行第 1 步。可由多个报表控制块或日志控制块使用。

表 C.2 添加订阅服务映射(第 1 步)

(添加订阅)参数	MMS 服务或参数	限　制
Request(请求)	定义指定变量列表　请求服务	
DataSetReference(数据集引用)	变量列表名称	
DSMemberRef[1..n](数据集项引用[1..n])	变量列表	
Response+(响应+)	定义指定变量列表响应服务	
Response−(响应−)		
ServiceError(服务错误)	MMS 服务错误	见表 C.5

表 C.3 添加订阅服务映射(第 2 步)

(添加订阅)参数	MMS 服务或参数	限　制
Request(请求)	"写入"请求服务	
ClientHandle(客户端处理)	变量访问规定 变量列表	
RCBType(报表控制块类型)	变量访问规定 变量列表	
	DL/T 860.72—2004 中的 14.2 定义的被引用 BRCB/URCB 的数据保留	只在报表控制块类型指定 URCB 类型的报表控制块类型时才出现
ReportIdentifier [0..1](报表识别码[0..1])	DL/T 860.72—2004 定义的被引用 BRCB/URCB 的数据报表识别码	
DataSetReference [0..1](数据集引用[0..1])	DL/T 860.72—2004 定义的被引用 BRCB/URCB 的 MMS 数据 DatSet	

表 C.3(续)

(添加订阅)参数	MMS 服务或参数	限　制
OptionalFields [0..1](可选字段 [0..1])	DL/T 860.72—2004 定义的被引用 BRCB/URCB 的数据可选字段	
BufferTime [0..1](缓存时间 [0..1])	DL/T 860.72—2004 定义的被引用 BRCB/URCB 的数据缓存时间	
TriggerOptions [0..1](触发器选项 [0..1])	DL/T 860.72—2004 定义的被引用 BRCB/URCB 的数据触发器选项	
IntegrityPeriod [0..1](完整性时段 [0..1])	DL/T 860.72—2004 定义的被引用 BRCB/URCB 的数据完整性时段	
Response+(响应+)	"写入"响应服务	
	在所有元素上的成功	
Response−(响应−)	"写入"响应服务	
ServiceError(服务错误)	在任何元素上的失败	见表 C.5
注：应包含保留元素,是因为部分服务器需要预先保留非缓存报表控制块才能允许访问其属性。		

表 C.4　添加订阅服务映射(第 3 步)

(添加订阅)参数	MMS 服务或参数	限制
Request(请求)	"写入"请求服务	
ClientHandle(客户端处理)	变量访问规定　变量列表	
RCBType(报表控制块类型)	变量访问规定 变量列表	
ReportEnable [0..1](报表允许 [0..1])	DL/T 860.72—2004 定义的被引用 BRCB/URCB 的数据报表允许	
Response+(响应+)	"写入"响应服务	
	成功	
Response−(响应−)	"写入"响应服务	
ServiceError(服务错误)	失败	见表 C.5

表 C.5 描述了可能的负值情况及应向应用层提供的错误代码。

表 C.5　添加订阅消极响应

IEM 服务错误	MMS 服务错误		说　明
	Error class(错误类)	Error code(错误代码)	
instance-in-use(实例在使用)	Definition(定义)	object-exists(对象存在)	数据集已经存在
parameter-value-inconsistent(参数值不一致)	Definition(定义)	Invalid-address(无效地址)	数据集项引用不正确

表 C.5（续）

IEM 服务错误	MMS 服务错误		说 明
parameter-value-inappropriate（参数值不恰当）	Resource（资源）	memory-unavailable（没有内存）	数据集项引用数大于设备允许的上限
	数据访问错误		
access-violation（非法访问）	object-access-denied（对象访问拒绝）		客户端无权使用
parameter-value-inappropriate（参数值不恰当）	object-non-existing（对象不存在）		客户端指定的 RCB 不存在
instance-in-use（实例在使用）	temporarily-unavailable（暂时没有）		RCB 已经在其他客户端的控制下
parameter-value-inconsistent（参数值不一致）	object-value-invalid（对象值无效）		RCB 不支持任何选择属性

C.5.3 清除订阅

此服务应按以下 MMS 服务顺序映射：

——第 1 步：撤消报表控制块写入，见表 C.6；

——第 2 步：删除已关联数据集删除指定变量列表，见表 C.7。

删除指定变量列表服务只有在第一项服务成功后才应发出。在任何情况下均不需要删除指定变量列表。可由另一个报表控制块或某个日志控制块使用。

表 C.6 清除订阅服务的映射——第一项 MMS 服务

添加订阅参数 rs	MMS 服务或参数	限 制
Request（请求）	“写入”请求服务	
ClientHandle（客户端处理）	变量访问规定 变量列表	
RCBType（报表控制块类型）	变量访问规定 变量列表	
ReportEnable [0..1]（报表允许 [0..1]）	MMS 数据 DL/T 860.72—2004 定义的被引用 BRCB/URCB 的报表允许	
	MMS 数据 DL/T 860.72—2004 定义的被引用 BRCB/URCB 的保留 MMS Data	只在报表控制块类型指定 URCB 类型的报表控制块类型时才出现
Response+（响应+）	“写入”响应服务	
	成功	
Response−（响应−）	“写入”响应服务	
ServiceError（服务错误）	失败	见表 C.8

表 C.7　清除订阅服务的映射——第二项 MMS 服务

添加订阅参数	MMS 服务或参数	限　制
Request(请求)	删除指定变量列表请求服务	
ClientHandle(客户端处理)	变量列表名称列表	
Response+(响应+)	删除指定变量列表响应服务	
	编码被删除	
Response−(响应−)		
ServiceError(服务错误)	服务错误	见表 C.8

表 C.8 描述了可能的负值情况及应向应用层提供的错误代码。

表 C.8　清除订阅消极响应

IEM 服务错误	MMS 服务错误		说　明
	Error class(错误类)	Error code(错误代码)	
instance-in-use(实例在使用)	Definition(定义)	object-undefined (对象未定义)	数据集不存在
access-violation(非法访问)	Access(访问)	object-access-denied(对象访问拒绝)	访问权限或被预先配置导致数据集无法删除
parameter-value-inappropriate(参数值不恰当)	Service(服务)	object-state-conflict(对象状态冲突)	数据集正被任意控制块使用,因此无法被删除
	MMS 数据访问错误		
access-violation(非法访问)	object-access-denied(对象访问拒绝)		客户端无权使用 RCB 或执行被请求的操作
parameter-value-inappropriate(参数值不恰当)	object-non-existing(对象不存在)		客户端指定的 RCB 不存在
instance-in-use(实例在使用)	temporarily-unavailable(暂时无法获得)		RCB 已经在其他客户端的控制下

C.5.4　扩展日志服务

C.5.4.1　总则

C.5.4.1.1　总则

GB/T 30966.3 的 9.9 规定的日志服务描述了参数的使用,以便筛选客户端在服务器查询日志输入项时应被检索的日志输入项引用内容。在面向 DL/T 860.81—2006 描述的 MMS 的映射中,未指定此参数。

只扩展了请求,响应包含相同字段。如果使用了筛选器,唯一不同(按照响应格式)的是返回的日志输入项数量。

C.5.4.1.2 按时间询问日志映射

按时间询问日志服务映射应符合表 C.9 的定义。

表 C.9 按时间询问日志映射

按时间询问日志请求		MMS 读出日志请求	
参数	类型	参数	MMS 定义
LogReference(日志引用)	ObjectReference(对象引用)	journalName(流水账名称)	ObjectName(对象名称)
RangeStartTime(范围开始时间)	EntryTime(输入时间)	startingTime(开始时间)	TimeOfDay(日时)
RangeStopTime(范围结束时间)	EntryTime(输入时间)	endidngTime(结束时间)	TimeOfDay(日时)
DataFilter [1..n](数据筛选器 [1..n])	ObjectReferences(对象引用)	listOfVariables(变量列表)	Sequence of VisibleStrings(可见字符串顺序)

C.5.4.1.3 询问此后日志映射

询问此后日志的服务映射应符合表 C.10 的定义。

表 C.10 询问此后日志映射

询问此后日志的请求		MMS 读出流水账请求	
参数	类型	参数	MMS 定义
LogReference(日志引用)	ObjectReference(对象引用)	journalName(流水账名称)	ObjectName(对象名称)
EntryToStartAfter(为开始此后项的输入项)	EntryTime(输入时间)	timeSpecfication(时间规定)	TimeOfDay(日时)
Entry(输入)	EntryID(输入识别码)	entrySpecification(输入规定)	OCTET STRING(八位字符串)
DataFilter [1..n](数据筛选器 [1..n])	ObjectReferences(对象引用)	listOfVariables(变量列表)	Sequence of VisibleStrings(可见字符串顺序)

C.6 协议栈细节

C.6.1 总则

针对 GB/T 30966.2 定义的客户端和服务器通信的风电场信息交换模型,应采用 C.6.2 和 C.6.3 中定义的协议栈。

C.6.2 A-规约

A-规约客户端/服务器的服务和协议应如表 C.11 所示。

表 C.11 A-规约客户端/服务器的服务与协议

OSI 模型层	要　求			M/O
	名称	服务要求	协议要求	
应用层	制造报文规范	GB/T 16720.1—2005	GB/T 16720.2—2005	M
	关联控制服务元素	ISO/IEC 8649:1996	ISO/IEC 8650-1:1996	M
表示层	面向连接的表示层	ISO/IEC 8822:1994	ISO/IEC 8823-1:1994	M
	抽象句法	ISO/IEC 8824-1:2002	ISO/IEC 8825-1:2002	M
会话层	面向连接的会话	ISO/IEC 8326:1996	ISO/IEC 8327-1:1996	M

实施约定

本 A-规约应符合 DL/T 860.81—2006 的 6.2.2 规定的约定。

C.6.3 传输控制协议/互联网协议的 T-规约

T-规约的服务和协议应如表 C.12 所示。

数据链路层和物理层规定属于实施方面的内容，不在 IEC 61400-25 的范围之内。

表 C.12 T-规约客户端/服务器的服务与协议

OSI 模型层	要　求			M/O
	名称	服务要求	协议要求	
传输层	基于 TCP 的 ISO 传输	RFC 1006		M
	互联网控制消息协议(ICMP)	RFC 792		M
	传输控制协议(TCP)	RFC 793		M
网络层	互联网协议	RFC 791		M
	以太网地址解析协议(ARP)	RFC 826		M
数据链路层	属于实施方面的内容，不在 IEC 61400-25 的范围之内			—
物理层	属于实施方面的内容，不在 IEC 61400-25 的范围之内			—

实施约定

应实施符合 RFC 793 标准的 TCP_KEEPALIVE 功能。TCP KEEPALIVE 值应可配置。允许值范围应在实施的 PIXIT 声明中做出规定。TCP 值的计量单位应为秒。

注：建议允许范围的最小-最大值不大于 20 s。同时还建议 TCP_KEEPALIVE 的配置不小于 1 s。这样就可读取 1 到 20的建议范围。

传输选择程序：传输选择程序的大小不得超过 4 个 8 位字节。

附 录 D
（规范性附录）
特定通信服务映射——面向 IEC/TS 61850-80-1 规定的 IEC 60870-5-104 的映射

D.1 总则

D.1.1 关于面向 IEC/TS 61850-80-1 规定的 IEC 60870-5-104 的映射介绍

本附录描述了使用 IEC 61850-80-1 将 IEC 61400-25 的信息模型(IM)类和信息交换模型(IEM)服务面向 IEC 60870-5-104 映射的情况。

GB/T 30966.3 定义的服务模型按照 IEC/TS 61850-80-1 的定义映射到 IEC 60870-5-104。本附录中引用了 IEC/TS 61850-80-1 规定的映射。

本附录包括下列条款：

D.1 对面向 IEC 60870-5-104 的映射进行了概述。

D.2 提供了面向 IEC 60870-5-104 映射的规范性引用列表文件。

D.3 提供了附录 D 中所用缩写的列表。

D.4 提供了信息模型面向 IEC 60870-5-104 的映射。

D.5 提供了信息模型数据面向 IEC 60870-5-104 的映射。

D.6 提供了信息交换模型面向 IEC 60870-5-104 服务的映射。

D.7 提供了 IEC 60870-5-104 的协议栈详情。

D.8 提供了利用 SCL(变电站配置语言)扩展将 IEC 60870-5-104 信息(提示性条款)包括在内的相关情况。

D.1.2 映射到 IEC/TS 61850-80-1 规定的 IEC 60870-5-104 的范围

本附录定义的映射范围是利用 IEC 60870-5-104 实现风电场运行所需的过程信息交换。

IEC/TS 61850-80-1 的范围是：指导如何在使用 CDC 数据模型的变电站或电厂(如：风电场)与使用符合 IEC 60870-5-101/104 定义的广域网(WAN)通信链路的控制中心之间实现运行所需的实时过程信息交换。设备[IED(信息交换设备)]提供的实时信息量可随运行需要发生变化。参与者可为地区和全国的控制中心，其接收实时信息的目的是为了监视和发出过程控制。

本附录描述的映射基于 IEC 61400-25、IEC 61850 系列标准和 IEC 60870-5-104 的定义。D.1.3 给出了映射后 IEC 60870-5-104 子集的范围。

D.1.3 映射架构

映射架构由以下 3 部分组成：

1） 信息模型的映射；

2） 数据映射(信息模型部分)；

3） 信息交换模型的映射。

规定的映射利用应用服务数据单元的通用地址(CASDU)和信息对象地址(IOA)来适应使用逻辑设备和逻辑节点的模型以及使用标准化 ASDU 的实时信息(数据)传递。同时也适用于 IEC 60870-5-104中的服务和基本应用功能。

GB/T 30966.2 中定义的风电场信息模型应向分层结构映射。

图 D.1 描绘了概念性映射的情况。在映射到 IEC 60870-5-104 服务以后,应对 IEC 61400-25 的风电场信息模型实施保存。

基于 IEC 61400-25 的对象模型及 IEC 60870-5-104 之间的映射定义如下:

——服务器和客户端通过配置实施 IEC 61400-25 的特定风电场信息模型;

——可采用不同方法完成配置,既可以采用在线配置,也可以使用符合 D.8 的变电站配置语言——SCL 文件;

——客户端通过 IEC 60870-5-104 提供的服务,访问 GB/T 30966.2 的分层风电场信息模型,以实现实时数据交换。

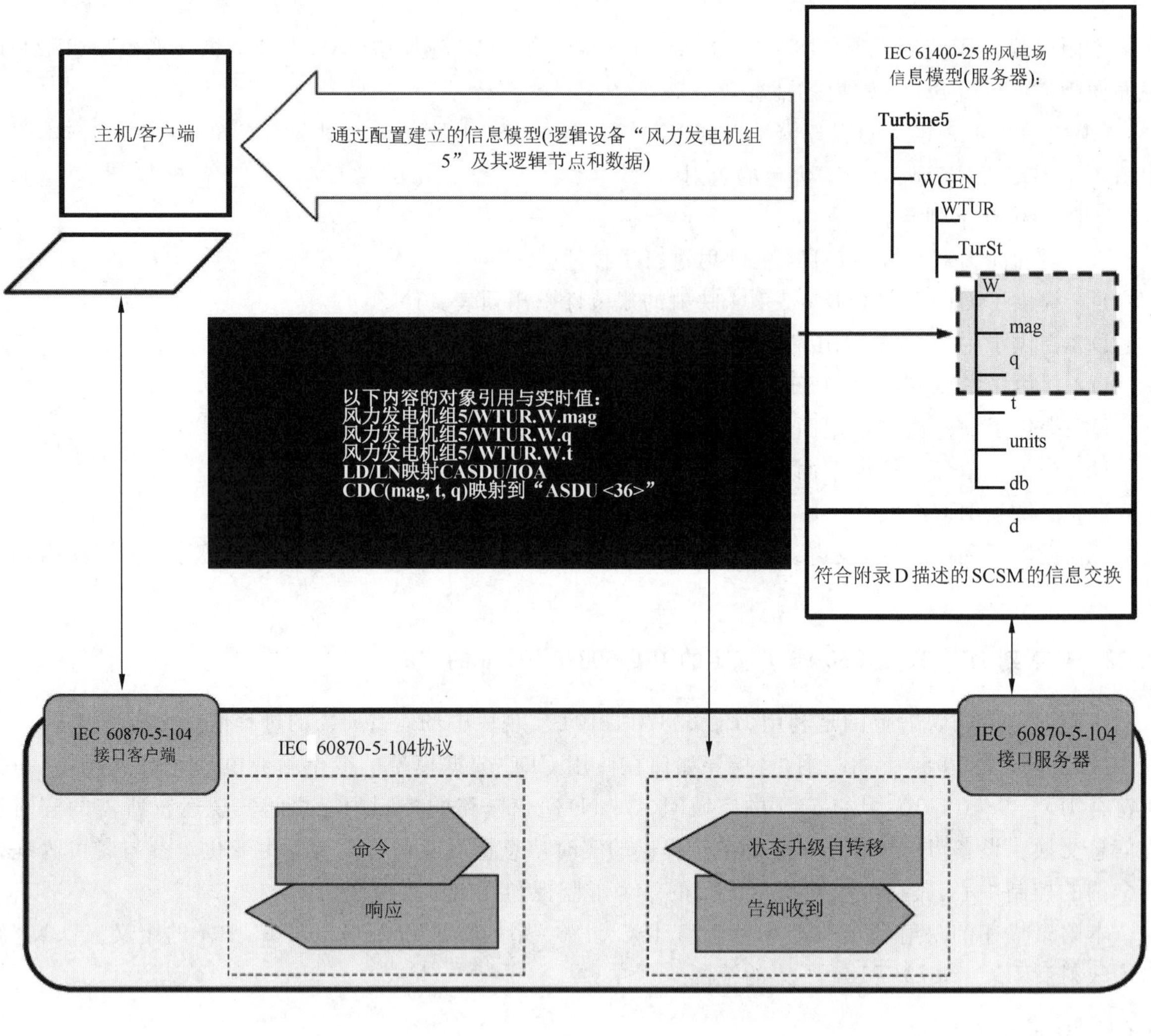

IEC 1381/08

图 D.1 映射架构(概念性)

GB/T 30966.3 IEM 标准中规定的风力发电机组信息交换服务应映射到表 D.1 中列出的服务。M/O栏表示服务在 GB/T 30966.3 中被定义为强制还是可选。"Y"表示"是",服务获得支持,"N"表示未得到获得支持。

表 D.1 IEC 61400-25 信息模型(IM)和信息交换模型(IEM)的服务映射概况

GB/T 30966.2 IM 类 GB/T 30966.3 IEM 类	GB/T 30966.3 IEM 服务	M/O	包括在映射中	面向 IEC 60870-5 服务的映射
SERVER(服务器)				外站(受控站)
	GetServerDirectory(读取服务器目录)	O	N	n.a.(以可选的方式补充 IEC 60870-5-104 以外的服务)[a]
ASSOCIATION(关联)				连接
	Associate(关联)	M	Y	建立;IEC 60870-5-104-2006 "站启动"
	Abort(中止)	O	N	n.a. [a]
	Release(解除)	O	Y	关闭;IEC 60870-5-104-2006 "站启动"
LOGICAL-DEVICE(逻辑设备)				应用服务数据单元的通用地址
	GetLogicalDeviceDirectory(读取逻辑设备目录)	O	N	以可选的方式补充 IEC 60870-5-104 以外的服务)
LOGICAL-NODE(逻辑节点)				
	GetLogicalNodeDirectory(读取逻辑节点目录)	O	N	n.a.(以可选的方式补充 IEC 60870-5-104 以外的服务)[a]
DATA(数据)				
	GetDataValues(读取数据值)	M	Y	读出命令 ASDU TI〈102〉(读出程序的定义见 IEC 60870-5-101)
	SetDataValues(设定数据值)	M	Y	可选用 ASDU TI〈111〉"实测值、换算值参数"或 ASDU TI〈112〉"实测值、短浮点值参数"来设定。CDC MV 和 CMV 的属性 db(IEC 60870-5-101 标准的 7.4.9 定义了参数的加载程序)
	GetDataDirectory(读取数据目录)	O	N	n.a.(以可选的方式补充 IEC 60870-5-104 以外的服务)[a]
	GetDataDefinition(读取数据定义)	O	N	n.a.(以可选的方式补充 IEC 60870-5-104 以外的服务)[a]
DATA-SET(数据集)				
	GetDataSetValues(读取数据集数值)	M	N	
	SetDataSetValues(设定数据集数值)	O	N	
	CreateDataSet(创建数据集)	O	N	
	DeleteDataSet(删除数据集)	O	N	
	GetDataSetDirectory(读取数据集目录)	O	N	

表 D.1（续）

GB/T 30966.2 IM 类 GB/T 30966.3 IEM 类	GB/T 30966.3 IEM 服务	M/O	包括在映射中	面向 IEC 60870-5 服务的映射
REPORTING(报告)				
	AddSubscription(添加订阅)	O	N	
	RemoveSubscription（移除订阅）	O	N	
	Report(报表)	O	Y	具有适用 ASDU[b]的自发传输
BRCB				
	GetBRCBValues（读取 BRCB 值）	O	N	
	SetBRCBValues（设定 BRCB 值）	O	N	
URCB				
	GetURCBValues（读取 URCB 值）	O	N	
	SetURCBValues（设定 URCB 值）	O	N	
LOG(日志)				
	GetLogStatusValues(读取日志状态值)	O	N	
	QueryLogByTime(按时间查询日志)	O	N	
	QueryLogAfter(查询此后日志)	O	N	
LOG-CONTROL-BLOCK(日志控制块)				
	GetLCBValues(读取 LCB 值)	O	N	
	SetLCBValues(设定 LCB 值)	O	N	
CONTROL(控制)				
	Select(选择)	O	Y	ASDU TI〈58，59，60，62 63〉 Select(选择)(S/E=0)
	SelectWithValue(按数值选择)	O	Y	ASDU TI〈58，59，60，62,63〉
	Cancel(取消)	O	Y	ASDU TI〈58，59，60，62,63〉 COT〈8〉撤消
	Operate(操作)	M	Y	ASDU TI〈58，59，60，62,63〉 Execute(执行)(S/E=1)
	CommandTermination（命令终止）	O	Y	ASDU TI〈58，59，60，62,63〉 COT〈10〉ActTerm
	TimeActivatedOperate（时间激活操作）	O	N	

[a] 不适用于面向 IEC 60870-5-104 的映射。

[b] 适用于自发传输的 ASDU(应用服务数据单元)：〈30〉、〈31〉、〈32〉、〈33〉、〈35〉、〈36〉、〈37〉、〈39〉、〈40〉，符合 IEC/TS 61850-80-1 中 9.3.2 的选择。

D.2 面向 IEC 60870-5-104 映射的引用文件

GB/T 18657.3—2002 远动设备及系统 第 5 部分:传输规约 第 3 篇:应用数据的一般结构(IEC 60870-5-3:1992,IDT)

GB/T 18657.4—2002 远动设备及系统 第 5 部分:传输规约 第 4 篇:应用信息元素的定义和编码(IEC 60870-5-4:1993,IDT)

GB/T 18657.5—2002 远动设备及系统 第 5 部分:传输规约 第 5 篇:基本应用功能(IEC 60870-5-5:1995,IDT)

DL/Z 860.1—2004 变电站通信网络和系统 第 1 部分:概论(IEC/TR 61850-1:2003,IDT)

DL/T 860.6—2008 变电站通信网络和系统 第 6 部分:与智能电子设备有关的变电站内通信配置描述语言(IEC 61850-6:2004,IDT)

DL/T 860.71—2006 变电站通信网络和系统 第 7-1 部分:变电站和馈线设备的基本通信结构原理和模型(IEC 61850-7-1:2003,IDT)

DL/T 860.72—2004 变电站通信网络和系统 第 7-2 部分:变电站和馈线设备的基本通信结构抽象通信服务接口(ACSI)(IEC 61850-7-2:2003,IDT)

DL/T 860.73—2004 变电站通信网络和系统 第 7-3 部分:变电站和馈线设备的基本通信结构公用数据类(IEC 61850-7-3:2003,IDT)

IEC 60870-5-101:2003 远动设备及系统 第 5-101 部分:传输规约 基本远动任务配套标准(Telecontrol equipment and systems—Part 5-101: Transmission protocols—Companion standard for basic telecontrol tasks)

IEC 60870-5-104:2006 远动设备及系统 第 5-104 部分:传输规约 采用标准传输协议集的 IEC 60870-5-101 网络访问(Telecontrol equipment and systems—Part 5-104: Transmission protocols—Network access for IEC 60870-5-101 using standard transport profiles)

IEC/TS 61850-80-1:2008 电力公用事业自动化的通信网络和系统 第 80-1 部分:使用 IEC 60870-5-101 或 IEC 60870-5-104 从基于 CDC 的数据模型交换信息的指南(Communication networks and systems in power utility automation—Part 80-1: Guideline to exchange information from a CDC based data model using IEC 60870-5-101/1042)

D.3 缩略语

ACSI 抽象通信服务接口(例如:在 DL/T 860.72—2004 中定义)

ASDU 应用服务数据单元

CASDU 应用服务数据单元的通用地址

DAComp 数据属性组件

CI 反询问

COT 传输原因

GI 一般询问

IED 智能电子设备

IEM 信息交换模型

IOA 信息对象地址

LCB	日志控制块
LD	逻辑设备
LN	逻辑节点
Log	日志
LPHD	逻辑节点物理设备
PI	过程图像
QDS	质量描述符
QOI	询问限定符
RCB	报表控制块
RFC	报文请求
S/E	选择/执行
SCADA	数据采集与监控系统
SCL	变电站配置语言(如:在 DL/T 860.6 中定义)
SCSM	专用通信服务映射(例如,在 DL/T 860.81 中定义)
TCP	传输控制协议
TI	类型识别
UUID	通用唯一识别码
WPP	风电场
WSDL	Web 服务描述语言
WT	风力发电机组
XML	可扩展标志语言
XPATH	XML 路径语言

D.4 IEC 61400-25 信息模型面向 IEC 60870-5-104 的映射(符合 IEC 61850-80-1 规定)

D.4.1 总则

GB/T 30966.2 的分层 WPP 信息模型面向 IEC 60870-5-104 协议的映射基于图 D.1 给出的配置。配置的数据定义为过程图像(PI)。

GB/T 30966.2 的信息模型数据是唯一的,源于 GB/T 30966.2 分层模型中的定义。向 IEC 60870-5-104的映射应为单一数据保持唯一的编号模式。通过将逻辑设备赋予定义 CASDU 的唯一编号来完成定义。逻辑节点被赋予给一系列的 IOA 地址编号。

定义逻辑设备和逻辑节点采用十进制方法。表 D.2 概述了将 IEC 61400-25 的逻辑设备和逻辑节点映射到 IEC 60870-5-104 时的两种可能编址方案。建议使用数据工程工具,以便管理应用服务数据单元通用地址(CASDU)的使用。为获得唯一的编号模式,建议使用信息对象地址(IOA)编号。

将通用数据类(CDC)映射到 IEC 60870-5-104 的应用服务数据单元(ASDU)。每一条数据都会有唯一的地址(CASDU 和 IOA)与一个 ASDU 的组合。D.5.1.2 描述了 GB/T 30966.2 通用数据类面向源自 DL/T 860.73—2004 基本通用数据类的映射。D.5.1.3 描述了基本通用数据类面向 IEC 60870-5-104所用的应用服务数据单元的映射。

本附录涉及向 IEC 60870-5-104 的映射。D.7 描述了实施此映射需用的协议栈。

表 D.2 逻辑设备和逻辑节点面向应用服务数据单元通用地址和信息对象地址的映射示例

IEC 61400-25		IEC 60870-5-104			
LD	LN	CASDU	(信息对象地址)起	(信息对象地址)止	备注
WPP		X			符合运行需要的逻辑节点 LN
WTG1		X+1			符合运行需要的逻辑节点 LN
WTGn		X+n			符合运行需要的逻辑节点 LN
	WALM WMET WAPC WRPC WTUR WROT WTRM WGEN WCNV WTRF WNAC WYAW WTOW WALM WSLG WALG WREP	X+1	10 000 20 000 30 000 40 000 100 000 110 000 120 000 130 000 140 000 150 000 160 000 170 000 180 000 190 000 200 000 210 000 220 000	19 999 29 999 39 999 49 999 109 999 119 999 129 999 139 999 149 999 159 999 169 999 179 999 189 999 199 999 209 999 219 999 229 999	方案 A: 此方案采用了预定义的编码方案来分配逻辑设备和逻辑节点编号。 在一套系统内,逻辑设备被赋予了 uniqueCASDU(唯一的应用服务数据单元通用地址)编号。 逻辑节点类采用了 IOA 地址范围。此范围可根据逻辑节点所包含的数据数调整。如果数据数较低,逻辑节点可使用多达 1 000 个地址。 逻辑设备和 IOA 地址的某个具体 CASDU 编号读取数据的唯一地址。 建议采用数据工程工具来管理 CASDU 和 IOA 编号的使用
	WALM WMET WAPC WRPC WTUR WROT WTRM WGEN WCNV WTRF WNAC WYAW WTOW WALM WSLG WALG WREP	X			方案 B: 在此方案中,某个特定区域(如风电场)内的所有逻辑设备均拥有相同的 CASDU 编号(X)。 逻辑节点类定义,IOA 编号由供货商任意定义或执行通用电力设施采用的编号方案。 逻辑节点数据的某个具体 CASDU 和唯一的 IOA 读取数据的唯一地址。 建议采用数据工程工具来管理 CASDU 和 IOA 编号的使用

D.4.2 逻辑设备信息模型类映射

逻辑设备类应按照表 D.3 要求映射到应用服务数据单元通用地址(CASDU)。

表 D.3 逻辑设备映射

GB/T 30966.2 IM 类	映射到
逻辑设备,如:风电场或风力发电机组	CASDU (应用服务数据单元的通用地址)
逻辑设备-LD	为每台逻辑设备分配了一个编号

注:CASDU 可实现结构化或非结构化。例如,CASDU 可辨认站识别码和逻辑设备实例识别码。建议制定编址方案,以保证特定站点拥有唯一的地址。例如,遇到小站时,可将 CASDU 分配给某个站,由此所有逻辑设备将具有相同的 CASDU。遇到大站时,可使用多个 CASDU 来识别每个逻辑设备。一条链路的最大 CASDU 累积数是 65 534。

D.4.3 逻辑节点信息模型类映射

每个逻辑节点类均应按照表 D.4 的要求映射到已定义的数量范围。表 D.2 给出了为每一数据编号的方案示例。

表 D.4 逻辑节点映射

GB/T 30966.2 IM 类	映射到
逻辑节点	IOA 地址
逻辑节点-LN	每一逻辑节点类均应被赋予一系列的 IOA 地址

注:所有的逻辑节点属性均属于隐含定义和可见的。IOA 可实现结构化或非结构化。建议两种情况均采用十进制方法定义 IOA 地址。在一条链路上,每个 CASDU 的最大 IOA 地址累积数为 65 536。

D.5 IEC 61400-25 信息模型数据面向 IEC 60870-5-104 的映射

D.5.1 通用数据类(CDC)的映射

D.5.1.1 总则

每个通用数据类由特定数据类型的一个以上的数据属性组成。每一数据属性和数据类型均应映射到一个具体的 IOA(如在 D.4.3 中)和一个具体的 ASDU。

表 D.5 和表 D.12 两者所示的映射应视为默认映射——从各种映射可能性中仔细选择。

注:逻辑设备和逻辑节点向 CASDU 和 IOA 的映射要求可随应用的不同字段而变化。最适当的映射方法应为根据具体需要,按通用设施或项目进行定义。IEC 60870-5-104 中的 CASDU 和 IOA 仅仅是某通用设施/项目必须保留的唯一编号。

通用数据类的映射分为下列部分:

- GB/T 30966.2 信息模型定义的通用数据类映射;
- 源自 DL/T 860.73 的基本通用数据类映射;
- 源自 DL/T 860.73 的复合通用数据类映射。

D.5.1.2 GB/T 30966.2 信息模型定义的通用数据类映射

D.5.1.2.1 总则

GB/T 30966.2 信息模型定义的通用数据类映射基于源自 DL/T 860.73—2004 的简单通用数据类，见表 D.5。

表 D.5 GB/T 30966.2 中定义的通用数据类

属性数据类型	源自 DL/T 860.73 的通用数据类
STV 状态值	通过整数状态映射
SPV 给定值	通过可控模拟给定值信息映射
ALM 报警	映射借助于数据组件 actVal 的整数状态 数据组件 almAck 的可控制单点
CMD 命令	通过可控制整数状态映射
CTE 事件计数	映射借助于数据组件 ActCtVal 的整数状态 数据组件 ManRs 的可控制单点
TMS 状态定时	映射借助于数据组件 ManRs 的可控制单点数据组件 actTmVal和数据组件 oldTmVal 的整数状态
ASS 报警设定状态	不支持

D.5.1.2.2 通用数据类状态值，STV 类映射

表 D.6 描述了 STV 通用数据类的强制性数据。

表 D.6 通用数据类：状态值，STV 类

状态值类					
属性名称	属性类型	FC	触发器选项	说明值/范围	M/O/C
数据名称	源自数据类(见DL/T 860.72)				
数据					
状态信息					
actSt	INS			实际状态	M

数据[actSt]为一个整数状态，应按照 IEC/TS 61850-80-1:2008 的 7.4 定义映射。

D.5.1.2.3 通用数据类给定值，SPV 类映射

表 D.7 描述了 SPV 通用数据类的强制性数据。

表 D.7 通用数据类:给定值,SPV 类

给定值类					
属性名称	属性类型	FC	触发器选项	说明值/范围	M/O/C
数据名称	源自数据类(见DL/T 860.72)				
数据					
控制与状态信息					
actVal	APC			给定值或参数的需求值	M

数据[actVal] 为一个 APC(可控模拟过程),应按照 D.5.1.3.2 中的定义映射。

D.5.1.2.4 通用数据类报警,ALM 类映射

表 D.8 描述了 ALM 通用数据类的强制性数据。

表 D.8 通用数据类:报警,ALM 类

报警类					
属性名称	属性类型	FC	触发器选项	说明值/范围	M/O/C
数据名称	源自数据类(见DL/T 860.72—2004)				
数据					
控制与状态信息					
actSt	INS			报警状态值	M
almAck	SPC			确认	M

数据[actSt] 为一个整数状态,应按照 IEC/TS 61850-80-1:2008 的 7.4 的定义映射。

数据[almAck]为一个可控制单点,应按照 IEC/TS 61850-80-1:2008 的 7.17 的定义映射。

D.5.1.2.5 CDC 命令,CMD(命令)类映射

表 D.9 描述了 CMD 通用数据类的强制性数据。

表 D.9 通用数据类:命令,CMD 类

CMD(命令)类					
属性名称	属性类型	FC	触发器选项	说明值/范围	M/O/C
数据名称	源自数据类(见 DL/T 860.72)				
数据					
控制与状态信息					
actSt	INC			实际可控状态	M

数据[actSt]为一个可控制整数,应按照 IEC/TS 61850-80-1:2008 的 7.19 的定义映射。

D.5.1.2.6 CDC 事件计数,CTE 类映射

表 D.10 描述了 CTE 通用数据类的强制性数据。

表 D.10 通用数据类:事件计数,CTE 类

CTE(事件计数)类					
属性名称	属性类型	FC	触发器选项	说明值/范围	M/O
数据名称	源自数据类(见 DL/T 860.72)				
数据					
控制与状态信息					
actCtVal	INS			实际事件计数	M
manRs	SPC			人工强制复位	M

数据[actCtVal]为一个整数状态(INS),应按照 IEC/TS 61850-80-1:2008 的 7.4 的定义映射。

数据[manRs]为一个可控制单点,应按照 IEC/TS 61850-80-1:2008 的 7.17 的定义映射。

D.5.1.2.7 CDC 状态定时,TMS(状态定时)类映射

表 D.11 描述了 TMS 通用数据类的强制性数据。

表 D.11 通用数据类:状态定时,TMS 类

TMS(状态定时)类					
属性名称	属性类型	FC	触发器选项	说明值/范围	M/O
数据名称	源自数据类(见 DL/T 860.72)				
数据					
控制与状态信息					
manRs	SPC			人工强制复位	M
actTmVal	INS			状态实际时长	M
oldTmVal	INS			状态以往时长	M

数据[manRs]是一个可控制单点,应按照 IEC/TS 61850-80-1:2008 的 7.17 的定义映射为 CDC SPC(通用数据类可控制单点)。

数据[actTmVal]是一个整数状态,应按照 IEC/TS 61850-80-1:2008 的 7.4 的定义映射为 CDC INS(通用数据类整数状态)。

数据[oldTmVal]是一个整数状态,应按照 IEC/TS 61850-80-1:2008 的 7.4 的定义映射为 INS(整数状态)。

D.5.1.2.8 通用数据类报警设定状态,报警设定状态类映射

此映射不支持以上通用数据类,应访问构成信息模型的不同报警来检索报警状态。

D.5.1.3　来自 DL/T 860.73—2004 的基本通用数据类映射。

D.5.1.3.1　总则

每一通用数据类均由数据和相关属性组成。表 D.12 定义了通用数据类与映射到 IEC 60870-5-104 所需相关 ASDU(应用服务数据单元)之间的关系。

表 D.12　基本通用数据类的映射结构

在 DL/T 860.73—2004 定义的通用数据类		在以下位置定义的映射细节
CDC(属性数据类型)	ASDU(应用服务数据单元)类型	
SPS 单点状态	*监视方向(状态):* TI〈30〉,作为事件 TI〈1〉,作为部分 GI(一般询问)	IEC/TS 61850-80-1:2008 的 7.2
DPS 双点状态	*监视方向(状态):* TI〈31〉,作为事件 TI〈3〉,作为部分 GI(一般询问)	IEC/TS 61850-80-1:2008 的 7.3
INS 整数状态	*监视方向(状态):* TI〈35〉 或 TI〈33〉,作为事件 TI〈11〉 或 TI〈7〉,作为部分 GI(一般询问)	IEC/TS 61850-80-1:2008 的 7.4
BCR 二进制计数器读数	*监视方向(状态):* TI〈37〉,作为事件 TI〈15〉,作为部分 GI(一般询问)	IEC/TS 61850-80-1:2008 的 7.8
SPC 可控制单点	*监视方向(状态):* TI〈30〉,作为事件 TI〈1〉,作为部分 GI(一般询问) *控制方向(命令):* TI〈45〉(无时间标记)或 TI〈58〉(有时间标记)	IEC/TS 61850-80-1:2008 的 7.17
DPC 可控制双点	*监视方向(状态):* TI〈31〉,作为事件 TI〈3〉,作为部分 GI(一般询问) *控制方向(命令):* TI〈46〉(无时间标记)或 TI〈59〉(有时间标记)	IEC/TS 61850-80-1:2008 的 7.18
INC 可控制整数状态	*监视方向(状态):* TI〈35〉,作为事件 TI〈11〉,作为部分 GI(一般询问) *控制方向(命令):* TI〈49〉(无时间标记)或 TI〈62〉(有时间标记)	IEC/TS 61850-80-1:2008 的 7.19

表 D.12（续）

在 DL/T 860.73—2004 定义的通用数据类		在以下位置定义的映射细节
CDC(属性数据类型)	ASDU(应用服务数据单元)类型	
APC 可控模拟给定值信息	*监视方向(状态)：* TI〈36〉,作为事件 TI〈13〉,作为部分 GI(一般询问) *控制方向(命令)：* TI〈50〉(无时间标记)或 TI〈63〉(有时间标记)	D.5.1.3.2 D.5.1.3.2
MV 实测值	*监视方向(状态)：* TI〈36〉,作为事件 TI〈13〉,作为部分 GI(一般询问)	IEC/TS 61850-80-1:2008 的 7.9
注：GB/T 30966.2 未使用 DPS 和 DPC,但给出了定义,以便在模型扩展中使用。 TI:＝类型识别 GI:＝一般询问或站询问应用服务数据单元 TI〈100〉 CI:＝反询问应用服务数据单元 TI〈101〉		

注：所示映射包含了时间戳,适用于作为事件发出后的监视信息。如果信息是作为部分 GI(一般询问/站询问)或部分 CI(反询问)发出的,除了时间戳以外的整个映射均适用。所有 GI 和 CI 数据在发送时,均不包含时间戳。

表 D.12 描述的通用数据类数据属性应按照 IEC/TS 61850-80-1:2008 第 7 章的定义映射。

GB/T 30966.4 的通用数据类WDPL 和LPL 不能映射到 IEC 60870-5-104 的应用服务数据单。

用于电场控制的通用数据类按照 DL/T 860.72—2004 的定义利用不同的控制模型。相同的控制模型应在服务器和客户端内配置。建议选定一种可以保证受控对象安全的控制模型。

D.5.1.3.2 通用数据类可控模拟过程值,APC 类映射

表 D.13 描述的通用数据类可控模拟过程的数据属性应按表 D.14(针对功能受限实测值的属性)和表 D.15(针对功能受限控制对象的属性)进行映射。

表 D.13 通用数据类:可控模拟给定值,APC 类

APC 类					
属性名称	属性类型	FC	触发器选项	数值/数值范围	M/O/C
数据名称	源自数据类(见 DL/T 860.72—2004)				
数据属性					
设定点和实测属性					
ctlVal	AnalogueValue(模拟值)	CO			M
origin	源发站	CO,MX			O
mxVal	AnalogueValue(模拟值)	MX	dchg		M
q	质量	MX	qchg		M
t	时间戳	MX			M
配置,描述和扩展					
ctlModel	控制模型	CF			M

表 D.14 定义了功能受限 MX(实测值)的 APC 数据属性映射。数据属性[mxVal + t + q].应映射到 IEC 60870-5-104 ASDU TI〈36〉的“实测值和有时间标记 CP56Time2a 的短浮点值”。

表 D.15 定义了功能受限 CO(控制对象)的 APC 数据属性映射。数据属性[ctlVal + origin] or [ctlVal + origin + T]应映射到 IEC 60870-5-104 ASDU TI〈63〉的“设定点命令和有时间标记 CP56Time2a 的短浮点值”。

注：属性 T 和 ctrlModel 的定义见 DL/T 860.72—2004。

表 D.14 通用数据类:功能受限 MX(实测值)数据属性的可控模拟设定点信息映射

通用数据类			IEC 60870-5-101/IEC 60870-5-104 的映射	
APC			TI〈36〉	
属性名称	属性类型	数据属性组件	信息元素	IEC 60870-5-101/104 的对象组映射
mxVal	AnalogueValue(模拟值)	mxVal.f FLOAT32	IEEE STD 754	R32.23{小数,指数,符号}
t	T(时间戳)		CP56Time2a	七个八位字节二进制时间,CP562a-dchg 或 qchg 的发生时间
q	质量		QDS	validity -> IV good | invalid -> valid | invalid questionable -> NT detailQual -> OV overflow -> overflow source -> SB substituted -> substituted operatorBlocked -> BL blocked -> blocked

表 D.15 通用数据类:功能限制控制对象数据和属性的可控模拟给定值 APC 类映射

通用数据类			IEC 60870-5-104 的映射	
APC			TI〈63〉(with time tag)	
属性名称	属性类型	数据属性组件	信息元素	IEC 60870-5-104 的对象组映射
ctlVal	AnalogueValue(模拟值)	ctlVal.f FLOAT32	IEEE STD 754	R32.23{小数,指数,符号}
origin.orIdent	OCTET STRING64		传输原因	源发站地址:=UI8[9..16]〈0..255〉 〈0〉:=默认 〈1..255〉:=源发站地址数 源发站地址数应映射到属性 orIdent(OCTET STRING64)。 注:由于数值范围的限制,只有 orIdent 的一个八位字节长度值可映射到“源发站地址”

表 D.15(续)

通用数据类			IEC 60870-5-104 的映射	
APC			TI〈63〉(with time tag)	
属性名称	属性类型	数据属性组件	信息元素	IEC 60870-5-104 的对象组映射
origin.orCat	被枚举		传输原因	理由:=UI6[1..6]〈0..63〉 对于 FC 有效=控制对象: 远程控制〈-〉激活〈6〉 对于 FC 有效=ST(状态值): 不支持〈-〉不使用〈0〉远程控制〈-〉远端命令使信息返回〈11〉自动—远程 -〉远端命令使信息返回〈11〉跨度控制〈-〉就地命令使信息返回〈12〉站控制,自动跨度,自动站 -〉本地命令使信息返回〈12〉过程〈-〉自发〈3〉维护 -〉自发〈3〉

D.5.1.4 源自 DL/T 860.73 标准的复合通用数据类映射

D.5.1.4.1 总则

表 D.16 定义了源自 DL/T 860.73 复合通用数据类与要映射到 IEC 60870-5-104 相关应用服务数据单元之间的关系。

表 D.16 复合通用数据类与 IEC 60870-5-104 应用服务数据单元之间的关系

继承 DL/T 860.73—2004 的属性数据类型	IEC 60870-5-104 的映射	在以下位置定义的映射细节
CMV——综合测量值	被映射为一组 CDC 的测量值。每个测量值有其自身的 IOA(信息对象地址)	IEC/TS 61850-80-1:2008 的 7.10
WYE(星形)——三相值	被映射为一组通用数据类的综合测量值。综合测量值内的每个测量值均有其自身的信息对象地址	IEC/TS 61850-80-1:2008 的 7.11
DEL(三角形)——三相值	被映射为一组通用数据类的综合测量值映射。综合测量值内的每个测量值均有其自身的信息对象地址	IEC/TS 61850-80-1:2008 的 7.12

表 D.16 描述的复合通用数据类数据属性应按照 IEC/TS 61850-80-1:2008 第 7 章的定义映射。

D.6 信息交换模型面向 IEC 60870-5-104 服务的映射

D.6.1 服务模型和相应映射的列表

表 D.17 概括了 ACSI(如:DL/T 860.72—2004)定义的服务模型和向 IEC 60870-5-104/IEC 60870-5-101 的映射。IEC 61850-80-1:2008 第 8 章定义了映射服务。

表 D.17　IEC 61400-25 抽象通信服务接口服务面向 IEC 60870-5-104 服务的映射

	DL/T 860.72—2004 服务	映射到	定义位置
Server(服务器)		外站(受控站)	
	GetServerDirectory (读取服务器目录)	n.a.(以可选的方式补充 IEC 60870-5-104/ IEC 60870-5-101 以外的服务)[a]	IEC/TS 61850-80-1：2008 的 8.2
Association(关联)		连接	
	Associate(关联)	建立;IEC 60870-5-104—2006 "站启动"	IEC/TS 61850-80-1：2008 的 8.3
	Abort(中止)	n.a.[a]	
	Release(解除)	关闭;IEC 60870-5-104—2006,7.1"站启动"	
Logical Device (逻辑设备)		应用服务数据单元的通用地址	
	GetLogicalDeviceDirectory (读取逻辑设备目录)	n.a. 以可选的方式补充 IEC 60870-5-104 以外的服务[a]	
Logical Node (逻辑节点)		一个或一组信息对象地址	
	GetLogicalNodeDirectory (读取逻辑节点目录)	n.a.(以可选的方式补充 IEC 60870-5-104 以外的服务)[a]	IEC/TS 61850-80-1：2008 的 8.4
	GetAllDataValues (读取全部数据值)	询问命令 TI〈100〉[c]	
Data(数据)		一个或一组应用服务数据单元	
	GetDataValues(读取数据值)	读出命令 ASDU TI〈102〉	
	SetDataValues(设定数据值)	可选用 ASDU TI〈111〉"实测值、换算值参数"或 ASDU TI〈112〉可选用"实测值、短浮点值参数"来设定 CDC MV 和 CMV 的属性 db(IEC 60870-5-101:2003 的 7.4.9 定义了参数的加载程序)	IEC/TS 61850-80-1：2008 的 8.5
	GetDataDirectory(读取数据目录)	n.a.(以可选的方式补充 IEC 60870-5-104 以外的服务)[a]	
	GetDataDefinition(读取数据定义)	n.a.(以可选的方式补充 IEC 60870-5-104 以外的服务)[a]	
Data Set (数据集)		n.a.[a]	
	GetDataSetValues(读取数据集数值)	n.a.[a]	
	SetDataSetValues(设定数据集数值)	n.a.[a]	

表 D.17（续）

	DL/T 860.72—2004 服务	映射到	定义位置
	CreateDataSet(创建数据集)	n.a.[a]	
	DeleteDataSet(删除数据集)	n.a.[a]	
	GetDataSetDirectory(读取数据集目录)	n.a.[a]	
Setting Group Control Block(设定组控制块)			
	SelectActiveSG(选择有效设定组)	单一命令 ASDU TI〈58〉	IEC/TS 61850-80-1：2008 的 8.6
	SelectEditSG(选择编辑设定组)	n.a.[c]	
	SetSGValues(设置设定组值)	n.a.[c]	
	ConfirmEditSGValue(确认编辑设定组值)	n.a.[c]	
	GetSGValues(读取设定组值)	n.a.[c]	
	GetSGCBValues(读取设定组控制块值)	n.a.[c]	
Report Control Block(报表控制块)			
	Report(报表)	具有适用 ASDU 的自发传输[b]	IEC/TS 61850-80-1：2008 的 8.7
	GetBRCBValues(读取 BRCB 值)	n.a.[a]	
	SetBRCBValues(设定 BRCB 值)	n.a.[a]	
	GetURCBValues(读取 URCB 值)	n.a.[a]	
	SetURCBValues(设定 URCB 值)	n.a.[a]	
LOG Control Block(日志控制块)		n.a.[a]	
	GetLCBValues(读取 LCB 值)	n.a.[a]	
	SetLCBValues(设定 LCB 值)	n.a.[a]	
LOG(日志)		n.a.[a]	
	GetLogStatusValues(读取日志状态值)	n.a.[a]	
	QueryLogByTime(按时间查询日志)	n.a.[a]	
	QueryLogAfter(查询此后日志)	n.a.[a]	
Control(控制)		可控信息对象	

表 D.17（续）

	DL/T 860.72—2004 服务	映射到	定义位置
	Select（选择）	n.a.[a]	IEC/TS 61850-80-1：2008 的 8.8
	SelectWithValue（按数值选择）	应用服务数据单元 TI 〈58,59,60,62,63〉	
	Cancel（取消）	ASDU（应用服务数据单元）TI 〈58,59,60,62,63〉	
	Operate（操作）	ASDU（应用服务数据单元）TI 〈58,59,60,62,63〉	
	CommandTermination（命令终止）	ASDU（应用服务数据单元）TI 〈58,59,60,62,63〉	
	TimeActivatedOperate（时间激活操作）	n.a.[a]	

[a] 不适用于面向 IEC 60870-5-104 的映射。

[b] 自发传输的应用服务数据单元:〈30〉,〈31〉,〈32〉,〈33〉,〈35〉,〈36〉,〈37〉,〈39〉,〈40〉依照 D.7 选择。

[c] 上述服务见 DL/T 860.72—2004 中的描述

D.6.2 控制类映射

D.6.2.1 总则

GB/T 30966.3 中的控制类模型（在 DL/T 860.72 中定义）只有两种情况几乎能够无缝地映射到 IEC 60870-5-104 中使用的“基本应用功能”命令传输（在 GB/T 18657.5 中定义）：

- 案例 3：带增强安全的直接控制（如 D.6.2.3 中描述），映射到 GB/T 18657.5—2002 的 6.8 中定义的“直接命令”功能。
- 案例 4：带增强安全的 SBO 控制（如 D.6.2.4 中描述），映射到 GB/T 18657.5—2002 的 6.8 中定义的“选择与执行命令”功能。

为了利用现有设施（采用了控制类映射的常规安全性直接控制）中的 IED（信息交换设备），避免改变该 IED 内控制类的参数设定值，以下为可选映射的定义：

- 案例 1：带常规安全的直接控制（如 D.6.2.2 中描述），映射到 GB/T 18657.5—2002 的 6.8 中定义的“直接命令”功能。

注：所有 GB/T 18657.5—2002 的“直接命令”功能所需的 ASDU（应用服务数据单元）不一定均具有一条对应的 IEC 61850消息，也就是说，有些时候，一条 IEC 61850 消息要生成两个 ASDU（不能进行一一对应的消息映射）。

对于案例 3，即：控制模型中“带常规安全的 SBO”，可以实现向 GB/T 18657.5—2002 的“命令传输”基本应用功能的充分映射。

例如，采用名为“控制映射器”的独立功能在图纸中表示了设备的“控制”模型映射功能。

在与某个信息交换设备（IED）通信的网关设备进行可选映射，并且在该信息交换设备与被操作设备互动时，也应使用此项功能。无论是在单一图纸中所示服务顺序和定时均应保持一致。

图纸中还举例说明了与被操作设备互动的顺序。与被操作设备的连接不在本标准的范围之内，但举例的目的是为了显示从 GB/T 30966.3 的控制服务到物理设备控制的完整链接。

若要在服务器中实施控制模型，还应在服务器侧实施相同的控制模型。服务器负责采取措施，以便在客户端实施的控制模型与服务器实施的控制模型之间出现矛盾时防止发生故障。

D.6.2.2 带常规安全的直接控制(可选)

D.6.2.2.1 总则

“带常规安全的直接控制”的服务应按照 IEC/TS 61850-80-1:2008 的 8.8.2 的定义进行映射。

D.6.2.2.2 带常规安全与状态更新的直接控制—正值案例

图 D.2 所示为带常规安全与状态更新的直接控制的正值案例。

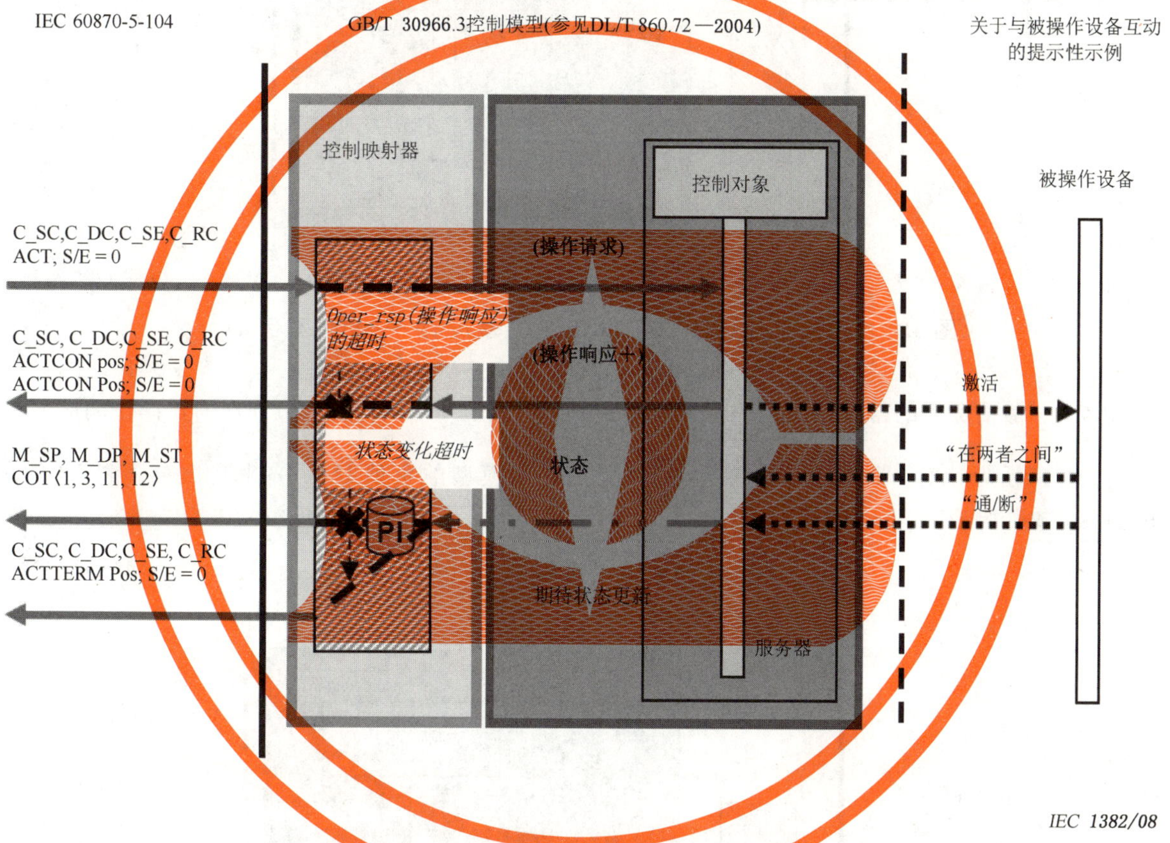

图 D.2 带常规安全与状态更新的直接控制——正值案例

D.6.2.2.3 一般情况下的带常规安全的直接控制——负值案例 a)无来自服务器/IED 的操作响应

图 D.3 所示为针对“带常规安全与状态更新的直接控制”式控制模型的负值案例 a)无来自服务器/IED 的 Oper_resp(操作响应)。

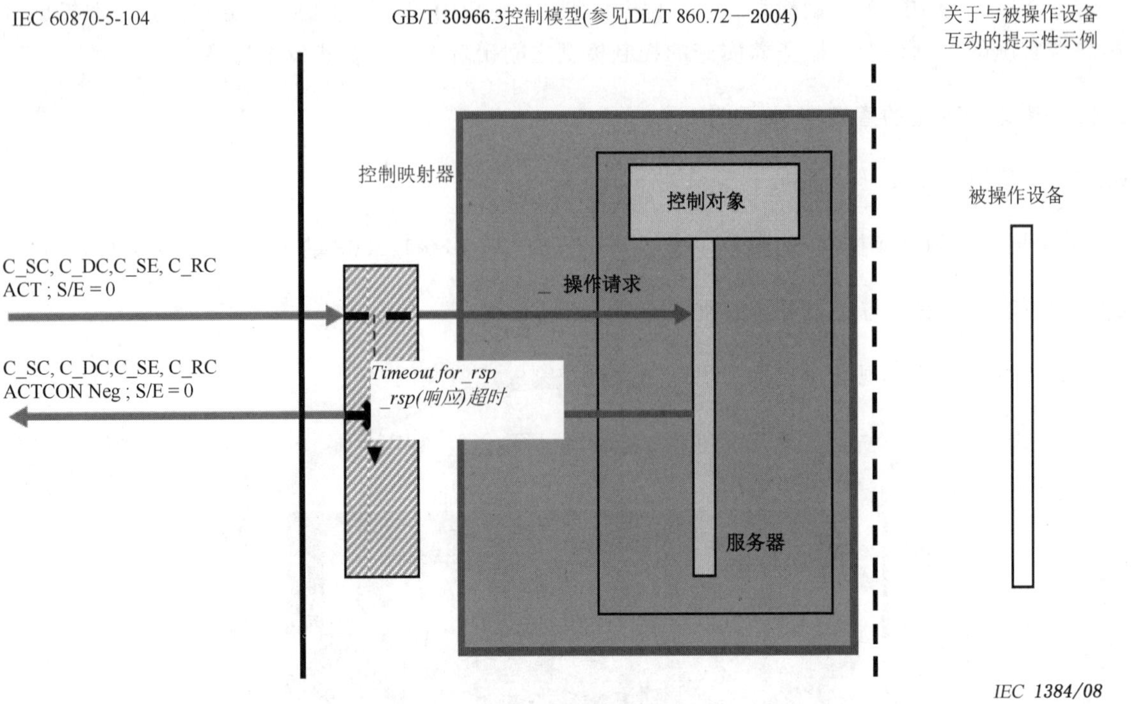

图 D.3　一般情况下的带常规安全的直接控制——负值案例 a)

D.6.2.2.4　一般情况下的带常规安全的直接控制——负值案例 b)来自服务器/IED 的负操作响应

图 D.4 所示为针对“带常规安全的直接控制”式控制模型的负值案例 b)来自服务器/IED 的负 Oper_resp(操作响应)。

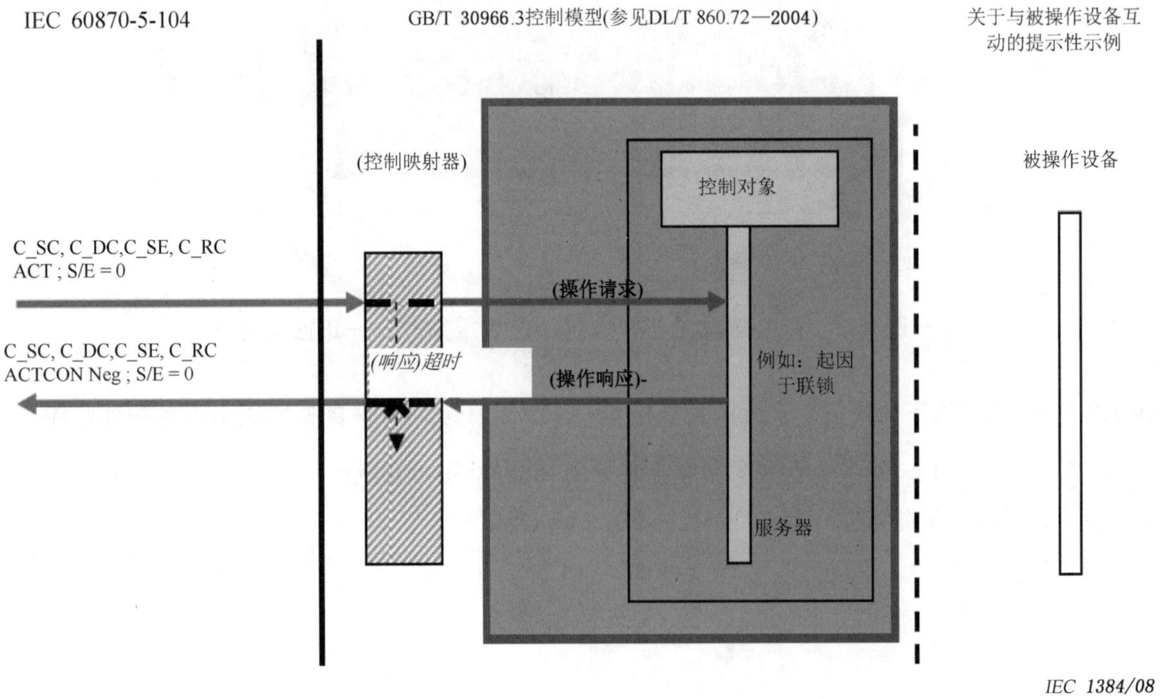

图 D.4　一般情况下的带常规安全的直接控制——负值案例 b)

D.6.2.2.5　带常规安全与状态更新的直接控制——负值案例 c)未检测到状态更新

图 D.5 所示为负值案例 c)未检测到状态更新,针对状态更新的常规安全型直接控制式控制模型。

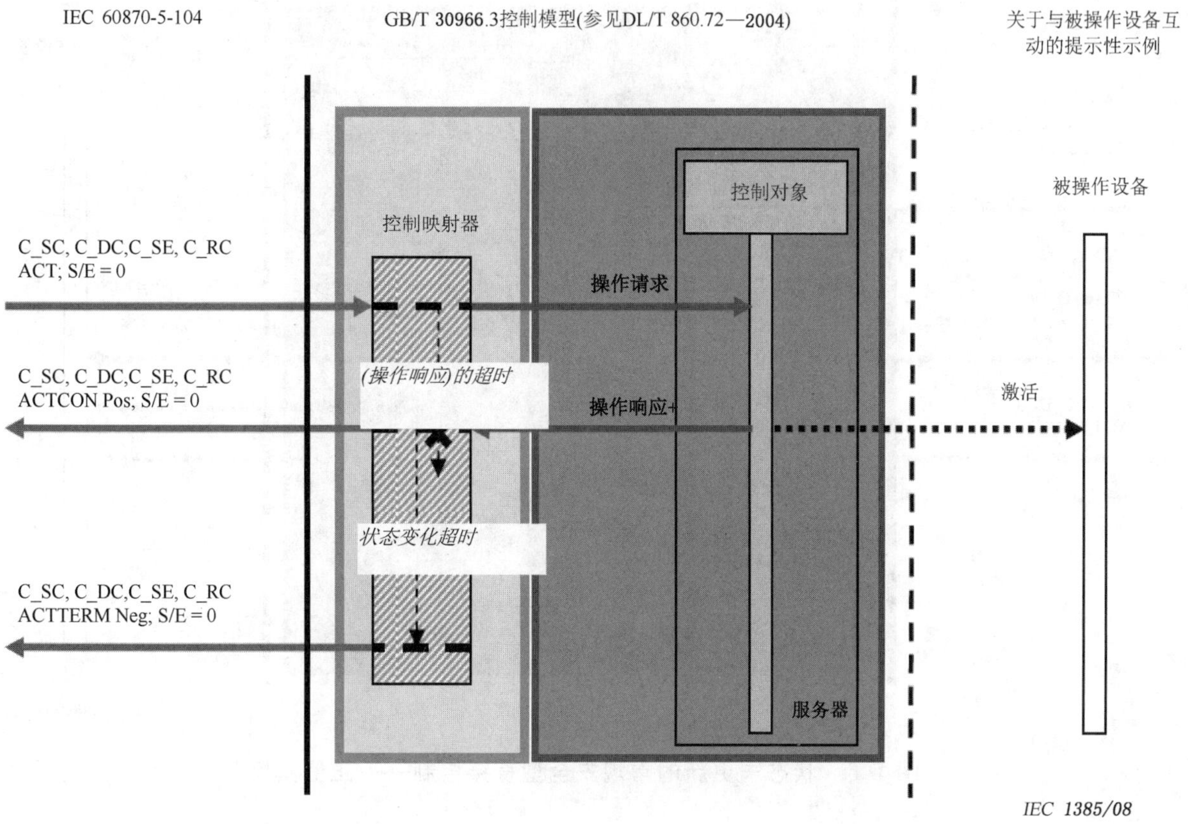

图 D.5　带常规安全与状态更新的直接控制——负值案例 c)

D.6.2.2.6　状态未更新的带常规安全的直接控制——正值案例

图 D.6 所示为状态未更新的"带常规安全的直接控制"的正值案例。

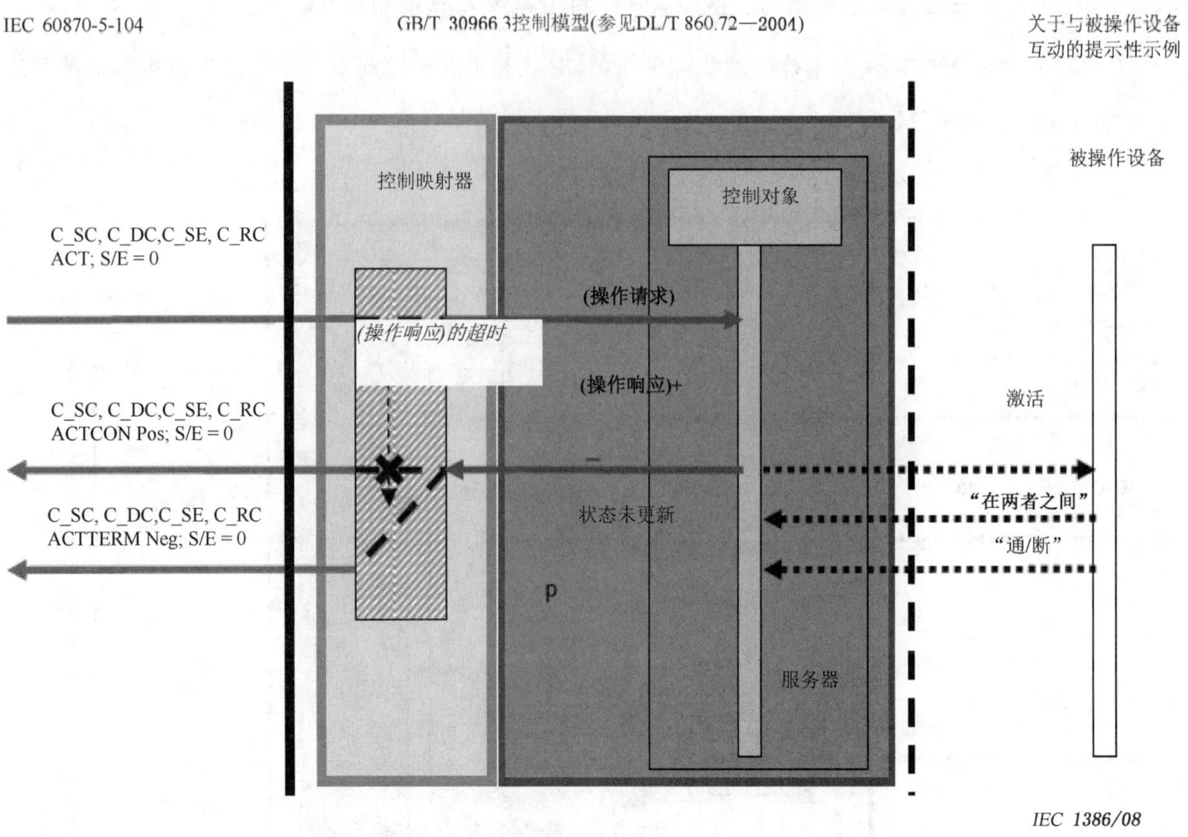

图 D.6 状态未更新的常规安全型直接控制——正值案例

D.6.2.3 带增强安全的直接控制

D.6.2.3.1 总则

“带增强安全的直接控制”的服务应按照 IEC/TS 61850-80-1:2008 的 8.8.3 的定义进行映射。

D.6.2.3.2 带增强安全的直接控制——正值案例

图 D.7 所示为带增强安全的直接控制的控制模型正值案例。

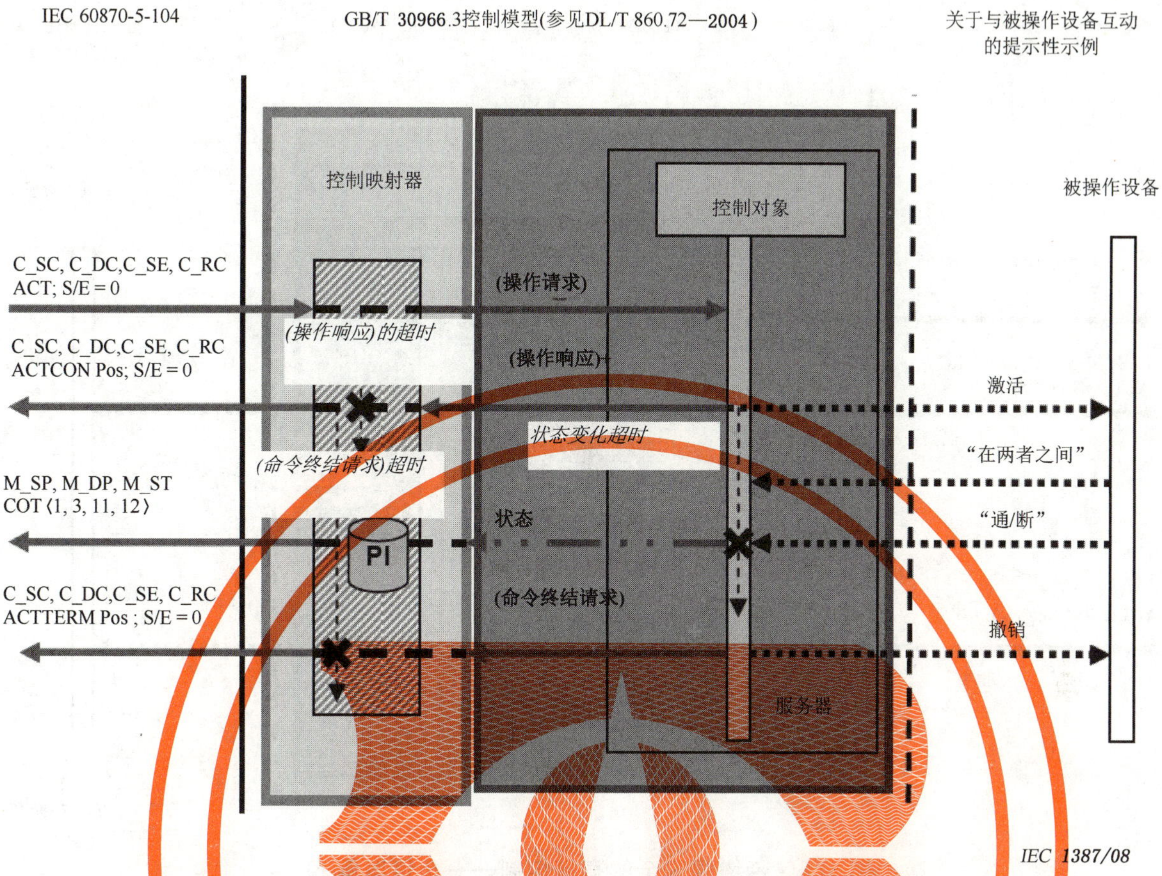

图 D.7　带增强安全的直接控制——正值案例

D.6.2.3.3　带增强安全的直接控制——负值案例 a)无来自服务器/IED 的操作响应

符合“带常规安全的直接控制”的控制模型，负值案例 a)。见图 D.3。

D.6.2.3.4　带增强安全的直接控制——负值案例 b)来自服务器/IED 的负操作响应

符合“带常规安全的直接控制”的控制模型，负值案例 b)。见图 D.4。

D.6.2.3.5　带增强安全的直接控制——负值案例 c)服务器/IED 未检测到状态变化

图 D.8 所示为负值案例 c)服务器/IED 未检测到状态变化，针对“带增强安全的直接控制”式控制模型。

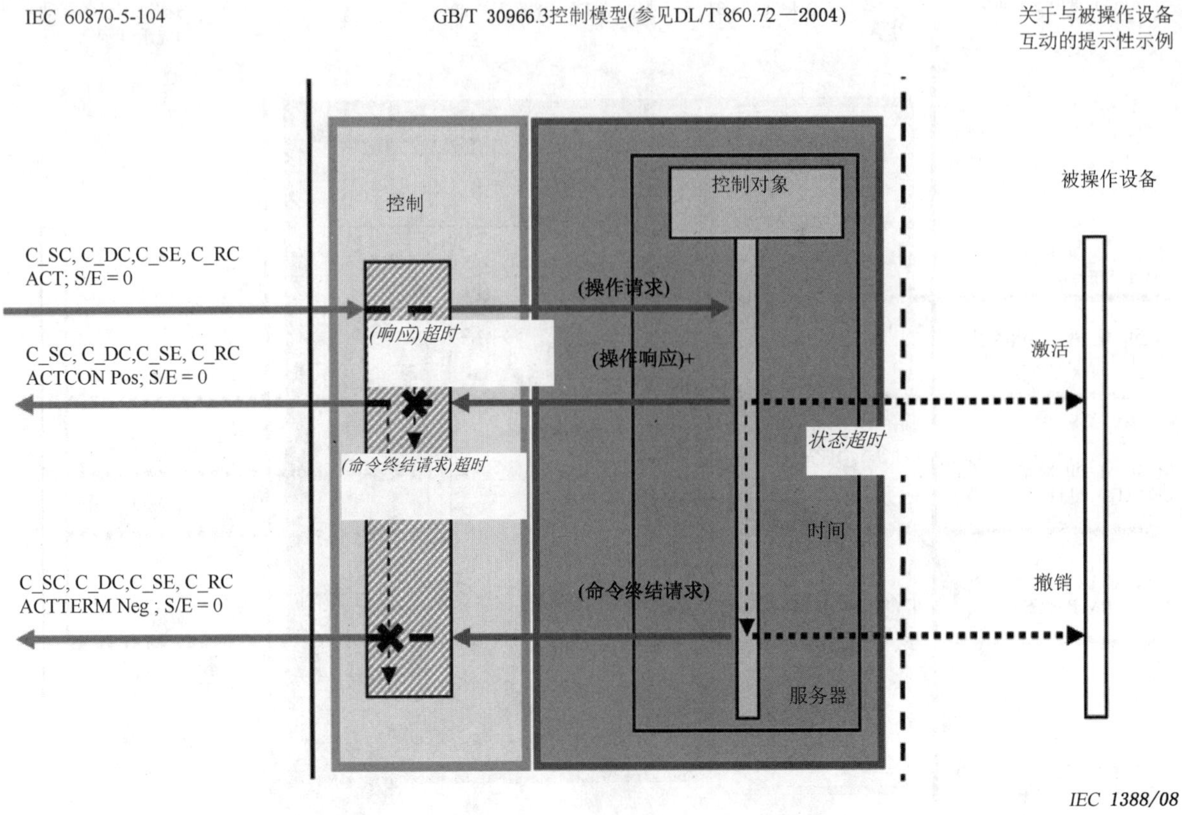

图 D.8 带增强安全的直接控制——负值案例 c)

D.6.2.3.6 带增强安全的直接控制——负值案例 d)无来自服务器/IED 的 CMD 命令终止请求

图 D.9 所示为负值案例 c)无来自服务器/IED 的 CMD 命令终止请求，针对"带增强安全的直接控制"式控制模型。

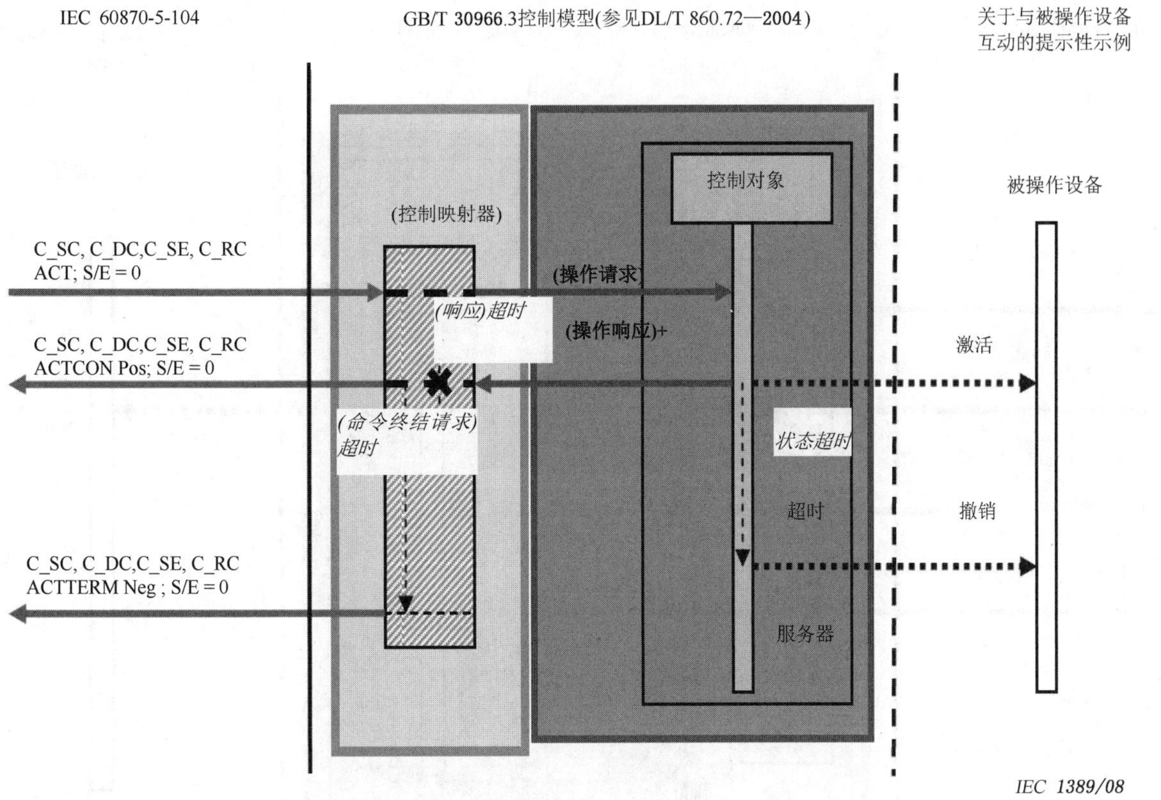

图 D.9 带增强安全的直接控制——负值案例 d)

D.6.2.4 带增强安全的 SBO 控制

D.6.2.4.1 总则

“带增强安全的 SBO 控制”的服务应按照 IEC/TS 61850-80-1:2008 的 8.8.4 的定义进行映射。

D.6.2.4.2 SBOw 控制——正值案例

图 D.10 所示为“带增强安全的 SBO 控制”的控制模型正值案例。

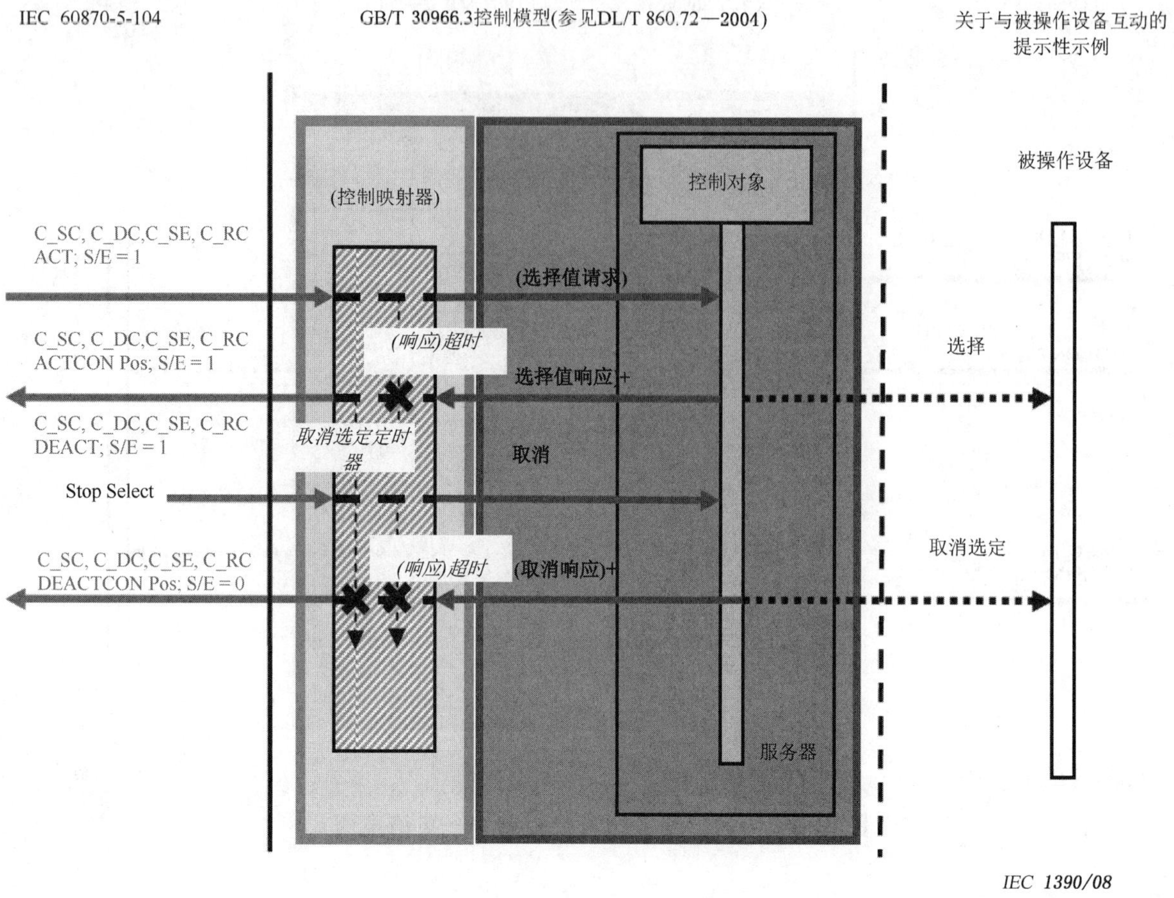

图 D.10 SBOw 控制——正值案例

D.6.2.4.3 SBOw 控制——负值案例 a)无响应来自服务器/IED

图 D.11 所示为负值案例 a)无响应来自服务器/IED,针对“带增强安全的 SBO 控制”式控制模型。

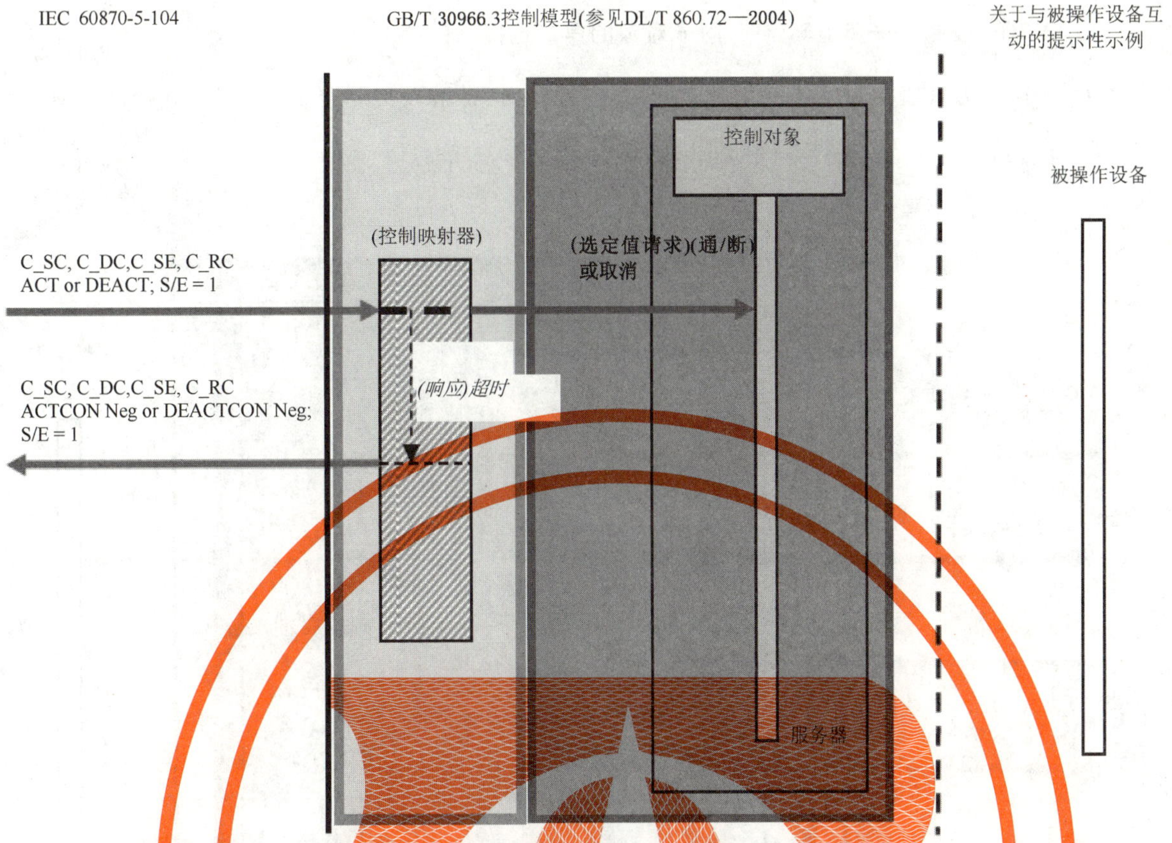

图 D.11　SBOw 控制——负值案例 a)

D.6.2.4.4　SBOw 控制——负值案例 b)消极响应来自服务器/IED

b)消极响应来自服务器/IED,针对"带增强安全的 SBO 控制"式控制模型。

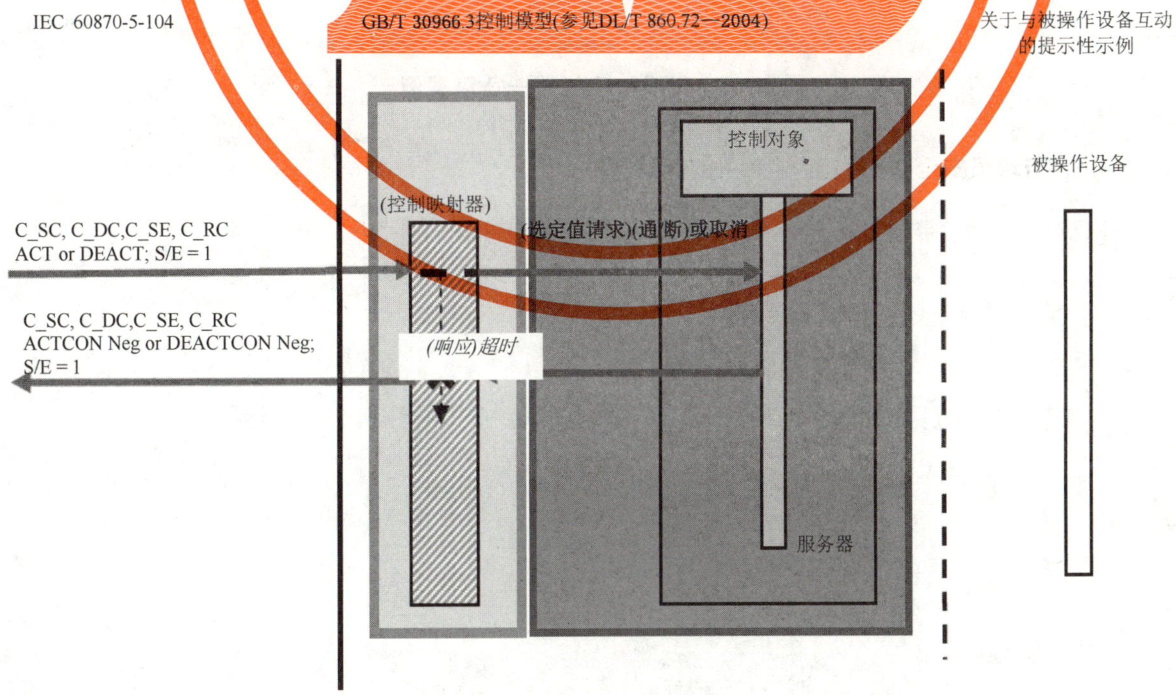

图 D.12　SBOw 控制——负值案例 b)

D.6.2.4.5 SBOw 控制——负值案例 c)同一对象的第二选择

图 D.13 所示为负值案例 c)同一对象的第二选择,针对"带增强安全的 SBO 控制"式控制模型。

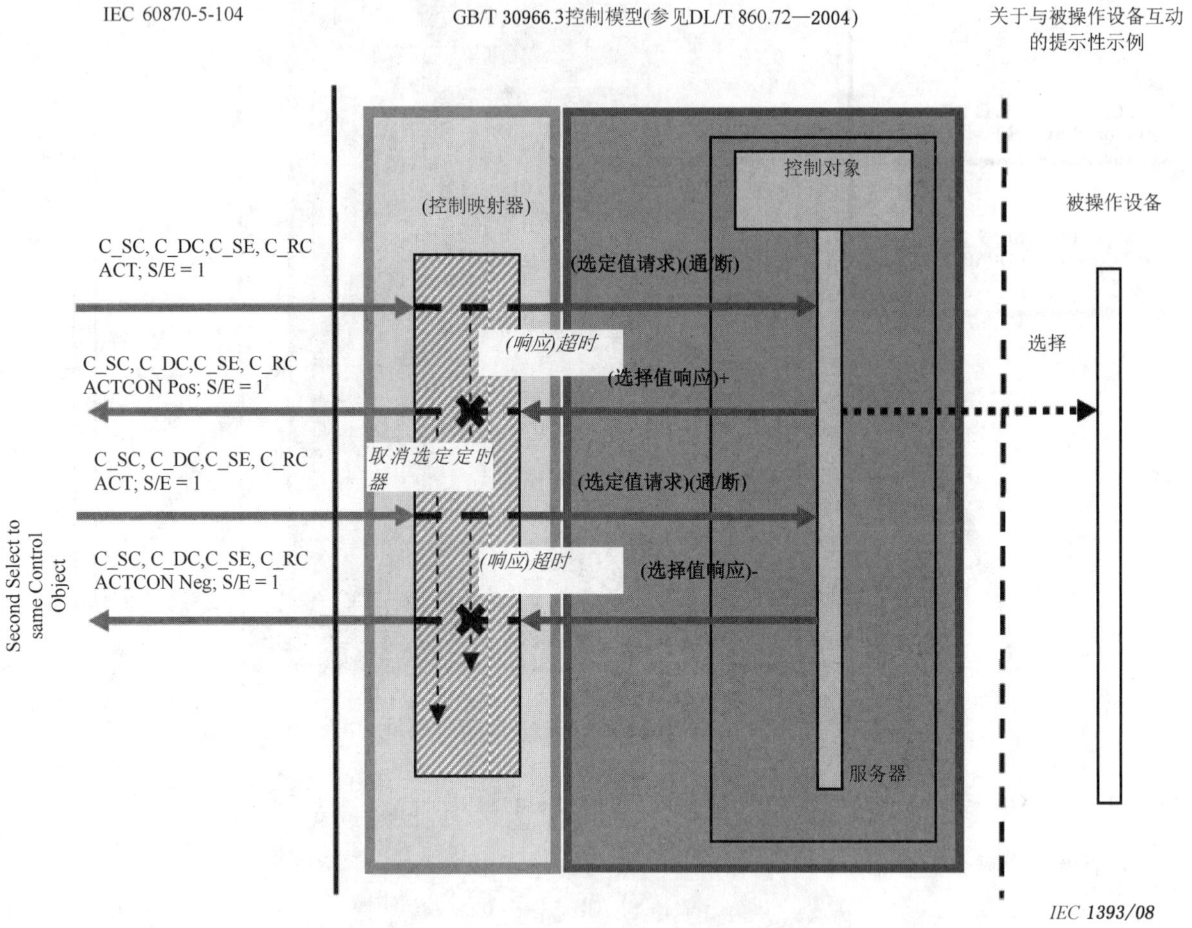

图 D.13 SBOw 控制——负值案例 c)

D.6.2.4.6 带增强安全的 SBO 控制——正值案例

图 D.14 所示为"带增强安全的 SBO 控制"的控制模型正值案例。

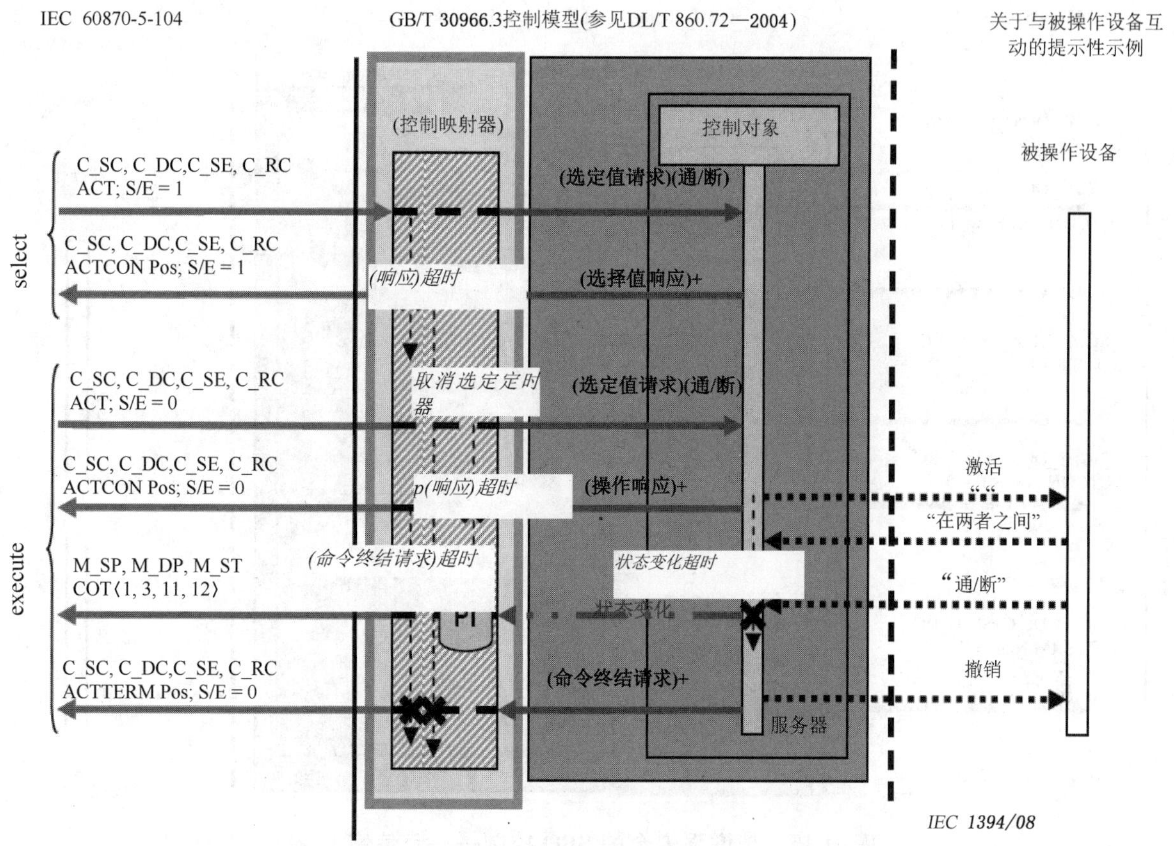

图 D.14 带增强安全的 SBO 控制——正值案例

D.6.2.4.7 带增强安全的 SBO 控制——负值案例 a)服务器/IED 未检测到状态变化

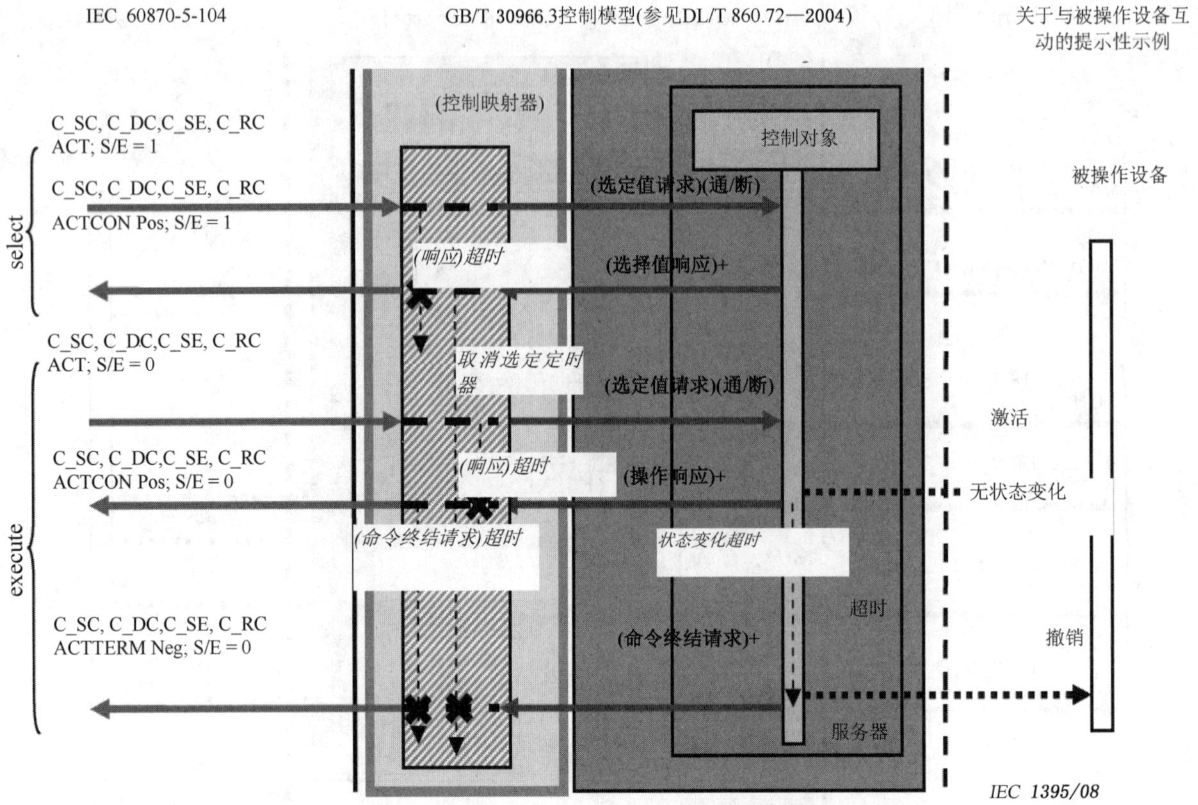

图 D.15　带增强安全的 SBO 控制——负值案例 a)

图 D.15 所示为负值案例 a)服务器/IED 未检测到状态变化，针对“带增强安全的 SBO 控制”式控制模型。

D.6.2.4.8 带增强安全的 SBO 控制——负值案例 b)无来自服务器/IED 的 CMD 命令终止请求

图 D.16 所示为负值案例 b)无来自服务器/IED 的 CMD 命令终止请求，针对“带增强安全的 SBO 控制”式控制模型。

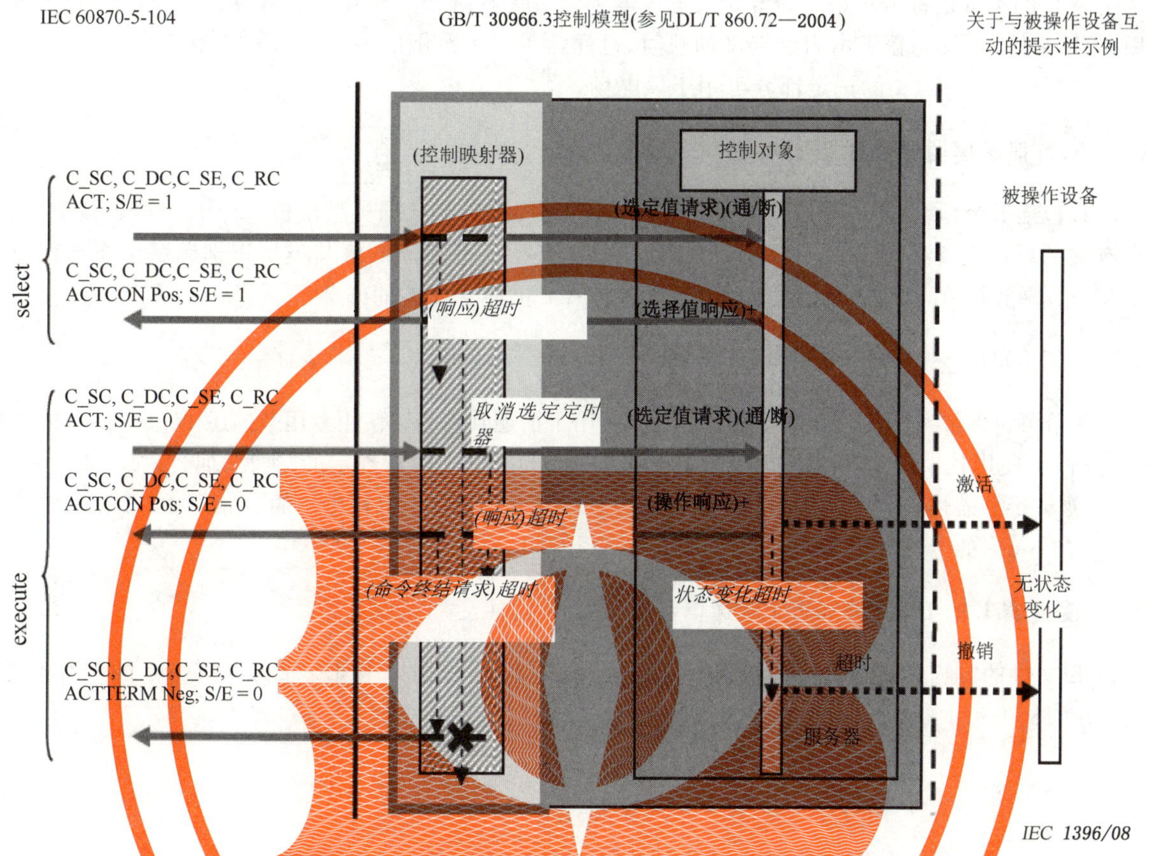

图 D.16 带增强安全的 SBO——负值案例 b)

D.7 针对 IEC 60870-5-104 的协议栈选择(协议栈细节)

D.7.1 总则

针对适用数据(应用服务数据单元)和服务(基本应用功能)，按照 IEC/TS 61850-80-1:2008 第 9 章的要求进行面向 IEC 60870-5-104 的映射。此为 IEC 60870-5-104 的子集。

D.7.2 应用数据结构

IEC/TS 61850-80-1 的 9.2 定义了一般情况下的应用数据结构，IEC/TS 61850-80-1:2008 的 9.2.3 定义了由 IEC 60870-5-104 定义的应用数据结构。

D.7.3 IEC 60870-5-104 的互用性

针对适用数据(应用服务数据单元)和服务(基本应用功能)，按照 IEC/TS 61850-80-1:2008 的9.3.2 中互用性表的标示复选框进行面向 IEC 60870-5-104 的映射。此为 IEC 60870-5-104 的子集。

D.8 利用 SCL(变电站配置语言)的扩展来包括 IEC 60870-5-101/104 的信息(提示性章节)

D.8.1 总则

附录 D 的重点是将 IEC 61400-25 定义的风电场模型映射到 IEC 60870-5-104 中。IEC/TS 61850-80-1 利用 SCL 文件,不仅涵盖了本附录定义的映射,也涵盖了更大范围的 IEC 61850 模型。

IEC/TS 61850-80-1 的选定部分可用于风电场。

D.8.2 SCL 信息模型分层

SCL 包括五个顶级元素:页眉、变电站、通信、信息交换设备和数据类型模板。与IEC 60870-5-101/104 信息有关的属性主要在 IED 部分采用,但也使用数据类型模板来降低将其类型识别码赋予全部信息模型 DAI 元素的需要。IEC/TS 61850-80-1:2008 的 A.2 描述了属性的细节。

D.8.3 IEC 60870-5-101/104 的专用节句法

专用节可包含名为"源点"和"类型"的两个属性,用于描述其内容。使用专用节描述IEC 60870-5-101/104 的信息时,应使用其值符合"IEC 60870-5-101"或" IEC 60870-5-104"规定的"类型"属性。

关联方案中描述了与专用节相关的内容。IEC/TS 61850-80-1:2008 的 A.4.2 和 A.4.3 描述了 IEC 60870-5-104的专用节方案。

D.8.4 使用 SCL 的 IEC 60870-5-104 通信参数配置

SCL 文件的"通信"节可用于保存有关延迟、地址和通信端口等 IEC 60870-5-104 的专用信息。IEC/TS 61850-80-1:2008 的 A.6 对内容进行了深入描述。

附　录　E
（规范性附录）
特定通信服务映射——面向 DNP3 的映射

E.1　总则

E.1.1　面向 DNP3 映射的情况介绍

本附录描述了 GB/T 30966.2 和 GB/T 30966.3 定义的信息模型和信息交换模型面向 DNP3 的映射情况。

E.1 全面介绍了面向 DNP3 的映射。

E.2 列出了面向 DNP3 映射的规范性引用文件。

E.3 提供了附录 E 中所用缩写的列表。

E.4 提供了信息模型面向 DNP3 服务的映射。

E.5 提供了信息交换模型面向 DNP3 的映射。

E.6 规定了被映射 DNP3 接口的互用性细节（设备规约文件）。

E.1.2　面向 DNP3 映射的范围

面向 DNP3 服务映射的范围属于运行所需过程信息的实时交换。服务器提供的实时信息量可随运行需要发生变化。参与者可为接收当前状态（状态与测量变量信息）实时信息和发送控制与给定值命令的当地、地区或全国的控制中心。地区和全国控制中心可与 SCADA 集线器通信，集线器具有风电场控制器功能，可保证整个系统满足电力连接的条件和要求。

注：交换该实时信息，可映射少量的 GB/T 30966.2 定义的通用数据类属性。

E.1.3　映射架构

映射架构由以下两部分组成：

1）　信息模型和数据类的映射；

2）　信息交换模型的映射。

DNP3 数据传送以主站-子站式架构进行。IEC 61400-25 的数据类规定映射可采用以下两种机制中的任意一种：

1）　强制型：实施 DNP3 数据点的 DNP3 XML 架构映射到《DNP3 规范第 8 篇，互用性》中 8.4 描述的 IEC 61850 的对象模型。DNP3 XML 架构可用于描述 DNP3 数据点与 GB/T 30966.2 描述的对象模型数据属性之间的映射。

2）　可选型：DNP3 数据集可传输风电场部件的信息模型。如果 DNP3 数据集用于映射数据类，GB/T 30966.2 定义的风电场信息模型应采用 E.4 描述的映射法映射到 DNP3 数据集的描述符，DNP3 对象应符合 DNP3 目标库的定义。

采用可选 DNP3 数据集的映射程序时，可不使用 DNP3 XML 映射程序。

使用 DNP3 XML 映射时，XML 映射文件会描述信息模型的封装及其面向标准 DNP3 数据对象和服务的映射。

凡是使用 DNP3 数据集进行映射的：

——服务器均会通过读出DNP3对象组0来封装可被服务读出的GB/T 30966.2信息模型；

——总站/客户端站通过DNP3提供的服务可访问GB/T 30966.2信息模型的数据属性。

注：DNP3与IEC 61400-25之间的映射会引起路径名称的封装。图E.1描述了概念性映射。GB/T 30966.2的信息模型在映射到DNP3时考虑采用隐藏形式。这尤其表明：

——服务器会通过读出DNP3对象组0来封装可被服务读出的GB/T 30966.2信息模型；

——总站/客户端站通过DNP3提供的服务可访问GB/T 30966.2信息模型的数据属性。

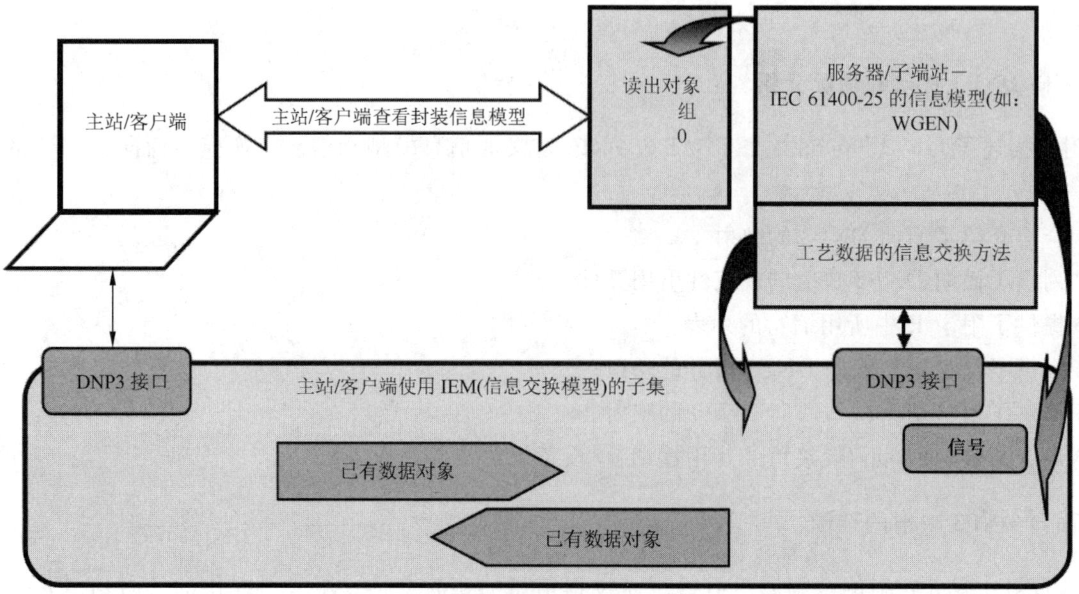

图E.1　映射架构(概念性)

表E.1概括了GB/T 30966.3信息交换模型中定义的服务模型和面向DNP3的映射。M/O栏表示服务在GB/T 30966.3中被定义为强制还是可选。

表E.1　要求客户/服务器通信规约的服务

GB/T 30966.2 IM类 GB/T 30966.3 IEM类	GB/T 30966.3 IEM服务	M/O	映射到DNP3
SERVER(服务器)			Outstation(controlled station) 外站(受控站)
	GetServerDirectory(读取服务器目录)	O	Read Object Group 0 [b](读出对象组0[b])
ASSOCIATION(关联)			
	Associate(关联)	M	RESET of remote link(serial links); DNP3 Data Link Layer or initiate TCP connection(Ethernet links); DNP3 IP Networking [远程链路(串行链路)RESET(复位);DNP3数据链路层或开始TCP连接(以太网链路);DNP3 IP联网]

表 E.1(续)

GB/T 30966.2 IM 类 GB/T 30966.3 IEM 类	GB/T 30966.3 IEM 服务	M/O	映射到 DNP3
	Abort(中止)	O	n.a.[a](serial links) or close TCP connection(Ethernet links); DNP3 IP Networking [n.a.[a](串行链路)或结束 TCP 连接(以太网链路); DNP3 IP 联网]
	Associate(关联)	O	n.a.[a](serial links) or close TCP connection(Ethernet links); DNP3 IP Networking [n.a.[a](串行链路)或结束 TCP 连接(以太网链路); DNP3 IP 联网]
LOGICAL-DEVICE (逻辑设备)			Data link address 数据链路层地址
	GetLogicalDeviceDirectory (读取逻辑设备目录)	O	Read Object Group 0 [b](读出对象组 0[b])
LOGICAL-NODE (逻辑节点)			
	GetLogicalNodeDirector (读取逻辑节点目录)	O	n.a.[a]
DATA (数据)			
	GetDataValues(读取数据值)	M	Read(Function Code 1) 读出(功能代码 1)
	SetDataValues(设定数据值)	M	Write(Function Code 2) 写入(功能代码 2)
	GetDataDirectory(读取数据目录)	O	n.a.[a]
	GetDataDefinition(读取数据定义)	O	n.a.[a]
DATA-SET(数据集)			
	GetDataSetValues(读取数据集数值)	M	Read(Function Code 1)[b] 读出(功能代码 1)[b]
	SetDataSetValues(设定数据集数值)	O	Write(Function Code 2)[b] 写入(功能代码 2)[b]
	CreateDataSet(创建数据集)	O	n.a.[a]
	DeleteDataSet(删除数据集)	O	n.a.[a]
	GetDataSetDirectory(读取数据集目录)	O	n.a.[a]

表 E.1(续)

GB/T 30966.2 IM 类 GB/T 30966.3 IEM 类	GB/T 30966.3 IEM 服务	M/O	映射到 DNP3
REPORT 报表			
	Report(报表)	O	n.a.[a]
	GetBRCBValues(读取BRCB值)	O	n.a.[a]
	SetBRCBValues(设定BRCB值)	O	n.a.[a]
	GetURCBValues(读取URCB值)	O	n.a.[a]
	SetURCBValues(设定URCB值)	O	n.a.[a]
	AddSubscription(添加订阅)	O	n.a.[a]
	RemoveSubscription(清除订阅)	O	n.a.[a]
LOG-CONTROL-BLOCK (日志控制块)			
	GetLCBValues(读取 LCB 值)	O	n.a.[a]
	SetLCBValues(设定 LCB 值)	O	n.a.[a]
LOG 日志			
	GetLogStatusValues(读取日志状态值)	O	n.a.[a]
	QueryLogByTime(按时间查询日志)	O	n.a.[a]
	QueryLogAfter(查询此后日志)	O	n.a.[a]
CONTROL (控制)			
	Select(选择)	O	Select(Function Code 3) 选择(功能代码 3)
	SelectWithValue(按数值选择)	O	Select(Function Code 3) 选择(功能代码 3)
	Cancel(取消)	O	n.a.[a]
	Operate(操作)	M	Operate(Function Code 4) 操作(功能代码 4)

表 E.1（续）

GB/T 30966.2 IM 类 GB/T 30966.3 IEM 类	GB/T 30966.3 IEM 服务	M/O	映射到 DNP3
	CommandTermination （命令终止）	O	Operate(Function Code 4) 操作(功能代码 4)
	TimeActivatedOperate （时间激活操作）	O	n.a.[a]
[a] 不适用于面向 DNP3 的映射。 [b] 只在 DNP3 数据集映射发出时才需要。			

E.2 针对 DNP3 服务的引用文件

DNP3 规范第 2 篇“应用层”,2.01 版,2007 年 2 月 3 日,DNP 用户组 Specification Volume 2 Application Layer, Version 2.01, 3 February 2007, DNP Users Group)。

DNP3 规范第 3 篇“传输功能”,2.01 版,2007 年 2 月 3 日,DNP 用户组(Specification Volume 3 Transport Function, Version 2.01, 3 February 2007, DNP Users Group)。

DNP3 规范第 4 篇“数据链路层”,2.01 版,2007 年 2 月 3 日,DNP 用户组。(Specification Volume 4 Data Link Layer, Version 2.01, 3 February 2007, DNP Users Group)

DNP3 规范第 6 篇“DNP3 目标库”第 1 部分,2.01 版,2007 年 2 月 3 日,DNP 用户组。(Specification Volume 6 DNP3 Object Library Part 1, Version 2.01, 3 February 2007, DNP Users Group)

DNP3 规范第 6 篇“DNP3 目标库”第 2 部分,2.02 版,2007 年 5 月 5 日,DNP 用户组。(Specification Volume 6 DNP3 Object Library Part 2, Version 2.02, 5 May 2007, DNP Users Group)

DNP3 规范第 7 篇“IP 联网”,2.11 版,2007 年 2 月 3 日,DNP 用户组。(Specification Volume 7 IP Networking, Version 2.11, 3 February 2007, DNP Users Group)

DNP3 规范第 8 篇“应用层”,2.02 版,2007 年 2 月 3 日,DNP 用户组。(Specificaiton Volume 8 Interoperability, Version 2.02, 20 February 2007, DNP Users Group)

DNP3 规范第 8 篇附件 1“设备规约”,2.03 版,2007 年 5 月 30 日,DNP 用户组。(Specification Volume 8 Appendix 1 Device Profile, Version 2.03, 30 May 2007, DNP Users Group)

DNP 技术通报“TB2004-004e 数据集”,2006 年 3 月 30 日,DNP 用户组。(Technical Bulletin TB2004-004e Data Sets, 30 March 2006, DNP Users Group)

E.3 缩略语

ACSI	抽象通信服务接口
DNP3	分布式网络协议,3.00 版
IED	智能电子设备
IEM	信息交换模型
LCB	日志控制块
LD	逻辑设备

LN	逻辑节点
LOG	日志
LPHD	逻辑节点物理设备
RCB	报表控制块
RFC	报文请求
SCADA	数据采集与监控系统
SCL	变电站(系统)配置语言(在DL/T 860.6中定义)
SCSM	专用通信服务映射(例如,在DL/T 860.81—2006中定义)
TCP	传输控制协议
UUID	通用唯一识别码
WPP	风电场
WT	风力发电机组

E.4 IEC 61400-25信息模型面向DNP3的映射

E.4.1 通用数据类与数据集原型的关系

GB/T 30966.2规定了与风电场应用有关的通用数据类。GB/T 30966.2中的具体通用数据类应映射到DNP3中的具体数据集原型。由于GB/T 30966.2从DL/T 860.73—2004中继承了通用数据类,并可能进行了详述,所以GB/T 30966.2的每个通用数据类均保留了一个DNP3通用唯一识别码。

E.4.2 映射到SQ2的质量关系

表E.2定义了DL/T 860.73—2004和GB/T 30966.2通用数据类中质量属性的映射。DL/T 860.73—2004和GB/T 30966.2的数据属性[q]应映射到DNP3数据集原型中的某个DNP3位串。

表E.2 质量映射

属性名称	属性类型	DNP3数据规定	DNP3数据元素映射
q	Quality(质量)	DAEL:BSTR	SQ2-Object coding validity -> IV/NT good | invalid -> on-line | off-line detailQual -> OV overflow -> over-range source -> SB substituted -> local forced operatorBlocked -> BL blocked -> force off-line

与各DNP3数据元素有关联的辅助值应为GB/T 30966.2的“属性名称”,如:“q”。

E.4.3 CDC实测值(MV)

表E.3定义了DL/T 860.73—2004通用数据类MV的数据属性映射。数据属性[mag + t + q]应映射到DNP3的数据集原型。

表 E.3 通用数据类:实测值映射

属性名称	属性类型	DNP3 数据规定	DNP3 数据元素映射
—	—	UUID:OSTR	{29787E10-484F-4B22-A7BF-1C669D3748E8}
—	—	NSPC:VSTR	"GB/T 30966.2"
—	—	NAME:VSTR	"MV"(实测值)
mag	AnalogueValue(模拟值)	DAEL:FLT32	32 位浮点值
q	Quality(质量)	DAEL:BSTR	SQ2——对象编码(请参看表 E.2)
t	TimeStamp(时间戳)	DAEL:TIME	6 个八位二进制时间——发生时间

与各 DNP3 数据元素有关的辅助值应为 DL/T 860.73—2004 的"属性名称",如:"mag"。

E.4.4 CDC 给定值的参数值

表 E.4 定义了 GB/T 30966.2 通用数据类 SPV 的数据属性映射。强制数据属性[chaManRs + actVal + oldVal]应映射到 DNP3 的数据集原型。

表 E.4 通用数据类:给定值参数值映射

属性名称	属性类型	DNP3 数据规定	DNP3 数据元素映射
—	—	UUID:OSTR	{5DFC4FE5-BBA8-4CB4-934F-0637B19832F6}
—	—	NSPC:VSTR	"GB/T 30966.2"
—	—	NAME:VSTR	"SPV"(给定值)
—	—	CTLS:UINT	1 个八位控制状态元素
chaManRs.ctlVal	BOOLEAN(布尔值)	CTLV:BSTR	FLAG(标志)={ BS8 [0..7] 状态=BS1 [0] 〈0,假;1,真〉}
chaManRs.origin.orCat	ENUMERATED(枚举)	CTLV:INT32	32 位整数值
chaManRs.origin.orIdent	OCTET STRING64	CTLV:OSTR	64 个八位字节
chaManRs.origin.orCat	ENUMERATED(枚举)	DAEL:INT32	32 位整数值
chaManRs.origin.orIdent	OCTET STRING64	DAEL:OSTR	64 个八位字节
chaManRs.stVal	BOOLEAN(布尔值)	DAEL:BSTR	FLAG(标志)={ BS8 [0..7] 状态=BS1 [0] 〈0,假;1,真〉}
chaManRs.q	Quality(质量)	DAEL:BSTR	SQ2——对象编码(请参看表 E.2)
chaManRs.t	TimeStamp(时间戳)	DAEL:TIME	6 个八位二进制时间——发生时间
chaManRs.ctlModel	CtlModels	DAEL:INT32	32 位整数值
—	—	CTLS:UINT	1 个八位控制状态元素
actVal.ctlVal	AnalogueValue(模拟值)	CTLV:FLT32	32 位浮点值
actVal.origin.orCat	ENUMERATED(枚举)	CTLV:INT32	32 位整数值
actVal.origin.orIdent	OCTET STRING64	CTLV:OSTR	64 个八位字节

表 E.4（续）

属性名称	属性类型	DNP3 数据规定	DNP3 数据元素映射
actVal.origin.orCat	ENUMERATED(枚举)	DAEL:INT32	32 位整数值
actVal.origin.orIdent	OCTET STRING64	DAEL:OSTR	64 个八位字节
actVal.mxVal	AnalogueValue(模拟值)	DAEL:FLT32	32 位浮点值
actVal.q	Quality(质量)	DAEL:BSTR	SQ2——对象编码(请参看表 E.2)
actVal.t	TimeStamp(时间戳)	DAEL:TIME	6 个八位二进制时间——发生时间
actVal.ctlModel	CtlModels	DAEL:INT32	32 位整数值
oldVal.ctlVal	AnalogueValue(模拟值)	DAEL:FLT32	32 位浮点值
oldVal.q	Quality(质量)	DAEL:BSTR	SQ2——对象编码(请参看表 E.2)
oldVal.t	TimeStamp(时间戳)	DAEL:TIME	6 个八位二进制时间——发生时间
oldVal.ctlModel	CtlModels	DAEL:INT32	32 位整数值

与各 DNP3 数据元素有关的辅助值应为 GB/T 30966.2 的“属性名称”，如：“actVal.mxVal”。

E.4.5 CDC 状态值

表 E.5 定义了 GB/T 30966.2 通用数据类 STV 的数据属性映射。强制数据属性[actSt + oldSt]应映射到 DNP3 的数据集原型。

表 E.5 通用数据类：状态值映射

属性名称	属性类型	DNP3 数据规定	DNP3 数据元素映射
—	—	UUID:OSTR	{36798E8E-2138-477D.868E-A5B6ADFA0410}
—	—	NSPC:VSTR	“GB/T 30966.2”
—	—	NAME:VST	“STV”
actSt.stVal	CtxInt	DAEL:INT32	32 位整数值
actSt.q	Quality(质量)	DAEL:BSTR	SQ2——对象编码(请参看表 E.2)
actSt.t	TimeStamp(时间戳)	DAEL:TIME	6 个八位二进制时间——发生时间
oldSt.stVal	CtxInt	DAEL:INT32	32 位整数值
oldSt.q	Quality(质量)	DAEL:BSTR	SQ2——对象编码(请参看表 E.2)
oldSt.t	TimeStamp(时间戳)	DAEL:TIME	6 个八位二进制时间——发生时间

与各 DNP3 数据元素有关的辅助值应为 GB/T 30966.2 的“属性名称”，如：“actSt.stVal”。

E.4.6 CDC 报警

表 E.6 定义了 GB/T 30966.2 通用数据类 ALM 的数据属性映射。强制数据属性[almAck + actSt + oldSt]应映射到 DNP3 的数据集原型。

表 E.6 通用数据类:报警映射

属性名称	属性类型	DNP3 数据规定	DNP3 数据元素映射
—	—	UUID:OSTR	{E53A1962-0DFC-4506-A509-E1A430A491FA}
—	—	NSPC:VSTR	“GB/T 30966.2”
—	—	NAME:VSTR	“ALM”(报警)
—	—	CTLS:UINT	1 个八位控制状态元素
almAck.ctlVal	BOOLEAN(布尔值)	CTLV:BSTR	FLAG(标志)={ BS8 [0..7] 状态=BS1 [0]〈0,假;1,真〉}
almAck.origin.orCat	ENUMERATED(枚举)	CTLV:INT32	32 位整数值
almAck.origin.orIdent	OCTET STRING64	CTLV:OSTR	64 个八位字节
almAck.origin.orCat	ENUMERATED(枚举)	DAEL:INT32	32 位整数值
almAck.origin.orIdent	OCTET STRING64	DAEL:OSTR	64 个八位字节
almAck.stVal	BOOLEAN(布尔值)	DAEL:BSTR	FLAG(标志)={ BS8 [0..7] 状态=BS1 [0]〈0,假;1,真〉}
almAck.q	Quality(质量)	DAEL:BSTR	SQ2——对象编码(请参看表 E.2)
almAck.t	TimeStamp(时间戳)	DAEL:TIME	6 个八位二进制时间——发生时间
almAck.ctlModel	CtlModels	DAEL:INT32	32 位整数值
actSt.stVal	CtxInt	DAEL:INT32	32 位整数值
actSt.q	Quality(质量)	DAEL:BSTR	SQ2——对象编码(请参看表 E.2)
actSt.t	TimeStamp(时间戳)	DAEL:TIME	6 个八位二进制时间——发生时间
oldSt.stVal	CtxInt	DAEL:INT32	32 位整数值
oldSt.q	Quality(质量)	DAEL:BSTR	SQ2——对象编码(请参看表 E.2)
oldSt.t	TimeStamp(时间戳)	DAEL:TIME	6 个八位二进制时间——发生时间

与各 DNP3 数据元素有关的辅助值应为 GB/T 30966.2 的“属性名称”,如:“actSt.stVal”。

E.4.7 CDC 命令

表 E.7 定义了 GB/T 30966.2 通用数据类 CMD 的数据属性映射。强制数据属性[actSt + oldSt]应映射到 DNP3 的数据集原型。

表 E.7 通用数据类:命令映射

属性名称	属性类型	DNP3 数据规定	DNP3 数据元素映射
—	—	UUID:OSTR	{3A7C7799-3379-4CC5-B1F0-AE5F865E1AC1}
—	—	NSPC:VSTR	“GB/T 30966.2”
—	—	NAME:VSTR	“CMD”(命令)
—	—	CTLS:UINT	1 个八位控制状态元素
actSt.ctlVal	CtxInt	CTLV:INT32	32 位整数值

表 E.7（续）

属性名称	属性类型	DNP3 数据规定	DNP3 数据元素映射
actSt.origin.orCat	ENUMERATED(枚举)	CTLV:INT32	32 位整数值
actSt.origin.orIdent	OCTET STRING64	CTLV:OSTR	64 个八位字节
actSt.origin.orCat	ENUMERATED(枚举)	DAEL:INT32	32 位整数值
actSt.origin.orIdent	OCTET STRING64	DAEL:OSTR	64 个八位字节
actSt.stVal	CtxInt	DAEL:INT32	32 位整数值
actSt.q	Quality(质量)	DAEL:BSTR	SQ2——对象编码(请参看表 E.2)
actSt.t	TimeStamp(时间戳)	DAEL:TIME	6 个八位二进制时间——发生时间
actSt.ctlModel	CtlModels	DAEL:INT32	32 位整数值
oldSt.stVal	CtxInt	DAEL:INT32	32 位整数值
oldSt.q	Quality(质量)	DAEL:BSTR	SQ2——对象编码(请参看表 E.2)
oldSt.t	TimeStamp(时间戳)	DAEL:TIME	6 个八位二进制时间——发生时间

与各 DNP3 数据元素有关的辅助值应为 GB/T 30966.2 的“属性名称”，如：“actSt.stVal”。

E.4.8 CDC 事件计数

表 E.8 定义了 GB/T 30966.2 通用数据类 CTE 的数据属性映射。强制数据属性[manRs + hisRs + actCtVal + oldCtVal]应映射到 DNP3 的数据集原型。

表 E.8 通用数据类：事件计数映射

属性名称	属性类型	DNP3 数据规定	DNP3 数据元素映射
—	—	UUID:OSTR	{DC8804E1-A36F-4105-8335-27D5344F1BDD}
—	—	NSPC:VSTR	“GB/T 30966.2”
—	—	NAME:VSTR	“CTE”(事件计数)
—	—	CTLS:UINT	1 个八位控制状态元素
manRs.ctlVal	BOOLEAN(布尔)	CTLV:BSTR	FLAG(标志)={ BS8 [0..7] 状态=BS1 [0]〈0,假;1,真〉}
manRs.origin.orCat	ENUMERATED(枚举)	CTLV:INT32	32 位整数值
manRs.origin.orIdent	OCTET STRING64	CTLV:OSTR	64 个八位字节
manRs.origin.orCat	ENUMERATED(枚举)	DAEL:INT32	32 位整数值
manRs.origin.orIdent	OCTET STRING64	DAEL:OSTR	64 个八位字节
manRs.stVal 4	BOOLEAN(布尔)	DAEL:BSTR	FLAG(标志)={ BS8 [0..7] 状态=BS1 [0]〈0,假;1,真〉}
manRs.q	Quality(质量)	DAEL:BSTR	SQ2——对象编码(请参看表 E.2)
manRs.t	TimeStamp(时间戳)	DAEL:TIME	6 个八位二进制时间——发生时间
manRs.ctlModel	TimeStamp(时间戳)	DAEL:INT32	32 位整数值

表 E.8（续）

属性名称	属性类型	DNP3 数据规定	DNP3 数据元素映射
—	—	CTLS:UINT	1 个八位控制状态元素
hisRs.ctlVal	CtxInt	CTLV:INT32	32 位整数值
hisRs.origin.orCat	ENUMERATED(枚举)	CTLV:INT32	32 位整数值
hisRs.origin.orIdent	OCTET STRING64	CTLV:OSTR	64 个八位字节
hisRs.origin.orCat	ENUMERATED(枚举)	DAEL:INT32	32 位整数值
hisRs.origin.orIdent	OCTET STRING64	DAEL:OSTR	64 个八位字节
hisRs.stVal	INT32	DAEL:UINT32	32 位整数值
hisRs.q	Quality(质量)	DAEL:BSTR	SQ2——对象编码(请参看表 E.2)
hisRs.t	TimeStamp(时间戳)	DAEL:TIME	6 个八位二进制时间——发生时间
hisRs.ctlModel	TimeStamp(时间戳)	DAEL:INT32	32 位整数值
actCtVal.stVa	CtxInt	DAEL:INT32	32 位整数值
actCtVal.q	Quality(质量)	DAEL:BSTR	SQ2——对象编码(请参看表 E.2)
actCtVal.t	TimeStamp(时间戳)	DAEL:TIME	6 个八位二进制时间——发生时间
oldCtVal.stVal	CtxInt	DAEL:INT32	32 位整数值
oldCtVal.q	Quality(质量)	DAEL:BSTR	SQ2——对象编码(请参看表 E.2)
oldCtVal.t	TimeStamp(时间戳)	DAEL:TIME	6 个八位二进制时间——发生时间

与各 DNP3 数据元素有关的辅助值应为 GB/T 30966.2 的“属性名称”，如：“actCtVal.stVal”。

E.4.9 CDC 状态定时

表 E.9 定义了 GB/T 30966.2 通用数据类 TMS 的数据属性映射。强制数据属性[manRs + hisRs + actTmVal + oldTmVal]应映射到 DNP3 的数据集原型。

表 E.9 通用数据类：状态定时映射

属性名称	属性类型	DNP3 数据规定	DNP3 数据元素映射
—	—	UUID:OSTR	{FE568612-8574-4B85-999F-21E14C7977B4}
—	—	NSPC:VSTR	“GB/T 30966.2”
—	—	NAME:VSTR	“TMS”
—	—	CTLS:UINT	1 个八位控制状态元素
manRs.ctlVal	BOOLEAN(布尔)	CTLV:BSTR	FLAG(标志)={ BS8 [0..7] 状态=BS1 [0]〈0,假;1,真〉}
manRs.origin.orCat	ENUMERATED(枚举)	CTLV:INT32	32 位整数值
manRs.origin.orIdent	OCTET STRING64	CTLV:OSTR	64 个八位字节
manRs.origin.orCat	ENUMERATED	DAEL:INT32	32 位整数值
manRs.origin.orIdent	OCTET STRING64	DAEL:OSTR	64 个八位字节

表 E.9（续）

属性名称	属性类型	DNP3 数据规定	DNP3 数据元素映射
manRs.stVal	BOOLEAN	DAEL:BSTR	FLAG(标志)={ BS8 [0..7] 状态=BS1 [0]〈0,假;1,真〉}
manRs.q	Quality(质量)	DAEL:BSTR	SQ2-OBJECT CODING (REFER TO TABLE E.2) (SQ2——对象编码(请参看表 E.2)
manRs.t	TimeStamp(时间戳)	DAEL:TIME	6 个八位二进制时间——发生时间
manRs.ctlModel	CtlModels	DAEL:INT32	32 位整数值
—	—	CTLS:UINT	1 个八位控制状态元素
hisRs.ctlVal	CtxInt	CTLV:INT32	32 位整数值
hisRs.origin.orCat	ENUMERATED(枚举)	CTLV:INT32	32 位整数值
hisRs.origin.orIdent	OCTET STRING64	CTLV:OSTR	64 个八位字节
hisRs.origin.orCat	ENUMERATED(枚举)	DAEL:INT32	32 位整数值
hisRs.origin.orIdent	OCTET STRING64	DAEL:OSTR	64 个八位字节
hisRs.stVal	INT32	DAEL:UINT32	32 位整数值
hisRs.q	Quality(质量)	DAEL:BSTR	SQ2——对象编码(请参看表 E.2)
hisRs.t	TimeStamp(时间戳)	DAEL:TIME	6 个八位二进制时间——发生时间
hisRs.ctlModel	CtlModels	DAEL:INT32	32 位整数值
actTmVal.stVal	CtxInt	DAEL:INT32	32 位整数值
actTmVal.q	Quality(质量)	DAEL:BSTR	SQ2——对象编码(请参看表 E.2)
actTmVal.t	TimeStamp(时间戳)	DAEL:TIME	6 个八位二进制时间——发生时间
oldTmVal.stVal	CtxInt	DAEL:INT32	32 位整数值
oldTmVal.q	Quality(质量)	DAEL:BSTR	SQ2——对象编码(请参看表 E.2)
oldTmVal.t	TimeStamp(时间戳)	DAEL:TIME	6 个八位二进制时间——发生时间

与各 DNP3 数据元素有关的辅助值应为 GB/T 30966.2 的"属性名称",如:"actTmVal.stVal"。

E.4.10 CDC 单点状态

表 E.10 定义了 DL/T 860.73—2004 通用数据类 SPS 的数据属性映射。数据属性[stVal + t + q]应映射到 DNP3 的数据集原型。

表 E.10 通用数据类:单点状态映射

属性名称	属性类型	DNP3 数据规定	DNP3 数据元素映射
—	—	UUID:OSTR	{D446D178-8B19-40ED.9F63-BA4E4DB3E3BA}
—	—	NSPC:VSTR	"GB/T 30966.2"
—	—	NAME:VSTR	"SPS"(单点状态)

表 E.10（续）

属性名称	属性类型	DNP3 数据规定	DNP3 数据元素映射
stVal	BOOLEAN(布尔值)	DAEL:BSTR	FLAG(标志)={ BS8 [0..7] 状态=BS1 [0]〈0,假;1,真〉}
q	Quality(质量)	DAEL:BSTR	SQ2——对象编码(请参看表 E.2)
t	TimeStamp(时间戳)	DAEL:TIME	6 个八位二进制时间——发生时间

与各 DNP3 数据元素有关的辅助值应为 DL/T 860.73—2004 的"属性名称"，如："stVal"。

E.4.11 CDC 整数状态

表 E.11 定义了 DL/T 860.73—2004 通用数据类 INS 的数据属性映射。数据属性[stVal + t + q]应映射到 DNP3 的数据集原型。

表 E.11 通用数据类:整数状态映射

属性名称	属性类型	DNP3 数据规定	DNP3 数据元素映射
—	—	UUID:OSTR	{9A056CCD.BC92-42EE-ADEA-4B532764AB26}
—	—	NSPC:VSTR	"GB/T 30966.2"
—	—	NAME:VSTR	"INS"(整数状态)
stVal	INT32	DAEL:INT32	32 位整数值
q	Quality(质量)	DAEL:BSTR	SQ2——对象编码(请参看表 E.2)
t	TimeStamp(时间戳)	DAEL:TIME	6 个八位二进制时间——发生时间

与各 DNP3 数据元素有关的辅助值应为 DL/T 860.73—2004 的"属性名称"，如："stVal"。

E.4.12 CDC 可控制单点

表 E.12 定义了 DL/T 860.73—2004 通用数据类 SPC 的数据属性映射。数据属性[stVal + t + q + ctlVal]应映射到 DNP3 的数据集原型：

表 E.12 通用数据类:可控制单点映射

属性名称	属性类型	DNP3 数据规定	DNP3 数据元素映射
—	—	UUID:OSTR	{FB1BDB9F-9D41-4DDA-AFDC-BC1E6911B3E1}
—	—	NSPC:VSTR	"GB/T 30966.2"
—	—	NAME:VSTR	"SPC"(可控制单点)
—	—	CTLS:UINT	1 个八位控制状态元素
ctlVal	BOOLEAN(布尔值)	CTLV:BSTR	FLAG(标志)={ BS8 [0..7] 状态=BS1 [0]〈0,假;1,真〉}
stVal	BOOLEAN(布尔值)	DAEL:BSTR	FLAG(标志)={ BS8 [0..7] 状态=BS1 [0]〈0,假;1,真〉}
q	Quality(质量)	DAEL:BSTR	SQ2——对象编码(请参看表 E.2)
t	TimeStamp(时间戳)	DAEL:TIME	6 个八位二进制时间——发生时间

与各 DNP3 数据元素有关的辅助值应为 DL/T 860.73—2004 的“属性名称”,如:“stVal”。

E.4.13 CDC 可控制整数状态

表 E.13 定义了 DL/T 860.73—2004 通用数据类 INC 的数据属性映射。数据属性[stVal + t + q + ctlVal]应映射到 DNP3 的数据集原型。

表 E.13 通用数据类:可控制整数状态映射

属性名称	属性类型	DNP3 数据规定	DNP3 数据元素映射
—	—	UUID:OSTR	{FC47BCBE-D3CF-48FA-8311-6CF399C29DE4}
—	—	NSPC:VSTR	“GB/T 30966.2”
—	—	NAME:VSTR	“INC”(可控制整数状态)
—	—	CTLS:UINT	1 个八位控制状态元素
ctlVal	INT32	CTLV:INT32	32 位整数值
stVal	INT32	DAEL:INT32	32 位整数值
q	Quality(质量)	DAEL:BSTR	SQ2——对象编码(请参看表 E.2)
t	TimeStamp(时间戳)	DAEL:TIME	6 个八位二进制时间——发生时间

与各 DNP3 数据元素有关的辅助值应为 DL/T 860.73—2004 的“属性名称”,如:“stVal”。

E.4.14 CDC 二进制计数器读数

表 E.14 定义了 DL/T 860.73—2004 通用数据类 BCR 的数据属性映射。数据属性[actVal + t + q]应映射到 DNP3 的数据集原型。

表 E.14 通用数据类:二进制计数器读数映射

属性名称	属性类型	DNP3 数据规定	DNP3 数据元素映射
—	—	UUID:OSTR	{59C03F2E-9DC7-4D5F-8650-92C29FA8BFFA}
—	—	NSPC:VSTR	“GB/T 30966.2”
—	—	NAME:VSTR	“BCR”(二进制计数器读数)
actVal	INT128	DAEL:OSTR16	128 位整数值
q	Quality(质量)	DAEL:BSTR	SQ2——对象编码(请参看表 E.2)
t	TimeStamp(时间戳)	DAEL:TIME	6 个八位二进制时间——发生时间

与各 DNP3 数据元素有关的辅助值应为 DL/T 860.73—2004 的“属性名称”,如:“actVal”。

E.4.15 CDC 可控模拟给定值

表 E.15 定义了 DL/T 860.73—2004 通用数据类 APC 的数据属性映射。数据属性[setMag + t + q]应映射到 DNP3 的数据集原型。

表 E.15　通用数据类:可控模拟给定值映射

属性名称	属性类型	DNP3 数据规定	DNP3 数据元素映射
—	—	UUID:OSTR	{86AF9D1F-B5BF-4F7F-9FB1-8090090EBD87}
—	—	NSPC:VSTR	"GB/T 30966.2"
—	—	NAME:VSTR	"APC"(可控模拟给定值)
—	—	CTLS:UINT	1 个八位控制状态元素
setMag	AnalogueValue(模拟值)	CTLV:FLT32	32 位浮点值
setMag	AnalogueValue(模拟值)	DAEL:FLT32	32 位浮点值
q	Quality(质量)	DAEL:BSTR	SQ2——对象编码(请参看表 E.2)
t	TimeStamp(时间戳)	DAEL:TIME	6 个八位二进制时间——发生时间

与各 DNP3 数据元素有关的辅助值应为 DL/T 860.73—2004 的"属性名称",如:"setMag"。

E.4.16　CDC 三相系统的相线到地线相关实测值

表 E.16 定义了 DL/T 860.73—2004 通用数据类 WYE 的数据属性映射。数据属性[(phsA | phsB | phsC | neut | net | res) + t + q]应映射到 DNP3 的数据集原型。

表 E.16　通用数据类:相线到地线的映射

属性名称	属性类型	DNP3 数据规定	DNP3 数据元素映射
—	—	UUID:OSTR	{FCB770FF-0CA7-437C-B6E8-8F0A0C56ABF5}
—	—	NSPC:VSTR	"GB/T 30966.2"
—	—	NAME:VSTR	"WYE"(相线到地线)
phsA.cVal.mag	AnalogueValue(模拟值)	DAEL:FLT32	32 位浮点值
phsA.cVal.ang	AnalogueValue(模拟值)	DAEL:FLT32	32 位浮点值
phsB.cVal.mag	AnalogueValue(模拟值)	DAEL:FLT32	32 位浮点值
phsB.cVal.ang	AnalogueValue(模拟值)	DAEL:FLT32	32 位浮点值
phsC.cVal.mag	AnalogueValue(模拟值)	DAEL:FLT32	32 位浮点值
phsC.cVal.ang	AnalogueValue(模拟值)	DAEL:FLT32	32 位浮点值
neut.cVal.mag	AnalogueValue(模拟值)	DAEL:FLT32	32 位浮点值
neut.cVal.ang	AnalogueValue(模拟值)	DAEL:FLT32	32 位浮点值
net.cVal.mag	AnalogueValue(模拟值)	DAEL:FLT32	32 位浮点值
net.cVal.ang	AnalogueValue(模拟值)	DAEL:FLT32	32 位浮点值
res.cVal.mag	AnalogueValue(模拟值)	DAEL:FLT32	32 位浮点值
res.cVal.ang	AnalogueValue(模拟值)	DAEL:FLT32	32 位浮点值
q(注 2)	Quality(质量)	DAEL:BSTR	SQ2——对象编码(请参看表 E.2)
t(注 1)	TimeStamp(时间戳)	DAEL:TIME	6 个八位二进制时间——发生时间

与各 DNP3 数据元素有关的辅助值应为 DL/T 860.73—2004 的“属性名称”，如：“phsA.cVal.mag”。

DNP3 时映射应将一个“t”属性值映射到单一 DNP3 时间戳。

DNP3 应通过 O 形环将各个 “q”属性值映射到某个 DNP3 位串，除非是有效性标志(此标志在任何“q”属性为离线时将设为离线)。

E.4.17 CDC 三相系统的相线到相线相关测量值

表 E.17 定义了 DL/T 860.73—2004 通用数据类 DEL 的数据属性映射。数据属性[(phsAB | phsBC | phsCA) + t + q]应映射到 DNP3 的数据集原型。

表 E.17 通用数据类：相线到相线的映射

属性名称	属性类型	DNP3 数据规定	DNP3 数据元素映射
—	—	UUID：OSTR	{A51B25C2-B0DB.48B2-9038-522DE9D5FB9B}
—	—	NSPC：VSTR	“GB/T 30966.2”
—	—	NAME：VSTR	“DEL”(三相系统与相线到相线有关的测量值)
phsAB.cVal.mag	AnalogueValue(模拟值)	DAEL：FLT32	32 位浮点值
phsAB.cVal.ang	AnalogueValue(模拟值)	DAEL：FLT32	32 位浮点值
phsBC.cVal.mag	AnalogueValue(模拟值)	DAEL：FLT32	32 位浮点值
phsBC.cVal.ang	AnalogueValue(模拟值)	DAEL：FLT32	32 位浮点值
phsCA.cVal.mag	AnalogueValue(模拟值)	DAEL：FLT32	32 位浮点值
phsCA.cVal.ang	AnalogueValue(模拟值)	DAEL：FLT32	32 位浮点值
q(注 2)	Quality(质量)	DAEL：BSTR	SQ2——对象编码(请参看表 E.2)
t(注 1)	TimeStamp(时间戳)	DAEL：TIME	6 个八位二进制时间——发生时间

与各 DNP3 数据元素有关的辅助值应为 DL/T 860.73—2004 的“属性名称”，如：“phsAB.cVal.mag”。

DNP3 时映射应将一个“t”属性值映射到单一 DNP3 时间戳。

DNP3 应通过 ORing(“O”形环)将各个 “q”属性值映射到某个 DNP3 位串，除非是有效性标志(此标志在任何“q”属性为离线时将设为离线)。

E.4.18 CDC 设备铭牌

表 E.18 定义了 GB/T 30966.2 通用数据类 WDPL 的数据属性映射。数据属性 [vendor + tmOffset + tmUseDT + tmDT]应映射到 DNP3 的数据集原型。

表 E.18 通用数据类：设备铭牌的映射

属性名称	属性类型	DNP3 数据规定	DNP3 数据元素映射
—	—	UUID：OSTR	{4DE9717C-E402-4961-99D9-2ABE3D121847}
—	—	NSPC：VSTR	“GB/T 30966.2”
—	—	NAME：VSTR	“WDPL”(设备铭牌)
vendor	VISIBLE STRING255	DAEL：VSTR	255 个字符

表 E.18（续）

属性名称	属性类型	DNP3 数据规定	DNP3 数据元素映射
tmOffset	INT16	DAEL:INT32	与 UTC(转存时间链)的区距,单位:分钟
tmUseDT	BOOLEAN(布尔值)	DAEL:BSTR	FLAG(标志)={ BS8 [0..7] 状态=BS1 [0]〈0,假;1,真〉}
tmDT	BOOLEAN(布尔值)	DAEL:BSTR	FLAG(标志)={ BS8 [0..7] 状态=BS1 [0]〈0,假;1,真〉}

与各 DNP3 数据元素有关的辅助值应为 GB/T 30966.2 的"属性名称",如:"vendor"。

E.4.19 CDC 逻辑节点铭牌

表 E.19 定义了 DL/T 860.73—2004 通用数据类 LPL 的数据属性映射。数据属性 [vendor + swRev + d]应映射到 DNP3 的数据集原型。

表 E.19 通用数据类:逻辑节点铭牌的映射

属性名称	属性类型	DNP3 数据规定	DNP3 数据元素映射
—	—	UUID:OSTR	{8FA4508F-1547-476F-829D.B3FCB35CA427}
—	—	NSPC:VSTR	"GB/T 30966.2"
—	—	NAME:VSTR	"LPL"(逻辑节点铭牌)
供货商	VISIBLE STRING255	DAEL:VSTR	255 个字符
swRev	VISIBLE STRING255	DAEL:VSTR	255 个字符
d	VISIBLE STRING255	DAEL:VSTR	255 个字符

与各 DNP3 数据元素有关的辅助值应为 DL/T 860.73—2004 的"属性名称",如:"vendor"。

E.4.20 CDC 报警设定状态

表 E.20 定义了 GB/T 30966.2 通用数据类 ASS 的数据属性映射。数据属性[(ARRAY of stVal) + t + q]应映射到 DNP3 的数据集原型。

表 E.20 通用数据类:报警设定状态的映射

属性名称	属性类型	DNP3 数据规定	DNP3 数据元素映射
—	—	UUID:OSTR	见 E.4.22
—	—	NSPC:VSTR	见 E.4.22
—	—	NAME:VSTR	"ASS"(报警设定状态)
stVal[0]	CODED ENUM	DAEL:BSTR	FLAG(标志)={ BS8 [0..7] 状态=BS1 [1..0]〈0,Off(断开); 1,Acknowledge(确认);2, Warning(警告);3, Active(有效)〉}

表 E.20（续）

属性名称	属性类型	DNP3 数据规定	DNP3 数据元素映射
stVal[1]	CODED ENUM	DAEL:BSTR	FLAG(标志)={ BS8 [0..7] 状态=BS1 [1..0]〈0,Off(断开); 1,Acknowledge(确认);2,Warning (警告);3,Active(有效)〉}
stVal[2]	CODED ENUM	DAEL:BSTR	FLAG(标志)={ BS8 [0..7] 状态=BS1 [1..0]〈0,Off(断开); 1,Acknowledge(确认);2, Warning(警告);3,Active(有效)〉}
……………	……………………	…………………	…………………………………………………………
stVal[n]	CODED ENUM	DAEL:BSTR	FLAG(标志)={ BS8 [0..7] 状态=BS1 [1..0]〈0,Off(断开); 1,Acknowledge(确认);2, Warning(警告);3,Active(有效)〉}
q	Quality(质量)	DAEL:BSTR	SQ2——对象编码(请参看表 E.2)
t	TimeStamp(时间戳)	DAEL:TIME	6 个八位二进制时间——发生时间

与各 DNP3 数据元素有关的辅助值应为 GB/T 30966.2 的"属性名称",如:"stVal[0]"。

注：由于报警状态阵列内的元素数量取决于实施情况,所以将此通用数据类映射到 DNP3 数据集原型的供货商应使用 DNP 用户组来注册名字空间。然后可按照 E.4.22 的描述在该名字空间和针对已实施数据集而获得的通用唯一识别码内定义已实施数据集原型。名字空间和以此方式获得的 UUID 值用于表 E.20 中所示的 NSPC 和 UUID。

E.4.21 数据类属性与数据集描述符的关系

GB/T 30966.2 规定了与风电场应用有关的数据类属性。GB/T 30966.2 中的数据类或数据类属性应映射到 DNP3 中的具体数据集描述符。该映射使用于子站侧(服务器侧)。

表 E.21 定义了 GB/T 30966.2 数据类属性 WGEN.Spd 的数据属性映射。数据类属性[例如 WGEN.Spd]应映射到 DNP3 数据集描述符。

表 E.21 数据类属性抽样映射

属性名称	属性类型	DNP3 数据规定	DNP3 数据元素映射
—	—	名称	"WGEN_Spd"
WGEN.Spd	MV	PTYP	原型的通用唯一识别码,用于实测值{29787E10-484F-4B22-A7BF-1C669D3748E8}

表 E.22 定义了 GB/T 30966.2 数据类 WGEN 的数据属性映射。数据类[例如 WGEN]应映射到 DNP3 数据集描述符。

表 E.22 样本数据类映射

属性名称	属性类型	DNP3 数据规定	DNP3 数据元素映射
—	—	NAME(名称)	“WGEN”
WGEN.OpTmRs	TMS	PTYP	原型的通用唯一识别码,用于 TMS(状态定时){FE568612-8574-4B85-999F-21E14C7977B4}
WGEN.GnOpMod	STV	PTYP	原型的通用唯一识别码,用于状态值{36798E8E-2138-477D.868E-A5B6ADFA0410}
WGEN.ClSt	STV	PTYP	原型的通用唯一识别码,用于状态值{36798E8E-2138-477D.868E-A5B6ADFA0410}
WGEN.Spd	MV	PTYP	原型的通用唯一识别码,用于实测值{29787E10-484F-4B22-A7BF-1C669D3748E8}
WGEN.W	WYE	PTYP	原型的通用唯一识别码,用于 WYE(相线到地线){FCB770FF-0CA7-437C-B6E8-8F0A0C56ABF5}
WGEN.VAr	WYE	PTYP	原型的通用唯一识别码,用于 WYE(相线到地线){FCB770FF-0CA7-437C-B6E8-8F0A0C56ABF5}
WGEN.GnTmpSta	MV	PTYP	原型的通用唯一识别码,用于实测值{29787E10-484F-4B22-A7BF-1C669D3748E8}
WGEN.GnTmpRtr	MV	PTYP	原型的通用唯一识别码,用于实测值{29787E10-484F-4B22-A7BF-1C669D3748E8}
WGEN.GnTmpInlet	MV	PTYP	原型的通用唯一识别码,用于实测值{29787E10-484F-4B22-A7BF-1C669D3748E8}
WGEN.StaPPV	DEL	PTYP	原型的通用唯一识别码,用于 DEL(相线到相线){A51B25C2-B0DB.48B2-9038-522DE9D5FB9B}
WGEN.StaPhV	WYE	PTYP	原型的通用唯一识别码,用于 WYE(相线到地线){FCB770FF-0CA7-437C-B6E8-8F0A0C56ABF5}
WGEN.StaA	WYE	PTYP	原型的通用唯一识别码,用于 WYE(相线到地线){FCB770FF-0CA7-437C-B6E8-8F0A0C56ABF5}
WGEN.RtrPPV	DEL	PTYP	原型的通用唯一识别码,用于 DEL(相线到相线){A51B25C2-B0DB.48B2-9038-522DE9D5FB9B}
WGEN.RtrPhV	WYE	PTYP	原型的通用唯一识别码,用于 WYE(相线到地线){FCB770FF-0CA7-437C-B6E8-8F0A0C56ABF5}
WGEN.RtrA	WYE	PTYP	用于 WYE(相线到地线){FCB770FF-0CA7-437C-B6E8-8F0A0C56ABF5}
WGEN.RtrExtDC	MV	PTYP	原型的通用唯一识别码,用于实测值{29787E10-484F-4b22-A7BF-1C669D3748E8}
WGEN.RtrExtAC	MV	PTYP	原型的通用唯一识别码,用于实测值{29787E10-484F-4b22-A7BF-1C669D3748E8}

表 E.23 定义了 GB/T 30966.2 数据类 WGEN 数据属性选择的映射。从数据类[例如 WGEN]选择数据属性应映射到 DNP3 数据集描述符。

表 E.23 样本部分数据类映射

属性名称	属性类型	DNP3 数据规定	DNP3 数据元素映射
—	—	名称	"WGEN_SpD.PwrAt-PwrRt-StaA"
WGEN.Spd	MV	PTYP	原型的通用唯一识别码，用于实测值{29787E10-484F-4B22-A7BF-1C669D3748E8}
WGEN.PwrAt	WYE	PTYP	原型的通用唯一识别码，用于 WYE(相线到地线){FCB770FF-0CA7-437C-B6E8-8F0A0C56ABF5}
WGEN.PwrRt	WYE	PTYP	原型的通用唯一识别码，用于 WYE(相线到地线){FCB770FF-0CA7-437-B6E8-8F0A0C56ABF5}
WGEN.StaA	WYE	PTYP	原型的通用唯一识别码，用于 WYE(相线到地线){FCB770FF-0CA7-437C-B6E8-8F0A0C56ABF5}

E.4.22 DNP 用户组的作用

DNP3 由名为 DNP Users Group 的独立组织管理，这是一个设备供货商与协议用户的联合体。该用户组织的职能是志愿对 DNP3 的实施进行注册，并作为公正的仲裁人，以便开发用于各类设备(即：计量表、调节器、继电器等)的 DNP3。在开始任何 DNP3 的实施之前，供货商可加入用户组，以便确定哪些 DNP3 开发内容已经存在，其设备的哪些功能应给予支持。用户组包括了若干用户和供货商，他们代表了保证 DNP3 开发工作满足最大部分潜在用户的经验基数和市场专门知识。

DNP3 利用数据集原型来规定整个数据集或部分数据集内数据的结构和排序。本部分规定了在 DNP3 数据集中使用的数据集原型。DNP3 利用名字空间分配唯一的含义，分配对象是在其他情况下可能与在别处使用的相同名字发生混淆的通用名称。DNP3 接受任何供货商或用户所提交名字空间的自愿注册。一旦名字空间读取注册，供货商或用户便可在该名字空间内自由定义、重新定义或删除任何数据集原型。每个数据集原型在被定义或修改后，可读取一个通用唯一识别码，作为其唯一的身份识别。任何用户或供货商均可在其了解数据集原型的任何名字空间内，随意利用由数据集原型定义的数据集。这样便可在需要的位置创建专用数据集，也可以定义通用的共享数据集，如在本部分所描述的数据集原型。

E.5 信息交换模型面向 DNP3 服务的映射

GB/T 30966.3 定义的下列服务应映射到 DNP3 定义的服务：

——数据模型(读取数据值，设定数据值)；

——控制模型(选择、按数值选择、操作、命令终止)。

面向 DNP3 的映射只出于过程数据(信号)交换目的提供服务。

本映射的用意是如实使用 DNP3 的服务。不考虑对 DNP3 做出的定义进行任何引伸。

E.6 协议栈细节

E.6.1 DNP3设备规约文件

若要符合IEC 61400-25的要求，最基本的实施条件是具备可实现本条及表E.6.1中选定内容的设备规约。除了此处列出的选择以外，兼容设备还可支持任何其他选项。

1.1 设备识别	能力
1.1.7 被支持的DNP层用于： *指示设备完全符合每个DNP3层。对于主站，请求和响应可单独指示。*	主站专用至少应包括： 请求 响应 ☑………☑………第2层 外站专用 请求和响应应至少包括： ☑………第2层
1.1.8 被支持的功能块数：[3]	应包括： ☑ 对象0——属性对象 ☑ 数据集
1.1.9 需注意的补充内容： *简短描述的用意是使读者明确除被支持的DNP最高层以外的、设备支持的最明显功能。《实施表》中描述了完整的功能列表。*	支持包含有限定符00和01(8和16位起/止点指数)的静态数据读出请求
1.4 链路层 LINK LAYER	**能力**
1.4.5 发送已确认的用户数据帧： *设备赖以传输已确认链路层服务的一系列条件*	固定为或通过配置达到可永不发送已确认用户数据帧的目的
1.4.6 数据链路层确认超时： *此超时适用于需要确认或响应的任何二次数据链路层消息(链路复位、链路状态、用户数据等)*	固定为或通过配置可做到“无”
1.4.7 数据链路层重试最多次数： *设备重新发送要求链路层确认帧的次数。*	固定为或通过配置可包括“永不重试”
1.4.8 数据链路层帧内传输的最大八位字节数： *此数目包括CRC。长度字段为255时，最大规格为292。*	固定为或通过配置可包含292
1.4.9 数据链路层帧内可被接收的最大八位字节 *此数目包括CRC。长度字段为255时，最大规格为292。若要符合要求，设备须能够接收292个八位字节。*	固定为或通过配置可包含292。
1.5 应用层	**能力**
1.5.1 除文件传送以外，在应用层段内被传输的最大八位字节数：	主站：固定为或通过配置可达到249。

对于1.1.8，只有在可选数据集映射被支持时，才需要对象0和数据集。

此规格不包括任何传送或帧八位字节。

- *主站须提供小于或等于 249 的设定值。*
  外站须提供小于或等于 2 048 的设定值。

1.5.3　一个应用层段内可被接收的最大八位字节数：	主站：固定为或通过配置可达到 2 048。 外站：固定为或通过配置可达到 249
此规格不包括任何传送或帧八位字节。 ● *主站须提供大于或等于 2 048 的设定值。* *外站须提供大于或等于 249 的设定值。*	
1.5.4　等待整个应用层段的超时： *在指定时间内未收到一个消息段内所有各帧时的超时。根据某段第一帧被接收到最后一帧被接收的时段而测量。*	可配置
1.6　请填入以下主站专用项 1.6 FILL OUT	**能力**
1.6.1　等待整个应用层响应的超时(毫秒)： *在指定时间内未收到某个响应消息中所有各段时的主站超时。*	可配置
1.6.2　请求消息的应用层最多重试次数 *未收到响应时主站重新发送应用层请求消息的次数。此参数不得使主站重新发送控制或时间同步消息。外站不得发送重试。*	固定为或通过配置可做到“无”
1.7　请填入以下外站专用项	**能力**
1.7.1　等待被征求响应消息的应用确认超时：	可配置
1.7.2　主站每隔多长时间要求一次时间同步?	可配置(默认值＝24 h)
1.8　外站未征求响应支持	**能力**
1.8.1　支持未征求报告： *当未征求响应模式配置为“off”(断开)时，设备的行为应完全像一个对未征求响应不支持的等效设备一样。如果设为“接通”，外站在重新起动后会发出零“未征求响应”，然后等待主站的“允许未征求响应”命令后再发送包含事件数据的附加“未征求响应”。*	可配置，可在“通”与“断”之间选择
1.8.3　未征求响应确认超时： *此为外站等候主站回复应用层确认的时间量，确认主站收到了未征求的响应消息。可配置值的范围至少须包括一秒钟到一分钟的范围。此参数可与正常的、被征求的应用确认超时参数相同，也可以是另外一个参数。*	可配置
1.9　外站未征求响应触发	**能力**
1.9.8　事件分配给任意类后的保持时间： *配置值 0 表示响应未因此参数而延迟。*	可配置
3.1　一位二进制输入	**能力**
3.1.2　变化 0 被请求时所报告的事件变化	.变化 2——有绝对时间 .变化 3——有相对时间
3.3　二进制输出状态与控制继电器输出块	**能力**
3.3.9　选择与操作之间的最长时间：	可配置(默认值＝10 s)

	点 指 数	
	名 称	
始终	(选择/操作)	获得支持的控制运行
始终	直接操作	
始终	直接操作——无确认确认	
可配置	启动	
永不	停止	
可配置	扣上	
可配置	解扣	
可配置	跳闸	
可配置	关闭	
永不	计数>1	
永不	取消当前运行操作	
	数值为0时的状态名称	
	数值为1时的状态名称	
	变更	赋予事件的默认类(1,2,3或无)
	命令	
	描述	

3.4 数器/冻结计数器	能力
3.4.9 计数器滚动翻转点：	32位(4 294 967 295)

DNP3 设备规约文件

表 E.6.1 互用性

DNP 对象组及描述			请求 外站须分析		响应 外站可发出	
组号	变化号	描述	功能代码 (十进制)	限定码 (十六进制)	功能代码 (十进制)	限定码 (十六进制)
0[a]	254	设备属性——各属性非特定请求	1	00,01,06	129	5B
0[a]	255	设备属性——属性变化列表	1	00,01,06	129	5B
50	1	时间与日期——绝对时间	1	07(数量=1)	129	07(数量=1)
			2	07(数量=1)	—	—
50	3	时间与日期——最后记录时间时的绝对时间	2	07(数量=1)	—	—
52	1	时间延迟——近似			129	07(数量=1)
52	2	时间延迟——精确			129	07(数量=1)
60	1	类对象——0 类数据	1	06	—	—
60	2	类对象——1 类数据	1	06,07,08	—	—
			20, 21	06	—	—
60	3	类对象——2 类数据	1	06,07,08	—	—
			20, 21	06	—	—
60	4	类对象——3 类数据	1	06,07,08	—	—
			20, 21	06	—	—
80	1	内部指示——压缩格式	2	00 (指数=7)	—	—
85[a]	0	数据集原型——所有变化	1	06	—	—
85[a]	1	数据集原型——有通用唯一识别码	1	00,01,06, 17,28	129	5B
			2	5B	—	—
86[a]	0	数据集描述符——所有变化	1	06	—	—
			22	00,01,06, 17,28	—	—
86[a]	1	数据集描述符——数据集内容	1	00,01,06, 17,28	129	5B
			2	5B	—	—
86[a]	2	数据集描述符——特点	1	00,01,06, 17,28	129	00, 01, 17, 28

表 E.6.1(续)

DNP 对象组及描述			请求 外站须分析		响应 外站可发出	
组号	变化号	描述	功能代码 (十进制)	限定码 (十六进制)	功能代码 (十进制)	限定码 (十六进制)
86[a]	3	数据集描述符——点指数属性	1	00,01,06,17,28	129	5B
			2	5B	—	—
87[a]	0	静态数据集——所有变化	1	06	—	—
87[a]	1	静态数据集——当前值	1	00,01,06,17,28	129	5B
			2	5B	—	—
			3,4,5,6	5B	129	5B
88[a]	0	事件数据集——所有变化	1	06,07,08	—	—
88[a]	1	事件数据集——快照	1	06,07,08	129,130	5B
无对象(仅限功能码)冷重启。			13			
无对象(仅限功能码)延迟测量。			23			
[a] 如果可选数据集映射获得支持,则只需要对象组 0 及对象组 85 至 88。						

附　录　F
（规范性附录）
时间同步

F.1　总则

凡是声称符合本部分及表示可支持具有时间戳类型属性对象的实施，至少应使用SNTP协议，以保证风电场内的同步。使用其他更加精确的同步协议，不在本部分范围之内。

要获得关于时间戳时间质量属性的相同解释，应执行以下规则：

——设备启动后，其时钟不同步标志应设为真，直到设备与某个外部SNTP服务器或另一个更为精确的同步源（如：全球定位系统，PTP或IRIG-B）实现同步；

——如果没有更准确的外部同步源，且SNTP服务器对同步请求不回应或SNTP在做出响应时，LI指示器表示时间服务器不可靠，应在供货商定义的特定超时之后，在测试用协议实施附加信息（PIXIT）文件中设定时钟不同步标志。此超时取决于内部时钟的精确度，应保证规定的最大偏差（PIXIT）；

——如果时间戳信息因内部时钟故障等原因而无法被视为有效，应设立时钟故障标志；

——所有包含时间戳属性的数据对象均应针对时间质量属性“时钟不同步”或“时钟失效”保持设定为数值真，直到时钟成功实现同步。

F.2　A-规约

时间同步服务的A-规约应符合DL/T 860.81—2006的6.5.1中的定义。

F.3　T-规约

时间同步服务的T-规约应符合DL/T 860.81—2006的6.5.2中的定义。

附 录 G
（资料性附录）
接口——实施考虑

G.1 总则

为了更好地理解 IEC 61400-25，现以以下讨论为例来表示 IEC 61400-25 相对于真实系统的覆盖范围。

IEC 61400-25 不限制任何信息、服务模型、通信栈、措施及应用程序接口（API）的实施。

注：此例不具有代表性。在两边均可以设置许多其他接口。

G.2 真实系统接口举例

在风电场（WPP）设备与监控系统之间的信息交换主要包括

图 G.1——一台客户端、一台服务器、若干个接口和措施。

服务器（风电场服务器）的代表是信息模型和信息交换模型。客户端（风电场客户端）作为服务器的补充。例如，客户端可请求由服务器提供的服务。对客户端本身不做规定（其主要作用是作为服务器的补充）。

现将从信息源到 SCADA 可视化的完整链条描述如下（图中从右向左）：

——数据值来源为真实的风电场。真实风电场过程与风电场服务器之间的数据（原始）值交换通过接口 1（IF1）和接口 2（IF2）实现，上述接口取决于实施情况。服务器侧设置接口的数量，取决于实施情况。

——风电场服务器为（原始）过程数据（如：分层名称、时间戳、质量等）增添有用信息。这一点在模型中定义，名称等内容的增加被定义为措施 1——此措施取决于实施情况。

——信息模型（从网络方面看）由 GB/T 30966.2 定义——模型的实现视实施情况而定。

——监视由实时数据源提供的过程数据值变化由措施 1 表示——该措施取决于实施情况，但特性和服务在 GB/T 30966.3 中定义。

——风电场服务器与监控系统之间的数据值交换经由（IF3）实现，特性和服务在本部分定义。

——与另一系统交换服务器内的模型描述（IF3）——特性和服务在本部分定义。

——（通信）客户端与客户端应用（可视化，HMI）之间的数据值交换经由（IF4）和[Act2（措施 2）]实现——此措施取决于实施情况。

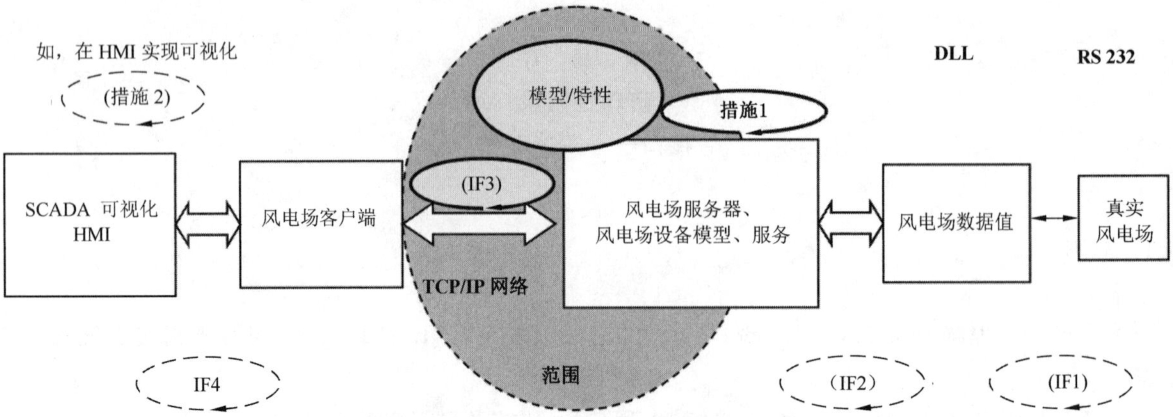

图 G.1 实施问题(示例)

接口(IF3)是唯一由 IEC 61400-25 定义的接口。该接口的定义由通过此接口访问的信息和带有服务参数和数值的消息实施。

所有应用程序接口均不在 IEC 61400-25 范围内。

ICS 83.120
Q 23

中华人民共和国国家标准

GB/T 30967—2014

复合材料纤维增强体取向编码方法

Practice for fiber reinforcement orientation codes for composite materials

2014-07-24 发布　　2015-01-01 实施

中华人民共和国国家质量监督检验检疫总局
中国国家标准化管理委员会　发布

前　言

本标准按照 GB/T 1.1—2009 给出的规则起草。

本标准由中国建筑材料联合会、中国航空工业集团公司提出。

本标准由全国纤维增强塑料标准化技术委员会、全国航空器标准化技术委员会(SAC/TC 435)归口。

本标准起草单位:中国航空工业集团公司北京航空材料研究院、中国飞机强度研究所。

本标准主要起草人:张子龙、彭勃、李雪芹、沈真、杨胜春。

复合材料纤维增强体取向编码方法

1 范围

本标准规定了复合材料纤维增强体取向编码方法的参考坐标系、层合板增强体取向编码、编织物增强体取向编码和用于计算机系统的简化取向编码方法。

本标准适用于层合板和二维编织物增强体的取向编码,也适用于连续纤维缠绕材料的取向编码。

2 参考坐标系

2.1 层合板增强体取向编码应先选择参考面。对于层合板增强体取向编码,参考面一般选择层合板的底层或顶层。呈中面对称的层合板采用底层或顶层作为参考面时取向编码相同。参考面的选择决定层合板参考坐标系的 Z 轴或第三轴方向。

2.2 参考面内坐标系主轴方向(0°方向)可根据需要确定,一般将主纤维方向定为参考坐标系主轴方向。

3 层合板纤维增强体取向编码

3.1 层合板纤维增强体方向和层数的取向编码形式为:$[\theta_1 m_1 b_1/\theta_2 m_2 b_2 \cdots]_{nsb}$。$\theta_1$,$\theta_2$ 分别为层合板中各单层的纤维铺设方向的角度(°);m_1,m_2 分别为 θ_1,θ_2 方向上单层的层数(不适用于一个单层);b_1,b_2 分别为 θ_1,θ_2 铺设方向上层合板的材料种类和形式;n 为括号中纤维铺设层组的重复数;s 表示几何对称性;b 表示材料种类和形式。

3.2 所有的层从层合板的参考面依次排列,方括号表示取向编码的开始和结束。

3.3 每层相对参考坐标轴方向的取向用该层主纤维方向与参考坐标系主轴方向的夹角表示,对机织物为经纱方向与参考方向的夹角。正对铺层面,在参考方向逆时针方向的角为正角(右手法则)。夹角的取值区间为(-90,90],具有不同值的相邻层的取向用短斜线(/)分开。角度值相等而符号相反的相邻两层,可用"±"或"∓"表示。

3.4 若两个或两个以上相邻层具有相同的取向和材料体系,则用取向角度和表示重复数的下标来表示,必要时应标明材料形式。

3.5 层合板中包含重复纤维铺设层组时,取向编码可通过圆括号将层组括起并在括号外标 n、s、b 下标来简化。可以把所有需要的层组放在方括号中来描述层合板,方括号外下标表示方括号内纤维铺设层组的重复方式。

3.6 用下标 b 表示材料体系时,对单向带层可省略下标,对织物层用下标 f 表示。若层合板包含的单层类型相同,则可在方括号外标注适当下标(如 f);由不同材料组成的层内混杂层合板的编码应在不同单层上单独标注下标。下标和材料的对应关系应在层合板编码后注释。

3.7 当各层呈对称关系,层合板取向编码可用一半铺设方式和下标 s 表示。奇数层的对称层合板,其取向编码在中面层取向角度上用上划线来标示。若不采用下标 s,可以用下标 T(表示总数)来表示所有层。

3.8 除用 T 表示全部外,所有下标均用小写字母。

3.9 层合板各层取向编码的计算机表示方法进行以下修改:

a) 用冒号代表下标，如：[90/0:2/45]:s，即在代表下标的符号前加冒号（“:”）；

b) 对称层合板中，非重复层的标识用在其后加反斜线（\）表示，如：$[0/45/\overline{90}]_s$ 表示为[0/45/90\]:s；

c) 用“+-”表示“±”，用“-+”代替“∓”。

3.10 层合板中增强体取向编码及其计算机化表达方式的实例见附录A的表A.1。

4 编织物增强体取向编码

4.1 编织物增强体的纤维方向、丝束尺寸和铺层数量的取向编码形式为$[\theta_{m_1}/\pm\theta_{m_2}\cdots]_n N$。$\theta$ 为编织角；m_1 为轴向长丝束中的纤维数量；m_2 为编织长丝束中纤维数量；n 为编织层数；N 为预成型体中轴向长丝体积百分数。

4.2 预成型体中轴向长丝体积百分数按式(1)计算：

$$N=\frac{A_A}{\frac{2A_B}{\cos(BA)}+A_A}\times 100\% \qquad (1)$$

式中：

N ——预成型体中轴向长丝体积百分数；

A_A ——轴向长丝束的截面面积，单位为平方毫米（mm^2）；

A_B ——编织向长丝束的截面面积，单位为平方毫米（mm^2）；

BA ——编织角度，单位为度（°）。

4.3 编织物增强体取向编码的实例见附录A中的表A.2。

附　录　A
（资料性附录）
增强体取向编码实例

A.1　层合板增强体取向编码实例见表 A.1。

表 A.1　层合板增强体取向编码实例

序号	图例	编码类型	编码
1	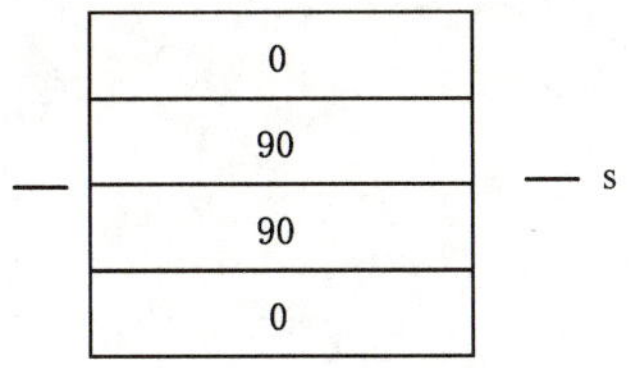	简写式	[0/90]s
		计算机	[0/90]:s
		完整式	[0/90/90/0]
2	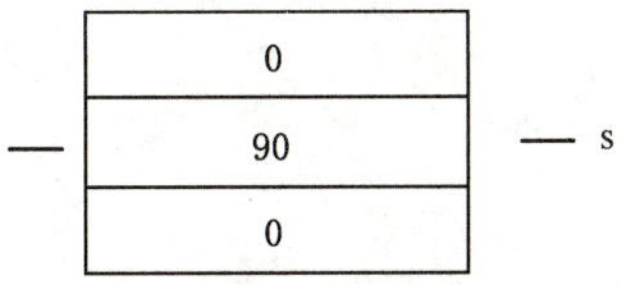	简写式	$[0/\overline{90}]$s
		计算机	[0/90\]:s
		完整式	[0/90/0]
3	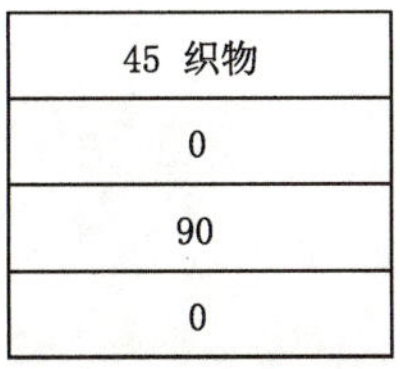	简写式	顶部参考面：[45_f/0/90/0] 底部参考面：[0/90/0/45_f]
		计算机	顶部参考面：[45 : f/0/90/0] 底部参考面：[0/90/0/45 : f]
		完整式	顶部参考面：[45_f/0/90/0] 底部参考面：[0/90/0/45_f]
4	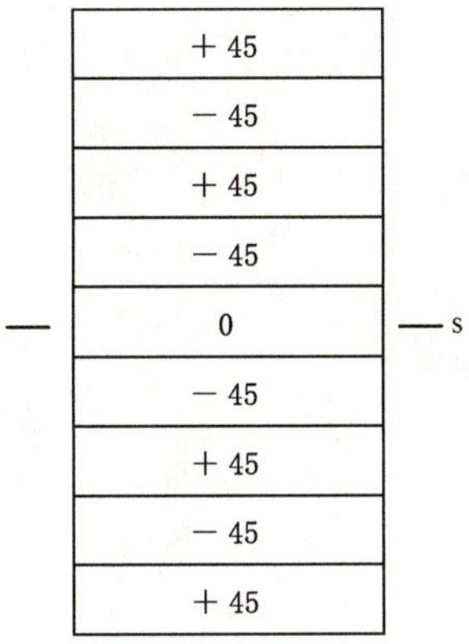	简写式	$[(\pm 45)_2/\overline{0}]$s
		计算机	[(+−45):2/0\]:s
		完整式	[45/−45/45/−45/0/−45/+45/ −45/+45]

A.2 编织物增强体取向编码的实例见表 A.2。

表 A.2 编织物增强体取向编码实例

编织编码	轴向纱数 k	编织角度 (°)	编织纱数 k	层数	轴向纱含量 %
$[0_{30k}/\pm70_{6k}]_3 63\%$	30	±70	6	3	63
$[0_{12k}/\pm60_{6k}]_5 33\%$	12	±60	6	5	33

ICS 83.120
Q 23

中华人民共和国国家标准

GB/T 30968.1—2014

聚合物基复合材料层合板开孔/受载孔性能试验方法 第1部分:挤压性能试验方法

Test method for open-hole/loaded-hole of polymer matrix composite laminates—Part 1:Test method of bearing response

2014-07-24 发布

2015-01-01 实施

中华人民共和国国家质量监督检验检疫总局
中国国家标准化管理委员会 发布

前 言

GB/T 30968《聚合物基复合材料层合板开孔/受载孔性能试验方法》分为4部分：

——第1部分：挤压性能试验方法；

——第2部分：充填孔拉伸和压缩试验方法；

——第3部分：开孔拉伸强度试验方法；

——第4部分：开孔压缩强度试验方法。

本部分为GB/T 30968的第1部分。

本部分按照GB/T 1.1—2009给出的规则起草。

本部分由中国建筑材料联合会、中国航空工业集团公司提出。

本部分由全国纤维增强塑料标准化技术委员会(SAC/TC 39)、全国航空器标准化技术委员会(SAC/TC 435)归口。

本部分起草单位：中国飞机强度研究所、中国航空工业集团公司北京航空材料研究院。

本部分主要起草人：杨胜春、沈真、张子龙、肖娟、孙坚石、周建锋、张立鹏、王俭。

聚合物基复合材料层合板开孔/受载孔性能试验方法 第1部分:挤压性能试验方法

1 范围

GB/T 30968 的本部分规定了聚合物基复合材料层合板挤压性能试验方法的试验设备、试样、试验步骤、计算和试验报告。

本部分适用于连续纤维增强聚合物基复合材料层合板挤压性能的测定。本标准的方法 A 适用于材料评价和比较,方法 B 和方法 C 适用于评价具体的连接构型和建立设计许用值数据。

2 规范性引用文件

下列文件对于本文件的应用是必不可少的。凡是注日期的引用文件,仅注日期的版本适用于本文件。凡是不注日期的引用文件,其最新版本(包括所有的修改单)适用于本文件。

GB/T 1446 纤维增强塑料性能试验方法总则

GB/T 3961 纤维增强塑料术语

3 术语和定义

GB/T 3961 界定的术语和定义适用于本文件。

3.1

挤压面积 bearing area

受载孔的直径与试样厚度的乘积。

3.2

孔径厚度比 diameter to thickness ratio

孔径与试样厚度之比,用尺寸的名义值或实际测量值确定。

3.3

端距比 edge distance ratio

孔中心到试样端部之间的距离与孔径之比,用尺寸的名义值或实际测量值确定。

3.4

宽度孔径比 width to diameter ratio

试样宽度与孔径之比,用尺寸的名义值或实际测量值确定。

3.5

挤压应变 bearing strain

挤压载荷方向挤压孔的变形与孔径之比。

3.6

挤压应力 bearing stress

单位挤压面积承受的挤压载荷。

3.7

挤压刚度　bearing chord stiffness

挤压应力/挤压应变曲线线性部分上两个指定的挤压应力或挤压应变点之间的连线的斜率。

3.8

挤压强度　bearing strength

挤压应力/应变曲线斜率出现明显变化时的挤压应力值。

3.9

条件挤压强度　offset bearing strength

过挤压应变轴上偏离零点的规定挤压应变值点，作平行于挤压应力/挤压应变曲线线性段的直线(弦线刚度线)，该直线与挤压应力-挤压应变曲线交点所对应的挤压应力值。一般取2%偏离零点的挤压应变确定条件挤压强度。

3.10

极限挤压强度　ultimate bearing strength

试样承受最大载荷时的挤压应力值。

4　方法原理

对紧固件采用双剪(方法A)或单剪(方法B和方法C)方式施加载荷，使紧固件和层合板试样的孔表面接触，形成挤压面，进而测得层合板试样孔边的挤压性能。

5　试验设备

5.1　试验机与测试仪器

试验机和测试仪器应符合GB/T 1446的规定。

5.2　环境箱

环境箱的控制精度应满足试验要求，经计量检定合格，并在有效期内使用。

5.3　扭矩扳手

扭矩扳手的精度应满足试验要求，经计量检定合格，并在有效期内使用。

5.4　试验夹具

方法A(双剪法)的试验夹具见图1和图2，方法C(有夹具单剪法)的试验夹具见图3～图6。

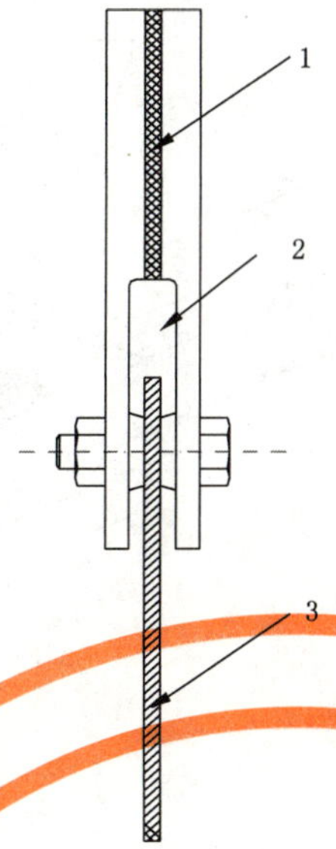

说明：
1——垫板；
2——双剪夹具；
3——试样。

图 1　方法 A(双剪法)试验夹具与试样的装配示意图

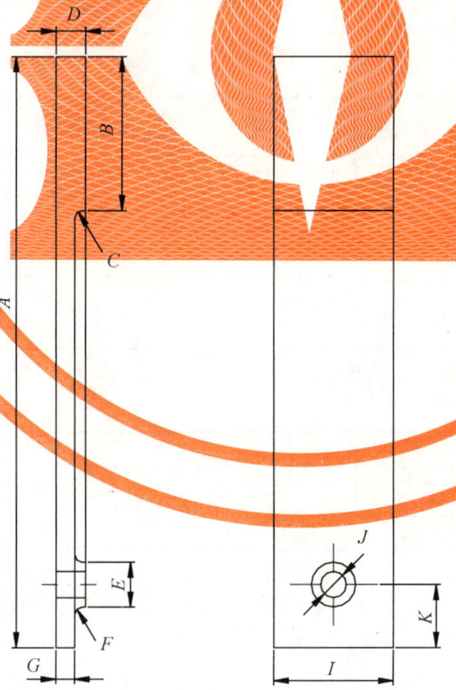

尺寸代号	A	B	C	D	E	F	G	I	J	K
尺寸值/mm	200	50	2	5	13	2	3	36	6	20

图 2　方法 A(双剪法)试验夹具示意图

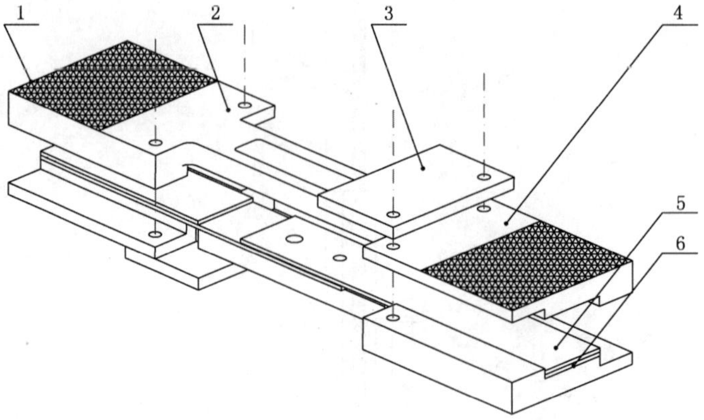

说明：

1——夹持面；

2——长夹板；

3——支持板；

4——短夹板；

5——试样；

6——垫板。

图3 方法C试验夹具组合件示意图

单位为毫米

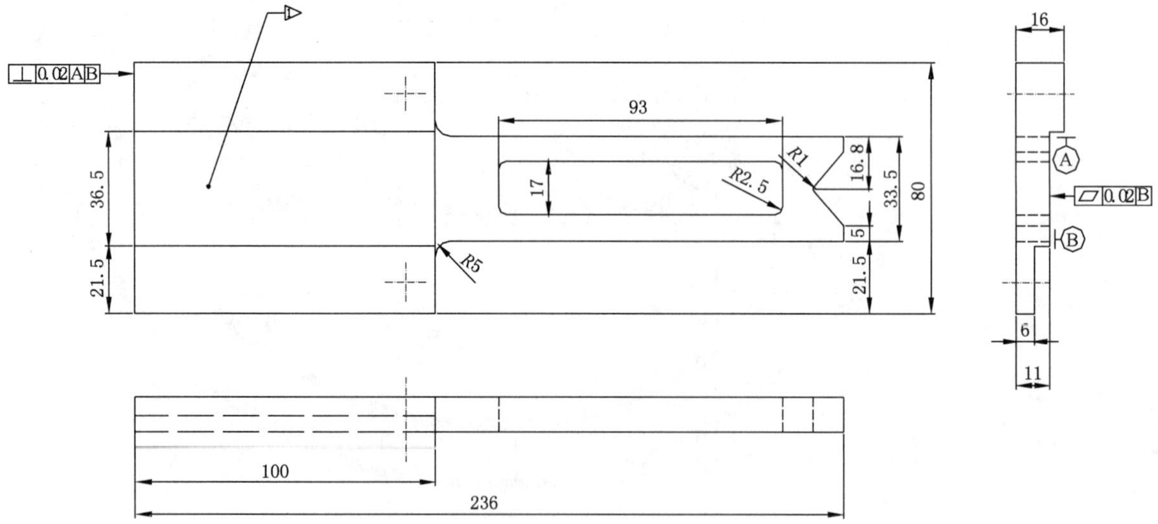

注1：▷采用高速氧燃料(HVOF)工艺或电火花沉淀(ESD)进行热喷涂表面处理。

注2：除标准以外，其余公差为±0.3 mm。

图4 方法C试验夹具的长夹板示意图

单位为毫米

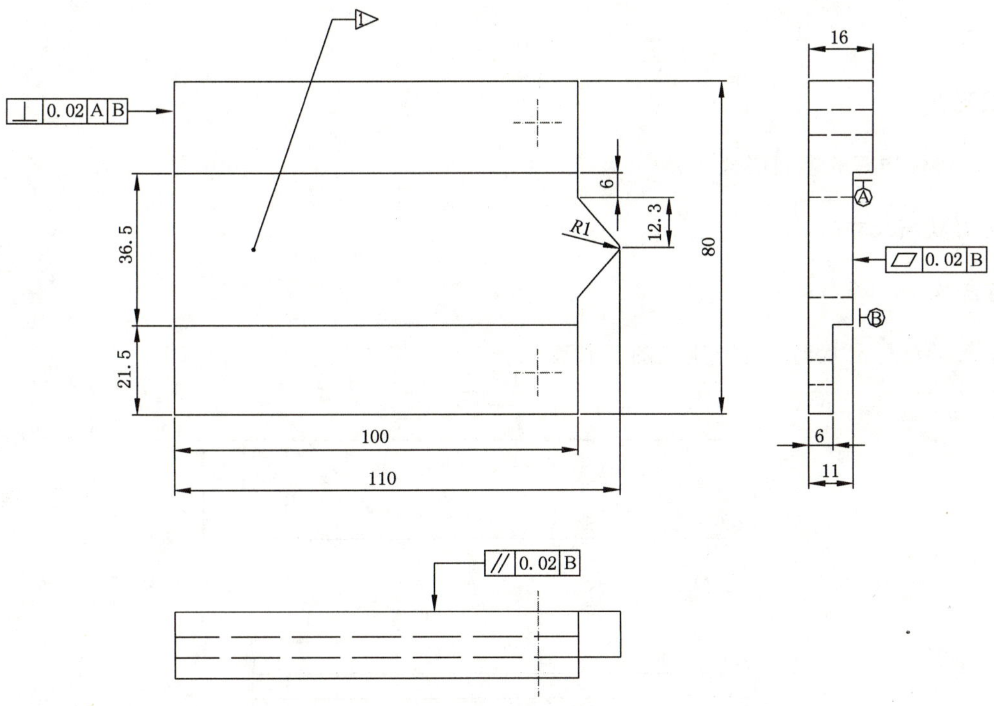

注 1：▷采用高速氧燃料(HVOF)工艺或电火花沉淀(ESD)进行热喷涂表面处理。

注 2：除标准以外，其余公差为±0.3 mm。

图 5　方法 C 试验夹具的短夹板示意图

单位为毫米

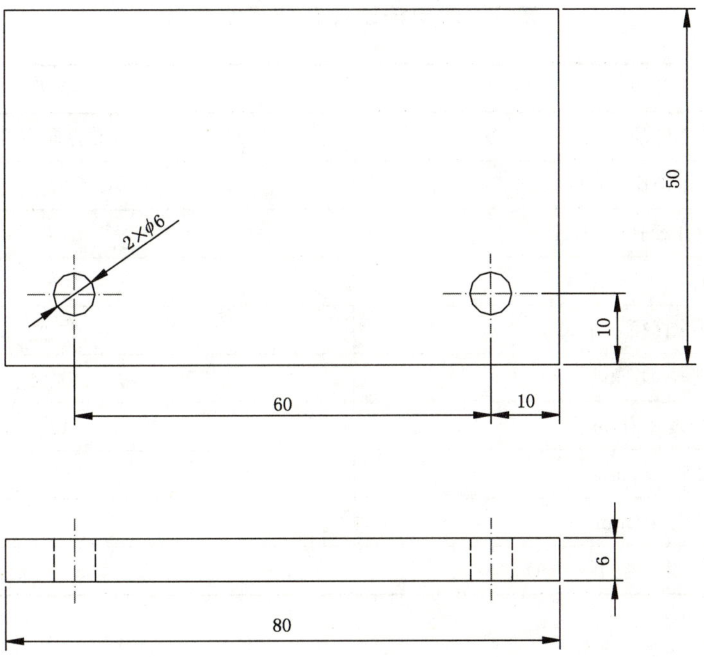

图 6　方法 C 试验夹具的支持板示意图

6 试样

6.1 铺层形式

试样为对称均衡的多向层合板。

6.2 试样形状与尺寸

6.2.1 方法 A

方法 A 的试样形状与尺寸分别见图 7 和表 1。

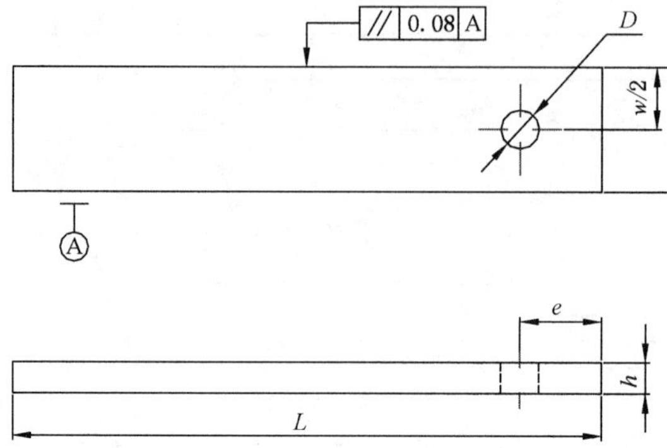

铺层方向公差为：相对于基准面Ⓐ小于±0.5°；机械加工边缘的粗糙度 Ra 值不超过 3.2 μm。

图 7 双剪法试样示意图

表 1 双剪法试样几何尺寸要求

参数	要求
试样铺层形式	准各向同性
宽度孔径比(w/D)	6
端距孔径比(e/D)	3
厚度 h/mm	3～5
紧固件直径 d/mm	$6^{+0.00}_{-0.03}$
孔径 D/mm	$6^{+0.03}_{-0.00}$
长度 L/mm	135
宽度 w/mm	36±1
端距 e/mm	18±1
紧固件拧紧力矩/(N·m)	3±0.3

6.2.2 方法 B

方法 B 的试样形状与尺寸分别见图 8、图 9、表 2 和表 3。若双钉试样采用沉头紧固件，则试样的每一侧均应布置一个沉头。

6.2.3 方法 C

方法 C 的试样形状与尺寸分别见图 8、图 9、表 2 和表 3。若双钉试样采用沉头紧固件，则试样的每一侧均应布置一个沉头。

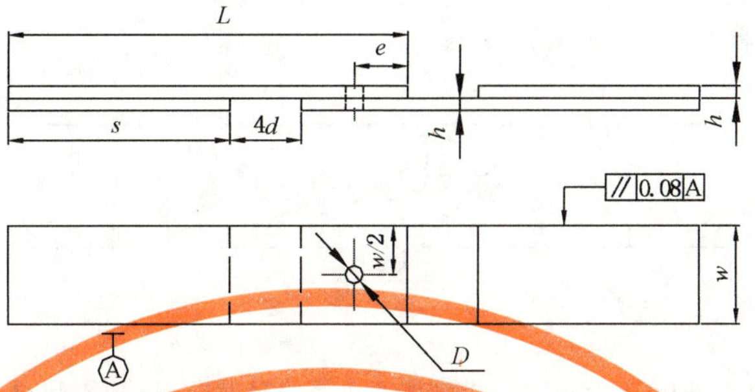

铺层方向公差为：相对于基准面Ⓐ小于±0.5°；机械加工边缘的粗糙度 Ra 值不超过 3.2 μm。

图 8 单剪、单紧固件试样示意图

表 2 单钉单剪试样几何尺寸要求

参数	要求	
	方法 B(无夹具)	方法 C(有夹具)
紧固件形状	凸头、沉头	凸头、沉头
宽度孔径比(w/D)	6	6
端距孔径比(e/D)	3	3
紧固件直径 d/mm	$6^{+0.00}_{-0.03}$	$6^{+0.00}_{-0.03}$
孔径 D/mm	$6^{+0.03}_{-0.00}$	$6^{+0.03}_{-0.00}$
厚度 h/mm	2～6	2～6
长度 L/mm	135	186
宽度 w/mm	36±1	36±1
端距 e/mm	18±1	18±1
垫板长度 s/mm	75	126
紧固件拧紧力矩/(N·m)	3±0.3	3±0.3

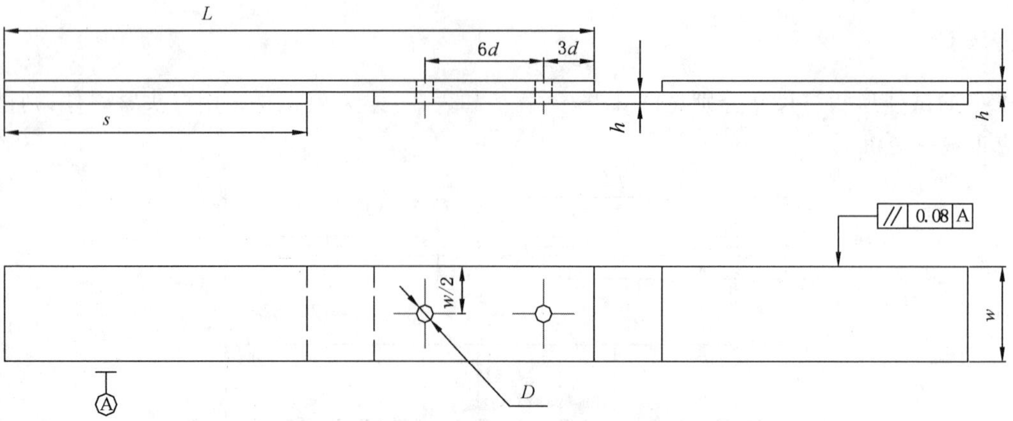

铺层方向公差为：相对于基准面Ⓐ小于±0.5°；机械加工边缘的粗糙度 Ra 值不超过 3.2 μm。

图 9 单剪、双紧固件试样示意图

表 3 双钉单剪试样几何尺寸要求

参数	试样标准尺寸	
	方法 B(无夹具)	方法 C(有夹具)
紧固件形状	凸头、沉头	凸头、沉头
宽度孔径比(w/D)	6	6
端距孔径比(e/D)	3	3
紧固件直径 d/mm	$6^{+0.00}_{-0.03}$	$6^{+0.00}_{-0.03}$
孔径 D/mm	$6^{+0.03}_{-0.00}$	$6^{+0.03}_{-0.00}$
厚度 h/mm	2～6	2～6
长度 L/mm	204	204
宽度 w/mm	36±1	36±1
端距 e/mm	18±1	18±1
垫板长度 s/mm	108	108
紧固件拧紧力矩/(N·m)	3±0.3	3±0.3

6.3 垫板材料

对于无试验夹具的单剪试样，推荐采用连续玻璃纤维增强的聚合物基$[\pm 45]_{ns}$层合板。对于有试验夹具的单剪试样，垫板材料推荐采用与试样相同的材料制成。

6.4 胶粘剂

将垫板与试样粘接时，可采用能满足环境要求的高伸长率的(韧性的)胶粘剂。若采用试验夹具，则不需要将垫板与试样粘接。

6.5 试样制备

试样制备按 GB/T 1446 的规定。制孔时应避免孔周围的材料出现分层或其他损伤。

6.6 试样数量

每组有效试样应不少于5个。

7 试验条件

7.1 试验环境条件

7.1.1 实验室标准环境条件

实验室标准环境条件应满足GB/T 1446的规定。

7.1.2 非实验室标准环境条件

7.1.2.1 高温试验环境条件

首先将环境箱和试验夹具预热到规定的试验温度，然后将试样加热到规定的试验温度，并用与试样工作段直接接触的温度传感器加以校验。对干态试样，在试样达到试验温度后，保温5 min～10 min开始试验；对湿态试样，在试样达到试验温度后，保温2 min～3 min开始试验。试验中试样温度保持在规定试验温度的(3 ℃范围内。

7.1.2.2 低温(低于0 ℃)试验环境条件

首先将环境箱和试验夹具冷却到规定的试验温度，然后将试样冷却到规定的试验温度，并用与试样工作段直接接触的温度传感器加以校验。在试样达到试验温度后，保温5 min～10 min开始试验。试验中试样温度保持在规定试验温度的±3 ℃范围内。

7.2 试样状态调节

7.2.1 干态试样状态调节

试验前，试样在实验室标准环境条件下至少放置24 h。

7.2.2 湿态试样状态调节

试验前，应在规定的温度和湿度条件下使试样达到所要求的吸湿状态。推荐的温度和湿度条件如下：

a) 温度：70 ℃±3 ℃；

b) 相对湿度：85%±5%。

湿态试样状态调节结束后，应将试样用湿布包裹放入密封袋内，直到进行力学试验，试样在密封袋内的储存时间应不超过14 d。

8 试验步骤

8.1 方法A(双剪法)

8.1.1 试验前准备

8.1.1.1 按GB/T 1446的规定检查试样外观，对每个试样编号。

8.1.1.2 按7.2的规定对试样进行状态调节。

8.1.1.3　在最终的试样机械加工和状态调节后，测量孔附近的试样宽度 w、试样厚度 h、孔径 D、从孔边缘到试样侧边的最短距离 f 和孔边缘到试样端部的距离 g。试样厚度测量精确到 0.01 mm，其余尺寸测量精确到 0.02 mm。

8.1.2　**试样安装**

8.1.2.1　通过紧固件，将试样与双剪夹具装配在一起，用扭矩扳手将紧固件拧紧到所需的值。

8.1.2.2　将试样-夹具组合件夹持于试验机夹头中，并使试样中心线与试验机夹头中心线保持一致。

8.1.2.3　按照图 10 的要求安装引伸计。

8.1.3　**试验**

8.1.3.1　对于在实验室标准环境条件下进行的试验，按 7.1.1 的规定进行；而对于在非实验室标准环境条件下进行的试验，则按 7.1.2 的规定进行。

8.1.3.2　以 1 mm/min～2 mm/min 的加载速度对试样连续加载，直到试样破坏。连续测量并记录试样的载荷-孔位移曲线和失效模式。若出现过渡区域或单层的初始破坏，则记录该点的载荷和损伤模式。若试样破坏，则记录试样的失效模式、最大载荷及尽可能接近破坏瞬间的孔的位移。

8.1.3.3　失效模式的描述采用表 4 和图 12 所示的三字符式失效代码，其中复合失效模式用代码 M 和其后括号内每个相应失效形式的代码来表示，如对于同时出现局部挤压和劈裂失效模式的$[45_i/0_j/-45_i/90_k]_{ns}$预浸带层合板，可用 M(BC)1I 表示其失效模式。

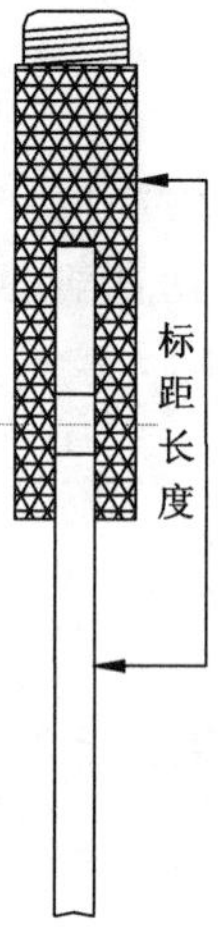

图 10　双剪挤压试验引伸计安装示意图

8.2　**方法 B(无夹具单剪法)**

8.2.1　**试验前准备**

8.2.1.1　按 GB/T 1446 的规定检查试样外观，对每个试样编号。

8.2.1.2　按 7.2 的规定对试样进行状态调节。

8.2.1.3　在最终的试样机械加工和状态调节后，测量孔附近的试样宽度 w、试样厚度 h、孔径 D、从孔边缘到试样侧边的最短距离 f 和孔边缘到试样端部的距离 g。试样厚度测量精确到 0.01 mm，其余尺寸测量精确到 0.02 mm。

8.2.2　**试样安装**

8.2.2.1　通过紧固件，将试样装配在一起，用扭矩扳手将紧固件拧紧到所需的值。

8.2.2.2 将试样夹持于试验机夹头中，并使试样的中心线与试验机夹头的中心线保持一致。

8.2.2.3 按照图 11 的要求安装引伸计。

8.2.3 试验

8.2.3.1 对于在实验室标准环境条件下进行的试验，按 7.1.1 的规定进行；而对于在非实验室标准环境条件下进行的试验，则按 7.1.2 的规定进行。

8.2.3.2 以 1 mm/min～2 mm/min 的加载速度对试样连续加载，直到试样破坏。连续测量并记录试样的载荷-孔位移曲线和失效模式。若出现过渡区域或单层的初始破坏，则记录该点的载荷和损伤模式。若试样破坏，则记录试样的失效模式、最大载荷及尽可能接近破坏瞬间的孔的位移。

8.2.3.3 失效模式的描述采用表 4 和图 12 所示的三字符式失效代码，其中复合失效模式用代码 M 和其后括号内每个相应失效形式的代码来表示，如对于同时出现局部挤压和劈裂失效模式的$[45_i/0_j/-45_i/90_k]_{ns}$预浸带层合板，可用 M(BC)1I 表示其失效模式。

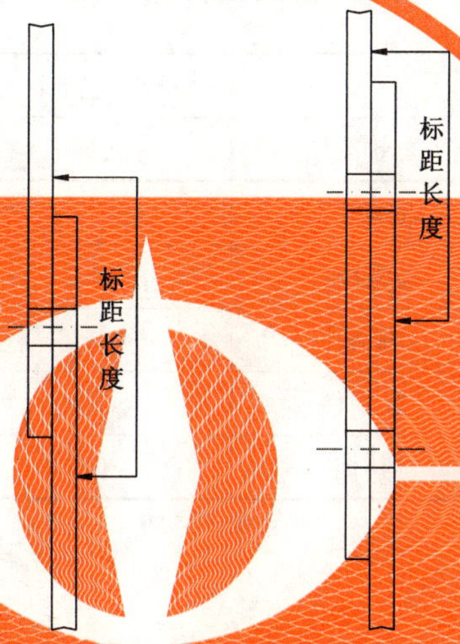

图 11 单剪挤压试验引伸计安装示意图

8.3 方法 C(有夹具单剪法)

8.3.1 试验前准备

8.3.1.1 按 GB/T 1446 的规定检查试样外观，对每个试样编号。

8.3.1.2 按 7.2 的规定对试样进行状态调节。

8.3.1.3 在最终的试样机械加工和状态调节后，测量孔附近的试样宽度 w、试样厚度 h、孔径 D、从孔边缘到试样侧边的最短距离 f 和孔边缘到试样端部的距离 g。试样厚度测量精确到 0.01 mm，其余尺寸测量精确到 0.02 mm。

8.3.2 试样安装

8.3.2.1 通过紧固件，将试样装配在一起，用扭矩扳手将紧固件拧紧到所需的值。

8.3.2.2 将试样安装于试验夹具中，使试样两端与夹具两端平齐。夹具安装时，拧紧 4 个螺栓，使试样的位置保持不动，保证夹具的支撑板和长夹板之间以及试样工作段和夹具的长夹板之间的间隙均不大于 0.10 mm，然后用扭矩扳手拧紧 4 个螺栓到 7 N·m±0.5 N·m。

8.3.2.3 将试样-夹具组合件夹持于试验机夹头中，并使试样中心线与试验机夹头中心线保持一致。

8.3.2.4 按照图 11 的要求安装引伸计。

8.3.3 试验

8.3.3.1 对于在实验室标准环境条件下进行的试验,按 7.1.1 的规定进行;而对于在非实验室标准环境条件下进行的试验,则按 7.1.2 的规定进行。

8.3.3.2 以 1 mm/min~2 mm/min 的加载速度对试样连续加载,直到试样破坏。连续测量并记录试样的载荷-孔位移曲线和失效模式。若出现过渡区域或单层的初始破坏,则记录该点的载荷和损伤模式。若试样破坏,则记录试样的失效模式、最大载荷及尽可能接近破坏瞬间的孔的位移。

8.3.3.3 失效模式的描述采用表 4 和图 12 所示的三字符式失效代码,其中复合失效模式用代码 M 和其后括号内每个相应失效形式的代码来表示,如对于同时出现局部挤压和劈裂失效模式的$[45_i/0_j/-45_i/90_k]_{ns}$预浸带层合板,可用 M(BC)1I 表示其失效模式。

表 4 挤压试验失效代码

第一个字符		第二个字符		第三个字符	
失效形式	代码	失效区域	代码	失效位置	代码
挤压	B	近端距孔	1	螺栓头一侧	B
横向净拉断	L	远端距孔	2	螺母一侧	N
剪出	S	两个孔	B	其他	O
劈裂	C	紧固件	F	—	—
撕脱	T	其他	O		
紧固件或销钉	F				
复合模式	M(xyz)				
其他	O				

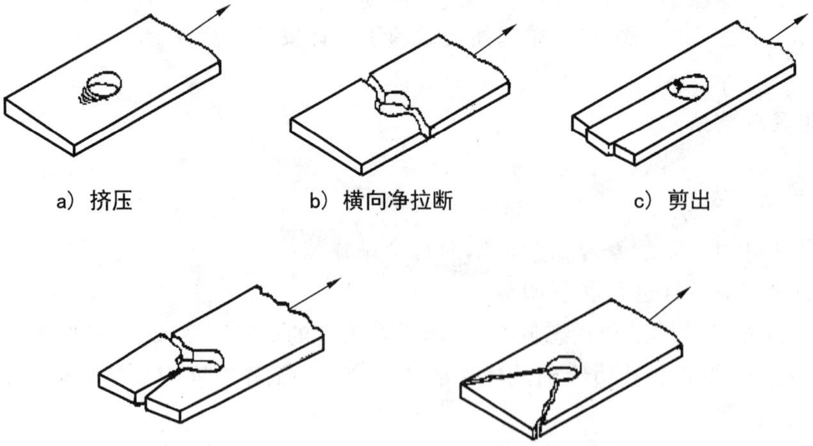

a) 挤压　b) 横向净拉断　c) 剪出

d) 劈裂　e) 撕脱

图 12 挤压试验失效模式示意图

9 计算

9.1 挤压应力和极限挤压强度

挤压应力和极限挤压强度分别按式(1)和式(2)计算,结果保留3位有效数字:

$$\sigma_{br}=\frac{P}{kDh} \quad \cdots\cdots(1)$$

$$\sigma_{bru}=\frac{P_{max}}{kDh} \quad \cdots\cdots(2)$$

式中:

σ_{br} ——试样的挤压应力,单位为兆帕(MPa);

σ_{bru} ——试样的极限挤压强度,单位为兆帕(MPa);

P ——试样承受的载荷,单位为牛顿(N);

P_{max} ——试样承受的最大载荷,单位为牛顿(N);

k ——紧固件数量。

9.2 挤压应变

挤压应变按式(3)计算,结果保留3位有效数字:

$$\varepsilon_{br}=\frac{\delta}{KD} \quad \cdots\cdots(3)$$

式中:

ε_{br}——挤压应变,单位为毫米每毫米(mm/mm);

δ ——引伸计的位移,单位为毫米(mm);

K ——单剪-双剪系数,对于单剪试样,$K=2$;对于双剪试样,$K=1$。

9.3 挤压刚度

挤压刚度按式(4)计算,结果保留3位有效数字:

$$E_{br}=\frac{\Delta\sigma_{br}}{\Delta\varepsilon_{br}} \quad \cdots\cdots(4)$$

式中:

$\Delta\sigma_{br}$——挤压应力-挤压应变曲线中初始线性段的对应 $\Delta\varepsilon_{br}$ 的挤压应力增量,单位为兆帕(MPa);

$\Delta\varepsilon_{br}$——挤压应力-挤压应变曲线中初始线性段的挤压应变增量。

9.4 有效原点

弦线刚度直线与挤压应变轴的交点为有效原点,其目的是用于确定条件挤压强度和极限挤压强度。

9.5 极限挤压应变

基于新的有效原点,对挤压应力/挤压应变数据进行修正后,记录最大载荷时的挤压应变作为极限挤压应变,记录结果取三位有效数字。

9.6 条件挤压强度

基于新的有效原点,对挤压应力/挤压应变数据进行修正后,将弦线刚度线沿挤压应变轴从原点平移到指定的挤压应变的偏移量,确定该直线与挤压应力/挤压应变曲线的交点。该点的挤压应力值即为

条件挤压强度 $\sigma_{bru\ e\%}$，见图 13。

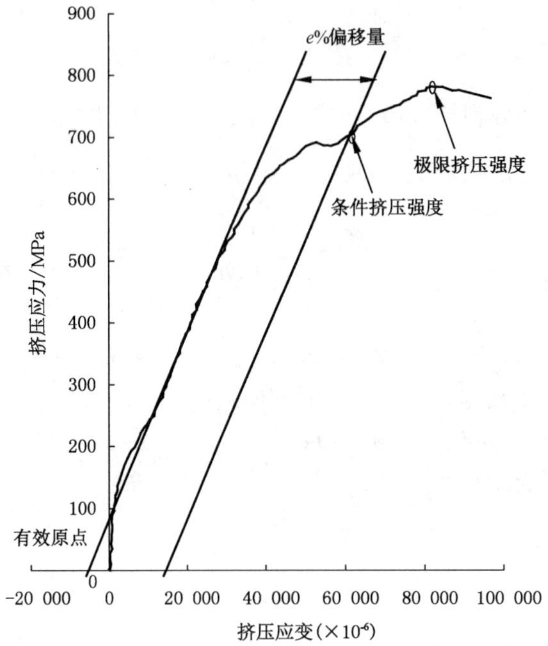

图 13 条件挤压强度确定方法示意图

9.7 初始峰值挤压强度

某些挤压试验会出现一个初始峰值挤压应力，随后有挤压应力的剧烈下降和其后的孔变形，使得条件挤压强度小于初始峰值挤压应力。在进一步的孔变形之后，若再继续加载到高于初始峰值的挤压应力水平，则除了条件和极限挤压强度之外，还应记录作为初始峰值挤压强度的初始峰值挤压应力。但是，若初始峰值挤压应力就是试样的极限挤压强度，则不需要报告初始峰值挤压强度和条件挤压强度。

9.8 统计

对于每一组试验，按 GB/T 1446 的规定计算每一种测量性能的算术平均值、标准差和离散系数。

10 试验报告

试验报告一般包括下列内容：

a） 试验项目名称、执行标准和方法；

b） 试验人员、试验时间和地点；

c） 试样来源及制备情况，材料(包括复合材料、紧固件和垫板)品种及规格；

d） 试样铺层形式、编号、形状和尺寸、外观质量及数量；

e） 试验温度、相对湿度、试样状态调节参数和结果；

f） 试验设备及仪器的型号、规格及计量情况；

g） 与本标准的不同之处，试验时出现的异常情况；

h） 试验结果，包括：

1） 紧固件的拧紧力矩；

2） 每个试样的最大载荷值或破坏载荷值；

3） 每个试样的极限挤压强度及样本的算术平均值、标准差和离散系数；

4） 每个试样的条件挤压强度及样本的算术平均值、标准差和离散系数；

5） 计算条件挤压强度的应变偏移量；

6） 每个试样的失效模式。

ICS 83.120
Q 23

中华人民共和国国家标准

GB/T 30968.2—2014

聚合物基复合材料层合板开孔/受载孔性能试验方法　第2部分:充填孔拉伸和压缩试验方法

Test method for open-hole/loaded-hole of polymer matrix composite laminates—Part 2:Test method of filled-hole tension and compression

2014-07-24 发布　　　　2015-01-01 实施

中华人民共和国国家质量监督检验检疫总局
中国国家标准化管理委员会　发布

前　言

GB/T 30968《聚合物基复合材料层合板开孔/受载孔性能试验方法》分为四部分：

——第1部分：挤压性能试验方法；

——第2部分：充填孔拉伸和压缩试验方法；

——第3部分：开孔拉伸强度试验方法；

——第4部分：开孔压缩强度试验方法。

本部分为GB/T 30968的第2部分。

本标准按照GB/T 1.1—2009给出的规则起草。

本标准由中国建筑材料联合会、中国航空工业集团公司提出。

本标准由全国纤维增强塑料标准化技术委员会(SAC/TC 39)、全国航空器标准化技术委员会(SAC/TC 435)归口。

本标准起草单位：中国飞机强度研究所、中国航空工业集团公司北京航空材料研究院。

本标准主要起草人：魏宏艳、杨胜春、沈真、张子龙、李磊、谢佳卉、肖娟、王俭。

聚合物基复合材料层合板开孔/受载孔性能试验方法 第2部分:充填孔拉伸和压缩试验方法

1 范围

GB/T 30968的本部分规定了聚合物基复合材料层合板充填孔拉伸和压缩试验方法的试验设备、试样、试验步骤、数据处理和试验报告。

本部分适用于连续纤维增强的聚合物基复合材料,且层合板相对于试验方向是对称和均衡的。

2 规范性引用文件

下列文件对于本文件的应用是必不可少的。凡是注日期的引用文件,仅注日期的版本适用于本文件。凡是不注日期的引用文件,其最新版本(包括所有的修改单)适用于本文件。

GB/T 1446 纤维增强塑料性能试验方法总则

GB/T 3961 纤维增强塑料术语

GB/T 30968.3 聚合物基复合材料层合板开孔/受载孔性能试验方法 第3部分:开孔拉伸强度试验方法

GB/T 30968.4 聚合物基复合材料层合板开孔/受载孔性能试验方法 第4部分:开孔压缩强度试验方法

3 术语和定义

GB/T 3961界定的术语和定义适用于本文件。

4 方法原理

4.1 充填孔拉伸强度

采用GB/T 30968.3,对中心孔带有紧配合紧固件或销钉的对称均衡层合板试样进行单轴拉伸试验,以获得充填孔拉伸强度数据,该数据可用于材料的研制、材料规范的制定和结构设计许用值的确定。

4.2 充填孔压缩强度

采用GB/T 30968.4,对中心孔带有紧配合紧固件或销钉的对称均衡层合板进行单轴压缩试验,以获得充填孔压缩强度数据,该数据可用于材料的研制、材料规范的制定和结构设计许用值的确定。

5 试验设备

5.1 试验机与测试仪器

试验机和测试仪器应符合GB/T 1446的规定。

5.2 环境箱

环境箱的控制精度应满足试验要求，经计量检定合格，并在有效期内使用。

5.3 扭矩扳手

扭矩扳手的精度应满足试验要求，经计量检定合格，并在有效期内使用。

6 试样

6.1 铺层形式

试样应具有至少 2 个方向的纤维且对称均衡的铺层形式。层合板厚度要求如下：

a) 充填孔拉伸试样厚度为 2 mm～4 mm，推荐厚度 2.5 mm；

b) 充填孔压缩试样厚度为 3 mm～5 mm，推荐厚度 4 mm。

6.2 试样形状与尺寸

6.2.1 充填孔拉伸试样

充填孔拉伸试样形状与尺寸见图 1 和表 1。机械加工边缘的粗糙度 Ra 值不超过 3.2 μm。

6.2.2 充填孔压缩试样

充填孔压缩试样形状与尺寸见图 2 和表 1。机械加工边缘的粗糙度 Ra 值不超过 3.2 μm。

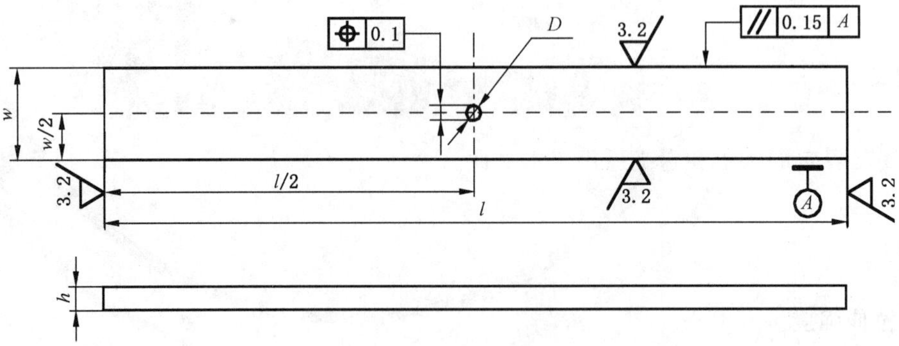

图 1 充填孔拉伸试样示意图

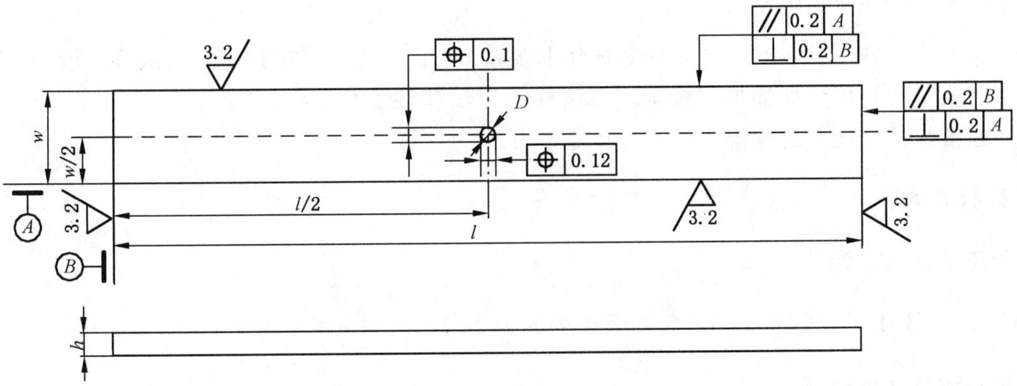

图 2 充填孔压缩试样示意图

表 1 试样几何尺寸

单位为毫米

试样类型	厚度 h	宽度 w	长度 l	孔径 D
充填孔拉伸	2～4	36±1	200～300	6±0.06
充填孔压缩	3～5	36±0.20	300	6±0.06

6.3 紧固件-孔间隙

紧固件公称直径为 6 mm。宽度孔径比一般为 6，紧固件的材料及配合方式由试验委托方提供。

6.4 试样制备

试样制备按 GB/T 1446 的规定。制孔时应避免孔周围的材料出现分层或其他损伤。

6.5 试样数量

每组有效试样应不少于 5 个。

7 试验条件

7.1 试验环境条件

7.1.1 实验室标准环境条件

实验室标准环境条件应满足 GB/T 1446 的规定。

7.1.2 非实验室标准环境条件

7.1.2.1 高温试验

首先将环境箱和试验夹具预热到规定的试验温度，然后将试样加热到规定的试验温度，并用与试样工作段直接接触的温度传感器加以校验。对干态试样，在试样达到试验温度后，保温 5 min～10 min 开始试验；对湿态试样，在试样达到试验温度后，保温 2 min～3 min 开始试验。试验中试样温度保持在规定试验温度的±3 ℃范围内。

7.1.2.2 低温(低于零度)试验

首先将环境箱和试验夹具冷却到规定的试验温度,然后将试样冷却到规定的试验温度,并用与试样工作段直接接触的温度传感器加以校验。在试样到达试验温度后,保温 5 min～10 min 开始试验。试验中试样温度保持在规定试验温度的±3 ℃范围内。

7.2 试样状态调节

7.2.1 干态试样状态调节

试验前,试样在实验室标准环境条件下至少放置 24 h。

7.2.2 湿态试样状态调节

试验前,应在规定的温度和湿度条件下使试样达到所要求的吸湿状态。推荐的温度和湿度条件如下:

a) 温度:70 ℃±3 ℃;

b) 相对湿度:85%±5%。

湿态试样状态调节结束后,应将试样用湿布包裹放入密封袋内,直到进行力学试验,试样在密封袋内的储存时间应不超过 14 d。

8 试验步骤

8.1 试验前准备

8.1.1 按 GB/T 1446 的规定检查试样外观,对每个试样编号。

8.1.2 按 7.2 的规定对试样进行状态调节。

8.1.3 在最终的试样机械加工和状态调节后,测量开孔处的试样宽度 w、试样厚度 h、孔径 D 和从孔边缘到试样最近一侧的距离 f,并测量、记录紧固件的几何尺寸。厚度测量精度为±0.01 mm,其余均为±0.02 mm。

8.1.4 通过紧固件或销钉对试样进行装配。若紧固件要求拧紧力矩,则采用扭矩扳手将紧固件拧紧到所需的值。

8.2 试验

8.2.1 充填孔拉伸试验按 GB/T 30968.3 进行。

8.2.2 充填孔压缩试验按 GB/T 30968.4 进行。

8.2.3 采用表 2 中的三字符式失效模式代码来描述这些失效模式,其中图 3 给出了充填孔拉伸试验的有效失效模式,图 4 和图 5 给出了充填孔压缩试验的有效失效模式。若失效位置不发生在紧固件孔处或不靠近紧固件孔处,则试样的试验数据是无效的。

表 2 失效模式代码

第一个字符		第二个字符		第三个字符	
破坏形状	代码	破坏区域	代码	破坏位置	代码
角形	A	工作段	G	中间,孔中心	M
横向	L	—	—	偏离孔中心	O
多模式	M(xyz)	—	—	偏离紧固件边缘	F

图 3　有效的充填孔拉伸失效模式示意图

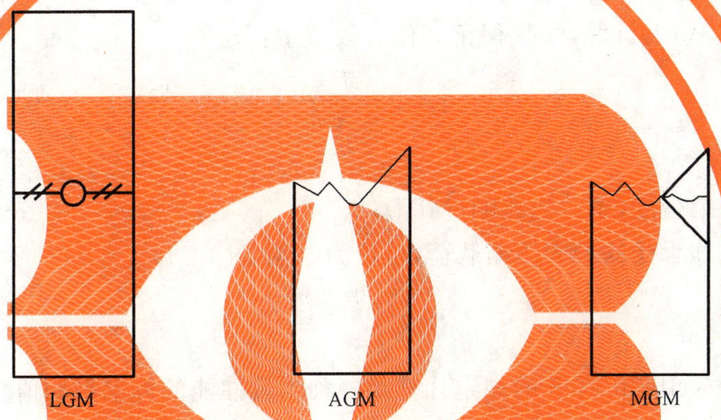

图 4　靠近中心孔处有效的充填孔压缩失效模式示意图

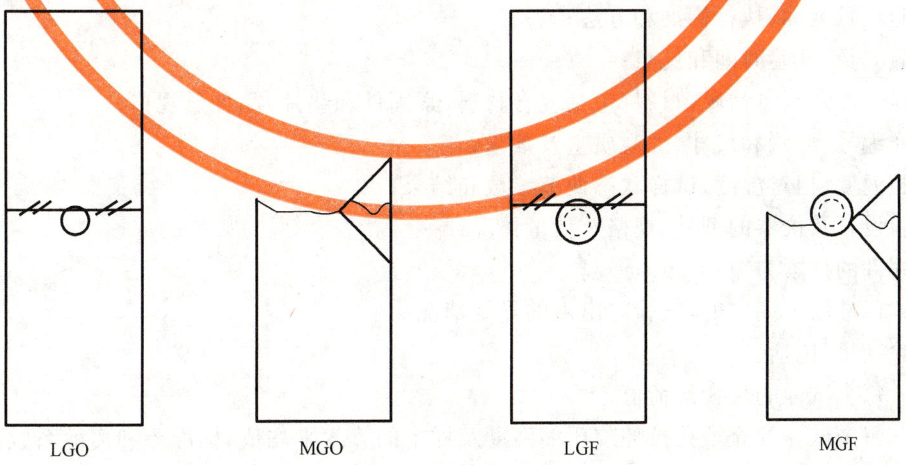

图 5　偏离孔中心处有效的充填孔压缩失效模式示意图

9 计算

9.1 充填孔拉伸强度

充填孔拉伸强度按式(1)计算,结果保留3位有效数字:

$$\sigma_{fht}=\frac{P_{max}}{wh} \qquad \cdots\cdots(1)$$

式中:

σ_{fht} ——充填孔拉伸强度,单位为兆帕(MPa);

P_{max}——破坏前试样承受的最大拉伸载荷,单位为牛顿(N);

w ——开孔处的试样宽度,单位为毫米(mm);

h ——开孔处的试样厚度平均值,单位为毫米(mm)。

9.2 充填孔压缩强度

充填孔压缩强度按式(2)计算,结果保留3位有效数字:

$$\sigma_{fhc}=\frac{P_{max}}{wh} \qquad \cdots\cdots(2)$$

式中:

σ_{fhc} ——充填孔压缩强度,单位为兆帕(MPa);

P_{max}——破坏前试样承受的最大压缩载荷,单位为牛顿(N)。

9.3 统计

对于每一组试验,按GB/T 1446的规定计算每一种测量性能的算术平均值、标准差和离散系数。

10 试验报告

试验报告一般包括下列内容:

a) 试验项目名称、执行标准和方法;
b) 试验人员、试验时间和地点;
c) 试样来源及制备情况,材料(包括复合材料、紧固件和垫片)品种及规格;
d) 试样编号、形状和尺寸、外观质量及数量;
e) 试验温度、相对湿度、试样状态调节参数和结果;
f) 试验设备及仪器的型号、规格及计量情况;
g) 紧固件的拧紧力矩;
h) 与本标准的不同之处,试验时出现的异常情况;
i) 试验结果,包括:
  1) 每个试样的最大载荷值;
  2) 每个试样的充填孔拉伸或压缩强度及样本的算术平均值、标准差和离散系数;
  3) 每个试样的失效模式。

ICS 83.120
Q 23

中华人民共和国国家标准

GB/T 30968.3—2014

聚合物基复合材料层合板开孔/受载孔性能试验方法　第3部分：开孔拉伸强度试验方法

Test method for open-hole/loaded-hole of polymer matrix composite laminates—Part 3: Test method of open-hole tensile strength

2014-07-24 发布　　2015-01-01 实施

中华人民共和国国家质量监督检验检疫总局
中国国家标准化管理委员会　发布

前　言

GB/T 30968《聚合物基复合材料层合板开孔/受载孔性能试验方法》分为四部分：

——第1部分：挤压性能试验方法；

——第2部分：充填孔拉伸和压缩试验方法；

——第3部分：开孔拉伸强度试验方法；

——第4部分：开孔压缩强度试验方法。

本部分为GB/T 30968的第3部分。

本部分按照GB/T 1.1—2009给出的规则起草。

本部分由中国建筑材料联合会、中国航空工业集团公司提出。

本部分由全国纤维增强塑料标准化技术委员会(SAC/TC 39)、全国航空器标准化技术委员会(SAC/TC 435)归口。

本标准起草单位：中国飞机强度研究所、中国航空工业集团公司北京航空材料研究院。

本标准主要起草人：李磊、魏宏艳、杨胜春、沈真、张子龙、陈新文、孙坚石、谢佳卉。

聚合物基复合材料层合板开孔/受载孔性能试验方法 第3部分:开孔拉伸强度试验方法

1 范围

GB/T 30968 的本部分规定了聚合物基复合材料层合板开孔拉伸强度试验方法的试验设备、试样、试验条件、试验步骤、计算和试验报告。

本部分适用于连续纤维(纤维、织物或纤维与织物混杂)增强聚合物基复合材料层合板开孔拉伸强度的测定。

2 规范性引用文件

下列文件对于本文件的应用是必不可少的。凡是注日期的引用文件,仅注日期的版本适用于本文件。凡是不注日期的引用文件,其最新版本(包括所有的修改单)适用于本文件。

GB/T 1446 纤维增强塑料性能试验方法总则

GB/T 3961 纤维增强塑料术语

3 术语和定义

GB/T 3961 界定的术语和定义适用于本文件。

4 方法原理

对含有一个中心孔的对称均衡层合板,通过夹持端夹持以摩擦力加载,进行单轴拉伸试验,在试样工作段形成拉力场,测试层合板开孔拉伸强度。

5 试验设备

5.1 试验机与测试仪器

试验机和测试仪器应符合 GB/T 1446 的规定。

5.2 环境箱

环境箱的控制精度应满足试验要求,经计量检定合格,并在有效期内使用。

6 试样

6.1 铺层形式

试样为对称均衡的多向层合板。

6.2 试样形状与尺寸

试样的形状与尺寸分别见图1和表1。

6.3 试样制备

试样制备按GB/T 1446的规定。制孔时应避免孔周围的材料出现分层或其他损伤。

6.4 试样数量

每组有效试样应不少于5个。

单位为毫米

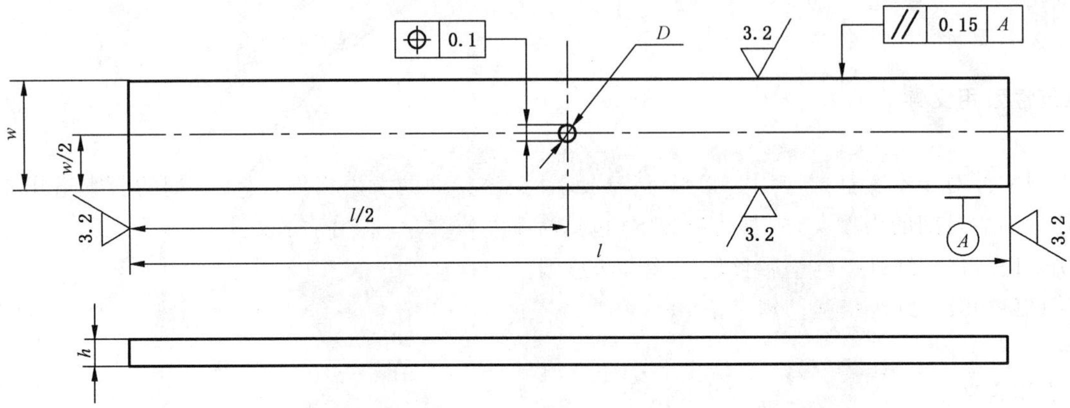

图1 开孔拉伸试样示意图

表1 试样尺寸

单位为毫米

宽度 w	厚度 h	长度 l	孔径 D
36±1	2～4(推荐2.5)	200～300	6±0.06

7 试验条件

7.1 试验环境条件

7.1.1 实验室标准环境条件

实验室标准环境条件按照GB/T 1446中的规定。

7.1.2 非实验室标准环境条件

7.1.2.1 高温试验环境条件

首先将环境箱和试验夹具预热到规定的试验温度，然后将试样加热到规定的试验温度，并用与试样工作段直接接触的温度传感器加以校验。对干态试样，在试样达到试验温度后，保温5 min～10 min开始试验；对湿态试样，在试样达到试验温度后，保温 2 min～3 min 开始试验。试验中试样温度保持在规定试验温度的±3 ℃范围内。

7.1.2.2 低温(低于零度)试验环境条件

首先将环境箱和试验夹具冷却到规定的试验温度，然后将试样冷却到规定的试验温度，并用与试样工作段直接接触的温度传感器加以校验。在试样达到试验温度后，保温 5 min～10 min 开始试验。试验中试样温度保持在规定试验温度的±3 ℃范围内。

7.2 试样状态调节

7.2.1 干态试样状态调节

试验前，试样在实验室标准环境条件下至少放置 24 h。

7.2.2 湿态试样状态调节

试验前，应在规定的温度和湿度条件下使试样达到所要求的吸湿状态。推荐的温度和湿度条件如下：

a) 温度：70 ℃±3 ℃；

b) 相对湿度：85%±5%。

湿态试样状态调节结束后，应将试样用湿布包裹放入密封袋内，直到进行力学试验，试样在密封袋内的储存时间应不超过 14 d。

8 试验步骤

8.1 试验前准备

8.1.1 按 GB/T 1446 的规定检查试样外观，对每个试样编号。

8.1.2 按 7.2 的规定对试样进行状态调节。

8.1.3 在最终的试样机械加工和状态调节后，测量开孔处的试样宽度 w、试样中心孔两侧厚度 h、孔径 D。试样厚度测量精确到 0.01 mm，其他尺寸测量精确到 0.02 mm。

8.2 试样安装

将试样夹持于试验机夹头中，使试样的中心线与试验机夹头的中心线保持一致。应采用合适的夹头夹持力，以保证试样在加载过程中不打滑且不对试样造成损伤。

8.3 试验

8.3.1 对于在实验室标准环境条件下进行的试验，按 7.1.1 的规定进行；而对于在非实验室标准环境条件下进行的试验，则按 7.1.2 的规定进行。

8.3.2 以 1 mm/min～2 mm/min 的加载速度对试样连续加载至破坏，记录试样最大载荷和失效模式。

8.3.3 失效模式的描述采用表 2 所示的三字符式失效代码，代码的第一个字符描述失效形式，第二个字符描述失效区域，最后一个字符描述失效部位。本标准规定不发生在孔边的失效模式是无效的，有效的失效模式见图 2，其失效代码仅限于 * GM，即第二个和第三个字符限于“工作段中间”。

表 2 失效模式代码

第一个字符		第二个字符		第三个字符	
失效形式	代码	失效区域	代码	失效部位	代码
角形	A	在夹持区内	I	下部	B
边缘分层	D	在夹持区处	A	上部	I
夹持区	G	离夹持区处 小于1倍宽度	W	左侧	L
横向	L	工作段	G	右侧	K
复合模式	M	多区域	M	中间	M
纵向劈裂	S	其他	O	其他	O
其他	O	—	—	—	—

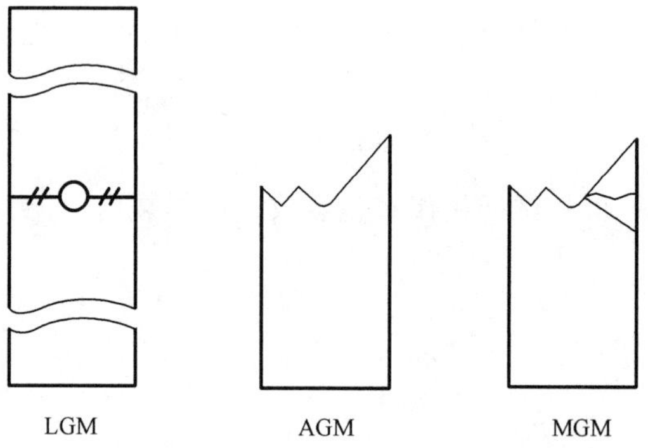

图 2 可接受的开孔拉伸失效模式示意图

9 计算

9.1 开孔拉伸强度

开孔拉伸强度按公式(1)计算，结果保留3位有效数字：

$$\sigma_{oht}=\frac{P_{max}}{w\times h} \qquad \cdots\cdots(1)$$

式中：

σ_{oht} ——开孔拉伸强度，单位为兆帕(MPa)；

w ——试样宽度，单位为毫米(mm)；

h ——试样厚度，单位为毫米(mm)；

P_{max}——破坏前试样承受的最大载荷，单位为牛(N)。

9.2 统计

对于每一组试验，按照GB/T 1446的规定计算开孔拉伸强度的算术平均值、标准差和离散系数。

10 试验报告

试验报告一般包括下列内容：

a) 试验项目名称、执行标准号；

b) 试验人员、试验时间和地点；

c) 试样来源及制备情况，材料品种及规格；

d) 试样铺层形式、编号、形状和尺寸、外观质量及数量；

e) 试验温度、相对湿度、试样状态调节参数和结果；

f) 试验设备及仪器的型号、规格及计量情况；

g) 与本标准的不同之处，试验时出现的异常情况；

h) 试验结果，包括：

  1) 每个试样的最大载荷值；

  2) 每个试样的开孔拉伸强度及试样算术平均值、标准差和离散系数；

  3) 每个试样的失效模式。

ICS 83.120
Q 23

中华人民共和国国家标准

GB/T 30968.4—2014

聚合物基复合材料层合板开孔/受载孔性能试验方法 第4部分:开孔压缩强度试验方法

Test method for open-hole/loaded-hole of polymer matrix composite laminates—Part 4:Test method of open-hole compressive strength

2014-07-24 发布 2015-01-01 实施

中华人民共和国国家质量监督检验检疫总局
中国国家标准化管理委员会 发布

前　言

GB/T 30968《聚合物基复合材料层合板开孔/受载孔性能试验方法》分为四部分：

——第1部分：挤压性能试验方法；

——第2部分：充填孔拉伸和压缩试验方法；

——第3部分：开孔拉伸强度试验方法；

——第4部分：开孔压缩强度试验方法。

本部分为GB/T 30968的第4部分。

本部分按照GB/T 1.1—2009给出的规则起草。

本部分由中国建筑材料联合会、中国航空工业集团公司提出。

本部分由全国纤维增强塑料标准化技术委员会(SAC/TC 39)、全国航空器标准化技术委员会(SAC/TC 435)归口。

本部分起草单位：中国飞机强度研究所、中国航空工业集团公司北京航空材料研究院。

本部分主要起草人：魏宏艳、沈真、杨胜春、陈新文、沈薇、孙坚石、张立鹏、李磊。

聚合物基复合材料层合板开孔/受载孔性能试验方法 第4部分:开孔压缩强度试验方法

1 范围

GB/T 30968的本部分规定了聚合物基复合材料层合板开孔压缩强度试验方法的试验设备、试样、试验条件、试验步骤、计算和试验报告。

本部分适用于连续纤维(纤维、织物或纤维与织物混杂)增强聚合物基复合材料层合板开孔压缩强度的测定。

2 规范性引用文件

下列文件对于本文件的应用是必不可少的。凡是注日期的引用文件,仅注日期的版本适用于本文件。凡是不注日期的引用文件,其最新版本(包括所有的修改单)适用于本文件。

GB/T 1446 纤维增强塑料性能试验方法总则

GB/T 3961 纤维增强塑料术语

3 术语和定义

GB/T 3961界定的术语和定义适用于本文件。

4 方法原理

对含有一个中心孔的对称均衡层合板试样,通过夹持端夹持以摩擦力加载,或放置在试验机平台上直接在端头加载,进行单轴压缩试验,在试样工作段形成压力场,测试层合板开孔压缩强度。

5 试验设备

5.1 试验机与测试仪器

试验机和测试仪器应符合GB/T 1446的规定。

5.2 环境箱

环境箱的控制精度应满足试验要求,经计量检定合格,并在有效期内使用。

5.3 扭矩扳手

扭矩扳手的精度应满足试验要求,经计量检定合格,并在有效期内使用。

5.4 试验夹具

开孔压缩试验夹具见图1～图4。

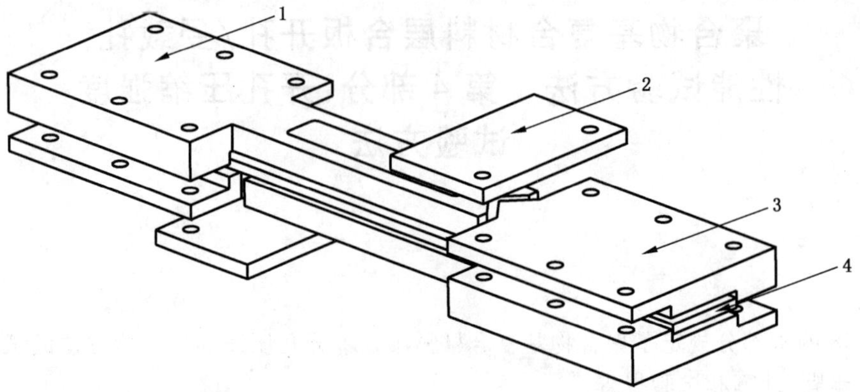

说明：

1——长夹板；

2——支持板；

3——短夹板；

4——试样。

图 1 开孔压缩试验夹具示意图

单位为毫米

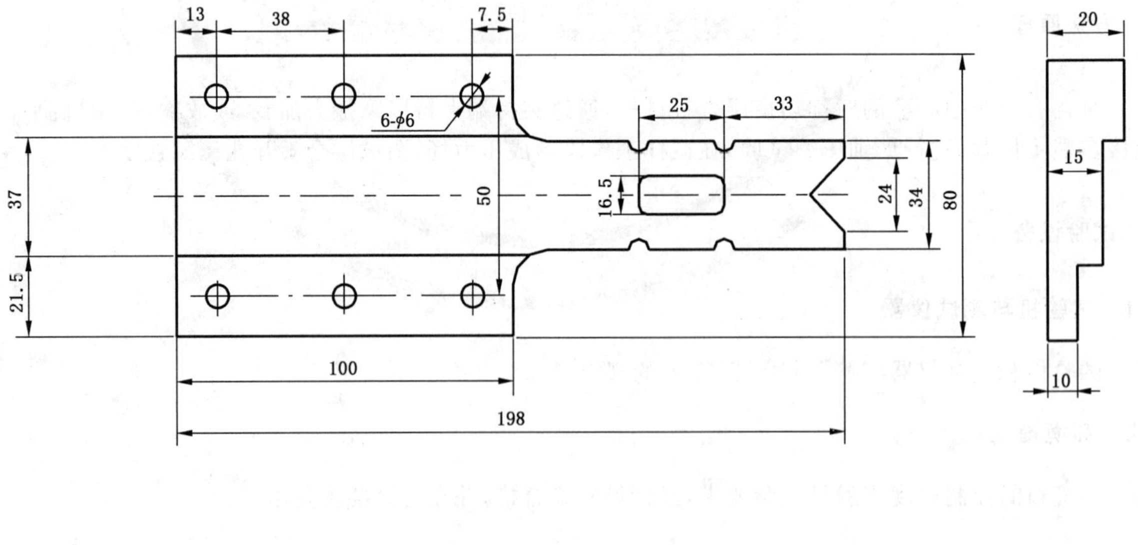

图 2 长夹板示意图

单位为毫米

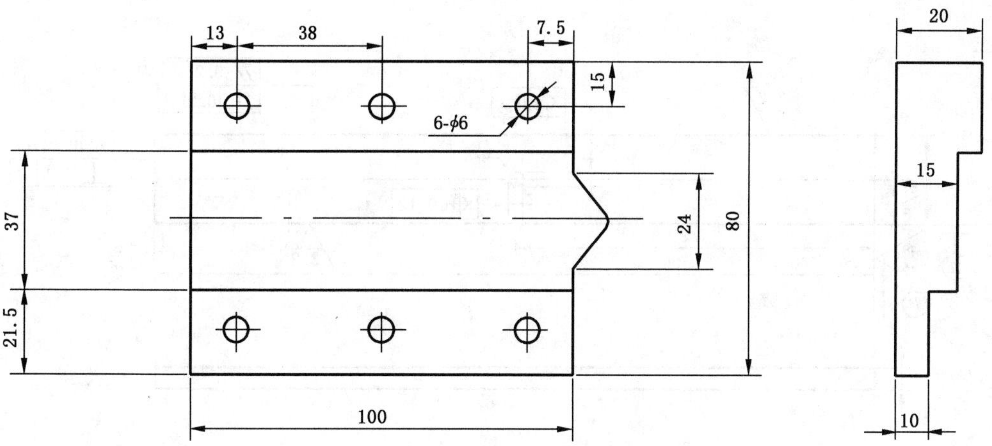

图 3　短夹板示意图

单位为毫米

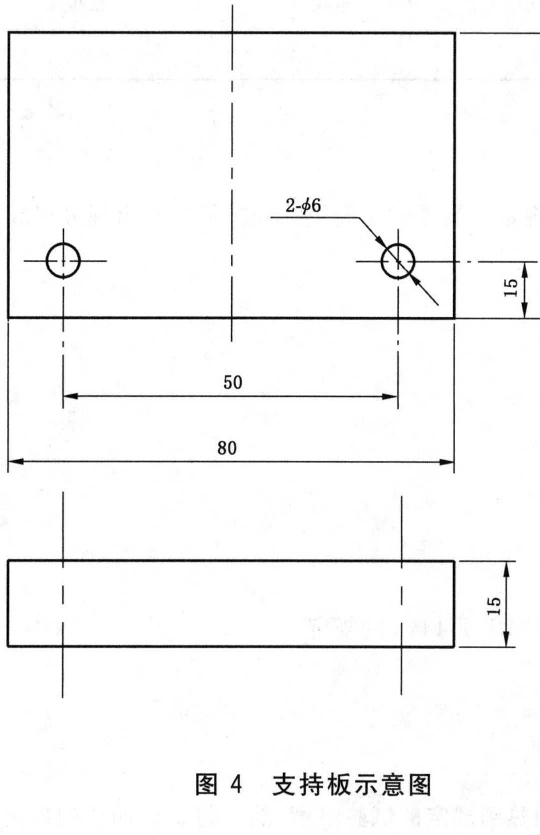

图 4　支持板示意图

6　试样

6.1　铺层形式

试样为对称均衡的多向层合板。试样厚度为 3 mm～5 mm，推荐的厚度为 4 mm。

6.2 试样形状与尺寸

试样的形状与尺寸见图 5 和表 1。机械加工边缘的粗糙度 *Ra* 值不超过 3.2 μm。

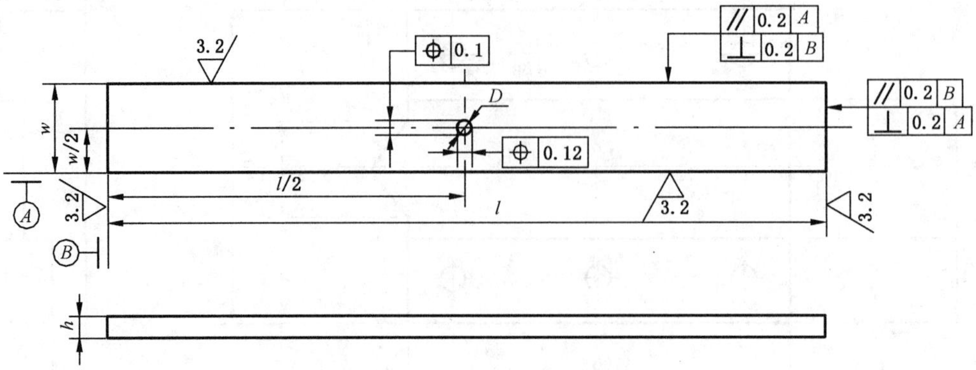

图 5 开孔压缩试样示意图

表 1 试样几何尺寸

单位为毫米

试样类型	厚度 h	宽度 w	长度 l	孔径 D
开孔压缩	3～5	36±0.20	300	6±0.06

6.3 试样制备

试样制备按 GB/T 1446 的规定。制孔时应避免孔周围的材料出现分层或其他损伤。

6.4 试样数量

每组有效试样应不少于 5 个。

7 试验条件

7.1 试验环境条件

7.1.1 实验室标准环境条件

实验室标准环境条件应满足 GB/T 1446 的规定。

7.1.2 非实验室标准环境条件

7.1.2.1 高温试验环境条件

首先将环境箱和试验夹具预热到规定的试验温度，然后将试样加热到规定的试验温度，并用与试样工作段直接接触的温度传感器加以校验。对干态试样，在试样达到试验温度后，保温 5 min～10 min 开始试验；对湿态试样，在试样达到试验温度后，保温 2 min～3 min 开始试验。试验中试样温度保持在规定试验温度的±3 ℃范围内。

7.1.2.2 低温(低于零度)试验环境条件

首先将环境箱和试验夹具冷却到规定的试验温度,然后将试样冷却到规定的试验温度,并用与试样工作段直接接触的温度传感器加以校验。在试样到达试验温度后,保温 5 min~10 min 开始试验。试验中试样温度保持在规定试验温度的±3 ℃范围内。

7.2 试样状态调节

7.2.1 干态试样状态调节

试验前,试样在实验室标准环境条件下至少放置 24 h。

7.2.2 湿态试样状态调节

试验前,应在规定的温度和湿度条件下使试样达到所要求的吸湿状态。推荐的温度和湿度条件如下:

a) 温度:70 ℃±3 ℃;

b) 相对湿度:85%±5%。

湿态试样状态调节结束后,应将试样用湿布包裹放入密封袋内,直到进行力学试验,试样在密封袋内的储存时间应不超过 14 d。

8 试验步骤

8.1 试验前准备

8.1.1 按 GB/T 1446 的规定检查试样外观,对每个试样编号。

8.1.2 按 7.2 的规定对试样进行状态调节。

8.1.3 在最终的试样机械加工和状态调节后,测量开孔处的试样宽度 w、试样厚度 h、孔径 D 和从孔边缘到试样最近一侧的距离 f,厚度测量精度为±0.01 mm,其余均为±0.02 mm。

8.2 试样安装

8.2.1 方法 A

8.2.1.1 将试样安装于试验夹具中,使试样两端与夹具两端平齐,试样的孔位于夹具缺口的中心。拧紧与支持板连接的 4 个螺栓(其余 8 对孔中不带螺栓),使试样的位置保持不动,保证夹具的支持板和长夹板之间以及试样工作段和夹具的长夹板之间的间隙均不大于 0.1 mm,然后用扭矩扳手拧紧 4 个螺栓到 7 N·m±0.5 N·m。

8.2.1.2 将试样-夹具组合件夹持于试验机夹头中(见图 6),使其中心线与试验机夹头中心线保持一致,夹持长度为 50 mm~80 mm,推荐夹持长度为 80 mm。

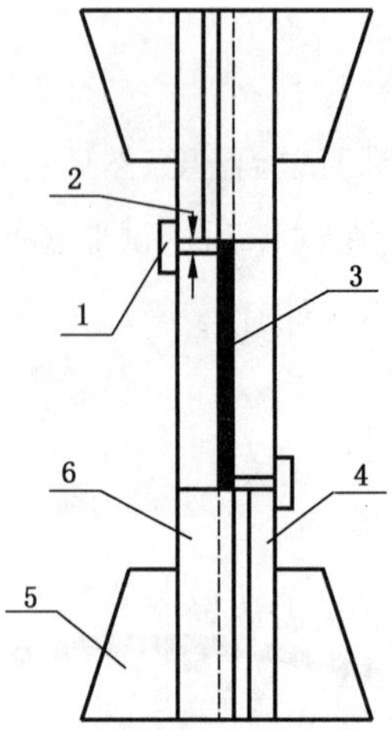

说明：

1——支持板；
2——长夹板与短夹板之间的间隙；
3——试样；
4——短夹板；
5——楔形夹块；
6——长夹板。

图 6　试验方法 A 夹具示意图(液压夹持加载)

8.2.2　方法 B

8.2.2.1　将试样安装于试验夹具中，使试样机械加工的两端与夹具两端平齐，这可使试样的孔位于夹具缺口的中心。拧紧全部 12 个螺栓，刚好使试样的位置保持不动，同时应保证夹具的支持板和长夹板之间以及试样工作段和夹具的长夹板之间的间隙均不大于 0.1 mm。

8.2.2.2　用扭矩扳手拧紧 12 个螺栓到 7 N·m±0.5 N·m。

8.2.2.3　将夹具放置于试验机的两个平台之间(见图 7)，使试验夹具的中心线与试验机夹头的中心线保持一致。

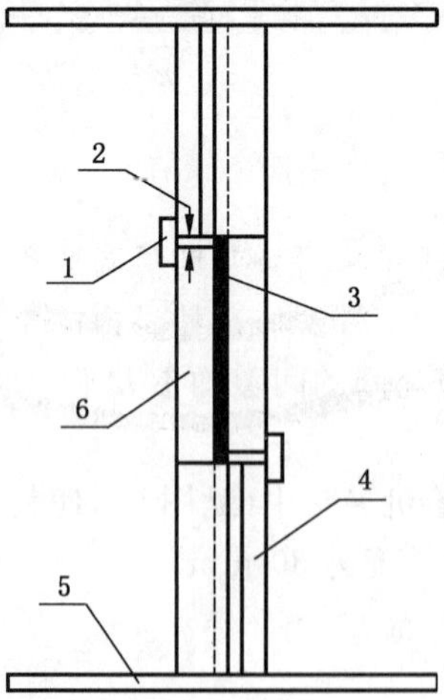

说明：

1——支持板；
2——长夹板与短夹板之间的间隙；
3——试样；
4——短夹板；
5——加载平台；
6——长夹板。

图 7　试验方法 B 夹具示意图(端部加载)

8.3 试验

8.3.1 对于在实验室标准环境条件下进行的试验，按7.1.1的规定进行；而对于在非实验室标准环境条件下进行的试验，则按7.1.2的规定进行。

8.3.2 以1 mm/min～2 mm/min的加载速度对试样连续加载，直到达到最大载荷，并且载荷从最大载荷回落至最大载荷的70%为止。加载时，若夹头位移达到4.5 mm，则应停止试验。记录试样最大载荷和失效模式。

8.3.3 不发生在孔边的失效模式是无效的破坏。应用表2中的三字符式的失效模式描述方法。代码的第一个字符描述破坏类型，第二个字符描述破坏区域，最后一个字符描述破坏位置。本标准规定有效的失效模式代码仅限于＊GM，见图8，即第二个和第三个字符限于“工作段中间”。图8中给出了三种可接受的失效模式。

表2 失效模式代码

第一个字符		第二个字符		第三个字符	
失效形式	代码	失效区域	代码	失效位置	代码
角铺层破坏	A	工作段	G	中间	M
横向	L	—	—	—	—
多模式	M	—	—	—	—

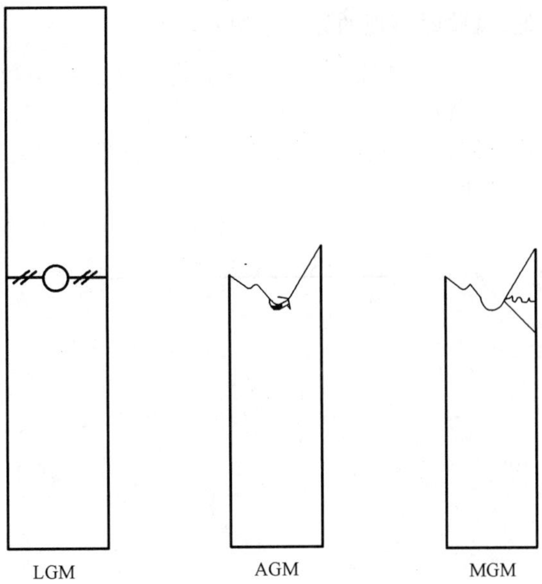

图8 开孔压缩有效失效模式示意图

9 计算

9.1 开孔压缩强度

压缩强度按公式(1)计算，结果保留3位有效数字：

$$\sigma_{ohc} = \frac{P_{max}}{w \times h} \qquad \cdots\cdots(1)$$

式中：

σ_{ohc} ——开孔压缩强度，单位为兆帕（MPa）；

P_{max}——试样承受的最大载荷，单位为牛（N）；

w ——开孔处的试样宽度，单位为毫米（mm）；

h ——开孔处的试样厚度平均值，单位为毫米（mm）。

9.2 统计

对于每一组试验，按照 GB/T 1446 的规定计算开孔压缩强度的算术平均值、标准差和离散系数。

10 试验报告

试验报告一般包括下列内容：

a) 试验项目名称、执行标准和方法；

b) 试验人员、试验时间和地点；

c) 试样来源及制备情况，材料品种及规格；

d) 试样编号、形状和尺寸、外观质量及数量；

e) 试验温度、相对湿度、试样状态调节参数和结果；

f) 试验设备及仪器的型号、规格及计量情况；

g) 螺栓的拧紧力矩；

h) 与本标准的不同之处，试验时出现的异常情况；

i) 试验结果，包括：

  1) 每个试样的最大载荷值；

  2) 每个试样的开孔压缩强度及样本的算术平均值、标准差和离散系数；

  3) 每个试样的失效模式。

ICS 83.120
Q 23

中华人民共和国国家标准

GB/T 30969—2014

聚合物基复合材料短梁剪切强度试验方法

Test method for short-beam shear strength of polymer matrix composite materials

2014-07-24 发布

2015-01-01 实施

中华人民共和国国家质量监督检验检疫总局
中国国家标准化管理委员会
发布

前　言

本标准按照 GB/T 1.1—2009 给出的规则起草。

本标准由中国建筑材料联合会、中国航空工业集团公司提出。

本标准由全国纤维增强塑料标准化技术委员会、全国航空器标准化技术委员会(SAC/TC 435)归口。

本标准起草单位:中国飞机强度研究所、中国航空工业集团公司北京航空材料研究院。

本标准主要起草人:谢佳卉、杨胜春、沈真、沈薇、李雪琴、孙坚石、周建锋、肖娟。

聚合物基复合材料短梁剪切强度试验方法

1 范围

本标准规定了聚合物基复合材料短梁剪切强度试验方法的试验设备、试样、试验步骤、计算和试验报告。

本标准适用于连续纤维增强聚合物基复合材料短梁剪切强度的测定。

2 规范性引用文件

下列文件对于本文件的应用是必不可少的。凡是注日期的引用文件，仅注日期的版本适用于本文件。凡是不注日期的引用文件，其最新版本(包括所有的修改单)适用于本文件。

GB/T 1446 纤维增强塑料性能试验方法总则

GB/T 3961 纤维增强塑料术语

3 术语和定义

GB/T 3961 界定的术语和定义适用于本文件。

4 方法原理

采用小跨厚比三点弯曲法，获得试样的短梁剪切强度。

5 试验设备

5.1 试验机与测试仪器

试验机和测试仪器应符合 GB/T 1446 的规定。

5.2 加载头和支座

5.2.1 平板试样

试验夹具的加载头半径为 3 mm，2 个支座的半径为 1.5 mm，加载头和支座的长度至少应超出试样宽度 4 mm，硬度为 HRC 40～45，见图 1。

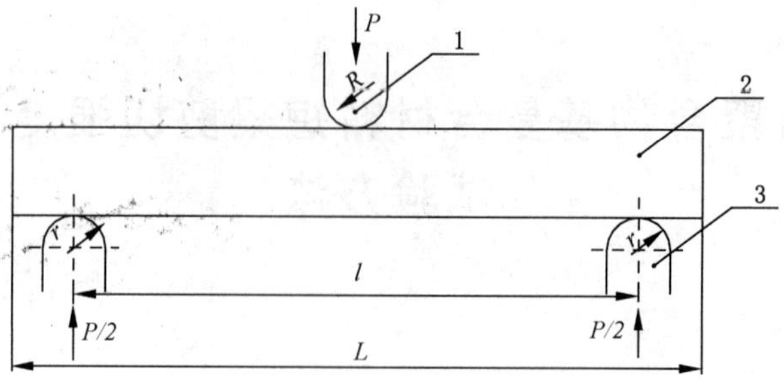

说明：
1 ——加载头；
2 ——试样；
3 ——支座；
R ——加载头半径，$R=3$ mm；
r ——支座半径，$r=1.5$ mm；
l ——跨距，$l=4h$；
L ——试样长度；
P ——压力。

图 1　平板试样加载示意图

5.2.2　曲板试样

试验夹具的加载头半径为 3 mm，支座采用 2 块平板，加载头和支座的长度至少应超出试样宽度 4 mm，硬度为 HRC40～45，见图 2。

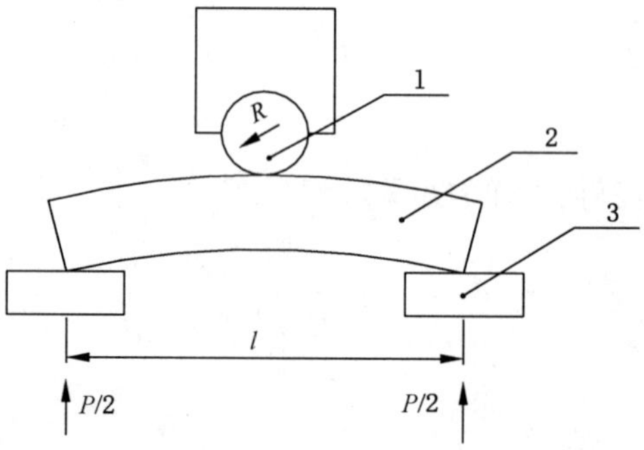

说明：
1 ——加载头；
2 ——试样；
3 ——支座；
R ——加载头半径，$R=3$ mm；
l ——跨距，$l=4h$；
P ——压力。

图 2　曲板试样加载示意图

5.3　环境箱

环境箱的控制精度应满足试验要求，经计量检定合格，并在有效期内使用。

6 试样

6.1 铺层形式

试样可采用0°单向板和多向对称均衡层合板，对多向层合板，沿长度方向的纤维含量应不少于10%。

6.2 试样形状与尺寸

6.2.1 平板试样

平板试样的形状见图3，试样的几何尺寸要求如下：

a) 试样厚度：$h=2\ \text{mm}\sim6\ \text{mm}$；

b) 试样宽度：$w=(2\sim3)h$；

c) 试样长度：$L=5h+10\ \text{mm}$。

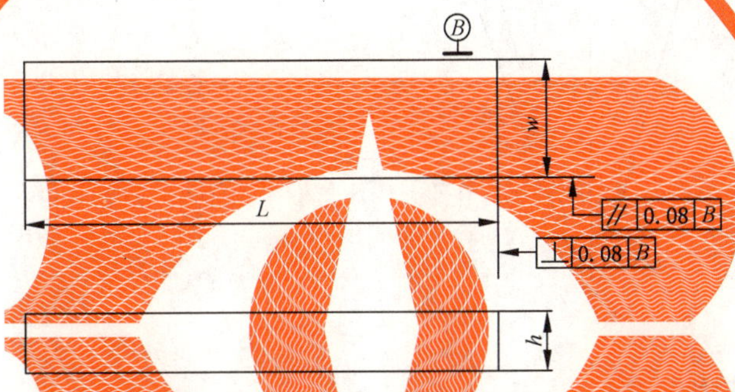

铺层方向相对于Ⓑ的公差为±0.5°。

图3 平板试样示意图

6.2.2 曲板试样

曲板试样的形状见图4，试样的几何尺寸要求如下：

a) 试样厚度：$h=2\ \text{mm}\sim6\ \text{mm}$；

b) 试样宽度：$w=(2\sim3)h$；

c) 试样长度(最小弦长)：$L=5h+10\ \text{mm}$；

d) 圆心角：$\theta\leqslant30°$；

e) 曲率半径：$R_s=L/2\sin(\theta/2)-h$。

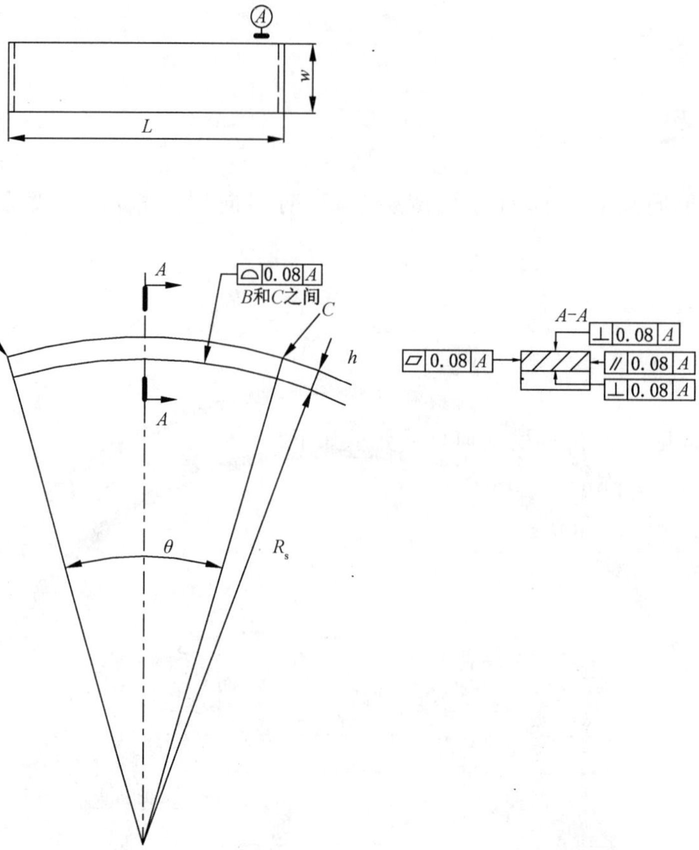

铺层方向相对于Ⓐ的公差为±0.5°。

图 4 曲板试样示意图

6.3 试样制备

试样制备按 GB/T 1446 的规定。

6.4 试样数量

每组有效试样应不少于 5 个。

7 试验条件

7.1 试验环境条件

7.1.1 实验室标准环境条件

实验室标准环境条件按 GB/T 1446 中的规定。

7.1.2 非实验室标准环境条件

7.1.2.1 高温试验环境条件

首先将环境箱和试验夹具预热到规定的试验温度,然后将试样加热到规定的试验温度,并用与试样工作段直接接触的温度传感器加以校验。对干态试样,在试样达到试验温度后,保温 5 min～10 min 开始试验;对湿态试样,在试样达到试验温度后,保温 2 min～3 min 开始试验。试验中试样温度保持在规定试验温度的±3 ℃范围内。

7.1.2.2 低温(低于零度)试验环境条件

首先将环境箱和试验夹具冷却到规定的试验温度,然后将试样冷却到规定的试验温度,并用与试样工作段直接接触的温度传感器加以校验。在试样达到试验温度后,保温 5 min～10 min 开始试验。试验中试样温度保持在规定试验温度的±3 ℃范围内。

7.2 试样状态调节

7.2.1 干态试样状态调节

试验前,试样在实验室标准环境条件下至少放置 24 h。

7.2.2 湿态试样状态调节

试验前,应在规定的温度和湿度条件下使试样达到所要求的吸湿状态。推荐的温度和湿度条件如下:

a) 温度:70℃±3 ℃;

b) 相对湿度:85%±5%。

湿态试样状态调节结束后,应将试样用湿布包裹放入密封袋内,直到进行力学试验,试样在密封袋内的储存时间应不超过 14 d。

8 试验步骤

8.1 试验前准备

8.1.1 按 GB/T 1446 的规定检查试样外观,对每个试样编号。

8.1.2 按 7.2 的规定对试样进行状态调节。

8.1.3 状态调节后,测量试样中心截面处的宽度和厚度,宽度测量精确到 0.02 mm,厚度测量精确到 0.01 mm。

8.2 试样安装

8.2.1 调整跨距,使支座跨厚比为 4,测量精确到 0.1 mm。

8.2.2 调整加载头和支座,使加载头和两侧支座的轴线相互平行,并与两侧支座等距,测量精确到 0.1 mm。

8.2.3 将试样居中置于试验夹具中,使试样光滑面置于支座上,见图 1 和图 2。将试样中心与加载头中心对齐,并使试样长轴与加载头和支座垂直。

8.3 试验

8.3.1 对于在实验室标准环境条件下进行的试验,按 7.1.1 的规定进行;而对于在非实验室标准环境条件下进行的试验,则按 7.1.2 的规定进行。

8.3.2 按 1 mm/min～2 mm/min 加载速度对试样连续加载,直到试样破坏或加载头的位移超过了试样的名义厚度时,停止试验。若试样破坏,则记录试样失效模式和最大载荷。

8.3.3 典型的失效模式见图 5。

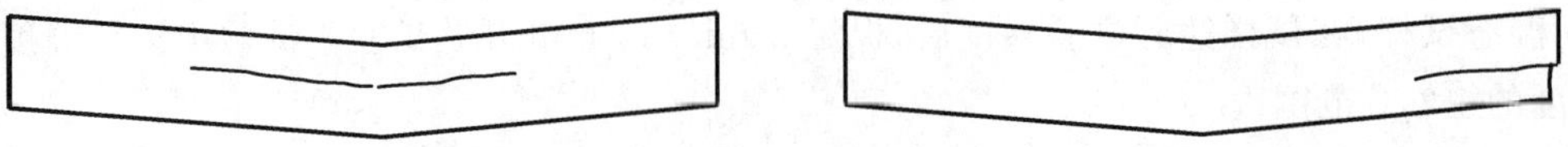

a） 层间剪切

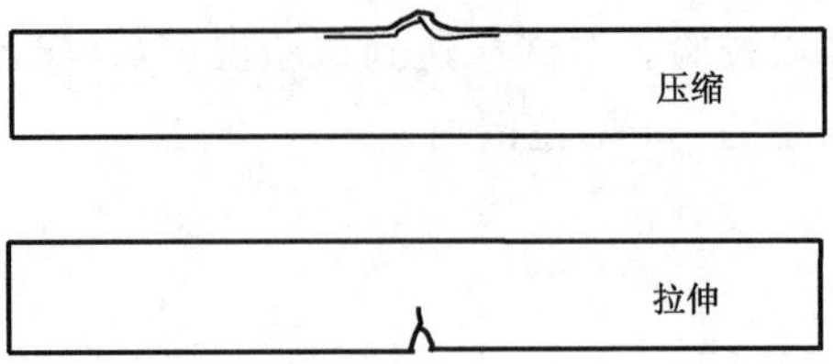

b） 弯曲

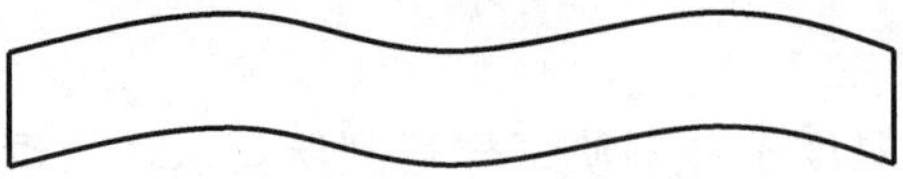

c） 非弹性变形

图 5 典型失效模式示意图

9 计算

9.1 短梁剪切强度

短梁剪切强度按式(1)计算，结果保留 3 位有效数字：

$$\tau_{sbs}=\frac{3P_{max}}{4wh} \qquad \cdots\cdots(1)$$

式中：

τ_{sbs} ——短梁剪切强度，单位为兆帕(MPa)；

P_{max}——破坏前试样承受的最大载荷，单位为牛(N)；

w ——试样宽度，单位为毫米(mm)；

h ——试样厚度，单位为毫米(mm)。

9.2 统计

对于每一组试验，按 GB/T 1446 的规定计算短梁剪切强度的算术平均值、标准差和离散系数。

10 试验报告

试验报告一般包括下列内容：

a) 试验项目名称和执行标准；

b) 试验人员、试验时间和地点；

c) 试样来源及制备情况，材料品种及规格；

d) 试样铺层方式、编号、形状和尺寸、外观质量及数量；

e） 试验温度、相对湿度、试样状态调节参数和结果；

f） 试验设备及仪器的型号、规格及计量情况；

g） 与本标准的不同之处，试验时出现的异常情况；

h） 试验结果，包括：

1） 每个试样的最大载荷；

2） 每个试样的短梁剪切强度及样本的算术平均值、标准差和离散系数；

3） 每个试样的失效模式。

ICS 83.120
Q 23

中华人民共和国国家标准

GB/T 30970—2014

聚合物基复合材料剪切性能 V型缺口梁试验方法

Test method for the shear properties of polymer matrix composite materials by V-notched beam method

2014-07-24 发布　　2015-01-01 实施

中华人民共和国国家质量监督检验检疫总局
中国国家标准化管理委员会　发布

前　言

本标准按照GB/T 1.1—2009给出的规则起草。

本标准由中国建筑材料联合会、中国航空工业集团公司提出。

本标准由全国纤维增强塑料标准化技术委员会、全国航空器标准化技术委员会(SAC/TC 435)归口。

本标准起草单位:中国航空工业集团公司北京航空材料研究院、中国飞机强度研究所。

本标准主要起草人:张子龙、彭勃、李雪芹、沈真、陈新文、杨胜春、王海鹏。

聚合物基复合材料剪切性能 V 型缺口梁试验方法

1 范围

本标准规定了纤维增强复合材料剪切性能 V 型缺口梁试验方法的试样、试验设备、试验条件、试验步骤、试验结果计算及试验报告等。

本标准适用于测定聚合物基复合材料的剪切模量、剪切强度及剪切应力-应变曲线。

2 规范性引用文件

下列文件对于本文件的应用是必不可少的。凡是注日期的引用文件，仅注日期的版本适用于本文件。凡是不注日期的引用文件，其最新版本(包括所有的修改单)适用于本文件。

GB/T 1446 纤维增强塑料性能试验方法总则

GB/T 3961 纤维增强塑料术语

3 术语和定义

GB/T 3961 界定的以及下列术语和定义适用于本文件。

3.1

材料坐标系 material coordinate system

用来描述材料主轴坐标系的笛卡尔坐标系，用 1、2 和 3 轴来表示材料的主轴，见图 1，其中 1-2 为面内，1-3 和 2-3 为层间。

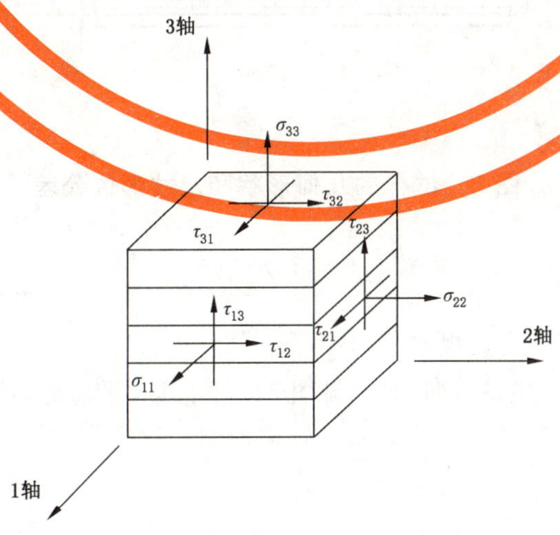

图 1 材料坐标系

4 方法原理

采用专用夹具对具有双V型缺口试样施加载荷，在试样缺口中心区形成剪切应力场，以测定材料的剪切性能。

5 试样

5.1 概述

试样铺层要求如下：

a) 单向纤维增强的 $[0]_{ns}$、$[90]_{ns}$、$[0/90]_{ns}$层合板；

b) 织物增强的层合板，其经纱方向与材料坐标系主轴方向一致。

5.2 试样形状和尺寸

试样的几何形状、尺寸、公差要求见图2，试样厚度尺寸应能确保装入卡具的凹槽中，推荐为1 mm～4 mm。

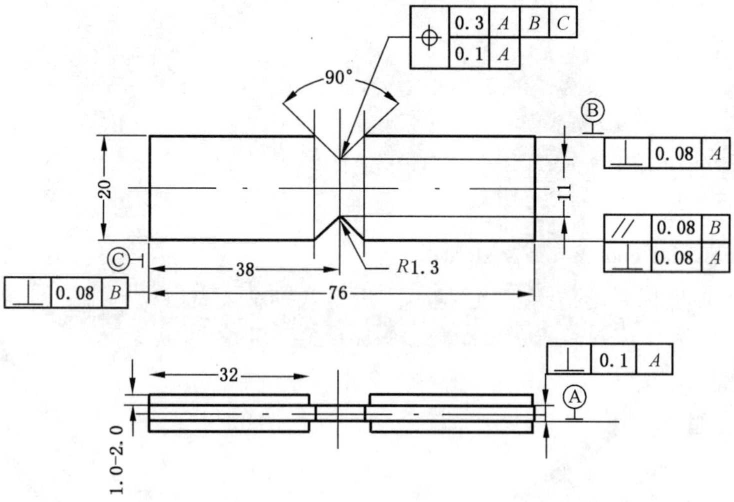

图2 试样的几何形状和尺寸形位公差

5.3 试样制备

5.3.1 试样制备按 GB/T 1446 有关规定。

5.3.2 试样应沿材料坐标系的主轴方向切取，见图3。对于1-2平面剪切试验，推荐采用$[0/90]_{ns}$试样。

序号	试样铺层方式	坐标系	测试目标
1	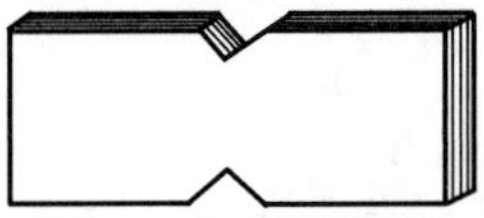	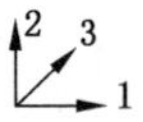	G_{12}
2	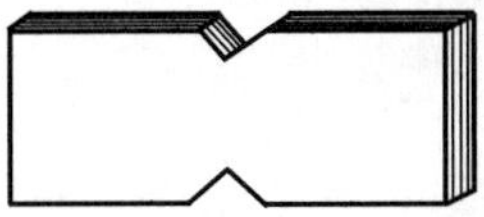	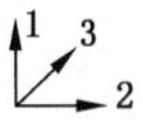	G_{21}
3	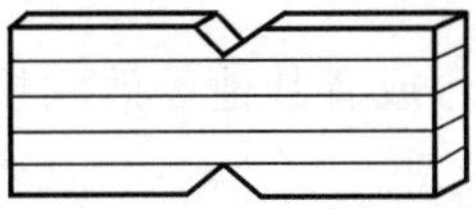	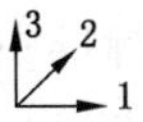	G_{13}
4	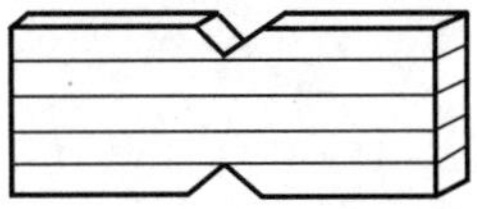	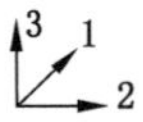	G_{23}
5	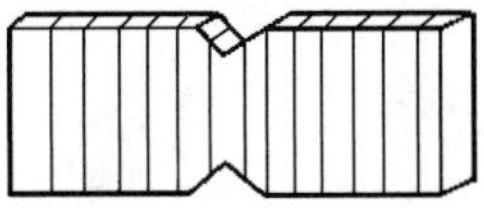	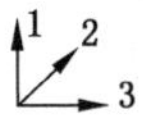	G_{31}
6	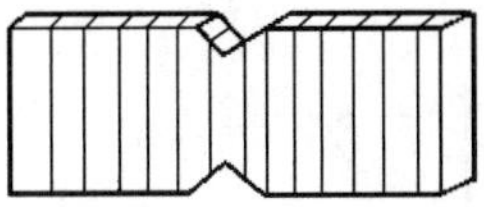	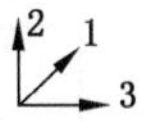	G_{32}

图 3　取样方向示意图

5.4　加强片

加强片推荐采用$[0/90]_{ns}$连续玻璃纤维或其机织物增强的复合材料层合板，也可采用铝合金板。加强片的厚度一般为 1.0 mm～2.0 mm。粘贴加强片时，试样表面处理应保证不损坏试样纤维。粘贴加强片所用胶粘剂应保证试验过程中加强片不脱落，胶粘剂固化温度应对试验材料的性能不产生影响。加强片粘贴完毕后，应对试样边缘进行修整，确保试样附合本标准的公差要求。若能够确认无加强片可得到合理的试验结果，也可以不贴加强片。

5.5　应变计粘贴

在试样缺口根部的中心区域粘贴应变计，见图 4。若考虑试样扭转，则应在试样两面对称粘贴应变计。应变计可以单片，也可以±45°组合式粘贴。应变计应变测量范围应满足 5%剪应变测量要求。推荐每个单片丝栅长度为 1 mm。

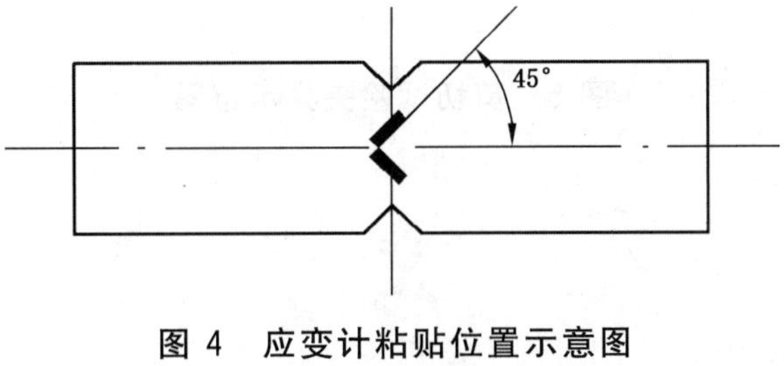

图 4　应变计粘贴位置示意图

5.6 试样数量

每组有效试样应不少于5个。

6 试验设备与装置

6.1 试验机

6.1.1 试验机按 GB/T 1446 的有关规定。

6.1.2 试验机应配备适合连接本标准中规定的试验装置的平台或者其他等效联接装置,上下联接部分的其中之一应具有可调节的球形支座。

6.2 试验夹具

剪切试验夹具示意图见图5。

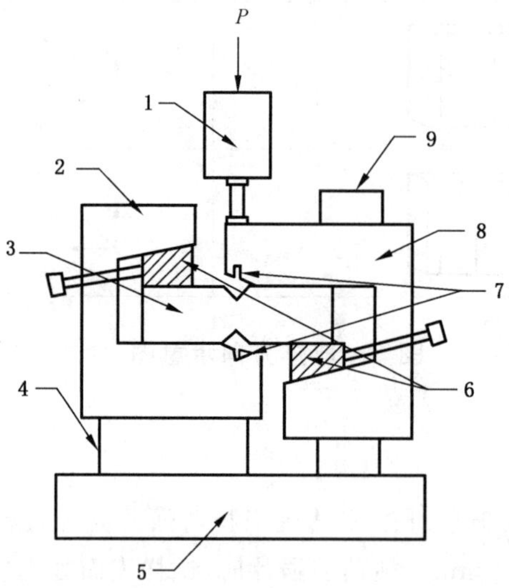

说明:

1——加载连杆;
2——下夹块;
3——试样;
4——下夹块支座;
5——底座;
6——可调节锁紧块;
7——对中销;
8——上夹块;
9——导向柱。

图5 剪切试验夹具示意图

7 试验条件

7.1 试验环境条件

标准试验环境条件按 GB/T 1446 规定,若采用非标准试验环境条件,应记录并在试验报告中注明。

7.2 试验状态调节

按 GB/T 1446 规定进行试验状态调节。

7.3 试验加载速度

试验加载速度为 1 mm/min～2 mm/min。

8 试验步骤

8.1 按 GB/T 1446 规定检查试样外观检查。

8.2 按 GB/T 1446 规定进行试样状态调节。

8.3 将合格的试样编号，测量试样两 V 型缺口根部间的距离和试样厚度，测量精度按 GB/T 1446 规定。

8.4 若测量剪应变，则应在试验状态调节之前粘贴应变片。

8.5 调节载荷显示值零点，必要时，应考虑夹具重量的补偿。

8.6 试样装夹具时，将试样贴靠于夹具背面，调整试样左右位置，使试样的中截面与加载线重合，旋紧锁紧螺母，固定试样，松紧程度以试样不产生移动，又不会对试样产生夹紧效应为宜。

8.7 对试样预加载荷，然后卸至初载(约为破坏载荷的 5%～0%)，调整仪器设备零点，预加载时，应保证试样不发生任何形式的损坏，一般不超过破坏载荷的 30%。

8.8 以规定的速率对试样加载。记录载荷-应变数据。若出现载荷下降的情况，则记录该点的载荷和对应的剪切应变值，并记录相应的损伤模式，若试样出现最终破坏，则记录破坏前的最大载荷以及破坏瞬间或尽可能接近破坏瞬间的载荷与应变。若剪应变达到 5% 仍未发生破坏，则忽略 5% 以后的数据，记录 5% 剪切应变时的载荷，作为剪切破坏载荷。

8.9 按图 6 所示典型的失效模式判断试样失效模式是否为有效失效模式，若发生无效的失效模式，应予作废，同批有效试样数量不足 5 个时，应另取试样补充或重做试验。

8.10 建议每一批或者每几批试样至少有一个试样背对背两面粘贴应变计，以评估扭转因素的影响。扭转影响率按式(3)计算。若扭转影响率值大于 3%，则认为试验存在扭转因素，应调整以消除这种扭转因素的影响，若无法消除，则应该采用正反两面粘贴应变计，以正反两面结果的平均值作为剪切模量的测量值。

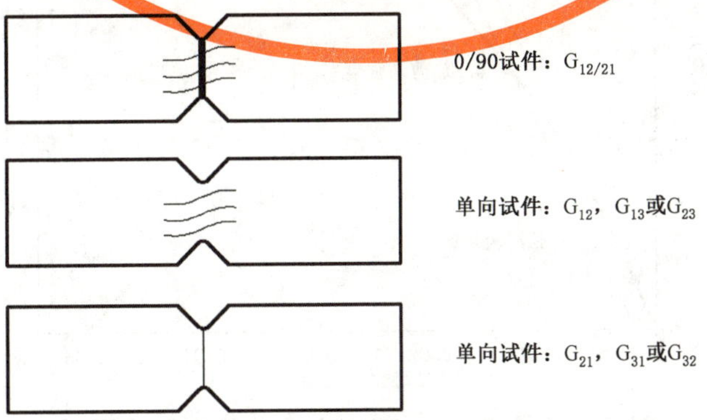

图 6 典型的失效模式示意图

9 计算

9.1 剪切强度按式(1)计算。

$$S = \frac{P^{u}}{bh} \qquad \cdots\cdots(1)$$

式中：

S ——剪切强度，单位为兆帕(MPa)；

P^{u} ——剪切破坏载荷或者剪应变等于5%时对应的载荷值，单位为牛顿(N)；

b ——两缺口根部间的距离，单位为毫米(mm)；

h ——试样的厚度，单位为毫米(mm)。

9.2 剪切模量 G_{XY} 按式(2)计算。

$$G_{XY} = \frac{\Delta P}{bh(|\Delta\varepsilon_{+45}| + |\Delta\varepsilon_{-45}|)} \times 10^{3} \qquad \cdots\cdots(2)$$

式中：

G_{XY} ——剪切模量，单位为吉帕(GPa)；

ΔP ——载荷应力-应变曲线初始线性范围内的载荷增量，单位为牛顿(N)；

$\Delta\varepsilon_{+45}$ ——与载荷增量向对应的+45°方向的应变增量，单位为毫米每毫米(mm/mm)；

$\Delta\varepsilon_{-45}$ ——与载荷增量向对应的−45°方向的应变增量，单位为毫米每毫米(mm/mm)。

9.3 弦线剪切模量 G_{XY}^{chord} 按式(2)计算。计算弦线剪切模量时，在 $1\,500\times10^{-6}$ mm/mm～$2\,500\times10^{-6}$ mm/mm 范围内选取一个较低的应变作为计算起始点，剪应变增量取为 $4\,000\times10^{-6}$ mm/mm$\pm200\times10^{-6}$ mm/mm，在该区间内用式(2)计算弦线剪切模量。采用弦线剪切模量计算时，应给出计算中使用的应变范围。

9.4 从剪应力-剪应变曲线中确定条件剪切强度的方法如图7所示，过剪应变轴上偏离原点指定的应变值的点，作平行于剪切应力/应变曲线线性段的直线(剪切模量线)，该线与应力-应变曲线交点处对应的剪应力值，定义为相应条件应变下的条件剪切强度。若没有特别指定，推荐采用0.2%条件应变。

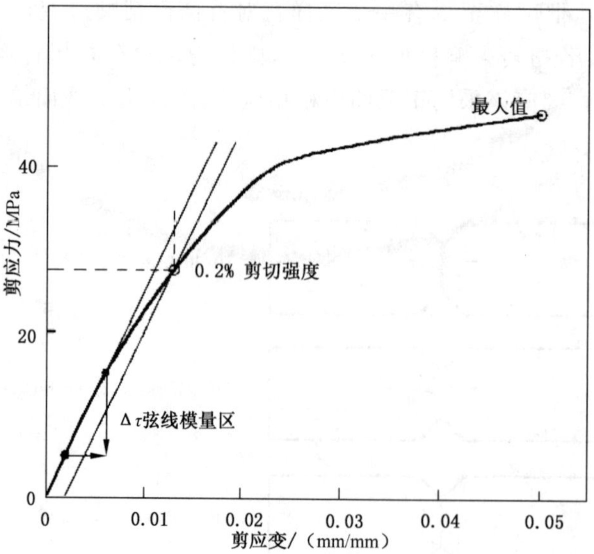

图7 模量和0.2%剪切强度的确定示意图

9.5 扭转影响率按式(3)计算。

$$C_N=\frac{G_a-G_b}{G_a+G_b}\times 100\% \quad \cdots\cdots(3)$$

式中：

C_N——扭转影响率，%；

G_a——由正面应变测量值计算得出的剪切模量，单位为吉帕(GPa)；

G_b——由反面应变测量值计算得出的剪切模量，单位为吉帕(GPa)。

9.6 按GB/T 1446中的有关规定，计算每一组试验测量性能的平均值、标准差和离散系数。

10 试验结果

试验结果按GB/T 1446规定。

11 试验报告

试验报告按GB/T 1446规定，试验报告一般应包括以下内容：

a) 试验项目名称和执行标准号；

b) 试验人员、试验时间和地点；

c) 试样来源及制备情况，材料品种及规格；

d) 试样铺层方式、编号、形状和尺寸、外观质量及数量；

e) 试验温度、相对湿度、试样状态调节参数和结果；

f) 试验设备及仪器的型号、规格及计量情况；

g) 与本标准的不同之处，试验时出现的异常情况；

h) 试验结果，包括：

 1) 每个试样的最大载荷值或破坏载荷值；

 2) 每个试样的剪切强度及样本的算术平均值、标准差和离散系数；

 3) 每个试样的极限剪应变及样本的算术平均值、标准差和离散系数，若到5%应变后对数据进行了删除，应注明；

 4) 弦线模量计算的应变范围，若使用了其他弹性模量的定义，则需记录所使用的方法以及模量计算所用的应变范围；

 5) 试样的剪切弹性模量及样本的算术平均值、标准差和离散系数；

 6) 条件剪切强度和对应的条件应变值以及样本的算术平均值、标准差和离散系数；

 7) 试样扭转百分比的评估结果；

 8) 每个试样的失效模式和位置。

ICS 35.080
L 77

中华人民共和国国家标准

GB/T 30971—2014

软件工程　用于互联网的推荐实践　网站工程、网站管理和网站生存周期

Software engineering—Recommended practice for the internet—Web site engineering, web site management, and web site life cycle

(ISO/IEC 23026:2006, MOD)

2014-09-03 发布　　2015-02-01 实施

中华人民共和国国家质量监督检验检疫总局
中国国家标准化管理委员会　发布

前　言

本标准按照 GB/T 1.1—2009 给出的规则起草。

本标准使用重新起草法修改采用 ISO/IEC 23026:2006《软件工程　用于互联网的推荐实践　网站工程、网站管理和网站生存周期》。

本标准与 ISO/IEC 23026:2006 相比，主要区别如下：

——在结构上做了如下调整：

1) 为了符合我国国家标准编写要求，删除 ISO/IEC 23026:2006 引言中的“参与者”、附录 F“隐私声明文本”、附录 I“36 CFR 1194 关联”及附录 G“索引”；

2) 将 ISO/IEC 23026:2006 附录 A“参考文献”调整为本标准的参考文献；

3) 将 3.3“缩略语”和 3.2“约定”位置互换；

4) 将章标题或条标题与下一层次条之间的悬置段处理为条，增加条编号，并依序改变其后的章条编号；

5) 增加了附录 G(资料性附录)“本标准与 ISO/IEC 23026:2006 相比的结构变化情况”。

——在内容上做了如下修改：

1) 删除了正文中与附录 F、附录 I、附录 G 相关的语句；

2) 删除了附录 A 的参考文献，以及正文中与之关联的语句；

3) 对第 2 章“参考文献”做了分类处理：删除了 36 CFR 1194；将正文中未引用的文件并入本标准的参考文献；将在正文中引用的标准归入本标准的第 2 章“规范性引用文件”，并将其中有对应我国国家标准的 ISO 标准替换为中国国家标准。

——纠正了如下技术性错误：

1) 附录 F(资料性附录)“颜色数字关联和可视颜色表”第二段的“列 F”改为“列 E”，原因在于表 F.1 和表 F.2 中并没有第 F 列，原文将“E”误写为“F”。

2) ISO/IEC 23026:2006 的 4.2.10“a profile for Internet content selection(PICS)”中的“profile”为笔误，应为“platform”，原因在于 3.2“缩略语”明确表述了“PICS”的全称为“Platform for Internet Content Selection”，且其内容与相关上下文吻合。

本标准由全国信息技术标准化技术委员会(SAC/TC 28)提出并归口。

本标准起草单位：南宁市平方软件新技术有限责任公司、山东省标准化研究院、中国电子技术标准化研究院、上海宝信软件股份有限公司。

本标准主要起草人：黄家裕、王力、张旸旸、温家凯、邓姿娴、刘连芳、王曙光、丁锦春、施贵基、施东兰、韦寒梅、欧阳树生、朱瑞虹、隗玉凯、张媛、曲发川、韩红强。

引　言

万维网(World Wide Web)在不断发展,作为定位和传递信息的方法,它的价值在不断地提升。这给网站工程带来巨大挑战。在网页的开发中必需进行信息索引,以便对信息定位。但是,如果能为用户定位适用网页,但未提供实质信息,也会使用户失望,达不到Web应用的目的。

本标准有助于改善网页对用户、网页开发人员的有效性,并提升网页在组织中的价值。本标准关注受管网站、内联网(组织内)和外联网(协作组织之间)。

网站工程往往很少考虑网站设计或实现的当前意义。有些网站反映了只有使用最新工具才能获得的最新技术水平,但这与网站的经营目标可能不一致。由于采用最新技术而占用了宝贵的资源,使得有些网站在远远超出可用生存周期后才失去活力。这样拙劣的网站工程浪费了生产力,使用户失望。

目前,不能准确预测万维网或一个特定网站何时失效。正规的网站工程应该关注:在许多网站设计中,生存周期可能会被严重低估或完全忽视。由于供应商和产品落伍,供应商产品(历史版本和未来版本、格式偏好或实现语言选择)在未来可能需要重新设计。企业网站的存活可不必超出企业的生存周期,但是,公共部门和其他机构的网站则可能跨越几个世纪。除缺乏远见的设计部分外,这些网站内容的关键部分可能不需要更新。《西游记》著作就是内容恒久不变的一个例子。

本标准中列出的推荐实践和要求,旨在降低与网站工程投资相关的风险。随着时间的推移,本标准将会被修订,一方面为了反映万维网环境的变化,另一方面为了反映对网站工程标准的进一步理解。万维网年代是以客户端和服务器平台技术的迅速提升为特征的。由此可能得出一个代价昂贵的、误导性的结论:网站(更直接地来说是传递的信息量和服务)应该以同样的速度向前推进。某些网页将需要长期保存,并且,在商业运作(这是受管网站的核心)环境中,上一年网页的再设计是一项需要经过审批的投入。基于Web运作的价值在于,以最低的成本将正确的信息和服务在正确的时间传递给正确的人。基于Web运作的成功更多依赖于工程设计符合对目标用户群体和信息的理解,而不在于快速发展的Web平台技术。

软件工程　用于互联网的推荐实践　网站工程、网站管理和网站生存周期

1　概述

本标准用于指导设计和实现受管网站中的网页。目的是改善受管网站的运行能力，包括：

a)　定位相关信息；

b)　促进易用性；

c)　减少法律纠纷；

d)　提供有效的开发和维护实践方法。

本标准关注独立于供应商和产品的因素。

本标准为设计和开发网页的个人以及负责制定网站开发指南的管理员提供指导。

1.1　范围

本标准定义了在内联网和外联网环境下的万维网网站工程的推荐实践。

对于不受工程化良好实践限制的网页设计，本标准未考虑风格或人的因素。附录A包含了并不充分成熟的主题，未包含在本标准当前版本中的特定推荐主题。

1.2　目的

本标准为在内联网和外联网环境下的网页开发方提供关于网站工程推荐实践方面的指导，旨在改善内联网或外联网网页在定位相关信息方面的运行效率，并改善开发和维护实践。

1.3　符合性

在本标准中，"应"表示要求型条款，"宜"表示推荐型条款，"可"表示本标准允许的选择或变化条款。本标准强烈鼓励用户考虑推荐型条款，但是，这些推荐型条款的实现不属于网页符合性要求范畴。

2　规范性引用文件

下列文件对于本文件的应用是必不可少的。凡是注日期的引用文件，仅注日期的版本适用于本文件。凡是不注日期的引用文件，其最新版本(包括所有的修改单)适用于本文件。

GB/T 2659—2000　世界各国和地区名称代码(eqv ISO 3166-1:1997)

GB/T 4880.1—2005　语种名称代码　第1部分：2字母代码(ISO 639-1:2002,MOD)

GB/T 4880.2—2000　语种名称代码　第2部分：3字母代码(eqv ISO 639-2:1998)

GB/T 12406—2008　表示货币和资金的代码(ISO 4217:2001,IDT)

HTML 4.01规格说明，W3C推荐1999年12月24日(HTML 4.01 Specification, W3C Recommendation 24 December 1999)

3　术语、定义和缩略语

3.1　术语和定义

下列术语和定义适用于本文件。

3.1.1

归档页　archival pages

预计不再改变、不再维护的在线数据。未来的工具也未必会轻易地提供这些数据。

3.1.2

主体元数据　body metadata

HTML 文档主体中为用户或者管理员提供管理或导航工具的元素。

3.1.3

cookie

用于给接收方传递信息的数据，表示提供数据的实体状态的重要改变。网站通过用户客户端系统存储/检索 cookie 以维护包括识别用户和事务一致性的状态信息。

3.1.4

外联网　extranet

为特定目标进行连接且跨越多个组织的内联网的集合。

3.1.5

内联网　intranet

严格运行于一个组织内部的受管网络。在一个组织内部可存在多个内联网，它们可相互独立。

3.1.6

受管网络　managed network

被一个或多个组织建立并控制的网络或网络集合，满足特定组织或业务的需要。

3.1.7

受管网站　managed Web site

根据组织指南创建并维护的网站。

3.1.8

镜像网站　mirror site

在不同的主机上维护的，提供冗余、高性能和本地访问的主网站副本。

3.1.9

永久 URI　persistent URI

永久性的统一资源标识符(URI)，当在文档中被链接时不必进行改变，即便目标位置发生变化，仍能找到预期目标。

3.1.10

从属网站　subordinate web site

包含在另一网站中的网站。

3.1.11

网页　web page

传递给客户端系统的数字多媒体对象。网页可通过服务器端动态生成，也可整合客户端或服务器端上运行的程序或其他元素。

3.1.12

网站　web site

被作为单一实体管理的网页逻辑上连接的网页集合。网站可包含一个或多个从属网站。(图 1 给出了一个网站中网页集合可能具有的典型结构)。

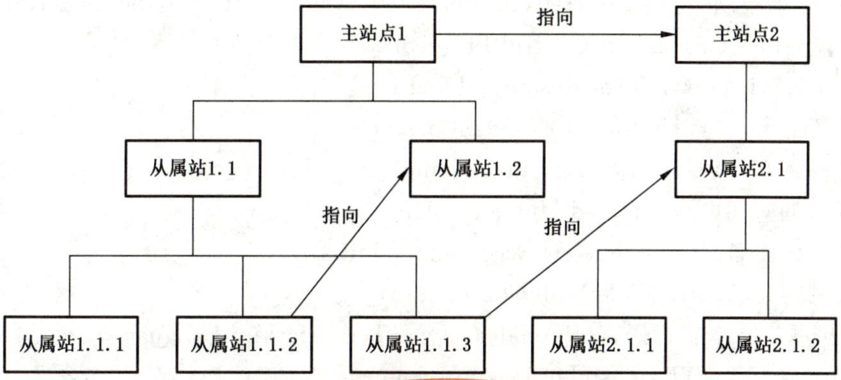

注：图中所有元素都代表被独立管理的网站。这种管理宜反映对组织层次适用方针的遵从。请注意，网站并不一定是分层次的，与之相关的可能是组织层次方针。

图 1 网站结构实例

3.1.13

工程化良好的网站 well-engineered web site

按照本标准设计和实现的网站。

注：框架、无框架和 Robot 的使用均基于 HTML4.01 规格说明。

3.2 缩略语

下列缩略语适用于本文件。

CSS：层叠式样表(Cascading Style Sheets)

CSS1：层叠式样表 1 级(Cascading Style Sheets，level 1)

CSS2：层叠式样表 2 级(Cascading Style Sheets，level 2)

DHTML：动态超文本置标语言(Dynamic HTML)

DNS：域名服务(Domain Name Service)

DOI：数字对象标识(Digital Object Identifier™)

DTD：文档类型定义(XML 或 SGML 规格说明)[Document Type Definition(for XML or SGML specifications)]

GIF：图形交换格式(Graphics Interchange Format)

HREF：HTML 参考指示(HTML reference designator)

HTML：超文本置标语言(HyperText Markup Language)

HTTP：超文本传输协议(HyperText Transfer Protocol)

IBPwg：互联网最佳实践工作组(Internet Best Practices Working Group)

IETF：互联网工程任务组(Internet Engineering Task Force)

IP：互联网协议(Internet Protocol)

IPR：知识产权(Intellectual Property Rights)

ISBN：国际标准图书号(International Standard Book Numbers)

JPEG：联合图像专家组(图像格式)[Joint Photographic Experts Group(image format)]

NMG：网络监控图形(Network Motion Graphics)

PDA：个人数字助理(Personal Digital Assistant)

PICS：互联网内容选择平台(Platform for Internet Content Selection)

PNG：便携式网络图形(Portable Network Graphics)

RDF：资源定义框架(Resource Definition Framework)

SGML：标准通用置标语言(Standard Generalized Markup Language)

SI Units：国际单位制：现代度量系统(International System of Units：the modern metric system)

TCP：传输控制协议(Transport Control Protocol)

URI：统一资源标识符(Uniform Resource Identifier)

URL：统一资源定位符(Uniform Resource Locator)

URN：通用资源名称(Universal Resource Name)

UTC：世界协调时间(Coordinated Universal Time)

WAI：网页易读性倡议(W3C)[Web Accessibility Initiative(W3C)]

W3C：万维网协会(World Wide Web Consortium)

XHTML：扩展超文本置标语言(Extended HyperText Markup Language)

XML：可扩展置标语言(Extensible Markup Language)

3.3 约定

下列约定适用于本文件。

Rfield——网页中的网页段标识。

注：其内容通常是供人阅读的，而不是为机器解释而构建的。

Mfield——网页中的网页段标识。

注：采用机器可读的格式，而不是采用供人阅读的格式。

RMfield——网页中的网页段标识。

注：既可用于机器解释，也可供人阅读。

4 设计实践

4.1 概述

工程化良好的网站的开发方宜提供项目计划，或者遵循现有计划，该计划要覆盖网站的整个生存周期，包括开发、维护和退役。网站的项目计划应统筹考虑最短和最长的网站预期寿命所产生的影响。

项目计划宜确定网站的可维护性。计划宜确定网页日期(见7.4)和联系信息(见4.3.6、5.7和5.11)的需求。

某些网页的重要目标是将特定信息传达给需要这些信息的人。工程化良好的网站应具有一个已识别的、可被评价的度量集。“信息易于被目标用户群体访问”是可能的设计目标之一。

导航辅助、按钮、用户易读的主体元数据，以及通常出现在网页中的其他项，宜在网站中始终一致。一致性应包括常用外观和感觉，以及在网页中的通常位置。

在早期设计阶段，宜重温本标准，以确定设计、开发和维护一个工程化良好的网站需要考虑的所有因素。

设计应考虑客户端和服务器环境特征，否则会干扰某些目标用户群体使用所提供的资料。计划宜包含技术老化和更新换代所产生的意外费用。

测试用例的设计应考虑用户一起访问网站。一些测试成果会增强网站运行时服务器所支持的性能和可伸缩性。

如果网站很复杂，或需要实现交互功能，那么，将它视为一个软件产品并采用适当的标准可有助于软件的开发和维护。

4.2 一般要求

4.2.1 目标用户群体

网站可面向一个或多个不同用户群体。设计者应鉴别并记录一个或多个目标用户群体。在设计过程和持续进行的网站评估中，宜考虑这些群体的代表(可能包括残疾者)的需求。

评估应包括目标用户群体的客户端环境。该环境评估应包括：使用浏览器的差异、补充信息的能力(例如，脚本、字节代码、图像等)和连接的带宽。目标用户群体可有多种不同显示设备和/或多种显示窗口中的选定表现格式，这可产生一些表现约束(例如，考虑在袖珍设备中显示网页等)。

对实现工具(例如，服务器、生成器、以及 HTML、CSS、XML 和脚本的选定“级别”等)的选择应以对目标客户群体的评估为基础。宜监测网站以确定客户端环境的变化情况，这些变化可能会影响网站设计。

设计者应记录网站的目标环境范围，以便未来参考。这有利于建立适用于整个网络的网页的文档或规格说明，同时鼓励或强制所有网页与其保持一致。文档应当包括以下声明：网页生成格式(包括 HTML 版本(在某些情况下把功能性排除在外)、CSS 版本、XML 版本和 XML DTD)、图形格式、脚本和/或字节代码可执行版本和/或限制、语种(包括字符集)、带宽以及来自本标准或设计阶段发现的其他特性。文档宜根据实际经验进行更新。宜避免因供应商特定产品的规格说明以及产品独立性造成的文档内容缺失。

4.2.2 关键信息传递

向用户传递信息是网站的主要目的。理解和导航是工程设计关键考虑因素。非文本信息(如视频、图形、音频)可能消耗大量带宽资源，但却在信息传递的连贯性和易理解性方面具有优势。设计还应该考虑如下问题：某些用户所处的低带宽环境、“仅传递文本信息”的用户选择、视觉缺陷者的需求，以及多语种信息的传递。

网站的设计可按期限和/或修订日期对信息量分段，同时将其并入整体网站设计中。网站的设计应不必纵览整个网站即可清晰地标识变更区域；分段宜在网页层面；宜描述对“已变更网页清单”到期后的处理方法。

某些信息是有时效性的。证券行情、电话目录、产品规格说明、组织章程和档案背景信息以不同的速度变更。信息的自然属性和用户对“最新信息”的需求影响网站的内容，同时也影响传递这些网页所用的方法。

4.2.3 期望结果

网站的评估度量应源于对目标用户群体和要传递的信息的评估。除非是为了将为低带宽或纯文本用户提供的工程化良好的网页与同等工程化良好的网页进行比较，否则，将单纯的“点击率”度量作为对网站的评估并不充分。典型的评估度量是测量用户群体到达目标网页所需要的击键次数或时间。

组织效率、竞争成功，甚至履行法律义务与职责，均依赖于对组织内部关键信息的及时访问。内联网/外联网设计宜考虑这个因素，特别是在用它替换其他方法传递信息的情况。宜积极收集用户的反馈，将其作为本过程一部分。

4.2.4 生存周期

网页、网站和网页项目都具有寿命——生存周期。网站开发方宜估计生存周期的持续时间，宜在活动的生存周期期间为网站维护制定计划。有些网页可能将被永久归档，很少需要维护，并且具有无限的生存周期。

网站项目计划应记录网站定期维护和/或终止的要求。许多工程化良好的网页需要持续的维护(例如，由于法律或法规的要求)。

永久归档内容的留存宜严格遵照标准，并且对供应商特定的或不成熟的技术的依赖降到最小程度。这将有助于在延长期内访问这些内容，以及满足“维护最小化”的要求。

4.2.5 生存周期管理

在许多情况下，特别是网站实现交互功能的情况，网站的复杂性可能接近软件项目的复杂性。在这些情况下，宜启用一个或多个项目来执行整个生存周期(从网站构想阶段到退役)的计划和管理职责。

4.2.6 网站生存周期计划

宜为网站制定旨在对适当的生存周期过程(包括需求获取、设计、开发、运行和维护过程)进行管理的计划。网站计划宜定义什么时间、如何以及通过何人执行特定活动，包括最适合的方案和替换选择。计划宜至少包括下列类属项：

a) 发布日期和状态；
b) 范围；
c) 发布组织；
d) 引用文件；
e) 审批机构；
f) 计划的活动和任务；
g) 宏观引用(引发该计划制定需要的政策或法规)；
h) 微观引用(阐述该计划细节的其他计划或者任务描述)；
i) 时间进度表；
j) 评估；
k) 资源及其分配；
l) 职责和授权机构；
m) 风险；
n) 质量控制测度；
o) 成本；
p) 相关各方间的接口；
q) 环境/基础设施(包括安全必需设施)；
r) 培训；
s) 术语表；
t) 变更过程和历史；
u) 用户支持所需的(咨询台、最终用户文档、客服电话)；
v) 目标群体描述。

4.2.7 网站需求说明

宜为网站制定需求说明。该说明宜至少包括下列类属项：

a) 发布日期和状态；
b) 范围；
c) 发布组织；
d) 引用文件；
e) 审批机构；
f) 主体；
g) 交付说明；
h) 保证需求；
i) 条件、约束和特性；

j) 术语表；

k) 变更历史。

4.2.8 网站设计描述

网站宜具备设计描述。网站的设计描述宜至少包括下列类属项：

a) 发布日期和状态；

b) 范围；

c) 发布组织；

d) 引用文件；

e) 环境；

f) 标记法描述；

g) 主体；

h) 概要；

i) 术语表；

j) 变更历史。

4.2.9 设计评审

网页设计宜进行设计评审以符合良好的工程实践。根据特定工程化良好的网站的评价和预期影响，可进行附加评审。设计评审的主题可包括图形设计、法律含义、文化影响、语种审查、市场研究、信息可访问性和易用性的评价。设计评审的范围应扩展到整个系统的功能目标、技术性能和约束。评审宜定位目标用户群体的能力和局限性。系统中引进新技术需要评审人员具有丰富的经验。另外，内容宜通过合适的专家和其他用户进行评审。

4.2.10 校验、质量目标和测试

质量保证宜是网站计划和开发的一部分。项目计划宜说明实现过程中保证满足质量目标所使用的特定工具和过程。

网页宜进行校验和质量保证。校验宜包括使用各种浏览器、各种屏幕分辨率、各种浏览器窗口尺寸和形状。必须对传递给客户端设备的对象(文本、图像、布局、导航、多媒体等等)实行最终评审，且不假设生成工具会正确地转换源对象。应对静态和动态生成的网页都进行校验。

质量保证过程宜证实网页的展现形式满足本标准和其他适用标准的所有目标和要求，它也证实用户需求是否被满足。应对静态和动态生成的网页都运用质量保证。

测试宜在至少两个不同阶段中进行：开发测试和运行测试。开发(部件)测试宜作为实现过程的一部分来进行。

应设计网站的开发测试方案来处理如下问题：

a) 网页应按设计显示；

b) 滚屏需求应因被传递信息的类型而异；

c) 网站应提供安全控制措施，例如口令和防火墙；

d) 应使用验证工具去检验网页与本标准的一致性。

运行测试宜在预定的目标用户群体的支持下进行。

应设计网站的运行测试方案来处理如下问题：

a) 网页应按预期的方式显示；

b) 网页不应需要过多的滚屏；

c) 网站应提供必要的安全控制措施；

d） 应测试网页是否符合可访问性要求；

e） 网页宜提供一个合适的打印输出或者提供可替换的打印输出方法；

f） 网站应满足所有已定义的用户需求。应记录从设计开始到最终交付所产生的新的用户需求；

g） 所有链接应正确工作。

4.2.11 受管网页

受管网页应包含表示适用于本网页的指南或标准的一个或多个元标签。元标签格式应为“〈meta name="guideline" content=指南的 URI/〉”。URI 宜作为特定版本的指南(或许不是实际的文档)的唯一标识符。与本标准一致的网页可包含元标签。这将有助于对网站进行管理，也有助于目标客户对一致性网页的选择。

4.3 环境选择

4.3.1 HTML 版本

HTML 的版本及该版本的特征，宜基于目标用户群体的客户端环境进行选择。例如，框架和 Java 脚本是反映与旧浏览器版本重要设计不兼容的代表元素，同时也是必需在设计阶段给出关键评价的特性。像框架这种架构特征的移除需要进行重要的重设计。网页开发者宜熟悉 XML，同时评估如何、是否以及何时将 XML 融入网站。

新网页宜默认以 HTML 兼容的形式使用 XHTML。XHTML 兼容指南宜包含在网站项目计划中，甚至需要与旧版本浏览器兼容(例如，小写的标签)。

XHTML 兼容性的基本元素：

a） 所有标签元素和属性都要小写；

b） 结构良好的文档具有适当的嵌套元素，对有内容的所有元素都有结束标签(包括 li、p 等)；在标签的结束斜线前有空格(例如〈br/〉——注：本例中斜线前面的空格是为了与 HTML 兼容)；

c） 全部属性值被引用；

d） 除与 HTML 兼容的“name”外，使用“id”作片段标识符(例如〈a name="ABC" id="ABC"〉)；

e） 为脚本、式样(style)或者其他“注释”元素(注释结构可在传递过程中被服务器剥离)使用“[CDATA[…]]”结构；

f） 避免在属性值中的断行或多余空格；

g） 一个网页只有一个“isindex”元素；

h） 既包含“lang”，也包含“xml:lang”值；

i） 既包含“xml”，也包含“http-equiv”字符编码语句；

j） & 的属性值为 &

k） 要意识到 CSS 为 XML 和 XHTML 定义不同的一致性。

4.3.2 CSS

工程化良好的网页应在可行范围内分离格式和内容。式样单用于实现此目的。网站设计应该在使用网页特定的特性以适应更大范围的目标客户端浏览器，与式样单所提供的独立于网页的表示所带来的维护优势之间进行权衡。使用 CSS 的决定宜包括对目标用户环境的性能评价。

一个简单的例子是在网页中使用颜色。直接在网页中加入颜色是一种选择；在式样单中加入颜色是另一种选择。相同的配色方案可通过使用式样单以一致的方式应用于不同的网页，从而减少编码和维护工作。变更通用式样单中的颜色而不是变更使用该计划的许多网页中的颜色，可在配色方案中完成变更。此外，特定用户群体(例如：视觉障碍者)希望或者需要忽略设计提出的颜色选择，这只需要通过层叠式样单机制就可实现。同样，如果需要网页的硬拷贝打印，宜包含 CSS 打印机表示式样。

网页生成工具应支持将 CSS 作为一项外部式样单，只有使用网站开发方指定/选定的“class”(或“id”)属性并取消“important”(!)标识，这样最终用户才能够应用他们的自有式样单来匹配他们的参数选择和需求。

4.3.3 XML 考虑

XML 提供了通过积极响应业务目标的方式来展现文档结构的机制。一个结构良好的 HTML 文档是一个 XML 文档的实例。XML 规定内容特定的新标签，这些标签有助于内容的自动处理。在 HTML 环境下，XML 类型结构宜使用 id 和 class 属性设计，同时隐含〈span〉和〈div〉元素。

在 HTML4.0 文档中，id 被定义为是唯一的，并可用作段链接的锚点；相反，class 可在文档中被复制多次。id 和 class 可用于区分式样单控制的网页段(开发方宜验证式样规格说明的“class”和“id”的使用对目标浏览器均有效)。

网站在进行设计计划时，应考虑对目标用户群客户端环境标识的浏览器范围的适应。通过识别浏览器类型和传递基于浏览器类型的不同网页集可以实现这种适应，或者通过确保网页的关键信息能够被全部的浏览器有效显示来实现。宜避免对特定浏览器和特定版本的依赖。

4.3.4 物理特性

应考虑用户群体环境的硬件和软件性能可能发生的变化。一般网站在用户层面采用新技术的频率经常超过产业界和公共部门的网站。同样，应考虑技术的可能变化，以便尽可能使为适应这些变化而重新设计网站的需求最小化。

宜考虑的设备实例包括：

a) PDA；

b) 视频电话；

c) 具备网络接口的电视设备；

d) 盲文显示部件；

e) 访问专用和/或纯文本设备；

f) 无线和移动设备。

宜考虑包括屏幕显示区域(在这些设备上有的屏幕相当小)；通讯延迟(例如卫星链路、无线信道带宽等)；受限制的(不存在的)本地缓存/本地存储。同时，需要考虑相关通信带宽和成本，因为，带宽受限和以分钟计算通信费率在移动通信和无线通信环境下很普遍。

在目标协议选择时可额外考虑支持下一代移动设备的协议或子协议。宜考虑无线应用协议、XHTML 基础协议。

4.3.5 脚本和可执行程序

客户端执行程序，例如脚本，可能被客户端拒绝。部分设计过程应包括记录何时(若有)会使用这些工具。工具不应包括客户端脚本，除非创建者选择该选项。注意，由于安全原因客户端环境可能禁用客户端执行程序或脚本，因此服务器宜能够传递无脚本的信息。至少，网站应通知用户某些功能需要脚本。特定工具或实现版本的选择应考虑目标客户端环境的语境和网站的生存周期管理。如果可能，宜选择与平台(处理器、操作系统和浏览器)无关的基于标准的环境。见 4.4.1。

4.3.6 隐私方针

网站设计宜受目标用户群体和其他访问网页的人适用的法律和道德指南约束。隐私考虑因素应包括组织政策、法律环境，以及对网络完整性潜在问题的认识。可识别的个体和个人数据，身份证号码、电话号码、家庭住址、宗教信仰、政治观点、基因等等，均是需要考虑的事项。顶层网页宜包含对适用的隐私方针声明的链接。

如果用户在指定信息传递之前终止会话，所有从用户处收集的、能识别用户的信息应当被删除。在会话终止时，如果用户允许，则可以保留收集的数据(例如为了稍后的返回)。当从用户收集的数据是用户重要输入时，可请求用户允许保留数据。信息宜按固定时间长度(例如一天)进行保存，过后则必需删除。

用户可以选择匿名，但潜在的问题是，用户有可能得不到所请求的服务或信息。宜提供提示信息解释用户为获取服务需要做什么，并且提供一些联络方法以便作进一步澄清。未经默许同意或明示同意，不应收集最终用户的数据(例如，电子邮件地址、用户名等)。

为了确定可以提供哪些信息，有必要知道服务器的地理位置(或许在元数据中提供)和客户端的地理位置。行业部门制定的隐私指南，可能是设计和为情况变更进行评审时需要考虑的事项。

网站在收集、通告、保留用户相关信息时应遵循法律或者业界指南。

索引能够为受限信息提供后门。所以，需要限制对索引的访问，或从索引中清除受限信息，由网页生成工具生成的网站的索引应遵照 Robot 排除指南(见附录 D)。

4.3.7 内容可访问性

目标用户群体评价既要考虑现在或未来会有一些视觉受限、色盲、行动不便、听力障碍或需要其他特殊考虑的个体需要访问网站信息或服务，又要考虑易于用户访问和使用的人机工程学需求。

现将对网站可访问性因素的关键概念的快速提示归纳如下：

a) 图像和动画。使用 alt 属性来描述每一种影像的功能；
b) 图像地图。使用客户端地图和文本作为链接的“热点”；
c) 多媒体。提供音频字幕、音频副本和视频说明；
d) 超文本链接。当超出当前语境进行阅读时，使用有意义的文字表示跳转，避免使用诸如“点击这里”等无指导意义的文字；
e) 网页组织。使用标题、列表和一致性结构。如有可能，使用 CSS 设计布局和式样；
f) 图形和图表。概括或者使用 longdesc 属性；
g) 脚本、程序和插件。提供替代内容，以防动态特征不可用或者不被支持；
h) 框架。使用“无框架”元素和有意义的标题；
i) 表格。归纳，使逐行阅读更明了；
j) 检查工作并证实。使用 http://www.w3.org/TR/WCAG 的工具、检查清单和指南。

推荐使用 216 种万维网安全颜色。这些选定的颜色是 16 进制的，它们的 RGB 值仅取 00、33、66、99、CC 或者 FF。

网页的文字与背景亮度对比度应超过 33%(推荐超过 67%)。因此，任一特定 RGB 颜色的亮度计算公式为：亮度＝0.3×红色值＋0.59×绿色值＋0.11×蓝色值。

网页应避免使用对各种色盲者带来困扰的颜色组合。文本或任何对象(例如链接、边框或图标)的背景/前景需要按颜色区分，但应避免使用附录 F 给出的颜色对(这涉及最普遍的红绿色盲问题)。

网站安全颜色表已经分类表示哪些颜色不宜被一起使用。见附录 F 的数值版本和视觉色彩表。

如果用户响应表单超时，应提供一种机制，允许用户说明需要更多的时间。慎用超时或刷新，以保证用户能够正确理解并与网页交互。

表单应使用标号和表索引标识，以允许用户使用帮助技术访问所需的字段和功能，从而完成并提交表单。

网页应将 TABINDEX 属性与 A、AREA、BUTTON、INPUT、TEXTAREA 和 OBJECT 元素一起使用，提供访问这些元素的逻辑顺序。在网页集合包含公共初始链接和/或链接副本的地方，首先应使用 TABINDEX 表示网页专属链接。为允许用户避免重复链接,在将所有链接排序后,应使用 TABINDEX 表示副本,而用“刷新”链接重置序列时,不遍历副本。对于确保合适的浏览顺序,所有可能的 TABINDEX 元素的规格说明都是必要的。宜用目标浏览器验证链接顺序。

网页宜使用带 ACCESSKEY 属性的 BUTTON、INPUT 和 TEXTAREA 标签,以启动相关功能。还宜用带 ACCESSKEY 的 A 和 AREA 标签以启动链接操作。特殊情况下,宜将 ACCESSKEY 标识设置为对用户可见,并给出一个独特的式样(宜通过 CSS 类/式样标识实现)以帮助用户了解。宜避免使 ACCESSKEY 标识与操作系统和浏览器定义的快捷键冲突。

注:各种浏览器之间没有一组公共的快捷键分配方案,同样,浏览器和支撑技术之间也没有公共的快捷键分配方案。

对于具有不只一个逻辑分区的表单,例如个人信息、账单信息、航运信息,应使用 FIELDSET 和 LEGEND 元素识别这些分区。

表单字段应和 LABEL 元素(影响 TEXT、PASSWORD、CHECKBOX、RADIO 和 FILE 等类型的 TEXTAREA、SELECT 和 INPUT 字段)关联。

应给重复的导航链接的 TABINDEX 赋值为零,从而使这些链接出现在制表序列尾部。

对于那些主页内容不在 BODY 元素最开始位置的网站,应定义一个具有 ID="content"属性的 DIV 元素以装入主页内容。这将有助于受限浏览器用户的访问,同时有助于网页内容的索引。

网页宜使用公共的外观和感觉,包括公共导航按钮组的位置。网页的首链接宜是到本网页独特内容的链接,并且用 alt 文本(例如“跳转导航”或“跳转到内容”)进行标识。这个初始链接应是一个对用户不可见的 1×1 像素图,但在避免信息重复的重要地方,也可以是音频或盲文。

4.3.8 网站/网页重定位

网站和/或站内网页很可能在该网站生存周期内被重定位。宜适当应用提供此项功能的技术,包括:

a) 网站特定的 Cname 或者域名服务器(DNS)入口。例如:“http://mysite.domain.com.”。这里允许以透明的方式将“mysite”换成不同的系统集,也能提供冗余、容错及相似能力。如有可能,宜解决对旧地址的访问,或重定向到新地址;
b) 网站特定名称不宜包含特定的机器名、位置名或其他随时变更的元素;
c) 不宜使用物理 IP 地址,除非在维护应用程序中必需指定具体物理目标位置。应注意,即使具有特定 IP 地址,客户端动态地址的应用程序也可不提供所期望的物理目标;
d) 通过网站访问的、持续相关的文档宜用持续相关的 URL。例如,在 URL 中编码的路径不宜镜像短期网站。网站的组织可发生变更,而访问持续相关文档的 URL 不宜变更;
e) 当发生 HTTP Error 404(无法找到网页)时,提供链接到网站关键部分的信息页,以及提供搜索该网站方法的信息页。如果进行重定位,将使网站更便于使用;
f) 能运用 HTTP 或者服务器脚本“重定向”能力,使 URL 相互关联,以及使主机和 URL 服务器关联,从而确保用户接收到正确的网页。这也能用于适应网页位置的变更。其他用途在 7.10 略述。关联 URL 允许:
    1) 在网站中迁移网页;
    2) 维护副本或开发版本;
    3) 证实数字签名一致性/完整性(见 6.5)。

4.3.9 维护

网站维护计划应至少考虑如下因素:

a) 消除过期信息或服务;

b) 更新信息或服务状态；

c) 变更和周期性确认相关信息的链接；

d) 客户端和服务器环境的变化，可能需要或保证工程化良好的网站进行再工程；

e) 政策变化(例如组织的，规章的，立法的等等)，可能需要变更信息内容、保护策略、标识或者入口；

f) 更新工程化良好的网站，使其保持与适用标准一致。

可使用式样单作为“background”来表示过期网页或其他分类(例如“草稿”、“机密”)。如果不能使用式样单，网站设计应使用替代方法表示网页分类。对于身体残疾用户，宜使用可访问性替代方法。

4.3.10 适当的内容

应结合道德和法律环境因素考虑网站内容，同时，应认识到在可以访问网站的地方，网站内容应因法律和文化环境的不同而异。除内容外，还可以考虑有选择性地传递或对信息访问加以限制，以反映对法律和文化环境的评价。应特别考虑不适宜未成年人的内容，以及在给定的环境中散布传递攻击性(或非法)的主题或图片的内容。在网站设计过程应认识到，一个地区法律和文化的标准不一定可应用于另外一个区域。

在适用的情况下，网站中宜包括 PICS，以助于通过用户服务进行索引和过滤操作。

网站宜包含一个元语句，声明网站要使用的权限：“〈meta name＝"intended for use" content＝ list of GB/T 2659—2000 country codes/〉”。

4.3.11 网站展示内容的更新

网页为用户订单及相关活动提供的数据(例如产品描述、产品有效性)必需准确表示产品是否可以递送以及递送的时间。这样的数据(包括有代表性的图像)宜准确反映所提供的产品。如果缺货，数据宜包含“库存短缺”的提示。如果可交付的是“等同”的替代品，也宜告知用户。

4.4 脚本语言和 Java

4.4.1 脚本语言

脚本语言被广泛使用，并被绝大多数现有浏览器支持。脚本可使用(例如)公共网关接口(CGI)在服务器端运行，或者通过嵌入网页或程序的脚木在客户端运行。然而，出于公司安全策略的考虑，或者为了减少动态元素的干扰，并不是所有浏览器都支持客户端脚本，并且用户可关闭 Java 和客户端脚本。考虑到可访问性，任何使用客户端脚本的网页必需在网页中不使用脚本时也提供同样的功能。

动态网页的创建宜专注于服务器端脚本/编程。这有助于增加最终用户可访问性、扩大目标设备范围和增强安全性(见 4.3.5)。

注： 使用非可视方法访问网页的用户在识别动态网页变化方面存在困难，在审视副本内容时无法识别变化。

4.4.2 Java

Java 是当前互联网中一种关键语言。它同样适用于内联网，因为通过客户端程序和服务器端程序的通讯能提供相当多的企业应用程序的功能，一般情况下，较 CGI 脚本能产生更好的性能和安全性。互联网应用服务提供方的出现加速了 Java 的应用。Swing 体系结构的 Java 基础类(JFC)和可访问性类给不具备使用 DHTML 和式样单能力的用户提供接口的灵活性和适应性。当前浏览器尚不支持所有 JFC。对许多应用而言，网页中 HTML 地位次于 Java 部分，仅充当承担实际工作和网页展示功能的多个程序的载体。为使网页可访问，有小应用程序的网页必须具有脱离小应用程序运行的能力。这也可能需要为由于策略和安全性原因禁用 Java 的客户端服务。为实现这个目标，可使用服务器端应用程序和对客户端偏好的检测。

5 服务器、HTTP 和网站事项

5.1 HTTP1.1 应用

若有可能,宜在服务器端运用 HTTP1.1 或者更高版本。这与较早的客户端是兼容的,同时可改善效率和网络环境的稳健性。

5.2 缓存有效期

网站应包含缓存有效期,以反映所提供数据的变更速率。这个日期不宜超过内容有效期(见 7.4)。缓存服务器保留网页的时间不宜超过缓存有效期。

5.3 禁用缓存

网站不应禁用缓存,除非:与用户相关的内容变更速率十分高;数据对特定用户是唯一的;或数据安全性/敏感性允许如此处理。不宜允许网站收集点击数统计数据或"推送"次要内容(例如广告),以免影响响应时间或增加网络负载。

5.4 浏览器语种选择

网站宜评估客户端所选择的语种环境,并在目标用户群体的所有上下文中初始化或传递响应该选择的网页。宜让用户在浏览器环境选择偏好语种,并通过 HTTP"Content-Language"头标提供给服务器。如果首选的语种无效,则宜给用户可用语种列表供其选择。当用户选择以特定语种浏览某一网页时,该语种宜优先于用户预设偏好;这需要使用指向目标网页的链接信息(见 7.5.6)。

自动翻译工具可提供满足多语种传递需要的能力。如果使用自动翻译技术开发网页内容,上述能力可更有效。网页设计宜考虑用户启用自动翻译功能可能产生的影响。

5.5 Robot 排除

服务器应根据网站外部索引的作用整合 Robot 排除元素(见附录 D)。在网站中使用 Robot 技术创建索引或搜索 WEP 应遵照这些要求。

5.6 浏览器容忍性

5.6.1 概述

网站宜监控客户端浏览器和基础性能,为持续更新的环境文档提供依据。网站的设计者亦应注意到网站需要适应客户当前未使用的各种浏览器,因为,生理有缺陷的人群和使用不同浏览器的人群可能随时加入客户组。

5.6.2 HTML 确认

为使 DTD 一致,宜使用工具提交网页,以进行 HTML 或者 XML 的内部或外部确认。应通过与信息量的专属性质相一致的方式向确认工具提交网页。

注:HTML 老版本仅有一项 DTD,而 HTML4.0 具有至少 3 项相关 DTD(精确-无抵触元素、过渡和框架集)。

5.7 网站管理员联络方式

发送 E-mail 给网站管理员应作为网站的一种联系方式。用于联系的电子邮件地址应有效,并且,网站应保持对邮件进行监视。这对于通知网站出现阻碍成功访问的故障是必需的。邮件地址信息不可替代内容所有者(即应当对已发布信息量负责的人)的相关信息。

监控消息的人员宜将消息转给负责回复消息的人员。网站可有多个网站管理员,分别负责独立的网站子集。在此情况下,监视消息的人员宜将消息转给合适的内部网站管理员。

5.8 重定向

为了更好地响应用户请求,重定向功能由服务器初始化。使用重定向功能的原因包括:

a) 网页位置变更(见 4.3.8);

b) 捕获目录的变更和将请求指向正确的 URI;

c) 接受并纠正输入错误的 URI;

d) 排除 URI 中的用况依存问题;

e) 调整对象扩展名中的差异(例如 htm/html、jpg/jpeg,等等);

f) 网站特定的常见拼写错误;

g) 为访问目录提供默认值;

h) 将选择列表中选定的网页传递到客户端;

i) 适应语种偏好(见 6.4.8);

j) 适应纯文本偏好。

重定向有助于返回被修正的 URI,因此这个版本出现了书签功能。设计宜考虑指引用户在适当的时候实现手动重定向的价值。

当发生访问现有网站的无效链接的操作时,服务器宜用给出错误解释和某些导航提示的方式对此作出响应,将此类请求重定向至已定义的工作网页。

网页的重定向或刷新不应限制用户访问先前网页的能力。应允许用户返回至激活超链的网页。

5.9 压缩

在与服务器的内容协商过程中,服务器可识别客户端能否接受被压缩的内容。静态网页的预压缩可降低网站和网络开销。传送压缩的动态网页是一个以最低连接开销向客户端传递内容的有用选择。如果同时要对数据加密,则宜先进行压缩。

将图像预格式化为高效率格式(例如 JPEG、PNG 或 GIF),也能给可接受这些更高效格式的客户端提供及时的响应。宜给客户端传送最小的、质量可接受的图像。

客户端数据格式的选择对客户端应用程序是很关键的,宜尽可能予以遵照。

宜为大尺寸图像提供缩略图(将原图按比例缩小至比邮票稍大的小型图片)。

5.10 网站约定

宜为数据类型(PNG、JPEG、GIF、HTML)、文件和/或目录的命名(例如,“.cn”表示汉语,“.en”表示英语,等等)以及其他管理目标建立网站约定。如果使用并非常见的文件扩展名,某些客户端环境可能不能处理这些数据类型。

可为网站创建有关网站版权信息、联络信息、式样单和其他网站特定数据的默认文件,这些文件也可继承自更宽泛的语境。

5.11 网站中心页

网站应包含一个网站中心页,每个网页均宜包含一个到中心页的有效链接。所述网站可以是大型网站结构的一部分,如果是这样,中心页应包含一个对该总网站的链接。中心页可以是网站的顶级(主)网页。网站中心页应包含或指向:

a) 到网站全部“顶级网页”(主网页)的链接;

b) 网站管理负责人的姓名或职务(连同电子邮件地址);

c) 内容负责人的姓名或称谓(连同电子邮件地址);

d) 适用的知识产权注意事项(版权、商标等)(见 7.2);

e) 适用的隐私声明;

f) 适用的索引/编著信息(见 5.12);

g) 负责网站的组织及其法人或更高级别的附属机构,包括对这些机构相应顶级网页的链接;

h) 适用的担保、条款和条件,以及使用条款;

i) 网站中心页或该网页所代表的策略页内容变更的最近日期;

j) 关于网站存在意图和原因的目的声明,其可由使命声明、业务模式描述、盈利或非盈利情况披露、相关业务和专业关系的披露、资金来源和/或交易费用的披露或者其他声明等构成;

k) 位置和/或指向实际位置的信息(见 7.15),以及电话号码、传真号、地址等相关信息。

网站中心页也可包含:

a) 对网站索引列表的链接(包括最近更新网页的列表等);

b) 网站搜索服务;

c) 网站可用“商标”(例如一致性标识);

d) 与内容和/或网站设计考虑因素相关的反馈表;

e) 与法律权利或网站其他元素相关的联络信息;

f) 网站的错误信息的纠正(修正)政策声明和该网站负责人的联系电话;

g) 常见问题(FAQ);

h) 最终用户的在线文档(若适用);

i) 对于商家对顾客(B2C)网站而言,中心页宜包含(或提供链接至)业务相关证明文件的披露,适用的法律和权限,条款、条件和交易成本,确认和撤销条款,客户服务、装运和履行的条款,可用的保证和担保,争端解决规程,以及其他促进消费者交易的必要信息;

j) 网站中心页亦宜披露编辑性内容与广告的分离原则,以及披露所存在的广告内容及其链接。

5.12 网站索引和搜索

网站应包含与目标受众相关的所有网页的索引。如果有不同的目标受众,这类网站索引可多于一个。按照 4.3.7 的要求,网站索引应可被访问,并宜以纯文本格式出现。

在受管网站内维护的网站索引应考虑超出网站维护职责范围的引用页的影响。这类网页在可用性、尺寸、风格一致性、可访问性、正确性、及时性、语种或受管网站的其他要求方面各不相同。类似的区别也适用于遵从网站指南但未受管理的所有被索引页。为解决网站维护需求,可以与外部网站管理员签署协议,也可以维护离线参考文献目录。

用户可获得预期的索引/搜索结果,从而访问所有相符的站内(非站外)内容。如果搜索结果包含来自外部网站的引用,应把这些引用应与网站内部引用分别列表,还应清楚地标识来源于网站外部。

6 头信息

6.1 概述

网页不宜包含非必要的头数据(在 HTML 标签〈head〉和〈/head〉之间)。所有头数据应是网页开发方有意包含的项目,同时对满足目标用户群体的信息或服务需求具有直接价值。

6.2 文件类型声明

网页应具有初始行〈Content-Type…〉,一般由服务器为静态网页提供,但有时动态生成的网页也需要。〈! DOCTYPE…〉代表应用于本页的 DTD。XHTML 页宜具有初始〈? xml…〉声明,且为了 HTML 的一致性,需要包含 HTML 和 XHTML 头元素。

注:头数据在网络传送中获得优先处理,必需先传送完全部头数据,才能在客户端建立网页处理环境。这时,混入无关数据就是拙劣的网页设计。

6.3 标题

网页标题应包含有用且特有的内容提示。宜谨慎选择 HTML 标题,要考虑它在搜索引擎索引、查询响应、窗口标题和书签标签中的作用。如果保持前后结构化的一致性,还可改善用户在网站中的方向感。

6.4 元数据

6.4.1 概述

网页应包含适当的元数据,以便为网页可访问的环境准确创建网页目录和索引。除不同的拼写或语法格式外,网页不应向搜索引擎或索引系统提供重复数据。头标签宜包含网页处理所必需的数据(link、style、script)或网页索引所必需的数据(title、meta/keywords、meta/description、PICS 和都柏林核心条款)。在包含多于四个元标签的地方,宜使用对配置文件以及式样表和脚本文件的链接时,以便有助于重用式样表和脚本文件,以及削减网络开销。

6.4.2 DESCRIPTION 标签

可使用 DESCRIPTION 元标签引导搜索引擎,使其在响应用户搜索请求时提供恰当的内容。

示例:〈meta name="description" content="response"/〉

搜索引擎通常显示网页的前几行,帮助查询者辨别哪些是他们需要的网站。而作为替代,某些引擎则显示 META 标签的 DESCRIPTION 属性。搜索结果的显示能在实际网页被删除后留存很长时间。因此,如果需要显示特定信息,则对早期网页进行配置;如果不需显示特定信息,则避免让早期网页可见(请注意,由于多种原因,搜索引擎可能显示并不想公开的网页)。最后,为确保旧信息不被搜索引擎显示,需要在一定期限内用"不再可用"信息页替换原网页,以便让搜索引擎替换早期数据。

6.4.3 关键词

在索引网页时,搜索引擎宜只考虑有限数量的关键词。网页应按优先顺序提供关键词,且不可重复。

示例:〈metaname="keywords" content="keyword1,keyword2"/〉

6.4.4 都柏林核心

都柏林核心 DTD 由国际图书馆科学协会开发,可应用于一般用途的网页索引。都柏林核心元数据(参见附录 C)应被用于信息字段,在网页索引或编目时这些字段是有价值的。

6.4.5 内容选择

网站设计应包含对内容选择机制的考虑。在内联网或外联网环境下,PICS 评级服务和机制可有助于确保用户访问首选信息源。例如,在组织内部对政策信息进行索引式搜索可能会得到意见、局部实现或其他相关信息的网页。组织内的评级系统可区分政策数据、法律要求和其他指南。PICS 机制可用于给用户提供与他们环境相关的数据视图，而不是强迫他们在更广的范围内去找出相关视图。元数据以及为了选择(索引)而包含的内容的使用不应使人产生误解。

XML 和 RDF 这样的工程工具将为内容选择提供附加机制。

6.4.6 Robot 排除

为了标识要被自动化工具索引(或搜索)的网页和要被排除的网页，网站应将 Robot 排除元素(见附录 D)纳入其中。

6.4.7 带宽效率

第一个字节(包括〈head〉字节)对网络开销具有最大影响。传输控制协议(TCP)以“慢启动”方式运作，在启动一个完整传输序列前，先要等待确认初始数据包。这就避免被定向至无响应网站造成的网络拥塞。这使得服务器首先传输的数据和网页初始元素(例如〈head〉等)在响应时间和网络加载方面至关重要。宜关注在〈head〉序列中的数据以使开销最小化，并提供基本数据给客户端。不幸的是，HTML 格式调用在头部的所有元数据。

最小开销的网页的头部标签应包含：“title”、“link”(指向式样表)、“meta”(都柏林核心中指定的元数据加上“keyword”、“description”或者“http-equiv”)、“base”、“script”、“object”。在包含元数据、式样或者脚本的扩展集的地方，宜使用“link”元素降低“in page”开销。元数据相关信息宜以“head”标签的“profile”属性标识。

为方便展示相关网页集索引，应在所有包含“link”元素的网页中标识“initial”页。

示例：〈link rel="start" type="text/html" href="first_page.htm" title ="whatever the title of this set should be"〉

6.4.8 语种说明

为便于准确索引和易于用户访问，网页应包含 LANG 元标签，声明每个网页的主语种环境。

6.5 数字签名

在适当时，宜应用数字签名和其他指纹识别机制，以确保网页完整性和身份鉴别。当必须确定提交的材料未被篡改时，例如由于法律或业务原因必须确保传递的价格或其他数据安全时，应用这些技术是适合的。与此相关的信息可通过头扩展文件或相关文件来传递，或被隐含在内容主体中。丢弃相关网页可能引起麻烦，因此宜对确保签名区域(见 4.3.8)内的数据(包括链接等)的不变性给予额外的关注。(此项测试不宜自动完成。)

注：网页内容的适当安全是至关重要的。

7 主体信息

7.1 敏感信息暴露

网页内容(甚至在要求 Robot 排除的时候)可由访问这些内容的搜索引擎(或用户)索引或存储。简单地移除网页不能阻止搜索引擎用户得到网页内容。为防止网页不能再被访问，某些搜索引擎有网页的“归档缓存”。大多数搜索引擎在它们返回的结果中包含网页的首行(使用 Description 元属性能对其进行控制)。

在这种情况下，应慎重考虑是否在网页中包含敏感数据。消除数据错误或过期网页可能需要用 URI 上的其他内容进行替换，并重新索引那部分内容以刷新归档缓存。使用网页数字签名或指纹识别来确保内容完整性，能降低用户修改敏感数据的风险，然而，不能保证采取了行动就能确保特定内容的全部副本都被删除。

7.2 知识产权(IPR)

7.2.1 概述

网页可包含属于网页所有者或第三方的知识产权。知识产权的使用宜通过适当的法律顾问评估。

7.2.2 版权信息

任何网页都有固有的版权。该版权受创建或宣称拥有网页法定管辖权以及开发方与其他利益方的合同协议的约束。每一个网页宜包含特定的、排除任何不明确事项的版权声明(如果不喜欢版权声明公之于众,可把它包含在元数据中)。即使希望使资料在公共领域可用,使用的措词也宜由熟悉相关法律的专家评审。

未经版权持有者适当允许,网页不应有意包含版权保护信息。

网页宜包含〈link rights=…./〉条目(参见附录C)。

7.2.3 商标信息

网页和网站可使用商标,这些商标是网站所有者或其他方的财产。应在网站或域名、元数据或生成网页的动态数据库中使用这些商标。由于国际商标系统既面向行业又面向地域,这自然而然就会带来网站所有者和商标持有者的潜在冲突。网页宜包含有助于解决这些冲突的信息(包括Rfield标识)。这些信息可能包括元标签、解释和对关于商标所有者的适当信息的链接。

7.3 安全标识

在内联网环境中,网页宜包含通过XML标签集〈securitydescription〉…〈/securitydescription〉来标识的RMfield,该RMfield显示网页内容的组织安全特性。

对于HTML,使用:〈span id="securitydesignation"〉...〈/span〉。

确切的措词在不同组织中是不同的,同时可具有法律含义(因国家而不同)。典型的安全"标语"包括:

——XYZ公司机密;

——仅限内部使用;

——公共信息。

需要注意的是,没有适当安全标识的网页可能隐含公共信息(即使受版权保护)或缺少基本的法律保护,这取决于可访问网页的地区的法律规定。还需要注意的是安全标识并不能确保自动强制执行。

在外联网环境中,网页宜包含相似的标语,且在某种程度上与相关的外联网社区的标语相一致。合作允许合作各方共享机密信息,同时这些网页会带有合作特定的标语;或者在合作中可能产生合作机密信息,并为此约定了特定的标识。

不宜认为安全标识的声明足以提供安全控制措施。网站设计宜包含对口令、加密和其他技术的评估,以提供额外的安全控制措施。

有资格对网页安全指标和安全保护措施的充分性进行评估的人员,宜对每个带安全标识的网页进行审查。评估人宜在网页首次置入网络环境之前开展审查工作。审查将考虑两个因素:网页的代码和显示的网页。宜考虑在所有可能涉及的不同浏览器中查看网页。应进行后续审查,以确保持久的正确实施安全策略。审查可作为常规任务定期进行,可由某一事件(例如网页变更)触发,还可在体系结构即将实现重大变更时进行(例如扩展至互联网或增加外联网部件)。

7.4 日期和时间

网页应包含一个标识为 RMfield(〈pagedate〉或〈…class="pagedate"〉)的网页日期。该标识表示发生某一对目标用户群体有价值的变更的最新日期。

每个网页均应包含一个标识为 Mfield 或 RMfield(〈expirationdate〉或〈…class="expirationdate"〉)的失效日期。失效日期表示网页信息可被删除的最早日期。网页信息能在有效期内变更,但是,网页显示信息的类型宜维持不变,否则,应将用户重定向至该信息的新位置。

如下所述,失效日期至少发挥三种作用:

a) 作为网页自动删除和自动归档的根据;
b) 被链接至该网页的其他网页用作该网页的预期生存周期的标识;
c) 在索引或搜索查询过程中,作为排除某一网页的根据。

可用"archival"值表示网页内容不期望被变更;对于需要持续引用的归档页,宜考虑使用某种形式的永久 URI。

网页宜包含如下所列的适用日期:

a) 最新修改日期,被描述为 Mfield(〈datemodified〉,〈...class="datemodified"〉)。即便网页内容不发生本质变化,该日期也可发生变更(由于该日期被认为仅在网页管理中有用,而对目标用户群体无用,故宜使用 Mfield)。
b) 内容日期,被描述为 Mfield 或 RMfield(〈contentdate〉,〈…class="contentdate"〉),用于表示该日期的内容是当前内容,并且可不反映上一日期的内容变更。
c) 下次内容审查日期,被描述为 Mfield 或 RMfield(〈nextupdate〉,〈…class="nextupdate"〉),用于预示何时安排审查。网页内容很可能在该日期前发生实质性改变,为此,可在某些业务场合提供某种形式的用户通知(见 7.8)。
d) 退役日期,被描述为 Mfield 或 RMfield(〈dateretired〉,〈…class="dateretired"〉),用于表示网页何时已被归档或不再活动。对于需要归档部分或全部信息的组织,可要求将该日期的使用纳入该组织的网站项目计划。

内容失效日期和/或内容审查日期宜反映内容变更的预期速率。网站维护工具宜使用这些日期[这些日期与缓存失效日期(见 5.2)是不同的]。关于日期实例,见附录 B。

如果为进行内部维护使用上述日期,而非由目标用户群体使用,那么,建议独立维护网页内容的日期信息。

所有日期(含上述日期)应以 4 位数字表示年份。设计者宜采用 GB/T 7408—2005[29] 的日期格式 YYYY-MM-DD(输入完整数位)。日期宜包含时间和时区,惯常采用国际协调时间(UTC)(时间格式为 HH:MM:SS,宜采用 24 h 制以使机器可读)。如果包含时间,则应说明具体时区。这是因为,在此语境下本地时间可表示不同时区的时间,故宜添加时区标志符(UTC 或 UTC-offset)。

宜采用 GB/T 7408—2005[29] 的时间格式"YYYY-MM-DDThh:mm:ssTZD",其中:

——YYYY 表示年;
——MM 表示月(取值 01~12);
——DD 表示日(取值 01~31);
——若时间为当前时间,应添加字母"T";
——hh 表示小时(取值 00 至 23);
——mm 表示分钟(取值 00 至 59);
——ss 表示秒(取值 00 至 59)(可保留若干位小数);
——TZD 为时区标志符,宜以"Z"表示 UTC 时间,或以"+hh:mm"表示自 UTC 时间(向东)正移的时差,或以"-hh:mm"表示自 UTC 时间(向西)负移的时差。

此格式宜用于任何包含日期的机器可读字段。对于数据独立(仅有时间)的机器可读字段,宜使用时间子集。

上述 GB/T 7408—2005 的日期格式[29]是本标准的首选格式。而 HTTP1.1 要求在响应字段中应采用的日期格式示例如下:Sun,06 Nov 1994 08:49:37GMT。

7.5 国际化考虑

7.5.1 概述

网页访问通常跨越多个文化领域和/或国界。应将目标用户群体的国际和文化需求作为网站设计过程的一部分加以考虑。如果某一特定文化属于网页内容的重要目标用户群体,宜由精通该文化的专家去审查内容。

7.5.2 电话号码

所有包含电话号码的网页均应为电话号码的使用提供充分的语境。

示例:+86-10-12345678。

不可超出地理区域范围使用免费长途电话的号码。在使用组织内部的网络时,应注意目标用户群体潜在的联络需求——他们或者只可使用外部电话线路(例如在差旅中或远程办公时),或者需要加拨地区间的完整区号的信息。联络号码应易于有视力或听力缺陷的人使用。宜用 HTML 标签〈phone〉(RMfield 的一种)对电话号码进行标记。宜指明电话号码的适用时段。宜指明跨时区网络的时区信息。

7.5.3 图标

图标可以是国际性符号,或可能随文化而定。图标宜伴随文本或 alt 属性,以供下述人群使用:不熟悉所用图标的人,以文本形式浏览网页的人,以及有视力/行动缺陷的人。为使国际通用,可根据 ISO/IEC 11581 规格说明选择图标。同时,图标可包含商标或法律提示。

7.5.4 假期

假期因不同文化而异,甚至特殊地点可有特定假期。网页宜提供国际通用格式的日期(见 7.4)以及文化特定术语。网页设计不宜假设所有网页访问用户均使用与设计者相同的时间模式。在此环境中,宜考虑时区变化和"工作日"变化。

7.5.5 起源地

网页或网站可指明起源地,这有助于与目标用户群体交互或寻求法律保护。宜使用 RMfield 或者同时用 Rfield 与 Mfield(〈origin〉,〈…class="origin"〉)来表示起源地信息。

RMfield 或 Mfield 中的起源地应采用 GB/T 2659—2000 双字母国家代码标识符。网站可包含与特定法律管辖权相关的位置标识(或免责标识)。

7.5.6 语种

用户在某些浏览器能指定语种偏好。此信息能用于传递用户适读格式的信息。在网站设计过程中,宜兼顾多语种环境下交流的清晰度和网页维护费用二者的平衡。自动翻译工具的存在为响应目标用户群体提供了一系列转变。此处的设计也需考虑法律因素,一些国家要求以特定语种传递某些信息。在多文化环境中使用单一语种时,语种风格(包括常用语和特定术语)宜符合目标用户群体的语种特征。应该翻译的地方,宜校验翻译结果。

网页应适当地使用 lang 属性来声明网页所用语种。虽然在语种变更时,不同网页段仍能继承 lang

属性(包括在 span 和 div 标签中的使用),还是要在〈HTML〉标签中使用〈html lang="en-us"〉。对网页所用语种的声明应使用网站的本地语种。

应使用 GB/T 4880.1—2005 和 GB/T 4880.2—2000 中的双字母代码来表示常用语种,并可后接连字符及双字母国家代码来表示变体(见 GB/T 2659—2000;见 HTML4.0 规格说明第 8.1.1 条)。亦可用〈 Dir〉(路径)标签来表示展现信息应有的顺序。

lang 属性宜由创建工具(如拼写检查程序等)和展示工具使用。

对于文档的多语种版本,可用带有 alternate、lang 和 URI 的链接元素表示可选语种版本的 URI。同样,服务器可基于网站特定约定传递可选语种版本。

7.5.7 南北半球

某些引用是面向南半球或北半球的。冬季在北半球和在南半球存在某些差异。宜避免将季节和月份等同。请注意,提及"西方"和"东方"的地方可能和特定文化或特定半球有关(该项很难进行自动测试)。

7.5.8 单位:度量、货币

网页应使用目标用户群体适用的测量单位,在许多情况下宜包含度量。

货币单位是国家特定单位。网页宜规定语境适用(供参考及供有意向用户群体使用时)的货币单位术语和货币符号。某些货币符号使用过于频繁(诸如"¥"),应基于用户群体添加限制条件。应使用在 GB/T 12406—2008 中定义的货币单位(该项很难进行自动测试)。

7.5.9 法律领域

除上文所述方式外,法律管辖区之间的业务实践也各不相同。可在特定环境下管制或禁止比较广告、价格行情、知识产权或其他形式的信息。网站工程师宜与领域专家一同审查网页内容的商业限制条件。如果网站接受广告,则应与目标用户群体的法律和道德考虑保持一致(该项很难进行自动测试)。

为了促进跨国电子商务,电子商务网站宜显著标记他们打算在哪些国家开展业务,以及会影响想要通过该网站开展交易的国外潜在用户的所有相关地区限制或条件。这些信息宜易于从网站中心进行访问,并能在用户交易前获得。

7.5.10 物理地址

当提交或搜集地址信息时,宜包含国家和邮政编码。请注意,邮政编码有不同格式,宜考虑确认编码的有效性。在收集其他信息之前先收集国家或邮政编码信息可有助于将用户需要输入的内容减至最少,即便用户不知道诸如邮编或者省份的细节。

7.6 带宽效率

目标用户群体分析宜包括期望带宽(及其最差情况)评价。网站数据元素应适应网页的业务、信息或者服务目标。网站生成工具不宜增加诸如工具名称/版本等无关信息。

网页大小的限制对于网站是有益的,如果相关链接导致文档超出推荐大小,可发出警告。对大数据项(例如网页、下载文件、图像等)的链接宜包含与该链接关联的大小信息,标记为 RMfield (〈objectsize〉,〈…class="objectsize"〉)。使用八位十进制(不用二进制)以及千("K")、兆("M")或千兆("G")等单位之一来表示对象的大小。五千兆八位图像可被表示为 5 G、5 000 M 或 5 000 000 k。

最好的做法是,让网站拥有一个能快速加载的初始连接点(首页),这样有助于用户了解网站内容。当一些用户带宽连接速度较低时,对该做法的需求尤为明显。因此,主页宜包含较少及较小的图片文件,且所有图片宜包含高度/宽度标签和 alt 标签,这样用户能快速看到网页具有什么内容。

图像的重复利用将对整体性能产生积极影响。

7.7 导航辅助

每个网页应提供对一个或多个适当网页的链接，让用户获取本网站更全面的信息(见 5.11)。信息网页宜为从链接或搜索结果进入网站的用户提供环境。这些网页可包含网页所有者信息，宜包含对网站主页的链接，若有可能，也包含所有者组织、公司部门和物理位置等信息。

内联网不同网页的导航帮助的位置和外观宜保持一致。例如，引导用户到网站主页的导航帮助宜放在该网站同一网页位置。这个原则同样适用于其他导航元素(诸如“网页顶部”、“最后 25 项”或“后 25 项”)的相关位置和外观设计。

每个网页宜提供一些信息，如“mailto”链接，便于用户联系作者或者其他联络人。

注：通常不是在 5.7 中讨论的“webmaster@domain”。

网站宜提供大型文档的摘要和目录，以助于快速跳过不感兴趣的数据/网页。

鼓励使用 HTML 元素的 id 属性，以助于在未来对文档特定元素进行链接。当一系列网页具有共同结构元素时，这点特别有用。例如，标准都具有“scope”段，使用〈h1 id＝"scope"〉有助于未来对该段以及指向该段的指针的定位(见 4.3.3)。

指向某一目录的 URI 或者解析为默认文件(在服务器中设置)、可用目录列表(针对目标用户群体)，或者具有获取进一步信息的清晰的识别页。目录访问的默认网页名称要在服务器配置中定义。默认网页宜被命名为 default.htm、index.html 或者 home.html。当使用目录里的默认名称时，应存在基本导航环境。能使用“REDIRECT”头标签管理导航。必须考虑残疾人群(特别是视觉或行动缺陷者)导航的相关问题：

a) 所有链接应正确工作；

b) 易从任何网页回到主网页(例如，每隔 1～2 屏宜提供一个返回主页的按钮)；

c) 宜避免使用对“正在建设中”网页的链接。

宜使用类标识“duplicatelink”来表明在本页面上有副本的附加导航链接。不宜用一个重复链接来指定一个实例。这样，允许式样表对用户隐藏这些可分散注意力的冗余链接(特别是有声展示)。

注：导航需求和推荐见 4.3.7，其中许多内容改善了易用性和可访问性。

7.8 有效链接

应进行周期性评审以验证所有链接仍是有效的。链接的自动评审宜有助于快速识别已经失效的目标，但仍需要人工评审链接以确保内容的有效性。使用永久 URI 有助于避免因这些引用产生的问题。进入含关键信息的网页的链接宜提供最后验证日期：Mfield(〈linkverigied〉，〈…class＝"linkverified"〉)。

7.9 失效链接

宜注意使所有的网站链接都是最新的。失效、非活动或错误的链接严重降低网站的质量。网站管理员宜定期验证所有链接是否仍有效。许多情况下，链接会过期或仅仅作为当前实际网页链接的占位符，因此需要定期维护网站以确保链接是最新的。如果没有精准要求的话，现有的自动工具会检验网站链接的存在性。网站管理员一般都期望避免过度设定以免网站链接报废。通常来说，越专属，链接越容易过期。另一方面，太一般的网站地址会让用户深挖许多层才能到达所需要的网站。网站管理员需在过度设定网站链接和强制用户在连接到错误链接时扩大搜索范围之间寻找平衡点。

7.10 绝对和相对链接

7.10.1 概述

网站中的链接宜与所链接的网页有关，与网站根页无关。网站可能想要为相关引用(例如，顶级目录)建立一个引用点,并使用〈BASE HREF=…/〉建立该引用点(BASE 标签的使用会使网站重定位变复杂)。如果可能,连到外部网站的链接宜使用永久的 URI。DOI 基金会定义的 DOI 可作为永久 URI。见 4.3.8 网站/网页重定位。

7.10.2 链接受保护的网站

通常,指向受保护网站的链接宜标注该网站受密码保护或者需要登记或注册。此注释可用最突出颜色表示,以提醒用户该网站是受限制的。

7.10.3 站外警告

当用户离开一个网站到其他网站时,需要给出清楚的提示,因为,这可能关系到安全域的变更,或关系到确保网站的无缝属性在内容来源上不会误导用户。导向站外的链接可使用〈a…class="offsite"〉标签,以创建 CSS 控制的可视差异。视情况,浏览器可使用此信息执行特定策略,如管理历史信息(或者 Cookies)、阻止传送、通过某个警告图符呈现链接、向用户呈现"离开×××网站"的警告等。

作为替代,可用"〈…class="onsite"〉"表示适用于无缝过渡的链接。使用此方法,浏览器宜对不包含此属性的链接实现"offsite"动作。

7.11 Cookie

使用 Cookie 对维护网页访问状态是有帮助的。项目计划应记录是否使用 Cookie;且项目的执行情况应与计划一致。工具可对给定网站使用了 Cookie 进行核实。在这种情况下,应说明使用了 Cookie,并明确地让用户选择是否接受 Cookie。使用 Cookie、网络信标或其他技术收集用户信息的网站应在中心处提供有效的隐私声明,或提供解释此项技术使用的通用信息页。网站应公开:收集重要网站信息的使用情况,信息是否与其他组织共享。如果用户需要 Cookie,但是,并没有收到所需的 Cookie,网站应给用户提供错误信息提示(该项很难进行自动测试)。

7.12 框架考虑因素

有多种对用户透明的方法可以用来封装网页图片或其他网页元素。如果设计时使用了框架,则宜做好用户群体选择为相同内容采用无框架实现的准备。在维护计划中也宜做好这种准备。框架使用不应在来源、所有权或框架内容的其他方面上误导用户。第三方内容的框架表示仅在充分考虑此类封装的版权、表述、适当商业用途、授权和其他法律或道德因素时才使用。

用户期望链接能将其引导到其他网站,这本身不需要考虑道德因素(见 7.7)。

_blank 对象,或其他创建新窗口的方法,不应干扰用户返回他们的历史网页。

注:为避免被覆盖,可适度包含一个〈base target="_top"/〉HEAD 入口,以强制被链接的网页获得完整的原窗口。可使用脚本来检测是否发生覆盖,并重新把当前内容加载到_top 框架。

7.13 图形图像

所有的图形元素应包含设定的高/宽度显示尺寸,以容许立即安置这些元素的页面布局和并发渲染。使用一致的式样表能缩小网页尺寸,同时为后续网页提供式样重用。图像的重用(而不是使用新图像)能利用本地缓存减少下载时间。

为适应较低带宽连接,并给用户提供选择的机会,宜考虑使用多种图形图像。潜在的惯例是:传递"小图标"图像,同时该图标也是指向较高清晰度图形的链接,以供用户群体选择。

在服务器能以多种格式传递图像时,图像的 URI 不宜包含特定的格式名(例如,XXX.GIF)。为了允许用户进行内容选择,并使响应负载最小化,宜提供不同的图像格式集。

不宜使用图像来绕开 HTML 限制或提供"style"控制。在可能情况下,宜使用 CSS。不宜使用图像替代文本，因为，这对仅支持文本的浏览器具有破坏性，它限制可访问性和全球通用性，同时对性能产生负面影响。不可否认，某些语种、文化和学科的书面资料还必须用图形。

网站宜支持JPEG、PNG和GIF格式以保证兼容性，以设法将可接受的最小负载图像传给客户端。对于动态图像，网站宜支持NMG(网络动态图像)格式，但，更有效的方法是使用脚本或客户端可执行程序。

4.3.7要求使用alt属性以帮助不能用浏览器显示图形的个人的访问，同时有助于建立索引。alt属性描述宜以具唯一性的信息开始，例如，用“主按钮”而不是“主页的按钮”，尽可能使用功能性描述。在有保证的情况下，能使用longdesc提供关于图形内容的细节信息。为了帮助不支持longdesc的较旧版本的浏览器的访问，还应提供对相同数据的锚链接(将URI作为longdesc的值)。

不过，由于防火墙和网关会转换数据类型，因此，客户端可能收不到所期望的图形。

7.14 弃用的HTML元素和属性

HTML版本4.0确定弃用(不推荐使用)一套特定的式样标签。这些包括〈blink〉、〈font〉、〈b〉、〈i〉、〈u〉、〈strike〉、〈s〉、〈basefont〉、〈center〉、〈menu〉、〈listing〉、〈plaintext〉、〈XMP〉和颜色属性(例如background，text，link，、vlink、alink等)。在目标环境允许时(见4.3)，网站不宜使用不推荐的标签来控制格式化，而是使用式样表替代。

7.15 物理位置信息

宜按要求描述物理地址，否则，可能有些邮递到不了邮箱。邮递服务需要完整的邮政标识(包含国家)，还可能需要街道地址。另外，提供对恰当地图的链接对邮递会很有帮助。

为了帮助按物理地址索引，一个网站可包含RMfields〈span class="longitude"〉…〈/span〉〈span class="latitude"〉…〈/span〉，及确定街道位置的地址RMfield〈span class="crossstreet"〉〈/span〉。十字路口无论对对人工导航还是对地图软件导航的微调都能有所帮助。

提供商业交易或影响商业交易的任何网站，应突出显示邮政地址和电话号码，以便后续查询。

7.16 服务器技术独立

网页用或不用服务器端的某些能力，如服务器端包含(SSI)、动态服务器页(ASP)或其他能力，取决于目标受众和所要求的网页复杂程度。无论何时都期望网页的制作不依赖服务器设置或能力。下面是本范围的两个推荐：

a) 避免使用对相关引用的目录的链接，而是指向目录中的文件。例如〈a href="detail/"〉宜为〈a href="detail/index.htm"〉。“默认文件”因服务器不同而不同，可能无法将引用目录的网页从一个服务器迁移到另一个服务器；
b) 无论何时，重要元素(如导航元素)都是借助服务器的支持提供的，或许还可通过网页底部的文本菜单直接提供导航控制。由于更多的服务器代码被浏览器作为注释，即便可能导致外观改变，但是，网页可在较大范围的服务器中使用。

无论如何，最终目标是允许把网页从一个服务器迁移到另一个服务器，甚至迁移到大容量只读存储器(CD-ROM)上，以进行没有坏链接的传播。

7.17 搜索引擎刷新

搜索引擎可存储部分或全部的索引页，并且可将索引页作为搜索结果的一部分返回给用户。使用description元标签在一定程度上可控制所显现的内容，但是，显现的可能是网页的初始内容。即使在网页被删除后，通过索引或通过搜索引擎提供的缓存，仍能持续使用网页的初始内容。在“description”及早期网页中设置信息时，宜考虑上述问题。注意：有时修正或删除过的资料还可继续使用，因此，重新向搜索引擎提交可有助于替换这些资料。

搜索引擎宜在一年内，或者到网页“失效日期”时刷新旧的网页索引信息。

附 录 A
（资料性附录）
未来潜在领域和后续工作

本标准提及了大量的元素，并为改进提出了有益的评价和建议。在后续标准中需要增加的内容如下：

——网页传送的安全考虑和限制访问等；

——资源描述框架(RDF)的应用；

——网站鉴别。提供一个机制来判断提供信息的位置是否被正确识别(见6.5)；

——索引。在第5章和第6章增加索引相关的推荐实践；

——关于动态与静态网页间交换的建议；

——关于网页开发过程的建议；

——关于工程化良好的网站评级度量的定义；

——包含其他关于XML和XSL的建议；

——使用简单英语/有限的词汇以方便访问/翻译；

——引入电子商务方面的考虑；

——考虑在网页或网站上加入与“新”素材相关的附加信息。这可能包含如下建议：识别对用户而言的新信息和关注信息保“新”的时间段。放置这些信息的合适位置与7.4中的“最新修改日期”或“7.7导航辅助”相关；

——开发一种改编本标准的方法，使附录E成为基础标准，而当前正文的大部分内容做为新基础标准的附录；

——指定经纬度的格式，正如7.15中的用法一样；

——根据DTD说明评审模式、TREX、RELAX和DAMI的使用，并确认网站的置标语言，这可能包含对本标准某些规格说明的确认。

附　录　B
（规范性附录）
XML 标签和 HTML 属性值

本标准的章条建议或要求使用特定标签(Mfield、RMfield)描述人可读或机器可理解的信息。为了保证早期 HTML 浏览器可以处理这些标签，建议在 span、div 或者其他标签中使用 class 或 id 属性。在兼容 HTML4.0 的浏览器中 ID 能够作为链接到网页段(例如，URL/page # securitydesignation)的目标。在 XML 文档内引用，同样需要相应标签。支持 XML 的浏览器、专用工具、防火墙和其他应用可以使用这些标签，以此实现相关策略或提供附加服务。当需要时，可以使用 CSS 为这些标签提供独特的呈现效果。表 B.1 是本标准中说明的标签元素或属性值清单。

表 B.1　标签元素或属性值清单

HTML 属性值	XML 标签	Mfield、Rfield 文本实例	章条编号
"securitydesignation"	〈securitydesignation〉	仅内部使用	7.3
"pagedate"	〈pagedate〉	1999-09-09	7.4
"datemodified"	〈datemodified〉	1998-01-01	7.4
"contentdate"	〈contentdate〉	1776-07-04	7.4
"nextupdate"	〈nextupdate〉	1999-12-31	7.4
"expirationdate"	〈expirationdate〉	2000-02-29	7.4
"dateretired"	〈dateretired〉	2010-08-12	7.4
"phone"	〈phone〉	+86-10-12345678	7.5.2
"origin"	〈origin〉	London，Ontario，CA	7.5.5
"objectsize"	〈objectsize〉	128 Mbytes	7.6
"linkverified"	〈linkverified〉	1998-10-30	7.8
"offsite"	Link attribute "offsite"	〈a href="http：… "class="offsite"〉 …〈/a〉	7.10.3
"onsite"	Link attribute "onsite"	〈a href="http：… "class="onsite"〉 …〈/a〉	7.10.3
"latitude"	〈latitude〉	42.357	7.15
"longitude"	〈longitude〉	72.3215	7.15
"crossstreet"	〈crossstreet〉	Avenue of the Americas	7.15
〈meta name="guideline" content=URI/〉		〈meta name="guideline" content="computer.org/2001/2002"〉	4.2.10
〈meta name="intended for use" content= list of country codes/〉		〈meta name="intended for use" content="us，uk"/〉	4.3.10

例如，在“〈h3 id＝"securitydesignation"〉仅供内部使用〈/h3〉”的例子中，可使用 id 属性确保独特的展现式样，并作为外部链接的目标（见 4.3.3）。在本例中，h3 是为 id 属性所选的 HTML 标签，如果展现特性不是需要考虑的因素，则其也可与其他标签一起使用，包括 span 或 div 标签。本例中同样使用“id”而不是“class”，因为每页中仅允许一个安全标识。对于 XML 而言，应是“〈securitydesignation〉仅供内部使用〈/securitydesignation〉”。

对于 XML，可通过使用 DTD 进行进一步确认。

附 录 C
（资料性附录）
用于索引和分类的元数据

C.1 都柏林核心元数据建议

都柏林核心元数据定义利用正式标准来描述元数据元素。本形式有助于改善与其他元数据组织的一致性，同时增强都柏林核心元数据元素定义的清晰度、范围及内部一致性。

每个都柏林核心元素皆通过 GB/T 18391 标准（参见[48]至[53]）中的 10 个属性来描述定义。这 10 个属性的名称及含义如下：

——名称（Name）：指派给数据元素的称号；

——标识符（Identifier）：指派给数据元素的唯一标识；

——版本（Version）：数据元素的版本；

——注册机构（Registration Authority）：注册数据元素的授权实体；

——语种（Language）：用于表述数据元素的语言；

——定义（Definition）：清晰表示数据元素概念和基本自然属性的声明；

——职责（Obligation）：数据元素应一直存在还是间或存在的说明；

——数据类型（Datatype）：指出数据元素的值可使用的数据类型；

——最大使用频率（Maximum Occurrence）：表示数据元素可重复性的任何限制；

——注释（Comment）：关于数据元素应用的备注。

这 10 个属性中的 6 个是全部都柏林核心数据元素的共用属性，其名称及值分别如下：

属性	值
Version	1.1
Registration Authority	Dublin Core Metadata Initiative
Language	cn
Obligation	Optional
Datatype	Character String
Maximum Occurrence	Unlimited

上述属性不会在下面的定义中重复，但是，这些属性代表正式元素定义的一部分。

此处提供的定义包含都柏林核心元素的概念和表示形式。“定义”属性获取语义概念，而“数据类型”和“注释”属性获取数据表示。

每一项都柏林核心定义均涉及被描述的资源。资源被定义为“具有特性的任何事物”，对都柏林核心元数据而言，资源通常是一种信息或服务资源。

元素：Title

名称：题名

标识符：Title

定义：资源名称

注释：“题名”一般指资源对象正式公开的名称。

元素：Creator

名称:创建者

标识符:Creator

定义:主要负责创建资源内容的实体

注释:“创建者”的实例包括人、组织或服务。“创建者”的名称一般宜是实体名称。

元素:Subject

名称:主题和关键词

标识符:Subject

定义:资源内容的主题

注释:“主题”一般被表示为关键词、关键短语或描述资源主题的分类代码。推荐最佳实践是从一个受控词汇表或正式分类计划中选择一个值。

元素:Description

名称:描述

标识符:Description

定义:资源内容的说明

注释:“描述”可包含但不局限于:摘要、目录、对内容图形表示的引用,或者用自由文本叙述的内容。

元素:Publisher

名称:出版者

标识符:Publisher

定义:负责使资源可用的实体

注释:“出版者”实例包括个人、组织或者服务。“出版者”的名称一般宜是实体名称。

元素:Contributor

名称:贡献者

标识符:Contributor

定义:对资源的内容作出贡献的实体

注释:“贡献者”的实例可包括个人、组织或服务。“贡献者”的名称一般宜是实体名称。

元素:Date

名称:日期

标识符:Date

定义:与资源生存周期中的某个事件相关的时间

注释:一般而言,“日期”应与资源的创建或可用性相关。建议日期值的编码应符合 GB/T 7408—2005 规范,并使用 YYYY-MM-DD 的格式。

元素:Type

名称:资源类型

标识符:Type

定义:资源内容的特征或类型

注释:“资源类型”包括描述资源内容的一般范畴、功能、类型或聚合层次的术语。建议从受控词汇表中选择一个值(例如都柏林核心类型工作草案表[DCMI])。请使用“Format”元素来描述资源的物理或数字表现形式。

元素:Format
名称:格式
标识符:Format
定义:资源的物理或数字表现形式
注释:一般而言,"格式"可包括资源的媒体类型或资源的规模,"格式"可用来决定展示或操作资源所需的软件、硬件或其他相应设备,规模包括资源所占的存储空间及持续时间。建议从受控词汇表(例如,定义计算机媒体格式的MIME(互联网媒体类型)表)中选择一个值。

元素:Identifier
名称:资源标识符
标识符:Identifier
定义:在给定语境内给予资源的明确引用
注释:建议对资源的标识采用符合正式标识体系的字符串及数字组合,正式的标识体系的实例包括URI(包含URL)、DOI和ISBN。

元素:Source
名称:来源
标识符:Source
定义:对当前资源来源的引用
注释:当前资源可能部分或全部源自"来源"元素所标识的资源。建议对这一资源的引用采用符合正式标识体系的字符串及数字组合。

元素:language
名称:语种
标识符:language
定义:描述资源知识内容所使用的语言
注释:"语种"元素值包含2字母语种代码[出自GB/T 4880标准(见GB/T 4880.1—2005和GB/T 4880.2—2000)],并可选后接2字母国家代码(出自GB/T 2659—2000)。例如以"zh"表示汉语,"en"表示英语,以"en-uk"表示英国英语。

元素:Relation
名称:关联
标识符:Relation
定义:对相关资源的引用
注释:建议对这一资源的引用采用符合正式标识体系的字符串或数字组合。

元素:Coverage
名称:覆盖范围
标识符:Coverage
定义:资源内容所涉及的外延与范围
注释:"覆盖范围"一般包括空间位置(地名或地理坐标)、时间区间(时间标签、日期或日期范围)或者行政辖区的范围(比如指定的行政实体)。推荐最佳实践是从受控词汇表(例如地理名称汇编[TGN])中选择一个值,并在合适的情况下优先使用地名与时间段,而不是数字标识符(如坐标集或日期范围)。

元素:Rights

名称:权限管理

标识符:Rights

定义:资源中的权限信息

注释:一般而言,"权限"元素应包括对资源权限管理的声明,或者对提供这一信息的服务引用。权限信息通常包括知识产权(IPR)、版权或其他各种各样的产权。如果没有"权限"元素,不可对资源上述权限的状态或其他权利作出任何假设。

附 录 D
（规范性附录）
Robot 排除

D.1 网页级排除

HTML 创建者可使用 Robot 元标签来提示那些来访的 robot 是否允许索引当前网页，或是否允许使用此网页获取更多链接。服务器管理员不必做任何操作。

示例：〈metaname="ROBOTS" content="NOINDEX,NOFOLLOW"/〉

它提示 Robot 不宜索引这个文档或分析它的链接。

D.2 网站级排除和控制

D.2.1 概述

从网站中的选定网页集排除 Robot 的方法是在服务器中创建说明 Robot 访问策略的文件。此文件必须能根据本地 URL"/robot.txt"，通过 HTTP 进行访问。

此文件由被一个或多个空白行分隔的一个或多个记录构成（以 CR、CR/NL、或 NL 结束）。每个记录包含如下格式的行：〈field〉：〈optionalspace〉〈value〉〈optionalspace〉。

字段名称不区分大小写。

此文件中可以使用注释，Shell 约定如下："#"字符表示将它的前置空格（如果有的话）和此字符到行尾的所有内容全部丢弃。由于已经完全丢弃注释的行，因此不能用这些行表示记录的边界。

记录以一个或多个用户代理行开始，后面跟着一个或多个禁用行，详见 D.2.2。未识别的头被忽略。

D.2.2 用户代理（User-agent）

User-agent 字段的值是 Robot 的名称，它所在的记录为 Robot 描述访问策略。如果存在不只一个 User-agent 字段，那么，该记录描述适用于多个 Robot 的同一访问策略。每个记录中至少需要有一个字段，Robot 宜自行解释此字段。推荐使用不带版本信息的、不区分大小写的子字符串作为名字。如果 User-agent 的值是"*"，那么，该记录描述没有匹配任何其他记录的 Robot 的默认访问策略，在"/robots.txt"文件中不允许有多条这样的记录。

D.2.3 禁用（Disallow）

本字段的值是不应访问的 URL。它可以是一个完整路径，也可以是部分路径；任何以此值开始的 URL 都不会被检索。例如，"Disallow：/help"禁用"help.html"和"/help/index.html"，而"Disallow：/help/"禁用"/help/index.html"，但是允许"help.html"。Disallow 字段值为空代表可以检索所有 URL。在一个记录中至少要有一个禁用字段。

空"/robots.txt"文件没有明确的关联语义，相当于不存在，也就是说，所有 Robot 都认为它们可以随意访问。只可以定义一个"/robot.txt"。在 disallow 字段中不能使用通配符或正则表达式，同时，不存在 allow 字段。

附 录 E
（资料性附录）
要求检查清单

E.1 要求检查清单介绍

本标准的基本要求优先于此汇总清单。请检查特定章条，以获得更好的理解和解释。

本附录包含网站应符合要求项的检查清单，并按正文所述列出各项要求的陈述。同时，对部分陈述的措辞进行了少量修改，使其在脱离原语境后，语义仍旧清晰。

本检查清单按正文章条对各项要求进行分组。对于各自仅含少量要求的部分章条，其要求归为一组。当两个或两个以上章条的要求归为一组时，随每项要求给出相应的章条标题。

E.2 一致性网页生成工具

一致性网页生成工具应符合如下要求：

a） 它生成的网页符合 W3C 的 XHTML DTD 推荐标准；对于其他的 HTML 或 XML DTD，它记录支持何种 DTD 及如何使用此功能；

b） 一致性工具应遵从用户的 DTD 选择；

c） 对于 HTML3.2 及更高版本，或 XML，它支持 CSS 1.0 或更高版本，或支持 XSL，且在两种情况下它都记录此功能的使用并确认支持哪一标准；

d） 它能生成与所有的需求、推荐标准和本标准选项相一致的网页。作为用户选项，工具可允许创建非一致性网页；

e） 支持对用户所选 DTD 的确认。

E.3 规范性引用文件（第 2 章）

下列文件对于本文件的应用是必不可少的。凡是注日期的引用文件，仅注日期的版本适用于本文件。凡是不注日期的引用文件，其最新版本（包括所有的修改单）适用于本文件。

GB/T 2659—2000　世界各国和地区名称代码（eqv ISO 3166-1：1997）

GB/T 4880.1—2005　语种名称代码　第 1 部分：2 字母代码（ISO 639-1：2002，MOD）

GB/T 4880.2—2000　语种名称代码　第 2 部分：3 字母代码（eqv ISO 639-2：1998）

GB/T 12406—2008　表示货币和资金的代码（ISO 4217：2001，IDT）

E.4 设计实践（第 4 章）

设计实践应符合如下要求：

a） 网站的项目计划应统筹考虑最短和最长的网站预期寿命所产生的影响；

b） 网站应具有一个已识别的、可被评价的度量集，以确定网站是否已成功将特定信息传递给需要这些信息的人；

c） 导航辅助、按钮、用户易读的主体元数据和其他页面元素通常出现在各种工程化良好的网页中，他们都应拥有共通的外观和感受，并放置在常见位置；

d) 设计应考虑客户端和服务器环境的特性；
e) 设计测试用例应考虑用户一起访问网站。一些测试成果会增强网站运行时服务器所支持的性能和可伸缩性；
f) 网站设计应考虑本标准中所推荐的安全实践；
g) 网页应具有确定的网页日期、有效期和联络方式。

E.5 目标用户群体(4.2.1)

目标用户群体应符合如下要求：
a) 网站设计者应鉴别并记录一个或多个目标用户群体；
b) 评估应包括这些目标用户群体的客户端环境。该环境评估应包括：使用的浏览器的差异、补充能力(例如，脚本、字节编码、图像等)和连接的带宽；
c) 对实现工具(例如，服务器、生成器、以及HTML、CSS、XML和脚本的选定"版本"等)的选择应基于对目标客户群体的评估；
d) 设计者应记录网站的目标环境范围，以供未来参考；
e) 文档应当包括以下声明：网页生成格式[包括HTML版本(在某些情况下把功能性排除在外)、CSS版本、XML版本和XML DTD]、图形格式、脚本和/或字节编码可执行版本和/或限制、语种(包括字符集)、带宽以及来自本标准或设计阶段发现的其他特性。

E.6 4.2(一般要求)下的其他条

4.2(一般要求)下的其他条应符合如下要求：
a) 网站的设计应不必纵览整个网站即可清晰地标识变更区域(见4.2.2)；
b) 网站的评估度量应源于对目标用户群体和要传递的信息的评估(见4.2.3)；
c) 网站项目计划，应记录网页定期维护和/或网站终止的需求(见4.2.4)；
d) 校验和质量保证应运用到静态和动态生成的网页(见4.2.10)；
e) 应设计网站的开发测试来处理如下问题：
  1) 网页应按设计显示；
  2) 网站应提供安全控制措施，例如口令和防火墙(若需要)；
  3) 应使用现有的验证工具去检验网页与本标准的一致性(见4.2.10)。
f) 应设计网站的运行测试来处理如下问题：
  1) 网页应按预期的方式显示；
  2) 网页不应需要过多的滚屏；
  3) 网站应提供需要的安全控制措施；
  4) 应测试网页是否符合可访问性要求；
  5) 网站应满足所有已定义的用户需求；
  6) 应记录从设计开始到最后交付过程中产生的新的用户需求；
  7) 所有链接应正确工作(见4.2.10)。
g) 受管网页应包含一个或多个元标签，表示适用于本网页的指南或标准。元标签的格式应是"<meta name="guideline" content=指南的URI/>"(见4.2.11)。

E.7 环境选择(4.3)

环境选择应符合如下要求：

a) 网页应尽可能分离内容和展现(见 4.3.2);
b) 网站设计中应当考虑如下二者之间的平衡:使用网页特定的特性适应更大范围的目标客户端浏览器和式样表所提供的网页独立表示所带来的维护优势(见 4.3.2);
c) 网页生成工具应将 CSS 作为一个外部式样表进行支持(见 4.3.2);
d) 应根据软件和硬件能力,考虑用户群体环境遗留的问题和预期发展将带来的问题(见 4.3.4);
e) 应考虑可能的技术变更,以尽可能最小化为适应这些变更而重新设计网站的需要(见 4.3.4);
f) 设计过程应包括对何时会使用这些设施的说明(见 4.3.5);
g) 工具不应包含客户端脚本,除非创建者选择了该项(见 4.3.5);
h) 网站应通知用户某些功能需要脚本(见 4.3.5);
i) 此处,应综合考虑目标客户端环境和网站的生存周期管理来选择特定工具和实现版本(见 4.3.5)。

E.8 隐私方针(4.3.6)

隐私方针应符合如下要求:
a) 隐私考虑应包含组织政策、法律环境和潜在的网络诚信问题;
b) 网站应说明在识别所提供的信息和所应用的保护方面涉及司法范围的程序;
c) 如果用户在规定的提交之前终止会话,应删除所有从用户处搜集的用户相关信息;
d) 根据用户选择应允许匿名,用户最终的代价是服务器不提供服务或信息;
e) 未经直接同意不应收集终端用户数据(例如,电子邮件地址、用户名等);
f) 网站对用户信息的收集、通告和保存应遵从法律和行业指南;
g) 网页生成工具生成的网页索引应遵照 Robot 排除指南(见附录 D)。

E.9 内容(4.3.7)

内容应符合如下要求件:
a) 目标用户群体评价应考虑可能存在(或未来存在)如下群体:需要访问网站信息或服务,但却视觉受限、色盲、行动不便、听力障碍或需要其他特殊考虑的人。评价还应考虑易于普通用户访问和易于使用的人机工效学需求;
b) 网页应符合网站内容可访问性指南;
c) 网页应避免使用使色盲者产生困扰的颜色组合;
d) 推荐使用网页安全色,这些选定的颜色是 16 进制的,其 RGB 值仅取 00、33、66、99、CC 或者 FF;
e) 网页的文本与背景亮度对比度应超过 33%(推荐超过 67%)。任一特定 RGB 颜色的亮度计算公式为:亮度=0.3×红色值+0.59×绿色值+0.11×蓝色值;
f) 网站应确保满足本标准的附录 F 的要求;
g) 网页应考虑感光癫痫症影响,允许超过 55 Hz 的频率,但不包含闪烁频率或闪变率超过 2 Hz 的闪光或闪烁对象;
h) 在对用户响应表单设置了超时限制的地方,应提供一种机制,允许用户说明需要更多的时间;
i) 表单应指定标签和 Tab 的顺序,以允许用户使用辅助技术访问所需的字段和功能,从而完成并提交表单;
j) 网页应将 TABINDEX 属性与 A、AREA、BUTTON、INPUT、TEXTAREA 和 OBJECT 元素一起使用,并提供访问这些元素的逻辑顺序;
k) 在网页集合包含公共初始链接和/或链接副本的地方,首先应使用 TABINDEX 表示网页专属链接；

l） 为允许用户避免重复链接，在将所有链接排序后，应使用 TABINDEX 表示副本，而用“刷新”链接来重置序列时，不遍历副本；

m） 对于具有不止一个逻辑分区的表单，例如个人信息、账单信息、航运信息，应使用 FIELDSET 和 LEGEND 元素识别这些分区；

n） 表单字段应关联 LABEL 元素；

o） 应给重复的导航链接的 TABINDEX 赋值为零；

p） 对于那些主页内容不紧跟 BODY 元素开始的网页，应定义一个属性 ID="content"的 DIV 元素以装入主页内容。

E.10 维护(4.3.9)

网站维护计划应至少考虑以下因素：

a） 消除过期信息或服务；

b） 更新信息或服务状态；

c） 变更和周期性确认相关信息链接；

d） 客户端和服务器环境的变化，可能需要或保证工程化良好的网站进行再工程；

e） 政策变化(例如组织的，规章的，立法的等等)，可能需要变更信息内容、保护策略、标识或者入口；

f） 更新网站，使其保持与适用标准一致；

g） 如果式样表被禁用，网站的设计应使用替代方法表示网页的分类。

E.11 适当的内容(4.3.10)

适当的内容满足如下条件：

a） 应结合道德和法律环境因素考虑网站的内容，同时，应认识到在网站可访问的地方，这些内容因法律和文化环境的不同而不同；

b） 除内容外，应实现选择性传递或限制性访问，以反映对法律和文化环境的评价；

c） 应特别注意对如下内容的处理：不适宜未成年人的内容，以及在给定的环境中传递攻击性(或非法)话题或图片的内容；

d） 在网站设计过程中应认识到，一种法律和文化的标准不一定可应用于另外一个司法区域。

E.12 脚本语言和 JAVA

脚本语言和 JAVA 满足如下条件：

a） 考虑到可访问性，任何使用客户端脚本的网页必需要做到即使在网页中不使用脚本也提供同样的功能(见 4.4.1)；

b） 为使网页可访问，包含 applet 的网页必须具有脱离程序运行的能力(见 4.4.2)。

E.13 服务器、HTTP 和网站事项(第 5 章)

服务器、HTTP 和网站事项满足如下条件：

a） 网站应包含缓存有效期，以反映所提供数据的变更速率(见 5.2)；

b) 网站不应禁用缓存,除非:与用户相关的内容变更速率十分高;数据对特定用户是唯一的;或数据安全性/敏感性允许如此处理(见 5.2);
c) 服务器应根据网站外部索引的作用整合 Robot 排除元素(见附录 D)(见 5.5);
d) 在网站中使用 Robot 技术创建索引或搜索 WEP 应遵照这些要求(见 5.5);
e) 向确认工具提交网站应通过与信息内容的专属性质相一致的方式来实现(见 5.6.2);
f) 发送 E-mail 给网站管理员应作为网站的一种联系方式(见 5.7);
g) 用于联系的电子邮件地址应有效,并以和网站的重要程度一致的方式对邮件进行监视(见 5.7);
h) 网页的重定向或刷新不应限制用户访问先前网页的能力(见 5.8);
i) 应允许用户返回至激活超链接的网页(见 5.8)。

E.14 网站中心页(5.11)

网站中心页应符合如下要求:
a) 网站应包含一个网站中心页;
b) 所述网站可以是大型网站结构的一部分,如果是这样,中心页应包含对该总网站的链接;
c) 网站中心页应包含或指向:
   1) 对网站全部"顶级网页"(主网页)的链接;
   2) 网站管理负责人的名字或职务(连同电子邮件地址);
   3) 内容负责人的名字、职务(连同电子邮件地址);
   4) 适用的知识产权注意事项(版权、商标等)(见 7.2);
   5) 适用的隐私声明;
   6) 适用的索引/编著信息(见 5.12);
   7) 负责本网站的组织及其法人或更高级别的附属机构,包含对这些实体相应顶级网页的链接;
   8) 适用的担保、条款和条件,以及使用条款;
   9) 网站中心页或该网页所代表的策略页内容变更的最近日期;
   10) 关于网站存在意图和原因的声明;
   11) 位置和/或指向物理位置信息的指示器(见 7.15),以及电话号码、传真号、物理地址和相关信息。

E.15 网站索引和搜索(5.12)

网站索引和搜索应符合如下要求:
a) 网站应包含与目标受众相关的所有网页的索引;
b) 按照 4.3.7 要求,网站索引应可被访问;
c) 在受管网站内维护的网站索引应考虑超出网站维护职责范围对网页引用的含义;
d) 如果搜索结果包含来自网站外部的引用,这些引用应与网站内部引用分别列出,还应清楚地标识来源于网站外部。

E.16 头信息(第 6 章)

头信息应符合如下要求:
a) 所有头数据应是网页开发方有意包含的项目,同时对满足目标用户群体的信息或服务需求具有直接价值；

b） 网页应具有初始行〈Content-Type ...〉，一般由服务器为静态网页提供，但有时动态生成的网页也需要。〈! DOCTYPE ...〉代表应用于本页的 DTD(见 6.2)；

c） 网站标题包含有用且特有的内容提示(见 6.3)；

d） 网页应包含适当的元数据，以便为网页可访问的环境准确创建网页目录和索引(见 6.4)；

e） 除了不同的拼写或语法格式外，网页不应向搜索引擎或索引系统提供重复数据(见 6.4)；

f） 网页应按优先顺序提供关键词，且不可有重复(例如〈meta name="keywords" content="keyword1,keyword2"/〉)(见 6.4.3)；

g） 都柏林核心元数据(参见附录 C)应被用于信息字段，在对网页进行索引或编目时这些字段是有价值的(见 6.4.4)；

h） 网站设计应包括对内容选择机制的考虑(见 6.4.5)；

i） 元数据以及为了选择(索引)而包含的内容的使用不应使人产生误解(见 6.4.5)；

j） 为了标识要被自动化工具索引(或搜索)的网页和要被排除的网页，网站应将 Robot 排除元素(见附录 D)纳入其中(见 6.4.6)；

k） 为便于准确索引和易于用户访问，网页应包含 LANG 元标签，声明每个网页的主要语言环境。(见 6.4.8)。

E.17 主体信息(第 7 章)

主体信息应符合如下要求：

a） 未经版权持有者适当允许，网页不应有意包含受版权保护的信息(见 7.2.2)；

b） 网页应包含一个标识为 RMfield(〈pagedate〉，or〈...class="pagedate"〉)的网页日期(见 7.4)；

c） 任何网页均应包含一个标识为 Mfield 或 RMfield(〈expirationdate〉，或者〈…class="expirationdate"〉)的失效日期(见 7.4)；

d） 所有日期(含上述日期)应以 4 位数字表示年份(见 7.4)。

e） 应将目标用户群体的国际和文化需求作为网站设计过程的一部分加以考虑(见 7.5)；

f） 所有包含电话号码的网页应为电话号码的使用提供充分语境(见 7.5.2)；

g） 联络号码应易于有视力或听力缺陷的人使用；

h） 起源地应使用 GB/T 2659—2000 的双字母国家代码标识符作为 RMfield 或 Mfield(见 7.5.5)；

i） 网页应恰当使用 LANG 属性声明它们的展示语言(见 7.5.6)；

j） 网页所用语种声明应使用网站的本地语种(见 7.5.6)；

k） 应使用 GB/T 4880.1—2005 和 GB/T 4880.2—2000 中的双字母代码来表示常用语种，并可后接连字符及双字母国家代码来表示变体(见 7.5.6)；

l） 网页应使用目标客户群体适用的测量单位，在许多情况下宜包含度量(见 7.5.8)；

m） 应使用 GB/T 12406—2008 中定义的货币单位(见 7.5.8)；

n） 如果网站接受广告，则应与目标用户群体的法律和道德考虑保持一致(见 7.5.9)；

o） 网页数据元素应响应网页的业务、信息或服务目标(见 7.6)；

p） 每个网页应提供对一个或多个适当网页的链接，让用户获取本网站更全面的信息(见 7.7)；

q） 所有链接应正确工作(见 7.7)；

r） 易从任何网页回到主网页(例如，每隔 1 至 2 屏宜提供一个返回主页的按钮)(见 7.7)；

s） Cookie 的使用应由设计决定(见 7.11)；

t） 工具可对给定网站使用了 Cookie 进行核实。在这种情况下，应说明使用了 Cookie，并明确地让用户选择是否接受 Cookie(见 7.11)；

u) 使用Cookie、网络信标或其他技术收集用户信息的网站应在中心处提供有效的隐私声明，或提供解释此项技术使用的通用信息页（见7.11）；

v) 网站应公开：收集重要网站信息的使用情况，信息是否与其他组织共享（见7.11）；

w) 如果用户需要Cookie，但是，并没有收到所需的Cookie，网站应给用户提供错误信息提示（见7.11）；

x) 框架使用不应在来源、所有权或框架内容的其他方面误导用户（见7.12）；

y) 第三方内容的框架表示仅在充分考虑此类封装的版权、表述、适当商业用途、授权和其他法律或道德因素时才使用（见7.12）；

z) 空白对象或其他创建新窗口的方法，不应干扰用户返回他们的历史网页（见7.12）；

aa) 所有的图形元素应包含高/宽显示尺寸，以容许立即安置这些元素的页面布局和并发渲染（见7.12）；

bb) 不应用图像作为替代式样来表示文本（见7.13）；

cc) 提供商业交易或影响商业交易的任何网站，应突出显示邮政地址和电话号码，以便后续查询（见7.15）。

附 录 F
（资料性附录）
颜色数字关联和可视颜色表

4.3.7 提供针对需避免的颜色组合的指南，以帮助色盲者访问网站。

本附录中表 F.1 和表 F.2 有两行（暖色和冷色）和五列，每个单元格包含一组网页安全颜色（在表 F.1 中是十进制值，在表 F.2 中是十六进制值）。需要进行区分的颜色不应从同样的单元格或邻近列中选择。在有颜色背景的大面积文本区域，背景和文本所选颜色之间宜间隔三列。例如，列 A 中的颜色只宜与列 E 中的颜色对应放置。用于修饰或加重的颜色不一定需要相同差别程度的颜色作为视觉提示。

表 F.1 避免混合的颜色十进制表

	A	B		C			D			E
暖色	255-255-204	255-255-153	102-255-51	51-255-0	102-204-51	255-153-102	102-153-102	153-102-51	255-51-0	102-51-0
	204-255-204	204-255-153	51-255-51	0-255-0	51-204-51	204-153-102	51-153-102	102-102-51	204-51-0	51-51-0
	153-255-204	153-255-153	0-255-51	102-204-153	0-204-51	153-153-102	0-153-102	51-102-51	153-51-0	0-51-0
	102-255-204	102-255-153	255-255-0	51-204-153	255-204-0	255-153-51	102-153-51	0-102-51	255-0-102	102-0-0
	51-255-204	51-255-153	204-255-0	0-204-153	204-204-0	204-153-51	51-153-51	255-102-0	255-0-51	51-0-0
	0-255-204	0-255-153	153-255-0	102-204-102	153-204-0	153-153-51	0-153-51	204-102-0	204-0-51	
		255-255-102	102-255-0	51-204-102	102-204-0	255-153-0	102-153-0	153-102-0	153-0-51	
		204-255-102	255-204-153	0-204-102	51-204-0	204-153-0	51-153-0	102-102-0	255-0-0	
		153-255-102	204-204-153	204-204-51	0-204-0	153-153-0	0-153-0	51-102-0	204-0-0	
		102-255-102	153-204-153	153-204-51			255-102-102	0-102-0	153-0-0	
		51-255-102	255-204-102				204-102-102	255-51-102		
		0-255-102	204-204-102				255-102-51	255-51-51		
		255-255-51	153-204-102				204-102-51	204-51-51		
		204-255-51	255-204-51					153-51-51		
		153-255-51								
冷色	255-255-255	255-204-255	255-204-204	204-153-255	255-102-255	255-51-204	51-102-255	0-102-102	153-0-204	102-51-102
	204-255-255	204-204-255	204-204-204	153-153-255	204-102-255	204-51-204	0-102-255	153-51-204	102-0-204	51-51-102
	153-255-255	153-204-255	153-204-204	102-153-255	153-102-255	255-51-153	102-102-204	102-51-204	51-0-204	0-51-102
	102-255-255	102-204-255	102-204-204	51-153-255	102-102-255	255-0-255	51-102-204	51-51-204	0-0-204	102-51-51
	51-255-255	51-204-255	51-204-204	0-153-255	255-102-204	204-0-255	0-102-204	0-51-204	204-0-153	51-51-51
	0-255-255	0-204-255	0-204-204	204-153-204	204-102-204	153-0-255	153-102-153	204-51-153	153-0-153	0-51-51
			255-153-255	153-153-204	153-102-204	102-0-255	102-102-153	153-51-153	102-0-153	102-0-102
			255-153-204	102-153-204	255-102-153	51-0-255	51-102-153	102-51-153	51-0-153	51-0-102
			255-153-153	51-153-204	204-102-153	0-0-255	0-102-153	51-51-153	0-0-153	0-0-102
				0-153-204	255-51-255	255-0-204	153-102-102	0-51-153	204-0-102	102-0-51
				153-153-153	204-51-255	204-0-204	102-102-102	204-51-102	153-0-102	51-0-51
				102-153-153	153-51-255	255-0-153	51-102-102	153-51-102		0-0-51
				51-153-153	102-51-255					0-0-0
				0-153-153	51-51-255					
					0-51-255					

表 F.2 避免混合的颜色十六进制表

	A	B		C			D			E
暖色	FFFFCC	FFFF99	66FF33	33FF00	66CC33	FF9966	669966	996633	FF3300	663300
	CCFFCC	CCFF99	33FF33	00FF00	33CC33	CC9966	339966	666633	CC3300	333300
	99FFCC	99FF99	00FF33	66CC99	00CC33	999966	009966	336633	993300	003300
	66FFCC	66FF66	FFFF00	33CC99	FFCC00	FF9933	669933	006633	FF0066	660000
	33FFCC	33FF99	CCFF00	00CC99	CCCC00	CC9933	339933	FF6600	FF0033	330000
	00FFCC	00FF99	99FF00	66CC66	99CC00	999933	009933	CC6600	CC0033	
		FFFF66	66FF00	33CC66	66CC00	FF9900	669900	996600	990033	
		CCFF66	FFCC99	00CC66	33CC00	CC9900	339900	666600	FF0000	
		99FF66	CCCC99	CCCC33	00CC00	999900	009900	336600	CC0000	
		66FF66	99CC99	99CC33			FF6666	006600	990000	
		33FF66	FFCC66				CC6666	FF3366		
		00FF66	CCCC66				FF6633	FF3333		
		FFFF33	99CC66				CC6633	CC3333		
		CCFF33	FFCC33					993333		
		99FF33								
冷色	FFFFFF	FFCCFF	FFCCCC	CC99FF	FF66FF	FF33CC	3366FF	006666	9900CC	663366
	CCFFFF	CCCCFF	CCCCCC	9999FF	CC66FF	CC33CC	0066FF	9933CC	6600CC	333366
	99FFFF	99CCFF	99CCCC	6699FF	9966FF	FF3399	6666CC	6633CC	3300CC	003366
	66FFFF	66CCFF	66CCCC	3399FF	6666FF	FF00FF	3366CC	3333CC	0000CC	663333
	33FFFF	33CCFF	33CCCC	0099FF	FF66CC	CC00FF	0066CC	0033CC	CC0099	333333
	00FFFF	00CCFF	00CCCC	CC99CC	CC66CC	9900FF	996699	CC3399	990099	003333
			FF99FF	9999CC	9966CC	6600FF	666699	993399	660099	660066
			FF99CC	6699CC	FF6699	3300FF	336699	663399	330099	330066
			FF9999	3399CC	CC6699	0000FF	006699	333399	000099	000066
				0099CC	FF33FF	FF00CC	996666	003399	CC0066	660033
				999999	CC33FF	CC00CC	666666	CC3366	990066	330033
				669999	9933FF	FF0099	336666	993366		000033
				339999	6633FF					00000
				009999	3333FF					
					0033FF					

附　录　G
（资料性附录）
本标准与 ISO/IEC 23026:2006 相比的结构变化情况

本标准与 ISO/IEC 23026:2006 相比，章条编号发生了变化，具体对照情况见表 G.1。

表 G.1　本标准与 ISO/IEC 23026:2006 章条编号对照情况

本标准章条编号	对应 ISO/IEC 标准章条编号
前言	—
引言	Introduction
1	—
1.1	1、1.1
2	—
3.2	3.3
3.3	3.2
—	3.2.1
—	3.2.2
—	3.2.3
4、4.1	4
4.2	4.1
4.2.1	4.1.1
4.2.2	4.1.2
4.2.3	4.1.3
4.2.4	4.1.4
4.2.5	4.1.5
4.2.6	4.1.6
4.2.7	4.1.7
4.2.8	4.1.8
4.2.9	4.1.9
4.2.10	4.1.10
4.2.11	4.1.11
4.3	4.2
4.3.1	4.2.1
4.3.2	4.2.2
4.3.3	4.2.3
4.3.4	4.2.4
4.3.5	4.2.5

表 G.1（续）

本标准章条编号	对应 ISO/IEC 标准章条编号
4.3.6	4.2.6
4.3.7	4.2.7
4.3.8	4.2.8
4.3.9	4.2.9
4.3.10	4.2.10
4.3.11	4.2.11
4.4	4.3
4.4.1	4.3.1
4.4.2	4.3.2
5.6、5.6.1	5.6
5.6.2	5.6.1
4.3.9	4.2.9
4.3.10	4.2.10
4.3.11	4.2.11
4.4	4.3
4.4.1	4.3.1
4.4.2	4.3.2
5.6、5.6.1	5.6
5.6.2	5.6.1
6、6.1	6
6.2	6.1
6.3	6.2
6.4、6.4.1	6.3
6.4.2	6.3.1
6.4.3	6.3.2
6.4.4	6.3.3
6.4.5	6.3.4
6.4.6	6.3.5
6.4.7	6.3.6
6.4.8	6.3.7
6.5	6.4
7.2、7.2.1	7.2
7.2.2	7.2.1
7.2.3	7.2.2

表 G.1（续）

本标准章条编号	对应 ISO/IEC 标准章条编号
7.5、7.5.1	7.5
7.5.2	7.5.1
7.5.3	7.5.2
7.5.4	7.5.3
7.5.5	7.5.4
7.5.6	7.5.5
7.5.7	7.5.6
7.5.8	7.5.7
7.5.9	7.5.8
7.5.10	7.5.9
7.10、7.10.1	7.10
7.10.2	7.10.1
7.10.3	7.10.2
附录 A	Annex B
附录 B	Annex C
附录 C	Annex D
附录 D	Annex E
—	Annex F
附录 E	Annex G
附录 F	Annex H
—	Annex I
—	Index
参考文献	2、Annex A

参考文献

[1] 36 CFR 1194 Electronic and Information Technology Accessibility Standards, Federal Register Dec. 21, 2000; Code of Federal Regulations(CFR)

[2] Authoring Tool Accessibility Guidelines 1.0, W3C Recommendation 3 February 2000, Guidelines required by Web page generation tools to support accessibility requirements

[3] W3C REC-CSS1-19900111, W3C Recommendation Cascading Style Sheets, level 1—W3C Recommendation, 17 Dec. 1996, revised 11 Jan, 1999.

[4] W3C REC-CSS2-19980512, W3C Recommendation Cascading Style Sheets, level 2 CSS2 Specification—W3C Recommendation, 12 May, 1998.

[5] W3C WAI Web Content 19990505, W3C Recommendation Web Content Accessibility Guidelines 1.0, WAI Page Author Guidelines—W3C, 5 May, 1999.

[6] XHTML™ 1.0: The Extensible HyperText Markup Language, A Reformulation of HTML 4 in XML 1.0, W3C Recommendation 26 January, 2000.

[7] Consumers International Recommendations for Consumer Protection

[8] IEEE Std 730™—2002 IEEE Standard for Software Quality Assurance Plans

[9] IEEE Std 828™—1998 IEEE Standard for Software Configuration Management Plans

[10] IEEE Std 829™—1998 IEEE Standard for Software Test Documentation

[11] IEEE Std 830™—1998 IEEE Recommended Practice for Software Requirements Specifications

[12] IEEE Std 1003.1™—2001 IEEE Standard for Information Technology—Portable Operating System Interface(POSIX®)

[13] IEEE Std 1016™—1998 IEEE Recommended Practice for Software Design Descriptions

[14] IEEE Std 1028™—1997(R2002) IEEE Standard for Software Reviews

[15] IEEE Std 1058™—1998 IEEE Standard for Software Project Management Plans

[16] IEEE Std 1074™—1997 IEEE Standard for Developing Software Life Cycle Processes

[17] IEEE Std 1219™—1998 IEEE Standard for Software Maintenance

[18] IEEE Std 1220™—1998 IEEE Standard for Application and Management of the Systems Engineering Process

[19] IEEE Std 1490™—1998 IEEE Guide(© IEEE)—Adoption of PMI Standard—A Guide to the Project Management Body of Knowledge(© PMI)

[20] IEEE Std 2001™—1999 IEEE Recommended Practice for Internet Practices—Web Page Engineer-ing—Intranet/Extranet Applications

[21] GB/T 8566—2007 信息技术 软件生存周期过程(ISO/IEC 12207:1995, MOD)

[22] IETF RFC 1123:1989 Requirements for Internet Hosts—Application and Support

[23] IETF RFC 1766:1995 Tags for the Identification of Languages

[24] IETF RFC 1866:1995 Hypertext Markup Language—2.0

[25] IETF RFC 2396:1998 Uniform Resource Identifiers(URI): Generic Syntax

[26] IETF RFC 2774:2000 An HTTP Extension Framework

[27] IETF RFC 2965:2000 HTTP State Management Mechanism

[28] International DOI Foundation

[29] GB/T 7408—2005 数据元和交换格式 信息交换 日期和时间表示法(ISO 8601:2000,

IDT)

[30] GB/T 18978.1—2003 使用视觉显示终端(VDTs)办公的人类工效学要求 第1部分:概述

[31] GB/T 18978.2—2004 使用视觉显示终端(VDTs)办公的人类工效学要求 第2部分:任务要求指南

[32] ISO 9241-3:1992 Ergonomic Requirements for Office Work with Visual Display Terminals(VDTs)—Part 3:Visual Display Requirements

[33] ISO 9241-4:1998 Ergonomic Requirements for Office Work with Visual Display Terminals(VDTs)—Part 4:Keyboard Requirements

[34] ISO 9241-5:1998 Ergonomic Requirements for Office Work with Visual Display Terminals(VDTs)—Part 5:Workstation Layout and Postural Requirements

[35] ISO 9241-6:1999 Ergonomic Requirements for Office Work with Visual Display Terminals(VDTs)—Part 6:Guidance on the Work Environment

[36] ISO 9241-7:1998 Ergonomic Requirements for Office Work with Visual Display Terminals(VDTs)—Part 7:Requirements for Display with Reflections

[37] ISO 9241-8:1997 Ergonomic Requirements for Office Work with Visual Display Terminals(VDTs)—Part 8:Requirements for Displayed Colours

[38] ISO 9241-9:2000 Ergonomic Requirements for Office Work with Visual Display Terminals(VDTs)—Part 9:Requirements for Non-Keyboard Input Devices

[39] GB/T 18978.10—2004 使用视觉显示终端(VDTs)办公的人类工效学要求 第10部分:对话原则

[40] GB/T 18978.11—2004 使用视觉显示终端(VDTs)办公的人类工效学要求 第11部分:可用性指南

[41] GB/T 18978.12—2009 使用视觉显示终端(VDTs)办公的人类工效学要求 第12部分:信息呈现

[42] GB/T 18978.13—2009 使用视觉显示终端(VDTs)办公的人类工效学要求 第13部分:用户指南

[43] ISO 9241-14:1997 Ergonomic Requirements for Office Work with Visual Display Terminals(VDTs)—Part 14:Menu Dialogues

[44] ISO 9241-15:1997 Ergonomic Requirements for Office Work with Visual Display Terminals(VDTs)—Part 15:Command Dialogues

[45] ISO 9241-16:1999 Ergonomic Requirements for Office Work with Visual Display Terminals(VDTs)—Part 16:Direct Manipulation Dialogues

[46] ISO 9241-17:1998 Ergonomic Requirements for Office Work with Visual Display Terminals(VDTs)—Part 17:Form Filling Dialogues

[47] GB/T 14814—1993 信息处理 文本和办公系统 标准通用置标语言(SGML)

[48] GB/T 18391.1—2009 信息技术 元数据注册系统(MDR) 第1部分:框架(ISO/IEC 11179-1:2004,IDT)

[49] GB/T 18391.2—2009 信息技术 元数据注册系统(MDR) 第2部分:分类(ISO/IEC 11179-2:2005,IDT)

[50] GB/T 18391.3—2009 信息技术 元数据注册系统(MDR) 第3部分:注册系统元模型与基本属性(ISO/IEC 11179-3:2003,IDT)

[51] GB/T 18391.4—2009 信息技术 元数据注册系统(MDR) 第4部分:数据定义的形成

(ISO/IEC 11179-4:2004,IDT)

[52] GB/T 18391.5—2009 信息技术 元数据注册系统(MDR) 第5部分:命名和标识原则(ISO/IEC 11179-5:2005,IDT)

[53] GB/T 18391.6—2009 信息技术 元数据注册系统(MDR) 第6部分:注册(ISO/IEC 11179-6:2006,IDT)

[54] ISO/IEC 11581-1: 2000 Information Technology—User System Interfaces and Symbols—Icon Symbols and Functions—Part 1:Icons—General

[55] ISO/IEC 11581-2: 2000 Information Technology—User System Interfaces and Symbols—Icon Symbols and Functions—Part 2:Object Icons

[56] ISO/IEC 11581-3: 2000 Information Technology—User System Interfaces and Symbols—Icon Symbols and Functions—Part 3:Pointer Icons

[57] ISO/IEC 11581-6: 1999 Information Technology—User System Interfaces and Symbols—Icon Symbols and Functions—Part 6:Action Icons

[58] ITU Recommendation E.123(02/01),Notation for national and international telephone numbers,e-mail addresses and Web addresses

[59] Nielsen, Gettys, Baird-Smith, Prud'hommeaux, Lie, and Lilley;"Network Performance Effects of HTTP/1.1, CSS1, and PNG," Computer Communication Review, Vol. 27, No. 4, October 1997.

[60] OECD Guidelines for Consumer Protection

[61] SAE J2374,Location Referencing Message Specification,July 1999

[62] W3C HTML Validation Service

[63] W3C NOTE-datetime(W3C Technical Note entitled "Date and Time Formats")

[64] W3C REC-html32,W3C Recommendation—HTML 3.2 Reference Specification,14 January 1997.

[65] W3C REC-xml—19980210,W3C Recommendation Extensible Markup Language(XML) version 1.0.

[66] W3C Resource Description Framework(RDF) Schema Specification 1.0,W3C Candidate Recommendation 27 March 2000.

[67] W3C Web HTTP Performance Overview

[68] Web Robot Exclusions